计算机科学丛书

数字设计

系统方法

[美] 威廉 J. 达利（William J. Dally） R. 柯蒂斯·哈廷（R. Curtis Harting） 著
斯坦福大学 谷歌公司

韩德强 等译
北京工业大学

Digital Design

A Systems Approach

机械工业出版社
China Machine Press

图书在版编目（CIP）数据

数字设计：系统方法 /（美）威廉 J. 达利（William J. Dally），（美）R. 柯蒂斯·哈廷（R. Curtis Harting）著；韩德强等译．—北京：机械工业出版社，2017.10
（计算机科学丛书）
书名原文：Digital Design: A Systems Approach

ISBN 978-7-111-57940-3

I. 数… II. ① 威… ② R… ③ 韩… III. 数字电路－电路设计 IV. TN79

中国版本图书馆 CIP 数据核字（2017）第 218358 号

本书版权登记号：图字 01-2015-0260

本书从系统的视角，通过准确、清晰的讲解以及示例和 Verilog 文件，展示了如何使用简单的组合模块和时序模块来构建完整的系统。本书共分七部分，不仅涵盖了组合逻辑电路、算术运算电路、时序逻辑电路和同步时序电路等基本的数字逻辑课程的内容，还给出了有限状态机、流水线、接口规范、系统时序、存储系统等计算机组成原理课程的知识。

本书适合作为高等院校计算机及相关专业数字设计课程的本科生教材，也可作为微处理器和 SoC 设计人员的参考书。

出版发行：机械工业出版社（北京市西城区百万庄大街 22 号 邮政编码：100037）

责任编辑：朱秀英	责任校对：李秋荣
印　　刷：北京诚信伟业印刷有限公司	版　　次：2017 年 10 月第 1 版第 1 次印刷
开　　本：185mm×260mm 1/16	印　　张：29.25
书　　号：ISBN 978-7-111-57940-3	定　　价：129.00 元

凡购本书，如有缺页、倒页、脱页，由本社发行部调换

客服热线：(010) 88378991 88361066　　投稿热线：(010) 88379604

购书热线：(010) 68326294 88379649 68995259　　读者信箱：hzjsj@hzbook.com

文艺复兴以来，源远流长的科学精神和逐步形成的学术规范，使西方国家在自然科学的各个领域取得了垄断性的优势；也正是这样的优势，使美国在信息技术发展的六十多年间名家辈出、独领风骚。在商业化的进程中，美国的产业界与教育界越来越紧密地结合，计算机学科中的许多泰山北斗同时身处科研和教学的最前线，由此而产生的经典科学著作，不仅擘划了研究的范畴，还揭示了学术的源变，既遵循学术规范，又自有学者个性，其价值并不会因年月的流逝而减退。

近年，在全球信息化大潮的推动下，我国的计算机产业发展迅猛，对专业人才的需求日益迫切。这对计算机教育界和出版界都既是机遇，也是挑战；而专业教材的建设在教育战略上显得举足轻重。在我国信息技术发展时间较短的现状下，美国等发达国家在其计算机科学发展的几十年间积淀和发展的经典教材仍有许多值得借鉴之处。因此，引进一批国外优秀计算机教材将对我国计算机教育事业的发展起到积极的推动作用，也是与世界接轨、建设真正的世界一流大学的必由之路。

机械工业出版社华章公司较早意识到“出版要为教育服务”。自1998年开始，我们就将工作重点放在了遴选、移译国外优秀教材上。经过多年的不懈努力，我们与Pearson，McGraw-Hill，Elsevier，MIT，John Wiley & Sons，Cengage等世界著名出版公司建立了良好的合作关系，从他们现有的数百种教材中甄选出Andrew S. Tanenbaum，Bjarne Stroustrup，Brian W. Kernighan，Dennis Ritchie，Jim Gray，Afred V. Aho，John E. Hopcroft，Jeffrey D. Ullman，Abraham Silberschatz，William Stallings，Donald E. Knuth，John L. Hennessy，Larry L. Peterson等大师名家的一批经典作品，以“计算机科学丛书”为总称出版，供读者学习、研究及珍藏。大理石纹理的封面，也正体现了这套丛书的品位和格调。

“计算机科学丛书”的出版工作得到了国内外学者的鼎力相助，国内的专家不仅提供了中肯的选题指导，还不辞劳苦地担任了翻译和审校的工作；而原书的作者也相当关注其作品在中国的传播，有的还专门为其书的中译本作序。迄今，“计算机科学丛书”已经出版了近两百个品种，这些书籍在读者中树立了良好的口碑，并被许多高校采用为正式教材和参考书籍。其影印版“经典原版书库”作为姊妹篇也被越来越多实施双语教学的学校所采用。

权威的作者、经典的教材、一流的译者、严格的审校、精细的编辑，这些因素使我们的图书有了质量的保证。随着计算机科学与技术专业学科建设的不断完善和教材改革的逐渐深化，教育界对国外计算机教材的需求和应用都将步入一个新的阶段，我们的目标是尽善尽美，而反馈的意见正是我们达到这一终极目标的重要帮助。华章公司欢迎老师和读者对我们的工作提出建议或给予指正，我们的联系方法如下：

华章网站：www. hzbook. com
电子邮件：hzjsj@ hzbook. com
联系电话：(010) 88379604
联系地址：北京市西城区百万庄南街1号
邮政编码：100037

HZ BOOKS
华章教育

华章科技图书出版中心

“Dally 和 Harting 凭借在数字设计方面的杰出经验，以清晰和富有建设性的方式将电路和体系结构设计融为一体。

学生通过接触计算系统的不同抽象层次及观点，将发现一条了解数字设计基础知识的现代的、有效的途径。”

Giovanni De Micheli，瑞士洛桑联邦理工学院

“Bill 和 Curt 结合几十年的学术和行业经验编写的这本教材，从非常实用的角度讲授数字系统设计，同时给出了未来工程师所需的理论。他们努力让学生明白正在设计什么，以及正在构建什么。通过介绍主要的高级主题，譬如综合、延迟和逻辑功效以及同步，本书在入门级提供了不可多得的实用建议。这样做，即使工艺、工具和技术在未来发生了改变，这本书也将帮助学生做好准备。”

David Black-Schaffer，瑞典乌普萨拉大学

“你可以从 Dally 教授的数字设计一书中得到想要的一切。结合几十年的实践经验，Dally 教授提供了设计和组成完整的数字系统所必需的工具。本书同时涵盖了基础知识和系统级议题，对于未来的微处理器和 SoC 设计人员来说，是一个理想的起点！”

Robert Mullins，剑桥大学和树莓派基金会

“这本书为如何给本科生讲授数字系统设计制定了一个新的标准。实用的方法和具体的实例为任何想要理解或设计现代复杂数字系统的人提供了坚实的基础。”

Steve Keckler，得克萨斯大学奥斯汀分校

“这本书不仅介绍了如何做数字设计，更重要的是展示了如何做‘好的’设计。它强调了具有清晰接口的模块化的重要性，以及生产出不仅满足设计规格而且容易被他人理解的数字工件的重要性。它使用许多恰当的示例和 Verilog 代码来达到目的。

书中讨论了异步逻辑设计主题，由于能源消耗已经成为数字系统中的主要关注点，这个主题可能变得越来越重要。

本书最后关于 Verilog 编码风格的附录特别有用。这本书不仅对学生很有价值，而且对该领域的从业人员也很有价值。我强烈推荐它。”

Chuck Thacker，微软公司

译者序

正如原书作者所言:“Digital systems are pervasive in modern society.” 我们平时常用到的图像、音视频都已经被数字化，就连人的思维也在被数字化，AI（Artificial Intelligence，人工智能）已成为研究的热点。

本书从系统的视角介绍了数字系统设计的全过程，不仅涵盖了组合逻辑电路、算术运算电路、时序逻辑电路和同步时序电路等基本的数字逻辑课程的内容，还给出了有限状态机、流水线、接口规范、系统时序、存储系统等计算机组成原理课程的知识。William J. Dally 不仅是斯坦福大学的教授，还是英伟达（NVIDIA）公司的首席科学家。他不仅具有丰富的教学经验，还具有杰出的工程经验。

在本书的翻译过程中，我被书中的内容深深吸引，甚至到了不可自拔的地步。该书与国内同类教材有着本质的区别。首先，国内教材大多采用数学的方法讲述计算机，而本书采用的是计算机的方法讲授计算机。譬如，计算机运算本就是一个有限字长的运算，整数和小数的位数是约定的。因此，在数制转换时根本无须考虑整数部分的“除基取余”法、小数部分的“乘基取整”法，而采用权重法可以轻而易举地将十进制数转换成二进制数。我在讲授这部分时，经常问学生的一句话是:“你们是喜欢做加减法，还是喜欢做乘除法?”这是一个将问题简单化还是复杂化的问题！其次，本书在讲述数字系统设计流程时，给出了国内教材很少涉及的风险评估以及缓解这些风险的方法，还给出了芯片和电路板设计中的一些工程方法。再次，本书给出了数字系统在实际工程中的巧妙应用之法，如在减色法中利用原色的逻辑或，可以正确得到间色和复色。诸如此类，举不胜举！

正如微软的 Chuck Thacker 所言:“这本书不仅介绍了如何做数字设计，更重要的是展示了如何做‘好的’设计。”我以近20年的计算机硬件和嵌入式系统教学、项目开发经验以及十几年的企业产品研发经验，强烈推荐这本教材！

本书由北京工业大学信息学部计算机学院的部分教师翻译。其中前言等文前内容和第1、2章由韩德强翻译；第3~7章由邵温翻译；第8、9章由高雪园翻译；第10~13章由杨淇善翻译；第14~19章由张丽艳翻译；第20~25章以及附录部分由鲁鹏程翻译；第26~29章由王宗侠翻译。全书的审校由韩德强完成。

本书在翻译过程中得到了机械工业出版社华章公司朱劼女士的大力支持，在此表示由衷的感谢！

限于译者的水平，翻译中难免有错误或不妥之处，真诚希望各位读者批评指正。

韩德强

2017年5月于北京工业大学

前 言

本书的目的是教大学生理解并设计数字系统。书中采用硬件描述语言（Verilog）和现代CAD工具讲授当前工业数字系统设计所需的技能；特别关注系统级的问题，其中包括数字系统的分解和划分、接口设计和接口时序；涵盖深入理解数字电路所需的主题，如时序分析、亚稳态和同步；还涉及手工设计组合逻辑电路和时序逻辑电路的内容。然而，对于数字系统设计而言，除了设计简单的模块之外还有很多内容，我们不会详述这些话题。

当完成了本书的相关课程后，学生就应该具备在企业中进行数字设计的能力了。尽管缺乏实践经验，但他们已经掌握了数字设计实践中所需的全部工具。经验会随着时间慢慢增长。

本书是在作者25年以上本科生数字设计课程的教学经验（加州理工学院的CS181、麻省理工学院的6.004以及斯坦福大学的EE121和EE108A），以及35年设计数字系统的经验（贝尔实验室、DEC公司、Cray公司、Avici公司、Velio通信、流处理器公司以及NVIDIA公司）基础上编著而成的。结合这两种经验，本书将教给学生实际工作中需要的有用知识，而所采用的方法已经被历届学生证明是有效的。

我们写这本书的初衷是市面上暂时找不到任何一本从系统级层面介绍数字设计的书。绝大部分同类教科书讲述的都是组合逻辑电路和时序的手工设计。虽然现如今的很多教科书都采用了硬件描述语言，但绝大多数采用的都是古老的TTL类型的设计风格，它只适用于使用7400四与非门器件的年代（20世纪70年代），无法培养可以设计出具有30亿晶体管的GPU的学生。如今，学生需要掌握如何分解状态机、划分设计，并构建正确时序的接口。对于这些话题，我们会采用一种简单的方式介绍，而不会陷入细节。

本书概要

图1所示流程图给出了本书的组织结构及各个章节的依赖关系。本书分为绪论、5个主要部分以及关于风格和验证的章节。

第一部分　绪论

第1章介绍数字系统，涵盖了信息表现形式的数字信号、噪声容限以及数字逻辑在当今世界中的作用。第2章介绍数字设计在工业中的应用，包括设计流程、现代实现技术、计算机辅助设计工具和摩尔定律。

第二部分　组合逻辑

第3~9章论述了组合逻辑电路——输出值仅取决于当前输入值的数字电路。第3章介绍逻辑设计的理论基础——布尔代数。第4章介绍开关逻辑和CMOS门电路。第5章介绍用来计算CMOS电路延迟和功耗的简单模型。第6章介绍利用基础门电路手工设计组合电路的方法。第7章介绍利用Verilog硬件描述语言对组合逻辑的行为描述进行编码的自动设计过程。第8章介绍组合逻辑基础单元、解码器和多路选择器等。第9章给出了一些组合电路设计的实例。

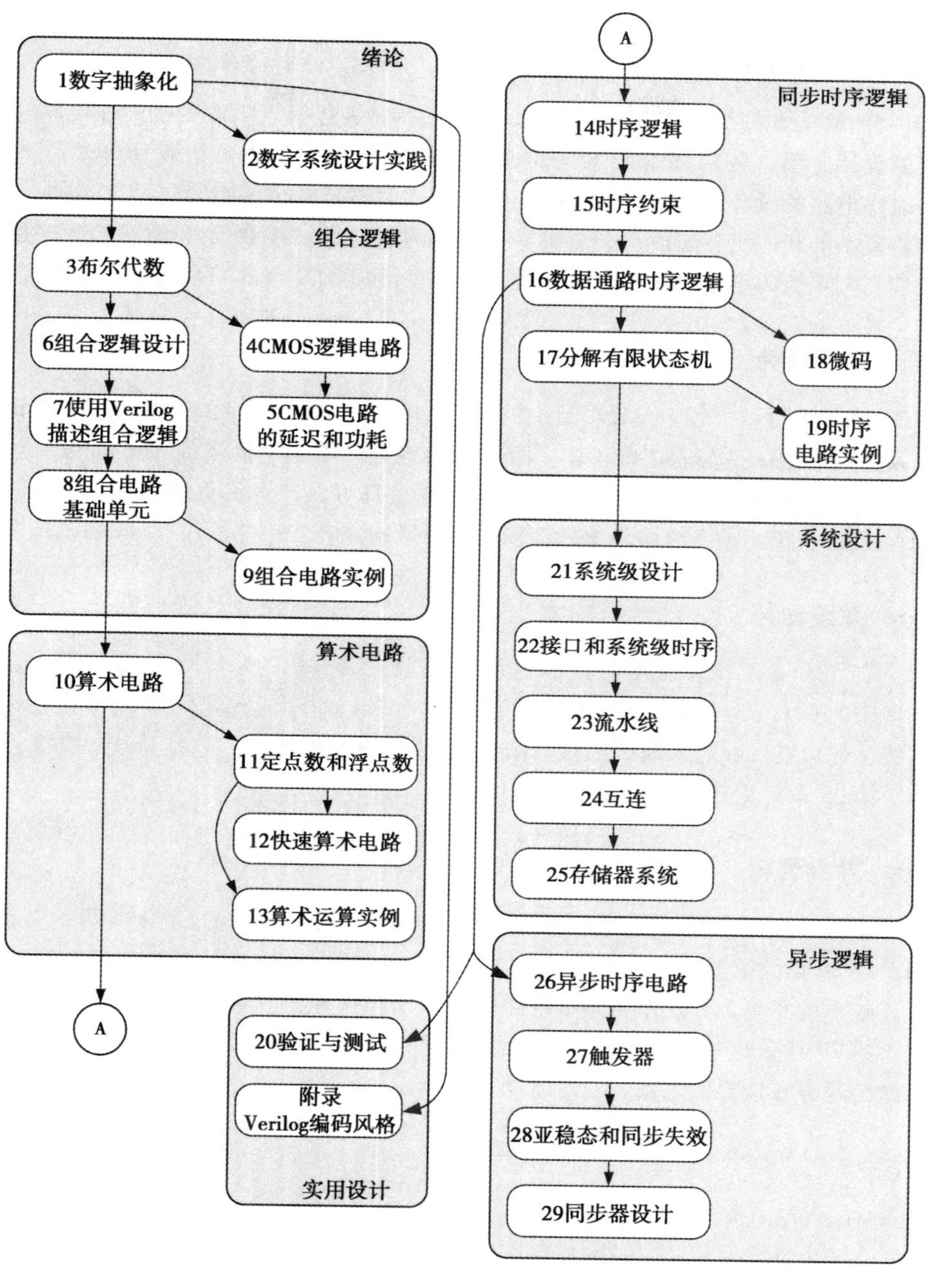

图 1　本书的组织结构及各章节的相互关系

第三部分　算术电路

第 10 ~ 13 章介绍计数制（数制系统）和算术电路。第 10 章介绍数的基本表示法以及完成整数的 +、 -、 ×、 ÷ 四则运算的算术电路。第 11 章介绍定点数和浮点数的表示方法及其精度，还包括对浮点单元设计的讨论。第 12 章介绍快速算术电路的构建方法，包括超前进位、华莱士树和布斯编码。第 13 章介绍算术电路和系统的实例。

第四部分　同步时序逻辑

第 14 ~ 19 章介绍同步时序逻辑电路（即状态仅在时钟边沿发生改变的时序电路）以及有限状态机的设计过程。第 14 章介绍基础知识。第 15 章介绍时序约束。第 16 章介绍的主题是数据通路时序电路的设计——其行为是由一个表达式而不是一个状态表进行描述的。第 17 章描述如何将复杂的状态机分解成几个更小、更简单的状态机。第 18 章介绍存储程序控制的概念，以及如何利用微码引擎建立有限状态机。这一部分以第 19 章的一系列实例作为结束。

第五部分　实用设计

第 20 章和附录讨论了数字设计项目中的两个重要方面。第 20 章的主要内容是验证逻辑的正确性以及生产后测试是否能正确工作。附录的内容是教给学生恰当的 Verilog 编码风格。这种风格令代码具有可读性、可维护性，并使得 CAD 工具可以产生优化的硬件。学生应该在编写自己的 Verilog 程序之前、之中及之后都读一读附录的内容。

第六部分　系统设计

第 21 ~ 25 章讨论系统设计并介绍一种数字系统设计和分析的系统化方法。第 21 章介绍系统设计过程中的 6 个步骤。第 22 章讨论系统级时序和接口时序的约定。第 23 章讲述模块和系统的流水线，还包括一些流水线的实例。第 24 章描述系统的互连，包括总线、交叉开关和网络等内容。第 25 章讨论存储器系统。

第七部分　异步逻辑

第 26 ~ 29 章讨论异步时序电路——无须等待时钟沿，任何输入的变化能即刻引起状态变化的电路。第 26 章介绍流表的分析与综合以及竞争问题等异步电路设计的基础知识。第 27 章给出了上述技术的实例，分析作为异步电路的触发器和锁存器。第 28 章介绍亚稳态和同步失效等问题。第 29 章是这一部分也是本书的结尾，讨论同步器的设计——如何设计出可以使得信号安全地跨越异步边界的电路。

教学建议

本书适用于为期一个季度（10 周）或一个学期（13 周）的数字系统设计的入门课程，也可以作为更高级的第二门数字系统课程的主教材。

使用本书不需要任何先修课程，只需要对高中数学有较好的理解即可。除了第 5 章和第 28 章外，其余章节仅涉及导数的内容，并且不需要微积分的知识。在斯坦福大学，虽然 E40（电气工程导论）是 EE108A（数字系统Ⅰ）的先修课程，但是学生即使没有学习这门先修课程，通常也可以学习 EE108A。

对于一个季度的数字系统设计入门课程，可以涵盖第 1、3、6、7、8、10、(11)、14、15、16、(17)、21、22、(23)、26、28 和 29 章的内容。对于一个季度的课程而言，可以省去 CMOS 电路（第 4 和 5 章）、微码（第 18 章）和高级系统（第 24 和 25 章）的内容。括号中的三章内容是可选的，当课程节奏较为缓慢时可以跳过这些内容。在斯坦福大学开设这门课程时，我们通常会进行两次考试：第一次是在讲完第 11 章之后，第二次则是在讲完第 22 章之后。

对于一个学期的数字系统设计入门课程，可以利用增加的三周时间讲解 CMOS 电路和一些高级系统的内容。一般而言，一个学期的课程包含第 1、2、3、4、（5）、6、7、8、9、10、（11）、13、14、15、16、（17）、（18）、（19）、21、22、（23）、（24）、（25）、26、（27）、28 和 29 章的内容。

本书也可以用于数字系统设计的高级课程。此类课程更深入地介绍入门课程的内容，同时涵盖了入门课程里略去的高级内容。此类课程通常会包括一个有意义的学生项目。

素材

为了支撑本书的教学，课程网站提供了教学素材[⊖]，包括讲课幻灯片、一系列实验和部分习题的答案。实验旨在加强对课程内容的理解，可通过软件仿真，或是在 FPGA 上通过仿真和实际操作相结合的方式实现。

致谢

向那些为本书出版做出贡献的人致以最衷心的感谢。本书在麻省理工学院（6.004）和斯坦福大学（EE108A）多年的数字设计课程教学中不断完善。感谢那些参与这门课程早期版本的几代学生，是他们提供的反馈信息让我们不断地改进教学方法。Subhasish Mitra 教授、Phil Levis 教授和 My Le 教授使用早期版本的教材在斯坦福大学授课，并且提出了很多有价值的建议，引导我们不断提高。多年来，本书和课程也得益于很多助教的贡献。特别感谢 Paul Hartke、David Black-Shaffer、Frank Nothaft 和 David Schneider，还要感谢 Frank 对习题答案的贡献。Gill Pratt、Greg Papadopolous、Steve Ward、Bert Halstead 和 Anant Agarwal 在麻省理工学院讲授 6.004 课程的经历，帮助我们改进了本书中提到的数字设计的教学方法。

剑桥大学出版社的 Julie Lancashire 和 Kerry Cahill 在整个项目中一直在帮助我们。在此，感谢 Irene Pizzie 的文字编辑，感谢 Abigail Jones 从手稿中一些杂乱的段落中整理内容，并最终完成本书的出版工作。

最后，要感谢我们的家庭成员 Sharon、Jenny、Katie 和 Liza Dally 以及 Jacki Armiak、Eric Harting 和 Susanna Temkin 给予我们极大的支持并做出了有意义的牺牲，没有他们，我们无法专心投入写作。

⊖ 关于本书教辅资源，只有使用本书作为教材的教师才可以申请，需要的教师可向剑桥大学出版社北京代表处申请，电子邮件：solutions@ cambridge. org。——编辑注

目　录

Digital Design：A Systems Approach

第三部分 算术电路

第四部分　同步时序逻辑

第五部分　实用设计

第六部分 系统设计

第七部分 异步逻辑

第一部分

Digital Design：A Systems Approach

绪　论

第1章
Digital Design：A Systems Approach

数字抽象化

在当今社会中，数字系统无处不在。有些采用数字技术比较明显，譬如个人计算机或是网络交换机。另外，还有很多其他的数字技术方面的应用。当你使用电话通话时，绝大多数情况下你的声音都经过数字化处理，并通过数字通信设备进行传输。当你聆听一个音频文件（数字格式录制的音乐）时，也是通过数字逻辑加工过的，用以纠正错误并提高音频质量。当你观看电视节目时，图像就是以数字格式进行传输并由数字电子技术进行处理的。如果你有一台DVR（digital video recorder，数字视频录像机），其实就是在以数字格式录制视频。DVD就是压缩过的数字录像制品。当你播放DVD或是观看流媒体时，其实就是在对视频进行数字解压及处理。大多数的无线电通信，譬如手机和无线网络，都是通过数字信号处理以实现调制解调的功能。这样的例子比比皆是。

大多数现代电子设备只在边缘位置使用模拟电路，即与物理传感器或执行部件连接。传感器（比如麦克风）的信号会以最快的速度转换成数字格式。所有的信息存储和传输的实际过程都是以数字形式完成的。信号仅在输出的时候才被转换回模拟形式，以便驱动执行部件（比如扬声器）或控制其他的模拟系统。

不久以前，世界并不是数字的。在20世纪60年代，数字逻辑仅仅出现在昂贵的计算机系统和一些特定的应用中。所有的电视、收音机、唱片和电话采用的都是模拟系统。

随着集成电路的规模化，数字化成为可能。由于集成电路变得越来越复杂，也使得处理更为复杂的信号成为可能。诸如调制、纠错和压缩等复杂的技术采用模拟技术是无法实现的，只有数字逻辑才有能力完成无噪声积累的计算，有能力表示任意精度的信号，并可以实现这些信号的处理算法。

在本书中，我们将会看到在日常生活中占有如此大部分的数字系统的功能，以及它们是如何设计的。

1.1 数字信号

1~3 数字系统以数字形式存储、处理和传输信息，数字信息可以表示为编码到一个物理量范围内的离散符号。通常来说，我们表示信息只用“0”和“1”两个符号，图1-1所示为在电压范围内编码这两个符号。在标记为“0”和“1”范围内的电压分别用符号“0”和“1”表示。在两个范围之间的电压，即标记为“?”的区域是未定义的，且不表示为两者之间的任一符号。在两个范围之外的电压，即小于“0”或者大于“1”的范围都是不允许的，如果出现了这部分电压，就有可能会对系统造成永久性损坏。我们称以图1-1所示的方式编码的信号为二进制信号，因为它具有两个有效的状态。

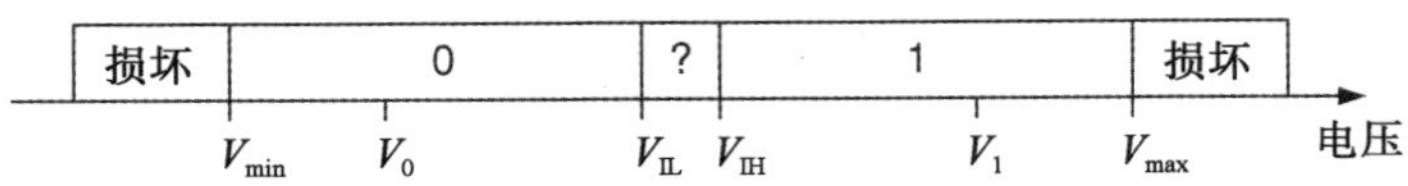

图1-1 在电压范围内两个符号（0和1）的编码。在标记为0范围内的所有电压均视为符号0，在标记为1范围内的所有电压均视为符号1。在0和1之间（即“?”范围）的电压未定义，不表示为两者之间任一符号。在0和1范围之外的电压可能会对接收信号的设备造成永久性损坏

表1-1所示为在2.5 V电源供电系统中，对二进制数字信号进行编码的JEDEC JESD8-5标准［59］。采用这种标准，电压在-0.3 V和0.7 V之间的任意信号均被视为“0”，而电压在1.7 V和2.8 V之间的任意信号均被视为“1”。不在这两个范围内的信号未定义。如果一个信号低于-0.3 V或者高于2.8 V，便可能会造成损坏。[⊖]

表1-1 2.5 V LVCMOS逻辑的二进制信号编码。电压在［-0.3，0.7］之间的信号被视为0，电压在［1.7，2.8］之间的信号被视为1。电压在［0.7，1.7］之间未定义，而电压在［-0.3，2.8］之外，便可能造成永久性损坏

参数	值	描述
V_{min}	-0.3 V	绝对最小电压，低于此值时发生损坏
V_0	0.0 V	表示逻辑“0”的标称电压
V_{OL}	0.2 V	表示逻辑“0”的最大输出电压
V_{IL}	0.7 V	通过模块输入的视为逻辑“0”的最大电压
V_{IH}	1.7 V	通过模块输入的视为逻辑“1”的最小电压
V_{OH}	2.1 V	表示逻辑“1”的最小输出电压
V_1	2.5 V	表示逻辑“1”的标称电压
V_{max}	2.8 V	绝对最大电压，高于此值时发生损坏

数字系统并不局限于二进制信号，也可以用三个、四个或任意有限多个离散值来形成数字信号。然而，它们与二值相比几乎没有优势，并且采用二值信号的存储和运算电路比采用两个以上值的电路更为简单，鲁棒性也更强。因此，除了少数的特定应用外，当今的数字系统中普遍采用的还是二进制信号。

除电压外，数字信号也可以编码其他的物理量。几乎所有易于操作和感知的物理量都可以用数字信号表示，采用电流、气压、液压和物理位置构建的系统可以用数字信号表示。不管怎样，由于低成本CMOS集成电路制造复杂系统的巨大能力，使得电压信号更为通用。 4

1.2 数字信号容忍噪声

数字系统无处不在，以及它们有别于模拟系统的主要原因在于：它们可以处理、传输和存储信息，而不会因为噪声而失真。正是数字信息的离散性使之成为可能。一个二进制的信号可以表示为0或者1。如果有一个表示为1的电压V_1，让一个很小的噪声ε对其进行干扰，它仍然为1。即便有外界噪声干扰，信息也不会丢失，除非噪声大到足以将信号推出1的范围。大多数系统中，很容易将噪声控制在这个值之内。

图1-2中比较了噪声对模拟系统（图1-2a）和数字系统（图1-2b）的影响。在模拟系统中，信息由模拟电压V表示。例如，我们也许会依据关系$V=0.2(T-68)$用电压来表示温度（华氏度），所以72.5 ℉的温度就可以用900 mV的电压表示。这种表示方法是连续的，每个电压对应着不同的温度。因此，如果我们用一个噪声电压ε干扰信号V，得到的结果$V+\varepsilon$将表示一个不同的温度。例如，如果$\varepsilon=100$ mV，新的信号$V+\varepsilon=1$ V将对应着73 ℉（$T=5V+68$），这就和原来的温度72.5 ℉不同了。

在数字系统中，信号的每一位都由电压表示，V_1还是V_0取决于该位是1还是0。例如，如果一个噪声源干扰了数字1的信号V_1，如图1-2b中所示，得到的电压$V_1+\varepsilon$仍然表示为1，并且对这个有噪声的信号应用函数与对原始信号应用函数给出的结果相同。

⊖ V_{max}的实际规格为$V_{DD}+0.3$，其中V_{DD}为供电电源电压，允许在2.3 V和2.7 V之间变化。

图 1-2　模拟和数字系统中噪声的影响。a）在模拟系统中，当信号 V 受到噪声 ε 干扰时，会导致信号衰减为 $V+\varepsilon$。此时对该衰减的信号进行函数 f 的操作，给出的结果为 f（$V+\varepsilon$），这与该信号没有受到噪声干扰时进行同样的操作所给出的结果不同。b）在数字系统中，将噪声 ε 叠加到一个表示为符号 1 的信号 V_1 时，给出的信号 $V_1+\varepsilon$ 仍表示为符号 1。对信号 $V_1+\varepsilon$ 进行函数 f 操作与该信号没有受到噪声干扰时进行同样的操作会给出
5 相同的结果 f（V_1）

此外，如果 72 ℉的温度由值为 010 的 3 位数字信号表示（见图 1-7c），即使该信号的所有三位都受到噪声干扰，只要噪声不大到足以将该信号的任一位推出有效范围，该信号仍然表示 72 ℉的温度。

为了防止噪声累积到足以将数字信号推出 1 或 0 的有效范围的程度，我们会周期性地恢复数字信号，如图 1-3 所示。在对数字信号进行传输、存储和恢复或者运算后，其标称值 V_a（a 是 0 或 1）可能会受到某个噪声 ε_i 的干扰。如果不进行恢复（图 1-3a），在每次操作后噪声便会累积，并最终淹没该信号。为了防止累积，我们在每次操作后都要恢复该信号。如果其输入位于 0 的范围内，则恢复装置（我们称为缓冲器）输出 V_0，如果其输入位于 1 的范围内，则输出 V_1。实际上，缓冲器将信号恢复为原始状态的 0 或 1，并消除任何附加的噪声。

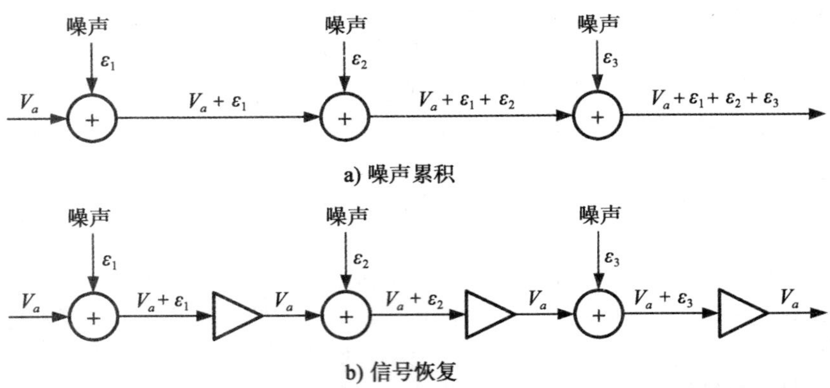

图 1-3　数字信号恢复。a）如果不进行恢复，信号会累积噪声，最终累积足够的噪声后便会导致错误的发生。b）每次操作之后，将信号恢复到其固有的值，就能防止噪声的累积

这种在每次操作之后都能将信号恢复到无噪声状态的能力，使得数字系统能够完成复杂的高精度处理。由于在每次操作时噪声都会累积，模拟系统只能局限在精度相对低的信号上完成少量的操作。在大量操作之后，信号会被噪声淹没。因为所有的电压都是有效的模拟信号，所以没有办法在操作之间将信号恢复到无噪声状态。模拟系统在精度方面也有局限性，其表示的信号的精度总是要低于背景噪声的精度。数字系统可以完成数量不定的操作，只要在每次操作之后恢复信号，就不会累积噪声。数字系统还可以表示任意精度的信号，而不会被噪声破坏。㊀

实际上，缓冲器和其他恢复逻辑设备不能保证精确地输出 V_0 或 V_1 的电压，供电电源、元器件参数和其他因素的变化会导致输出与这些标称值略有不同。如图 1-4b 所示，所有恢复逻

㊀ 当然，在获取高精度的真实世界信号时会受模拟输入设备的限制。

辑设备只能保证其0(1)输出落入的0(1)范围比输入值的0(1)范围要窄。具体而言，就是保证所有的0信号小于V_{OL}，并且保证所有的1信号大于V_{OH}。为了确保信号能够容忍一定量的 6
噪声，我们强调$V_{OL}<V_{IL}$且$V_{IH}<V_{OH}$。例如，表1-1中所示的是针对2.5 V LVCMOS的V_{OL}和V_{OH}的值。我们可以量化能容忍的噪声数量作为该信号的噪声容限：

$$V_{NMH}=V_{OH}-V_{IH}$$
$$V_{NML}=V_{IL}-V_{OL} \tag{1-1}$$

虽然假定较大的噪声容限将会更好，但并不一定是这种情况。数字系统中的大多数噪声都是由于信号传递引起的，因此更倾向于与信号摆幅成比例。因此，真正重要的是噪声容限与信号摆幅之比$V_{NM}/(V_1-V_0)$，而不是噪声容限的绝对幅度。

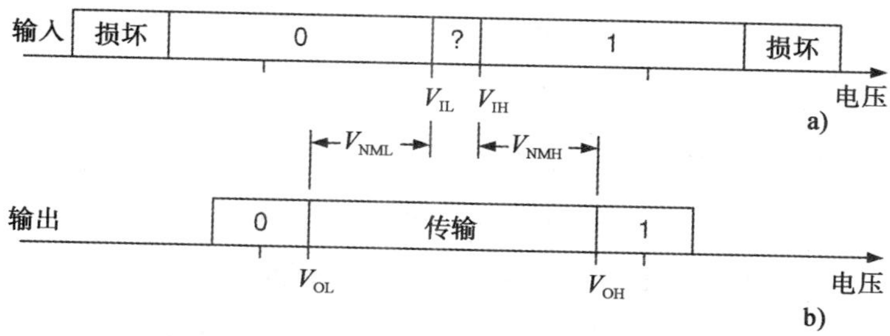

图1-4　输入和输出的电压范围。a）逻辑模块的输入，解释了如图1-1所示的信号。b）逻辑模块的输出，将信号恢复到更窄的有效电压范围

图1-5展示了逻辑模块的直流输入电压与输出电压之间的关系，横轴表示模块的输入电压，纵轴表示模块的输出电压。为了符合我们对恢复的定义，所有模块的传递曲线必须全部位于图中的阴影区域内，所以在0或1有效范围内的输入信号将产生较窄的0或1输出范围内的输出信号。非反相（正相）模块，像图1-3所示的缓冲器一样，其传递曲线类似于图中的实

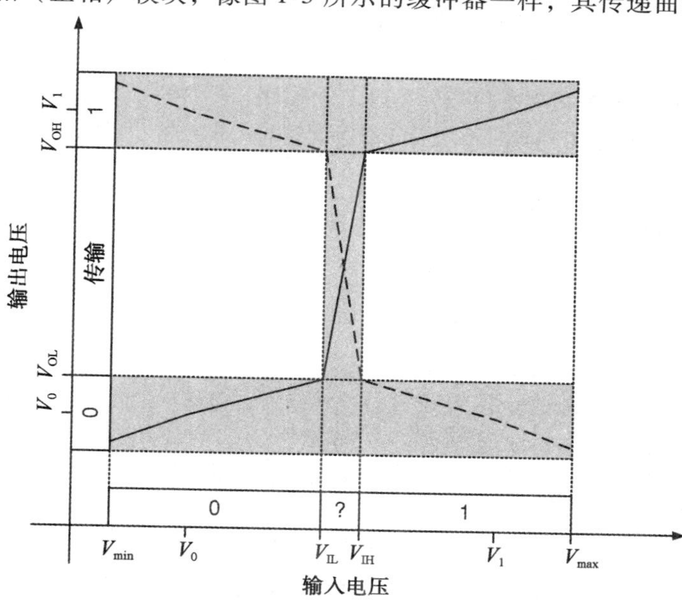

图1-5　逻辑模块的直流传递曲线。对于在有效范围内的输入，$V_{min}\leqslant V_{in}\leqslant V_{IL}$或$V_{IH}\leqslant V_{in}\leqslant V_{max}$，输出必须在有效的输出范围$V_{out}\leqslant V_{OL}$或$V_{OH}\leqslant V_{out}$内。因此，所有有效的曲线必须在阴影区域内。这就要求模块在无效输入区域内的增益大于1。实线展示了非反相（正相）模块的典型传递函数，虚线展示了反相模块的典型传递函数 7

线。反相模块的传递曲线则与图中虚线相似。无论哪种情况，实现恢复逻辑模块都需要有增益。信号的最大斜率的绝对值由下式决定：

$$\max\left|\frac{dV_{\text{out}}}{dV_{\text{in}}}\right| \geqslant \frac{V_{\text{OH}} - V_{\text{OL}}}{V_{\text{IH}} - V_{\text{IL}}} \tag{1-2}$$

从这一点我们可以得出结论，恢复逻辑模块必须是能够提供增益的有源元件。

例 1-1　噪声容忍

图 1-6 举例说明了噪声模型中的噪声（由两个电压源模仿）可以使缓冲器输出端的电压 V_a 在正方向最大偏移 0.5 V，在负方向最大偏移 0.4 V。也就是说，叠加的噪声电压 $V_n \in [-0.4, 0.5]$。对于输出电压 V_a，在下一个缓冲器的输入端上的电压为 $V_a + V_n \in [V_a - 0.4, V_a + 0.5]$。利用这个噪声模型以及表 1-1 中的输入和损坏的约束，便可以计算出低电平和高电平输出的合理值的范围。

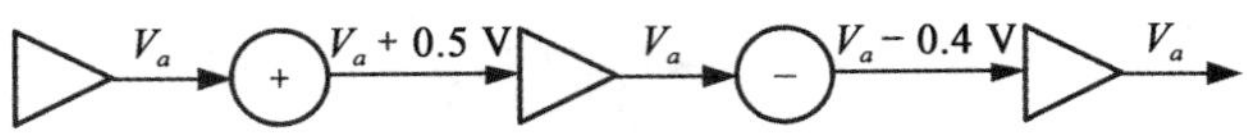

图 1-6　例 1-1 的噪声模型

在计算输出电压时，必须满足 4 个约束条件。低电平输出（V_{OL}）必须给出一个检测为低电平（$V_{\text{OL}} + V_n \leqslant V_{\text{IL}}$），且不会损坏芯片（$V_{\text{OL}} + V_n \geqslant V_{\min}$）的输出电压；高电平电压（$V_{\text{OH}}$）不能损坏芯片（$V_{\text{OH}} + V_n \leqslant V_{\max}$），且必须检测为高电平（$V_{\text{OH}} + V_n \geqslant V_{\text{IH}}$）。故有：

$$V_{\text{OL}} - 0.4\text{ V} \geqslant -0.3\text{ V}$$
$$V_{\text{OL}} + 0.5\text{ V} \leqslant 0.7\text{ V}$$
$$0.1\text{ V} \leqslant V_{\text{OL}} \leqslant 0.2\text{ V}$$
$$V_{\text{OH}} - 0.4\text{ V} \geqslant 1.7\text{ V}$$
$$V_{\text{OH}} + 0.5\text{ V} \leqslant 2.8\text{ V}$$
$$2.1\text{ V} \leqslant V_{\text{OH}} \leqslant 2.3\text{ V}$$

每个缓冲器的输出电压必须在 0.1 V 和 0.2 V 之间代表“0”，在 2.1 V 和 2.3 V 之间代表“1”。尽管与这种噪声模型不一致，但几乎所有电路都以额定输出电压 0 V 和 V_{DD}（电源）表示 0 和 1。

8

1.3　数字信号表示复杂数据

自然界中的一些信息本来就是二态的，可以用一个单独的二进制数字信号表示（如图 1-7a 所示）。真命题或是声明都属于这一类。例如，一个单独的信号可以表明门是开着的、灯是亮着的、安全带是扣着的或者按键是按下的。

按照惯例，当电压为高时，我们经常认为信号是“真”。但并不一定全是这种情况，因为还不能排除用低电压表示上述情况。在整本书中，当使用这种低电压为真的约定时，我们会尽量表述清楚。在这种情况下，信号的表述经常变成相反的，比如“安全带是解开的”。

在自然界中，我们经常要表示的信息并不是二态的：一年中的某一天、一张扑克牌的大小和花色、房间里的温度或者颜色等。我们用一组二进制信号对具有多于两个自然状态的信息进行编码（图 1-7b）。一个包含有 N 个元素的元素集合可以用具有 $n = \lceil \log_2 N \rceil$ 位的信号表示。例如，图 1-7b 中所示的 8 种颜色可以由三个 1 位的信号来表示，即 Color_0，Color_1 和 Color_2。为了方便起见，我们将这组三个信号视为一个多位信号 $\text{Color}_{2:0}$。在电路图或者原理图中，我们并不是为这三个信号画三条线，而是画一条带斜线的线，表明它是一个多位信号，斜线旁边的数

字“3”则表明由3位组成。⊖

诸如电压、温度、压力等连续量，通过量化将它们编码成数字信号。这将使得问题简化为只需表示元素集合中的一个元素。例如，假设我们要表示68 ℉到82 ℉之间的温度，并且足以分辨出精确到2 ℉的温度。我们将这个温度范围量化为8个离散值，如图1-7c所示。我们可以用二进制权重信号$\text{TempA}_{2:0}$来表示这个范围，其温度表示为：

$$T = 68 + 2\sum_{i=0}^{2} 2^i \text{TempA}_i \tag{1-3}$$

或者，我们可以用一个7位温度计编码信号$\text{TempB}_{6:0}$来表示这个范围：

$$T = 68 + 2\sum_{i=0}^{6} \text{TempB}_i \tag{1-4}$$

很多诸如此类的编码也可以选择，设计人员可以根据手头上的任务选择一种表示方法。一些传感器（如温度计）能自然地生成温度计编码信号。在一些应用中，重要的是相邻编码仅在1位上不同。平时，可以通过最小化表示集合中的元素所需要的位数来降低成本和复杂度。在第10章讨论数制和算术运算时，我们将重新讨论连续量的数字表示方法。

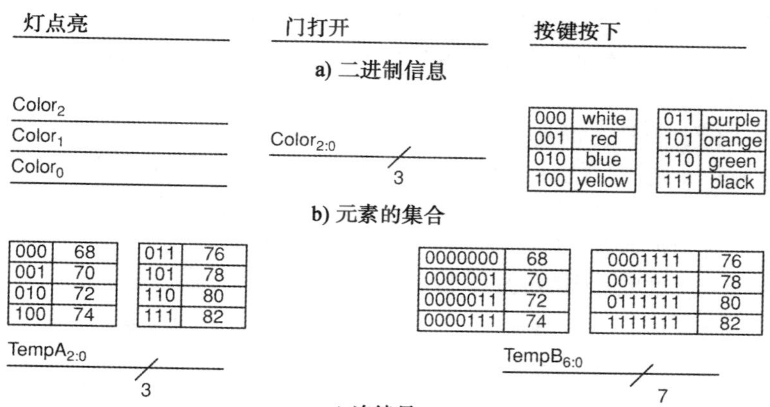

图1-7　用数字信号表示信息。a）用1位信号表示二值声明。b）多于2个元素的元素集合由一组信号表示。在这种情况下，8种颜色中的一种由一个3位信号$\text{Color}_{2:0}$表示。c）量化一个连续的量，如温度，其量化的值的集合可用一组信号进行编码。这里，8个温度中的一个可以编码成一个3位信号$\text{TempA}_{2:0}$，或者编码成一个7位的温度计编码（thermometer-coded）信号$\text{TempB}_{6:0}$，该编码每次最多只有1位从0变到1

1.3.1　表示一年中的某一天

假设我们希望用一个数字信号来表示一年中的某一天（忽略闰年的问题）。该信号对应的操作包括：确定下一天（即给定今天的表示，计算明天的表示），检查两天是否在同一个月，确定一天是否在另一天之前，以及一天是否是这星期中特有的一天。

一种方法是用$\lceil \log_2 365 \rceil = 9$位信号来表示0～364的整数，其中0表示1月1日，364表示12月31日。这种表示方法是紧凑的（你不可能做到比9位更少），它使得很容易确定一天是否在另一天之前。然而，它不便于我们完成另外两个需要的操作。要确定每天对应的月份需要将信号与每个月的范围（1月为0～30，2月为31～58等）进行比较。要确定一星期中的某一天需要用日期的整数按模7计算。

⊖　这种多位信号的符号在8.1节中有更详细的讨论。

出于我们的目的，更好的方法是将信号表示为 4 位月份字段（1 月 =1，12 月 =12）和 5 位日期字段（1~31，留下 0 不使用）。采用这种表示方法，例如 7 月 4 日（美国独立日）是 $0111\ 00100_2$。其中 $0111_2=7$ 表示 7 月，$00100_2=4$ 表示日期。用这种表示方法，我们便可以更
9~10 直接地比较一天是否在另一天之前，还可以通过比较高 4 位来容易地检查两天是否在同一个月。但是，用这种表示方法来确定一星期中的某一天更加困难。

为了解决一星期中某一天的问题，我们采用一种冗余的表示方法，它包括一个 4 位的月份字段（1~12）、一个 5 位的该月中日期的字段（1~31）和一个 3 位的该星期中的日期字段（星期日 =1，…，星期六 =7）。采用这种表示方法，7 月 4 日（2012 年的一个星期三）就可以表示成一个 12 位的二进制数字 0111 00100 100。0111 意思是月份为 7 或 7 月，00100 意思是该月的 4 日，100 意思是这星期的第四天或星期三。

1.3.2　表示减色法

我们经常选择一种表示方式来简化执行的操作。例如，假设我们希望用减色系统来表示颜色。在减色系统中，我们从白色（所有颜色）开始，并使用一个或者多个原色（红色、蓝色或黄色）的透明滤光片对其进行滤色。例如，如果我们从白色开始，然后使用红色滤光片，得到红色。如果再添加一个蓝色滤光片，会得到紫色，以此类推。通过用原色滤色白色，可以生成紫色、橙色、绿色和黑色。

一种合适的颜色表示方法如表 1-2 所示。在这种表示方法中，我们用 1 位来表示每种原色。如果该位被置位，则该原色的滤光片已在相应的位置。我们从表示为全零的白色开始，即在相应的位置没有滤光片。每种原色只有 1 位置位，即在相应的位置仅有该原色的滤光片。橙色、紫色和绿色每种间色都有 2 位置位，因为它们都是用两个原色滤光片产生的。最后，黑色是通过使用全部的三个滤光片来生成的，因此 3 位全部置位。

表 1-2　颜色的 3 位表示方法。该表可以直接用白光或通过用多种原色滤色白色光来得到，选择这种表示方法使得混合两种颜色等同于将这些颜色的表示一起进行或操作

颜　色	编　码	颜　色	编　码
白色	000	橙色	011
红色	001	紫色	101
黄色	010	绿色	110
蓝色	100	黑色	111

11

很容易看出，使用这种表示方法，将两种颜色混合在一起（添加两个滤光片）的操作等同于对两种颜色的表示进行逻辑或的操作。例如，如果我们用蓝色 100 混合红色 001，则将得到紫色紫色 101，即 $001 \vee 100 = 101$。⊖

1.4　数字逻辑函数

一旦将信息表示为数字信号，就用数字逻辑电路计算信号的逻辑函数。也就是说，该逻辑计算输出端的数字信号，它是输入端的数字信号的函数。

假设我们希望搭建一个恒温器，如果温度高于设定的极限值，则打开风扇。图 1-8 展示了如何使用一个单独的比较器实现这一点，比

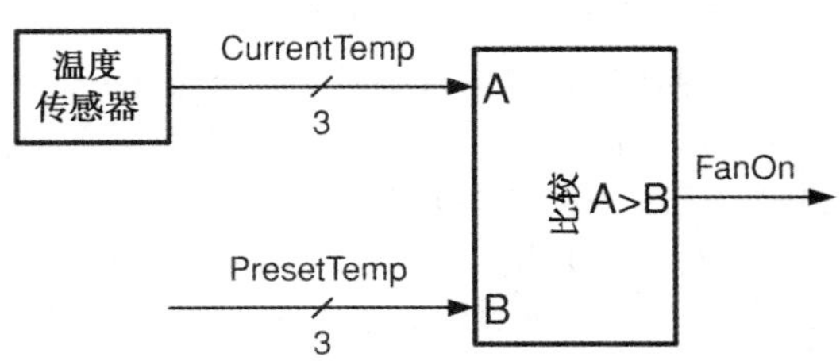

图 1-8　使用比较器实现的数字恒温器。如果当前温度大于设定温度，比较器打开风扇

⊖ 符号 ∨ 表示两个二进制数的逻辑或，参见第 3 章。

较器是一个数字逻辑块，用于比较两个数字，并输出一个二进制信号，以表明其中一个是否大于另一个（我们将在8.6节探讨如何构建比较器）。比较器用两个温度作为输入：来自温度传感器的当前温度和设定的极限温度。如果当前温度高于极限温度，比较器的输出就会变为高电平，进而打开风扇。数字恒温器是一个组合逻辑电路的实例，即逻辑电路的输出仅取决于其输入的当前状态。我们将在第6～13章中学习组合逻辑电路。

例1-2　当前日期的电路

假设我们希望用1.3.1节中所描述的表示方法来构建一个日历电路，其一直输出当天所在的月份、日期、星期。图1-9所示的电路需要存储功能，**寄存器**存储当前日期（当前月份、日期和星期），使得当前日期在寄存器输出端可用，并且在时钟上升沿到来之前忽略寄存器的输入。当时钟信号上升时，寄存器用其输入端上的值来更新它的内容，然后恢复它的存储功能。[⊖] 逻辑电路依据今天的值计算明天的值，电路增加了这两天（今天、明天）的字段，并且如果它们发生溢出便会采取适当的措施。我们将在9.2节介绍这个逻辑电路的实现。时钟信号每天（在午夜）上升一次，届时寄存器能够用明天的值来更新它的内容。数字日历就是一个**时序**逻辑电路的实例。它的输出不仅取决于当前的输入（时钟信号），还与内部状态（今天）有关，这种内部状态反映了过去输入的值。我们将在第14～19章中学习时序逻辑。 12

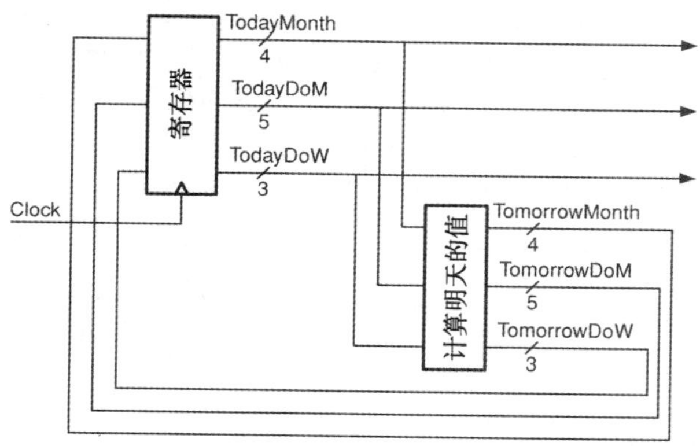

图1-9　数字日历以月份、日期、星期的格式输出当前日期。寄存器存储当天（今天）的值，逻辑电路计算第二天（明天）的值

我们经常通过组合子系统来构建数字系统。或者从另一个角度来看，设计一个数字系统，是将其划分为组合和时序子系统，然后再设计每个子系统。举一个非常简单的例子，假如我们想要修改恒温器，使得风扇在星期日不运行。可以将恒温器电路和日历电路组合在一起，如图1-10所示。该日历电路仅用于输出星期几（DoW），这个输出与常量Sunday = 1进行比较。如果今天是星期天（ItsSunday），比较器的输出为真，反相器（也称为非门）来补充这个值。如果不是星期天，反相器的输出（ItsNotSunday）为真。最后，与门将反相器的输出和恒温器的输出结合在一起。仅当温度高且不是星期天时，与门的输出才为真。系统级的设计（某种程度上要比这个简单实例的水平高一些）是第21～25章的主题。

1.5　数字电路和系统的Verilog描述

Verilog是一种用来描述数字电路和系统的硬件描述语言（hardware description language，HDL）。一旦用Verilog描述了系统，就可以使用Verilog仿真器来仿真它的操作。我们还可以用

⊖　我们现在不回答如何用正确的日期初始化寄存器。

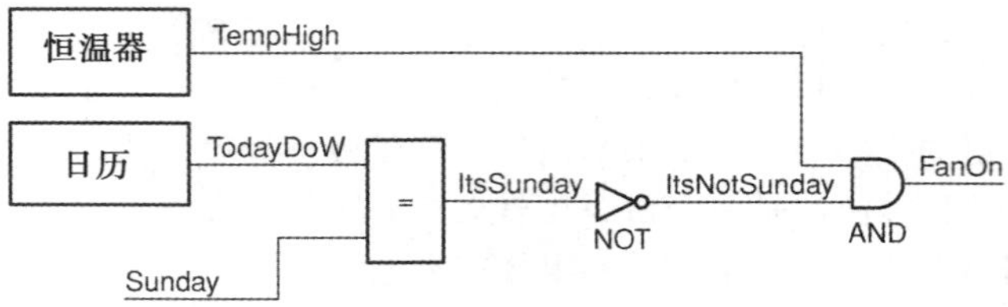

图 1-10　通过将恒温器和日历电路结合在一起，我们实现了一个当温度高时打开风扇的电路，星期天除外，星期天风扇保持关闭

综合程序（类似于编译器）来综合电路，将 Verilog 描述转换成门级描述，进而映射到标准单元或 FPGA 上。Verilog 和 VHDL 是当今广泛使用的两种硬件描述语言。在工业界，大多数芯片和系统都是通过用这两种语言之一编写描述来设计的。

我们将在本书中使用 Verilog 来阐明原理，并讲授 Verilog 编码风格。在使用本书的课程结束时，读者应熟练读写 Verilog。附录给出了编写 Verilog 的风格指南。

恒温器示例的 Verilog 描述如图 1-11 所示。恒温器被描述为一个 Verilog 模块，其代码位于关键字 `module` 和 `endmodule` 之间。第一行声明了模块的名称是 `Thermostat`，其接口包含三个信号：`presetTemp`、`currentTemp` 和 `fanOn`。第二行声明了两个温度信号都是 3 位的输入信号，其中 [2:0] 表示 `presetTemp` 包含子信号 `presetTemp [2]`、`presetTemp [1]` 和 `presetTemp [0]`，`currentTemp` 与其类似。第三行声明了 `fanOn` 是一个 1 位的输出信号。第四行（非空行）描述了整个模块的功能，它为信号 `fanOn` 声明了一个 `wire`，当 `currentTemp` 大于 `presetTemp` 时，将赋值 `wire` 为真。当 `presetTemp = 3` 且 `currentTemp` 在 0 到 7 之间循环时，该模块仿真的结果如图 1-12 所示。

```
module Thermostat(presetTemp, currentTemp, fanOn) ;
  input  [2:0] presetTemp, currentTemp ; // 3位输入i
  output fanOn ;                         // 1位输出

  wire fanOn = (currentTemp > presetTemp) ; // 比较温度
endmodule
```

图 1-11　用 Verilog 描述恒温器的例子

乍一看，Verilog 代码看起来与传统的编程语言如 C 或 Java 很类似。然而，Verilog 或任何其他的硬件描述语言，从根本上不同于编程语言。在像 C 这样的编程语言中，每次只有一条语句是活动的。语句是按顺序执行的，一次执行一条语句。而
13~14 在 Verilog 中，所有的模块以及每个模块中所有的赋值语句始终都是活动的。也就是说，所有的语句自始至终都被执行。

在编写 Verilog 代码时，记住这些代码最终将被编译成硬件是非常重要的。每个模块实例化后就是向这个设计添加一个硬件模块，每个模块中的每一条赋值语句就是向那个模块的每个实例添加门电路。与门电路必须手工合成相比，Verilog 可以成倍地提高生产效率，这样设计人员可以关注更高的层面。同时，如果 Verilog 的抽象化使得设计人员与最终产品失去联系因而写出一个效率低的设计，它可能也是一个障碍。

```
# 011 000 -> 0
# 011 001 -> 0
# 011 010 -> 0
# 011 011 -> 0
# 011 100 -> 1
# 011 101 -> 1
# 011 110 -> 1
# 011 111 -> 1
```

图 1-12　当 `presetTemp = 3` 且 `currentTemp` 从 0 到 7 循环时，图 1-11 中 Verilog 程序仿真的结果

1.6 系统中的数字逻辑

大多数现代电子系统，从手机到电视再到汽车中的嵌入式发动机控制器，具有如图1-13所示的形式。这些系统分为模拟前端、一个或多个处理器以及固定功能数字逻辑块，这些部件代表系统的硬件。由于模拟电路会累积噪声并且集成度有限，因此我们尽可能少使用它。在现代系统中，模拟电路被限制在系统的外围接口，主要用于信号调理和模拟到数字的转换，以及数字到模拟的转换。

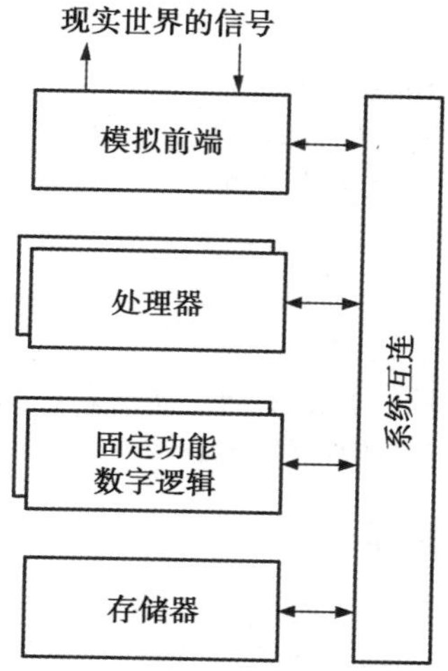

图1-13　现代数字电子系统由模拟前端、完成应用中复杂但计算强度不高部分的一个或多个处理器，以及完成应用中计算密集部分的数字逻辑块组成

15

使用数字逻辑构建的可编程处理器完成复杂但计算强度不高的系统功能。处理器本身可能相当简单，复杂性主要体现在处理器运行的软件上，这些软件可能包含数百万行代码。复杂的用户接口、系统逻辑、要求不高的应用以及其他类似的功能都是由处理器上运行的软件实现的。然而，由于在处理器上实现某个功能所需的面积和能量比在固定功能逻辑块中实现该功能所需的面积和能量要高出10～1000倍，所以计算要求最高的功能是直接在逻辑中实现的，而不是在处理器上运行的软件中实现的。

在一个典型系统中，若依据操作的数量来测算，固定功能逻辑模块完成了大多数系统的计算，但若依据代码的行数来测算，其仅占系统复杂度的一小部分。固定功能逻辑用于实现诸如无线调制解调器、视频编译码器、加密和解密功能以及其他类似的功能块。对于调制解调器或编码器而言，每秒完成10^{10}～10^{11}次操作是很常见的，然而在同样的功耗下，处理器每秒只能完成10^{8}～10^{9}次操作。如果你在手机上观看一个视频流，大多数正在进行的操作都发生在无线电调制解调器中，将RF波形译码为符号，视频编译码器再将这些符号译码为像素。相对而言，在ARM处理器上只进行少量的计算，它控制整个过程的进行。

本书论及数字逻辑的设计与分析。图1-13的系统中，在所有的方块中都可以找到数字逻辑，包括将它们相连在一起的部分。数字逻辑控制、排序、校准和调整模拟前端中的A/D和D/A转换器；由数字逻辑构建的处理器，其功能通过软件定义；数字逻辑实现了固定功能块；最后数字逻辑实现了总线和网络，使得这些方块可以彼此通信。

数字逻辑是构建现代电子系统的基础。在你学完这本书后，将对这项技术有一个基本的理解。

小结

本章概述了数字设计。我们已经看到，以数字形式表示信号使得它们能够容忍噪声。除非超过了噪声容限，否则受噪声干扰的数字信号可以恢复到原始状态。这使得我们能够完成复杂的计算，而不会累积噪声。

信息表示为数字信号。例如真命题“门是开着的”只有两个值，因此可以直接用一个数字信号表示。我们用多位数字信号来表示集合中的元素，并为集合中的每个元素分配一个二进制编码，如一周中的星期几。像导线上的电压或者房间中的温度等连续值，是通过首先量化该值，即将连续的范围映射到有限数量的离散步长上，然后将这些步长表示为集合中的元素来表示。

数字逻辑电路执行逻辑函数，即计算数字输出信号，其值是其他数字信号的函数。组合逻

辑电路计算只是其当前输入的函数的输出。时序逻辑电路包括状态反馈，并且计算其当前输入
16 和当前状态的函数的输出，状态可以间接地认为是过去的输入。

出于仿真和综合的目的，我们以 Verilog 硬件描述语言的形式描述数字逻辑函数。可以仿真用 Verilog 描述的电路，确定它对测试输入的响应，以验证它的行为。验证完，可以将该 Verilog 描述综合到实际的电路中去实现。虽然 Verilog 第一眼看起来很像一个传统的编程语言，但它还是完全不同的。传统的编程语言描述的是一个步进的程序，一次只执行程序中的一行；然而，Verilog 描述的是*硬件*，所有的模块一直都在同时执行。在附录中给出了 Verilog 的风格指南。

数字逻辑设计很重要，因为它构成了现代电子系统的基础。这些系统由模拟前端、一个或多个处理器和数字固定功能逻辑组成。数字逻辑用于实现处理器（它完成复杂但计算强度不高的功能）和固定功能逻辑（它是大部分计算出现的地方）。

文献说明

查尔斯·巴贝奇（Charles Babbage）被认为设计了第一台计算的机器：差分机［4］。他在 19 世纪 40 年代设计的第二代差分机很复杂，直到 2002 年才完成［101］。他还规划了一台更为复杂的分析机，其与现代计算机有很多相似之处［17］。其他的机械式计算器出现在 20 世纪初。美国法院裁定[1] John Atanasoff 于 1940 ~ 1941 年在艾奥瓦州发明了第一台数字计算机。40 年后，John Atanasoff 在参考文献［3］中提到了他的发明。

Robert Noyce（传记［10］）和 Jack Kilby 是集成电路的共同发明人［86］。在离开仙童半导体公司后，Robert Noyce 和戈登·摩尔（Gordon Moore）共同创办了英特尔公司。在英特尔期间，摩尔观察了集成电路上晶体管密度的增长，这个以指数增长的观察（即摩尔定律［81］）已经维持了 40 多年。

高级综合工具的第一个实例就是伯克利的 BDSyn［96］。有关 Verilog 语言的更多信息，请参考本书后面的章节、Palnitkar 的《Verilog HDL》［89］或者关于该语言的众多在线资源。

习题

1.1 *噪声容限，Ⅰ*。假设有一个使用表 1-1 所述编码的模块，你可以自由选择$(V_{OL}, V_{OH}) = (0.3, 2.2)$或$(0.1, 2.1)$。你将选择这些输出范围中的哪一个？为什么？

1.2 *噪声容限，Ⅱ*。两根导线在芯片上靠近放置，它们非常接近，实际上，较大的导线（干扰源）耦合到了较小的导线（受干扰的），并引起受干扰导线上的电压发生了变化。利用表 1-1 中的数据，确定以下问题。

17 (a) 如果受干扰导线上的电压是在 V_{OL}，可以迫使它下降而又不会导致问题的最大干扰源是多少？

(b) 如果受干扰导线上的电压是在 0 V，可以迫使它下降而又不会导致问题的最大干扰源是多少？

(c) 如果受干扰导线上的电压是在 V_{OH}，可以迫使它下降而又不会导致问题的最大干扰源是多少？

(d) 如果受干扰导线上的电压是在 V_{DD}，可以迫使它上升而又不会导致问题的最大干扰源是多少？

1.3 *电源噪声*。A 和 B 两个系统，使用表 1-1 中的编码来相互发送逻辑信号。假设在两个系统的供电电源之间存在电压偏移，使得系统 A 中的所有电压都比系统 B 高 V_N。系统 A 中的电压 V_x，在系统 B 中呈现的电压为 $V_x + V_N$。系统 B 中的电压 V_x，在系统 A 中呈现的电压为 $V_x - V_N$。假设系统中没有其他的噪声源，V_N 在什么范围内系统将可以正常工作？

1.4 *接地噪声*。某个逻辑系列具有如表 1-3 所示的信号电平。我们使用这个逻辑系列将器件 A 的输出端连接到 B 的输入端，所有信号的电平都是相对于本地的地。在发生错误之前，两个器件的接地电压

[1] 霍尼韦尔诉斯佩里兰德。

（GNDA 和 GNDB）的差值有多大？计算 GNDA 相对于 GNDB 高多少，以及 GNDA 相对于 GNDB 低多少。

表 1-3　习题 1.4 的电压等级

参　　数	值	参　　数	值
V_{OL}	0.1 V	V_{IH}	0.6 V
V_{IL}	0.4 V	V_{OH}	0.8 V

1.5　成比例的信号电平。某逻辑器件依据表 1-4 中信号电平与它的电源电压（V_{DD}）的比例关系对信号进行编码。

表 1-4　习题 1.5 的电压等级

参　　数	值	参　　数	值
V_{OL}	$0.1V_{DD}$	V_{IH}	$0.6V_{DD}$
V_{IL}	$0.4V_{DD}$	V_{OH}	$0.9V_{DD}$

假设两个这样的逻辑器件 *A* 和 *B* 彼此发送信号，且器件 *A* 的电源为 $V_{DDA}=1.0\ V$。假设没有其他的噪声源，并且这两个器件具有公共地（即两个器件的 0 V 是同一个电平），设备 *B* 的电源电压（V_{DDB}）范围是多少时，系统将在那个范围内正常工作？ 18

1.6　噪声容限，Ⅲ。采用习题 1.5 中的比例方案，若要容忍大至 100 mV 的噪声，最低的电源电压（V_{DD}）是多少？

1.7　噪声容限，Ⅳ。某逻辑系列使用相对于 V_{SS} 的信号电平，并与 V_{DD} 成正比，如表 1-5 所示。我们使用这个逻辑系列连接两个逻辑器件 *A* 和 *B*，两个器件之间的信号在两个方向上传输。两个系统的 $V_{DD}=1$ V 且系统 *A* 的 $V_{SSA}=0$ V。V_{SSB} 的取值范围是多少时系统将正常工作？

表 1-5　习题 1.7 的电压等级

参　　数	值	参　　数	值
V_{OL}	$0.9V_{SS}+0.1\ V_{DD}$	V_{IH}	$0.3V_{SS}+0.7V_{DD}$
V_{IL}	$0.7V_{SS}+0.3\ V_{DD}$	V_{OH}	$0.1V_{SS}+0.9\ V_{DD}$

1.8　恢复设备的增益。根据表 1-1 中的值恢复信号的电路的增益的最小绝对值是多少？

1.9　格雷码。已被量化为 *N* 个状态的某连续值可以被编码为 $n=\lceil \log_2 N\rceil$ 位的信号，其中相邻状态最多在 1 位的位置上不同。说明如何将图 1-7c 中的 8 个温度以这种方式编码为 3 位，以确保你在 82 ℉ 和 68 ℉ 间的编码也仅在 1 位的位置上不同。

1.10　编码规则。公式（1-3）和公式（1-4）是译码规则的实例，其返回值是由多位数字信号表示。请写出相应的编码规则。要求这些规则给出数字信号每一位的值，该值是被编码值的函数。

1.11　编码扑克牌。建议用二进制表示扑克牌，即用一组二进制信号唯一标识标准牌组中 52 张牌中的一张牌。可以使用什么不同的表示方法来：（i）优化密度（每张牌的最小位数）或（ii）简化操作，例如确定两张牌是否具有相同的花色或大小？说明你如何使用特殊的表示方法来检查两张牌是否相邻（大小相差 1）。

1.12　星期几。解释如何从我们在 1.3.1 节讨论的月份/日期的表示方法中得到这周中的星期几。

1.13　颜色，Ⅰ。给出一个颜色的表示方法以支持三原色组合的加色法的操作。你从黑色开始，然后添加红色、绿色或蓝色的彩色光。 19

1.14　颜色，Ⅱ。扩展习题 1.13 的表示方法以支持每个原色光的三个强度级别，也就是说，每种颜色光可以关闭、弱打开、中等打开或强打开。

1.15　编码与解码，Ⅰ。一片排列成 4×1 处理器阵列的 4 核芯片，其中每个处理器都连接到与其东和西相邻的处理器上，阵列的末端没有连接。处理器地址从最东边的处理器上的 0 开始，且每次增 1，直到最西端的处理器的地址 3。考虑到当前处理器的地址和目的处理器的地址，你如何确定是向东还是向西到达目的处理器？

1.16 编码与解码，Ⅱ。一片排列成 4×4 处理器阵列的 16 核芯片，其中每个处理器都连接到与其北、南、东、西相邻的处理器上，末端没有连接。为每个处理器（0～15）的地址选择一个编码，使得当数据正在流过处理器时，在每个处理器上根据目的地址和当前处理器的地址很容易（即与习题 1.15 类似）确定它应当向北、向南、向东还是向西移动。

(a) 画出这个处理器阵列，并根据你的编码用其地址标注每个核。

(b) 描述如何根据当前和目的地址确定数据应该移动的方向。

(c) 这种编码或其解释与从西北角开始简单地标记处理器 0～15 有什么不同?

1.17 循环格雷码。找出一种将数字 0～5 编码成 4 位二进制信号的方法，使得相邻数字仅有 1 位不同，
20 并且还要使得 0 和 5 的表示也仅有 1 位不同。

数字系统设计实践

在深入了解数字系统设计的技术细节之前，先从高层面了解一些当今工业界中系统设计的方法是很有用的。这样，我们才能够把将在后续章节中学习到的设计技术与上下文更好地结合在一起。本章将探讨现代数字系统设计实践的4个方面：设计流程、实现技术、计算机辅助设计工具和工艺规模。

我们将从2.1节开始讲述设计流程，即设计如何从设计规格开始，并贯穿概念开发、可行性研究、详细设计和验证等各个阶段。除了最后几个步骤外，大部分的设计工作都采用英文[⊖]文档完成。任何设计过程的一个关键方面是管理技术风险的系统过程，它通常是定量的。

数字设计是在超大规模集成（very-large-scale integrated，VLSI）电路（*通常称之为芯片*）上实现的，并封装在印制电路板（printed-circuit board，PCB）上。2.2节中讨论了当代实现技术的能力。

高度复杂的VLSI芯片和电路板的设计可通过尖端的计算机辅助设计（computer-aided design，CAD）工具来实现。在2.3节中介绍的这些工具通过一系列相关工作来提高设计人员的以下能力：获取设计；综合逻辑和物理布局；验证设计在功能上是正确的且满足时序要求。

大约每两年，封装在集成电路芯片上的最小晶体管数量就会翻倍。我们将在2.4节中讨论这种称之为*摩尔定律*的增长率，及其对数字系统设计的影响。

2.1 设计流程

与其他工程领域一样，数字设计流程也是从设计规格开始。随后，设计依次经过概念开发、可行性研究、划分和详细设计几个阶段。与此相同，大部分课本只涉及这个流程的最后两个步骤。为了客观地理解我们将学习到的设计和分析技术，我们将在这里简要说明一下其他的步骤。图2-1给出了设计流程的概貌。 21

2.1.1 设计规格

所有的设计都是从设计规格开始的，设计规格描述了所要设计的条目。根据对象的新颖性，开发设计规格本身也许就是一个明确的或是详尽的过程。绝大多数的设计都是进化的，即现有产品新版本的设计。对于这种进化的设计，设计规格过程就是确定新产品优势所在（更快，更小，更便宜，更可靠等）的过程。同时，新的设计常常受限于原先的设计。例如，一个新型号的处理器通常必须能够执行被其替代型号相同的指令集，一个新的I/O设备通常必须支持与上一代相同标准的I/O接口（例如PCI总线）。

在极少数情况下，特定的对象是同类产品中的第一个。对于这种革命性的开发，设计规格过程则完全不同。尽管新对象可能需要兼容一个或多个标准，但其并没有向下兼容的限制。虽然这给了设计人员更多的自由发挥的空间，但同时又让设计人员在确定对象功能、特点和性能时缺少指导。

无论是革命性的还是进化的，与大多数工程过程一样，设计规格过程都是一个循环迭代的

⊖ 或一些其他的自然（人类）语言。

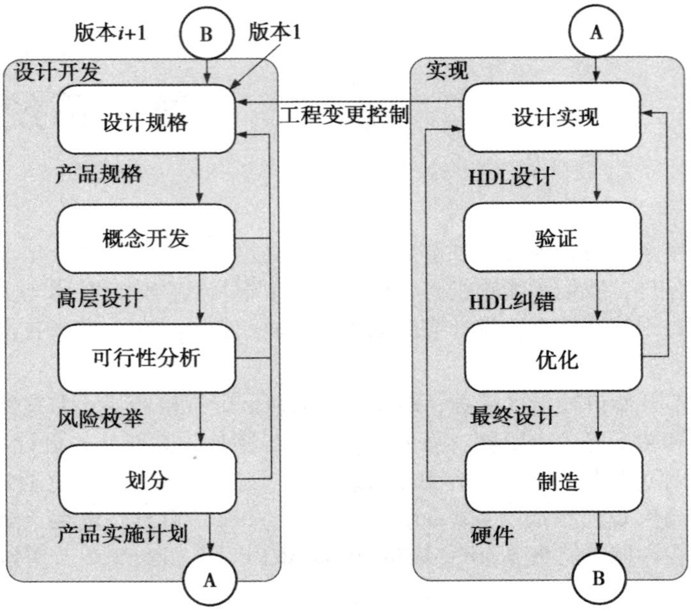

图 2-1　设计流程。初始的工作重点是设计规格和风险分析。只有在产品实施计划订立后，才进入产品实施阶段。实施过程本身具有许多验证和优化的迭代。很多产品在出货前，会有多个内部硬件版本

过程。我们首先为对象撰写一个假想对象（straw man，稻草人）的设计规格，在这种情况下，我们就可以发现一些问题（question）或是悬而未决的问题（open issue）。之后，我们可以通过收集信息来回答这些问题或是解决这些悬而未决的问题，迭代式地改进最初的设计规格。我们与客户或产品的最终用户沟通来确定他们想要的产品特点、他们对每个产品特点重视的程度
22 以及他们对我们提议的设计规格反应的程度。我们通过工程研究来确定某个产品特点的成本。成本度量的示例包括达到一定性能水平所需的裸片（die）面积，或是给处理器添加一个分支预测器会消耗多少功率等。每次有新信息出现时，我们都会针对新信息修订我们的设计规格。这个修订过程的历史记录也会保留下来，以便为这次做出的决定提供依据。

虽然我们可以持续不断地完善我们的设计规格，但最终我们必须冻结设计规格并着手开始设计。冻结设计规格的决定通常是在进度压力（如果产品上市太晚，便会错过市场窗口）和所有关键的悬而未决问题的解决方案共同驱使下做出的。设计规格被冻结并不意味着它不能再变更。如果在设计开始后发现了一个至关重要的缺陷，则必须变更设计规格。然而，在冻结设计规格之后，变更变得更加困难，因为变更必须要通过工程变更控制过程才能进行。这是一个规范的工作流程，可以确保任何设计规格的变更都要应用到所有的文档、设计、测试程序中，并且所有受变更影响的人都需要在上面签字。作为变更决策过程中的一部分，它还要依据经济代价和进度延误两方面的因素评估变更的成本。

设计规格过程的最终结果是一个用来描述设计对象的英文文档。不同的公司对此文档使用不同的名称，许多公司称之为产品规格或（针对芯片制造商）元器件规格。一个著名的微处理器制造商称之为目标规格或是 TSPEC。[⊖] 它描述了对象的功能、接口、性能、功耗和成本。简而言之，它描述了产品做什么，但不是它如何做（这是设计要做的）。

⊖ 通常，产品设计规格来自新产品的商业计划，它包括销售预测以及估算新产品开发能够带来的投资回报。当然，这是一份单独的文档。

2.1.2 概念开发与可行性

在概念开发阶段进行系统的高层设计，包括绘制框图、定义主要的子系统以及详细说明系统运行的大致轮廓。更重要的是，在这个阶段会做出关键的工程决策，这个阶段是由设计规格驱动的。概念开发必须要符合设计规格，如果某个要求难以达到，则必须要变更设计规格。

在划分以及每个子系统的设计规格期间，开发和评估了设计的不同方法。例如，构建一个大型的通信交换机，我们可以使用一个大型的交叉开关，也可以使用一个多级网络。在概念开发阶段，我们将评估这两种方法，并选择最能满足我们需求的方法。同样，我们可能需要开发一个速度是先前型号1.5倍的处理器。在概念开发阶段，我们会考虑提高时钟频率、使用更精确的分支预测器、增加Cache容量和/或者增加总线宽度，我们将孤立地和组合地评估这些方法的成本和收益。 23

工艺选择和供应商资格亦是概念开发的一部分。在这些过程中，我们将选择我们使用哪些元器件和工艺流程来制造我们的产品，并确定将由谁来提供它们。在一个典型的数字设计方案中，这涉及选择标准芯片（像存储器芯片和FPGA）的供应商、定制芯片（ASIC的供应商或代工厂）的供应商、包装供应商、电路板供应商和接插件供应商。通常，需要特别关注的是新的元器件、工艺流程或供货商，因为它们代表了风险的一个要素。例如，如果我们考虑使用一个以前从未制造过或使用过的新型光收发器或光控开关，我们就需要评估它可能不工作、可能不符合设计规格的概率，或者当我们需要它时可能无法供货。

工艺选择的一个关键部分就是对设计中的不同部分做出制作或购买的决定。例如，你可能需要在是设计自己的以太网接口，还是从供应商处购买这个接口的Verilog代码之间做出选择。依据成本、进度、性能和风险评估两个（或多个）备选方案，然后基于每个优点做出决定。在做出决定之前，往往需要收集信息（从设计研究、提及的供应商把关等）。如果自己设计的产品比从供应商处购买的更便宜、更快，那么工程师常常喜欢自己来做这些事。另一方面，“告诫买方（一经出售概不负责）”[⊖]的情况也适用于数字设计。有人在销售一个产品，并不代表该产品能按设计规格工作或符合设计规格。你可能会发现你所购买的以太网接口在某些数据包长度上不工作。从外部供应商处获得的每项技术都具有一定风险，需要在使用前仔细验证。与自己进行设计所花的精力相比，这种验证也是很耗费精力的。

工程的一大部分便是管理技术风险的艺术，即将期望的程度设定得足够高以便可以获得很成功的产品，但又不至于高到产品不能及时制作出来。一个优秀的设计人员会在选定的高回报领域中评估出一些风险，并小心地应对它们。过于保守（不承担风险，或是承担过少的风险）通常会导致产品没有竞争力。另一方面，过于激进（承担太多风险，尤其在一些回报很少的领域内）则会导致产品为时已晚而失去时机。目前为止，相比于过于保守而言，大部分产品失败的原因在于过于激进（通常是在一些无关紧要的领域）。

为了有效地管理技术风险，一定要识别、评估和缓解风险。识别风险是引起对它们的注意，以便可以对它们进行监控。一旦我们识别了一个风险，我们通常会在重要性和危险性两个方面对其进行评估。对于重要性而言，我们会问“承担这种风险的话，我们可以从中得到什么？”如果它可以让系统性能加倍或者降低一半的功耗，那么它可能值得一试。但是，如果获益（相比于更保守的方案而言）可以忽略不计，那就没有承担这种风险的意义了。对于危险性而言，我们根据它们成功的可能性来对风险进行量化、归类。一种方法是为每一个风险分配两个从1~5之间的数字，一个代表重要性，一个代表危险性。如果风险是（1，5），则表示重

⊖ 让买家小心。

24 要性低但危险性高，这样便会被放弃。如果风险是（5，1），基本上可以确定是高回报的情况，就可以保留并进行应对。如果风险等级是（5，5），这意味着非常重要但又非常危险，是最棘手的。我们承担不起过多的风险，因此，必须放弃一些这样的机会。我们降低风险危险性的方法是采用缓解的方法：将风险由（5，5）变成（5，4），最终变成（5，1）。

许多设计人员随意地管理风险，即在心理上会遵循和这里所描述相同的过程，然而在面对哪些风险以及避免哪些风险上还是会做出本能的决定。这是一种不良的设计做法，主要原因有以下几点。这种方式并不适用于一个大型设计团队（需要书面文件进行沟通）或大型设计（一个人无法全部记下太多的风险）。当采用随意的、非定量的风险管理方案时，设计人员通常会做出不好的且无知的决策。这些方案也没有留下风险应对决策背后的书面理由。

我们常常通过收集信息的方式来缓解风险。例如，假设我们新设计的处理器需要一个单级流水线来检查依赖性、重命名寄存器以及向8个ALU（一个复杂的逻辑功能）发送指令。我们已经明确了它的重要性（它极大提升了性能）以及危险性（我们不确定它是否能在我们的目标时钟频率下运行）。我们通过尽早开始进行设计以及确定它是可以做的（可行的）可将风险降低至1的水平。确定建议的设计方法在实际中是可行的，通常称为*可行性研究*。通常，确定可行性（达到高程度的可能性）与完成一个详细设计相比，需要付出的努力要少得多。

风险还可以通过制定备选计划来缓解。例如，假设我们在概念设计中，（5，5）风险之一是采用了由小制造商制造的、新的SRAM器件，恰巧就在我们需要使用它时这个器件却不能供货了。因此，我们可以通过寻找一个可用性较好但性能差些的替代器件来降低风险。这样，我们在设计系统时就可以选择两者中的任意一个了。如果高风险的部分只是不能及时供货，而不是完全不能供货，我们可以先完成一个性能稍微逊色一点的系统，当新器件可以供货时再进行升级。

忽视风险、期望它们凭空消失都不可能缓解风险。一定可以让项目失败的方法，我们称之为*否认*。

在有条理的风险管理过程中，通常会对已经明确的风险进行周期性的审查（例如，每周一次或两次）。在每次审查时，风险的重要性和危险性都会基于新信息进行更新。这个能使风险缓解的审查过程，工程团队都可看到。无论是通过信息收集还是备选计划，成功缓解的风险将使其危险性随时间的推移而稳步下降。那些没有得到恰当管理的风险，其危险程度依然很高，这些风险应该引起注意，以便能够更成功地管理它们。

概念开发阶段的结果是第二份英文文档，详细描述了*如何*设计对象。它描述了所采用的设计方法的关键方面，给出了每个方面的理由。它明确了所有的外部参与者：芯片供应商、包装供应商、接插件供应商、电路板供应商、CAD工具提供商、设计服务提供商等。这份文档也明确了所有的风险，并且给出这些风险为何值得一试的理由，还描述了为了缓解风险所采取的完善的和正在完善的策略。不同的公司对于这份讲述*如何*设计的文档采用不同的名称，通常称之
25 为实施设计规格和产品实施计划。

2.1.3　划分与详细设计

一旦概念阶段完成，并且已经做出了设计决策，那么剩下的就是将设计划分成模块，然后完成每个模块的详细设计。高层系统划分通常是作为概念设计过程的一部分。在为每一个高层模块撰写设计规格时，要特别注意它们之间的接口。这些设计规格使得模块能够独立设计，并且如果它们都符合设计规范，则在系统集成时将所有模块连在一起就可以工作。

在一个复杂的系统中，顶层模块本身也将被划分为子模块，诸如此类。将模块划分为子模块通常被称为块级设计，因为它是通过绘制系统的*方块图*（也称结构图）来实现的。图中每个方块代表一个模块或子模块，而模块间的连线则代表了模块间交互的接口。

最终，我们要将模块细分到其每个子模块都可以通过一个综合过程直接实现的程度。这些底层模块也许是根据输入计算逻辑函数的组合逻辑块、用于处理数字的算术运算模块以及对系统的操作进行排序的有限状态机。本书的大部分内容集中在这些底层模块的设计与分析上，保持这种适用于更大系统的观点是非常重要的。

2.1.4 验证

在一个典型的设计项目中，一多半的精力并不是在设计上，而是在验证设计是否正确上。验证的操作发生在所有层面：上至概念的设计，下至独立的模块。在最高层面，概念设计完成架构的验证。在此过程中，要依据设计规格来核对概念设计，以确保通过实现满足设计规格中的每一项需求。

编写*单元测试*是用来验证每个单独模块的功能。典型的，测试代码的行数要远比实现模块的 Verilog 行数多得多。在单独模块验证之后，它们会被集成到封闭的子系统中，然后在模块层级的下一层重复这个过程。最终，将整个系统集成在一起，并且运行一套完整的测试来验证系统实现了设计规格中所有的功能。

验证工作通常是根据另一个称之为*测试计划*的书面文档文件来完成。㊀在测试计划中，要明确被测设备（device under test，DUT）的每一个特点，并且规定的测试要*覆盖*所有明确的特点。测试的一大部分就是处理偏差情况（系统如何响应超出其正常工作模式的输入）和边界情况（输入刚好在正常工作模式之内或之外）。

所有测试的大部分子集通常分组到*回归测试用例集*中，并会在设计上周期性地（经常是每天晚上）运行，变化会随时登记到版本控制系统中。回归用例集的目的是确保设计不会倒退，即确保设计人员在修复一个 bug 时，不会引起其他的测试失败。 26

当时间短、资源少时，工程师们有时会试图走捷径并跳过一些验证。这几乎从来不是一个好的主意。对于验证，一个正确的理念是：*如果它没经过测试，它不会工作*。每个特点、模式以及边界条件都必须测试。从长远来看，如果你完成了验证的每一个步骤并抵制住了走捷径的诱惑，设计将更快地投入生产。

所有的设计都会有 bug，即便是顶级工程师也一样。bug 发现的越早，修复 bug 所需的时间和金钱越少。根据以往经验，设计每次向前进行一个主要步骤时，修复 bug 的成本便会增加 10 倍。在单元测试中发现 bug 时，修复是最便宜的。一个蒙混过了单元测试但在集成测试中被逮住的 bug，修复的成本要高出 10 倍以上。㊁一个通过了集成测试但在整体系统测试中落网的 bug，修复成本又会高出 10 倍以上（修复 bug 是单元测试的 100 倍以上）。如果 bug 通过了系统测试，而直到芯片已经流片并封装后的硅片调试时才被逮住，修复成本会再次高出 10 倍以上。直到芯片投产（并且必须要召回）之前都没被逮住的 bug，修复该 bug 的成本是单元测试中的 10 ~ 10 000 倍以上。你要抓住这一点：不要吝啬测试。你发现 bug 越早，修复它越容易。

2.2 数字系统由芯片和电路板构建

现代数字系统是通过在电路板上将标准的集成电路和定制的集成电路相互连接在一起的方式实现的，电路板又通过接插件和电缆相互连接。

标准的集成电路是可以按照产品目录订购的器件，包括所有类型的存储器（SRAM、DRAM、ROM、EPROM、EEPROM 等）、可编程逻辑（FPGA 部分，见下文）、微处理器以及标准外设接口。设计人员都会尽可能使用标准的集成电路来实现某个功能，因为这些元器件易于

㊀ 正如你所见，大多数工程师撰写英文文档比编写 Verilog 或 C 代码花费的时间更多。

㊁ 可能会有一个或更多个子系统测试级，每级的成本都以 10 为倍数增长。

购买、不需要开发成本或精力，并且与这些元器件相关联的风险通常很小。然而，在某些情况下，使用标准的元器件并不能实现某个性能、功率或成本的设计规格，因此必须设计一个定制的集成电路。

定制的集成电路（有时称为 ASIC，适合特殊用途的集成电路）就是为某一特定功能制造的芯片。或者换句话说，它们是你自己设计的芯片，因为你无法在产品目录中找到你需要的。大多数 ASIC 都是使用标准单元（standard cell）设计方法来制造的，该方法从库中选择标准模块（单元）并在硅片上实例化和互连。典型的标准单元包括简单的门电路、SRAM 和 ROM 存储器以及 I/O 电路。一些供应商还提供诸如算术运算单元、微处理器和标准外设接口等更高阶的模块，即可能是以单元形式，也可能是以可综合的 HDL（如 Verilog）编写的代码形式提供。因此，用标准单元设计 ASIC 类似于用标准器件设计电路板。在这两种情况下，设计人员（或
27 者 CAD 工具）从产品目录中选择单元，并指明它们如何连接。使用标准单元来制造 ASIC 与在电路板上使用标准器件具有相同的优点：减少开发成本低和降低风险。在极少数情况下，设计人员要在晶体管级上设计自己的非标准单元。相比于标准单元逻辑，这种定制的单元可以提供优于标准单元的显著的性能、面积和功率，但应该谨慎使用，因为它们会牵扯很大的设计精力，也是主要的风险因素。

作为定制的集成电路实例，图 2-2 展示了英伟达公司的“Fermi” GPU［85，110］。该芯片采用 40 纳米的 CMOS 工艺制造而成，内部含有超过 3×10^9 个晶体管。它含有 16 个流多处理器（在裸片的上下 4 行内），每个处理器包含 32 个 CUDA 核，共计 512 个核。每个核包含一个整数单元和一个双精度浮点单元。在裸片的中心可以看到一个交叉开关（参见 24. 3 节）。连接到 GDDR5 DRAM（参见 25. 1. 2 节）的 6 个 64 位分区（总共 384 位）占据了芯片的大部分外围部分。

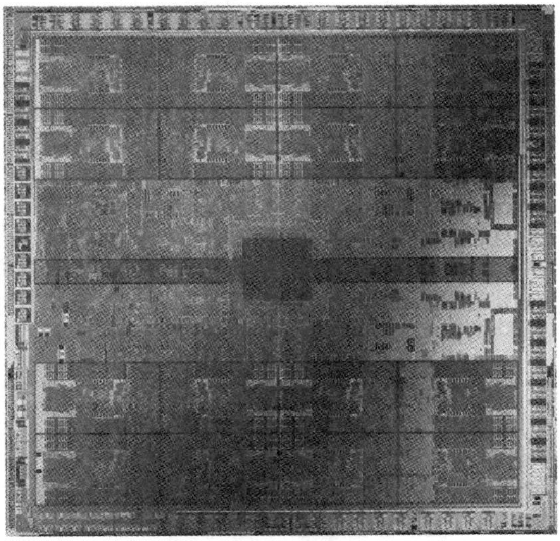

图 2-2　英伟达公司的 Fermi GPU 的裸片照片。该芯片采用 40 纳米的 CMOS 工艺制造，包含了
28 三十多亿个晶体管

现场可编程门阵列（FPGA）介于标准器件和 ASIC 之间，它们是可以通过编程实现任意功能的标准器件。虽然效率明显低于 ASIC，但它们非常适合在要求不高的、用量少的应用中实现定制逻辑。大型 FPGA（如 Xilinx Virtex 7）包含高达 200 万个逻辑单元，超过 10 MB 的 SRAM，多个微处理器和数百个算术运算基础单元。与固定的标准单元逻辑相比，可编程逻辑器件的密度明显低（超过一个数量级）、能量效率低、运行速度慢。这使得它在大批量应用中成本过

高。然而，在用量少的应用中，与 ASIC 的加工成本相比，虽然 FPGA 的单位成本高，但还是具有一定吸引力的。制造 28 纳米的 ASIC 要花费 300 万美元，还不包括设计成本。ASIC 一次性成本[㊀]大约是 2000 万到 4000 万美元。

为了让您了解什么适合于典型的 ASIC，表 2-1 列出了以栅格为单位的多个典型数字基础单元的面积（χ^2）。栅格是在 x 和 y 轴方向上相邻的最小间隔线的中心线之间的区域。在当前的 28 纳米工艺中，最小线间距 $\chi=90$ nm，故一个栅格的面积 $\chi^2=8100\ \text{nm}^2$。在这种工艺中，每平方毫米就有 1.2×10^8 个栅格（1.2×10^8 个栅格/mm^2），即在足以容下 3000 万与非门、相对较小的 10 mm^2 的裸片中就有 1.2×10^9 个栅格。在 20 世纪 80 年代中期，一个简单的 32 位 RISC 处理器就要占用整个芯片，现在占用的面积小于 0.01 mm^2。如 2.4 节所述，每隔 18 个月，每个芯片的栅格数量就会增加一倍，因此可以在芯片上封装的元器件数量也在不断增加。

表 2-1 集成电路器件的栅格面积

模　　块	面积（栅格）	模　　块	面积（栅格）
DRAM 的 1 位	2	触发器	300
ROM 的 1 位	2	行波进位加法器的 1 位	500
SRAM 的 1 位	24	32 位超前进位加法器	30 000
两输入与非门	40	32 位乘法器	300 000
静态锁存器	100	32 位 RISC 微处理器（w/o 高速缓存）	500 000

29

例 2-1 估算芯片面积

估算 8 阶 FIR 滤波器所占用的芯片面积的总和。所有的输入都是 32 位宽（i_i），滤波器在触发器中存储 8 个 32 位（w_i）的权值。输出（X）的计算过程如下：

$$X=\sum_{i=0}^{7} i_i\times w_i$$

用于存储权值、乘法器和加法器的面积可以计算如下：

$$A_w=8\times32\times A_{\text{ff}}=7.68\times10^4\ \text{个栅格}$$

$$A_m=8\times A_{\text{mul}}=2.4\times10^6\ \text{个栅格}$$

$$A_a=7\times A_{\text{add}}=2.1\times10^5\ \text{个栅格}$$

因为我们采用了可以成对减少加数（见 12.3 节）的树形结构，我们仅需要 7 个加法器。为了得到在 28 nm 工艺下的总面积，我们合计每个元器件的面积，该面积为乘法器所左右：

$$A_{\text{FIR}}=A_w+A_m+A_a=2.69\times10^6\ \text{个栅格}=0.022\ \text{mm}^2$$

不幸的是，芯片 I/O 带宽并不像每个芯片的栅格数量增长的那么快。受到一系列因素的影响，现代芯片被限制在大约 1000 个引脚，而诸多的引脚数量则导致了高昂的成本。限制引脚数和驾驭成本的主要因素之一是印刷电路板可以做得到的密度。逸出模式（escape pattern）是针对引脚数量很多的集成电路，要从芯片封装的下面引出所有的信号线，对印制电路板的密度有一定的压力，因此通常需要增加额外的层数（成本也因此增加）。

现代的电路板是在玻璃布 - 环氧树脂覆铜箔板层间加预浸玻璃布 - 环氧树脂基层板[㊁]叠层而成。覆铜板通过光刻绘制连线，然后叠层在一起。层与层之间的连接则是通过对电路板钻孔，并电镀这些过孔而实现的。电路板可以做成很多层，但成本昂贵，20 层及以上的电路板就不常见了，更经济的电路板有 10 层或者更少。层通常在 x 信号层（即在 x 方向传递信号）、

㊀ 一次性支付的成本，不考虑制造的芯片数量。

㊁ 浸渍环氧树脂且尚未加工的玻璃纤维布。

y 信号层和电源层之间交替叠放。电源层为芯片分配电源、将信号层彼此隔离并为信号层的传输线提供一个返回的路径。信号层内可采用的最小线宽及线间距是 3 mil（即 0.003 英寸，约 75 μm）。稍便宜的电路板布线则采用的是 5 mil 线宽和线间距的规则。

连接各层的过孔是制约线路板密度的主要因素。由于电镀的限制，过孔必须要有一个不大于 10 :1 的纵横比（板的厚度和过孔直径之比）。即一个板厚为 0.1 英寸的线路板，过孔的最小直径为 0.01 英寸。过孔到过孔中心线的最小间距为 25 mil（即每英寸 40 个过孔）。例如，可
30 以参考在 1 mm 球栅阵列封装（BGA）中的逸出模式。采用 5 mil 连线和线间距，过孔之间的空间仅能允许一根信号导线穿过（如果采用 3 mil 的线宽和线间距，则过孔间可容下两根导线），在将芯片周边的第一圈信号引出后，每一排信号引脚在引出的时候都需要引到不同的信号层内。

图 2-3 展示了超级计算机 Cray XT6 的一块电路板。该板尺寸为 22.58 × 14.44 英寸，包含了多个集成电路和模块。在电路板的左侧是两片 Gemini（双子座）路由芯片，即 Cray ASIC，它们构成一个系统级的互联网络（见 24.4 节）。你所看到的 Gemini 芯片（和大多数其他芯片）是金属散热片，金属散热片将热量从芯片中吸出形成强制空气冷却。紧挨着 Gemini 芯片的是 16 个 DRAM DIMM 模块，它们为超级计算机节点提供主内存。下一个是 4 片 AMD Opteron 8 核 CPU 芯片。电路板的右侧、大的铜散热片下面，是 4 个 NVIDIA Fermi C2090X GPU 模块。这些模块本身就是一个小型印制电路板，其中包含一个 Fermi GPU 芯片（如图 2-2 所示）、24 片 GDDR5 DRAM 芯片、GPU 的稳压器和存储器。

连接器将信号从一块电路板传送到另一块电路板，直角连接器将板卡连接到在板卡之间传送信号的底板上或转接板上。图 2-3 中 Cray 模块的最左侧就有这样一个连接器，该连接器插入本身就是一块印刷电路板的底板中。底板上有负责为插在底板上的模块提供连接的信号层。底板还设有电缆连接器，其通过电缆或光缆将模块连接到其他底板上的模块。

共面的连接器连接子卡到母板上，图 2-3 中右侧的 4 个 NVIDIA GPU 便是通过这种共面的连接器与 Cray 模块连接的。

电子设备的封装在参考文献［32］中有更详细的描述。

图 2-3 超级计算机 Cray XT6 的一块节点板。该板包含（自左到右）两片路由芯片，16 个 DRAM DIMM 模块，4 个 AMD Opteron 8 核处理器和 4 个 NVIDIA Fermi GPU 模块（见
31 图 2-2）。大多数芯片和模块可以看见的部分都是它们的散热器

2.3 计算机辅助设计工具

现代数字设计人员用许多计算机辅助设计（computer-aided design，CAD）工具协助工作。

CAD 工具是帮助管理设计过程中的一个或多个方面的计算机程序。它们分为三大类：获取、合成和验证。CAD 工具的存在是用于进行逻辑、电气和物理设计。我们在图 2-4 中展示了一个设计流程示例。

顾名思义，获取工具用来帮助获取设计。最常见的获取工具是原理图编辑器。由于分层图显示了所有模块与子模块之间的连接，设计人员利用该工具可以进入设计。对于很多设计而言，使用的都是诸如 Verilog 这类文本的硬件描述语言（HDL），而不是原理图，并使用文本编辑器来获取设计。除少数例外，文本的设计获取远比原理图获取更富有成效。

一旦设计获取后，便会使用验证工具来确保它的正确性。在设计提交之前，必须确保它的功能正确、符合时序约束并且没有违反电气规则。仿真器用于测试原理图或 HDL 设计的功能。编写测试脚本，施加输入并观察 32
设计的输出，如果输出与预期不符，则标记为错误。然而，仿真器取决于测试用例，测试没有暴露的错误，仿真器也不会发现它。形式验证工具使用数学证明的方法来证明设计符合设计规格（与测试用例无关），静态时序分析器验证设计符合时序约束（也与测试用例无关）。我们将在第 20 章进一步详述验证。

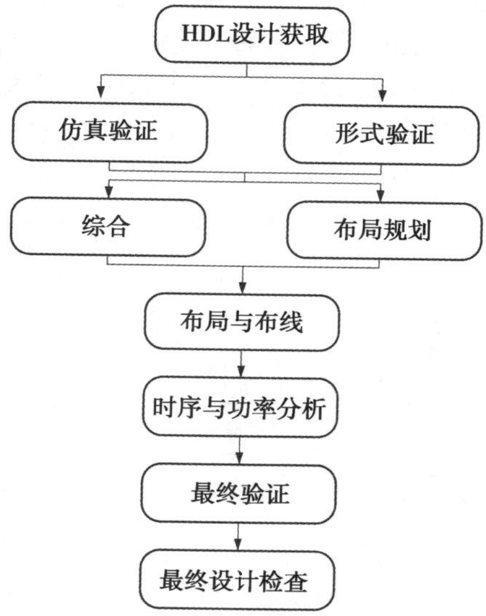

图 2-4　一个典型的 CAD 工具流程。首先对 HDL 设计进行获取并验证。工程师随后进行布局规划，并将设计综合为逻辑门，然后进行布局和布线。设计的最终测试包括时序分析、布局和布线网表的最终验证以及最终的物理设计检查。因为实现是不断完善和优化的，因此没有图示从所有的框到 HDL 设计

综合工具可以使得设计从一个抽象级降低到一个较低的抽象级，从而简化设计。例如，逻辑综合工具采用一个使用诸如 Verilog 的 HDL 设计的高层描述，并将其简化为门级网表。逻辑综合工具在很大程度上淘汰了手工组合逻辑电路设计，从而显著提高了设计人员的效率。布局布线的工具采用门级网表，通过放置独立的门电路并在它们之间布线来将其简化为物理设计。

在现代的 ASIC 和 FPGA 中，延时和功率中很大一部分在于门电路以及其他单元互联的连线，而不是门电路或单元本身。实现高性能（和低功率）需要管理布局的过程，以确保关键信号只经过很短的距离。保证信号走线短的最好实现方法是手工将设计划分成不超过 50 000 个门电路（200 万个栅格）的模块，制定一个*布局规划*，表明每个模块放置的位置，并将每个模块分别放置到布局规划中其相应的区域。

CAD 工具同样可以用来进行集成电路的生产制造测试，这些测试将证明特定的芯片在下线后能正常工作。通过扫描测试模式可以深入到芯片的触发器（出于这个目的，芯片被配置成一个大型移位寄存器）、各个晶体管和复杂的连线之中，因此现代集成电路可以用数量相对较少的测试模式来验证。

但是，CAD 工具经常会限制大型的设计，会将它们分成一系列小得多的设计，这样就可以利用特定的工具集轻易地完成设计。然而，一些能够极大提高设计效率的技术往往不允许使用，不是因为它们本身具有风险，而是因为它们不能与某个特别的综合流程或是验证步骤一同工作。这是令人遗憾的，CAD 工具应该是用来简化设计人员的工作，而不是限制他们设计的范围。

2.4 摩尔定律和数字系统演变

1965 年，戈登·摩尔（Gordon Moore）预测集成电路上晶体管的数量将会每年翻一番。这

种电路密度呈指数增长的预测，已经持续了 40 年之久，并逐步成为人们熟知的摩尔定律。随着时间的推移，每年翻一番的预测已经被修正为每 18 ~ 20 个月翻一番，但即便如此，增长的速度依旧迅猛。集成电路上的元器件（或栅格）的数量正在以每年超过 50% 的复合增长率增
33 长，大约每 5 年增长一个数量级。这些信息绘制在图 2-5 中。

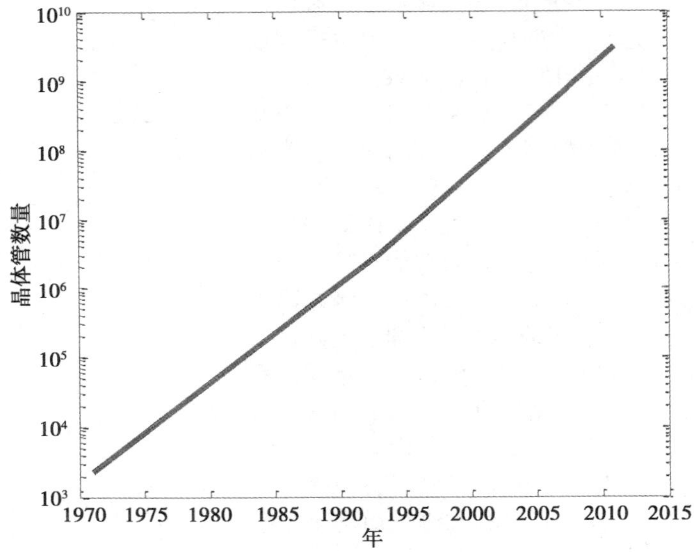

图 2-5　几十年来商用处理器上的晶体管数量，说明了摩尔定律

多年以来（从 20 世纪 60 年代大约到 2005 年），电压缩放与栅极长度呈线性关系。因为这个常数域或登纳德缩放比例定律［36］，随着器件数量的增加，器件运行速度也会更快，能耗也变得更低。粗略地讲，当半导体工艺的线性尺寸 L 减半时，器件所需的面积按比例缩小为原来面积 L^2 的四分之一（$1/4\ L^2$）。因此，在相同的面积上我们可以放下原来 4 倍的器件。由于常数域缩放比例，器件的延时也与 L 成正比，因此当 L 减半时，使得这些器件的速度都加快到了原来的两倍。由于 C、V 都与 L 成正比，因此开关单个设备所消耗的能量 $E_{SW} = CV^2$ 与 L^3 缩放比例一样。因此，回到以前常数域缩放比例的好日子里，每当 L 减半时，对于相同的功率，我们的电路可以完成 8 倍的工作（4 倍数量的器件运行速度是原来的 2 倍）。

很遗憾，器件运行速度和电源电压这种线性缩放比例早在 2005 年就结束了。从那时起，尽管 L 持续减小，电源电压大致保持恒定在 1 V 左右。在这种新的恒压缩放比例定律中，每当 L 减半，每个单位面积上器件的数量仍是原来的 4 倍。然而，现在它们的运行速度只会稍微变快（大约快 25%），最重要的是，E_{SW} 只会线性减少，因为 V 保持恒定。因此，在这个新时期，每当我们将 L 减半时，在每单位面积上，我们用 2.5 倍的功率完成 5 倍的工作（4 倍同样多的器件运行速度是原来的 1.25 倍）。显而易见，在这种恒压缩放比例定律下，芯片很快就达到了它们受限制的程度，受限制的因素不是芯片上集成的器件的数量，而是功率。

对于数字系统设计人员来说，摩尔定律让世界变得更加有趣。每次集成电路的密度增加一或两个数量级（每 5 ~ 10 年）时，所设计的系统类型和用于设计它们的方法就会发生一次质的变化。相比之下，大多数工程学科是相对稳定的——缓慢的、渐进的改进。你不会看到汽车每 3 年
34 就提高 8 倍的能源效率。每次发生这样的质变时，一代设计人员就不得不像一张白纸一样重新开始工作了，因为之前积累的关于如何最好地构建一个系统的知识都已经不再适用了。幸运的是，数字设计的基本原理在技术尺度上仍然是不变的；然而，每一代技术的设计实践都有显著的变化。

在数字设计中变化的步伐之快意味着数字设计人员在整个职业生涯中必须要扮演一个学生

的角色，通过不断地学习才能跟上新的工艺、技术和设计方法。这种持续的教育通常包括阅读行业新闻（EE Times 是一个很好的起点），跟踪制造公司、芯片供应商和 CAD 工具供应商的新产品公告，并且偶尔参加一个正规的课程，学习一套新的技能或更新原有的技能。

例 2-2　摩尔定律

一块采用 2012 年 28 nm 工艺实现的单个滤波器的面积，估计在 2017 年能装下多少个例 2-1 中的 FIR 滤波器。

我们提高年增长率（1.5）至若干年（5 年），给出下列 FIR 滤波器增长的密度：

$$N = 1.5^{2017-2012} = 7.6$$

小结

在本章中，你对数字设计如何在工业中进行实践只是惊鸿一瞥。我们从描述设计流程开始，该流程从规格设计出发，经过概念开发，到详细设计和验证。在 Verilog 获取之前，数字系统是用英语文档设计的，其中包括规格设计和实施计划。设计过程中的一大部分是管理风险。通过量化风险和开发方法（如备选计划）来缓解风险，人们便可以获得技术上积极的态势，而不会使整个项目置于危险之中。验证是开发过程的很大一部分，最好的验证规则是：如果它没经过测试，它不会工作。修复 bug 的成本在设计的每个阶段都会增加一个数量级。

现代数字系统使用集成电路（芯片）和印制电路板来实现。我们提出了一个简单的模型，用于估算完成特定数字逻辑功能所需的芯片面积，并给出了芯片和电路板方面的实例。

现代数字设计实践大量使用计算机辅助设计（CAD）工具，但也会受其制约。这些工具用于设计获取、仿真、综合和验证，它们主要在逻辑层（操纵 Verilog 设计和门级网表）和物理层（操纵集成电路中布线层的形状）进行操作。

在集成电路上可以实现最少的晶体管数量随时间呈指数增长，即每 18 个月增长一倍。这种被称为摩尔定律的现象使得数字设计成为一个经常不断变化的领域，因为这种迅速演变的技术不断提出新的设计挑战，并使以前不可行的新产品成为可能。 35

文献说明

摩尔在《Electronics》[81] 上发表的研究论文不仅预测了器件的数量随时间呈指数增长，还解释了为什么使用常数域缩放比例会导致恒定的芯片功率。Brunvand [20] 综述了从 Verilog 到生产的现代设计流程，还展示了如何使用最先进的 CAD 工具并提供了一系列示例。Brooks 的《The Mythical Man-Month》[18] 和 Kidder 的《The Soul of a New Machine》[61] 的两本书整体都在讨论工程过程。Brooks 的书提供了几篇关于软件工程的文章，不过很多经验教训同样适用于硬件工程。Kidder 的书详述了通过 1 年的课程来构建一台迷你计算机。两本书都值得一读。

习题

2.1　设计规格，Ⅰ。你决定构建一个经济的（便宜的）视频游戏系统。请提供你的设计规格，包括元器件、输入和输出以及媒体设备。

2.2　设计规格，Ⅱ。恭喜，习题 2.1 的视频游戏控制台已经取得了很大的成功。请提供控制台的第 2 版设计规格。要特别关注与第 1 版的变化，例如是否支持向下兼容。

2.3　设计规格，Ⅲ。给出一个交通信号灯系统的设计规格，以便放置在繁忙的十字路口。需要考虑的点包括：有多少个灯、转弯车道、行人和灯亮持续的时间。你可以假设所有方向的交通同样繁忙。

2.4　购买或构建，Ⅰ。针对习题 2.1 的视频游戏系统中的三个元器件，请提供购买或构建的决定及理由。其中至少包括一个“购买”决定和一个“构建”决定。

2.5　购买或构建，Ⅱ。如果你的任务是为汽车制作气囊收放控制系统，需要什么元器件？其中哪些你会买现成的？哪些你会自己设计？为什么？至少你需要 1 个加速度计、1 个执行器和 1 个集中控制器。

2.6 购买或构建，Ⅲ。作为你的设计中的一部分，你需要购买 1 个 USB 控制器。查找销售 USB 控制器的供应商（在线）并下载两个不同型号的 USB 控制器的数据表和报价。它们的主要区别是什么？

2.7 风险管理。你负责建造下一代电子汽车。为下面每一条分配（并解释）一个回报和风险的有序对（按规模从 1 ~ 5 级）。

(a) 使用一个试验性的新电池，它具有你当前电池 5 倍的能量。

(b) 安装安全带。

(c) 添加 1 个杯架。

(d) 安装传感器和控制系统，当汽车司机遇到盲点时以便提醒他们。

36 (e) 添加一个完整的卫星和导航系统。有什么风险？

(f) 针对你的车，给出一个特征是（1，5）的例子。

(g) 针对你的车，给出另一个特征是（5，5）的例子。

2.8 可行性与缓解。为以下每个高风险任务设计可行性分析或缓解风险的方法：

(a) 使用新的验证方法验证关键的元器件；

(b) 向你的下一代处理器添加一条新指令；

(c) 将 16 个核放置到下一代处理器芯片上；

(d) 将你的设计从 0.13 μm 的工艺移植到 28 nm；

(e) 你对习题 2.7（g）的回答。

2.9 芯片面积，Ⅰ。用表 2-1 估计需要多大面积来实现输出最后 4 个 32 位输入值的平均值的模块。你将需要用触发器来存储最后三个输入，ROM 中的 32 位任意权重的加权平均值是多少？将权重存储在 SRAM 中需要多大面积？

2.10 芯片面积，Ⅱ。两个 $n \times n$ 矩阵的基础矩阵乘法运算需要 $3n^2$ 个存储单元和 n^3 个混合的乘法 - 加法运算。对于这个问题，假设矩阵的每个元素是 32 位，并使用表 2-1 中的元器件尺寸。假设做 1 个混合的乘法 - 加法运算总共需要 5 ns；也就是说，每个 5 ns，完成 n^3 分之一（$1/n^3$）矩阵乘法运算。功能单元的面积等于 32 位乘法器和 32 位加法器之和。

(a) 当 $n = 500$ 时，完成矩阵乘法运算需要多少 SRAM 面积？分别给出在 28 nm 工艺下以栅格和 mm^2 为单位的答案。

(b) 假如你只有一个混合的乘法 - 加法器，矩阵乘法需要多长时间？

(c) 假定你的面积预算为 10 mm^2。如果你在 SRAM 之外的所有裸片面积上布满乘法 - 加法器，运算需要多长时间？假设每个功能单元每 5 ns 完成一次乘法 - 加法运算。

2.11 芯片面积，Ⅲ。采用习题 2.10 的假设，在 1 ms 内你能做的最大的矩阵乘法是什么？随意修改专用于存储和计算的裸片面积的比例。

2.12 芯片面积，Ⅳ。采用习题 2.10 的假设，在 1 μs 内你能做的最大的矩阵乘法是什么？

2.13 芯片和电路板。在线查找一张计算机母板的图片或查验你自己的计算机，识别并解释在主板上找到的、至少三个不同的芯片的功能。你不能选择 CPU、图形处理器或 DRAM 作为你的芯片之一。

2.14 BGA 逸出模式。从芯片到电路板上不同部位的连接器绘制 32 条连线（每侧边 8 条）的逸出模式。假设所有的连线必须在电路板的表层上布线，并且不能相互交叉。

2.15 CAD 工具，Ⅰ。从图 2-4 中挑选两个功能，查找并描述完成每个功能的三个不同的计算机程序。他们是否是免费的？为了指引你入门，业内领先的设计供应商包括 Synopsys 公司和 Cadence 公司。

2.16 CAD 工具，Ⅱ。为什么在图 2-4 结束时需要最终验证阶段？

2.17 摩尔定律，Ⅰ。2011 年，约 20 mm × 20 mm 芯片有 30 亿个晶体管。使用摩尔定律，（a）2015 年在芯片上将有多少晶体管？（b）2020 年在芯片上将有多少晶体管？

2.18 摩尔定律，Ⅱ。2012 年，一些制造商将开始生产 22 nm 处理器。如果我们假设栅极长度与由摩尔定律给出的晶体管数量的平方根成比例，在哪年栅极长度能让 5 个硅原子横穿？

37~38 **2.19** 摩尔定律，Ⅲ。表 2-1 展示了 RISC 处理器和 SRAM 的栅格面积。在 28 nm 工艺中，大约有 1.2×10^8 个栅格/mm^2。在 2011 年的 28 nm 工艺中，在 1 片 20 mm × 20 mm 芯片上能够容纳多少个具有 64 K 字节 SRAM 的 RISC 处理器？在 2020 年该芯片上将能容纳多少个？

第二部分

Digital Design：A Systems Approach

组合逻辑

布尔代数

在数字系统中，使用布尔代数表示逻辑功能。布尔代数有两个元素 0 和 1，有三种运算，分别是："与"运算（AND），用 $\wedge$ 表示；"或"运算（OR），用 $\vee$ 表示；"非"运算（NOT），用添加撇号或上横符号的二进制变量表示，例如，用 x' 或者 $\bar{x}$ 表示 NOT（x）。这些运算的含义分别是：当且仅当 a 和 b 都为 1 时，$a \wedge b$ 为 1；当 a 或 b 为 1 时，$a \vee b$ 为 1；当 a 为 0 时，$\bar{a}$ 为真。

使用这些运算符和二进制变量可以表示逻辑表达式。例如：当二进制变量 a 为真，b 为假时，逻辑表达式 $a \wedge \bar{b}$ 为真。对于一个具体的二进制变量或二进制变量的补可以用文字（literal）来描述。例如，逻辑表达式 $a \wedge \bar{b}$ 有两个文字 a 和 $\bar{b}$。布尔代数提供了一组操作逻辑表达式的规则，应用这些规则，可以化简逻辑表达式，可以把逻辑表达式表示为标准形式（normal form），还可以判断两个逻辑表达式是否等价。

为了与实数的乘法和加法相区别，这里使用 $\wedge$ 和 $\vee$ 符号表示"与"运算和"或"运算，Verilog 中使用 & 和 | 表示。在许多教科书中也使用 × 或 · 表示"与"运算，用 + 表示"或"运算。我们不这样做，这样做会导致学生在化简布尔表达式时认为它们是一般代数表达式，一般代数表达式是整数或实数上的 + 和 × 运算。布尔代数和一般代数的性质虽然有相似之处，但也有不同之处。[⊖] 需要特别指出的是，布尔代数具有对偶性（下面会提到），而一般代数没有这个性质。在布尔代数中 $a \vee (b \wedge c) = (a \vee b) \wedge (a \vee c)$，而在一般代数中 $a + (b \times c) \neq (a + b) \times (a + c)$。

我们将会在研究 CMOS 逻辑电路（第 4 章）和组合逻辑设计（第 6 章）时用到布尔代数。

3.1 公理

39～41 布尔代数可以从"与"运算、"或"运算和"非"运算的定义衍生出来。三种运算用真值表表示，如表 3-1 和表 3-2 所示。公理（axiom）是一些被认为总是正确的数学陈述，数学家喜欢用公理的形式表示这些运算的定义。所有布尔表达式都可以从下列公理衍生出来：

$$\text{自等律} \quad 1 \wedge x = x, \quad 0 \vee x = x \tag{3-1}$$

$$0-1\text{律} \quad 0 \wedge x = 0, \quad 1 \vee x = 1 \tag{3-2}$$

$$\text{否定式} \quad \bar{0} = 1, \quad \bar{1} = 0 \tag{3-3}$$

在上面这些公理中，布尔代数的对偶性（duality）是显而易见的。如果一个布尔表达式的值为真，在下面两种情况下结果仍为真：（a）用 $\wedge$ 替换所有 $\vee$，用 $\vee$ 替换所有 $\wedge$；（b）用 1 替换所有 0，用 0 替换所有 1。这就是对偶原则。因为公理具有对偶性，布尔表达式又是由公理衍生出来的，所以布尔表达式也具有对偶性。

表 3-1 "与"运算和"或"运算的真值表

a	b	$a \wedge b$	$a \vee b$	a	b	$a \wedge b$	$a \vee b$
0	0	0	1	1	0	0	1
0	1	0	1	1	1	1	1

⊖ 由于历史原因，我们仍会称一组变量的"与"（"或"）运算为积（和）。

表 3-2 “非”运算的真值表

a	$\bar{a}$	a	$\bar{a}$
0	1	1	0

3.2 性质

从公理可以推导出布尔表达式具有下列性质：

交换律	$x \wedge y = y \wedge x$，	$x \vee y = y \vee x$
结合律	$x \wedge (y \wedge z) = (x \wedge y) \wedge z$，	$x \vee (y \vee z) = (x \vee y) \vee z$
分配律	$x \wedge (y \vee z) = (x \wedge y) \vee (x \wedge z)$，	$x \vee (y \wedge z) = (x \vee y) \wedge (x \vee z)$
同一律	$x \wedge x = x$，	$x \vee x = x$
互补律	$x \wedge \bar{x} = 0$，	$x \vee \bar{x} = 1$
吸收律	$x \wedge (x \vee y) = x$，	$x \vee (x \wedge y) = x$
组合律	$(x \wedge y) \vee (x \wedge \bar{y}) = x$，	$(x \vee y) \wedge (x \vee \bar{y}) = x$
德·摩根律	$\overline{(x \wedge y)} = \bar{x} \vee \bar{y}$，	$\overline{(x \vee y)} = \bar{x} \wedge \bar{y}$
一致律	$(x \wedge y) \vee (\bar{x} \wedge z) \vee (y \wedge z) = (x \wedge y) \vee (\bar{x} \wedge z)$	
	$(x \vee y) \wedge (\bar{x} \vee z) \wedge (y \vee z) = (x \vee y) \wedge (\bar{x} \vee z)$	42

x 和 y 有 4 种可能组合，x、y 和 z 有 8 种可能组合，验证这些组合的有效性，就能够证明这些性质。例如，表 3-3 证明德·摩根律的方法在数学上称为*完全归纳法*（perfect induction）。

表 3-3 使用完全归纳法证明德·摩根律

x	y	$\overline{(x \wedge y)}$	$\bar{x} \vee \bar{y}$	x	y	$\overline{(x \wedge y)}$	$\bar{x} \vee \bar{y}$
0	0	1	1	1	0	1	1
0	1	1	1	1	1	0	0

这里仅仅列出了一些化简逻辑公式常用的性质，还有许多逻辑公式没有列出来。

交换律和结合律与一般代数的交换律和结合律相同。在“与”运算或者“或”运算中，参数顺序可以任意交换，两个及两个以上输入的“与”运算或者“或”运算中，参数可以任意组合。例如，$a \wedge b \wedge c \wedge d$ 可以写成$(a \wedge b) \wedge (c \wedge d)$或$(d \wedge (c \wedge (b \wedge a)))$。受电路延迟约束和现有逻辑电路库的限制，这两种形式都会用到。

分配律与一般代数的分配律类似。不同之处在于，布尔代数中可以把“或”运算分配到“与”运算，也可以把“与”运算分配到“或”运算，而一般代数不能把 + 分配到 ×。

同一律、互补律、吸收律和组合律与一般代数中的规则有所不同。这些性质在化简公式时非常有用。例如，化简逻辑函数：

$$f(a,b,c) = (a \wedge c) \vee (a \wedge b \wedge c) \vee (\bar{a} \wedge b \wedge c) \vee (a \wedge b \wedge \bar{c}) \tag{3-4}$$

首先，对第二项应用两次同一律，再应用交换律，得到：

$$f(a,b,c) = (a \wedge c) \vee (a \wedge b \wedge c) \vee (\bar{a} \wedge b \wedge c) \vee (a \wedge b \wedge c) \vee (a \wedge b \wedge \bar{c}) \vee (a \wedge b \wedge c) \tag{3-5}$$

其次，对前两项[⊖]应用吸收律，再应用两次组合律（对第 3 和 4 项应用一次组合律，对第 5 和 6 项应用一次组合律），得到：

$$f(a,b,c) = (a \wedge c) \vee (b \wedge c) \vee (a \wedge b) \tag{3-6}$$ 43

在这个化简式中很容易得到这样的结论：当两个或三个输入变量为真时，*择多函数*（majority

⊖ 细心的读者会发现，这一步让我们回到对第 2 项进行复制之前，但是这里证明了吸收律。

function) $f(a,b,c)$为真。

例 3-1　组合律的证明

这里使用完全归纳法证明布尔表达式的组合律性质。

枚举所有可能的输入，计算每个函数的输出，从而证明组合律，如表 3-4 所示。

表 3-4　使用完全归纳法证明组合律

x	y	$(x\wedge y)\ \vee\ (x\wedge\bar{y})$	x	$(x\vee y)\ \wedge\ (x\vee\bar{y})$	x
0	0	0	0	0	0
0	1	0	0	0	0
1	0	1	1	1	1
1	1	1	1	1	1

例 3-2　函数的化简

使用上面列出的性质化简布尔表达式$f(x,y)=(x\wedge(y\vee\bar{x}))\vee(\overline{\bar{x}\vee\bar{y}})$，化简过程如下：

$$
\begin{aligned}
f(x,y) &= (x \wedge (y \vee \bar{x})) \vee (\overline{\bar{x} \vee \bar{y}}) & \\
&= ((x \wedge y) \vee (x \wedge \bar{x})) \vee (\overline{\bar{x} \vee \bar{y}}) & \text{分配律} \\
&= ((x \wedge y) \vee 0) \vee (\overline{\bar{x} \vee \bar{y}}) & \text{互补律} \\
&= (x \wedge y) \vee (\overline{\bar{x} \vee \bar{y}}) & \text{自等律} \\
&= (x \wedge y) \vee (x \wedge y) & \text{德·摩根律} \\
&= (x \wedge y) & \text{同一律}
\end{aligned}
$$

3.3　对偶函数

在逻辑函数f中，用∨替换∧，∨替换∧，1 替换成 0，0 替换成 1，得到f的对偶式f^D。例如，如果

$$f(a,b) = (a \wedge b) \vee (b \wedge c) \tag{3-7}$$

那么

44

$$f^D(a,b) = (a \vee b) \wedge (b \vee c) \tag{3-8}$$

对偶的一个非常重要的性质是：函数的对偶式中的各个变量取补等于函数的补。即

$$f^D(\bar{a},\bar{b},\cdots) = \overline{f(a,b,\cdots)} \tag{3-9}$$

这是广义德·摩根律，对于简单的“与”和“或”函数同样适用。4.3 节中我们利用对偶开关网络为 CMOS 门构建上拉网络时会用到这个性质。

例 3-3　写出函数的对偶式

写出下列未化简函数的对偶式：

$$f(x,y) = (1 \wedge x) \vee (0 \vee \bar{y})$$

结果如下：

$$f^D(x,y) = (0 \vee x) \wedge (1 \wedge \bar{y})$$

表 3-5 说明公式（3-9）对特定函数有效，完成习题 3.6，验证广义德·摩根律的普遍性。

表 3-5　使用例 3-3 的函数验证公式（3-9）

x	y	$f^D(\bar{x},\bar{y})$	$\overline{f(x,y)}$	x	y	$f^D(\bar{x},\bar{y})$	$\overline{f(x,y)}$
0	0	0	0	1	0	0	0
0	1	1	1	1	1	0	0

3.4 标准形式

如果比较两个逻辑表达式是否具有相同功能，可以列举每一个可能的输入组合——本质上是填写真值表进行比较，更简单的方法是把两个表达式变成标准形式（normal form）即乘积项之和进行比较。㊀

例如，公式（3-4）~公式（3-6）表示的3输入择多函数标准形式是：

$$f(a,b,c) = (a \wedge b \wedge \bar{c}) \vee (a \wedge \bar{b} \wedge c) \vee (\bar{a} \wedge b \wedge c) \vee (a \wedge b \wedge c) \quad (3\text{-}10)$$ 45

逻辑表达式标准形式的每一个乘积项对应函数真值表的一行。这些“与”表达式被称为最小项（minterm）。在标准形式里，每一个乘积项与真值表的一行（最小项）一一对应。

对每个输入变量使用自等律，就可以把逻辑表达式因式分解（factoring），这样任意逻辑表达式都可以转化成标准形式：

$$f(x_1,\cdots,x_i,\cdots,x_n) = (x_i \wedge f(x_1,\cdots,1,\cdots,x_n)) \vee (\overline{x_i} \wedge f(x_1,\cdots,0,\cdots,x_n)) \quad (3\text{-}11)$$

例如，使用这种方法可以把变量 a 从公式（3-6）的择多函数中分解出来：

$$f(a,b,c) = (a \wedge f(1,b,c)) \vee (\bar{a} \wedge f(0,b,c)) \quad (3\text{-}12)$$

$$= (a \wedge (b \vee c \vee (b \wedge c))) \vee (\bar{a} \wedge (b \wedge c)) \quad (3\text{-}13)$$

$$= (a \wedge b) \vee (a \wedge c) \vee (a \wedge b \wedge c) \vee (\bar{a} \wedge b \wedge c) \quad (3\text{-}14)$$

对 b 和 c 进行展开，最终得到择多函数的标准形式，即公式（3-10）。

例 3-4 标准形式

写出下面公式的标准形式：

$$f(a,b,c) = a \vee (b \wedge c)$$

写出如表3-6所示的真值表并选择所有最小项，得到这个表达式的标准形式如下：

$$f(a,b,c) = (\bar{a} \wedge b \wedge c) \vee (a \wedge \bar{b} \wedge \bar{c}) \vee (a \wedge \bar{b} \wedge c) \vee (a \wedge b \wedge \bar{c}) \vee (a \wedge b \wedge c)$$

表3-6 例3-4的真值表

a	*b*	*c*	*f*(*a*, *b*, *c*)	*a*	*b*	*c*	*f*(*a*, *b*, *c*)
0	0	0	0	1	0	0	1
0	0	1	0	1	0	1	1
0	1	0	0	1	1	0	1
0	1	1	1	1	1	1	1

46

3.5 从公式到门电路

我们经常使用逻辑电路图（logic diagram）表示逻辑函数，即用连线连接门符号组成的原理图。图3-1是三种最基本的门符号。每个门左边可以有一个或多个二进制输入，右边是二进制输出。与门（图3-1a）的输出是所有输入进行“与”运算的结果，即 $c = a \wedge b$。图3-1b所示的或门是计算所有输入的“或”，即 $f = d \vee e$。反相器（图3-1c）的输出为单输入的补，即 $h = \bar{g}$。与门和或门可以有多个输入，反相器一般是单输入。

使用这三个门符号可以画出任意布尔表达式的逻辑电路图。为了从表达式转换成逻辑电路图，选择一个表达式顶层的 ∨ 或 ∧ 运算符，画出相应类型的门。使用参数子表达式标出门的输入，对子表达式重复此过程。

㊀ 积之和标准形式被称为合取范式。和之积标准形式被称为析取范式。由对偶性得知，积之和标准形式等价于和之积标准形式。

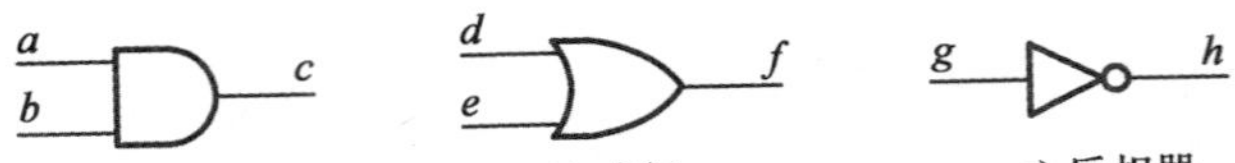

a) 与门　　b) 或门　　c) 反相器

图 3-1　逻辑符号

例如，公式（3-6）的择多函数的逻辑电路图如图 3-2 所示。首先，把位于顶层的两个 $\vee$ 转化为 3 输入或门，并放在输出端，这个或门的输入分别是乘积项 $a\wedge b$、$a\wedge c$ 和 $b\wedge c$。然后，使用三个与门产生这三个乘积项。最终得到的结果是计算表达式 $f=(a\wedge b)\vee(a\wedge c)\vee(b\wedge c)$ 的逻辑电路。

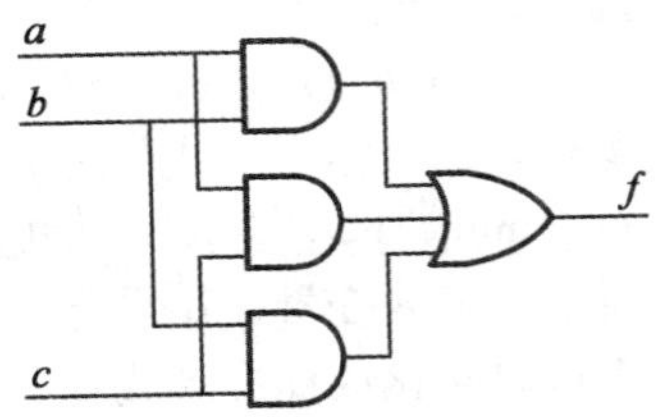

图 3-2　3 输入择多函数的逻辑电路图

图 3-3a 是异或（XOR）函数的逻辑电路图，逻辑功能是当只有一个输入为高电平时，输出为高电平（即有且仅有一个输入为高电平）：$f=(a\wedge\bar{b})\vee(\bar{a}\wedge b)$。首先，使用两个反相器分别产生 $\bar{b}$ 和 $\bar{a}$。然后，使用两个与门产生两个乘积项 $a\wedge\bar{b}$ 和 $\bar{a}\wedge b$。最后，使用或门产生最终结果。因为经常会用到异或函数，所以给出如图 3-3c 所示的异或门符号，同时也给出在逻辑表达式中使用的异或符号 $\oplus$：$a\oplus b=(a\wedge\bar{b})\vee(\bar{a}\wedge b)$。

由于在逻辑电路图中经常会遇到信号的补，所以使用反相圈（inversion bubble）代替反相器，如图 3-3b 所示，它的功能与图 3-3a 的功能相同。这样就使用了更简洁的符号表示 a 和 b 的反。反相圈可以放在门的输入端也可以放在门的输出端。不管放在哪里，它都表示信号的求反。把反相圈放在门的输入端相当于输入信号连接到反相器，其输出再连接到门的输入端。

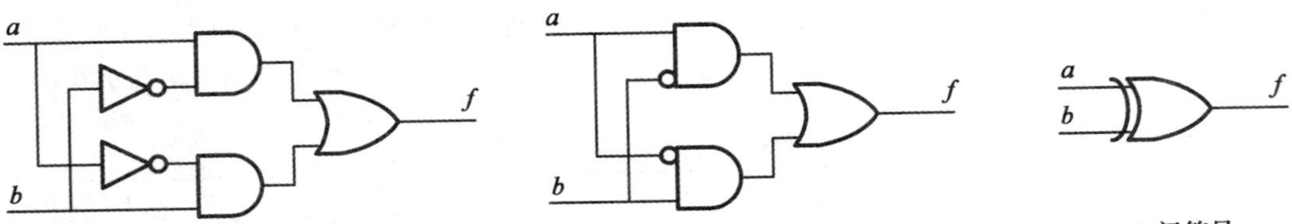

a) 使用反相器的逻辑电路图　　b) 使用反相圈的逻辑电路图　　c) 门符号

47 图 3-3　异或函数

反相圈可以用在门的输出端和输入端，如图 3-4 所示。一个与门后面连接一个反相器（图 3-4a 等价于一个在输出端带有反相圈的与门（图 3-4b）。根据德·摩根律，它也等价于在输入端带有反相圈的或门（图 3-4c）。这个门实现了函数 $f=\overline{(a\wedge b)}$，即与非门的功能。

一个或门后面连接一个反相器（图 3-4d）的情况可以进行类似变化。使用反相圈代替反相器得到或非符号，如图 3-4e 所示，应用德·摩根律得到另一种或非门符号，如图 3-4f 所示。因为像 CMOS 这样的常用逻辑系列只提供了带反相功能的门，所以我们会经常使用与非门和或非门基础单元，而不是使用与门和或门。

图 3-5 说明了从逻辑电路图转化成公式的过程。从输入开始，用公式形式标注出每个门的输出。例如，标 1 的与门（与 -1）计算 $a\wedge b$，或 -2 计算 $c\vee d$。反相器 -3 对 $a\wedge b$ 求反得到 $\overline{(a\wedge b)}=\bar{a}\vee\bar{b}$。注意，这个反相器可以用与 -4 输入端的反相圈代替。与 -4 的输入是反相器的输出以及 c 和 d，输出为 $(\bar{a}\vee\bar{b})\wedge c\wedge d$。与 -5 的输入为门 1 和门 2 的输出，输出为 $(c\vee d)\wedge a\wedge b$。最后，或 -6 的输入为与 -4 和与 -5 的输出，输出的最终结果是 $((\bar{a}\vee\bar{b})\wedge c\wedge d)\vee((c\vee d)\wedge a\wedge b)$。

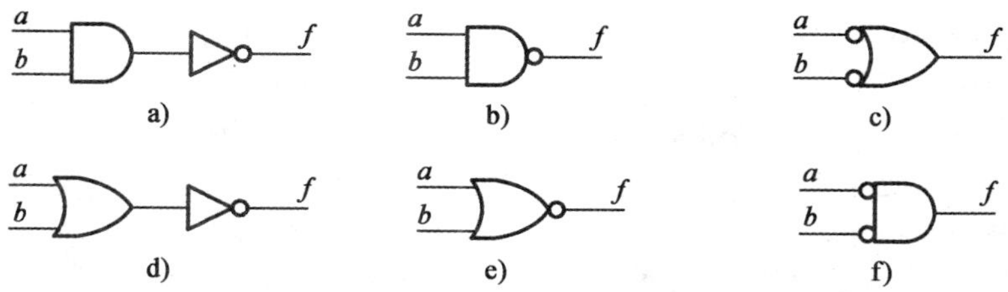

图 3-4 与非门和异或门：a）一个与门后面连接一个反相器实现了与非函数；b）用一个反相圈代替反相器得到与非符号；c）应用德·摩根律得到与非的替代符号；d）或门后连接一个反相器实现了异或函数；e）用反相圈代替反相器得到异或符号；f）应用德·摩根律得到异或的替代符号 48

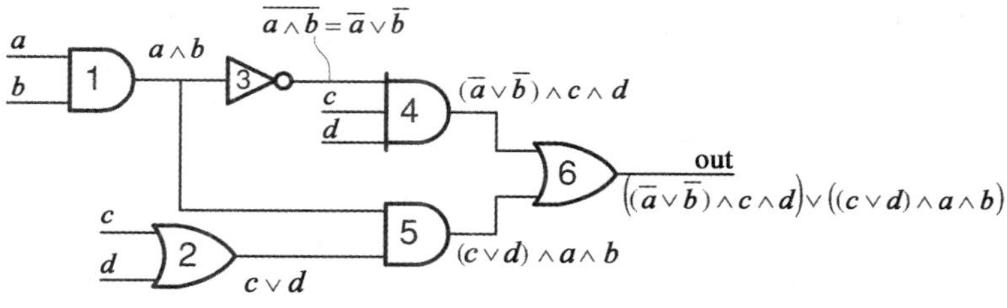

图 3-5 逻辑电路图转化成公式的实例

例 3-5 公式转化成原理图

只使用与非门画出 3 输入择多函数的原理图。

首先，应用德·摩根律，把初始函数转化成使用与非门的函数：

$$f(a,b,c) = (a \wedge b) \vee (a \wedge c) \vee (b \wedge c)$$

$$= \overline{\overline{(a \wedge b) \vee (a \wedge c) \vee (b \wedge c)}}$$

$$= \overline{\overline{(a \wedge b)} \wedge \overline{(a \wedge c)} \wedge \overline{(b \wedge c)}}$$

使用 3 输入与非门的原理图如图 3-6 所示。

为了检验这个结果，把逻辑电路图转换成公式，首先，写出中间节点的值。从上到下，它们分别是$\overline{a \wedge b}$、$\overline{a \wedge c}$和$\overline{b \wedge c}$，最后使用 3 输入与非门得到初始函数：

$$f(a,b,c) = \overline{\overline{(a \wedge b)} \wedge \overline{(a \wedge c)} \wedge \overline{(b \wedge c)}}$$

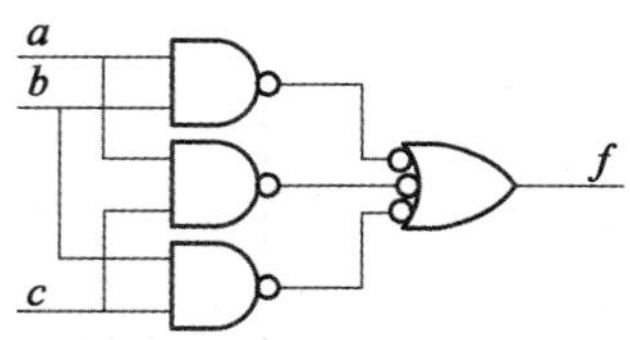

图 3-6 只用与非门实现择多函数，推导过程如例 3-5

3.6 用 Verilog 描述布尔表达式

本书中，将使用硬件描述语言 Verilog 实现数字系统。Verilog 代码经编译、仿真后，可下载到现场可编程门阵列（FPGA）中，也可综合后集成到芯片中。本节将介绍如何用 Verilog 表示逻辑表达式。 49

Verilog 使用 &、|、^和 ~ 符号分别表示与、或、异或和非。使用这些符号，择多函数公式（3-6）的 Verilog 表达式可写成如下形式：

```
assign out = (a & b)|(a & c)|(b & c) ;
```

关键字 assign 表明这个语句表示的是组合逻辑函数，表达式把一个值赋给信号 out，语句以分号（;）结束。

我们可以把择多函数门声明为一个模块（module），如图3-7所示。前面3行声明了一个名为 Majority 的模块，输入为 a、b、c，输出为 out。然后，插入 assign 语句来定义这个函数。

为了验证择多函数门，这里用 Verilog 写出了测试脚本（图3-8），对输入变量的8种所有可能组合进行模拟。这个脚本声明了一个3位寄存器 count，用这个寄存器驱动三个输入来实例化择多模块的一个副本，脚本还声明了一个一位 wire 类型的输出 out 作为模块的输出端口。initial 块定义了一组模拟开始时执行的语句，这些语句初始化 count 为0，然后执行8次循环来显示 count 和 out 的值，然后 count 加1。语句#100 插入100个单位延时以便在显示之前使择多函数门输出稳定。运行测试脚本的结果如图3-9所示。

```
module Majority(a, b, c, out) ;
  input a, b, c ;
  output out ;
  assign out = (a & b)|(a & c)|(b & c) ;
endmodule
```

图 3-7　用 Verilog 描述择多函数门

```
module test ;
  reg [2:0] count ;      // 输入——3位计数器
  wire out ;             // 择多函数的输出

  // 实例化门
  Majority m(count[0],count[1],count[2],out) ;

  // 产生8个输入模式
  initial begin
    count = 3'b000 ;
    repeat (8) begin
      #100
      $display("in = %b, out = %b",count,out) ;
      count = count + 3'b001 ;
    end
  end
endmodule
```

50

图 3-8　择多函数门的实例化和测试脚本

例 3-6　Verilog 模块

写出直接与下面择多函数形式相对应的 Verilog。

$$f(a,b,c) = \overline{\overline{(a \wedge b)} \wedge \overline{(a \wedge c)} \wedge \overline{(b \wedge c)}}$$

Verilog 模块声明与图3-7相同。用下面的语句代替 assign 语句：

```
assign out = ~((~(a&b))&(~(a&c))&(~(b&c)));
```

注意，择多函数的这种形式可读性比图3-7所示的形式差，但是也没必要转化表达形式，因为必要时综合工具会自动把第一种形式转化成第二种形式。

```
in = 000, out = 0
in = 001, out = 0
in = 010, out = 0
in = 011, out = 1
in = 100, out = 0
in = 101, out = 1
in = 110, out = 1
in = 111, out = 1
```

图 3-9　图3-8所示测试脚本的输出

小结

本章学习了布尔代数的基本知识，布尔代数只有元素0和1以及三种运算符∧、∨和NOT。布尔代数常用来分析数字逻辑，它使用这些运算符在0和1上进行运算。

布尔代数有3个公理：自等律、0－1律、否定律。根据这3个公理，可以推导出包括交换律、结合律、分配律和德·摩根律在内的许多有用的性质，使用这些性质可以操作布尔代数中的公式。为了比较布尔函数，可以把它们转化成标准形式，即最小项之和，最小项是包含所有输入变量的乘积项。

布尔代数具有对偶性。函数的对偶式可以用∧替换∨、∨替换∧、1替换0、0替换1得到。函数的对偶式具有如下性质：$f^D(\bar{a},\bar{b},\cdots)=\overline{f(a,b,\cdots)}$。例如，$a\wedge b$ 的对偶式为 $a\vee b$，$\overline{a\wedge b}=\bar{a}\vee\bar{b}$。

使用图3-1所示的门符号替换函数中的∧、∨和NOT，布尔函数可以表示为门级电路。在图中可以用反相圈表示NOT。我们还可以根据每个门从输入到输出形成的部分表达式，将门级电路图转换成与之对应的公式。

在Verilog中，可以使用 `assign` 语句表示布尔函数，用&替换∧，|替换∨，~替换NOT。写出Verilog表达式后，就能模拟一个布尔函数，还可以把它封装为一个模块，用这个模块构建更复杂的函数。 51

文献说明

在19世纪中期，乔治·布尔（George Bode）系统阐述了布尔逻辑，并在两篇文章中介绍了他的研究成果。现在，这两篇文章可以从网上免费获得［12］［13］。德·摩根在1860年的文章中描述了许多逻辑公式［35］。

习题

3.1 证明吸收律。使用完全归纳法（即列举所有可能的输入状态）证明吸收律性质为真。

3.2 证明同一律。使用完全归纳法证明同一律性质为真。

3.3 证明结合律。使用完全归纳法证明结合律性质为真。

3.4 证明分配律。使用完全归纳法证明分配律性质为真，无论∧分配到∨，还是∨分配到∧都为真。

3.5 “或”运算和“与”运算不是一般代数中的＋和×。证明分配律性质不适用于整数中把＋分配到×。

3.6 德·摩根律，Ⅰ。对

$$\overline{w\wedge x\wedge y\wedge z}=\bar{w}\vee\bar{x}\vee\bar{y}\vee\bar{z}$$

和

$$\overline{w\vee x\vee y\vee z}=\bar{w}\wedge\bar{x}\wedge\bar{y}\wedge\bar{z}$$

使用完全归纳法证明4变量德·摩根律。

3.7 德·摩根律，Ⅱ。连续应用德·摩根律把逻辑函数转化成标准形式，从而证明公式（3-9）为真。

3.8 化简布尔公式，Ⅰ。把下面布尔表达式中的文字数量降到最少：

$$(x\vee y)\wedge(x\vee\bar{y})$$

3.9 化简布尔公式，Ⅱ。把下面布尔表达式中的文字数量降到最少：

$$(x\wedge y\wedge z)\vee(\bar{x}\wedge y)\vee(x\wedge y\wedge\bar{z})$$

3.10 化简布尔公式，Ⅲ。把下面布尔表达式中的文字数量降到最少：

$$((y\wedge\bar{z})\vee(\bar{x}\wedge w))\wedge((x\wedge\bar{y})\vee(z\wedge\bar{w}))$$

3.11 化简布尔公式，Ⅳ。把下面布尔表达式中的文字数量降到最少：

$$(x\wedge y)\vee(x\wedge((w\wedge z)\vee(w\wedge\bar{z})))$$

3.12　化简布尔公式，Ⅴ。把下面布尔表达式中的文字数量降到最少：

52 $$(w \wedge \bar{x} \wedge \bar{y}) \vee (w \wedge \bar{x} \wedge \bar{y} \wedge z) \vee (w \wedge x \wedge \bar{y} \wedge z)$$

3.13　对偶函数，Ⅰ。找出下列函数的对偶函数并写出其标准形式：

$$f(x,y) = (x \wedge \bar{y}) \vee (\bar{x} \wedge y)$$

3.14　对偶函数，Ⅱ。找出下列函数的对偶函数并写出其标准形式：

$$f(x,y,z) = (x \wedge y) \vee (x \wedge z) \vee (y \wedge z)$$

3.15　对偶函数，Ⅲ。找出下列函数的对偶函数并写出其标准形式：

$$f(x,y,z) = (x \wedge ((y \wedge z) \vee (\bar{y} \wedge \bar{z}))) \vee (\bar{x} \wedge ((y \wedge \bar{z}) \vee (\bar{y} \wedge z)))$$

3.16　标准形式，Ⅰ。写出下列布尔表达式的标准形式：

$$f(x,y,z) = (x \wedge \bar{y}) \vee (\bar{x} \wedge z)$$

3.17　标准形式，Ⅱ。写出下列布尔表达式的标准形式：

$$f(x,y,z) = x$$

3.18　标准形式，Ⅲ。写出下列布尔表达式的标准形式：

$$f(x,y,z) = (x \wedge ((y \wedge z) \vee (\bar{y} \wedge \bar{z}))) \vee (\bar{x} \wedge ((y \wedge \bar{z}) \vee (\bar{y} \wedge z)))$$

3.19　标准形式，Ⅳ。写出下列布尔表达式的标准形式：如果有0个或2个输入为1则 $f(x, y, z) = 1$。

3.20　根据原理图写出公式，Ⅰ。根据图3-10a所示的逻辑电路写出化简后的布尔表达式。

3.21　根据原理图写出公式，Ⅱ。根据图3-10b所示的逻辑电路写出化简后的布尔表达式。

3.22　根据原理图写出公式，Ⅲ。根据图3-10c所示的逻辑电路写出化简后的布尔表达式。

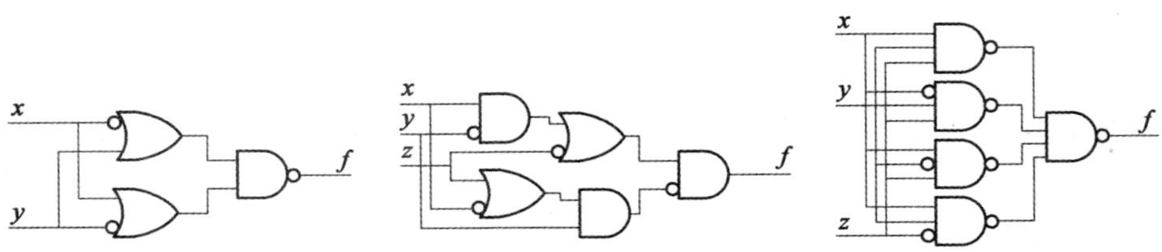

图3-10　习题3.20、习题3.21和习题3.22的逻辑电路

3.23　根据公式画出原理图，Ⅰ。为下列未化简的逻辑公式画出原理图：

$$f(x,y,z) = (\bar{x} \wedge y \wedge \bar{z}) \vee (\bar{x} \wedge \bar{y} \wedge \bar{z}) \vee (x \wedge \bar{y} \wedge \bar{z})$$

3.24　根据公式画出原理图，Ⅱ。为下列未化简的逻辑公式画出原理图：

53 $$f(x,y,z) = ((x \wedge y) \vee z) \wedge (x \wedge \bar{z})$$

3.25　根据公式画出原理图，Ⅲ。为下列未化简的逻辑公式画出原理图：

$$f(x,y,z) = \overline{\overline{(x \wedge z)} \vee z}$$

3.26　根据公式画出原理图，Ⅳ。为下列未化简的逻辑公式画出原理图：如果有1个或2个输入为1则 $f(x, y, z) = 1$。

3.27　Verilog。写出实现下列逻辑功能的Verilog模块：

$$f(x,y,z) = (x \wedge y) \vee (\bar{x} \wedge z)$$

编写一个测试脚本验证模块在 x、y、z 的8种组合上的运算，写出此电路实现的功能。

3.28　逻辑公式。

(a) 根据图3-11所示电路，写出未化简的逻辑公式。

(b) 写出此函数未化简的对偶式。

(c) 根据未化简的对偶式画出电路。

(d) 化简原始公式。

(e) 请解释：在原始电路中，如何利用反相器和最后一个或门化简原始公式。

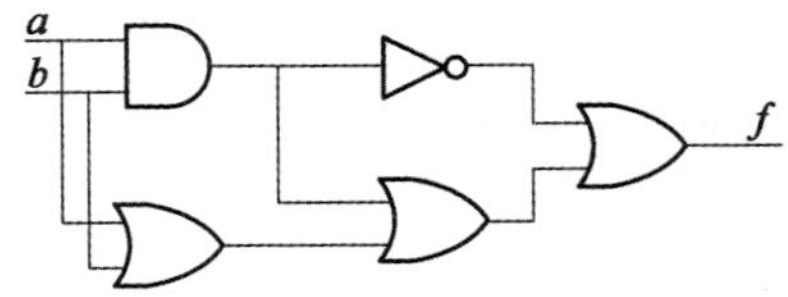

图3-11　习题3.28的逻辑电路

3.29　选择一种表示法。检查三张扑克牌是否同一花色（即都是

红桃，都是黑桃，都是方块或者都是梅花）。三种表示法（a）、（b）、（c）中，哪种表示法需要的门输入端数最少？为了回答这个问题，我们假设一个异或门与三个基本门的成本相同，例如，一个2输入异或门与一个门输入端数为6的基本门成本相同。

（a）用一个4位独热码表示花色。独热码是只有1位为1，其余的位全为0的一种码制。例如，梅花可以表示为0001，黑桃可以表示为0010，方块表示为0100，红桃表示为1000。

（b）用一个2位格雷码表示花色。格雷码的解释在习题1.9中。可以用00表示梅花，01表示黑桃，等等。

（c）用一个3位数表示花色。这个3位数可以是独热码也可以是0。编码可以是0（000）或集合（001，010，100）。 54

CMOS 逻辑电路

本章主要介绍如何使用互补金属氧化物半导体（CMOS）晶体管构建逻辑电路（门）。从4.1节开始，介绍如何使用开关实现逻辑功能，串联开关组合实现“与”功能，并联开关组合实现“或”功能。通过构建复杂的串-并联开关网络可以实现更复杂的开关逻辑功能。

在4.2节中，介绍了一个非常简单的MOS晶体管的开关级模型。CMOS晶体管分为两种类型：NMOS和PMOS。为了分析逻辑电路的功能，我们把NMOS晶体管看成是一个开关，当栅极是逻辑“1”时，开关闭合，是逻辑“0”时，开关断开。PMOS晶体管与NMOS晶体管相反——当栅极是逻辑“0”时，开关闭合，逻辑“1”时，开关断开。为了模拟逻辑电路的延迟和功率（第5章将会提到），我们会在基本开关上增加一个电阻和电容。开关级模型比用于MOS电路设计的模型简单，但是足以用它来分析数字逻辑电路的功能和性能。

在4.3节中，我们将应用开关级模型，学习如何使用一个NMOS下拉网络和一个互补的PMOS上拉网络构建门电路。例如，用NMOS晶体管的串联下拉网络和PMOS晶体管的并联上拉网络实现一个与非门。

4.1 开关逻辑

在数字系统中，我们使用二进制变量表示信息并使用由这些变量控制的开关处理信息。图4-1是一个简单的开关电路，当二进制变量 a 为假（0）时，如图4-1a所示，开关断开，灯熄灭。当 a 为真（1）时，开关闭合，电路中电流通过，灯泡点亮（图4-1b）。

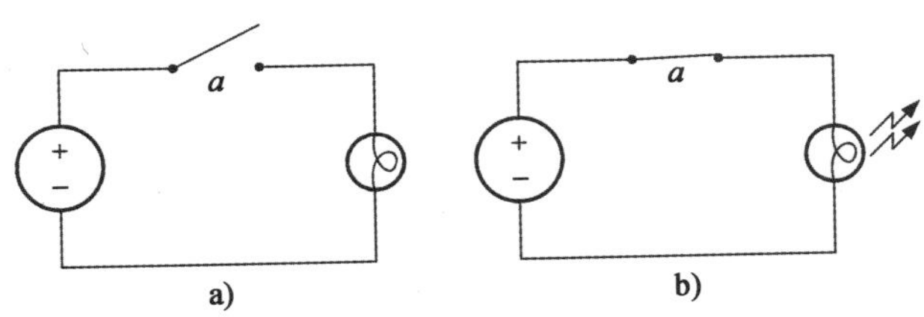

图4-1 逻辑变量 a 控制连接电压源和灯泡的开关。a）当 $a=0$ 时，开关断开，灯泡熄灭。b）当 $a=1$ 时，开关闭合，灯泡点亮

如图4-2所示，可以用开关网络实现简单逻辑。这里，为了清晰，省略了电压源和灯泡，但是我们仍然认为当两端连通时，开关网络为真，此时如果连接了灯泡，那么灯泡点亮。

假设要构建一个开关网络，其功能为：只有当两个开关（由负责人控制）都闭合时才会发射导弹。图4-2a所示的开关网络可以实现此功能，把两个开关串联，并由变量 a 和 b 分别控制两个开关。为了清晰，经常省略开关符号，用断开的导线表示开关，并且使用控制开关的变量标记，如图所示。当且仅当 a 和 b 都为真时，两端才连接起来。这样就可以确定只有当 a 和 b 都同意发射时，才会发射导弹。a 或 b 都能通过断开开关停止发射导弹。这个开关网络实现了逻辑函数 $f=a\wedge b$。[⊖]

在发射导弹之前，要确保每个人都同意发射，因此使用“与”功能。另一方面，当停止火车

⊖ 在第3章中，$\wedge$ 表示2变量的逻辑“与”运算，$\vee$ 表示2变量的逻辑“或”运算。

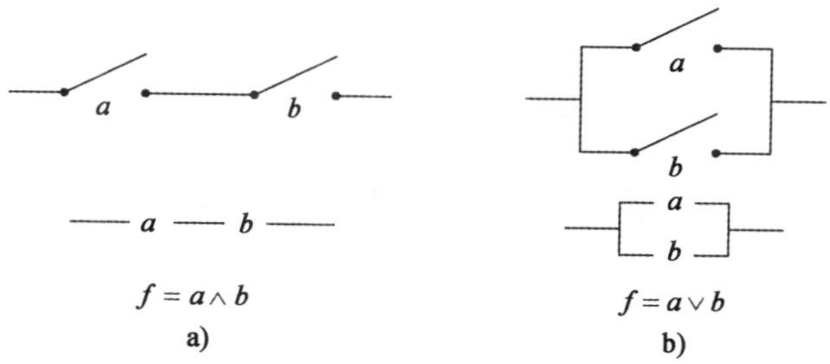

图 4-2 实现“与”运算和“或”运算的开关电路。a）两个开关串联，当两个逻辑变量 a 和 b 都为真时（$a \wedge b$），电路闭合。b）两个开关并联，任一逻辑变量为真时（$a \vee b$），电路闭合。为了清晰，经常省略开关符号，只标明逻辑变量

时，任何一个人发现问题时都可以使用刹车，在这种情况下，使用“或”功能，如图 4-2b 所示。由二进制变量 a 和 b 分别控制两个并联开关，当 a 和 b 之一为真或 a 和 b 都为真时，开关网络的两端相连，这个网络实现了函数 $f = a \vee b$。

利用串联和并联网络可以实现任意逻辑函数。例如，图 4-3 所示的网络实现了函数 $f = (a \vee b) \wedge c$。为了使网络的两端相连，c 必须为真，而且 a 和 b 之一必须为真。例如，在汽车的启动装置上会用到这样的电路，如果钥匙转动 c 时，踩下离合 a 或者变速器在空挡位置 b，那么就可以启动汽车。

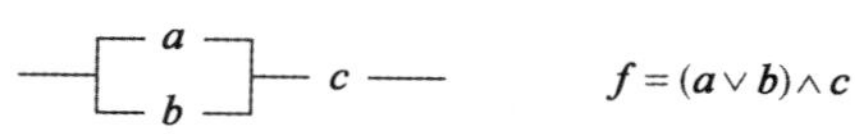

图 4-3 一个实现“或 - 与”运算的开关网络，它实现函数 $(a \vee b) \wedge c$

能实现相同逻辑功能的开关网络不止一个。例如，图 4-4 是两个不同的网络，但它们都实现了 3 输入择多函数。如果输入都为真，择多函数返回真，如果至少 2 个输入为真，此函数也为真。两个网络都实现了逻辑函数 $f = (a \wedge b) \vee (a \wedge c) \vee (b \wedge c)$。 55~56

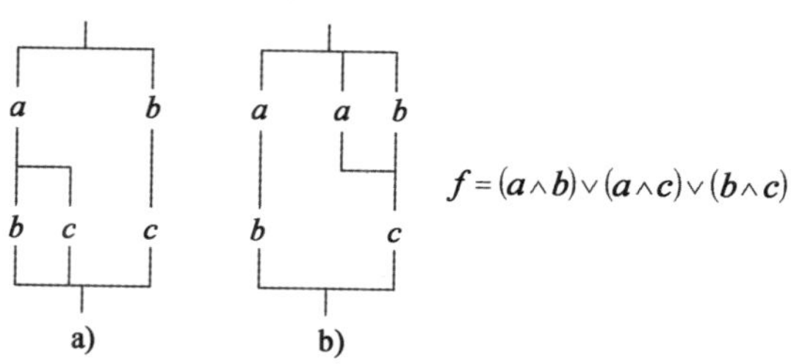

图 4-4 3 输入择多函数（或三分之二函数）的两种实现方法，当 3 个输入中至少有 2 个输入为真时，函数为真

分析开关网络实现的功能有很多方法。一种方法是列举 n 个输入的 2^n 种组合，从而确定网络连通时的组合；还有一种方法就是确定两端之间的所有路径，然后根据路径确定变量集合，如果集合中的变量为真，则函数为真。对于串 - 并联网络，把串联或并联的开关组合用一个开关替换，开关由“与”或者“或”的开关表达式控制，这样，有时可以化简网络。

图 4-5 显示了如何用替换的方法分析图 4-4a 所示的网络。初始网络如图 4-5a 所示。首先，合并标有 b 和 c 的并联分支，合并为标有 $b \vee c$ 的单一开关（图 4-5b）。然后，$b \wedge c$ 代替 b 和 c 的串联组合（图 4-5c）。图 4-5d 中，用 $a \wedge (b \vee c)$ 代替标有 a 和 $a \wedge (b \vee c)$ 的开关。接着，两个并联分支合并成$[a \wedge (b \vee c)] \vee (b \wedge c)$（图 4-5e）。如果把 $a \wedge (b \vee c)$ 展开，就会得到如图 4-5f 所示的最终表达式。

到目前为止，我们在网络中仅使用了正开关。当相关逻辑变量或表达式为真（1）时，开关闭合，这样的开关称为正开关。利用正开关仅能实现单调递增函数，为了实现所有函数，就

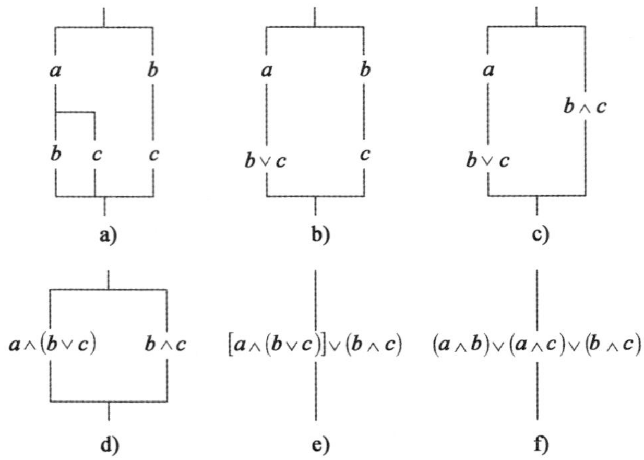

图4-5　通过把一个串联或并联子网络替换成一个开关，这个开关由等价的逻辑等式控制，经
57 过多次重复替换，就可以分析任何串－并联开关网络

需要引入负开关——当开关的逻辑控制变量为假（0）时，开关闭合，如图4-6a所示。我们使用控制变量上加撇号a'或上横线$\bar{a}$表示负开关，这两种表示方法都表明：当a为假（0）时，开关闭合。我们可以构建正负开关同时存在的逻辑网络。例如，图4-6b实现了函数$f=a\wedge\bar{b}$。

经常会出现同时控制具有相同逻辑变量的正负开关，例如，图4-7a实现了2输入的异或（XOR）函数。如果a为真，b为假，电路上面的分支闭合，如果a为假，b为真，那么电路下面的分支闭合，这样，当a和b之一为真时，这个网络闭合（为真），当a和b同时为真或同时为假时，这个网络断开（为假）。

图4-6　负逻辑变量用添加撇号a'或上横线$\bar{a}$表示。a）当$a=0$时，开关网络闭合（真）。b）实现函数$a\wedge\bar{b}$的开关网络

使用过走廊或楼梯灯的人都会非常熟悉这样一个电路，灯由两个独立的开关控制，分别在走廊或楼梯的两端，改变任何一个开关的状态都可以改变灯的状态。实际上，每个开关包含两个开关——一个正开关和一个负开关，它们由相同变量控制：开关的位置。[㊀] 开关接线情况如图4-7所示，开关a和$\bar{a}$在走廊的一端，b和$\bar{b}$在另一端。

有时，我们希望能够在长长的走廊中间控制灯，就像在走廊尽头控制灯一样。一个3输入异或网络可以实现这个功能，如图4-7b所示。当奇数个输入为真时，n输入异或函数为真。如果输入a、b、c之一为真或三者都为真时，3输入异或网络闭合。这个结论可以通过列举a、b、c的8种组合，也可以通过跟踪路径来证实。但是，不能如图4-5那样进行替换来分析网络，因为它不是一个串－并联网络。如果对分析非串－并联网络感兴趣，可以参考习题4.1和习题4.2。

在走廊应用中，与a和c相关的开关被放在走廊的一端，与b相关的开关放在走廊的中间。如果想要增加更多的开关来控制相同的灯，可以重复开关b的4开关模式多次，每次都由
58 不同变量控制。[㊁]

例4-1　串－并联网络

绘制并化简一个串－并联网络，实现如下功能：如果$dcba$是一个合法的温度计编码

㊀　电子工程师称具有3端2开关的单元为3路开关。

㊁　电子工程师称具有4端4开关的单元为4路开关，当变量为假时（开关向下拨动），是直通连接，变量为真时（开关向上拨动），为交叉连接。为了控制具有n（大于等于2）个开关的灯需要使用2个3路开关和$n-2$个4路开关。当然，把4路开关的一端不接时，可以用作3路开关。

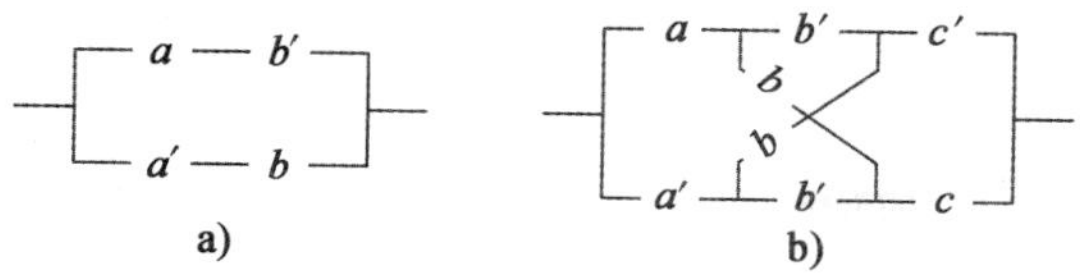

图4-7 当奇数个输入为真时，异或（XOR）开关网络为真（闭合）。a）2输入异或网络。b）3输入异或网络

(0000，0001，0011，0111，1111)，那么函数 $f(d,c,b,a)=1$。

图4-8是解题步骤。首先，画出5个最小项并联在一起的网络，如图4-8a所示。其次，从最左边的两列消除不必要的变量 d，从最右边的两列消除不必要的变量 a。最后，把并联的两个分支中与 c 和 $\bar{d}\wedge\bar{c}$ 都相连的 $a\wedge b$ 提取出来形成一条路径。注意，在图4-8c中不能合并两个 $\bar{d}\wedge\bar{c}$，因为这样做会产生不合法的路径 $c\wedge\bar{b}$。

为了验证串-并联网络图4-8c能实现题目要求，我们可以用公式表示图4-8c所示的功能。推导过程如图4-8d～图4-8f。最终得到下列等式：

$$f(d,c,b,a) = ((c \vee (\bar{d} \wedge \bar{c})) \wedge b \wedge a) \vee (\bar{d} \wedge \bar{c} \wedge \bar{b})$$

这是原始函数的另外一种表达形式，同时也证明了此网络图的正确性。

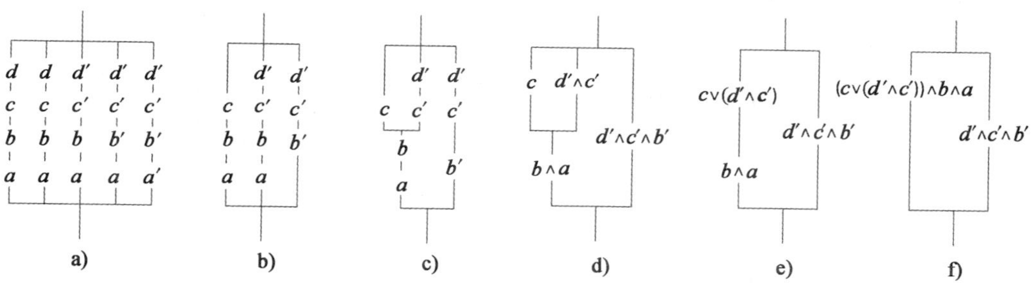

图4-8 例4-1的解决方案。a）～c）对最初的串-并联网络反复推导。d）～f）推出c）所示的布尔表达式

4.2 MOS晶体管的开关模型

在构建现代数字系统时常使用CMOS（互补氧化金属半导体）场效应晶体管作为开关。图4-9是一个MOS晶体管的物理结构和电路符号。MOS晶体管用半导体作为衬底，并有3个 59 接线端[一]：栅极、源极和漏极。源极和漏极都是在衬底上扩散杂质形成的。栅极由多晶硅组成，栅极与衬底间绝缘，中间是一层薄薄的氧化层。MOS这个名称是使用金属（铝）作为栅极材料时沿用下来的，指的是栅极层（金属）、栅极氧化层（氧化）和衬底（半导体）。[二]

图4-9d是MOSFET的俯视图，图中给出了器件的宽度 W 和长度 L，电路或逻辑设计者通过调整二者的尺寸来确定晶体管的性能[三]。栅极长度 L 是载流子（电子或空穴）必须经过的从源极到漏极的距离，因此 L 直接关系到器件的速度。通常提到半导体工艺就是指半导体栅极长度，由此看出栅极长度是很重要的参数。例如，现在（2012）的最新设计实现了28 nm CMOS的工艺（即具有最小栅极长度28 nm的CMOS工艺）。几乎所有的逻辑电路都使用了这个工艺中的最小栅极长度，这样的器件速度最快，功耗最低。

㊀ 衬底是第4个接线端，这里忽略它。

㊁ 一些先进的工艺又重新把金属作为制作栅极的材料。

㊂ 栅极氧化层的厚度也是一个关键的尺寸，它只能由工艺设定，而不能由设计者决定。与此不同的是，W 和 L 由掩膜决定，因此设计者可以调节。

沟道宽度 W 决定器件的强度，器件越宽，并行穿过器件的载流子越多。W 值越大，晶体管的导通电阻越小，电流越大，负载电容放电会更快，从而使器件速度更快，但是随着 W 的增加，器件栅极电容也会增加，从而会延长器件栅极的充放电时间。

图 4-9c 是 n-沟道 MOSFET（NFET）和 p-沟道 MOSFET（PFET）的电路符号。在 NFET 中，源极和漏极是在 p 型衬底中的 n 型半导体，载流子是电子。在 PFET 中则相反——源极和漏极是在 n 型衬底中的 p 型半导体（n 型衬底通常是指通过扩散工艺在 P 型衬底上形成的 n 阱），载流子是空穴。如果你现在不知道什么是 n 型半导体、p 型半导体、空穴、电子、不用担心，后面我们会介绍这些名词。

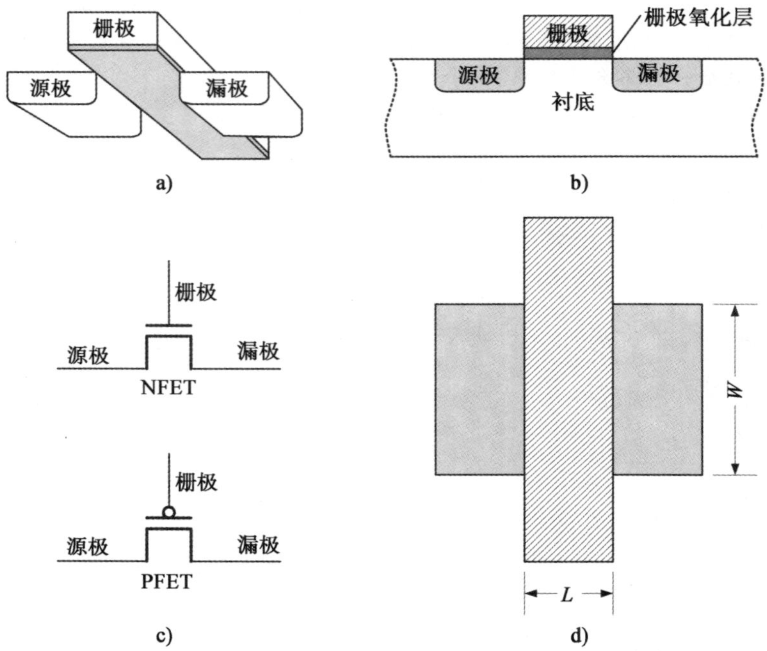

图 4-9　一个 MOS 场效应晶体管（FET）有 3 个接线端。当器件导通时，电流通过源极和漏极（相同类型的接线端），栅极上的电压控制器件导通还是截止。a）去掉衬底后 MOSFET 的结构图。b）MOSFET 的侧视图。c）n-沟道 FET（NFET）和 p-沟道 FET（PFET）的电路符号。d）MOSFET 的俯视图，显示了 MOSFET 的宽度 W 和长度 L

图 4-10 是一个简单的 n-沟道 FET 数字模型的操作。[⊖] 如图 4-10a 所示，当 NFET 的栅极是逻辑 0 时，一对 p－n 结（背对背二极管）使源极和漏极彼此绝缘，因此从漏极到源极没有电流，$I_{DS}=0$。中间部分的电路符号反映了这种情况。我们用一个断开的开关模拟 NFET 的这种状态，如最下面的图所示。

当栅极是逻辑 1 而且源极是逻辑 0 时，如图 4-10b 所示，NFET 导通。栅极和源极之间的正向电压使沟道（channel）中负电荷向栅极下面聚集。这些负载流子（电子）的存在使沟道称为 n-型，而且在源极和漏极之间形成了一个导电区域。漏极和源极之间的电压加速了沟道中的载流子的运动，从而形成了从漏极到源极的电流 I_{DS}。中间的图是 NFET 的电路图。下面的图是 NFET 导通的开关模型。当栅极是 1，源极是 0 时，开关闭合。

⊖　关于 MOSFET 操作的详细讨论已经超出本书的范围，详细内容请查阅半导体器件相关教材。

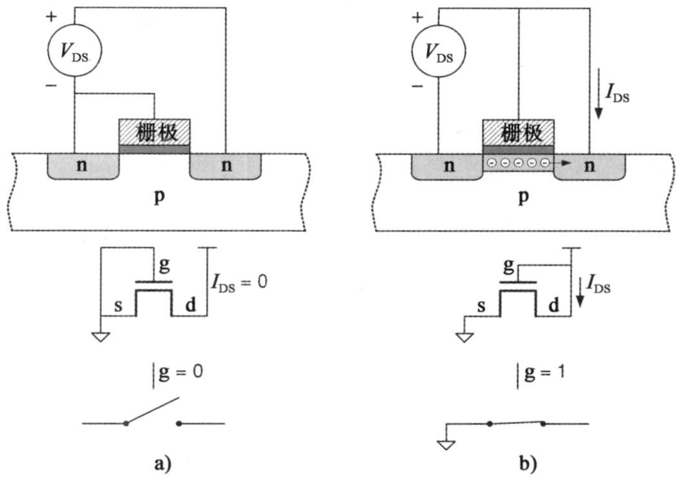

图 4-10 一个 n-沟道 MOSFET 的简单工作原理。a）当栅极和源极电压相等时，由于 p－n 结（一个二极管）处于反相，所以器件中没有电流通过。b）当在栅极施加正电压时，电压使沟道中的负载流子向栅极下面聚集，使该区域由 p-型硅转变为 n-型硅，从而把源极和漏极连接起来，产生了电流 I_{DS}。上面的图显示了器件物理上的变化。中间的图显示了电路示意图。下面的图显示了器件的开关模型 60~61

注意源极㊀是否为 1 很重要，当源极为 1 时，即使栅极为 1，开关也不是闭合状态，因为在栅极和源极之间没有净电压来感应沟道电荷。这种情况下，开关也不是断开状态，因为开关闭合与否取决于栅极和漏极电压是否下降到电压 1 以下的阈值电压。当源极 =1 并且栅极 =1 时，NFET 处于未定义状态（从数字角度而言）。最终结果是 NFET 只能可靠传输逻辑 0 信号，传输逻辑 1 需要 PFET。

PFET 的操作说明如图 4-11 所示，与 NFET 类似。区别在于 PFET 源极电平较高，而漏极较低，NFET 源极电平较低，而漏极较高。对于 PFET，当栅极为 0 源极为 1 时，器件导通，当栅极为 1，源极为 1 时，器件截止。当栅极为 0 且源极为 0 时，器件处于未定义状态。因为器件可靠导通时，源极必须为 1，所以 PFET 只能可靠传输逻辑 1，而 NFET 与 PFET 形成互补，只能传输 0。

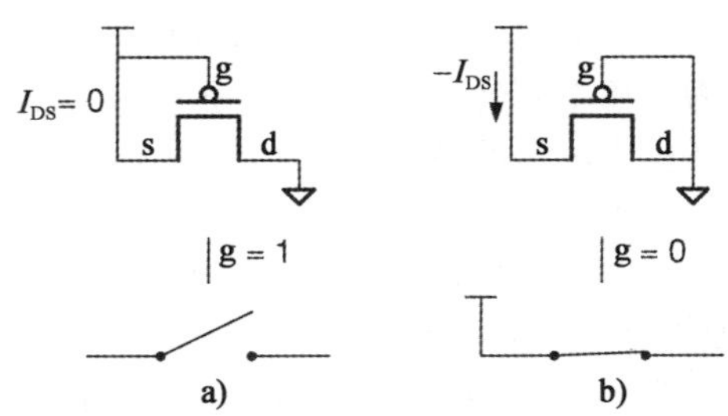

图 4-11 一个 p-沟道 MOSFET 的工作过程和 NFET 类似，都可以看作 0 和 1 的开关。a）当栅极为高电平时，无论源极和漏极的电压如何，PFET 截止。b）当栅极为低电平，源极为高电平时，PFET 导通，电流从源极流向漏极

图 4-10 和图 4-11 所示的 NFET 和 PFET 模型精确地模拟了大多数数字逻辑电路的功能。但是，要想模拟逻辑电路的延迟和功耗必须修改这个模型，在 PFET 的源极和 NFET 的漏极分别串联一个电阻，在栅极和地之间增加一个电容，如图 4-12 所示。㊁栅极节点上的电容与器件的面积 *WL* 成正比。另一方面，电阻与器件的长宽比 *L/W* 成正比。电容和电阻

㊀ 物理结构上，源极和漏极相同，它们的不同之处在于电压不同。NFET（PFET）的源极是两个非栅极中电压最小（最大）的。

㊁ 本书中把所有电容都放在栅极上，而实际上，在源极和漏极也存在电容，通常电容值大约等于栅极电容的一半（电容值取决于器件大小和几何形状）。

等式如下：

$$C_g = WLK_C \tag{4-1}$$

$$R_s = \frac{L}{W}K_R \tag{4-2}$$

其中，K_C 是常数，即单位面积上的电容（单位：法拉），K_R 是电阻常数（单位：欧姆/平方）。对于 NFETS 和 PFETS 而言，K_C 相同，但是 K_R 却因比率 K_P 不同而不同，PFETS 比 NFETS 电阻大。

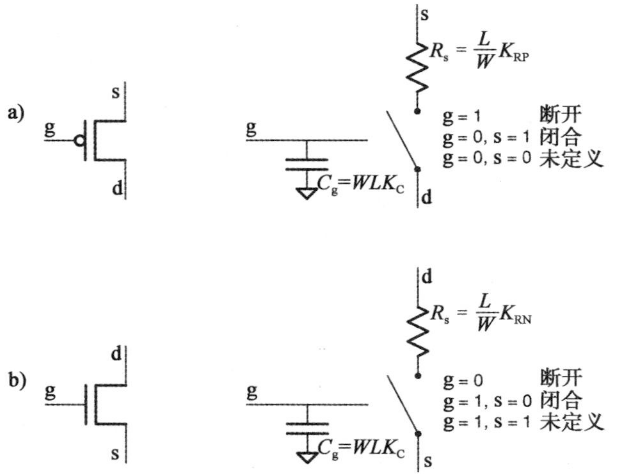

图 4-12　一个 PFET a）和一个 NFET b）的电路模型。栅极电容的大小与面积（WL）成正比，电阻与栅极的长度成正比，与其宽度成反比

62 ~ 63 图 4-13a 指出晶体管（NFET 和 PFET）的电流是输入电压的函数。在稳态数字系统中，晶体管只能工作在曲线的两端，而这两端工作电流大小会相差好几个数量级。该图也验证了开关模型。图 4-13 也说明了 NFET 驱动电流与 PFET 驱动电流之比 K_P 接近 2.5。图 4-13b 说明随着源－漏电压下降到 0，晶体管停止导电（不再消耗功率）。图 4-14 可以看出反相器的稳态输出电压是输入电压的函数。这个曲线图也说明了 CMOS 电路的抗扰性，不管输入电压的高低，小范围的幅值变化还是噪声都不会影响输出电压。

为了方便起见，这里讨论的内容与具体工艺无关，我们选定某工艺中的最小的栅极长度 L_{min} 为单位表示 W 和 L。例如，28 nm 工艺中，把具有 $L = 28$ nm，$W = 224$ nm 的器件称为 $L = 1$，$W = 8$ 器件，因为 $L = 1$ 是默认值，也可以将其简称为 $W = 8$ 器件。大多数情况下，W 以 W_{min}（$W_{min} = 8L_{min}$）为基准放大，并且把最小的 $W/L = 8$ 的器件作为单位大小器件，然后其他器件的大小都与单位大小器件有关。

表 4-1 列出了 130 nm 和 28 nm 工艺中 K_C、K_{RN} 和 K_{RP} 的典型值。表中最关键的参数是 τ_N 和 τ_P，它们是工艺中最基本的时间常数。随着工艺的发展，K_C（单位：法拉/L_{min}^2）与栅极长度的比例没有太大变化，近似值为

$$K_C \approx 1.25 \times 10^{-9} L_{min} \tag{4-3}$$

L_{min} 单位是米；栅极的方块电阻和延时不再与栅极长度成正比，n-型晶体管电阻增加，而 PFET

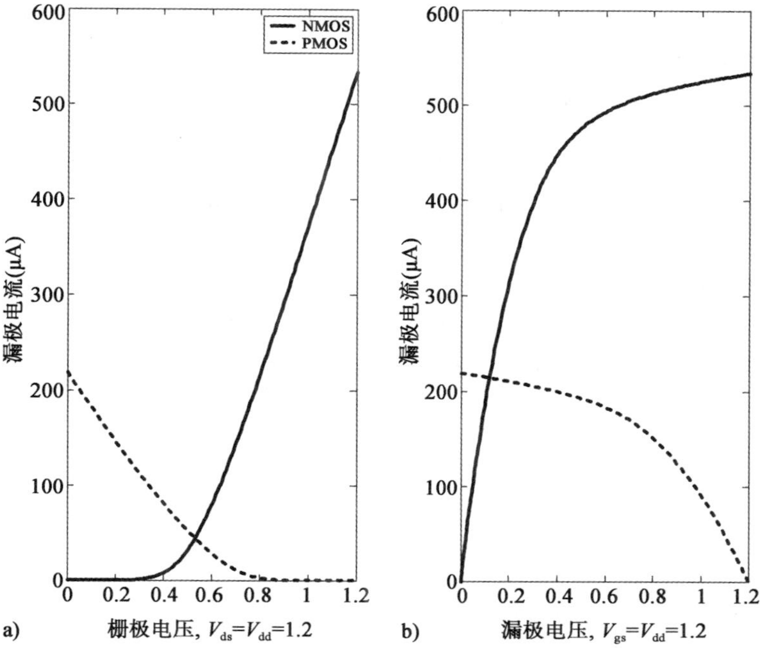

图 4-13　130 nm 晶体管特性的模拟图。图中可以看出 NFET（实线）和 PFET（虚线）的漏极电流分别是栅极电压 a）和漏极电压 b）的函数

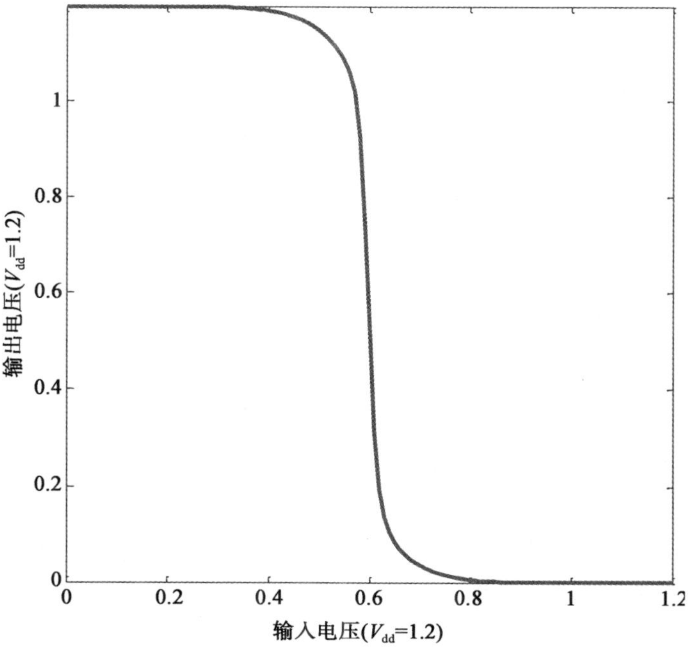

图 4-14　反相器的输出电压是输入电压的函数

的电阻是常数。[⊖]

⊖ 关于晶体管的发展预测和信息，请查阅国际半导体技术发展报告。

表 4-1　典型的 130 nm 和 28 nm CMOS 工艺器件参数。假设栅极长度最小，栅极宽度可变，得到下列数据

参　数	值（130 nm）	值（28 nm）	单　位	参　数	值（130 nm）	值（28 nm）	单　位
K_C	2.0×10^{-16}	2.8×10^{-17}	法拉/L^2_{min}	$K_{RP}=K_PK_{RN}$	5×10^4	5.5×10^4	欧姆/平方
K_{RN}	2×10^4	4.2×10^4	欧姆/平方	$\tau_N=K_CK_{RN}$	3.9×10^{-12}	1.2×10^{-12}	秒
K_P	2.5	1.3		$\tau_P=K_CK_{RP}$	9.8×10^{-12}	1.5×10^{-12}	秒

例 4-2　电阻和电容

对于 130 nm 和 28 nm 工艺，当 $L=1$ 并且 $W=32$ 时，NFET 的电阻（R_s）和栅极电容（C_g）是多少？一个具有相同 R_s 的 PFET 的大小和电容是多少？

首先，求 NFET 的电阻和栅极电容：

$$R_s = \frac{L}{W}K_{RN} = \frac{L_{min}}{32L_{min}}K_{RN}$$

$$R_{s,130} = 625\ \Omega$$

$$R_{s,28} = 1313\ \Omega$$

$$C_g = WLK_C$$

$$C_{g,130} = 6.4\ \text{fF}$$

$$C_{g,28} = 0.896\ \text{fF}$$

接下来，已知电阻，求 PFET 的宽度和电容：

$$W_P = \frac{LK_{RP}}{R_s}$$

$$W_P = \frac{LK_{RN}K_P}{R_s}$$

$$W_P = K_PW_n$$

$$W_{P,130} = 80L_{min}$$

64~65

$$W_{P,28} = 41.6L_{min}$$

$$C_{g,130} = 16\ \text{fF}$$

$$C_{g,28} = 1.16\ \text{fF}$$

4.3　CMOS 门电路

在 4.1 节中，我们学习了如何使用开关实现逻辑功能，学习 4.2 节后，知道了对于大多数数字电路，可以使用开关模拟 MOS 晶体管。把这些所学内容综合起来，就能知道如何使用晶体管实现逻辑电路了。

一个结构良好的逻辑电路，其输出端应该能够与另一个类似逻辑电路的输入端相连，这样才有利于进行数字抽象。因此，我们需要该逻辑电路的输出端能产生一定的电压，而不仅仅是简单地将两个终端相连。此外，还要求电路具备可恢复能力，这样当输入电平降低时输出电平不受影响。为了达到这个目的，输出端电压应来自电源电压而非输入端。

4.3.1　基本的 CMOS 门电路

一个静态 CMOS 门电路实现一个逻辑函数 f 的同时也产生了一个与输入相一致的恢复输出，如图 4-15 所示。当函数 f 为真时，PFET 开关网络把输出端 x 和电源正极（V_{DD}）相连；当

函数 f 为假时，NFET 开关网络把输出 x 与电源负极相连。这样，就符合了只有逻辑 1（高电平）信号通过 PFET 开关网络，逻辑 0（低电平）信号通过 NFET 网络的要求。由 PFET 网络和 NFET 网络实现了函数互补。如果函数重叠（同时为真），将造成电源和地之间短路，产生大量电流，还可能引起电路的永久损坏。如果这两个函数没有覆盖所有的输入状态（对于有些输入状态，两个函数值都不为真），那么在这些输入状态下，输出为未定义。

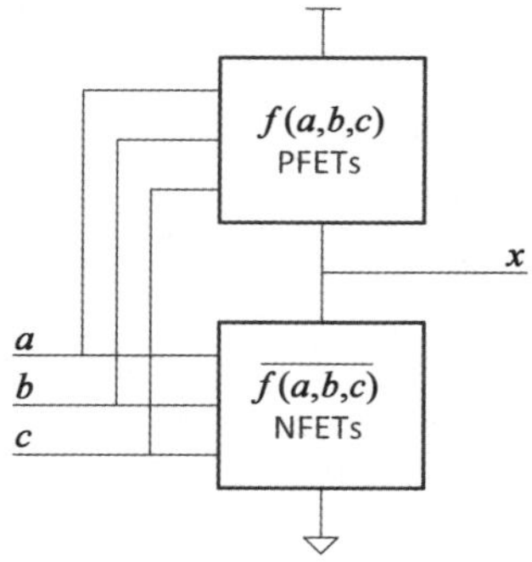

图 4-15 一个 CMOS 门电路包含一个 PFET 开关网络和一个 NFET 开关网络，当函数 f 为真时，PFET 开关网络把输出上拉到高电平，当 f 为假时，NFET 开关网络把输出下拉到低电平

因为在输入为高电平时，NFET 打开，输出为低电平，PFET 则相反，所以静态 CMOS 门电路只能产生反相逻辑函数。在一个 CMOS 门电路中，输入端的正（负）跳变要么会引起输出端的负（正）跳变，要么不会引起输出端的变化。输入端一个方向上的跳变引起输出端只在一个方向上的跳变，称为单调（monotonic）逻辑函数。如果输出端的跳变与输入端的跳变方向相反，那么就称此函数是单调递减或者反相逻辑函数。如果是同一方向的跳变，那么就称为单调递增函数。为了实现一个非反相或非单调逻辑函数需要多级 CMOS 门。 66

使用公式（3-9）所示的对偶原则，可以化简门电路的设计。如果有一个 NFET 下拉网络可以实现函数 $f_n(x_1,\cdots,x_n)$，由对偶性可知 $f_p=\overline{f_n(x_1,\cdots,x_n)}=f_n^D(\overline{x_1},\cdots,\overline{x_n})$，那么就可以实现函数 $f_p=\overline{f_n(x_1,\cdots,x_n)}$。对于 PFET 上拉网络，我们希望得到具有反相输入的对偶函数。因为当输入为低电平时，PFET“导通”，所以 PFET 提供了反相输入。为了得到对偶函数，我们把下拉网络中的与门用或门代替，或门用与门代替。在开关网络中，这意味着在下拉网络中的串联连接会变成上拉网络中的一个并联连接，反之亦然。

4.3.2 反相器、与非门、或非门

最简单的 CMOS 门电路就是反相器，如图 4-16a 所示。当输入 a 的值为低电平时，$x=\bar{a}$。此时 PFET 网络是一个连接输出 x 和电源正极的晶体管。类似地，当输入的值为高电平时，NFET 网络是一个把输出 x 拉为低电平的晶体管。

图 4-16b 是反相器的逻辑符号。它是一个在输入或输出端有个圆圈的向右的三角形。三角形代表一个放大器——表明对信号进行恢复。圆圈（有时称为反相圈）代表求反。输入端的圆圈是信号在输入到放大器之前进行求反操作。类似地，输出端的圆圈是信号被放大后进行求反操作。逻辑上，两种符号等价。不管在放大前还是放大后对信号求反都没有关系，可以选择两种符号的一种，但要符合下面的圆圈规则。

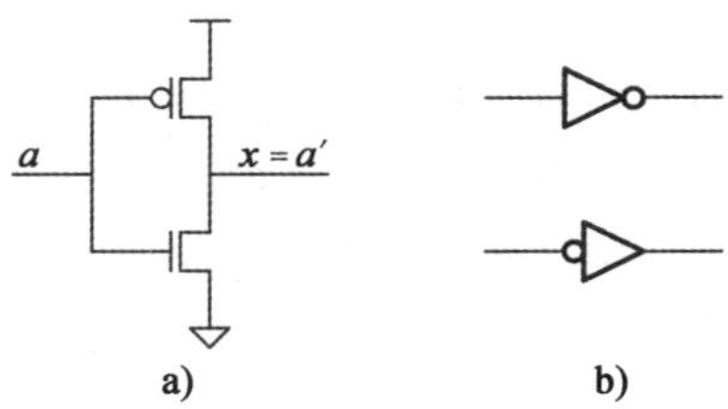

图 4-16 CMOS 反相器电路。a）当 $a=0$ 时，PFET 把 x 和 1 连接在一起，当 $a=1$ 时，NFET 把 x 和 0 连接在一起。b）反相器的逻辑符号。输入端或输出端的圆圈表示求反操作

圆圈规则：*尽量使输出端带有反相圈的门的输出信号是输入端带反相圈的门的输入。*

使用上述规则绘制的原理图，其可读性要强于那些线路两端出现极性翻转的原理图。这样的例子

在第 6 章中有很多。

图 4-17 是一些 NFET 和 PFET 开关网络的实例，NFET 和 PFET 开关网络可以用来构建与非
67 门和或非门电路。如果任意一个输入为低电平，并联的 PFET（图 4-17b）把输出上拉为高电平，$f=\bar{a}\vee\bar{b}=\overline{a\wedge b}$。使用对偶原则，这个开关网络和串联的 NFET 网络（图 4-17c）组合实现一个与非门。完整的与非门电路如图 4-18a 所示，两个与非门的原理图符号如图 4-18b 所示，上面的符号是一个在输出端带反相圈的与门符号（左边方形，右边半圆形），含义是输入 a 和 b 相与后求反，$f=\overline{a\wedge b}$。下面的符号是一个在所有输入端都带反相圈的或符号（左面是弯曲的，右面是尖尖的），所有输入反相后进行或运算，$f=\bar{a}\vee\bar{b}$。由德・摩根律（以及对偶性）可知，这两个函数等价。与反相器一样，我们可以在这两个符号之间选择一个来验证圆圈规则。

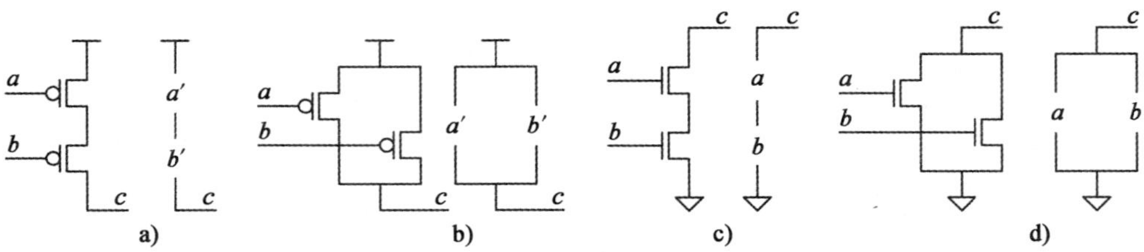

图 4-17 实现与非门和或非门的开关网络。a）当所有输入都为低电平时，串联的 PFET 把输出 c 上拉为高电平，$f=\bar{a}\wedge\bar{b}=\overline{a\vee b}$。b）当任意一个输入为低电平时，并联的 PFET 把输出上拉为高电平，$f=\bar{a}\vee\bar{b}=\overline{a\wedge b}$。c）当输入都为高电平时，串联的 NFET 把输出下拉为低电平，$f=\overline{a\wedge b}$。d）当任意一个输入为真时，并联的 NFET 把输出下拉为低电平，$f=\overline{a\vee b}$。与非门由网络 b）和 c）构成，或非门由网络 a）和 d）构成

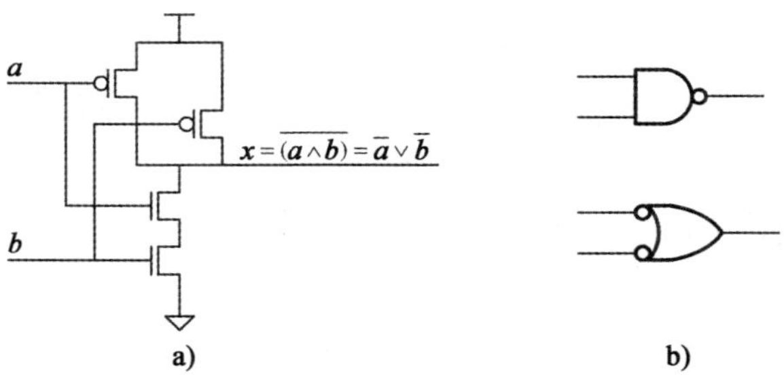

图 4-18 CMOS 与非门。a）电路图：与非门是由一个并联的 PFET 上拉网络和一个串联的 NFET 下拉网络构成。b）逻辑符号：可以把与非函数看作具有反相输出（顶部）的与运算，也可以看作具有反相输入（底部）的或运算

可以用一个 PFET 的串联网络和一个 NFET 的并联网络构建一个或非门，如图 4-19a 所示。当 a 和 b 的值都为低电平时，PFET 的串联网络（图 4-17a）把输出与 1 相连接，$f=\bar{a}\wedge\bar{b}=\overline{a\vee b}$。使用对偶性，这个电路用于和并联的 NFET 下拉网络（图 4-17d）组合。或非的逻辑符号如图 4-19b 所示。与反相器和与非门一样，我们可以根据圆圈规则在反相输入和反相输出之
68 间进行选择。

例 4-3 4 输入与非门

画出 4 输入与非门的晶体管级实现，$f=\overline{a\wedge b\wedge c\wedge d}$。

实现这个门可以对 2 输入与非门进行扩展，方法是：串联两个 NFET，并联两个 PFET。最终的与非门晶体管级实现如图 4-20 所示。

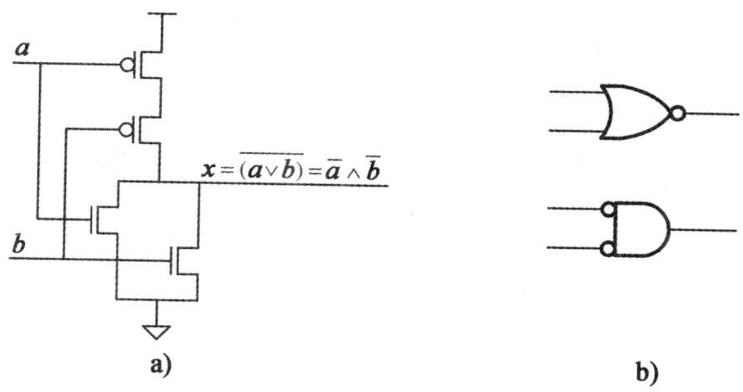

图 4-19 CMOS 或非门。a）电路图：或非门由一个串联的 PFET 上拉网络和一个并联的 NFET 下拉网络构成。b）逻辑符号：或非符号可以看作一个带有反相输出的或门，或者是一个带有反相输入的与门

4.3.3 复杂门

构建门电路不能局限于使用串联和并联网络，还可以使用任意串－并联网络，甚至可以使用非串－并联网络。例如，图 4-21a 是一个与－或－非（AOI）门的晶体管级设计。这个电路实现函数 $f=\overline{(a\wedge b)\ \vee c}$。下拉网络中 a 和 b 串联再和 c 并联。上拉网络是下拉网络的对偶式，a 和 b 并联再和 c 串联。AOI 的逻辑符号如图 4-21b 所示。

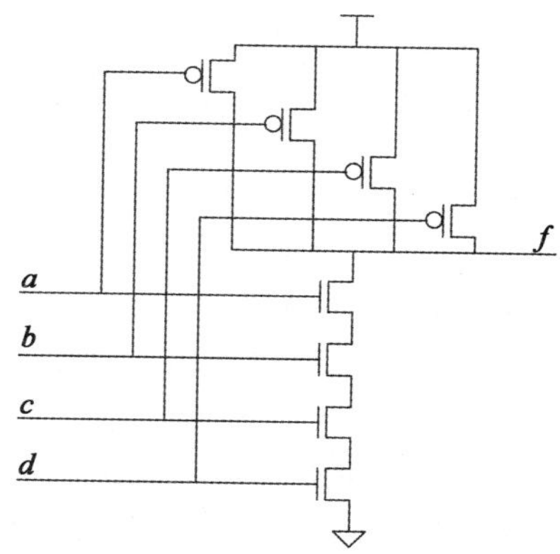

图 4-20 4 输入与非门的晶体管级实现

69

图 4-22 是一个择多函数的反相门。因为择多函数是一个单调递增函数而且门电路只能实现反相函数，所以我们无法构建单级择多函数门，但是我们可以构建择多函数的补，如图所示。择多函数是它自己的对偶函数。也就是说，$\text{maj}(\bar{a},\bar{b},\bar{c})=\overline{\text{maj}(a,b,c)}$。正因为这样，我们就能使用上拉网络与下拉网络相同的网络实现择多函数门，如图 4-22a 所示。因为择多函数中所有输入都等价，所以它是一个对称逻辑函数，交换 PFET 和 NFET 网络的输入不会改变函数。

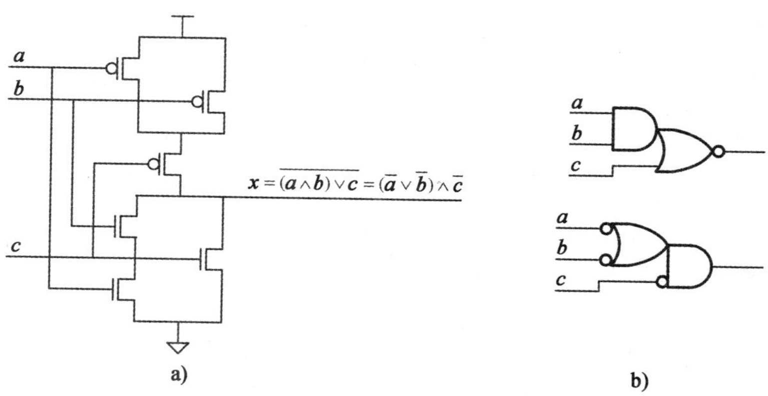

图 4-21 与－或－非（AOI）门。a）AOI 门的晶体管级实现：使用一个并－串联的 NFET 下拉网络和与它对偶的串－并联的 PFET 上拉网络构成。b）AOI 门的两种逻辑符号

更常见的择多－反相门的实现方法如图 4-22b 所示。这里的 NFET 下拉网络和图 4-22a 中的 NFET 下拉网络一样，但是 PFET 上拉网络由下拉网络的对偶网络代替，对偶网络是用并联代替串联，反之亦然。例如，在下拉网络中，b 和 c 并联后再和 a 串联，那么在上拉网络中，

把 b 和 c 的并联转换成串联然后再与 a 并联。PFET 上拉网络是 NFET 下拉网络的对偶网络，由公式（3-9）得知，PFET 上拉网络总是下拉网络补的开关函数。

图 4-22c 是择多－反相门的两种逻辑符号。因为择多函数具有自对偶性质，所以把反相圈放在输入和输出都没关系，都是择多函数。当三个输入中至少有两个输入为高电平时，输出为低电平——用低电平表示输出为真的择多函数；当三个输入中至少有两个输入为低电平时，输出为高电平——用低电平表示输入为真的择多函数。

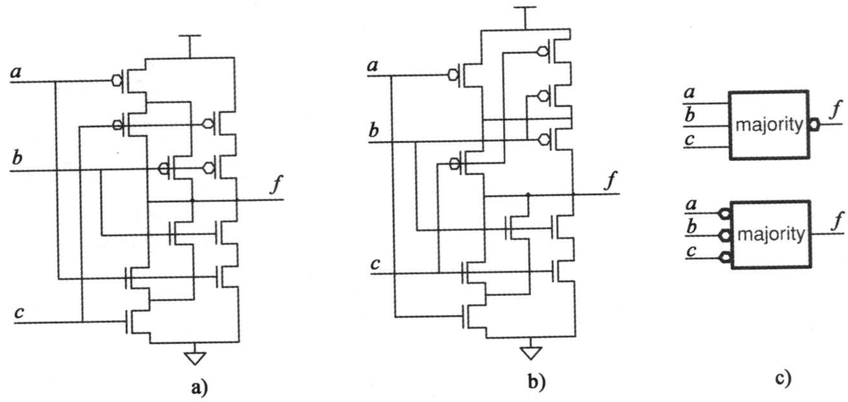

图 4-22　一个择多函数的反相门。当 2 个或 3 个输入为真时，输出为假。a）使用对称的上拉和下拉网络实现。b）使用上拉网络实现，这个上拉网络是下拉网络的对偶式。c）逻辑符号：无论是在输入还是输出位置求反，这个函数都是择多函数

70～71 严格来讲，因为 XOR 不是单调函数，所以我们不能构建单级 CMOS 异或（XOR）门。输入的正向变化可以引起输出正向或者负向变化，还要取决于其他输入的状态。但是，如果能得到反相输入，就能实现 2 输入 XOR 函数，如图 4-23a 所示，它具有图 4-7a 所示的开关网络的优点，3 输入 XOR 函数实现如图 4-23b 所示，这里的开关网络不是串－并联网络；如果不能得到反相输入，使用两个串联的 CMOS 门实现一个 2 输入 XOR 门更有效，如图 4-23c 所示。我们把这个电路的晶体管级设计作为一个习题。XOR 符号如图 4-23d 所示。

例 4-4　CMOS 门综合

画出一个复杂门电路，其功能为：当且仅当输入 cba 是一个合法的温度－编码信号时，输出为 0。

首先，写出布尔函数，化简如下：

$$f(c,b,a) = \overline{(\bar{c} \wedge \bar{b} \wedge \bar{a}) \vee (\bar{c} \wedge \bar{b} \wedge a) \vee (\bar{c} \wedge b \wedge a) \vee (c \wedge b \wedge a)}$$
$$= \overline{(\bar{c} \wedge \bar{b}) \vee (b \wedge a)}$$

这样，NFET 开关网络函数为

$$f_n = (\bar{c} \wedge \bar{b}) \vee (b \wedge a)$$

接着，为了正确地画出 PFET 阵列，写出 NFET 函数的对偶函数如下：

$$f_p(c,b,a) = (\bar{c} \vee \bar{b}) \wedge (b \vee a)$$

图 4-24 是最终的答案。为了用单级实现这个电路，需要输入 c 和 b 的补。

4.3.4　三态电路

有时我们希望构建一个分布式多路选择器函数。当逻辑信号 a 为真时，从点 A 驱动一个值到信号节点；当逻辑信号 b 为真时，从点 B 驱动一个值到信号节点。实现这个功能可以使用三态（tri-

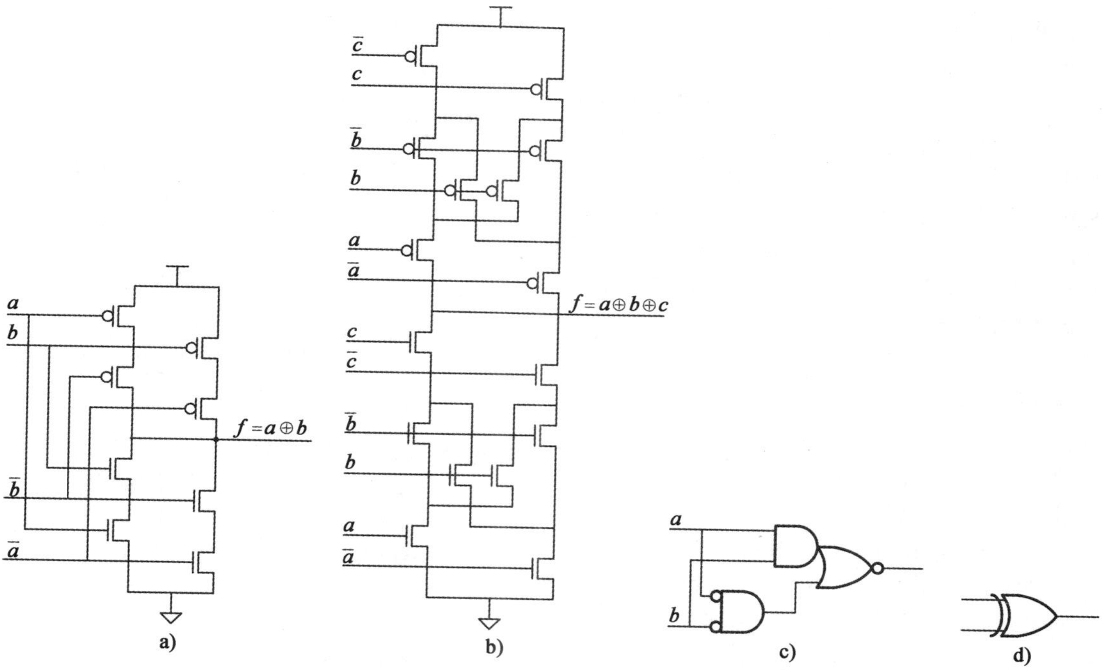

图 4-23 异或（XOR）门。a）2 输入异或门的晶体管级电路图。b）3 输入异或门的晶体管级电路图。c）计算两数异或的两级逻辑原理图。d）异或门的逻辑符号

state）反相器。这个电路如图 4-25a 和图 4-25b 所示。当 e 为真时，驱动 $\bar{a}$ 到 x，当 e 为假时，输出高阻态（不是 1 也不是 0）。当使能输入 e 为高电平（$\bar{e}$ 为低电平）时，中间的晶体管打开。由 a 控制的最外面的晶体管作用和普通反相器一样。当 e 为低电平时（$\bar{e}$ 为高电平），晶体管断开，没有值被驱动输出。在这种状态下，输出值最初等于上一个输出值，但是最终变成一个未知状态。Verilog 中，如果某根线没有连接任何驱动，可以用符号 z 表示。

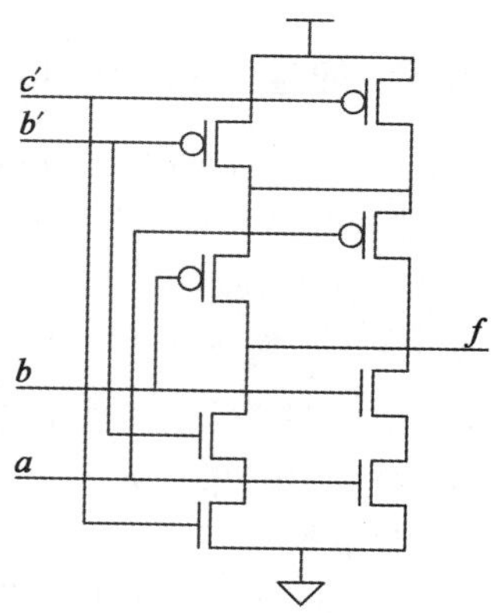

图 4-24 CMOS 电路原理图，其功能是检测输入 cba 是否是合法的温度编码

三态反相器不是 4.3.1 节中定义的门，因为它的输出不是输入的可恢复逻辑函数。它的下拉函数 $f_n(a,e)=a\wedge e$ 不等于其上拉函数 $f_p=\bar{a}\wedge e$ 的补。当 f_n 和 f_p 都为假时，函数 $f_z=\overline{f_n}\wedge\overline{f_p}=\bar{e}$ 为真，此时 x 为高阻态或 z 态。因为这个电路有三种输出状态，0、1 和 z，所以称它为三态电路。不要与三值逻辑电路混淆，三值逻辑电路中使用的是具有三个值的信号。

三态电路的使用范围不局限于反相器。我们可以在任意一个 CMOS 门电路加上使能信号，当使能信号 e 为低电平时，断开输出，我们不局限于使用一个使能信号，任意逻辑函数也能决定何时使能电路，这个函数会因为上拉和下拉而有所不同，使能函数可以是其他电路输入的函数。$f_z\neq 0$ 的任意 CMOS 电路都是一个三态电路，但不是所有这样的电路都有用。

三态反相器可以用来实现多路选择器和分布式多路选择器，如图 4-25c 所示。4 个三态反相器都驱动相同的输出，wire 型变量 x。如果只有一个使能信号 e_i 有效，那么 $x=\overline{a_i}$。如果所有的使能信号为低电平，则没有输入值驱动到 x——x 处于高阻态或 z 态。如果同一时间（甚至

非常短的时间）不止一个使能信号有效时，就会造成短路，引起静态电流从一个门的电源到另一个门的地，这样至少会造成功耗增加并给出一个无效输出。在最坏的情况下，引起的大电流能够气化电感金属，造成不可逆的对芯片的损坏。即使每个时钟周期只有一个使能信号有效，时钟偏斜（详见第 15 章）也会导致不同的使能有效重叠。随着 A 和 B 两点之间距离的增大，会出现
72~73 大的时钟偏移，所以经常使用三态电路的分布式多路选择器也特别容易损坏。

为了不造成短路，请慎重使用三态电路。如果使用它们，就应该采取措施确保使能信号间不出现重叠。一种方法是在一个使能信号有效和另一个使能信号有效之间加入空闲周期——此时，所有使能信号为低电平。另外一种方法是在设计驱动使能信号的电路之前要确保有一个时间间歇，在上升沿有一个长时延，在下降沿有一个短时延——用足够长的时延弥补时钟偏斜和其他因素。在大多数情况下，最好的方法是用静态 CMOS 门（与非门和或非门）构建所需函数——甚至可以是分布式多路选择器或者总线（详见 24.2 节）。

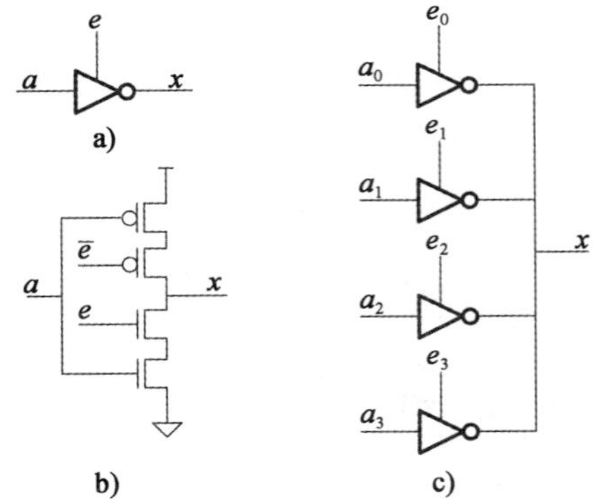

图 4-25 a）具有两个输入和一个输出的三态反相器。b）晶体管级电路图，当使能输入 e 为低电平时，输入没有连接到输出上；当 e 为高电平时，输出为 $\bar{a}$。c）4 个三态反相器实现了一个总线或者分布式多路选择器。当只有一个使能输入 e_i 为高电平时，输出是 $\overline{a_i}$；当所有的使能为低电平时，输出为高阻态；如果多个使能为高电平，那么就会对晶体管造成永久损害

4.3.5 应避免使用的电路

本章结束前，有必要看看那些不是静态门电路，也无法正常工作的电路，它们代表着 CMOS 电路设计中的常见错误。图 4-26 是 4 种具有代表性的错误。图 4-26a 中的电路试图通过 NFET 传递 1，通过 PFET 传递 0（原书有误——译者注），所谓的缓冲不起任何作用。晶体管不能可靠地传输这些值，所以输出信号为未定义，充其量就是输入摆幅的衰减。图 4-26b 所示的与－非电路实际上实现了逻辑函数 $f = a \wedge \bar{b}$，但是因为它没有恢复输出，所以违反了数字抽象。如果 $b = 0$，输入 a 上的噪声直接到达输出端。[⊖] 输出端的任何噪声也会影响输入信号和驱动门的所有输入。

图 4-26c 所示电路中，当 $a = 1$ 并且 $b = 0$ 时，和输出端断开。因为有寄生电容的存在，所以前一个输出值会短时间存储在输出节点。图 4-26d 的最终电路中，当 a 和 b 不相等时，它的上拉和下拉网络都会导通。从电源到地有静态电流流过，输出的逻辑值为未定义，这样，既增
74 加了功耗，又存在对芯片损坏的风险。

小结

CMOS 门电路是现代数字系统的基础单元。使用互补型 MOS（CMOS）晶体管可以由开关逻辑得到门电路。

当连接两端的开关闭合时，两端导通；如果电路中有多个开关串联连接，那么只有当所有开关都闭合时，两端才导通，这就是一个“与”函数。类似地，并联开关实现了“或”函数。

⊖ 这样的电路可以用在绝缘区域，但是必须遵循在长导线或另一个非恢复门之前有一个恢复期。大多数情况下，最好不使用这样的快捷门。

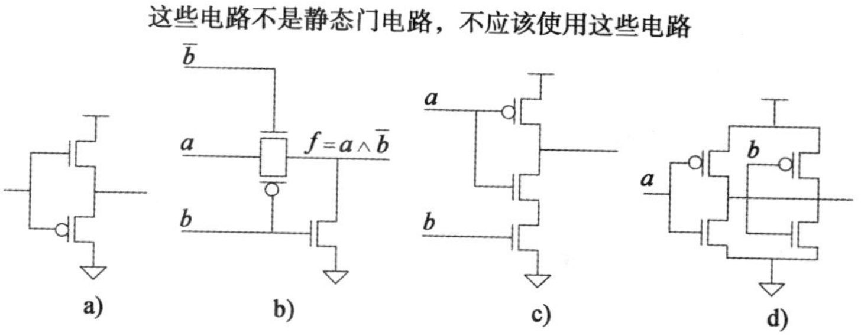

图 4-26 三种不是门电路也不该使用的电路：电路 a）通过 NFET 传递 1，通过 PFET 传递 0，电路 b）无法恢复高输出，电路 c）当 $a=1$ 并且 $b=0$ 时，不驱动输出，电路 d）当 $a\neq b$ 时，产生静态电流

开关的串 - 并联网络能够实现任意“与”和“或”的组合函数。

在约束条件下，NMOS 和 PMOS（n-型和 p-型 MOS）晶体管可以作为开关。当栅极为高电平（逻辑 1）时，NMOS 晶体管或者 NFET 导通（开关闭合），只有低电平信号（逻辑 0）通过。PMOS 晶体管或者 PFET 与 NMOS 晶体管互补，当栅极为低电平时，PMOS 晶体管或 PFET 导通，此时只有高电平信号通过。

我们构建了一个实现函数 f 的 CMOS 门级电路，当 $\bar{f}$ 为真时，由 NFET 构建的下拉网络把输出下拉为低电平；当 f 为真时，由 PFET 构建的上拉网络把输出上拉为高电平。因为 PFET 的输入都是反相的，所以使用上拉网络得到所需函数，上拉网络是下拉网络的对偶式。例如，实现与非门，使用串联的 NFET 作为下拉网络，使用并联的 PFET 作为上拉网络。除了与非门（串联的 NFET，并联的 PFET）和或非门（并联的 NFET，串联的 PFET），还可以构建复杂门电路，如与 - 或 - 非门，它可以实现“与”和“或”的任意组合，最后求反。

基于 NFET 和 PFET 的性质，所有 CMOS 门都是单调递减的，即递增的输入永远不会产生递增的输出。要构建递增函数需要多级 CMOS 门。

为了使逻辑电路原理图可读性更强，我们使用圆圈规则。在尽可能的情况下，如果导线的某一端画有一个圆圈，那么与该导线另一端相连的门上也应该画一个圆圈。

三态门电路可以输出高阻态或未连接状态，有了这种输出状态就允许几个三态门驱动同一个信号节点。因为在驱动同一个节点的三态门电路之间可能出现短路，所以尽可能不使用这样的电路。

文献说明

最早关于使用开关网络的研究来自 Shannon [97] 和 Montgomerie [79]。最早使用开关模型模拟 MOSFET 电路之一的是在 20 世纪 80 年代初的 Bryant [21]。

数字电路设计文章，如 Rabaey 等 [91] 提供了关于数字逻辑电路的详细介绍。

Weste 和 Harris 编写的教材 [108] 提供了关于门布局和 VLSI 的更多信息。

最后，对 MOSFET 的物理特性感兴趣的读者可以参考 Muller、Kamins 和 Chan 的文章 [82]。 75

习题

4.1 非 - 串联 - 并联分析，Ⅰ。图 4-27a 是连接两个终端的开关网络，写出描述它的逻辑函数。注意它不是串联 - 并联网络。

4.2 非 - 串联 - 并联分析，Ⅱ。图 4-27b 是连接两个终端的开关网络，写出描述它的逻辑函数。

4.3 串联 - 并联综合，Ⅰ。画出一个串联 - 并联开关电路，使其实现如下函数：$f(x,y,z)=((x\vee\bar{y})\wedge$

$((y \wedge z) \vee \bar{x})) \vee (x \wedge y \wedge z)$。

4.4 串联－并联综合，Ⅱ。画出一个串联－并联开关电路，使其实现如下函数：如果有至少一个输入为真，那么 $f(w, x, y, z) = 1$。

4.5 串联－并联综合，Ⅲ。画出一个串联－并联开关电路，使其实现如下函数：如果有至少两个输入为真，那么 $f(w, x, y, z) = 1$。

4.6 串联－并联综合，Ⅳ。画出一个串联－并联开关电路，使其实现如下函数：如果有至少三个输入为真，那么 $f(w, x, y, z) = 1$。

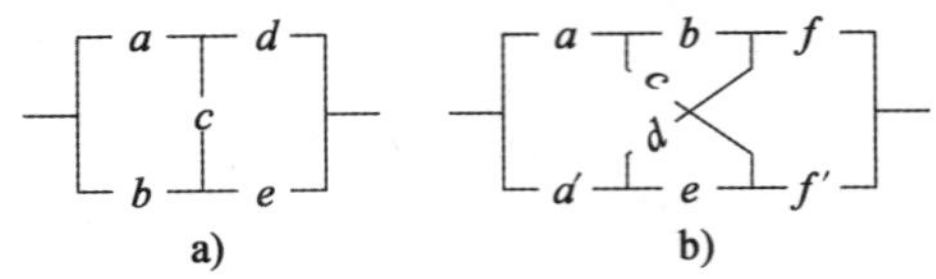

图 4-27　习题 4.1 和习题 4.2 的开关网络

4.7 串联－并联综合，Ⅴ。画出一个串联－并联开关电路，使其实现如下函数：如果四个输入都为真，那么 $f(w, x, y, z) = 1$。

4.8 串联－并联综合，Ⅵ。画出一个串联－并联开关电路，使其实现如下函数：如果有一个或三个输入为真，那么 $f(w, x, y, z) = 1$。

4.9 串联－并联综合，Ⅶ。画出一个串联－并联开关电路，使其实现如下函数：如果输入 xyz 代表 1 或者是二进制素数（$xyz = 001$，010，011，101，111），那么 $f(x,y,z) = 1$。

4.10 串联－并联综合，Ⅷ。画出一个串联－并联开关电路，使其实现如下函数：如果输入 $wxyz$ 代表 1 或者是二进制素数（$wxyz = 0001$,0010,0011,0101,0111,1011,1101），那么 $f(w,x,y,z) = 1$。

4.11 CMOS 开关模型，Ⅰ。输入为 $a = 1$，$b = 0$，$c = 0$，画出图 4-22a 的开关模型（使用断开和闭合的开关代替晶体管）。

4.12 CMOS 开关模型，Ⅱ。输入为 $a = 1$，$b = 1$，$c = 1$，画出图 4-22a 的开关模型（使用断开和闭合的开关代替晶体管）。

4.13 CMOS 开关模型，Ⅲ。根据图 4-23a 的电路图，输入为 $a = 1$，$b = 0$，画出开关模型（使用断开和
76 闭合的开关代替晶体管）。

4.14 CMOS 开关模型，Ⅳ。根据图 4-23b 的电路图，输入为 $a = 1$，$b = 0$，$c = 1$，画出开关模型（使用断开和闭合的开关代替晶体管）。

4.15 电阻和电容，Ⅰ。针对 130 nm 和 28 nm 工艺，假设所有的晶体管 $L = L_{min}$，计算 $W = 20L_{min}$ 的 NFET 的电阻和栅极电容。如果 PFET 的电阻是 NFET 的电阻的一半，NFET 中 $W = 20L_{min}$，那么 PFET 的宽度和栅极电容是多少？

4.16 电阻和电容，Ⅱ。针对 130 nm 和 28 nm 工艺，假设所有的晶体管 $L = L_{min}$，计算 $W = 40L_{min}$ 的 PFET 的电阻和栅极电容。如果 NFET 的电阻是 PFET 的电阻的两倍，PFET 中 $W = 40L_{min}$，那么 NFET 的宽度和栅极电容是多少？

4.17 计算吞吐量。设计一个逻辑模块，面积为 $1 \times 10^6 L_{min}^2$。每 $400(1 + K_P)\tau_n$ 秒完成一个工作单位。所有尺度参数参考表 4-1。

(a) 使用 130 nm 和 28 nm 工艺时，能在 1 mm^2 芯片上分别放置多少模块？

(b) 使用 130 nm 和 28 nm 工艺，一个模块完成一个工作单元（延迟）需要多长时间？

(c) 使用 130 nm 和 28 nm 工艺，一个芯片一秒钟总共能完成多少工作量（吞吐量）？

4.18 简单门电路，Ⅰ。画出 3 输入与非门的晶体管实现。

4.19 简单门电路，Ⅱ。画出 4 输入或非门的晶体管实现。

4.20 CMOS 电路原理图，Ⅰ。使用 NFET 和 PFET 画出可恢复逻辑门电路原理图，实现函数 $f = \overline{a \wedge (b \vee c)}$。

4.21 CMOS 电路原理图，Ⅱ。使用 NFET 和 PFET 画出可恢复逻辑门电路原理图，实现函数 $f = \overline{((a \wedge b) \vee c) \vee (d \wedge e)}$。

4.22 CMOS 电路原理图，Ⅲ。假设已知所有输入和它们的补，使用 NFET 和 PFET 画出可恢复逻辑门电路原理图，实现函数 $f = \overline{(\bar{a} \wedge \bar{b} \wedge \bar{c}) \vee (a \wedge b \wedge c)}$。

4.23 CMOS 电路原理图，Ⅳ。假设已知所有输入和它们的补，使用 NFET 和 PFET 画出可恢复逻辑门电路原理图，实现当且仅当 $cba = 010$，011，101，111 时，函数 $f = 0$。

4.24 CMOS 电路原理图，Ⅴ。假设已知所有输入和它们的补，使用 NFET 和 PFET 画出可恢复逻辑门电路原理图，实现图 4-23c 所示的异或门。

4.25 CMOS 电路原理图，Ⅵ。假设已知所有输入和它们的补，使用 NFET 和 PFET 画出可恢复逻辑门电路原理图，实现一个 5 输入反相择多函数。

4.26 CMOS 电路原理图，Ⅶ。假设已知所有输入和它们的补，使用 NFET 和 PFET 画出可恢复逻辑门电路原理图，实现当 $cba=001$，010，011 或 101（斐波那契数列）时，函数 $f=1$。

4.27 CMOS 电路原理图，Ⅷ。假设已知所有输入和它们的补，使用 NFET 和 PFET 画出可恢复逻辑门电路原理图，实现当 $cba=0$ 或其中 2 个输入为真时，函数 $f=0$。

4.28 CMOS 电路原理图，Ⅸ。假设已知所有输入和它们的补，使用 NFET 和 PFET 画出可恢复逻辑门电路原理图，实现当 cba 中有 1 个或 2 个输入为真时，函数 $f=1$。

4.29 CMOS 电路原理图，Ⅹ。假设已知所有输入和它们的补，使用 NFET 和 PFET 画出可恢复逻辑门电路原理图，实现当 $dcba=0010$，0011，0101，0111，1011，1101（4 位素数）时，函数 $f=0$。

4.30 把 CMOS 电路转化成逻辑等式，Ⅰ。写出图 4-28a 所示 CMOS 电路实现的逻辑函数。

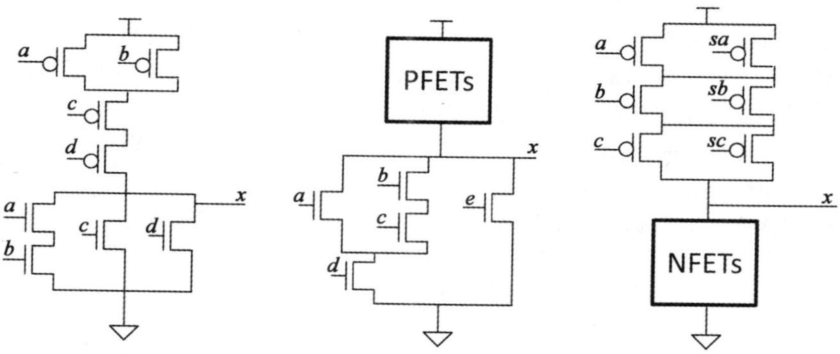

图 4-28 习题 4.30、习题 4.31 和习题 4.32 的 CMOS 电路。假设已经正确实现了 NFET 和 PFET 单元

4.31 把 CMOS 电路转化成逻辑等式，Ⅱ。写出图 4-28b 所示 CMOS 电路实现的逻辑函数。

4.32 把 CMOS 电路转化成逻辑等式，Ⅲ。写出图 4-28c 所示 CMOS 电路实现的逻辑函数。

4.33 三态缓冲器。由 4 个相连的三态反相器实现的逻辑，如图 4-25c 所示，描述这种逻辑的两种静态实现，第一种描述中只包含一个门，第二种描述中要包含多个门。 77~78

CMOS 电路的延迟和功耗

典型数字系统的设计规格不仅包括功能，还包括系统的延迟和功耗（能耗）。例如，一个加法器的设计规格描述如下：1）功能，输出是两个输入之和；2）延时，输入稳定后 1 ns 内，输出必须有效；3）能耗，每次加法运算所消耗的能量不超过 2 pJ。本章将介绍估算 CMOS 逻辑电路延迟和功耗的简单方法。

5.1 静态 CMOS 门的延迟

图 5-1 中，逻辑门的延迟 t_p 是指从输入电压位于 V_0 和 V_1 之间中点（50%的点）算起到输出达到相同电压所需要的时间。用这种方式定义延迟，我们就可以通过对每个门的延迟进行简单相加来计算一连串的逻辑门的总延迟。例如，在图 5-1 中，从 a 到 c 的延迟是两个门的延迟相加。第一个反相器输出电压的中点也是第二个反相器输入电压的中点。

因为 PFET 上拉网络的电阻与 NFET 下拉网络的电阻不同，所以 CMOS 门的上升延迟与下降延迟不同。当两个延迟不相等时，从输入电压下降到 V_1 的 50% 算起到输出电压上升到 V_1 的 50% 的这段时间称为上升延迟，记为 t_{pr}，下降延迟记为 t_{pf}，如图 5-1 所示。

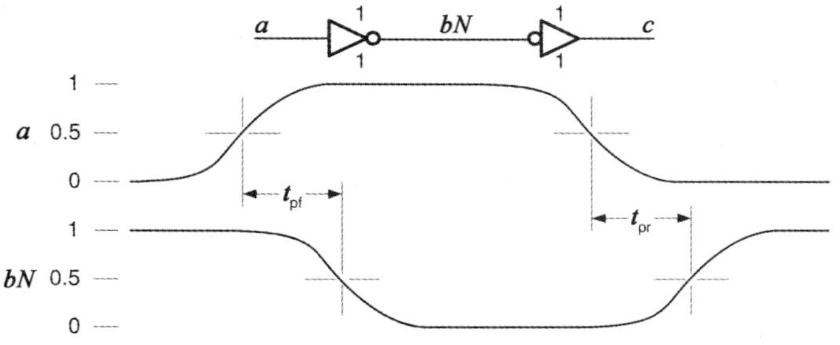

图 5-1 延迟时间的测量是从输入电压变化 50% 到产生输出电压变化 50% 时所需的时间。图中显示了输入 a 和输出 bN 的波形，下降延迟 t_{pf} 和上升延迟 t_{pr}

我们可以使用 4.2 节中推导出的简单开关模型，通过计算电路的 RC 时间常数来估算 t_{pr} 和 t_{pf}，RC 时间常数由驱动门的输出电阻和驱动门负载的输入电容计算得出。[㊀] 因为这个时间常数与驱动门和接收门都有关，所以我们不能由一个门来确定延时，时间常数只能是输出负载的函数。

思考这样一个例子，一个 CMOS 反相器的上拉 PFET 宽度是 W_P，下拉 NFET 宽度是 W_N，它驱动同样一个反相器，如图 5-2a 和图 5-2b 所示。[㊁] 在上升沿和下降沿，第二个反相器的输入
79 电容是 PFET 和 NFET 的电容之和 $C_{inv} = (W_P + W_N) C_G$。当第一个反相器输出上升时，输出电阻等效为宽度为 W_P 的 PFET 的电阻，如图 5-2c 所示：$R_P = K_{RP}/W_P = K_P K_{RN}/W_P$。这样，在上升沿得到：

$$t_{pr} = R_P C_{inv} = \frac{K_P K_{RN} (W_P + W_N) C_G}{W_P} \tag{5-1}$$

㊀ 实际上，驱动门也有输出电容，其值与输入电容大致相等，这里为了简化模型省略了输出电容。

㊁ W_P 和 W_N 以 $W_{min} = 8L_{min}$ 为单位；C_G 是宽度为 $8L_{min}$ 的门的电容，所以 $C_G = 0.22$ fF。

类似地，在下降沿，输出电阻是 NFET 的下拉电阻，如图 5-2d 所示：$R_N = K_{RN}/W_N$。下降延迟是：

$$t_{pf} = R_N C_{inv} = \frac{K_{RN}(W_P + W_N)C_G}{W_N} \tag{5-2}$$

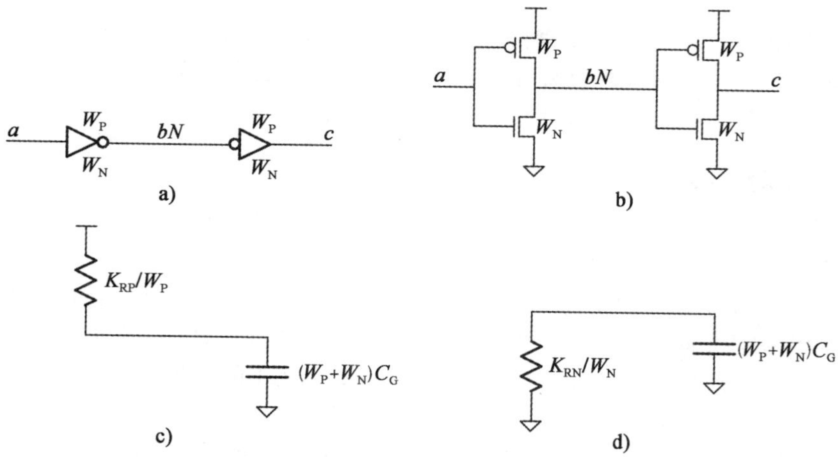

图 5-2 驱动相同反相器的反相器延迟。a）逻辑电路图（图中标注的数据都是器件的宽度）。b）晶体管级电路。c）计算上升延迟的开关级模型。d）计算下降延迟的开关级模型 80

大多数情况下，我们希望规定 CMOS 门的大小，这样就可以使上升延迟和下降延迟相等，即 $t_{pr} = t_{pf}$。如图 5-3 所示的反相器，隐含着 $W_P = K_P W_N$，PFET 的宽度是 NFET 宽度的 K_P 倍，这说明 PFET 的电阻率（每平方单位）是 NFET 电阻率的 K_P 倍。PFET 上拉电阻为 $R_P = K_{RP}/W_P = (K_P K_{RN})/(K_P W_N) = K_R N/W_N = R_N$，即电阻相等，因此延迟也相等。用 $K_P W_N$ 替代上面公式中的 W_P 得到：

$$t_{inv} = \frac{K_{RN}}{W_N}(K_P + 1)W_N C_G = (K_P + 1)K_{RN}C_G = (K_P + 1)\tau_N \tag{5-3}$$

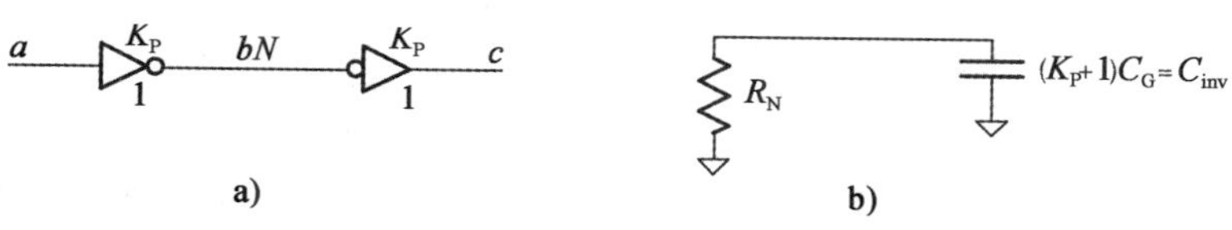

图 5-3 具有相等上升/下降延迟的一对反相器。a）逻辑电路图（图中参数所对应的大小见表 4-1）。b）下降延迟的开关级模型（与上升延迟的开关级模型相同）

注意，分子分母上的 W_N 相互抵消。驱动一个相同反相器的反相器延迟 t_{inv} 取决于器件宽度。随着器件变宽，R 减少，C 增大，总延迟 RC 不变。28 nm 工艺模型中 $K_P = 1.3$，延迟是 $2.3\tau_N = 2.7$ ps。[⊖]

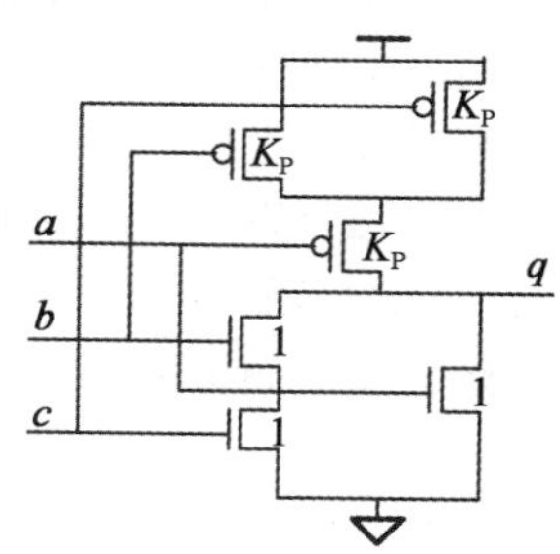

图 5-4 例 5-1 使用的与 - 或 - 非门

例 5-1 上升时间和下降时间

如图 5-4 所示的与 - 或 - 非门，它驱动一个 FO4（$C_{out} = 4C_{inv}$）反相器，假设同一时间只有一个输入发生变化，计算与 - 或 - 非门的最大上升/下降时间和最小上升/下降时间，

⊖ 对于具有 $W_N = 8L_{min}$ 的最小反相器，上升和下降延迟相等，在我们的模型工艺里 $C_{inv} = 0.5$ fF。

用 t_{inv} 表示。

当输入 abc 从 000 变化为 100 时，下降时间最小，因为在下拉路径上这个开关只有一个晶体
81 管导通，负载电容为 $4C_{inv}$，则 $t_{fmin}=4t_{inv}$。当输入 abc 从 010 或 001 变化为 011 时，下降时间最大，此时下拉路径中有两个 NFET 导通，延迟是下拉路径中只有一个 NFET 时的两倍，即 $t_{fmax}=8t_{inv}$。

当输入 abc 从 100 变化为 000 时，上升时间最小，此时，由 a 控制的 PFET 导通，其他两个 PFET 也是导通的。因此，等效串联电阻 $R_P=1.5K_{RN}$，负载电容为 $4C_{inv}$，则 $t_{rmin}=6t_{inv}$。当输入 abc 从 101 变化为 001（或从 110 变化为 010）时，上升时间最大。在这种情况下，只有两个并联的 PFET 导通，$R_P=2K_{RN}$，则 $t_{rmax}=8t_{inv}$。

5.2　扇出和驱动大电容负载

思考这样一个例子，一个大小为 1（$W_N=W_{min}$）的反相器，其大小（$W_P=K_PW_N$）能保证上升/下降延迟相等，用该反相器驱动 4 个相同的反相器，如图 5-5a 所示。计算 RC 时间常数的等效电路如图 5-5c 所示。扇出为 4 的反相器与相同反相器（扇出为 1）具有相同的驱动电阻 R_N，但是负载电容是相同反相器的 4 倍，即 $4C_{inv}$。这样得到的结果是：扇出为 4 的电路延迟是扇出为 1 的 4 倍。一般来说，扇出为 F 的电路延迟是扇出为 1 的 F 倍：

$$t_F = Ft_{inv} \tag{5-4}$$

举例来说，$F=4$ 时，$t_4=4t_{inv}=10.8$ ps。扇出为 4 的电路（FO4）延迟常用来比较工艺的优劣，设计者在表示时间周期和逻辑深度时常常会用 FO4 延迟（t_4）作为参照。

如果单位大小的反相器驱动一个 4 倍大小的反相器，如图 5-5b 所示，则延迟与驱动 4 个相同反相器的情形相同。第一个反相器的负载电容仍然是输入电容的 4 倍。

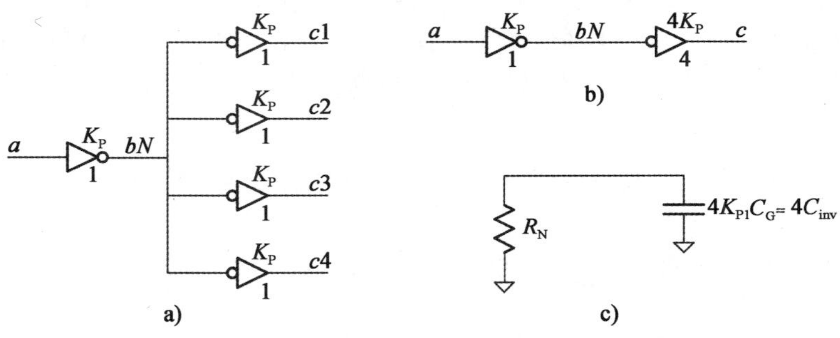

图 5-5　一个反相器驱动的负载是自身负载的 4 倍：a）驱动另外 4 个反相器；b）驱动一个大
82 （4 倍大）反相器；c）下降延迟的开关级模型

当扇出非常大时，分级而不是一次性提高信号的驱动能力，这样得到的延迟与扇出是对数关系，而不是线性关系。思考图 5-6a 所示的情况，由单位大小的反相器[⊖]产生信号 bN，驱动的负载是单位大小反相器的 1024 倍（扇出 $F=1024$）。如果把 bN 和 xN 简单地用导线连接起来，延迟就是 $1024t_{inv}$。如果提高每级的驱动能力，如图 5-6b 所示，电路分为 5 级，每级的扇出都是 4，这样就得到总延迟 $20t_{inv}$，比 $1024t_{inv}$ 小很多。

一般来说，如果把一个扇出为 F 的电路分成 n 级，每级的扇出为 $\alpha=F^{1/n}$，则延迟是

$$t_{Fn} = nF^{1/n}t_{inv} = \alpha t_{inv}\log_{\alpha}F \tag{5-5}$$

通过对公式（5-5）中的 n 或 α 求导并令导数等于 0，就可以求得最小延迟，即每级的扇出 $\alpha=e$ 时，延迟最小。实际上，扇出在 3 和 6 之间结果最好。扇出比 3 小会导致级数太多，而扇出

⊖ 从现在开始，当门的大小被设计成上升延迟和下降延迟相等时，我们就会省略图中的 W_P。

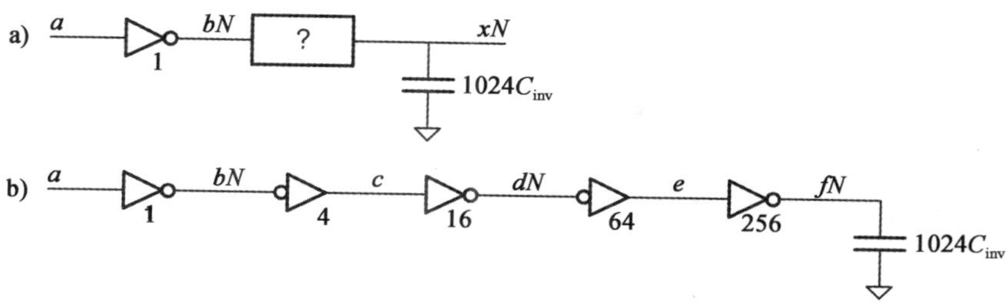

图 5-6 驱动大电容负载。a）单位大小反相器的输出驱动扇出为 1024 的电路，"?"这里需要一个用来缓冲信号 bN、驱动大电容的电路。b）通过使用一系列大小按比例（此处为 4）增加的反相器来提高每一级的驱动能力，从而使延迟最小

大于 6 会造成每级延迟太长。实际中经常使用的扇出为 4。总的来说，驱动一个具有大扇出 F 的电路时，使用多级，每级的扇出为 α，这样，延迟与扇出 F 的关系就从线性增长变为对数增长，即$\log_\alpha F$，从而降低了延迟。

例 5-2 扇出

一个最小的反相器驱动负载 $125C_{inv}$，每级的扇出为 5，计算所需延迟。

在这个实例中，我们分为 3 级，最小的反相器驱动一个大小是最小反相器 5 倍大小的反相器，然后再驱动一个大小是最小反相器 25 倍的反相器，最后共同驱动负载。每级的延迟是 $5t_{inv}$，总延迟是 $15t_{inv}$。 83

5.3 扇入和逻辑功效

就像扇出可以通过增加负载电容增加延迟一样，扇入可以通过增加输出电阻或者是等效输入电容增加门延迟。为了保持输出驱动不变，我们改变多输入门上晶体管的大小，以保证上拉串联电阻和下拉串联电阻等于具有相等上升/下降延迟的反相器的电阻。

例如，一个 2 输入与非门驱动一个相同的与非门，如图 5-7a 所示。我们确定每一个与非门中器件的大小，这样可以使上拉和下拉网络的输出电阻与具有单位驱动的反相器（上升/下降延迟相等）的电阻相同，如图 5-7b 所示。在最坏的情况下，只有一个上拉 PFET 打开，我们规定这些 PFET 的大小是 $W_P = K_P$，此时就和反相器中的一样。输出高电平不能完全归因于两个 PFET 的并联，因为这两个 PFET 同时导通（输入为低电平）只是实现输出为高的三种输入状态中的其中之一。为了让下拉电阻等于 R_N，串联的每个 NFET 的宽度是最小宽度的两倍。如图 5-7c 所示，把两个电阻为 $R_N/2$ 的器件串联得到总下拉电阻为 R_N。具有单位驱动的与非门的每个输入电容是 PFET 和 NFET 电容之和：

$$(2 + K_P)C_G = \frac{2 + K_P}{1 + K_P}C_{inv}$$

2 输入与非门的输入电容与能够提供相同输出驱动的反相器的输入电容的比值称为 2 输入与非门的*逻辑功效*（logical effort）。它表示实现 2 输入与非门逻辑函数的功效（与一个反相器相比，必须移动更多电荷）。驱动相同类型的门时（如图 5-7a 所示），其产生的延迟等于逻辑功效与 t_{inv}的乘积。

一般来说，如果一个与非门扇入为 F，PFET 和 NFET 的大小分别为 K_P 和 F，那么输入电容为：

$$C_{NAND} = (F + K_P)C_G = \frac{F + K_P}{1 + K_P}C_{inv} \tag{5-6}$$

逻辑功效为：

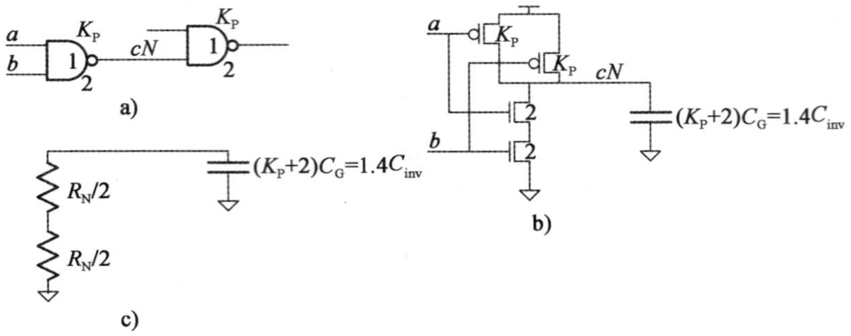

图 5-7　a）一个与非门驱动另一个相同的与非门，两个与非门的大小使得上升延迟都等于下降延迟。b）晶体管级原理图。c）开关级模型

$$\text{LE}_{\text{NAND}} = \frac{F + K_P}{1 + K_P} \tag{5-7}$$

驱动相同与非门的延迟：

$$t_{\text{NAND}} = \text{LE}_{\text{NAND}} t_{\text{inv}} = \frac{F + K_P}{1 + K_P} t_{\text{inv}} \tag{5-8}$$

对于或非门，NFET 并联，具有单位驱动的或非门中 NFET 大小为 1；PFET 串联，扇入为 F 的单位驱动或非门中 PFET 的大小是 FW_P。则总输入电容为：

$$C_{\text{NOR}} = (1 + FK_P) C_G = \frac{1 + FK_P}{1 + K_P} C_{\text{inv}} \tag{5-9}$$

逻辑功效为：

$$\text{LE}_{\text{NOR}} = \frac{1 + FK_P}{1 + K_P} \tag{5-10}$$

为了便于参考，表 5-1 给出了与非门和或非门在扇入从 1 变化到 5 时，扇入与逻辑功效之间的函数关系。表中给出了以 K_P 为参量的函数表达式及 $K_P = 1.3$ 时所对应的数值（此值适用于 28 nm 工艺）。

表 5-1　对于与非门和或非门，逻辑功效是扇入的函数（忽略源极/漏极电容）

扇入 (F)	逻辑功效			
	$f(K_P)$		$K_P = 1.3$	
	与非	或非	与非	或非
1	1	1	1.00	1.00
2	$\frac{2+K_P}{1+K_P}$	$\frac{1+2K_P}{1+K_P}$	1.43	1.56
3	$\frac{3+K_P}{1+K_P}$	$\frac{1+3K_P}{1+K_P}$	1.87	2.13
4	$\frac{4+K_P}{1+K_P}$	$\frac{1+4K_P}{1+K_P}$	2.30	2.70
5	$\frac{5+K_P}{1+K_P}$	$\frac{1+5K_P}{1+K_P}$	2.74	3.26

84 ~ 85 用类似方法可以计算复杂门的逻辑功效。图 5-8 是一个 3 输入与－或－非（AOI）门，它的大小与最小反相器的驱动能力相匹配。三个输入的输入电容不同，逻辑功效必须分别计算。首先，对于输入 a：

$$C_{\text{AOI},a} = (1 + 2K_P) C_G = \frac{1 + 2K_P}{1 + K_P} C_{\text{inv}} \tag{5-11}$$

$$\mathrm{LE}_{\mathrm{AOI},a}=\frac{1+2K_\mathrm{P}}{1+K_\mathrm{P}} \tag{5-12}$$

对于输入 b 和 c：

$$C_{\mathrm{AOI},b,c}=(2+2K_\mathrm{P})C_\mathrm{G}=\frac{2+2K_\mathrm{P}}{1+K_\mathrm{P}}C_\mathrm{inv} \tag{5-13}$$

$$\mathrm{LE}_{\mathrm{AOI},b,c}=\frac{2+2K_\mathrm{P}}{1+K_\mathrm{P}}=2 \tag{5-14}$$

例 5-3 逻辑功效

计算图 5-9 所示的 2－2 或－与－非门的逻辑功效。

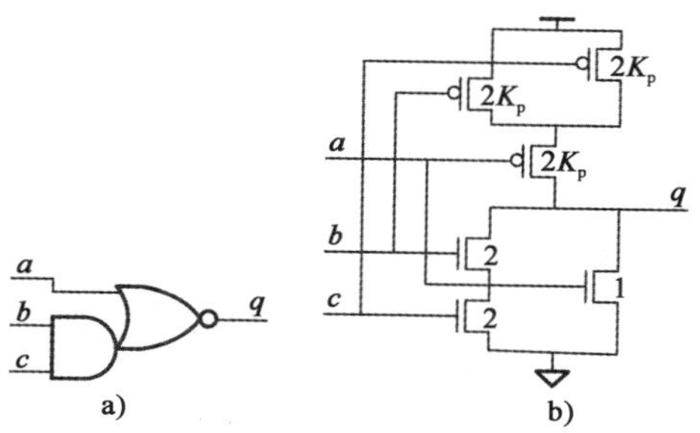

图 5-8 与－或－非（AOI）门的逻辑功效。a）门符号。b）晶体管级原理图，器件大小经设计可确保上升/下降延迟相等，具有单位驱动力

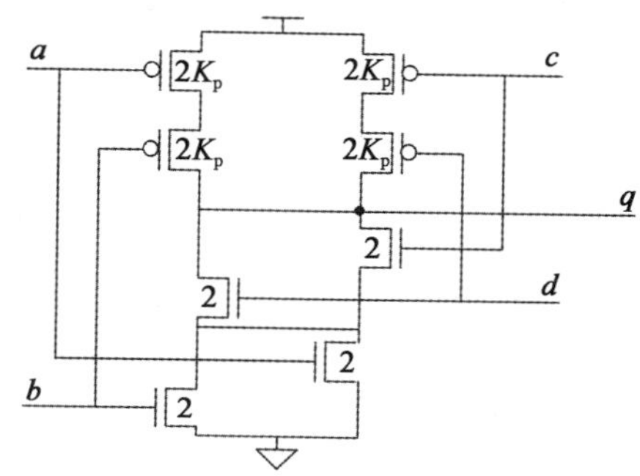

图 5-9 最小的与－或－非门

此门中，每个输入的输入电容为：

$$C_\mathrm{OAI}=2+2K_\mathrm{P}$$

逻辑功效为：

$$\mathrm{LE}_\mathrm{OAI}=\frac{2+2K_\mathrm{P}}{1+K_\mathrm{P}}=2$$ 86

5.4 延迟计算

在逻辑电路中，第 i 级到第 $i+1$ 级的扇出或电功效（electrical effort）乘以第 $i+1$ 级的逻辑功效得到第 i 级延迟。扇出是第 i 级与第 $i+1$ 级的驱动力之比。逻辑功效是应用到第 $i+1$ 级输入的电容放大器，用来实现当前阶段的逻辑功能。

例如，如图 5-10 所示的逻辑电路。在同一时间，计算从 a 到 e 每一级的延迟，如表 5-2 所示。第一级驱动信号 bN，扇出是 4，下一级（反相器）的逻辑功效是 1。所以这一级的总延迟是 $4t_\mathrm{inv}$。第二级驱动信号 c，本级和下一级驱动能力都是 4，所以扇出是 1。信号 c 驱动一个 3 输入或非门，它的逻辑功效是 2.13，所以这一级的总延迟是 2.13。第三级驱动信号 dN，既有扇出又有逻辑功效。这一级的扇出是 2（4 个驱动 8 个），逻辑功效是 2 输入与非门的逻辑功效，值为 1.43，总延迟是 2×1.43 = 2.86。最后是第四级驱动信号 e，扇出是 4，逻辑功效是 1。我们不计算最后一个反相器的延迟（驱动能力是 32）。这里只是简单地为信

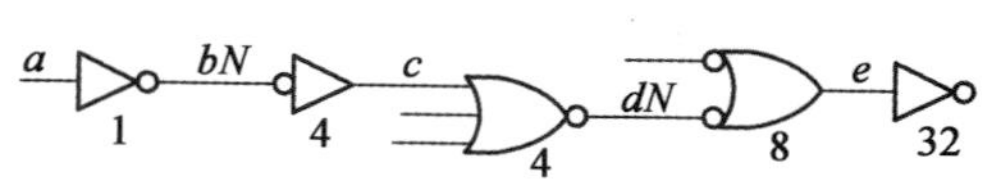

图 5-10 用于延迟计算的逻辑电路。每个门下面所标的数值代表该门相对于具有相同上升/下降延迟的最小反相器，所呈现出的驱动能力（电导）

号 e 提供了一个负载。总延迟是四级延迟相加：$t_{pae}=(4+2.13+2.86+4)t_{inv}=13.0t_{inv}=35$ ps。

表 5-2　计算逻辑电路的延迟。沿着路径的每一级，计算信号的扇出和接收信号门的逻辑功效。扇出乘以逻辑功效得到每一级的延迟，把各级的延迟相加得到总延迟，用 t_{inv} 表示

驱动 i	信号 i 到 $i+1$	扇出 i 到 $i+1$	逻辑功效 $i+1$	延迟 i 到 $i+1$
1	bN	4.00	1.00	4.00
2	c	1.00	2.13	2.13
3	dN	2.00	1.43	2.86
4	e	4.00	1	4.00
总计				13.0

当使用扇入计算一个电路的最大延迟时，需要确定最长（或关键）路径。我们沿着路径
87 用这种方法（如表 5-2 所示）计算延迟并取最大值。例如，在图 5-11 中，假设输入信号 a 和 p 在同一时间变化，$t=0$。延迟的计算过程如表 5-3 所示。从 a 到 c 的延迟是 $7.73t_{inv}$，从 p 到 qN 的延迟是 $1.87t_{inv}$。当计算最大延迟时，关键路径就是从 a 到 c 再到 dN——总延迟是 $15.73t_{inv}$。如果关心电路的最小延迟，那么就使用从 p 到 qN 再到 dN 的路径——总延迟是 $9.87t_{inv}$。

一些逻辑电路中包括扇出到不同门类型的逻辑门，如图 5-12 中的信号 g。在这种情况下，对于每个被驱动门，计算每个扇出的电功效和逻辑功效，再把这些乘积相加得到信号 g 的总延迟。上面的与非门扇出是 3，逻辑功效是 1.87，总功效是 5.61。下面的或非门扇出是 2，逻辑功效是 1.56，总功效是 3.12。这样，信号 g 的总延迟（或者功效）是 $8.73t_{inv}$。

表 5-3　计算图 5-11 中两条路径的延迟

信号 i 到 $i+1$	扇出 i 到 $i+1$	逻辑功效 $i+1$	延迟 i 到 $i+1$
bN	0.25	1	0.25
c	4	1.87	7.48
a 到 c 的延迟小计			7.73
qN	1	1.87	1.87
p 到 qN 的延迟小计			1.87
dN	8	1	8
a 到 dN 的延迟总计			15.73
p 到 dN 的延迟总计			9.87

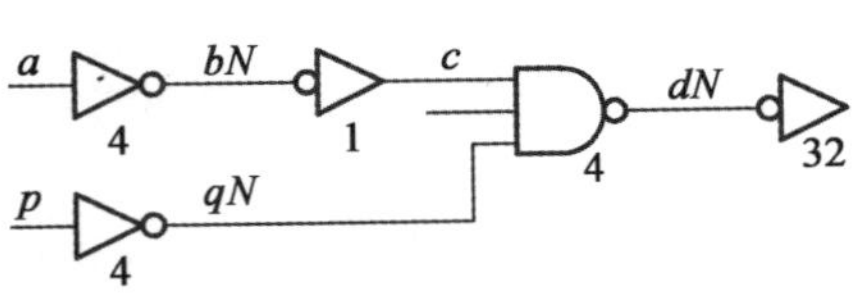

图 5-11　标有扇入的逻辑电路。输入 a 和 p 在同一时间变化。最大延迟的关键路径是从 a 到 c 再到 dN

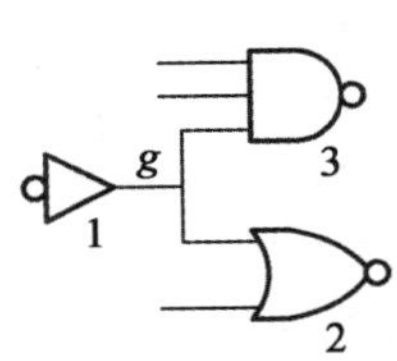

图 5-12　由不同类型且标出扇出的门组成的逻辑电路。每个接收门的扇出与逻辑功效相乘，然后把这些乘积相加得到信号 g 的总功效

88

例 5-4　延迟计算

计算图 5-13 所示逻辑电路的延迟，该电路为图 8-5 中 6：64 译码器的一路。这个电路驱动负载的大小是 $256C_{inv}$。每级的扇出已经标出。信号 b 驱动一个大小是最小反相器 2 倍的反相器和两个 2 输入或非门 P。信号 c 驱动两个 P（或非门）；d 驱动 16 个 Q（与非门）。表 5-4 列出了 2 输入或非门 P 和 3 输入与非门 Q 的逻辑功效。

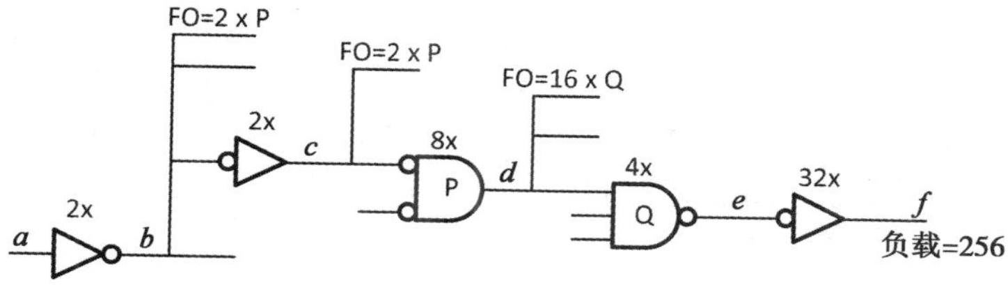

图 5-13　用于例 5-4 延迟计算的电路

延迟计算如表 5-4 所示。把下一级中每种类型门的扇出、逻辑功效、大小相乘，再把所有乘积相加，得到每级的负载。延迟等于负载除以驱动数，单位是 t_{inv}。

表 5-4　图 5-13 所示电路的延迟计算

信　号	驱动数	负载（C_{inv}）	延迟（t_{inv}）	信　号	驱动数	负载（C_{inv}）	延迟（t_{inv}）
b	2 ×	2 + 2 × 1.56 × 8 = 27.0	13.5	e	4 ×	32	8
c	2 ×	2 × 1.56 × 8 = 25.0	12.5	f	32 ×	256	8
d	8 ×	16 × 1.87 × 4 = 120	15.0	总计			57.0

5.5　延迟优化

为了使逻辑电路的延迟最小，我们规定每级门的大小，使得每级的延迟相等。对于一条 n 级路径，实现优化的一个简单方法是沿着路径计算总功效，TE，然后规定每级门的大小使总功效均匀地分配在每级，每级的总功效（扇出和逻辑功效的乘积）是 $TE^{1/n}$。

例如，图 5-14 的电路。这个电路的延迟计算如表 5-5 所示。第一个和最后一个门的大小比 89
值确定了总扇出为 96。我们把该电功效 96 乘以第 3 级的逻辑功效 1.43，再乘以第 4 级的逻辑功效 1.87，得到总功效为 257，然后把 $257^{1/4} \approx 4$ 作为每级的总功效（延迟）。门的电功效等于每一级的功效 4 除以逻辑功效。这样，门大小是 $x = 4$，$y = 4 \times 4/1.43 = 11.2$，$z = 24.0$。总延迟略大于 $16t_{inv}$。

表 5-5　优化门的大小使延迟最小，总功效被均匀地分配在每级

驱动 i	信号 i 到 $i+1$	扇出 i 到 $i+1$	逻辑功效 $i+1$	大小 i	延迟 i 到 $i+1$
1	bN	4.00	1.00	1	$x = 4$
2	c	2.80	1.43	4	$1.43y/x = 4$
3	dN	2.14	1.87	11.2	$1.87z/y = 4$
4	e	4	1	24.0	$96/z = 4$
总计					16

假如图 5-14 中的最后一个反相器驱动总扇出为 2048 而不是 96，结果会如何。假如这样，总功效 $TE = 2048 \times 1.43 \times 1.87 \approx 5477$。如果把它分成四级，得到每级的延迟是 $5477^{1/4} \approx 8.6t_{inv}$，这个值有点儿大，总延迟大约是 $34.4t_{inv}$。在这种情况下，可以通过增加偶数个反相器来降低延迟，就像图 5-6 的例子一样。最优级数是 $\ln 5477 \approx 8$。8 级，每级的功效必须是 2.93，总延迟是 $23.4t_{inv}$。电路经折中后，每级延迟要达到 4，需要 $\log_4 5477 \approx 6$ 级，总延迟是 $25.2t_{inv}$。

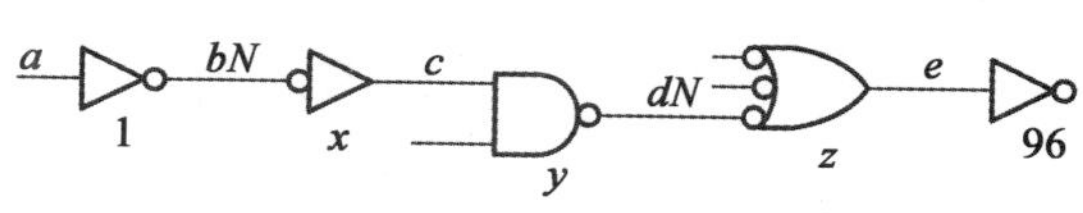

图 5-14　门的大小未固定的逻辑电路，如果需要，可以使每级的延迟相等和增加级数，对三个中间级门的大小 x，y 和 z 进行选择，使延迟最小

如果想要在图 5-14 的电路中增加两个或四个反相器，必须确定增加的位置。我们可以在不改变功能和延迟的情况下在电路的任意位置插入一对反相器。如果我们

想把与非门转化成或非门，甚至可以在任意位置插入若干反相器（这样会提高总功效，所以不是一个好方法）。但是，最好把增加的电路放在最后，这样可以避免电路中逻辑功效高的那些级中的门的大小进一步增大，从而产生更多的能耗。如果一个信号有很大的连线负载，那么增加一个或更多额外的级是有利的，但是在增加之前，要确保连线有足够的驱动能力。

90 在讨论延迟优化中，我们忽略了逻辑门的自身（寄生）电容。如果把这点考虑到模型中，除了增加每个门的延迟，还有两个方面的影响。首先，因为增加级数的成本大，所以每级最优功效是3~4而不是e。其次，扇入大会导致门延迟非常大。例如，64输入与非门会有65个连接到输出节点的晶体管，所以不要构建高扇入门。

例5-5　优化延迟

重新定义例5-4中的门的大小，使延迟最小。驱动信号b和c的输入反相器大小必须是最小反相器的2倍。

从c点开始，假设门是单位大小，每级的门扇出（驱动门的数量）乘以下一级的逻辑功效可以得到总功效。

从表5-6中可以看出，由扇出、逻辑功效可以得到总功效$3.12\times29.9=93.4$。它乘以增加的负载128得到总功效11.9×10^3。把此功效均匀地分配到4级中，得到每级的功效是$(11.9\times10^3)^{1/4}=10.5$。

表5-6　图5-13所示电路每级的功效计算

信号	门扇出	逻辑功效	功效	信号	门扇出	逻辑功效	功效
c	2	1.56	3.12	e	1	1	1
d	16	1.87	29.9	f	1	1	1

这样，我们重新定义了门的大小，得到每级的总功效是10.5。最终门的大小和延迟如表5-7所示。比例5-4中计算的总延时减少了$3.7t_{inv}$。

表5-7　优化图5-13中每个门的大小和延迟

信号	大小	功效	延迟	信号	大小	功效	延迟
b	2		11.5	e	2.36	1	10.5
c	2	3.12	10.5	f	24.8	1	10.3
91 d	6.73	29.9	10.5	总计			53.3

5.6　连线延迟

在现代集成电路中，大部分延迟和功耗是驱动互连线产生的。片上连线具有电阻和电容，130 nm和28 nm工艺中的典型值如表5-8所示。下面的例子采用最小连线，我们还将在习题5.20c中讨论连线电阻大小对延迟和功耗产生的影响。

表5-8　130 nm和28 nm工艺中的最小连线的电阻和电容

参　数	130 nm值	28 nm值	单　位	描　述
R_w	0.25	0.45	Ω/平方	每平方电阻
w_w	0.25	0.045	μm	线宽
R_w	1	10	Ω/μm	每μm的电阻
C_w	0.2	0.18	fF/μm	每μm的电容
τ_w	0.2	1.8	fs/μm²	RC时间常数

当连线很短时，与驱动门的输出电阻相比连线的总电阻很小，它可以按集总电容建模。例如，最小（$W_N = 8L_{min}$）反相器输出电阻是 5.25 kΩ。长度小于 105 μm 的连线总电阻小于这个数的五分之一，可以把它看成一个集总电容。例如，长度为 105 μm 的连线可以建模成 19 fF 的电容，与最小反相器的输入电容 0.52 fF 相比，相当于扇出是 36。

对于较大的驱动门，较短连线的电阻相当于驱动门的输出电阻。例如，一个反相器，大小是最小反相器的 16 倍，其输出电阻是 328 Ω。长度为 33 μm 的连线电阻等于驱动门的输出电阻，要满足电阻小于驱动门电阻的五分之一时，长度必须小于 6.1 μm。

连线很长时，它的电阻会比驱动门电阻大很多，随着连线长度的增加，连线延迟会平方增长。如图 5-15a 所示。随着连线变长，连线的电阻和电容线性增长，同时引起 RC 时间常数平方增长。因为连线电阻决定了总电阻，所以加大如图 5-15b 所示驱动门的大小也不能改善这种状况。

我们可以按照下面的步骤计算 1 mm 最小连线的电阻、电容和内在延迟。对分布电容和电阻建模时，如连线，延迟不是 RC 而是 0.4RC。（在计算中我们忽略了输出电容。）

$$R_{w,1mm} = R_w L = (10)(10^3) = 10\ \text{k}\Omega \tag{5-15}$$

$$C_{w,1mm} = C_w L = (0.18 \times 10^{-15})(10^3) = 0.18\ \text{pF} \tag{5-16}$$

$$D = 0.4RC = 0.4(R_{w,1mm})(C_{w,1mm}) = 720\ \text{ps} \tag{5-17}$$

92

为了使长连线延迟随着长度的增加而线性增长（而不是平方增长），连线可以分成多个小段，每段由一个中继器（repeater）驱动，如图 5-15c 所示。

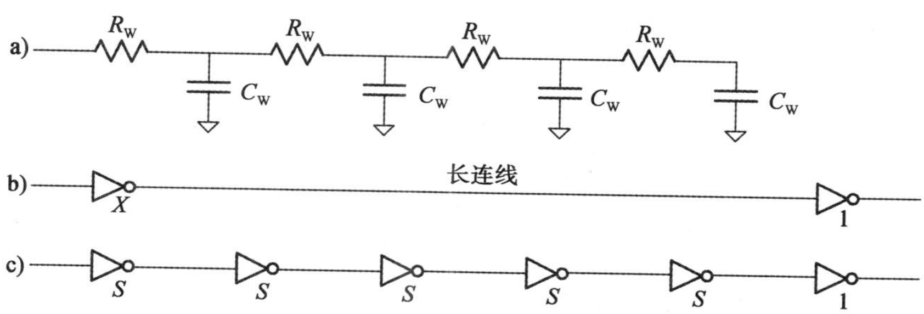

图 5-15　a）片上长连线有很大的串联电阻 R_w 和并联电容 C_w，延迟随着长度的增加而平方增长。b）驱动长连线会产生让人无法接受的延迟和上升时间。由于连线电阻率的存在，所以增加驱动门的大小 X 不会改善这种情况。c）在连线上的固定时间间隔插入大小为 S 的中继器，可以使连线延迟随着长度增加而线性增长，而不是平方增长

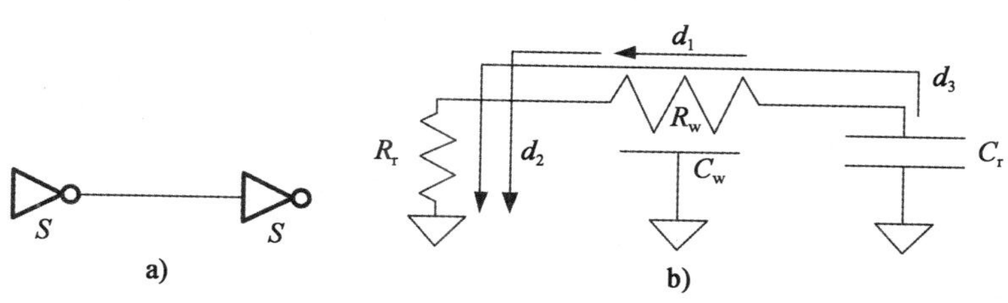

图 5-16　a）驱动一段连线的逻辑图，两边是大小为 S 的中继器。b）我们使用的延迟模型是三个延迟之和：连线的内在延迟（d_1）、连线电容通过驱动电阻放电的时间（d_2）和第二个驱动门通过驱动门和连线放电的时间（d_3）

为了得到线性延迟，我们把长度为 L 的连线分成 n 段，每段长度为 $l = L/n$。在每段结束部分，插入一个反相器（或者中继器）驱动下一级。总延迟的近似值是三个 RC 延迟之和：连线本身的延迟、连线电容通过驱动门电阻放电的时间和下一个驱动门的电容通过连线和驱动门电

阻放电的时间。[⊖] 图 5-16 显示了这个模型。

$$D_l = 0.4R_{w,l}C_{w,l} + R_rC_{w,l} + C_r(R_{w,l} + R_r) \tag{5-18}$$

93

$$D_L = \frac{L}{l}(0.4l^2R_wC_w + lR_rC_w + C_r(lR_w + R_r)) \tag{5-19}$$

使用公式（5-19）求得每段长度的导数，并使其为 0，就能得到最小延迟时的中继器间距：

$$\frac{d}{dl}D_L = 0.4R_wC_w - \frac{R_rC_r}{l^2} = 0 \tag{5-20}$$

$$l = \sqrt{\frac{t_{inv}}{0.4R_wC_w}} = 61\ \mu m \tag{5-21}$$

图 5-17a 中，连线延迟随着中继器间距的变化而变化。在间距很短时，主要是中继器的延迟。一旦间距超过了 60 μm，延迟开始增加。例如，中继器间距是原间距 8 倍时，延迟是原来的 2 倍。我们也可以经过类似步骤得到最优中继器大小 S。

$$D_L = \frac{L}{l}\left(0.4l^2R_wC_w + \frac{lR_{inv}C_w}{S} + SC_{inv}\left(lR_w + \frac{R_{inv}}{S}\right)\right) \tag{5-22}$$

$$\frac{d}{dS}D_L = C_{inv}R_w - \frac{R_{inv}C_w}{S^2} = 0 \tag{5-23}$$

$$S = \sqrt{\frac{R_{inv}C_w}{C_{inv}R_w}} = 13.5 \tag{5-24}$$

$$D_{L,1mm} = 228\ ps \tag{5-25}$$

我们看到，不考虑段长度时，最优的驱动门大小是最小反相器的 13.5 倍，随着驱动门的大小变大，延迟几乎不变，如图 5-17b 所示，也就是说一旦驱动门的大小超过了某个阈值，大小对延迟的影响很小。但是，大的驱动门会增加功耗。

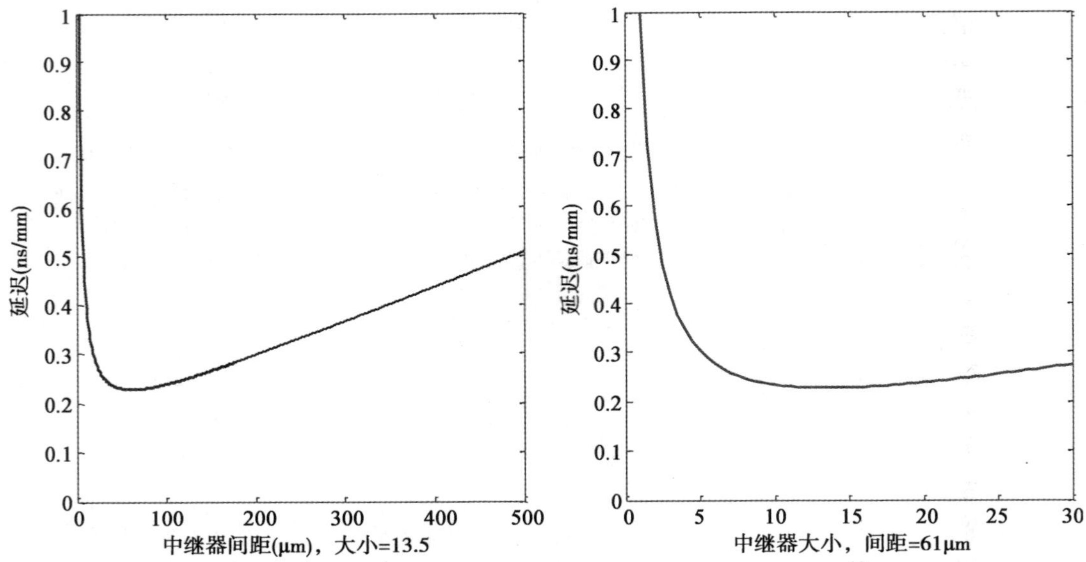

图 5-17　a）1 mm 连线延迟是两个中继器之间距离的函数。b）中继器间是最佳间距时，1 mm 连线延迟是中继器大小的函数。如果没有中继器，1 mm 连线延迟是 720 ps

⊖ 这是一个非常简单的估计总延迟的模型，但是它提供了最优的中继器间隔的合理估计。对于更精确和更复杂的模型，见参考文献 [7] 和 [28]。

例 5-6 连线延迟

在 28 nm 工艺中，计算 1 mm 最小宽度连线的延迟，连线被分成 4 段，每段连线由 10 倍于最小反相器驱动。使用表 5-8 和表 4-1 中给出的值计算。

计算连线和中继器的电阻和电容步骤如下。最小反相器 $W_N = 8L_{min}$，所以 10 倍于最小反相器中 $W_N = 80L_{min}$。

$$R_w = 10\ \frac{\Omega}{\mu m} \times 250\ \mu m = 2500\ \Omega$$

$$C_w = 0.18\ \frac{fF}{\mu m} \times 250\ \mu m = 45\ fF$$

$$R_r = \frac{K_{RN}}{W_N} = \frac{4.2 \times 10^4}{80} = 525\ \Omega$$

$$C_r = W_N(1 + K_P)K_C = 80(1 + 1.3)2.8 \times 10^{-17} = 5.15\ fF$$

使用公式 (5-18)，计算每段的延迟如下：

$$\begin{aligned} D_l &= 0.4R_wC_w + R_rC_w + (R_r + R_w)C_r \\ &= (0.4)(2500)(45) + (525)(45) + (2500 + 525)(5.15) \\ &= 45\ 000 + 23\ 600 + 15\ 579 = 84\ 179\ fs \\ &\approx 84.2\ ps \end{aligned}$$

在这个例子中，对延迟贡献最大的是连线自身延迟。

延迟包括 4 段的延迟，即 $4D_l$ = (4) (84.2) = 337 ps。

5.7 CMOS 电路的功率损耗

许多数字设计在能耗、功耗或两者上都有限制。电路的能耗（单位：焦耳）直接影响移动设备的电池寿命或者系统供电的成本。功耗（单位：瓦特或焦耳/秒）和电路产生的热量相关——因此冷却系统十分必要。冷却芯片方法不当时，芯片就会因高温而损坏。对于数字设计者来说，理解如何计算和优化能耗和功耗是十分重要的。 94~95

5.7.1 动态功耗

CMOS 芯片中，主要能耗都是由于门电容和连线电容的充放电。充电时，电容上的电压从 V_0 到 V_1，然后通过一个电阻放电，电容电压下降并回到 V_0，这个过程中的能耗为

$$E = CV^2 \tag{5-26}$$

对于 28 nm 工艺，$C_{inv} = 0.6$ fF，$V = V_1 - V_0 = 0.9$ V，$E_{inv} = 0.49$ fJ。也就是说，一个最小反相器的充电和放电消耗大约 0.5 fJ。

例如，当输入 a 上下循环变化时，计算如图 5-10 所示电路的能耗。该输入循环变化影响包括 e 在内的所有内部节点。回忆一下，每个门的输入电容等于门的大小（s）、逻辑功效（LE）和 C_{inv} 的乘积。则

$$\begin{aligned} E &= CV^2 = V^2 \sum_i C_i \\ &= V^2 C_{inv} \sum_i s_i LE_i = E_{inv} \sum_i s_i LE_i \\ &= E_{inv}(1 + 4 + 4LE_{NOR3} + 8LE_{NAND2} + 32) \\ &= 27.9\ fJ \end{aligned}$$

通常情况下，我们把电路设计成每级具有相等的延迟。就像前面的例子一样，但是，能耗是由链路中最大门决定的。

电容充放电时的功耗（$P = E/T = Ef$）取决于信号的转换频率。具有电容 C 的电路时钟频率 f，每个周期有 α 次转换，[⊖] 功耗为：

$$P = 0.5CV^2f\alpha \tag{5-27}$$

因子 0.5 是因为一半功耗在充电中，另一半功耗在放电中。一个反相器，活动因子 $\alpha = 0.33$，时钟频率 $f = 2$ GHz，$P = 162$ nW。

为了降低电路的功耗，我们可以降低公式（5-27）中某些项的值。如果降低电压，功率呈
96 二次方减少。但是，电路在低电压下运行会很慢。由于这个原因，我们会同时降低 V 和 f，V 和 f 减少一半，每次功耗降低 8 倍。通过减小电路也是减少电容常用的方法，如最小化连线长度会减少连线电容。

我们可以通过一些方法降低活动因子 α。首先，电路不要做没有必要的转换。对于一个组合电路，输入的每次变化都会造成每个输出至少一次转换，应该消除毛刺或险象（见 6.10 节），因为它们会造成不必要的功耗。可以通过调整（停止）电路未使用部分的时钟来降低活动因子，这样，未使用部分根本不工作。例如，如果在一个特定周期中，没有用到加法器，那么停止加法器的时钟，阻止加法器的输入和组合逻辑翻转，从而节省了大部分功耗。

5.7.2 静态功耗

到目前为止，我们都专注于动态功耗——由于电容充放电产生的功耗。随着门长度和电源电压的降低，静态漏电（leakage）功耗就成为一个越来越重要的因素。漏电电流是当 MOSFET 在关闭状态下（$V_{GS} = 0$，$V_{DS} = V_{DD}$）流过的电流，漏电电流与 e^{-V_T} 成正比。这样，随着阈值电压降低，漏电电流指数增长。通常称这条曲线的斜率为*亚阈值斜率*，典型值是 70 mV/ dec。也就是说，阈值电压每降低 70 mV，漏电电流是原来的 10 倍。电源电压基本上已经不再降低，因为更低的电源电压要求更低的阈值电压，这会造成更高的漏电流。

通过使用具有更高 V_T 的晶体管可以降低静态功耗。这些晶体管所付出的代价是要么低速、要么更高的电源电压（动态能耗），或者兼而有之。许多数字设计在关键路径中使用了低 V_T 晶体管，其他地方使用高 V_T 晶体管。消除漏电流的另一个方法是关闭或使用*电源门控电路*（power-gate circuit）。电源门控在空间和时间上是粗粒度的，控制逻辑在开关两种状态循环会耗费大量时间。

思考这样一个过程，调整一个电路用来适用于高速应用，电源电压 0.9 V，漏电电流 100 nA/μm。这意味着每个最小（$W = 224$ nm）晶体管消耗 20 nW 的功率（$P = IV$）。商用芯片具有相当于 10 亿～20 亿个最小反相器，使得芯片漏电功率达到 20～40 W。这在芯片 60～120 W 的功率预算中占了很大一部分。

5.7.3 功率调节

CMOS 晶体管的电容用 L 衡量。这是因为并行板电容的三维尺寸都与 L 成线性关系，$C = LW/H$。电源电压恒定时，任何给定逻辑模型的能耗都与 L 成比例。芯片的能密度随着 $1/L$ 增加；也就是说，如果 L 减半，单位面积能耗是原来的两倍。在恒定频率下，功率密度随着 $1/L$
97 增加，其增长之快超过了我们对芯片冷却的能力。当通过提高频率来提高性能时，这个问题变得更严重，引起功率密度增长 $1/L^2$。现在许多设计者采用并行技术，较慢地运行多个模块来提高性能。并行是可行的更节能的方法。

⊖ 每个周期中，信号从 0 变到 1 或者从 1 变到 0 时，$\alpha = 1$。一个时钟周期 $\alpha = 2$。一些参考资料中使用活动因子计算完整周期数而不是变化次数，此时，α 取上面值的一半。

例 5-7 能耗计算

如图 5-14 所示，计算 $x=4$，$y=12$，$z=24$，当信号 a 经历一个完整周期从 0 到 1 再到 0 时的动态能耗。假设 a 的变化一直传导到 e，这里可以忽略连线电容，假定电源电压 $V_{DD}=1$ V。

计算每级的电容并相加。动态能耗是 $E=CV^2$，因为 $V=1$，则 $E=C$。首先计算电容 C_{inv}，然后在相加后转化成法拉（见表 5-9）。这样总电容是 $163\times C_{inv}=(163)(0.515\text{ fF})=84\text{ fF}$，$a$ 循环一次动态能耗是 84 fJ。

表 5-9 例 5-7 的功耗计算

信号	电容（C_{inv}）	信号	电容（C_{inv}）
a	1	dN	$24\times1.87=44.9$
bN	4	e	96
c	$12\times1.43=17.2$	总计	163

小结

本章学习了估算 CMOS 逻辑电路延迟和功耗的简单方法。虽然不能代替具体的电路模拟，但是这种方法可以估计典型 CMOS 逻辑电路的延迟和动态能耗，准确率为 20%。重要的是，这种方法可以对不同电路设计进行比较，让我们选择出正确的解决方案。

通过第 4 章介绍的简单 MOSFET 开关模型，我们可以使用一个简单的 RC 模型估算 CMOS
电路的门延迟。延迟等于驱动门的输出电阻乘以被驱动的总电容。如果直接驱动一个负载，延 98
迟随着驱动门扇出的增加而线性增加，比率为负载电容与驱动门输入电容之比。为了更快地驱动大负载，我们通过采用固定倍数（通常为 4）的驱动门增加各级驱动门的大小，从而构建出一个多级驱动门。

当保持输出电阻不变，持续增加输入电容时，CMOS 门的复杂性提高了。我们把输入电容的增加称为门的*逻辑功效*。一个驱动门的扇出（或电功效）和被驱动门的逻辑功效的乘积是每级的总功效。每级的延迟和总功效成正比。当每级的总功效均衡后延迟最小，每级的最优总功效接近 4。

片上连线的电阻和电容都随着长度增加而线性增加。连线延迟 RC 随着连线长度增加而平方增加。为了使延迟随着长度线性增加，我们把连线分成固定长度的片段，并用一个中继器驱动每个段。

当信号变化时，由于电容充放电，CMOS 芯片产生动态功耗。由于晶体管漏电流的存在，会产生静态功耗。动态功耗和门的开关切换相关，$E=CV^2$。28 nm 工艺中，一个典型的反相器功耗大约是 0.5fJ。动态功耗是 $P=0.5Ef\alpha$，频率为 f，活动因子为 α。

静态功耗的产生大部分是由于亚阈值漏电流的存在。亚阈值漏电流会随着阈值电压的变化而指数变化。阈值电压每降低 70 mV，漏电流 10 倍增长。通过调整器件的阈值电压，可以得到我们需要的漏电流，但这是以性能为代价的。典型的高速处理过程中漏电流会很大，占总功耗的 30%。低漏电流过程中可以忽略漏电流，但是门的处理速度会很慢。

文献说明

Mead 和 Rem 最先在参考资料［74］中描述了驱动大电容负载的指数曲线。关于 CMOS 延迟模型的更多内容详见参考资料［49］。这两个参考资料都使用 Elmore 延迟模型计算 RC 延迟［40］。

1991 年，Sutherland 和 Sproull 介绍了逻辑功效的概念［100］，Sutherland、Sproull 和 Harris 完成了一部详细描述这个概念及其应用的专著［98］。

在漏电功耗占主要地位之前，缩放比例遵循 Dennard 等人制定的规则［36］。Dennard 认为功率密度不会随着门长度变小而增加的这种观点不再正确。

习题

5.1 上升和下降时间，Ⅰ。计算图 5-18a 所示门的最大和最小上升/下降时间。假设同一时间只有一个
99 输入变化，门驱动输出为 $4C_{inv}$，结果用 t_{inv} 表示。

5.2 上升和下降时间，Ⅱ。计算图 5-18b 所示门的最大和最小上升/下降时间。假设同一时间只有一个输入变化，门驱动输出为 $4C_{inv}$，结果用 t_{inv} 表示。

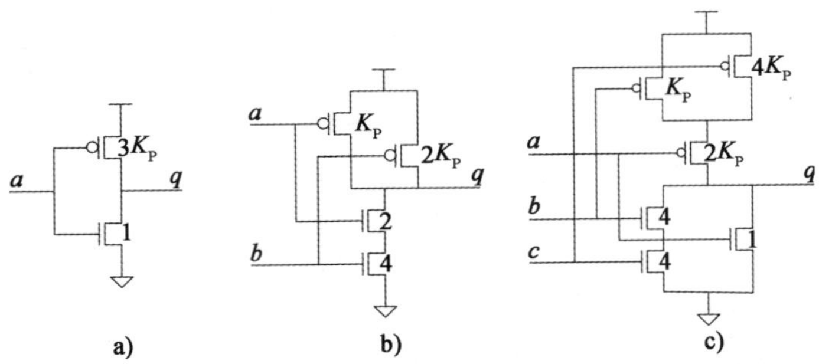

图 5-18　习题 5.1 ~ 习题 5.3 的电路

5.3 上升和下降时间，Ⅲ。计算图 5-18c 所示门的最大和最小上升/下降时间。假设同一时间只有一个输入变化，门驱动输出为 $4C_{inv}$，结果用 t_{inv} 表示。

5.4 反相器链的延迟和能耗，Ⅰ。最小（大小为 1）反相器，后面连接一系列 FO2 反相器最终驱动大小为 256 的反相器，计算其延迟和能耗，结果用 t_{inv} 和 E_{inv} 表示。

5.5 反相器链的延迟和能耗，Ⅱ。最小（大小为 1）反相器，后面连接一系列 FO4 反相器最终驱动大小为 256 的反相器，计算其延迟和能耗，结果用 t_{inv} 和 E_{inv} 表示。

5.6 反相器链的延迟和能耗，Ⅲ。最小（大小为 1）反相器，后面连接一系列 FO8 反相器最终驱动大小为 256 的反相器，计算其延迟和能耗，结果用 t_{inv} 和 E_{inv} 表示。

5.7 反相器链的延迟和能耗，Ⅳ。最小（大小为 1）反相器，后面连接一系列 FO16 反相器最终驱动大小为 256 的反相器，计算其延迟和能耗，结果用 t_{inv} 和 E_{inv} 表示。

5.8 设计 CMOS 门的大小，Ⅰ。设计函数 $f=\overline{a\wedge(b\vee(c\wedge d))}$ 的 4 输入静态 CMOS 门电路。

(a) 画出这个门电路的原理图符号，要求输出端带反相圈。

(b) 画出这个门电路的晶体管原理图，规定晶体管的大小，使其上升和下降延迟都等于最小反相器的上升/下降延迟。

(c) 计算这个门电路每个输入的逻辑功效。

5.9 设计 CMOS 门的大小，Ⅱ。设计函数 $f=\overline{(a\wedge b)\vee(c\wedge d)}$ 的门电路。重复习题 5.8 的步骤。

100 **5.10** 设计 CMOS 门的大小，Ⅲ。对图 5-19，完成下面的步骤：

(a) 画出正确的 PFET 网络。

(b) 规定每个晶体管的大小，使其与最小反相器具有相同的上升和下降电阻。

(c) 计算每个输入的逻辑功效。

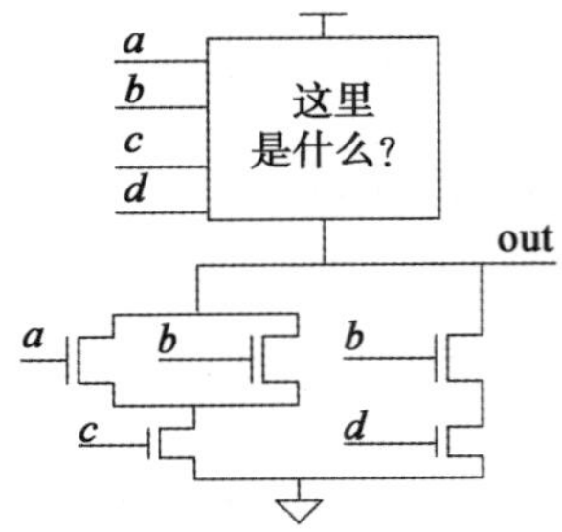

图 5-19　习题 5.10 的电路图

5.11 延迟计算，Ⅰ。计算如图 5-20 所示电路的延迟，结果用 t_{inv} 表示。

5.12 延迟计算，Ⅱ。计算如图 5-21 所示电路的延迟，结果用 t_{inv} 表示。

5.13 延迟计算，Ⅲ。计算如图 5-22 所示电路从输入 a 和 p 到信号 dN 的延迟，结果用 t_{inv} 表示。

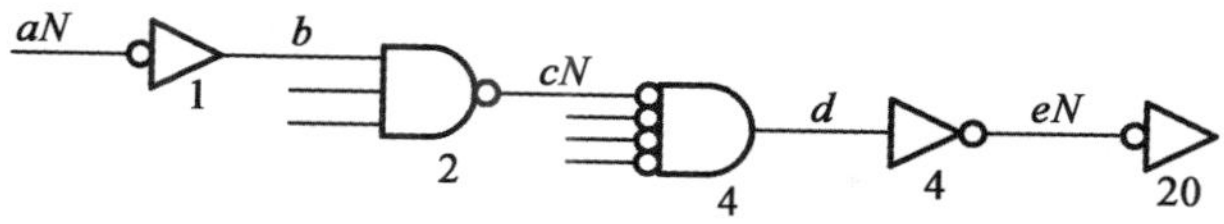

图 5-20　习题 5.11、习题 5.14 和习题 5.22 的电路。每个门的下面已经标出了门的大小

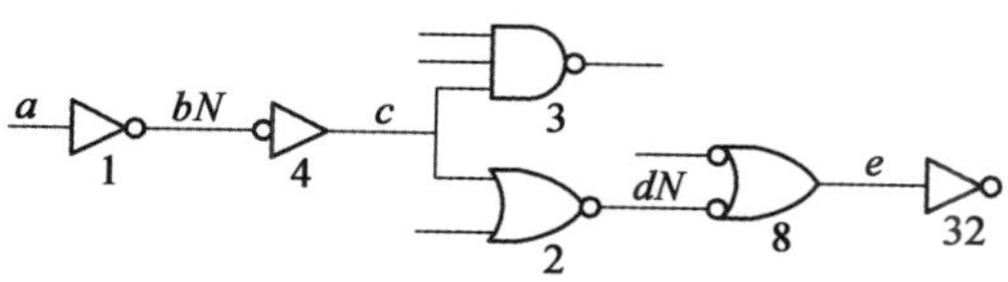

图 5-21　习题 5.12、习题 5.15 和习题 5.23 的电路。每个门的下面已经标出了门的大小

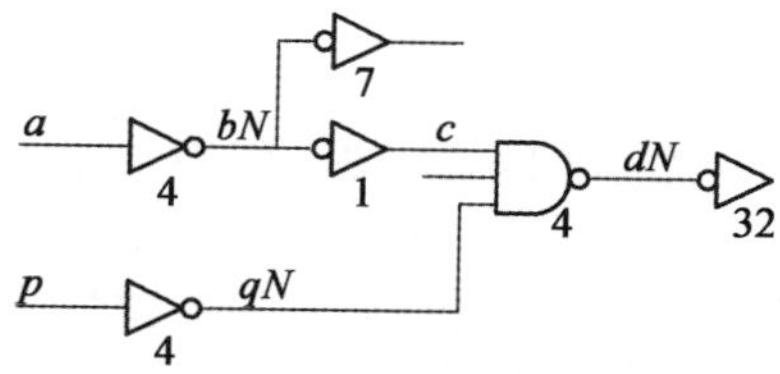

图 5-22　习题 5.13、习题 5.16 和习题 5.22 的电路。每个门的下面已经标出了门的大小

5.14　延迟优化，Ⅰ。重新设计图 5-20 中门的大小，使得延迟最小。不能改变输入或输出门的大小。

5.15　延迟优化，Ⅱ。重新设计图 5-21 中门的大小，使得延迟最小。不能改变输入或输出门的大小。

5.16　延迟优化，Ⅲ。重新设计图 5-22 中门的大小，使得 a 到 dN 的延迟最小。不能改变输入或输出门的大小。

5.17　连线延迟，Ⅰ。28 nm 工艺中，计算 10 mm 连线的延迟。连线被分成 20 段 0.5 mm 的连线，由 20 倍于最小反相器驱动每一段。

5.18　连线延迟，Ⅱ。28 nm 工艺中，计算 1 mm 连线的延迟。连线被分成 5 段 200 μm 的连线，由 10 倍于最小反相器驱动每一段。

5.19　连线延迟，Ⅲ。28 nm 工艺中，计算 1mm 连线的延迟。连线被分成 10 段 100 μm 的连线，由 10 倍于最小反相器驱动每一段。

5.20　连线延迟和能耗，Ⅰ。下面使用的中继器是最小中继器的 13.5 倍。

(a) 计算传输 1 位数据通过 5 mm 连线的最小时间。使用此电路传输 1 位的总能耗是多少？

(b) 如果中继器间的距离是原来的 2 倍，延迟和能耗是多少？

(c) 画出下面的图：延迟和段长度的关系图、能耗和段长度的关系图以及能耗和延迟的散点图。

5.21　连线延迟和能耗，Ⅱ。比最小连线宽的中间连线电阻低，电容高。例如，如果一段连线的宽度是最小连线的 3 倍，那么其电阻是最小连线的 1/3，其电容增大 2 倍。计算最优的中继器大小、间距和这种类型连线的最小延迟。

5.22　能耗计算，Ⅰ。当图 5-20 中的输入 aN 从 0 到 1 再到 0 时，计算其能耗。假设转换传输到 eN，$V_{DD}=1$ V。

5.23　能耗计算，Ⅱ。当图 5-21 中的输入 a 从 0 到 1 再到 0 时，计算其能耗。假设转换传输到 e，但是没传输到 3 输入与非门的输出，$V_{DD}=1.1$ V。

5.24　能耗计算，Ⅲ。当图 5-22 中的输入 a 从 0 到 1 再到 0 时，计算其能耗。假设 $V_{DD}=0.9$ V，转换传输到 dN，但是 p 始终是 0。你可以忽略 7 倍反相器的输出负载。

5.25　功耗设计。如何设计功耗不同的移动电话无线芯片和高利用率的服务器处理器？你将分别使用什么机制来降低功耗？使用的约束有什么不同？ 101~102

组合逻辑设计

组合逻辑电路能实现一组输入集合上的逻辑函数。组合电路用于控制、运算和对数据的操作，它是数字系统的核心。时序逻辑电路（见第 14 章）使用组合电路产生下一个状态函数。

本章介绍组合逻辑电路以及在给定设计规格的情况下描述设计电路的过程。在 20 世纪 80 年代中期前的一段时间，组合电路的手动综合是数字设计的主要工作。然而现在，设计者用硬件描述语言（如 Verilog）就可以描述逻辑电路设计规格，然后由计算机辅助设计（CAD）程序自动执行综合。

这里会介绍手动综合过程，因为每个数字设计者都应该理解如何从设计规格产生逻辑电路。理解这个过程，可以让设计者在实践中更好地使用 CAD 工具来实现功能，而手动生成逻辑关键部分的情况极少。

6.1 组合逻辑

如图 6-1 所示，一个组合逻辑电路产生一组输出，输出的状态仅仅依赖于输入的*当前*状态。当一个输入状态改变时，输出的改变需要一段时间。除了这种*延迟*，输出不反映电路的*历史*状态。对于组合电路，不管以前输入状态的顺序如何，给定输入状态就会产生相同的输出状态。输出依赖上一个输入状态的电路称为时序电路（见第 14 章）。

例如，一个择多电路（majority circuit）中有 n 个输入，如果至少 $\lfloor n/2+1 \rfloor$ 个输入为 1，则输出为 1，这个电路是一个组合电路。输出仅由当前输入状态中 1 的个数决定，上一个输入状态不影响输出。

另一方面，如果 n 个输入中 1 的个数大于上一个输入状态中 1 的个数，输出为 1，这个电路就是时序电路（不是组合电路）。举例来说，给定输入状态 $i_k=011$，如果上一个输入状态是 $i_{k-1}=010$，结果是 $o=1$，或者如果上一个输入状态是 $i_{k-1}=111$，结果是 $o=0$。这样，输出不仅依赖于当前输入，还依赖于过去的输入（在本例中是过去最近的一次输入），那么这个电路
103 是时序电路。

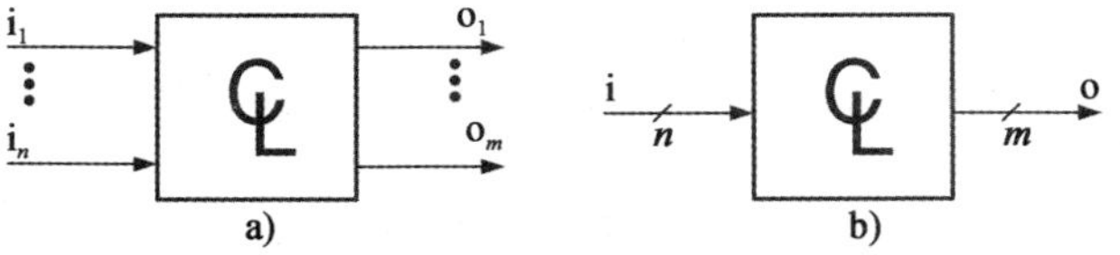

图 6-1 一个组合逻辑电路，输出集合 $\{o_1, \cdots, o_m\}$ 仅仅依赖于输入集合 $\{i_1, \cdots, i_n\}$ 的当前状态。a）单元 CL 具有 n 个输入和 m 个输出。b）用总线表示具有 n 个输入和 m 个输出的等价单元

组合逻辑电路具有静态属性，使得设计和分析组合逻辑电路非常容易。相对于组合电路，将要看到的时序电路一般非常复杂。实际上，为了更好地处理时序电路，我们通常使用同步时序电路，它使用组合逻辑产生下一个状态函数（见第 14 章）。

请注意输出仅依赖于各个输入的逻辑电路称为组合（combinational）电路，而不是组合（combinatorial）。两个词听起来相似，但是含义却不同。单词组合（combinatorial）指的是数学计算，不是逻辑电路的组合。直接说就是记住组合逻辑电路是把各个输入结合（combine）产生一个输出的电路。

6.2　闭合

组合逻辑电路的一个重要性质是在非循环结构下闭合。也就是说，如果把许多组合逻辑电路连接在一起——一个组合逻辑电路的输出连接到另一个组合逻辑电路的输入——同时避免产生任何环路（循环），得到的电路还是一个组合逻辑电路。这样，把小的组合逻辑电路相连就形成大的组合逻辑电路。

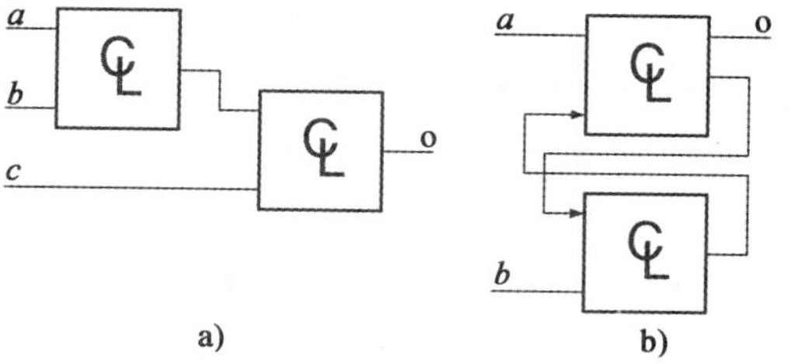

图 6-2　在非循环结构下闭合的组合逻辑电路。a）由 2 个组合逻辑电路组成的非循环电路也是组合逻辑电路。b）由 2 个组合逻辑电路组成的循环电路不是组合逻辑电路。这些循环结构的反馈产生内部状态

图 6-2 给出了非循环结构和循环结构的例子。图 6-2a 中两个组合电路组合后形成一个新的组合电路，电路中没有循环结构，而图 6-2b 所示的电路不是组合电路，上面单元的输出连接到下面单元的输入，其输出又连接到上面单元的输入，形成了循环，反馈变量的值能够记忆电路的历史状态，因此，这个电路的输出不仅仅是输入的函数。我们以后要看到的用来构建大多时序逻辑电路单元的触发器，正是使用了图 6-2b 所示的反馈回路。 104

通过从输入到输出的推导很容易证明，组合电路的非循环结构是组合电路。一个组合电路单元的输入仅连接到主要输入上（即不是连接到其他单元的输出上），那么这个单元是 1 级单元。类似地，一个单元的输入仅连接到主要输入上并且/或者连接到 1 级单元的输出上，中间经过 k 个单元，那么这个单元是 $k+1$ 级单元。根据定义，所有 1 级单元都是组合电路。然后，如果假设 1 到 k 级所有单元都是组合电路，则 $k+1$ 级单元也是组合电路。因为组合电路的输出仅依赖于输入的当前状态，所有输入仅依赖于当前主要输入的状态，其输出也仅依赖于主要输入的当前状态。

6.3　真值表、最小项和标准形式

假设构建一个组合逻辑电路，当 4 位输入表示一个二进制素数时，输出为 1。为了表示这个电路实现的逻辑函数，一种方法是用语言描述——正如刚才描述的一样。但是，我们希望更精确地定义逻辑函数。

通常，我们从*真值表*开始，真值表显示了每个输入组合对应的输出值。表 6-1 是 4 位素数函数的真值表。[⊖] 对于一个 n 输入函数，真值表有 2^n 行（本例中是 16 行），一行对应一个输入组合。每一行列出了对应输入组合的电路的输出（对于只有 1 位的输出，那么就是 0 或 1）。

表 6-1　4 位素数或 1 电路的真值表。列 Out 是对应 16 个输入组合的输出

No.	In	Out	No.	In	Out
0	0000	0	8	1000	0
1	0001	1	9	1001	0
2	0010	1	10	1010	0
3	0011	1	11	1011	1
4	0100	0	12	1100	0
5	0101	1	13	1101	1
6	0110	0	14	1110	0
7	0111	1	15	1111	0

⊖ 注意，其实它是一个“素数或 1”函数，因为当输入是 1 时，函数为真，但 1 不是素数［44］。我们会在习题中（习题 6.5）设计一个不包括 1 的素数函数。

当然，表中显示了输出是 0 和 1 的所有输入组合，显得有点冗余。只显示那些输出为 1 的输入组合就足够了。这样素数函数的简化表如表 6-2 所示。

表 6-2　4 位素数电路的简化真值表。仅列出输出为 1 的输入

No.	In	Out	No.	In	Out
1	0001	1	7	0111	1
2	0010	1	11	1011	1
3	0011	1	13	1101	1
5	0101	1	其他		0

简化表（表 6-2）提供了一种实现素数函数逻辑电路的方法。对于表中的每一行，输入变量或其补通过与门连接在一起，只有输入组合是表中某一行时，对应的与门输出才为真。例如，表中第一行，我们可以使用一个与门实现函数 $f_1=\bar{d}\wedge\bar{c}\wedge\bar{b}\wedge a$（$d$、$c$、$b$ 和 a 是 In 的 4 位）。如果对表中的每一行重复这个过程，可以得到完整函数：

$$f=(\bar{d}\wedge\bar{c}\wedge\bar{b}\wedge a)\vee(\bar{d}\wedge\bar{c}\wedge b\wedge\bar{a})\vee(\bar{d}\wedge\bar{c}\wedge b\wedge a)\vee(\bar{d}\wedge c\wedge\bar{b}\wedge a)$$
$$\vee(\bar{d}\wedge c\wedge b\wedge a)\vee(d\wedge\bar{c}\wedge b\wedge a)\vee(d\wedge c\wedge\bar{b}\wedge a) \tag{6-1}$$

105~106 图 6-3 是对应公式（6-1）的逻辑原理图。7 个与门对应公式（6-1）中的 7 个乘积项，也对应表 6-2 中的 7 行。当输入与真值表中某行的输入值相等时，与门的输出为 1。例如，当输入是 0101（二进制的 5）时，标有 5 的与门输出为高。这些与门作为 7 输入或门的输入，当任何一个与门输出为高时，或门输出为高，即如果输入是 1、2、3、5、7、11 或 13 时，输出为高。这正是我们所需要的函数。

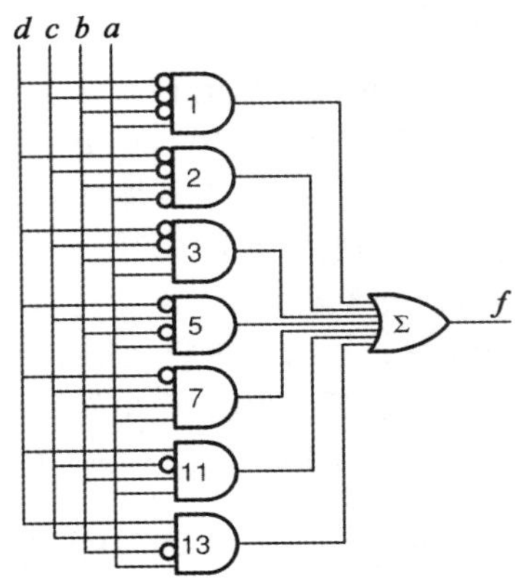

图 6-3　一个用合取范式（积之和）形式表示的 4 位素数电路。与门生成最小项，最小项与真值表中输出为真的行对应，然后，这些最小项都作为或门的输入。当电路的输入与这些行一致时，输出为真

公式（6-1）中的每个乘积项都叫作最小项。最小项是包括电路的每个输入或者输入的补的乘积项。公式（6-1）中的每一项都包括 4 位输入（或 4 位输入的补），因此，它们是最小项。所谓最小，就是指 4 输入乘积项代表输入状态数最小（每个变量必须而且只能以变量或其补的形式出现一次），或指真值表中行数最小。在 6.4 节中我们将会写出能够代表多个输入状态的乘积项——实际上是已经合并的最小项。

可以把公式（6-1）简写为：

$$f=\sum_{\text{in}}m(1,2,3,5,7,11,13) \tag{6-2}$$

这种形式表明输出是括号中列出的最小项之和（“或”运算），每个最小项与真值表的一行相对应，公式（6-2）中的最小项列表是真值表中使函数为真的行的列表。

回忆 3.4 节，用最小项之和表示的逻辑函数是标准形式，对于每个逻辑函数，标准形式是唯一的。虽然这种形式是唯一的，但效率并不高。通过合并最小项简化成乘积项更好，其中每个乘积项代表了真值表中的多行。

例 6-1　真值表

画出一个 4 位“3 的倍数”函数的简化真值表。如果输入是 3 的倍数——3、6、9、12 或

107 15，那么函数输出为真。并把这个函数表示为最小项之和形式。

表 6-3　3 的倍数函数的简化真值表

No.	In	Out	No.	In	Out
3	0011	1	12	1100	1
6	0110	1	15	1111	1
9	1001	1	其他		0

简化真值表如表 6-3 所示。它简单地列出了输出为真的输入组合，最小项之和形式为：

$$f = \sum_{\text{in}} m(3,6,9,12,15)$$

6.4 蕴涵项和立方体

表 6-2 中有这样几行，它们之间只有一位不同。例如，行 0010 和 0011，只有最右面的位（最低有效位）不同。这样，如果把 In 的某些位变成 X（0 或 1），就可以通过一行 001X 代替两行 0010 和 0011，这个新行 001X 对应一个乘积项，它包括 4 位输入（或者是它们的补）的三个：

$$f_{001X} = \bar{d} \wedge \bar{c} \wedge b = (\bar{d} \wedge \bar{c} \wedge b \wedge \bar{a}) \vee (\bar{d} \wedge \bar{c} \wedge b \wedge a) \tag{6-3}$$

乘积项 001X 把对应 0010 和 0011 的两个最小项包含进来。只有当它们之一为真时，001X 为真。这样，在逻辑函数中，就可以用更简单的乘积项 001X 代替两个最小项 0010 和 0011，函数不变。

像 001X（$\bar{d} \wedge \bar{c} \wedge b$）这样的乘积项为真时，函数为真。这样的乘积项称为函数的*蕴涵项*。另一种说法是乘积项*蕴涵*函数。一个最小项可能是也可能不是函数的蕴涵项。最小项 0010($\bar{d} \wedge \bar{c} \wedge \bar{b} \wedge a$)是素数函数的蕴涵项，因为它蕴涵函数——当 0010 为真时，函数为真。注意 0100($\bar{d} \wedge c \wedge \bar{b} \wedge \bar{a}$)也是一个最小项（它是包括每个输入或其补的乘积项），但它不是素数函数的蕴涵项。当 0100 为真时，素数函数为假，因为 4 不是素数。如果一个乘积项是函数的*最小项*，那么它既是最小项又是函数的蕴涵项。

在一个立方体上对蕴涵项进行可视化非常有用，如图 6-4 所示。图中显示了在一个三维立方体图上表示一个 3 位素数函数。立方体的每个顶点代表一 108
个最小项。通过立方体可以很容易发现哪些最小项和蕴涵项能够合并成更大的蕴涵项。⊖ 只有一个变量不同的最小项彼此相邻（如 001 和 011）；两个顶点之间的边（如 01X）表示包括两个最小项的乘积项（两个相邻最小项进行“或”运算）。只有一个变量不同的边（如 0X1 和 1X1）在立方体上相邻；面由边组成，其乘积项蕴涵了两个边的乘积项（如 XX1）。本图中，3 位素数函数用 5 个粗体顶点（001，010，011，101 和 111）表示。连接这些顶点的 5 条粗体边表示函数的 5 个 2 变量蕴涵项（X01，0X1，01X，X11 和 1X1）。最后，阴影面（XX1）表示函数的一个 1 变量蕴涵项。

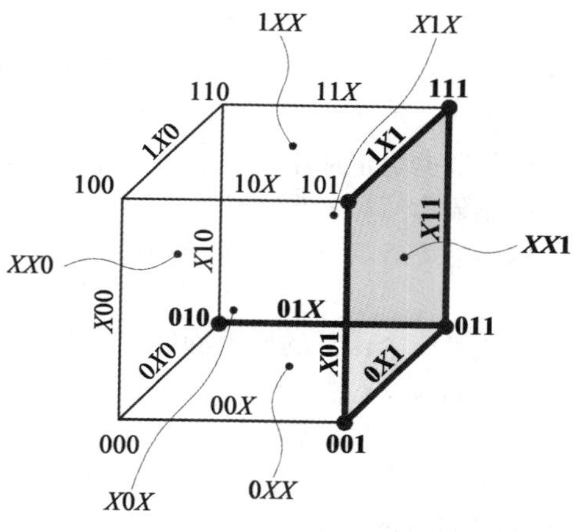

图 6-4　3 位素数函数的可视化立方体图。每个顶点都对应一个最小项，每条边对应两个变量，每个面对应一个变量。粗体的顶点、边和阴影面表示 3 位素数函数的蕴涵项

4 位素数函数的立方体如图 6-5 所示。图中只

⊖ 如果一个蕴涵项比另一个蕴涵项包含更多的最小项，那么就说它比另一个蕴涵项大。例如，蕴涵项 001 大小为 1，因为它只包含了 1 个最小项，蕴涵项 01X 大小为 2，因为它包含了两个最小项（010 和 011），因此 01X 比 001 大。

标出了函数的最小项。为了表示 4 个变量，这里绘制了两个三维立方体代替一个四维立方体，其中一个立方体在另一个立方体中间。像以前一样，顶点代表最小项，边表示含有 1 个 X 的乘积项，面表示含有两个 X 的乘积项。在四维图中，用 8 个体积表示含有 3 个 X 的乘积项。例如，外面的立方体表示 1XXX——所有最小项最左边的位（最高有效位）d 为真。4 位素数函数有 7 个顶点（最小项），连接相邻顶点得到 7 条边（有一个 X 的蕴涵项），最后，连接相邻边得到一个面（有两个 X 的蕴涵项）。4 位素数函数的所有蕴涵项都显示在表 6-4 中。

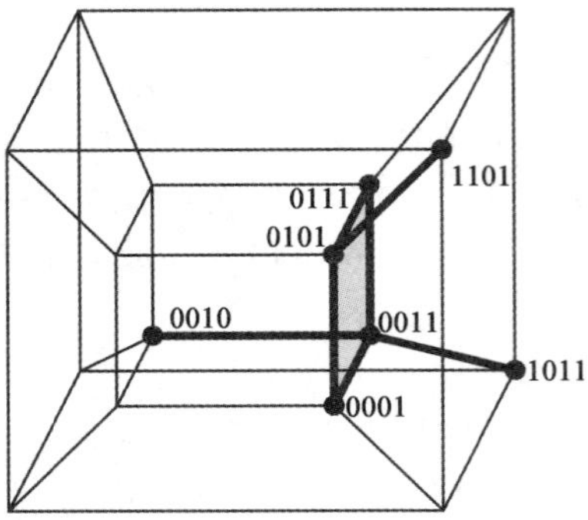

图 6-5 4 位素数函数的可视化立方体图

表 6-4 4 位素数函数的所有蕴涵项，质蕴涵项用粗体表示

变量个数			
4	3	2	1
0001	**001*X***	**0*XX*1**	
0010	00*X*1		
0011	0*X*01		
0101	0*X*11		
0111	01*X*1		
1011	***X*011**		
1101	***X*101**		

计算机程序使用逻辑函数的内部表示法即一组蕴涵项进行逻辑函数的综合和优化。其中每个蕴涵项都是由含有元素 0、1 或 X 的向量表示。为了化简函数，第一步，产生函数的所有蕴涵项，如表 6-4 所示。实现这一目标的步骤过程可以从操作函数的所有最小项开始（表 6-4 中的“4”列）。对于该列中的每个最小项，尝试用一个 X 替换每个变量。如果结果是函数的蕴涵项，那么把结果填入含有 1 个 X 蕴涵项列表中（表 6-4 中的“3”列）。然后对于每个含有一个 X 的蕴涵项，在每个不是 X 的位置用 X 替换，如果结果是蕴涵项，那么把结果填入含有 2 个 X 的蕴涵项列表中。对含有 2 个 X 的蕴涵项重复此过程，并继续，直到不再产生蕴涵项。这个过程是根据给定最小项列表得到蕴涵项列表的过程。

如果蕴涵项 x 有这样的属性，即用一个 X 替代 x 中的任意为 0 或 1 的位，结果不是蕴涵项，则称 x 是*质蕴涵项*。[⊖] 质蕴涵项是不能再大的蕴涵项。素数函数的质蕴涵项如表 6-4 中粗体所示。

109~110

如果一个函数的质蕴涵项 x 是唯一包含函数的一个特征最小项 y 的质蕴涵项，则称 x 是*必要质蕴涵项*。x 是必要的，因为没有其他的质蕴涵项包含 y。没有 x 的质蕴涵项集合不包括最小项 y。4 位素数函数的 4 个质蕴涵项都是必要的。蕴涵项 0XX1 是唯一包括 0001 和 0111 的质蕴涵项。最小项 0010 只包含在质蕴涵项 001X 中，X101 是包含 1101 的唯一质蕴涵项，X011 是包含 1011 的唯一质蕴涵项。

例 6-2 蕴涵项

写出下面函数的所有蕴涵项并指出哪些是质蕴涵项：

$$f = \sum_{in} m(0,1,4,5,7,10)$$

表 6-5 列出了蕴涵项。首先在最左列写出 6 个最小项，它们也是蕴涵项。然后，改变每个最小项的其中一位后，判断它是否与其他蕴涵项的最小项相同，如果相同，那么在那个位置用

⊖ 这里使用“质”与质数函数无关。

X 替换并填入表中的下一列。例如，改变 0000 的最低有效位得到 0001，0001 也是一个蕴涵项，所以，把 000X 填入 3 变量列。

重复这个过程，改变每个 3 变量蕴涵项中不是 X 的位，检查是否与其他 3 变量蕴涵项相同。如果相同，把覆盖两个蕴涵项的 2 变量蕴涵项填入下一列。例如，改变 000X 的第二位得到 010X，它是一个蕴涵项，所以可以把 0X0X 填入 2 变量蕴涵项列表中。它是此函数唯一的一个 2 变量蕴涵项。

表 6-5　例 6-2 函数的蕴涵项和质蕴涵项

变量个数			
4	3	2	1
0000	000X	**0X0X**	
0001	0X00		
0100	0X01		
0101	010X		
0111	**01X1**		
1010			

函数的三个质蕴涵项用粗体表示出来，1010 是质蕴涵项，因为改变它的任何位后都不是一个蕴涵项，这样 1010 不被任何 3 变量蕴涵项包含。同样，01X1 也是质蕴涵项，因为它不被 0X0X 包含。最大的蕴涵项 0X0X 是质蕴涵项，因为使它变大后得到的蕴涵项包含的最小项不是函数的最小项。111

6.5　卡诺图

绘制立方体很不方便（特别是四维或更多维的立方体），所以我们常使用把立方体转化成二维图的卡诺图（或简称 K 图）。图 6-6a 是 4 变量最小项在 4 变量 K 图中的排列。K 图中的每个方格都对应一个最小项，并用最小项表示的数标出。每个方向有 2 个变量，并使用格雷码顺序排列，所以在同一维度，从一个方格到另一个方格只有一个变量改变——包括从末尾环回到开头的方格之间。例如，在图 6-6a 中，我们把输入 $dcba$ 的最右面两位 ba 放在横轴上。沿着这条轴，两位（ba）的值依次为 00、01、11 和 10。最左面两位 dc 按相同的方式放在纵轴上。因为从列到列，从行到行（包括边缘）只有一个变量改变，所以在 K 图中相邻的两个最小项只有一个变量不同，正如立方体中相邻的最小项一样。

图 6-6b 是 4 位素数函数的 K 图。每个方格的内容要么是 1，要么是 0。1 表明这个最小项是函数的蕴涵项，0 表明这个最小项不是函数的蕴涵项。稍后，方格的内容会包含 X，表明这个最小项可以是一个蕴涵项，也可以不是一个蕴涵项，即我们不关心这个最小项。

图 6-6c 说明了 K 图中的相邻属性，就像立方体中的相邻属性，这样很容易找到更大的蕴涵项。此图是在 K 图上标出了素数函数的质蕴涵项。三个大小为 2（一个 X）的蕴涵项是图中一对相邻的 1。例如，蕴涵项 X011 是列 $ab = 11$ 中把顶端方格和底端方格（$c = 0$）圈起来的一对儿 1。大小为 4 的蕴涵项包含 4 个 1，可能是一个大方格，就像例子中的

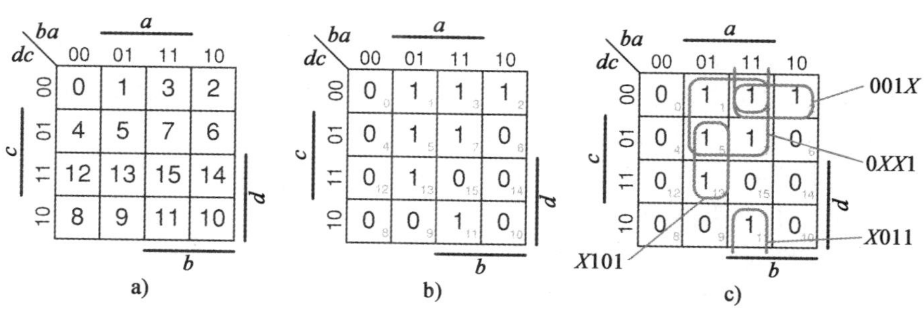

图 6-6　4 位素数函数的卡诺图（K 图）。输入 a 和 b 沿着横轴改变，输入 c 和 d 沿着纵轴改变。卡诺图这样排列使得与每个方格相邻（包括边缘相邻）的所有方格只有一个变量不同。a）4 变量 K 图中最小项的排列；b）4 位素数函数的 K 图；c）在相同 K 图中标出函数的 4 个质蕴涵项。注意，蕴涵项 X011 是从顶到底圈起来

0XX1，也可能是一整行或一整列，这个函数中没有。例如，乘积项 XX00 对应 K 图中的最左列。

图 6-7 是在 2 变量、3 变量、5 变量 K 图中最小项的排列位置。5 变量 K 图包括两个并排在一起的 4 变量 K 图。两个 K 图中相应的方格是相连的，因为最小项中只有变量 e 的值不同。K 图的变量数最多是 8，可以由 4 ×4 个 4 变量 K 图组成。

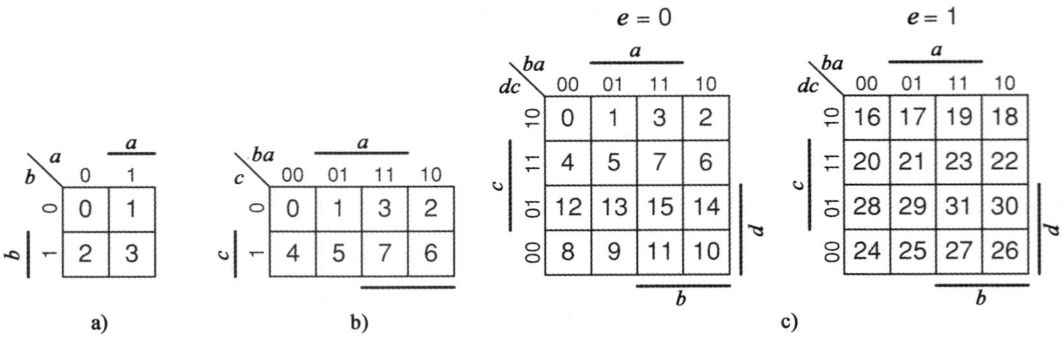

图 6-7　最小项在不同大小的 K 图中的位置。a）2 变量 K 图；b）3 变量 K 图；c）5 变量 K 图

例 6-3　卡诺图

画出例 6-2 中函数的卡诺图，并圈出质蕴涵项。

这个函数的卡诺图如图 6-8 所示，图上标有函数的质蕴涵项。我们把是函数蕴涵项的最小项的方格标上 1。通过合并相邻的 1 确定更大的蕴涵项。

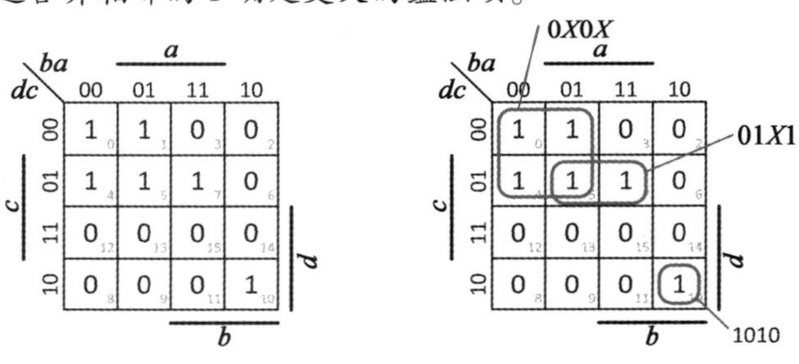

112～113

图 6-8　例 6-3 的卡诺图，此函数最小项是 0、1、4、5、7 和 10

6.6　函数的覆盖

一旦拥有一个函数的蕴涵项列表，剩下的问题就是选择能*覆盖*函数的成本最低的蕴涵项集合。如果每个函数的最小项都包含在覆盖中的至少一个蕴涵项中，那么这个蕴涵项集合就是函数的一个覆盖。我们定义一个蕴涵项的成本等于乘积项中变量的个数。这样，4 变量函数，如最小项 0011 的成本为 4，含一个 X 的蕴涵项（如 001X）的成本为 3，含两个 X 的蕴涵项（如 0XX1）的成本为 2，以此类推。

选择一个成本低的蕴涵项集合的过程如下：

1）以一个空覆盖开始；

2）把所有必要质蕴涵项添加到覆盖中；

3）对于每个剩下的未覆盖最小项，把包含那个最小项的最大蕴涵项添加到覆盖中。

这个过程可以得到一个低成本的覆盖，但是不能保证得到成本最低的覆盖。第 3 步中将最小项添加到覆盖中可选择不同的顺序，而且覆盖每个最小项时，选择的等成本蕴涵项方法不一，因此会产生不同的覆盖，从而造成成本的不同。

对于 4 位素数函数，它由 4 个必要质蕴涵项完全覆盖。这样，在第 2 步后开始综合，这个覆盖是最小的并且是唯一的。

考虑图 6-9a 所示的逻辑函数。这个函数没有必要质蕴涵项，所以从一个空覆盖转到第 3 步。在第 3 步中，假设按照数字的顺序来选择未被覆盖的最小项。以最小项 000 开始，可用 *X*00 或 0*X*0 覆盖 000，这两个都是函数的蕴涵项。如果我们选择 *X*00，可以得到如图 6-9b 所示的覆盖。如果选择 0*X*0，得到如图 6-9c 所示的覆盖。这两个覆盖即使不是唯一的，但都是最小的。

这个过程也可能产生非最小覆盖。在图 6-9 所示的 K 图中，假设最初选择蕴涵项 *X*00，然后选择蕴涵项 *X*11。这样可能产生最小覆盖，因为它是一个覆盖未覆盖最小项的最大蕴涵项（大小为 2）。但是，如果选择这样做，那么就不能用 3 个最小项覆盖函数了，就会用 4 个最小项完成覆盖。实际中，用哪一种方法都没有关系。因为除了特殊情况外，逻辑门成本很低，没有人关心覆盖是否最小。

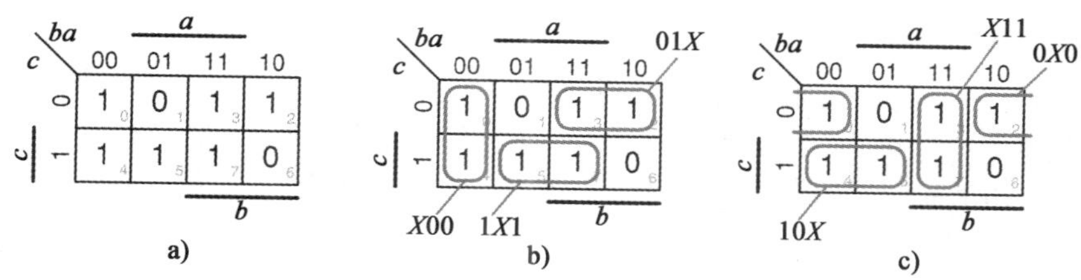

图 6-9　具有不唯一最小覆盖并且没有必要质蕴涵项的函数。a）函数的 K 图。b）包含 *X*00、1*X*1 和 01*X* 的一个覆盖。c）包含 10*X*、*X*11 和 0*X*0 的另一种覆盖

例 6-4　函数的覆盖

求下面 3 变量函数的最小覆盖：

$$f = \sum_{\text{in}} m(1,3,4,5)$$

卡诺图如图 6-10 所示，3 个 2 变量蕴涵项 0*X*1、*X*01 和 10*X*。只有 0*X*1 和 10*X* 是**必要的**。函数被 2 个质蕴涵项完全覆盖。因此可以写出：

$$f = 0X1 \vee 10X$$

或

$$f(c,b,a) = (\bar{c} \wedge a) \vee (c \wedge \bar{b})$$

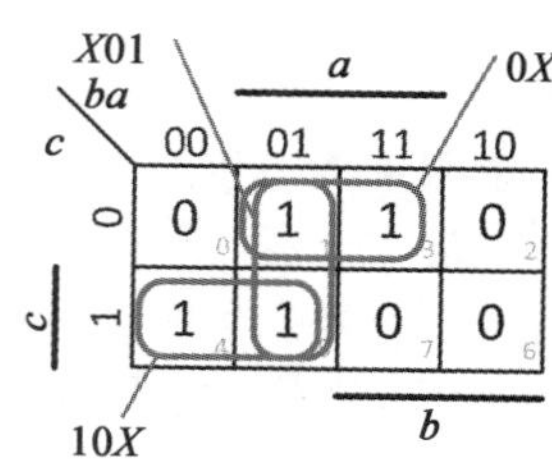

图 6-10　用于找出例 6-4 覆盖的 K 图

6.7　由覆盖转化成门电路

一旦得到一个逻辑函数的最小成本覆盖，这个覆盖就能直接转化成门电路，覆盖中的每个蕴涵项都使用与门，然后把与门的输出连接到一个或门的输入端。这样，4 位素数函数的与 - 或实现如图 6-11a 所示。

CMOS 逻辑电路中只能使用非门，所以对于与、或函数我们使用与非门，如图 6-11b 所示。因为 CMOS 门电路的所有输入具有相同极性（都带反相圈或都不带反相圈），所以在需要的时候，可以增加反相器使输入反相。我们使用或非门很容易设计函数，但是因为相同扇入（见 5.3 节）的情况下，与非门逻辑功效小，所以与非门更受欢迎。

CMOS 门电路也受限于它们的扇入（见 5.3 节）。在典型的单元库中，一个与非门或一个

114
~
115
或非门的最大扇入是 4。如果需要更大的扇入，那么就要使用门的树（如 2 个与非门形成 1 个或非门）来构建一个大的与门或一个大的或门，必要时添加反相器来纠正极性。

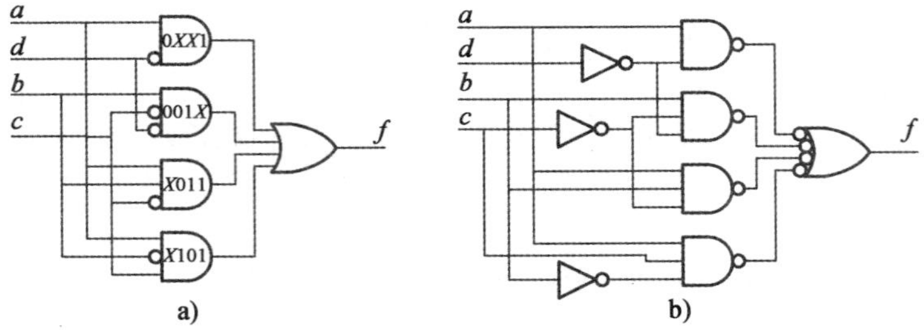

图 6-11　4 位素数函数的逻辑电路。a）使用与门和或门的逻辑电路，在输入端有任意个反相圈。每个与门对应一个函数覆盖中的质蕴涵项。b）使用 CMOS 与非门和反相器的逻辑电路。与非门可以用于“与”运算和“或”运算。必要时，使用反相器对输入求补

6.8　不完全确定函数

通常，我们的设计规格中保证不会用到某组输入状态（最小项）集合。例如，要设计一个 1 位十进制素数检测电路。此电路仅接收 0 ~ 9 范围内的输入值。也就是说，对于一个在 0 ~ 9 之间的输入，如果输入值是素数，电路必须输出 1，否则输出 0。但是，对于 10 ~ 15 之间的输入，输出值没有被指定，可以是 0，也可以是 1。

通过利用这些无关输入状态，我们可以简化逻辑函数，如图 6-12 所示。图 6-12a 是十进制素数函数的 K 图。K 图中对应无关输入状态的方格中写入 X。实际上，我们把输入状态分成 3 个集合：f_1——那些使输出为 1 的输入组合；f_0——那些使输出为 0 的输入组合；f_X——那些输出不确定（可以是 0 也可以是 1）的输入组合。在这个例子中，f_1 是用 1 标出的 5 个最小项（1、2、3、5 和 7）的集合，f_0 包含标有 0 的 5 个最小项（0、4、6、8 和 9），f_X 包含剩下的最小项（10 ~ 15）。

一个不完全确定函数的一个蕴涵项是这样的一个乘积项，它包含至少一个 f_1 中的最小项，不包含 f_0 中的任何最小项。这样，我们可以通过包含 f_X 中的最小项来扩大蕴涵项。图 6-12b 是十进制素数函数的 3 个质蕴涵项。注意最初的素数函数的蕴涵项 001X 在包含了 f_X 中的两个最小项后扩大成 X01X。增加了两个新的质蕴涵项 X1X1 和 XX11，每个都是把 f_1 中的两项和 f_X 中的两项合并产生的。注意乘积项 11XX 和 1X1X 都在 f_X 中，即使它们不包含 f_0 中的最小项，它们也不是蕴涵项。因为蕴涵项必须至少包含一个 f_1 中的最小项。

使用公式（6-2）的表示法，可以写出带无关项的函数如下：

$$f = \sum_{\text{in}} m(1,2,3,5,7) + D(10,11,12,13,14,15) \tag{6-4}$$

这就是 5 个最小项加上 6 个无关项之和的函数。

使用 6.6 节中描述的过程可以生成带无关项的函数覆盖。在图 6-12 所示的示例中有 2 个质蕴涵项：0XX1 和 X01X。0XX1 是唯一包含 0001 的质蕴涵项，X01X 是唯一包含 0010 的质蕴涵项。这两个必要质蕴涵项覆盖了 f_1 中的所有（5 个）最小项，所以它们是函数的一个覆盖。由此产生的 CMOS 门电路如图 6-12c 所示。

例 6-5　不完全确定函数

已知输入是一个素数，设计一个电路，能够检测 4 位输入是否等于 7。

填写如图 6-13 所示的卡诺图，把输入分成 f_1、f_X 和 f_0。输入组合为 7 的方格标上 1，所有非素数的输入组合标上 X——因为这些组合不会出现在输入端，剩下的输入组合标上 0。用一

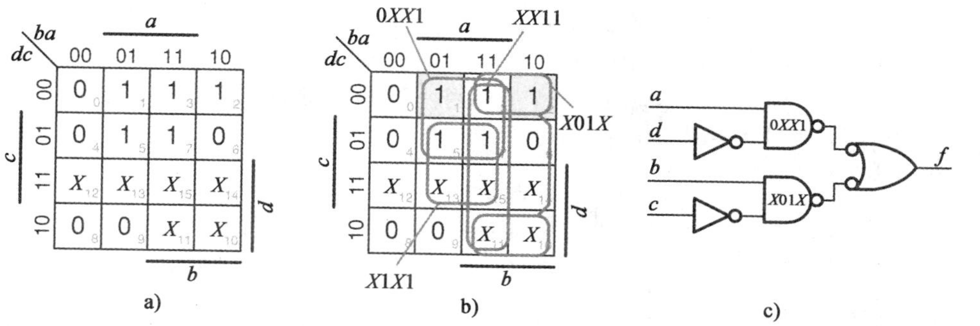

图6-12 设计十进制素数电路的过程说明了在K图中无关项的使用。a）十进制素数电路的K图。输入状态10～15用X标出，它们是无关状态。b）显示质蕴涵项的K图。此电路有4个质蕴涵项：$0XX1$、$X01X$、$XX11$和$X1X1$。前两个是必要质蕴涵项，因为它们是唯一分别覆盖0001和0010的蕴涵项，后面两个（$XX11$和$X1X1$）不是必要质蕴涵项，实际上也不需要它们。c）一个来源于K图的CMOS逻辑电路。两个与非门对应两个必要质蕴涵项

个2输入与门就可以实现这个电路。 116～117

$$f(c,b,a) = b \wedge c$$

6.9 "和之积"形式的实现

到目前为止，我们只关注了真值表中为1的输入状态，产生了积之和形式的逻辑电路。利用对偶性，我们也可以通过关注真值表中为0的输入状态实现和之积形式的逻辑电路。在CMOS实现方式中，我们更倾向于积之和的实现方式，因为在扇入相同的情况下，与非门的逻辑功效比或非门的小。但是，有些函数和之积的实现比积之和的实现成本低。通常产生两种形式的电路，从中选择较好的一种。

最大项是每个变量或其补之和（"或"运算）。真值表或K图中的每一个0都与一个最大项相对应。例如，图6-14所示K图表示的逻辑函数有两个最大项：$\bar{a} \vee \bar{b} \vee \bar{c} \vee \bar{d}$和$\bar{a} \vee b \vee \bar{c} \vee \bar{d}$。为了简化，我们用OR（0000）和OR（0010）表示。注意，最大项与K图中输入状态的补对应，所以最大项0，OR（0000），对应K图中为0的方格15。我们可以使用合并相邻1的方法来合并相邻的0，所以OR（0000）和OR（0010）可以合并成OR（00X0）$=\bar{a} \vee \bar{c} \vee \bar{d}$。

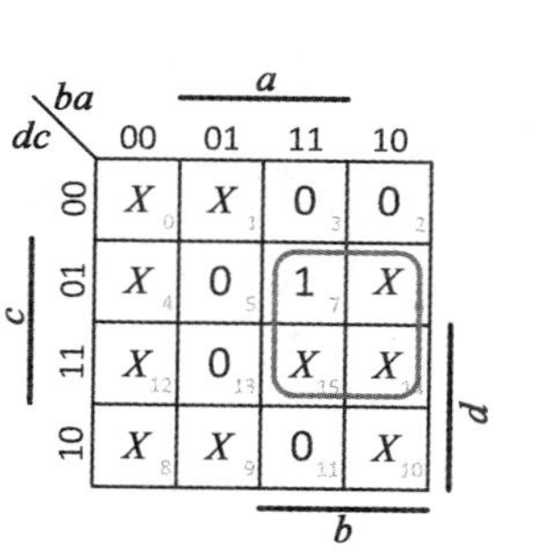

图6-13 例6-5中的不完全确定函数的卡诺图和覆盖

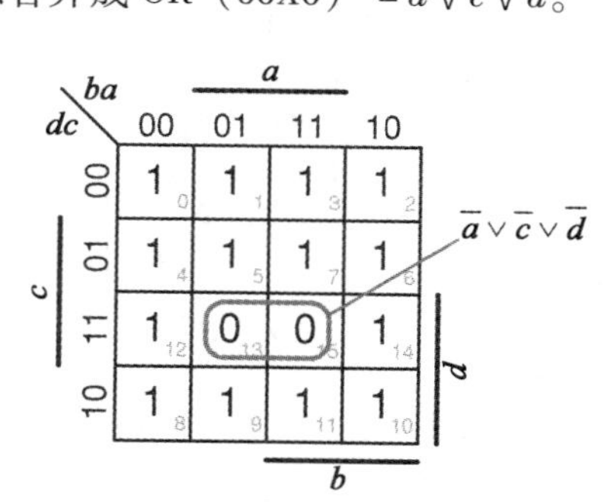

图6-14 一个函数的K图，这个函数有两个最大项OR（0000）和OR（0010），它们可以合并成OR（00X0）

除了在K图中是以0组合而不是以1组合之外，和之积电路设计的过程与积之和电路设计的过程相同。图6-15说明了具有三个最大项函数的和之积电路的设计过程。图6-15a是函数的

K图。图6-15b中包括了两个质和（不包括1就不能变大的或项）：OR（00X0）和OR（0X10）。这两个质和需要覆盖K图中所有的0。最后，图6-15c是实现这个函数的和之积形式的逻辑电路。这个电路包括两个或门，一个质和用一个或门，所有或门的输出都是一个与门的输入，所以当任一或门的输出为0时，函数输出为0。

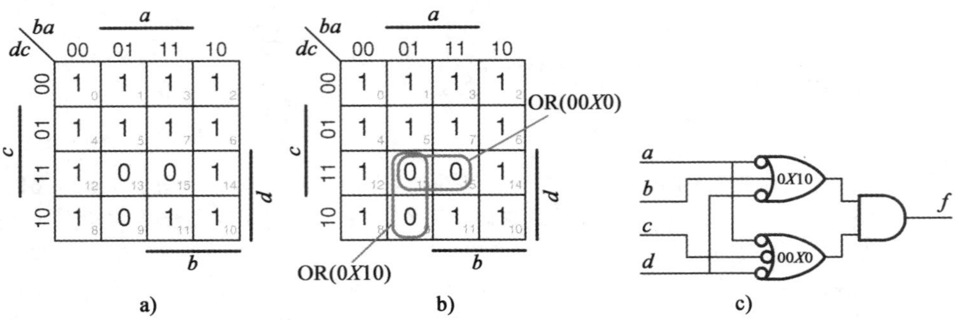

图6-15　“和之积”形式函数的综合过程。a）具有三个最大项的函数的K图。b）2个质和。c）“和之积”形式的逻辑电路

一旦掌握了积之和形式电路的设计方法，那么产生和之积形式的逻辑电路最简单的方法是根据逻辑函数的补（通过交换f_0和f_1，保持f_X不变得到的函数）找出积之和形式的电路，然后，应用德·摩根律，把所有与门变成或门并对电路输入求补，从而得到这个电路输出的补，即逻辑函数和之积形式的逻辑电路。

例如，思考十进制素数函数。十进制素数函数的补的K图如图6-16a所示。在图6-16b中标出了这个函数的三个质蕴涵项。积之和形式的逻辑电路如图6-16c所示，它实现了K图所示的十进制素数函数的补。这个电路直接由三个质蕴涵项得出。图6-16d是和之积形式的逻辑电路，它是计算十进制素数函数（图6-16a和图6-16b中K图的补）的电路。和之积形式的逻辑电路是通过对图6-16c所示电路的输出求补并应用德·摩根律把与门（或门）转换成或门（与门）得到的。

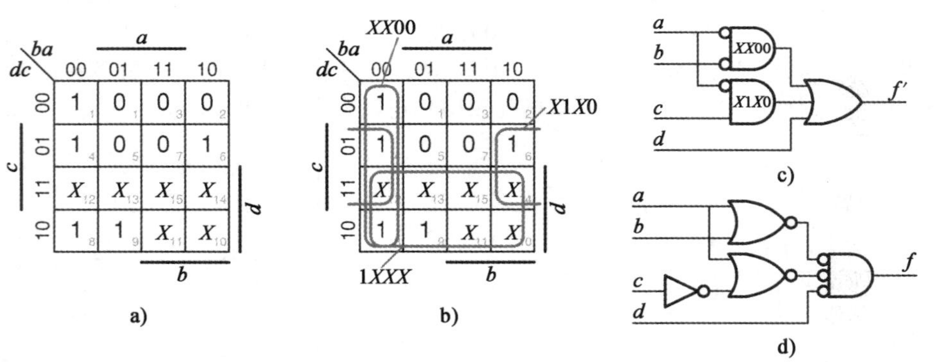

图6-16　使用求补方法实现十进制素数函数的和之积形式的电路。a）十进制素数函数补的K图（十进制合数函数）。b）此函数的质蕴涵项（XX00、X1X0和1XXX）。c）积之和形式的逻辑电路，它计算十进制素数函数的补。d）十进制素数函数的逻辑电路，它是由c）使用德·摩根律推导出来的

118~119 **例6-6　和之积**

把3输入函数$f=\sum_{in} m(1,7)$表示成最小的和之积表达式。

画出卡诺图（图6-17），此函数补的蕴涵项为$f' = \sum_{in} m(0, 1, 3, 4, 5, 6)$，则

$$f' = \bar{a} \vee (b \wedge \bar{c}) \vee (\bar{b} \wedge c)$$

然后，运用公式（3-9），得到

$$f = a \wedge (\bar{b} \vee c) \wedge (b \vee \bar{c})$$

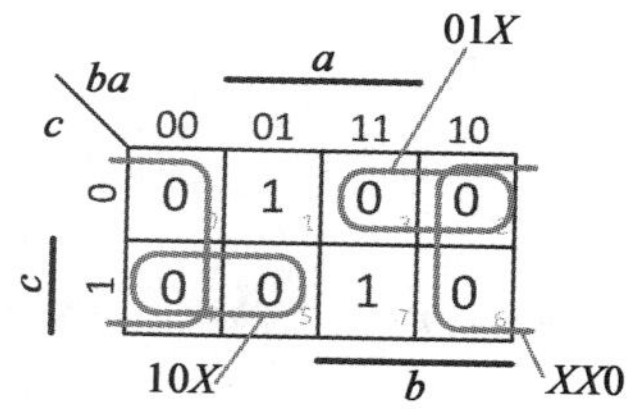

图6-17 用于寻找例6-6中指定函数的一个和之积形式的卡诺图和覆盖

6.10 险象

我们很少关心组合电路中一个输入上的变化是否会产生输出的变化。在大多数情况下，这不是一个问题。对于几乎所有的组合电路，我们只关心给定输入后的稳态输出是正确无误的——不关心输出是如何变成稳定状态的。但是在某些组合电路的应用中，如产生时钟或作为异步电路的反馈时，一个输入变化最多产生一个输出变化是至关重要的。

例如，2输入多路器电路如图6-18所示。电路的功能是：当$c=1$时，输出f等于输入a，当$c=0$时，输出f等于输入b。这个电路的K图如图6-18a所示。K图中有2个必要质蕴涵项：$1X1$（$a \wedge c$）和$01X$（$b \wedge \bar{c}$），它们一起覆盖函数。实现此函数的逻辑电路如图6-18b所示，电路中2个必要质蕴涵项使用2个与门。每个门上的数字表示门的延迟。输入c端的反相器延迟是3个单位时间，其他三个门的延迟都是1个单位时间。

当$a=b=1$，时间为1，输入c从1变到0时，图6-18c显示了这个逻辑电路的瞬时响应。3个单位时间后，在时间为4时，反相器的输出上升。期间，在时间为2时，上面与门的输出d下降，引起输出f在时间为3时下降。在时间为4时，信号cN上升引起信号e上升，接着，引起信号f在时间为6时上升。这样，输入c上的变化首先引起输出f的下降，然后上升。

在输出端f上的$1-0-1$变化称为静态1型险象。通常我们希望输出保持稳态1，但是可能会产生短暂的0险象。类似地，一个输入的变化引起输出经历了$0-1-0$的变化，称为静态0型险象。在更复杂的电路中，具有更多级逻辑，还可能会表现出动态险象。动态1型险象输出经历$0-1-0-1$的状态变化，从0变到1经历了三次变化而不是一次变化。类似地，动态0型险象是经过三次变化$1-0-1-0$，以状态0结束。

直观地看，图6-18中会发生静态1型险象是因为随着输入从111变化为011，在与蕴涵项$01X$相关的门打开之前，与蕴涵项$1X1$相关的门就关闭了。

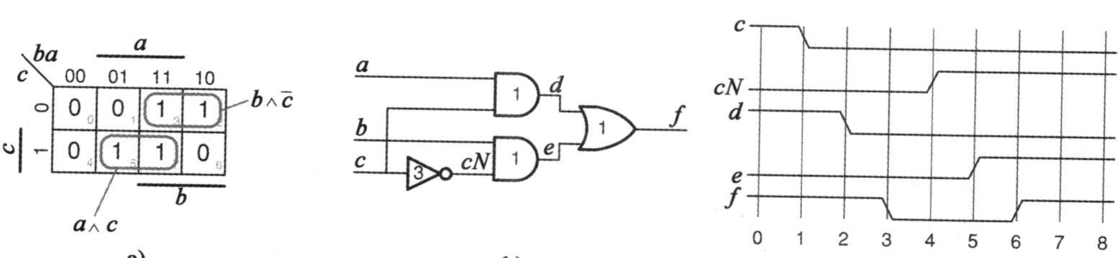

图6-18 具有静态1型险象的2输入多路器电路。a）显示两个必要质蕴涵项的函数的K图。b）多路器的门级逻辑电路。数字表示每个门的延迟（时间单位任意）。c）时序图，显示了当$a=b=1$时，输入c的下降引起逻辑电路b）的变化情况

我们可以通过使用一个函数自身的蕴涵项覆盖这个变化来消除险象，如图6-19所示。第三个与门（图6-19b中间的与门）对应蕴涵项$X11$，当其他两个门打开和关闭时，输出始终为高。通常，可以通过增加冗余蕴涵项覆盖变化的方法消除任何电路的险象。

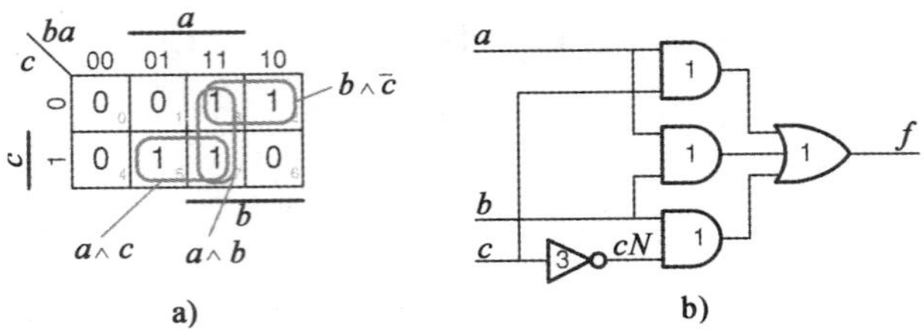

图 6-19　没有险象的 2 输入多路器电路。a）函数的 K 图，标出了 3 个必要质蕴涵项。蕴涵项 X11 不是必要质蕴涵项，但却覆盖了从 111 到 011 的变化。b）没有险象的多路器门级逻辑电路

例 6-7　险象

消除图 6-20 所示电路的险象。即保留电路逻辑功能的同时，消除在输入变化时的任何险象。

120~121 图 6-20 中的两个门对应蕴涵项 X00 和 0X1。画出这个电路（图 6-21）的 K 图，我们可以看出：需要覆盖从 000 到 001 的变化。否则，由于相关门的速度不同，当在其他门打开之前一个门关闭的转换中，输出会瞬间变为 0。增加蕴涵项 00X——已经用虚线圈出，它覆盖了这种转换。图 6-22 的逻辑电路为蕴涵项 00X 添加了一个门，用于覆盖这个转换并消除险象。

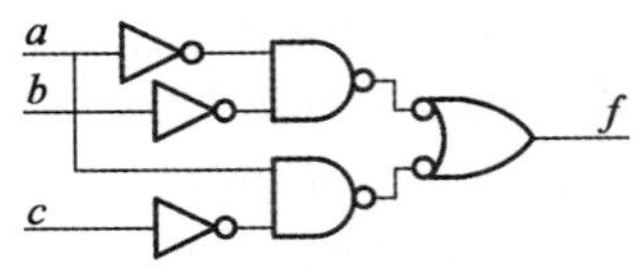

图 6-20　例 6-7 中要消除险象的逻辑电路

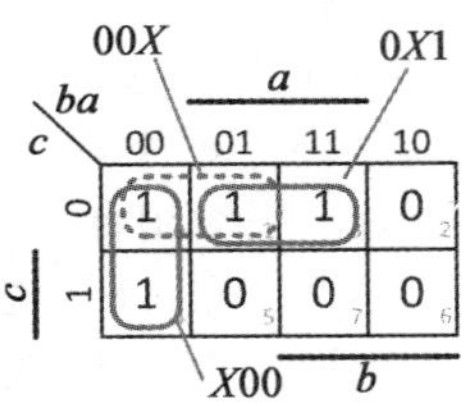

图 6-21　图 6-20 所实现的函数的 K 图。由实线圈出的蕴涵项提供了一个覆盖，当 $b = c = 0$，a 在 0 和 1 之间变换时，会产生险象。我们可以通过增加虚线圈出的蕴涵项消除这个险象

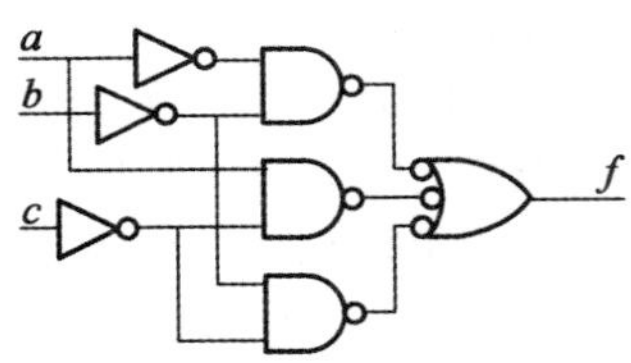

图 6-22　此电路和图 6-20 所示的电路功能相同，但是没有任何险象

小结

本章学习了如何手动进行综合，从而生成组合逻辑电路。给定电路的描述，可以生成一个门级实现。首先，写出电路的真值表，精确定义函数行为。根据真值表画出卡诺图，在卡诺图上标出函数的蕴涵项非常容易。蕴涵项是乘积项的集合，它包含至少一个 f_1 中的最小项并且不包含 f_0 中的最小项，它可以包含也可以不包含 f_X 中的最小项。

标出蕴涵项后，通过找到一个蕴涵项的最小集合就能产生函数的一个覆盖，这些蕴涵项的最小集合包含 f_1 中的每个最小项。首先，我们标出质蕴涵项和必要质蕴涵项，质蕴涵项是那些不被更大蕴涵项包含的蕴涵项，必要质蕴涵项是唯一包含 f_1 中的某个最小项的质蕴涵项。从函数必要质蕴涵项的覆盖开始，然后增加质蕴涵项，这些质蕴涵项包括 f_1 中的未被覆盖的最小项，直到覆盖 f_1 中所有的最小项为止。这个覆盖不是唯一的，它取决于添加质蕴涵项到覆盖中的顺序，所以我们会得到不同的结果。

根据覆盖可以直接画出函数的 CMOS 逻辑电路。覆盖中的每个蕴涵项都用一个与非门表

示，其输出连接到与非门（执行或运算功能），必要时在输入端增加反相器。

理解这个过程对人工逻辑综合很有用，实际上，你永远不会用到这个过程。现代逻辑设计几乎都使用自动逻辑综合就可以实现，自动逻辑综合中，一个 CAD 程序把一个逻辑函数的高级描述自动生成逻辑电路。自动综合程序解放了逻辑设计者，使他们不用辛苦地制作 K 图，而是能更高效地工作。同时，许多自动综合程序生成的逻辑电路比一般设计者手动生成的逻辑电路好。综合程序能考虑到多级电路，并使用库中的特殊单元实现，在多种组合电路方案中选出最好方案。最好让 CAD 程序做那些它擅长的工作，即找出最优的 CMOS 电路实现给定函数，让设计者做人类擅长的工作，即为系统设计出更高级更智能的组织结构。 122

文献说明

使用画图技术设计逻辑的详细内容可以在论文“卡诺图的来源”［60］中获得。这篇论文基于 1952 年 Veitch 提出的技术［105］。Quine-McCluskey 算法用于找到最小映射，详细内容参见 1956 年 McCluskey 的论文［71］。

习题

6.1 组合电路。图 6-23 中所示的哪个电路是组合电路？图中每个方格本身是一个组合电路。

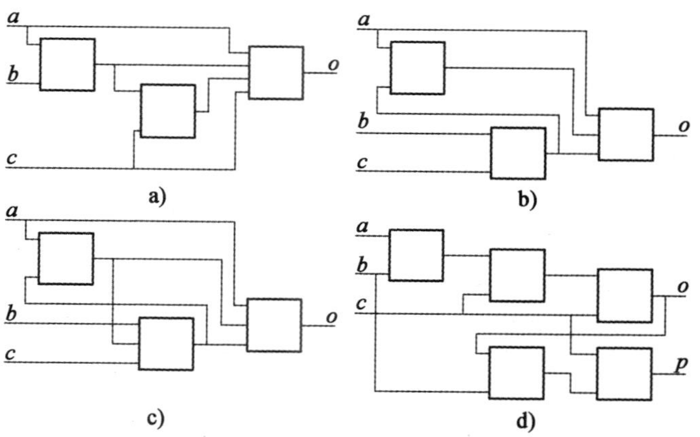

图 6-23　习题 6.1 的电路图。每个方格本身是一个组合电路

6.2 斐波那契电路。设计 4 位斐波那契电路。如果输入是斐波那契数（即 0、1、2、3、5、8 或者 13）。那么电路输出 1。完成下列步骤：

(a) 写出函数真值表。

(b) 画出函数卡诺图。

(c) 标出函数的质蕴涵项。 123

(d) 标出必要质蕴涵项（如果有必要质蕴涵项）。

(e) 找出函数的一个覆盖。

(f) 画出函数的 CMOS 门电路。

6.3 最小逻辑。画出实现函数的逻辑电路图。此函数实现的功能如下：当输入（$dcba$）是 3、4、5、7、9、13、14、15 时，函数输出为真。尽量使用最少的门输入数量。这里提供了变量和变量的补（即 a 和 a'）。

6.4 十进制斐波那契电路。完成习题 6.2 中的步骤，但是实现的是十进制斐波那契电路。这个电路仅对 0 ~ 9 范围的输入产生输出，输出与其他 6 种输入状态无关。

6.5 质数电路。设计一个电路，如果 4 位输入是质数，不包括 1，则输出为真，即如果输入是 2、3、5、7、11 或 13，那么输出为真。完成习题 6.2 中的步骤。

6.6 十进制质数电路。设计一个电路，如果4位十进制输入是质数，不包括1，即如果输入是2、3、5、7时，输出为真。输入组合为10~15时，输出为X（无关项）。完成习题6.2中的步骤。

6.7 3的倍数电路。设计一个4输入3的倍数电路。如果电路的输入是3、6、9、12、15，那么输出为真。

6.8 组合电路设计。设计一个最小的CMOS电路，实现函数$f=\sum m(3,4,5,7,9,13,14,15)$。

6.9 5输入质数电路。设计5输入质数电路。如果输入在0~31之间并且是质数（不包括1），那么输出为真。

6.10 6输入质数电路。设计6输入质数电路。这个电路不仅能识别0~31之间的质数，也能识别32~63之间的质数。

6.11 不唯一覆盖。设计一个4输入电路。实现函数$f=\sum m(0,1,2,9,10,11)$。

6.12 和之积，Ⅰ。使用和之积形式设计习题6.4中的十进制斐波那契电路。

6.13 和之积，Ⅱ。使用和之积形式设计习题6.6中的十进制质数电路。

6.14 七段译码器，Ⅰ。习题6.14~习题6.41中关于七段译码器的描述一样，此组合电路具有4位输入a和一个7位输出q。q的每一位与七段显示的一段相对应，显示方式如下：

```
 6666
1    5
1    5
 0000
2    4
2    4
 3333
```

124

q的第0位（最低有效位）控制中间段，第1位控制上半部分左边的段，以此类推，第6位（最高有效位）控制顶端的段。关于七段译码器更详细的描述在7.3节。一个完全译码器可以译码16种输入组合。输入组合为10~15时表示字母A~F（大写字母A、C、E、F和小写字母b、d）。一个十进制译码器只对组合0~9译码，不关心其余状态。

为完全七段译码器的0段设计一个积之和电路。

6.15 七段译码器，Ⅱ。为完全七段译码器的1段设计一个积之和电路。完全七段译码器的描述见习题6.14。

6.16 七段译码器，Ⅲ。为完全七段译码器的2段设计一个积之和电路。完全七段译码器的描述见习题6.14。

6.17 七段译码器，Ⅳ。为完全七段译码器的3段设计一个积之和电路。完全七段译码器的描述见习题6.14。

6.18 七段译码器，Ⅴ。为完全七段译码器的4段设计一个积之和电路。完全七段译码器的描述见习题6.14。

6.19 七段译码器，Ⅵ。为完全七段译码器的5段设计一个积之和电路。完全七段译码器的描述见习题6.14。

6.20 七段译码器，Ⅶ。为完全七段译码器的6段设计一个积之和电路。完全七段译码器的描述见习题6.14。

6.21 十进制七段译码器，Ⅰ。为十进制七段译码器的0段设计一个积之和电路。十进制七段译码器的描述见习题6.14。

6.22 十进制七段译码器，Ⅱ。为十进制七段译码器的1段设计一个积之和电路。十进制七段译码器的描述见习题6.14。

6.23 十进制七段译码器，Ⅲ。为十进制七段译码器的2段设计一个积之和电路。十进制七段译码器的描述见习题6.14。

6.24 十进制七段译码器，Ⅳ。为十进制七段译码器的3段设计一个积之和电路。十进制七段译码器的描述见习题6.14。

6.25 十进制七段译码器，Ⅴ。为十进制七段译码器的4段设计一个积之和电路。十进制七段译码器的描述见习题6.14。

6.26 十进制七段译码器，Ⅵ。为十进制七段译码器的5段设计一个积之和电路。十进制七段译码器的描述见习题6.14。

6.27 十进制七段译码器，Ⅶ。为十进制七段译码器的6段设计一个积之和电路。十进制七段译码器的描述见习题6.14。

6.28 和之积形式的七段译码器，Ⅰ。为完全七段译码器的0段设计一个和之积电路。完全七段译码器的描述见习题6.14。

6.29 和之积形式的七段译码器，Ⅱ。为完全七段译码器的1段设计一个和之积电路。完全七段译码器的描述见习题6.14。

6.30 和之积形式的七段译码器，Ⅲ。为完全七段译码器的2段设计一个和之积电路。完全七段译码器的描述见习题6.14。 125

6.31 和之积形式的七段译码器，Ⅳ。为完全七段译码器的3段设计一个和之积电路。完全七段译码器的描述见习题6.14。

6.32 和之积形式的七段译码器，Ⅴ。为完全七段译码器的4段设计一个和之积电路。完全七段译码器的描述见习题6.14。

6.33 和之积形式的七段译码器，Ⅵ。为完全七段译码器的5段设计一个和之积电路。完全七段译码器的描述见习题6.14。

6.34 和之积形式的七段译码器，Ⅶ。为完全七段译码器的6段设计一个和之积电路。完全七段译码器的描述见习题6.14。

6.35 和之积形式的十进制七段译码器，Ⅰ。为十进制七段译码器的0段设计一个和之积电路。十进制七段译码器的描述见习题6.14。

6.36 和之积形式的十进制七段译码器，Ⅱ。为十进制七段译码器的1段设计一个和之积电路。十进制七段译码器的描述见习题6.14。

6.37 和之积形式的十进制七段译码器，Ⅲ。为十进制七段译码器的2段设计一个和之积电路。十进制七段译码器的描述见习题6.14。

6.38 和之积形式的十进制七段译码器，Ⅳ。为十进制七段译码器的3段设计一个和之积电路。十进制七段译码器的描述见习题6.14。

6.39 和之积形式的十进制七段译码器，Ⅴ。为十进制七段译码器的4段设计一个和之积电路。十进制七段译码器的描述见习题6.14。

6.40 和之积形式的十进制七段译码器，Ⅵ。为十进制七段译码器的5段设计一个和之积电路。十进制七段译码器的描述见习题6.14。

6.41 和之积形式的十进制七段译码器，Ⅶ。为十进制七段译码器的6段设计一个和之积电路。十进制七段译码器的描述见习题6.14。

6.42 多输出电路，Ⅰ。设计一个积之和电路，使其输出十进制七段译码器的0、1、2段。必要时，输出之间可以共享逻辑门。十进制七段译码器的描述见习题6.14。

6.43 多输出电路，Ⅱ。设计一个积之和电路，使其输出十进制七段译码器的3、4、5、6段。必要时，输出之间可以共享逻辑门。十进制七段译码器的描述见习题6.14。

6.44 险象，Ⅰ。消除图6-24a中存在的险象。

6.45 险象，Ⅱ。消除图6-24b中存在的险象。

6.46 加法器卡诺图，Ⅰ。半加器电路输入为1位二进制数 a 和 b，输出和 s，进位 co。co 和 s 连起来
co，s 是 a 加 b 得到的两位数值结果（例如，如果 $a=1$ 并且 $b=1$，则 $s=0$，$co=1$）。关于半加器 126
的详细描述见第10章。

(a) 写出半加器的输出 s 和 co 的真值表。

(b) 画出半加器的输出 s 和 co 的卡诺图。

(c) 圈出半加器的输出 s 和 co 的质蕴涵项，并写出 s 和 co 的逻辑等式。

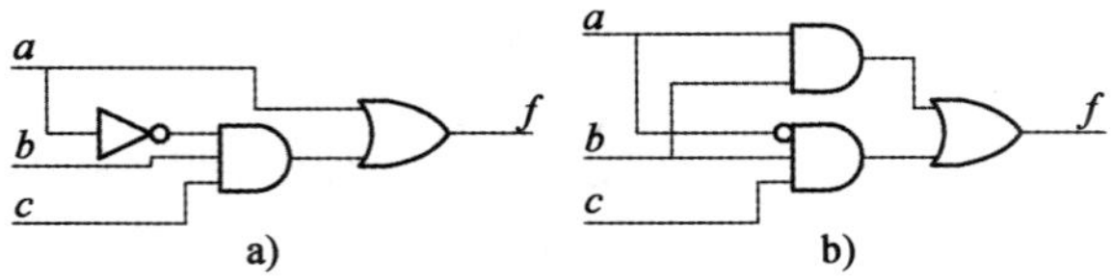

图 6-24 习题 6.44 和习题 6.45 的电路

6.47 **加法器卡诺图，Ⅱ。**全加器电路输入为 1 位二进制数 a、b 和 ci（进位），输出 s 和 co。co 和 s 相连 {co，s} 是一个 2 位数值，它是 a、b、ci 相加的结果。（例如，如果 $a=1$，$b=0$ 并且 $ci=1$，那么 $s=0$，$co=1$）。全加器的详细描述见第 10 章。

（a）写出全加器的输出 s 和 co 的真值表。

（b）画出全加器的输出 s 和 co 的卡诺图。

（c）圈出全加器的输出 s 和 co 的质蕴涵项，并写出 s 和 co 的逻辑等式。

127 （d）半加器和全加器中使用异或门有什么好处？

使用 Verilog 描述组合逻辑

在第6章中我们已经学习了从设计规格到手工综合组合逻辑电路的方法。3.6节中讨论过使用 Verilog 描述布尔表达式，在此基础上，本章我们学习如何使用硬件描述语言 Verilog 描述组合电路。用 Verilog 描述后的函数能够自动综合，不需要人工综合。

因为所有优化工作由综合器完成，编写可以自动综合的 Verilog 的主要目的是使程序具有可读性和可维护性，所以 Verilog 描述与函数模块类似（例如，使用 case 或者 casex 语句描述真值表），比那些类似于实现的语句更好（例如，使用 assign 语句的等式或者是使用门的结构描述）。与那些人工实现函数相比，使用 Verilog 描述函数更易于阅读和维护。

为了证明 Verilog 模块的正确性，我们可以编写测试平台（testbench）。测试平台是一段 Verilog 代码，可以在仿真时将待测模块实例化。测试平台产生激励输入，验证模块输出结果是否正确。编写 Verilog 模块时必须使用 Verilog 的可综合子集，但测试平台不能被综合，所以可以使用所有 Verilog 语言，包括 loop 结构。在典型的现代数字设计项目中，与设计本身相比，我们应该多进行设计验证（编写测试平台）。

7.1 用 Verilog 描述素数电路

用 Verilog 描述组合逻辑时，我们应该使用那些容易被综合成逻辑电路的语言结构。特别指出，在描述组合电路时，我们只用 assign、case、casex 语句或者其他组合模块的结构化组合。[⊖]

本节中，我们将使用第6章介绍过的组合 Verilog 讨论素数（包括1）电路的4种实现方法。 128

7.1.1 Verilog 模块

在深入研究4种素数模块实现之前，让我们回顾一下 Verilog 模块的结构。模块是具有输入和输出端口的逻辑块。模块中的逻辑通过输入（对组合模块而言是当前输入状态）计算输出。声明模块以后，可以实例化模块的一个或多个副本，也能够在高层模块中进行实例化。

Verilog 模块的基本结构如图7-1所示。模块运用 Verilog 中的 case 语句实现了4位素数函数，如图7-2所示。所有模块都以关键字 module 开始，以关键字 endmodule 结束。从关键字 module 到第一个分号是模块声明，它包括模块名称（如图7-2中的 prime），后面括号中是端口名称列表。例如，模块 prime 的端口名称是 in 和 isprime。

模块声明后面是输入和输出声明，这些语句都是使用关键字 input 或者 output 开始，接着是指定宽度设计规格（可选），最后是具有方向和宽度的端口列表。例如，input[3:0] in;声明端口 in 是4位宽的输入，最高有效位是 in [3]。注意我们也可以声明为 input[0:3]in;，in 的最高有效位是 in [0]。

⊖ 描述组合模块时可能会用到 if 语句，这时，如果不写 else 语句或者忘记为 if 语句的每个分支中的每个输出变量赋值就很容易产生时序电路，所以，我们不建议使用 if 语句。

```
module <module_Name>(<port names>) ;
  <port declarations> ;
  <internal signal, wire and reg, declarations> ;
  <module body> ;
endmodule
```

图 7-1 使用 Verilog 中的 module 声明了一个具有输入和输出的模块，它包括模块声明、输入和输出信号声明、内部信号声明和一个实现逻辑功能的模块体

```
//----------------------------------------------------------------------
// 素数
//   in——4位二进制数
//   isprime——如果in为素数1, 2, 3, 5, 7, 11或13, 则为真
//----------------------------------------------------------------------
module prime(in, isprime) ;
  input [3:0] in ; // 4位输入
  output      isprime ; // 如果输入为素数，则为真
  reg         isprime ;

  always @(in) begin
    case(in)
      1,2,3,5,7,11,13: isprime = 1'b1;
      default: isprime = 1'b0 ;
    endcase
  end
endmodule
```

129 图 7-2 使用 case 语句对真值表直接编码，实现了用 Verilog 描述 4 位素数或 1 函数

接下来是内部信号声明，即对模块内部将要被赋值的信号进行声明。注意，这里可能包括输出信号。如果一个信号用于模块间的连接或者使用 assign 语句赋值，那么声明为 wire 类型（如图 7-3 和图 7-8 所示）。如果一个信号是在 case 或 casex 语句中被赋值，那么把它声明为 reg 类型，如图 7-2 中的 isPrime。大家别被字面意思迷惑，把信号声明为 reg 类型不是产生一个寄存器。我们仍然在构建一个组合逻辑。如果信号宽度比 1 位大，那么声明中可以写出宽度。因为输出信号类型默认时自动声明为 wire 类型，所以如果需要 reg 类型输出信号，那么就必须明确地把输出信号声明为 reg 类型。

模块体中的语句实现了计算模块输出的逻辑。这里会用到 Verilog 语言的子集，模块体包含一个或多个模块实例，assign 语句、case 语句和 casex 语句。在素数电路的 4 种实现中（7.1.2 ~ 7.1.5 节）使用到了这些语句。

7.1.2 case 语句

如图 7-2 所示，Verilog 的 case 语句可以直接列举逻辑函数的真值表。case 语句可以列举每个输入组合的逻辑函数输出值。在这个例子中，为了节省空间，我们列出了输出为 1 的输入状态，输出为 0 为默认值。

注意 case 语句必须包含在 always @ 单元中。这个语法说明在@ 后面指定的参数状态每次发生变化时，这个单元就被执行。在这种情况下，4 位输入变量 in 的状态每次发生变化时，这个单元都执行。因为在 always @ 单元中，isprime 被赋值，所以在模块中，输出变量

isprime 声明为 reg 类型。这里没有与这个变量相关联的寄存器，电路是组合电路。

在用 always @ 单元描述组合电路时，@ 后面的参数列表中包含所有输入。如果省略了一个输入，那么当这个输入状态发生变化时，这个单元就不会执行，这样就是时序逻辑而不是组合逻辑了。列表中省略信号也会造成很难调试的奇怪现象。在 Verilog 的新版本（2001 年之后）中，使用 always@ (*)这样的语法就避免了这种现象，这样，任何变量状态发生变化时，单元都会被执行。整本书中我们都使用这种方法。

使用 Synopsys Design Compiler®对图 7-2 所示的 Verilog 进行综合，结果如图 7-3 所示，这个编译器使用了典型的 CMOS 标准单元库。综合器把图 7-2 中的 Verilog 行为描述转换为 Verilog 结构描述，Verilog 行为描述定义要做的事情（如真值表），Verilog 结构描述定义如何去完成（如 5 个门和它们之间的连接）。Verilog 结构描述实例化 5 个门：2 个或 - 与 - 非门（OAI），2 个非门（INV），1 个异或门（XOR）。连接门的 4 个线变量声明为 n1 到 n4。在 Design Compiler 中，通过声明为门类型（如 OAI13）可以将门实例化，给出实例名（如 U1），然后定义哪个信号和门的哪个输入、输出相连（如 A1 （n2） 表示信号 n2 和输入 A1 相连）。 130

```
module prime ( in, isprime );
input   [3:0] in;
output isprime;
    wire n1, n2, n3, n4;
    OAI13 U1 ( .A1(n2), .B1(n1), .B2(in[2]), .B3(in[3]), .Y(isprime) );
    INV   U2 ( .A(in[1]), .Y(n1) );
    INV   U3 ( .A(in[3]), .Y(n3) );
    XOR2  U4 ( .A(in[2]), .B(in[1]), .Y(n4) );
    OAI12 U5 ( .A1(in[0]), .B1(n3), .B2(n4), .Y(n2) );
endmodule
```

图 7-3　使用 Synopsys Design Compiler®对图 7-2 所示的 Verilog 进行综合的结果，这个编译器使用了典型的标准单元库。综合后的原理图如图 7-4 所示

请注意，实例化一个门可以采用显式的方式将信号与对应的输入和输出相连，也可按照模块定义时端口的位置来实例化。例如，如果要声明的端口按照顺序列出，我们可以使用下面简单的语法实例化 XOR 门：

```
XOR2  U4 (in[2], in[1], n4) ;
```

两种形式等价。对于复杂的模块，显式连接语法避免了顺序错误（当隐含的顺序变化时，避免了错误的发生）。对于简单的模块，位置定义这种语法更简洁也更具有可读性。

图 7-4 是综合后的原理图，它显示了综合器如何优化逻辑。与第 6 章使用的两级综合方法不同，这里的综合器使用 4 级逻辑（不包括反相器），包括异或门，多个与门和或门，但是这个电路仍实现了相同的 4 个质蕴涵项（0*XX*1，001*X*，*X*101 和 *X*001）。如图所示，门 U1 的下面部分直接实现了蕴涵项 001*X*。门 U5 实现了其他 3 个蕴涵项——把 in [0] 从蕴涵项中提取出来后，“与”门就可以被 3 个蕴涵项共享。“或”门的上面一个输入 U5 （n3） 与 in [0] 相“与”得到 0*XX*1。异或门的输出是乘积项 *X*01*X* 和 *X*10*X*，当这两个乘积项在 U5 与 in [0] 相“与”后得到剩下的两个蕴涵项 *X*101 和 *X*011。

这个综合的例子说明了现代计算机辅助设计工具的强大。一个熟练的设计者要设计出这样简洁的电路要付出很大的心血，此外，综合工具（通过约束文件）再优化时侧重于提高电路的速度，而不是尽量去减小面积。使用现代综合工具，逻辑设计者的主要任务发生了变化，从 131

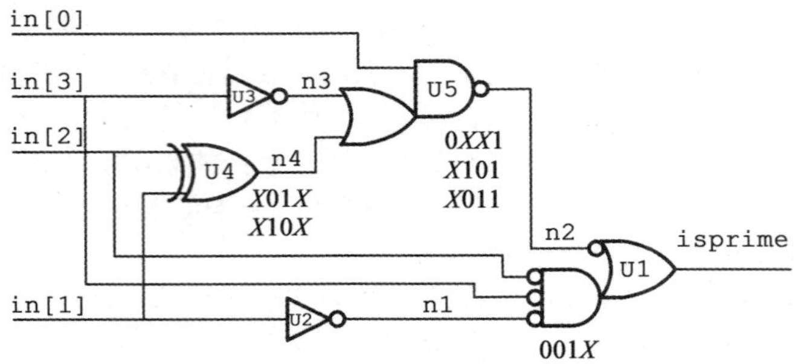

图 7-4　图 7-3 的原理图

优化转变成设计规格，但是这种设计规格工作会随着系统变大而变得更加复杂。

例 7-1　使用 case 语句实现温度计编码检测器

编写一个模块，功能是检测一个 4 位输入是否是合法的温度计编码信号（0000，0001，0011，0111，1111）。要求使用 case 语句实现逻辑。

模块实现如图 7-5 所示。首先声明输入（in）和输出（out）。case 语句里有两行：一个输出为 1 的最小项列表和一个输出为 0 的 default 语句。

```
module therm_case(in, out) ;
   input  [3:0] in;
   output       out;
   reg          out;

   always @(*) begin
      case(in)
        0, 1, 3, 7, 15: out = 1'b1;
        default: out = 1'b0;
      endcase
   end
endmodule
```

图 7-5　使用 case 语句实现温度计编码检测器的 Verilog 程序

7.1.3　casex 语句

另外一种实现素数函数的方法是使用 Verilog 中的 casex 语句列出覆盖函数的 4 个质蕴涵项，如图 7-6 所示。除了使用 casex 语句替代了 case 语句，这种实现方法与图 7-2 所示的实现方法相同。casex 语句允许无关项（多个 X）出现。这样我们就可以把蕴涵项而不仅仅是最小项放在 case 中每个语句的左边。例如，case 中的第一条语句 4'b0xx1 对应蕴涵项 0XX1，覆盖了最小项 1、3、5 和 7。

```
module prime1(in, isprime) ;
  input  [3:0] in ; // 4位输入
  output       isprime ; // 如果输入为素数，则为真
  reg          isprime ;

  always @(*) begin
    casex(in)
      4'b0xx1: isprime = 1 ;
      4'b001x: isprime = 1 ;
      4'bx011: isprime = 1 ;
      4'bx101: isprime = 1 ;
      default: isprime = 0 ;
    endcase
  end
endmodule
```

图 7-6　使用 casex 语句实现 4 位素数函数的 Verilog 程序，casex 语句能够描述一个覆盖的所有蕴涵项

当描述组合模块中的一个输入覆盖其他输入时，casex语句非常有用。例如，不管其他输入为何值，一个使能输入可以使所有输出变为低，或者是一个优先编码器（参见8.5节），这两种情况下casex语句就非常有用。但是，对于素数函数，图7-2的实现方法较好，因为它清晰地描述了被实现函数而且便于维护。我们没必要手动减少函数蕴涵项，综合工具会完成这项工作。

例7-2 使用casex语句实现温度计编码检测器

编写一个模块，要求使用casex语句实现检测一个4位输入是否是合法的温度计编码信号。

这是综合器适用于逻辑化简的一种情形，温度计编码函数可以写成下面的形式：

$$f(a_3,a_2,a_1,a_0) = (\overline{a_3} \wedge \overline{a_2} \wedge \overline{a_1}) \vee (\overline{a_3} \wedge \overline{a_2} \wedge a_1 \wedge a_0) \vee (a_2 \wedge a_1 \wedge a_0)$$

使用casex语句实现这个函数，如图7-7所示。

```
module therm_casex(in, out)   ;
   input  [3:0]  in;
   output        out;
   reg           out;

   always @(*) begin
     casex(in)
       4'b000x: out = 1;
       4'b0011: out = 1;
       4'bx111: out = 1;
       default: out = 0;
     endcase
   end
endmodule
```

图7-7 使用casex语句实现温度计编码检测器的Verilog程序

7.1.4 assign语句

132~133

图7-8是使用Verilog描述素数电路的第三种方法。这种方法使用assign语句运用等式来描述逻辑函数。描述中没有出现assign，这是因为assign语句与声明isprime的wire语句合并了，[⊖] wire isprime =…语句等价于：

```
wire isprime ;
assign isprime = ...
```

与使用casex相比，使用等式描述素数电路没有什么优势。使用真值表描述更便于书写，更具有可读性和可维护性。综合器会把真值表精简成一个等式并且优化门的集合。

```
module prime2(in, isprime) ;
  input  [3:0] in ;         // 4位输入
  output       isprime ;    // 如果输入为素数，则为真

  wire isprime = (in[0] & ~in[3]) |
                 (in[1] & ~in[2] & ~in[3]) |
                 (in[0] & ~in[1] & in[2]) |
                 (in[0] & in[1] & ~in[2]) ;
endmodule
```

图7-8 使用assign语句描述4位素数函数，此情形中assign已经和wire合并

例7-3 使用assign语句实现温度计编码检测器

编写一个模块，要求使用assign语句实现检测一个4位输入是否是合法的温度计编码信号。

改写例7-2，化简的逻辑函数如下：

⊖ 因为isprime被声明为一个输出，默认为wire型。我们也可以使用assign isprime =…而不声明为wire类型。

$$f(a_3,a_2,a_1,a_0) = (\overline{a_3} \wedge \overline{a_2} \wedge \overline{a_1}) \vee (\overline{a_3} \wedge \overline{a_2} \wedge a_1 \wedge a_0) \vee (a_2 \wedge a_1 \wedge a_0)$$

直接把这个等式写成 assign 语句，如图 7-9 所示。

```
module therm_assign(in, out) ;

   input  [3:0] in;
   output       out;

   assign out = (~in[3] & ~in[2] & ~in[1]) |
                (~in[3] & ~in[2] & in[1] & in[0]) |
                (in[2] & in[1] & in[0]);
endmodule
```

图 7-9 使用 assign 语句实现温度计编码检测器的 Verilog 程序

7.1.5 结构描述

素数函数的第四种也是最后一种描述方法如图 7-10 所示，它是一个结构描述，类似于
134 综合器的输出，通过实例化 5 个门，使用门连接的方法来描述函数，与综合器输出（图 7-3）不同的是，这种描述没有实例化如 OAI13 的模块，它使用了 Verilog 内置的 and 和 or 门函数。[⊖]

```
module prime3(in, isprime) ;
   input  [3:0] in ;       // 4位输入
   output       isprime ;  // 如果输入为素数，则为真
   wire         a1, a2, a3, a4;

  and and1(a1,in[0],~in[3]) ;
  and and2(a2,in[1],~in[2],~in[3]) ;
  and and3(a3,in[0],~in[1],in[2]) ;
  and and4(a4,in[0],in[1],~in[2]) ;
  or  or1(isprime,a1,a2,a3,a4) ;
endmodule
```

图 7-10 Verilog 中使用具体的门描述 4 位素数函数，程序中列出了与门和或门的输出

与前两种描述方法一样，素数电路的结构描述都是为了说明 Verilog 语言的使用范围。素数函数的结构描述并不是最好的方法。如上所述，设计者应该使用综合器进行综合和优化。

例 7-4 温度计编码检测器的结构描述

编写一个结构化的 Verilog 模块，检测 4 位输入是否是合法的温度计编码信号。

改写例 7-2，化简的逻辑函数如下：

$$f(a_3,a_2,a_1,a_0) = (\overline{a_3} \wedge \overline{a_2} \wedge \overline{a_1}) \vee (\overline{a_3} \wedge \overline{a_2} \wedge a_1 \wedge a_0) \vee (a_2 \wedge a_1 \wedge a_0)$$

在 Verilog 程序中直接实例化 AND 和 OR 门，把 AND 门的输出直接赋给中间线变量（t2，t1，t0），OR 门的输出赋给模块的输出（out），得到图 7-11。

⊖ Verilog 还包括 nand、nor、xor 和 xnor 内置门。

```
module therm_struct(in, out) ;
   input  [3:0] in;
   output       out;
   wire         t2, t1, t0;

   and and1(t0, ~in[3], ~in[2], ~in[1]);
   and and2(t1, ~in[3], ~in[2], in[1], in[0]);
   and and3(t2, in[2], in[1], in[0]);
   or  or1(out, t2, t1, t0);

endmodule
```

图 7-11　温度计编码检测器的结构化 Verilog 程序　135

7.1.6　十进制素数函数

图 7-12 说明了如何使用 Verilog 列举逻辑函数的无关输入状态。这里我们再次使用 Verilog 的 casex 语句列举带有无关项的真值表。在这个例子中，我们使用默认项 default 定义输入状态为 10 ~ 15 时输出为无关状态（isprime = 1 'bx）。因为只有一个默认语句，所以使用它指定无关项。我们还必须明确写出输出为 0 的 5 种输入状态。

使用 Synopsys Design Compiler® 对图 7-12 所示的 Verilog 描述进行综合的结果如图 7-13 所示，综合后的原理图如图 7-14 所示。完全指定电路具有 1 个 4 输入门、1 个 3 输入门、1 个 XOR 门和 2 个反相器，指定无关项后，逻辑简化成只有 1 个 2 输入门、1 个 3 输入门和 1 个反相器。

```
module prime_dec(in, isprime) ;
  input  [3:0] in ; // 4位输入
  output       isprime ; // 如果输入为素数，则为真
  reg          isprime ;

  always @(*) begin
    case(in)
      0,4,6,8,9: isprime = 0 ;
      1,2,3,5,7: isprime = 1 ;
      default: isprime = 1'bx ;
    endcase
  end
endmodule
```

图 7-12　使用 case 语句实现 4 位十进制素数函数，默认输出为无关项

7.2　素数电路的测试平台

通过仿真测试模块的 Verilog 描述是否正确，可以通过编写 Verilog 测试平台验证模块。测试平台本身就是一个 Verilog 模块，但它不被综合成硬件并且只用于帮助测试模块。测试时，测试平台模块实例化模块，产生输入信号并执行模块，检验模块输出信号是否正确。测试平台与你在实验室平台使用的仪器类似，都是产生输入信号，观察电路的输出信号。

```
module prime_dec ( in, isprime );
input   [3:0] in;
output isprime;
    wire n3, n4;
    NOR2  U3  ( .A(in[3]), .B(n3), .Y(isprime) );
    AOI12 U4  ( .A1(in[0]), .B1(in[1]), .B2(n4), .Y(n3) );
    INV   U5  ( .A(in[2]), .Y(n4) );
endmodule
```

图 7-13　使用 Synopsys Design Compiler® 对图 7-12 所示的 Verilog 进行综合的结果。进行综合后的原理图如图 7-14 所示。这个电路比图 7-4 所示的完全指定电路简单得多

图 7-15 是素数电路的一个简单测试平台。测试平台本身是一个 Verilog 模块，但是没有输入和输出。在测试时，使用局部变量作为模块的输入和输出，本例中使用的变量是 prime。测试平台声明了素数模块的输入 in 为 reg 类型变量，这样就能在 initial 单元内为 in 赋值。测试平台实例化模块 prime，把输入和输出联系起来。

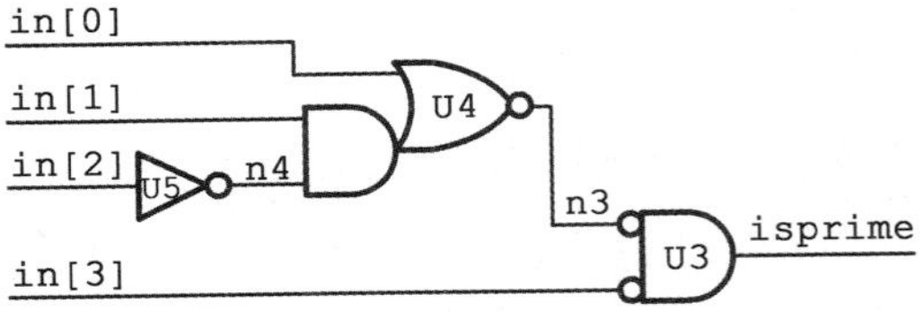

图 7-14　图 7-13 的原理图

```
module test_prime ;
  // 声明局部变量
  reg [3:0] in ;
  wire isprime ;

  // 测试下的实例化模块
  prime  p0(in, isprime) ;

  initial begin
    // 使用输入的16种组合来建模
    in = 0 ;              // 设置输入初始值
    repeat (16) begin // 循环16次
      #100                // 延迟100个时间单位
      $display("in = %2d isprime = %1b",in,isprime) ;
      in = in+1 ;         // 输入加1
    end
  end
endmodule
```

图 7-15　素数模块的 Verilog 测试平台

136
~
137

实际上，测试平台真正的测试代码包含在 initial 单元中。initial 单元和 always @ 单元类似，不同之处在于，always @ 是在每次信号变化时执行，而 initial 单元是在仿真开始时只执行一次。initial 单元设置 in＝0，然后进入循环。repeat (16) 语句表示执行循环体 16 次。每次执行循环体时，仿真器使用#100 语句等待 100 个时间单元，设置模块的输出，显示输入输出，然后输入变量加 1，进入下次循环。16 次循环以后，循环和仿真结束。

测试平台不描述设计，它仅仅是输入激励信号或者测试模式，并输出结果。综合化设计中不允许有结构体，因为测试平台模块可以不被综合，所以可以使用 Verilog 结构体。例如，图 7-15

中的 initial、repeat 和#100 语句在综合 Verilog 模块中是不允许的，但是这些语句在测试平台中是很有用处的。[㊀] 当编写 Verilog 程序时，我们要知道编写的是可综合程序还是测试平台，两个编写风格有很大不同。

素数模块（图7-2）和测试平台（图7-15）的 Verilog 仿真输出如图 7-16 所示。每次执行循环体，测试平台中的 $display 语句都产生一行输出。通过检查输出，我们看到素数模块执行正确。

```
# in =  0 isprime = 0
# in =  1 isprime = 1
# in =  2 isprime = 1
# in =  3 isprime = 1
# in =  4 isprime = 0
# in =  5 isprime = 1
# in =  6 isprime = 0
# in =  7 isprime = 1
# in =  8 isprime = 0
# in =  9 isprime = 0
# in = 10 isprime = 0
# in = 11 isprime = 1
# in = 12 isprime = 0
# in = 13 isprime = 1
# in = 14 isprime = 0
# in = 15 isprime = 0
```

图 7-16 基于图 7-2 模块的测试平台（图 7-15）的输出

对于小模块，我们手工检验 Verilog 模块输出是否正确，只需要检查一次。但是，对于大模块或者需要重复测试的模块[㊁]，手工检测是枯燥的、容易出错的，在这种情况下，测试平台除了产生输入以外，还必须检测结果的正确性。

测试平台自身检测的方法是实例化两个独立的模块并比较它们的输出，如图 7-17 所示（另外一种方法是使用 7.3 节所示的反函数）。图 7-17 中测试平台创建模块 prime（图 7-2）的一个实例和模块 prime1（图 7-6）的一个输入。[㊂] 16 种输入模式应用到两个模块，对于任何一个模式，如果两个模块的输出不一致，那么变量 check 被设置为 1。检测完所有的输入值后，基于 check 的值就能指明是 PASS 还是 FAIL。 138

```
module test_prime1 ;
  reg [3:0] in ;
  reg check ;  // 两个模块输出不匹配时，check设置为1
  wire isprime0, isprime1 ;

  // 实例化两种实现
  prime  p0(in, isprime0) ;
  prime1 p1(in, isprime1) ;

  initial begin
    in = 0 ; check = 0 ;
    repeat (16) begin
      #100
      if(isprime0 !== isprime1) check = 1 ;
      in = in+1 ;
    end
    if(check != 1) $display("PASS") ; else $display("FAIL") ;
  end
endmodule
```

图 7-17 使用第二个素数模块的实现来检测结果的测试平台

㊀ 从技术上说，repeat 语句是可综合的，但是我们不鼓励这样做。

㊁ 常见的做法是定期（如，每天晚上）对整个设计重新运行测试。由于部分设计被改变会造成意想不到的错误，这种*回归*测试就能够发现这些错误。

㊂ 在这个例子中，因为这两个实现的复杂度几乎相同，所以比较起来，不能说出哪个更具有优势，但是，在其他情况下，简单的不可综合的描述适合用于比较。

在测试平台中对信号进行比较时，使用 Verilog 操作符 = = = 和！ = = 而不是使用 = = 和！ = 来检测是否相等。使用 Verilog 中的运算符 = = 判断 1'b1 = =1'bx 和 1'b0 = =1'bx，两个比较结果都为真，使用不等于运算符（！ =）判断 1'b1！ =1'bx 和 1'b0！ =1'bx，两个比较结果都为假。当出现不定态 x 时，应该输出不正确，但出现输出正确的情况，这时我们应该使用运算符 = = = 和！ = = 对 4 种状态（0，1，*x*，*z*）都进行比较，1'b1 = = =1'bx 比较结果为假，这样就能使设计者发现这类常见错误。

例 7-5　温度计编码检测器测试平台

编写一个 Verilog 测试平台，同时检测例 7-1 ~ 例 7-4 的模块是否正确。

图 7-18 所示的测试平台需要用户手工检测 therm_assign 模块的输出是否正确。我们把其他三个模块的输出与 therm_assign 模块的输出进行比较，如果相等就显示通过，不相等就显示失败，这样就能检验三个模块是否正确。测试的输出（图 7-19）证明了 Verilog 的正
139 确性。

```
module therm_test ;
   reg [3:0] in;
   reg       check;
   wire      t0, t1, t2, t3;

   therm_assign m0(in, t0);
   therm_case m1(in, t1);
   therm_casex m2(in, t2);
   therm_struct m3(in, t3);

   initial begin
      in = 0;
      check = 0;
      repeat(16) begin
         #100;
         $display("in = %4b therm = %1b", in, t0);
         if(t0 !== t1) check = 1;
         if(t0 !== t2) check = 1;
         if(t0 !== t3) check = 1;
         in = in + 1;

      end
      if(check != 1) $display("PASS") ;
      else $display("FAIL");
   end // initial begin
endmodule // therm_test
```

图 7-18　例 7-1 ~ 例 7-4 四种温度计编码检测器的测试平台

7.3　实例：七段译码器

本节中我们通过检验七段译码器的设计介绍常量定义、信号拼接和使用反函数检测。

通过点亮7个发光段的一个或多个显示一个1位十进制数。这些段排列成数字8的形状，如图7-20上面部分所示，7个段从0~6进行编号。七段译码器接收一个4位输入信号 bin [3: 0]，产生一个7位输出信号 segs [6: 0]，即需要点亮七段的一部分段用来显示由 bin 编码的数字。例如，如果“4”的二进制编码0100，作为七段译码器的输入，那么输出是0110011，则表示点亮0、1、4和5段，显示数字4。

```
# in = 0000 therm = 1
# in = 0001 therm = 1
# in = 0010 therm = 0
# in = 0011 therm = 1
# in = 0100 therm = 0
# in = 0101 therm = 0
# in = 0110 therm = 0
# in = 0111 therm = 1
# in = 1000 therm = 0
# in = 1001 therm = 0
# in = 1010 therm = 0
# in = 1011 therm = 0
# in = 1100 therm = 0
# in = 1101 therm = 0
# in = 1110 therm = 0
# in = 1111 therm = 1
# PASS
```

图7-18 测试平台的输出，我们必须手工检测每个输出是否正确

用 Verilog 描述七段译码器的第一步是定义10个常量，每个常量都指出要显示特定数字需要点亮哪些段。图7-20定义了10个常量，SS_0 到 SS_9。用'define 结构定义常量。每个'define 语句都把一个常量值赋给一个常量名。例如，把一个7位字符串值0110011赋值给常量名 SS_4。

定义常量有两个理由。首先，使用常量名而不是值，使代码更具有可读性和可维护性。其次，改变值就能改变常量的用法。例如，假设我们决定让显示“9”的最下面一个段不亮，那么我们只要改变 SS_9 的值，把1111011改成1110011，每个使用 SS_9 的地方就会自动进行改变。图7-19如果没有定义常量，我们只能手工改变每个常量值，这个过程中很可能遗漏某个值。

140
~
141

```
//-----------------------------------------------------------------
// 定义段码
// 七位段码，一位表示一段，当某一位为高电平时，点亮相应的段
// 位6543210对应的段如下
//
//        6666
//       1    5
//       1    5
//        0000
//       2    4
//       2    4
//        3333
//
//-----------------------------------------------------------------
`define SS_0 7'b1111110
`define SS_1 7'b0110000
`define SS_2 7'b1101101
`define SS_3 7'b1111001
`define SS_4 7'b0110011
`define SS_5 7'b1011011
`define SS_6 7'b1011111
`define SS_7 7'b1110000
`define SS_8 7'b1111111
`define SS_9 7'b1111011
```

图7-20 定义七段译码器常量

```
//--------------------------------------------------------------------
// sseg——把4位二进制数转化为七位段码
//
// big——4位二进制输入
// segs——7位输出，输出的常量值已经在上面定义
//--------------------------------------------------------------------
module sseg(bin, segs) ;
  input  [3:0] bin ;                    // 4位二进制输入
  output [6:0] segs ;                   // 七位段码
  reg    [6:0] segs ;

  always@(*) begin
    case(bin)
      0: segs = `SS_0 ;
      1: segs = `SS_1 ;
      2: segs = `SS_2 ;
      3: segs = `SS_3 ;
      4: segs = `SS_4 ;
      5: segs = `SS_5 ;
      6: segs = `SS_6 ;
      7: segs = `SS_7 ;
      8: segs = `SS_8 ;
      9: segs = `SS_9 ;
      default: segs = 7'b0000000 ;
    endcase
  end
endmodule
```

图 7-21　使用 case 语句实现七段译码器

常量定义中给出一个用 Verilog 描述数字的语法实例。一般地，Verilog 中数字描述方法是 <size> <base> <value>。<size>是一个十进制数，表示数值的宽度（以位为单位）。上面例子中每个常量定义位数为 7，表示每个常量都是 7 位宽。注意 3'b0 和 7'b0 是两个不同的数，虽然值都是 0，但是第一个数是 3 位宽，而第二个数是 7 位宽。<base>分别为 'b、'd、'o 和'h，'b 表示是二进制数，'d 表示十进制数，'o 表示八进制数（基数是 8），'h 表示十六进制数（基数是 16）。图 7-20 的常量定义中所有数都是二进制数。图 7-22 所示的七段译码器反函数模块使用的是十六进制数。<value>是用基数表示的数值。

现在我们已经定义了常量，在编写七段译码器模块 sseg 时，就可以直接使用常量了，如
142 图 7-21 所示。使用 case 语句描述模块的真值表，和 7.1.2 节中描述素数函数时一样。使用前面定义好的常量作为输出值。使用已经定义好的常量时，名字前加一个反引号，例如，当 bin 落是 4 时，输出是'SS_4，前面 SS_4 已经被赋值为 0110011。与 case 语句右面全是位字符串相比，这些使用助记符常量名的代码更具有可读性。当输入值不是在 0 ~ 9 的范围内时，模块 sseg 输出为 0——数码管是灭的。

为了帮助测试七段译码器，我们定义一个七段译码器反函数模块如图 7-22 所示。模块 invsseg 的输入是一个 7 位字符串 segs。如果输入是图 7-20 定义的十个编码之一，那么电路输出 bin 为相应的二进制编码，输出 valid 为 1。如果输入为全 0（当输入超出范围时，译码器

输出为0)，那么输出为 valid = 0，bin = 0。如果输入是其他的编码，那么输出是 valid = 0，bin = 1。

```
//-----------------------------------------------------------------------
// invsseg——如果输入信号，即输入的七位段码有效，那么把七位段码转化成二进制
//
// segs——七位段码输入
// bin——二进制输出
// valid——如果输入七位段码有效，则为真
//
//       segs = 合法的七位段码 (0-9) ==> valid = 1, bin = 二进制值
//       segs = 0   ==> valid = 0, bin = 0
//       segs = 任何其他代码 ==> valid = 0, bin = 1
//-----------------------------------------------------------------------
module invsseg(segs, bin, valid) ;
  input   [6:0] segs ;           // 七位段码输入
  output  [3:0] bin ;            // 4位二进制输出
  output        valid ;          // 如果输入段码有效，那么valid为真
  reg     [3:0] bin ;
  reg           valid ;

  always@(*) begin
    case(segs)
      `SS_0: {valid,bin} = 5'h10 ;
      `SS_1: {valid,bin} = 5'h11 ;
      `SS_2: {valid,bin} = 5'h12 ;
      `SS_3: {valid,bin} = 5'h13 ;
      `SS_4: {valid,bin} = 5'h14 ;
      `SS_5: {valid,bin} = 5'h15 ;
      `SS_6: {valid,bin} = 5'h16 ;
      `SS_7: {valid,bin} = 5'h17 ;
      `SS_8: {valid,bin} = 5'h18 ;
      `SS_9: {valid,bin} = 5'h19 ;
      0:     {valid,bin} = 5'h00 ;
      default: {valid,bin} = 5'h01 ;
    endcase
  end
endmodule
```

图7-22 用 Verilog 描述七段译码器反函数，检验七段译码器的输出

七段译码器反函数也使用了 case 语句来描述真值表。每个 case 语句分支中只使用一个赋值语句对 valid 和 bin 进行赋值，我们把两个信号拼接起来，并把一个5位拼接值赋给它。把两个或多个信号用逗号“,”隔开放在大括号 {} 里就把这些信号拼接成了一个信号，长度等于每个信号长度之和。这样，表达式 {valid, bin} 是一个5位信号，valid 是第4位，bin 是第0~3位。5位拼接信号可以用在表达式的左边，也可以用在表达式的右边。例如，语句

```
{valid,bin} = 5'h14 ;
```

与下面一段代码等价：

```
begin
  valid = 1'b1 ;
  bin   = 4'h4 ;
end
```

首先，把逻辑值1赋值给 valid（拼接信号的第4位），然后把一个十六进制的4赋值给 bin（拼接信号的低4位（0~3））。与给两个信号分别赋值的代码相比，赋值给拼接信号的代码更紧凑，更具有可读性。

现在已经定义了七段译码器模块 sseg 和它的反函数模块 invsseg，我们就可以编写一个测试平台使用反函数模块来检验译码器本身了。图7-23是一个测试平台。测试平台实例化译码器和译码器反函数模块。译码器的输入是 bin_in，输出是 segs，译码器反函数电路的输入是 segs，输出是 valid 和 bin_out。

测试平台中实例化模块和连接模块的后面，包含一个 initial 单元，对16种可能输入执行16次循环体。如果输入在范围内（从0~9），那么检测 bin_in = = = bin_out，valid 是否为1。如果这两个条件都不满足，那么 error = 1。类似地，如果输入超出范围，则检测 bin_out 和 valid 是否都为0。注意，也可以把检测条件写成：

```
{valid, bin_out} !== 0
```

在编写测试平台时，使用反函数模块检测组合模块的功能是一项常用技术。尤其在检测算
143~144 术电路时特别有用（见第10章）。例如，编写一个平方根单元的测试平台，我们可以对结果进行平方（一个非常简单的操作）并检测是否能得到初始值。

在测试平台中，使用的反函数模块也是一种测试模块，这在测试中非常普遍。测试平台中的测试模块与软件中的断言类似。引入这些模块的目的是用来检测那些不变量和总是为真的条件（如两个模块不能同时驱动总线），虽然有些冗余，但必不可少。因为测试模块仅存在于测试平台中，所以没有任何成本。它们不会被综合也不会占用芯片面积，但仿真时起着非常重要的作用。

```
//----------------------------------------------------------------------
// 使用译码器检测七段译码器
// 注意两段代码使用相同的一组常量定义，所以不会捕捉常量定义中的错误
//----------------------------------------------------------------------
module test_sseg ;
  reg  [3:0] bin_in ;          // 二进制输入
  wire [6:0] segs ;            // 段码
  wire [3:0] bin_out ;         // 译码器的二进制输出
  wire       valid ;           // 译码器的输出valid
  reg        error ;

  // 实例化译码器和检测器
  sseg    ss(bin_in, segs) ;
  invsseg iss(segs, bin_out, valid) ;
```

图7-23　使用反函数测试输出的七段译码器测试平台

```
  // 遍历16种输入
  initial begin
    bin_in = 0 ; error = 0 ;
    repeat (16) begin
      #100
      // 把下面一行代码的注释去掉，以便显示每种情况
      // $display("%h %b %h %b",bin_in,segs, bin_out, valid) ;
      if(bin_in < 10) begin
        if((bin_in !== bin_out)||(valid !== 1)) begin
          $display("ERROR: %h %b %h %b",bin_in,segs, bin_out, valid) ;
          error = 1 ;
        end
      end
      else begin
        if((bin_out !== 0) || (valid !== 0)) begin
          $display("ERROR: %h %b %h %b",bin_in,segs, bin_out, valid) ;
          error = 1 ;
        end
      end
      bin_in = bin_in+1 ;
    end
    if(error == 0) $display("TEST PASSED") ;
  end
endmodule
```

图 7-23 （续） 145

小结

本章我们学习了用 Verilog 描述组合逻辑函数的方法，真值表能直接转化成 Verilog 中的 case 语句：

```
always @(*) begin
  case(in)
    1,2,3,5,7,11,13: isprime = 1'b1 ;
    default:         isprime = 1'b0 ;
  endcase
end
```

本例中，我们使用一个 case 分支处理所有输出为 1 的输入组合，默认 case 分支使输出为 0。为了给 case 语句中的输出 isprime（原书有误——译者注）赋值，必须声明它为 reg 类型[⊖]。

Verilog 中的 casex 语句与 case 语句类似，但 casex 语句允许 case 分支中某些位包含 *X*（无关状态）的情况。当需要指定某些输入位上的特定模式从而使其余位无关时，casex 语句很有用。

Verilog 中 assign 语句可以直接编写逻辑等式

⊖ 因为 isprime 与寄存器无关，所以这个关键字的选择不太好，严格意义上说这个函数是组合函数。

```
assign majority = (a & b) | (a & c) | (b & c) ;
```

被赋值的变量一定要声明成 wire 类型，如这个例子中的 majority，模块的输出变量默认为 wire 类型，就不需要声明了。

Verilog 逻辑功能可以封装在 module 里。模块声明包括一个参数列表，这个列表指定模块的输入和输出信号。我们还可以实例化模块，通过相同信号把一个模块的输出连接到另一个模块的输入上。

通过编写模块的测试平台可以验证 Verilog 模块。不像模块最终可以综合成硬件，测试平台不能被综合而且要使用不同风格的 Verilog 编写。测试平台实例化要测试的模块，声明模块的输入和输出信号，然后在 initial 单元中指定一系列的测试模式。理想情况下，测试平台能够验证模块功能并给出通过/失败的提示。我们将会在第 20 章更详细地讨论验证的细节。

文献说明

关于 Verilog 更多内容可以参考 Palnitkar 的《Verilog HDL》[89] 或者关于 Verilog 的其他
146 书籍。几本好的 Verilog 参考书都能从网上获得。

习题

7.1 使用 case 语句实现判断斐波那契数。电路的输入是一个 4 位数，如果输入是斐波那契数（0，1，2，3，5，8，13），那么输出为真。用 Verilog 描述此电路，必须使用 case 语句实现。

7.2 使用 casex 语句实现判断斐波那契数。电路的输入是一个 4 位数，如果输入是斐波那契数（0，1，2，3，5，8，13），那么输出为真。用 Verilog 描述此电路，必须使用 casex 语句和最小化逻辑函数。

7.3 使用 assign 语句实现判断斐波那契数。电路的输入是一个 4 位数，如果输入是斐波那契数（0，1，2，3，5，8，13），那么输出为真。用 Verilog 描述此电路，必须使用 assign 语句和最小化逻辑函数。

7.4 使用结构描述实现判断斐波那契数。电路的输入是一个 4 位数，如果输入是斐波那契数（0，1，2，3，5，8，13），那么输出为真。用 Verilog 程序描述此电路，必须使用结构描述，直接实例化 AND 和 OR 门，还需要分别编写 AND 和 OR 模块。

7.5 编写斐波那契数程序的测试平台。编写测试平台，用来验证习题 7.1 ~ 习题 7.4 执行是否正确。指出在 4 个模块中，哪一个模块最容易编写和维护？

7.6 对斐波那契数程序进行逻辑综合。使用综合工具对习题 7.1 ~ 习题 7.4 实现的电路进行综合，为每个综合后的电路画出逻辑电路图，比较每个电路的不同。

7.7 5 位素数函数电路。电路的输入是一个 5 位数，如果输入是素数（2，3，5，7，11，13，17，19，23，29，31），那么输出为真。用 Verilog 程序描述此电路，在 case、casex、assign、结构描述中选择一种最合适的方法实现，并说明为什么你选择的方法是最合适的？

7.8 3 的倍数电路。电路的输入是一个 4 位数，如果输入是 3 的倍数（3，6，9，12，15），那么输出为真。用 Verilog 程序描述此电路，在 case、casex、assign，结构描述中选择一种最合适的方法实现，并说明为什么你选择的方法是最合适的？

7.9 测试平台。为习题 7.8 中 3 的倍数电路编写 Verilog 测试平台。

7.10 十进制斐波那契数电路。电路的输入是一个在 0 ~ 9 范围内的 4 位数，如果输入是斐波那契数（0，1，2，3，5，8），那么输出为真，如果输入是 10 ~ 15，输出为无关状态。用 Verilog 程序描述此电路，在 case、casex、assign，结构描述中选择一种最合适的方法实现，并说明为什么你选择的方法是最合适的？

7.11 5 的倍数电路。如果电路的 5 位二进制数输入是 5 的倍数，那么输出为真，用 Verilog 程序描述此电路。

7.12 平方电路。如果电路的8位二进制数输入是平方数，即1，4，9，…，那么输出为真，用Verilog程序描述此电路。

7.13 立方电路。如果电路的8位二进制数输入是立方数，即1，8，27，64，…，那么输出为真，用Verilog程序描述此电路。 147

7.14 使用case语句求位逆序。编写把5位输入的逆序输出的Verilog模块。例如，如果输入是01100，那么输出是00110；如果输入是11110，那么输出是01111。必须使用case语句实现。

7.15 使用assign语句求位逆序。使用assign语句和连接操作符，编写把5位输入的逆序输出的Verilog模块。例如，如果输入是01100，那么输出是00110；如果输入是11110，那么输出是01111。

7.16 下一个斐波那契数，Ⅰ。编写Verilog模块，其输入是4位数，输出是代表下一个斐波那契数的5位数。输入和输出的映射如下所示：

$f(0001) = 00010,$

$f(0010) = 00011,$

$f(0011) = 00101,$

$f(0101) = 01000,$

$f(1000) = 01101,$

$f(1101) = 10101.$

假设输入是合法的斐波那契数。如果输入无效，那么输出 X。如果对电路不进行测试，那么它就不会工作，为了解决这个问题（习题7.17和习题7.18），我们忽略了斐波那契数列前面的0，只使用1，2，3，5，…

7.17 下一个斐波那契数，Ⅱ。修改习题7.16的斐波那契电路，增加一个输出信号valid，当输入是一个合法的斐波那契数时，为1，否则为0，模块的其他功能不变，仍输出下一个5位斐波那契数。

7.18 下一个斐波那契数，Ⅲ。修改习题7.17的斐波那契电路，增加两个输出信号rst和ivalid，如果rst=1，那么模块输出（valid和下一个数）为0。如果ivalid为0，无论输入为何值，输出valid信号都为0。如果rst为0而且ivalid为1，那么电路和习题7.17一样。使用casex语句实现这个逻辑，要求不超过8条语句和1条默认语句。

7.19 FPGA实现。使用FPGA映象工具（如Xilinx Foundation）把图7-21的七段译码器映象到FPGA上。使用平面规划工具观察FPGA的布局，综合过程使用了多少可配置逻辑块？

7.20 七段译码器。修改七段译码器电路，使得当输入为10～15时，输出字符“A”到“F”（小写字符“b”和“d”）。

7.21 七段译码器反函数。修改七段译码器反函数电路，使得当输入为7'b1111011或者7'b1110011时，都输出“9”，区别是当输入为7'b1111011时，最底端的段（第3段）亮，输入为另一个值时，最底端的段（第3段）灭。

7.22 测试平台。修改图7-15的测试平台，检测输出是否正确并指明测试是通过还是失败。

7.23 使用case实现乘法。使用case语句编写Verilog模块，计算两个2位数的乘积并输出一个4位数的结果（如 $10_2 \times 11_2 = 0110_2$）。我们将会在第10～12章学习设计一个真正的乘法器。

7.24 发现第一个1的位置。发现第一个1的位置电路能指出输入的最高有效1的位置。使用casex语句编写Verilog，实现发现第一个1的位置，输入为16位数，输出为一个4位信号，它表明第一个1的位置。如果输入中没有1，输出为1。测试这个电路，我们将会在第8章讨论其他实现方法。

7.25 因式分解电路。4位输入变量为in，输出变量为two、three、five、seven、eleven和thirteen。如果输出变量的对应值乘积等于输入，那么相应的输出变量为高。例如，当输入是6时，变量two和three为高，其他输出为低。 148～149

第8章

组合电路基础单元

在数字系统设计中，一些相对较小的模块经常会被重复使用，如译码器、多路选择器、编码器等。这些基础单元是现代数字设计的基础。通常我们在实现一个模块功能时会将这些基础单元组合起来，而不是先列出真值表，再根据表达式直接进行逻辑综合。

在20世纪70年代和80年代，大多数数字系统都是由小型集成电路构成的，而这些集成电路或多或少包含了一些基础单元。例如，广泛使用的7400系列TTL逻辑［102］，包含了许多多路选择器和译码器。在那个年代，数字系统设计手段主要是从TTL数据手册中选择合适的基础单元，并把它们组织起来形成模块。今天，大多数逻辑是用ASIC或FPGA实现的，设计者不再受TTL数据手册中所提供的基础单元的限制。但是，这些基本基础单元在建立数字系统时依然有用。

8.1 多位信号的表示

本书中，我们使用总线符号来表示一根单线上的多位信号。例如，图8-1中，我们用一根单线表示8位信号$b_{7:0}$。信号上的斜线表示该线为多位信号。斜线下面的“8”表示总线宽度为8位。

如果想选择总线中的其一位或某几位，可以通过斜线连接器来实现。例如，图8-1中的b_7、b_5表示一位信号，$b_{5:3}$表示3位信号。每个斜线连接器上标有对应的位。所选择的位可以重叠，如b_5和$b_{5:3}$。$b_{5:3}$本身是一个多位信号，因此与之相应的斜线上标有数字“3”。

8.2 译码器

通常情况下，译码器可以将一种编码转换为另一种编码。7.3节中将二进制信号转换为对应的七段显示码的电路就是一个译码器。单独使用时，译码器一词往往是指将二进制转换为独热码的一种译码电路。该译码器可以把一个二进制编码符号（每一个位模式代表一个符号）转换为对应的独热码（同一时间最多只有一位为高且每一位代表一个符号）。在8.4节中，我们将讨论编
150 码器，它的逻辑功能与译码器相反，也就是能够将独热码转换为二进制编码。

图8-2为$n-m$译码器的原理图符号，其中输入信号a是一个n位的二进制信号，输出信号b是一个m位（$m \leq 2^n$）的独热信号。表8-1为3－8译码器的真值表。如果输入和输出均为二进制数，当输入值个数为i，输出值个数为2^i。

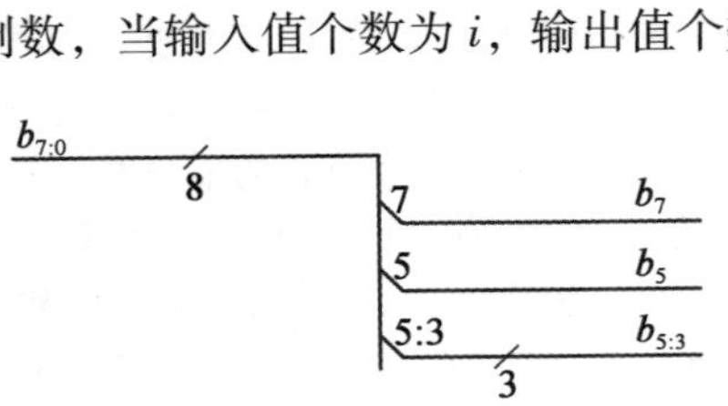

图8-1 可以用一条斜线并在斜线上标注宽度的方式来表示多位信号或一组总线。通过斜线连接器还可以从这组总线中选取其中任意一个或几个信号（所选信号允许重复出现）

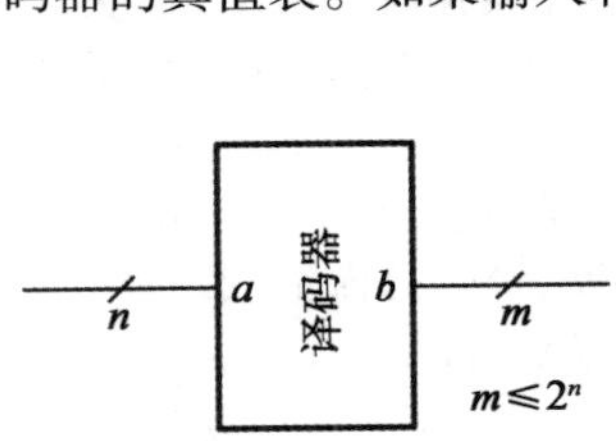

图8-2 $n-m$译码器的原理图符号

表 8-1　3-8 译码器真值表。该译码器将一个 3 位二进制输入 bin 转换为 8 位的独热码输出 ohout

bin	ohout	bin	ohout	bin	ohout
000	00000001	011	00001000	110	01000000
001	00000010	100	00010000	111	10000000
010	00000100	101	00100000		

图 8-3 是用 Verilog 描述的 $n-m$ 译码器。该模块介绍了 Verilog 中参数的使用。该模块通过修改参数 n 和 m，将一个模块实例化为不同输入、输出宽度的译码器。本例中通过语句 `parameter n=2`；声明 n（输入信号宽度）的默认值为 2；同理，m（输出信号宽度）的默认值为 4。 151

```
//----------------------------------------------------------------------
// n-m译码器
// a——输入为二进制数（宽度为n）
// b——输出为独热码（宽度为m）
//----------------------------------------------------------------------
module Dec(a, b) ;
   parameter n=2 ;
   parameter m=4 ;

   input  [n-1:0] a ;
   output [m-1:0] b ;

   assign b = 1<<a ;
endmodule
```

图 8-3　$n-m$ 译码器的 Verilog 描述

通常情况下，模块将按照默认参数进行实例化。例如，下面的代码会创建一个 2-4 译码器，这是因为默认值分别为 n=2 和 m=4：

```
Dec dec24(a, b) ;
```

当然也可以不按照默认参数值进行实例化。一般对于这样一个参数化模块，实例化时常使用以下方式：

```
<module name> #(<parameter list>) <instance name>(<port list>) ;
```

例如，想实现一个 3-8 译码器，相应的 Verilog 代码为：

```
Dec #(3,8) dec38(a, b) ;
```

其中 `#(3, 8)` 在实例化 Dec 模块时将参数 n 设置为 3，m 设置为 8，实例名为 dec38。同样实例化一个 4-10 译码器可使用语句：

```
Dec #(4,10) dec410(a, b) ;
```

需要注意的是，输出宽度 m 是无须等于 2^n 的（n 为输入宽度）。在许多情况下（因为不是所有输入状态都会出现），实例化一个小于全宽输出的译码器是有用的。例如，图 8-3 中的模块采用左移运算符⊖“<<”根据输入 a 将 1 移动到指定位置，并以独热码的形式将结果从 b 输出。该模块中输出宽度并未达到最大值。

⊖ Verilog 中的右移操作符为 >>。

小的译码器可以通过与门实现，如图 8-4 中的 2－4 译码器。每个输入端通过一个反相器取反。每一个与门选择输入信号的原码或者补码并产生相应的输出。例如，输出 b_1 就是输入 a_0 和$\overline{a_1}$与运算后的结果，即 $b_1 = a_0 \wedge \overline{a_1}$。

大型译码器可以由小型译码器构成，图 8-5 为 6－64 译码器。6 位输入 $a_{5:0}$被分成 3 路 2 位的输入，每一路经过一个 2－4 译码器译码产生 3 个 4 位信号 x、y 和 z。实际上，这一过程可以看成预译码，通过预译码一个 6 位的二进制输入信号转换为 3 个四进制数（基数为 4）。4 位信
152 号 x、y 和 z 分别代表一个四进制数。该四进制数为独热编码，其中每一位对应一个特定的值：0、1、2 或 3。x、y 和 z 信号的每一组取值送入一个 3 输入与门，64 个 3 输入与门共产生 64 个输出信号。每一个与门的输出 b_i 与所选输入信号形成的四进制数对应，例如，输出 b_{27}（图中未画出）需要与 x_1、y_2 和 z_3 连在一个 3 输入与门上，这是因为 $27_{10} = 123_4$。

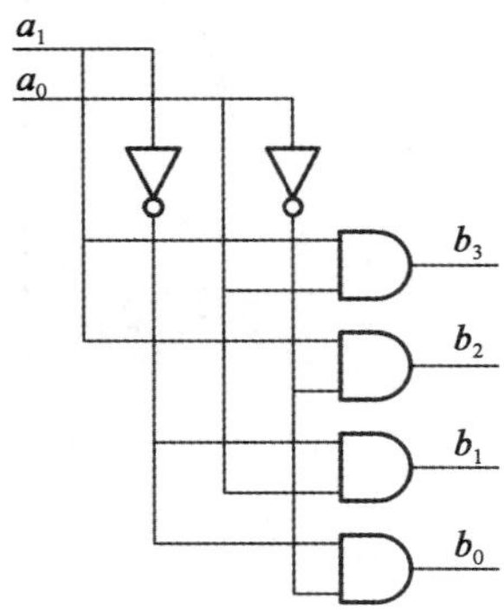

图 8-4　2－4 译码器的原理图。反相器阵列形成输入的反码，与门阵列产生输出

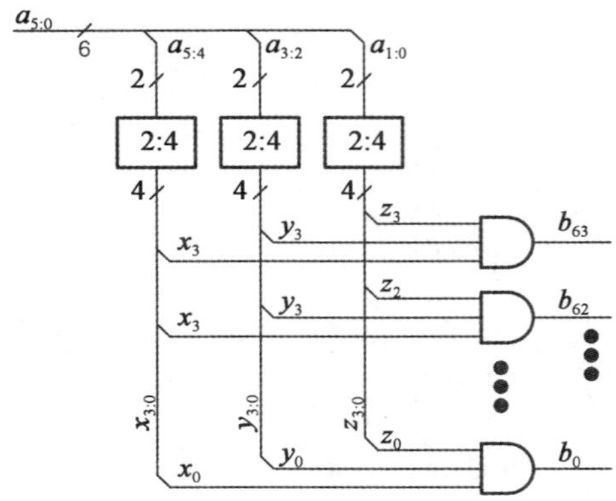

图 8-5　6－64 译码器原理图。3 个 2－4 译码器对每一对输入信号进行预译码，形成 3 个 4 位的独热信号 x、y 和 z。根据预译码结果，64 个 3 输入与门阵列产生相应的输出

在构建大型译码器时，为了减小逻辑功效，可以像图 8-5 那样采用预译码的方式将扇入系数高的与门拆分，改为由两部分扇入系数小的与门组成。如果用一步实现图 8-5 中的 6－64 译码器，可以采用 6 输入与门来完成。这里我们用 2－4 译码器进行预译码，实际上是用 3 个 2 输入（每个预译码器中取一个）与门加上 1 个 3 输入与门代替了 6 输入与门。2 输入与门因共享使用也提高了使用效率。图中每一个 2 输入与门（即预译码器的每一个输出）共享使用了 16 次（即每一次都和另外两个四进制数组合）。

设计大型译码器时需要在布线密度和逻辑功效之间进行折中。一个单级的 $n-2^n$ 译码器需
153 要 $2n$ 个线径才能将输入及其补码连接到全部 2^n 个与门上。使用 2－4 预译码器也需要相同数量的线路，因为 4 根线才能表示 2 位二进制数，它们的补码用一个 4 位的独热码表示。但这种方式有明显的优势，虽然线径数没有增加，但输出门的扇入系数却减少了一半。此外功耗还会降低，因为每次输入改变时，采用独热编码的四进制信号充其量有两位状态发生改变（一个变高，一个变低），而在单极结构中用来表示真/假的 4 位二进制信号其状态都有可能发生改变。

如果将预译码中的 2－4 译码变为 3－8 译码，此时考虑更多的是一种折中。虽然线径数量增加了 33%（从 $2n$ 变化为 $8n/3$），但换来的是输出门扇入系数降低了 33%（从 $n/2$ 变化为 $n/3$）。这也是一个不错的选择。不过，由于线径数过多，再大一些的预译码器（例如，4－16 译码器）就很少使用了。一个 i 输入的预译码器线径数为 $2^i n/i$，所需与门的输入端个数为（n/i）。

对于大型译码器，预译码器的高位信号往往需要精心布线，以避免输出线流经整个与门阵

列。例如，对图 8-5（实际上并不是一个特别大型的译码器）中预译码器产生的 $x_{3:0}$ 信号的 4 个与门进行布线时，可以让产生 x_0 的与门与产生 $b_{15:0}$ 的与门相邻，让产生 x_1 的与门与产生 $b_{31:16}$ 的与门相邻，以此类推。对于输入位数较宽的译码器，这种方式能够减小线径长度。当对第二有效的译码器进行布局时，通常该译码器会重复最高有效译码器的输出，可忽略预译码器共享门电路的优点以降低布线复杂性。

$n-2^n$ 译码器可以用来实现任意一个 n 输入的逻辑函数。这是因为译码器能够产生 n 输入逻辑函数所蕴涵的全部 2^n 个最小项。或门用于将逻辑函数所包含的各个最小项组合起来。例如，图 8-6 是用 3 - 8 译码器实现的判别三位素数的函数。译码器产生所有最小项 $b_{7:0}$，共 8 个。或门将函数的蕴涵项 b_1、b_2、b_3、b_5、b_7 合并在一起。

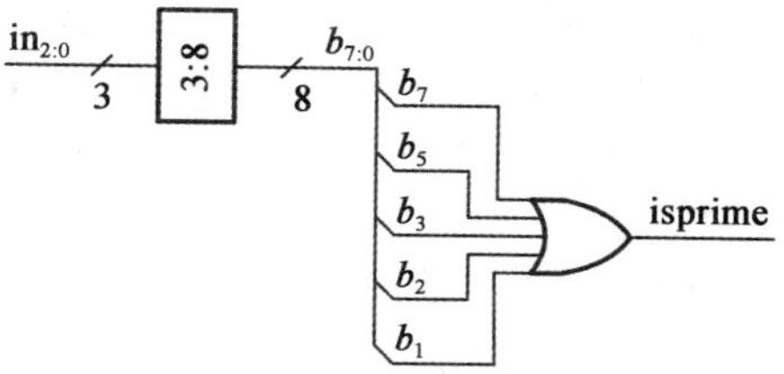

图 8-6　3 - 8 译码器实现的判别三位素数的函数

图 8-7 中的 Verilog 模块描述了如何用译码器实现三位素数判定函数。虽然按这种方式判定素数效率不高，但它所描述的功能非常紧凑且具有良好的易读性。它与符号 $f=\sum m$（1，2，3，5，7）非常接近，采用好的综合器能将这个描述简化为有效的逻辑。

```
module Primed(in, isprime) ;
  input  [2:0] in ;
  output       isprime ;
  wire   [7:0] b ;

  // 计算出或运算所需的最小项
  assign        isprime = b[1] | b[2] | b[3] | b[5] | b[7] ;

  // 实例化一个3-8译码器
  Dec #(3,8) d(in,b) ;
endmodule
```

图 8-7　使用 3 - 8 译码器实现 3 位素数函数的 Verilog 代码

例 8-1　大型译码器

编写 Verilog 模块，利用 2 - 4 译码器实现 4 - 16 译码器作为基本块。

图 8-8 为 Verilog 代码。这段代码采用了类似图 8-5 中的电路结构。首先实例化两个 2 - 4 译码器 d0 和 d1，分别对 a 的高两位和低两位译码，分别产生两个 4 位的独热信号 x 和 y。每一个 y 依次与全部 x 进行与运算形成 4 位 b 信号。这段代码使用了**复制**运算符，8.3 节中将进一步讨论。

```
module Dec4to16(a, b) ;
  input  [3:0] a ;
  output [15:0] b ;
  wire [3:0] x, y ;  // 预译码器输出

  // 实例化预译码器
  Dec d0(a[1:0],x) ;
  Dec d1(a[3:2],y) ;

  // 用与门组合预译码器的输出
  assign b[3:0]  = x & {4{y[0]}} ;
  assign b[7:4]  = x & {4{y[1]}} ;
  assign b[11:8]  = x & {4{y[2]}} ;
  assign b[15:12]  = x & {4{y[3]}} ;
endmodule //Dec4to16
```

图 8-8　使用两个 2 - 4 译码器和 16 个与门实现的 4 - 16 译码器

154

8.3　多路选择器

图 8-9 给出了一个 k 位 n 选 1 多路选择器的原理图符号。该电路的输入端为 n 个 k 位信号 a_0，…，a_{n-1} 以及一个 n 位的独热信号 s。该电路根据信号 s 选择相应的输入信号 a_i，将该值从宽度为 k 的输

出端 b 输出。实际上，多路选择器就像一个 k 刀 n 掷的开关一样，根据选择信号从 n 路输入信
155 号中选取一路输出。

多路选择器在数字系统中常用作*数据选择器*。例如，在 ALU 的输入端通过多路选择器（见 18.6 节）选择待运算的数据源，也可以将 ALU 输出连接到 RAM 地址线的多路选择器上，在每个周期里为 RAM 提供内存地址。

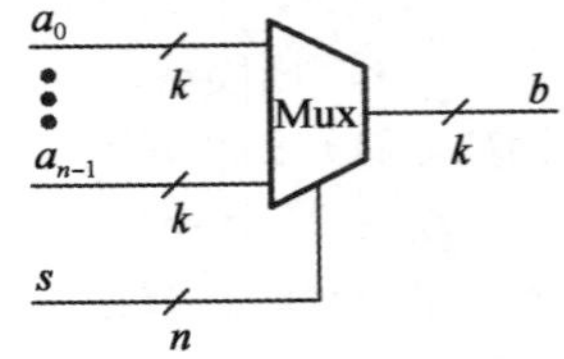

图 8-9　k 位 n 选 1 多路选择器的原理图符号

图 8-10 给出了一位 4 选 1 多路选择器的两种实现方式。图 8-10a 中的多路选择器是用与门和或门实现的。每一个输入 a_i 与它所对应的选择位 s_i 做与运算，所有与门产生的输出再进行或运算。由于选择信号是独热编码，只有与选择输入相对应的选择位 s_i 为真。该与门输出为 a_i，其他与门输出为 0。这样，或门输出将会是选择输入 a_i。另一种设计方案是采用三态缓冲器，如图 8-10b 所示。三态缓冲器（见 4.3.4 节）是这样一种逻辑电路：当它的控制输入（底部输入）为高时，输出等于输入（符号中左端的输入）；当控制输入为低时，输出与输入断开（开路）。选择输入 s_i 为高时，对应三态缓冲器打开，输出 a_i；其他三态缓冲器关闭，相应的输入与输出隔离。采用三态缓冲器的好处是有利于布线，每个缓冲器在布局时可以放置在数据源附近，而且只有一根输出线连接到三态缓冲器上（习题 8.7 要求使用 CMOS 逻辑门实现这种结构）。相反，采用与门和或门实现时，由于输出线要连至最后的或门，相对来说布线会更困难。

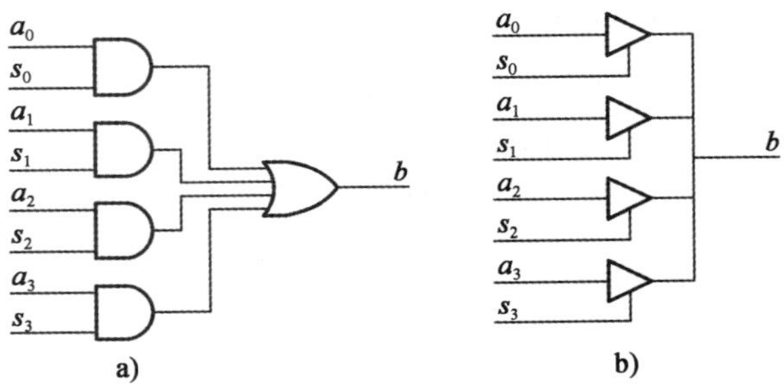

图 8-10　4 选 1 多路选择器原理图。a）使用与门和或门实现 。b）使用三态缓冲器实现

图 8-11 是用 Verilog 描述的任意宽度的 3 选 1 多路选择器。该模块包括 3 个 k 位的数据输入端 a0、a1 和 a2，一个 3 位的独热选择输入端 s 以及一个 k 位的输出端 b。该代码通过 assign 语句实现了与图 8-10a 相似的功能，但有两点不同。第一，这是一个三输入多路选择器，有 3 个与门而不是 4 个；第二，更重要的是，由于该多路选择器位宽为 k，每个与门宽度为 k，
156 即有 k 个两输入与门。

```
// 任意宽度的3选1多路选择器，选择信号采用独热编码
module Mux3(a2, a1, a0, s, b) ;
  parameter k = 1 ;
  input [k-1:0] a2, a1, a0 ;  // 输入信号
  input [2:0]    s ; // 独热选择信号
  output[k-1:0] b ;
  assign b = ({k{s[2]}} & a2) |
             ({k{s[1]}} & a1) |
             ({k{s[0]}} & a0) ;
endmodule
```

图 8-11　任意宽度的 3 选 1 多路选择器的 Verilog 代码

为了将选择信号如 s [0]，连接到宽度为 k 的与门上，必须复制一个 k 位的信号，其中每一位均为 s [0]。这可以通过复制运算符来实现。在 Verilog 中，通过{k{x}}可以将 x 信号复制 k 次后拼成一个首尾相接的信号。因此，在这个模块中，如果希望将选择位 s [0] 重复 k 次，可以写作{k{s[0]}}。

3 选 1 多路选择器还可以用 case 语句描述，如图 8-12 所示。本段代码与图 8-11 等效，都是 s 为独热码信号的情况，但更易阅读和理解。[⊖]

```
// 任意宽度的3选1多选择器，选择信号采用独热编码
module Mux3a(a2, a1, a0, s, b) ;
  parameter k = 1 ;
  input  [k-1:0] a0, a1, a2 ;  // 输入信号
  input  [2:0]    s ; // 独热选择信号
  output[k-1:0] b ;
  reg  [k-1:0] b ;

  always @(*) begin
    case(s)
      3'b001: b = a0 ;
      3'b010: b = a1 ;
      3'b100: b = a2 ;
      default: b =  {k{1'bx}} ;
    endcase
  end
endmodule
```

图 8-12　使用 case 语句实现的任意宽度的 3 选 1 多路选择器

大多数标准单元库中提供的多路选择器采用的是独热编码的选择信号。在大多数情况下，这正是我们想要的，因为我们的选择信号已经是独热码的形式。但是，在某些情况下，我们希望多路选择器提供的选择信号是一个二进制信号。这可能是因为我们的选择信号就是二进制形式而不是独热码形式，或者因为选择信号要传输很长的距离（或通过的接口位宽很窄），我们希望能降低布线成本。 157

图 8-13a 是一个二进制编码的多路选择器的符号。该电路的选择端 sb 是一个 m 位的二进制信号，其中 $m=\lceil \log_2 n \rceil$，根据 sb 对应的二进制数，选取 n 个输入端中的一路信号，例如，如果 $sb=i$，那么 a_i 被选择。

我们还可以通过已经设计好的两个模块来实现一个二进制多路选择器，如图 8-13b 所示。首先用 $m-n$ 译码器将二进制选择信号 sb 转换为独热选择信号 s，然后再通过一个普通的多路选择器（选择端为独热码）选择相应的输入。

图 8-14 为 Verilog 描述的 k 位 3 选 1 二进制多路选择器。该电路功能与图 8-13b 完全一致。2-3 译码器经实例化后，能够将一个两位的二进制选择信号 sb 转换为一个 3 位的独热信号 s。该信号能够从一个普通的（选择端为独热信号）3 选 1 多路选择器中选择需要的输入信号。

图 8-15 为 4 选 1 二进制多路选择器的原理图。译码器输出端的每一个 2 输入与门和多路选择器输入端的 2 输入与门结合，形成一个 3 输入与门。这种结合比从字面上理解的将两个模块

⊖ 两种描述不同之处在于，当选择信号 s 为非独热信号时，例如 s 为全零或不止一位为 1，所做的处理不同。

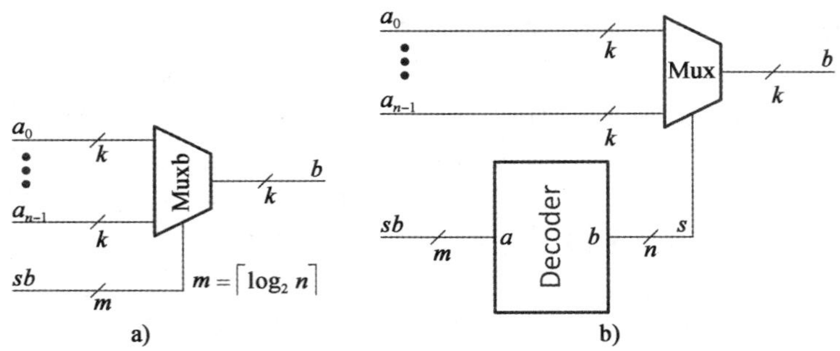

图 8-13　二进制多路选择器。a) k 位 n 选 1 多路选择器选择输入端 a_i，其中 i 为 m 位的选择信号 sb 对应的二进制值。b) 由一个译码器和一个普通（独热码）的多路选择器实现二进制多路选择器

```
// 任意宽度的3选1多路选择器，选择信号采用二进制信号
module Muxb3(a2, a1, a0, sb, b) ;
  parameter k = 1 ;
  input [k-1:0] a0, a1, a2 ;  // 输入信号
  input [1:0]   sb ;          // 二进制编码的选择信号
  output[k-1:0] b ;
  wire  [2:0]   s ;

  Dec #(2,3) d(sb,s) ;                  // 通过译码器将二进制信号转换为独热信号
  Mux3 #(k)  m(a2, a1, a0, s, b) ;  // 多路选择器选择输入
endmodule
```

图 8-14　二进制编码的 3 选 1 多路选择器，该多路选择器由译码器和普通多路选择器构成

简单地组合在一起更高效。图 8-14 用 Verilog 描述了两个模块的组合，这种结构未必会降低电路的效率。良好的综合程序会根据描述生成一个非常有效的门级电路。而且，采用 Verilog 描
158 述的目的是为了便于阅读、维护及综合，优化工作还是应该留给综合工具。

图 8-16 中的 Verilog 代码采用 case 语句实现了一个多路选择器，其中选择信号为二进制编码。这段代码采用的是一种行为描述方式，与图 8-14 中的结构化描述不同，行为描述更容易阅读。

当选择信号本身就是独热编码时（例如，仲裁器用来确定哪一个请求者可使用共享资源），如果使用的是二进制选择多路选择器，此时有可能会出现一个常见的设计错误。很多设计者先将独热信号编码为二进制信号（见 8.4 节），这样做的目的只是为了译码时能够生成多路选择器的独热选择信号。这里进行编码和译码其实毫无必要，不仅浪费芯片面积、消耗更多功率，还增加了 Verilog 描述的复杂度。很多设计人员过度使用二进制选择多路选择器，这是由于他们将它等同于多路选择器。不要再这么认为了，基本多路选择器的数据选择端是独热编码的。如果需要处理一个独热编码的选择信号，让它保持不变就可以了。

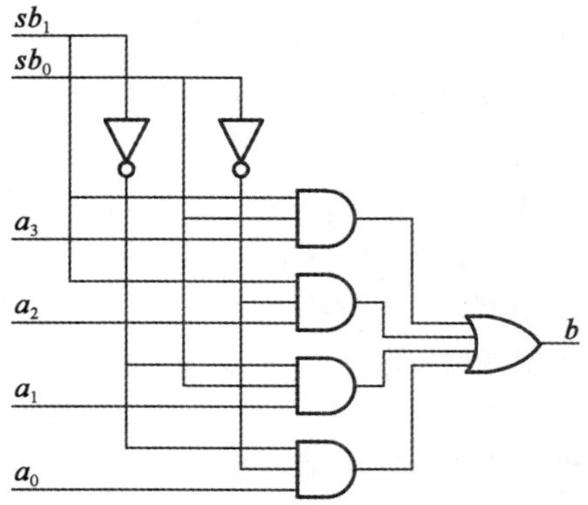

图 8-15　4 选 1 二进制多路选择器原理图

```
// 任意宽度的3选1多路选择器，选择信号采用二进制编码
module Muxb3a(a2, a1, a0, sb, b) ;
  parameter k = 1 ;
  input [k-1:0] a0, a1, a2 ;  // 输入信号
  input [1:0]   sb ; // 二进制编码的选择信号
  output[k-1:0] b ;
  reg [k-1:0] b ;

  always @(*) begin
    case(sb)
      0: b = a0 ;
      1: b = a1 ;
      2: b = a2 ;
      default: b =  {k{1'bx}};
    endcase
  end
endmodule
```

图 8-16 使用 case 语句描述的二进制选择多路选择器

我们可以把几个小的独热编码多路选择器组合起来，在它们的输出端接一个或门就可以实现更大的多路选择器。大的独热编码选择向量被分给几个小的多路选择器。绝大多数多路选择器的选择信号为全零，因此输出为零。只有独热信号选中的多路选择器，所选的那路输入才会被输出。例如，图 8-17 给出了一个 6 选 1 的多路选择器，该多路选择器由两个 3 选 1 多路选择器构成。这些小的多路选择器要进行或运算，因此任何一个多路选择器的选择输入端为全零，输出必然为零。这与图 8-10b 中的三态多路选择器以及图 8-12 中对不关心的情况所做的处理不同。 159

```
module Mux6a(a5, a4, a3, a2, a1, a0, s, b) ;
  parameter k = 1 ;
  input [k-1:0] a5, a4, a3, a2, a1, a0 ;  // 输入信号
  input [5:0]  s ;                        //  独热选择信号
  output [k-1:0] b ;
  wire [k-1:0] ba, bb ;
  assign  b = ba | bb ;

  Mux3 #(k) ma(a2, a1, a0, s[2:0], ba) ;
  Mux3 #(k) mb(a5, a4, a3, s[5:3], bb) ;
endmodule
```

图 8-17 将两个三输入多路选择器的输出进行或运算可以构成一个六输入多路选择器

大型二进制选择多路选择器可以通过树形结构将多个小型多路选择器组合起来，如图 8-18 所示。图中实现了一个 16 选 1 的多路选择器，该多路选择器由 5 个 4 选 1 多路选择器构成。在电路的前端设置 4 个 4 选 1 多路选择器，它们的选择端由选择信号的低两位 $s_{1:0}$ 控制，分别从 4 个输入端中选择一路输出，共 4 路数据。这 4 路数据再连接一个 4 选 1 多路选择器，选择端由选择信号的高两位 $s_{3:2}$ 控制，从中选择一路输出。例如，为了选择 $a11$ 端，选择信号为 1011，即 11 对应的二进制数。由于高两位为 10，选择 $x2$ 作为输入，该路信号是 $a8$ 到 $a11$ 这组信号

对应的输出。而低两位为 11，则选择 $a11$ 作为输出。与图 8-17 采用独热编码的多路选择器相比，这种结构的多路选择器有一个缺点，就是选择信号中最低有效位改变时，即使只需要其中一个信号，4 个输出信号 $x_{3:0}$ 也会改变，因此会消耗一定的能量。

通过将函数的真值表作为多路选择器的输入，一个任意的 n 输入组合逻辑函数可以通过二进制编码的 2^n 选 1 多路选择器实现。多路选择器的选择端作为逻辑函数的输入，用来选择真值表中对应的表项。图 8-19a 所示 3 位素数判定函数就是采用了这种实现方案。实际上在实现任何 n 输入的逻辑函数时，可以将多路选择器分解为最高位输入的函数，这样只用一个 2^{n-1} 输入的多路选择器就可以实现，如图 8-19b 所示。图中将真值表按 $sb_2=0$ 和 $sb_2=1$ 分成两部分。然后对剩余选择输入 $sb_{1:0}$ 各组合对应的真值表进行对比，如果两部分的真值表为 0，多路选择器对应的输入端为 0，反之为 1。当 $sb_2=0$ 时，函数值为 0，$sb_2=1$ 时，函数值为 1，多路选择器对应输入端为 sb_2；当 $sb_2=0$ 时，函数值为 1，$sb_2=1$ 时，函数值为 0，多路选择器对应输入端为 $\overline{sb_2}$。

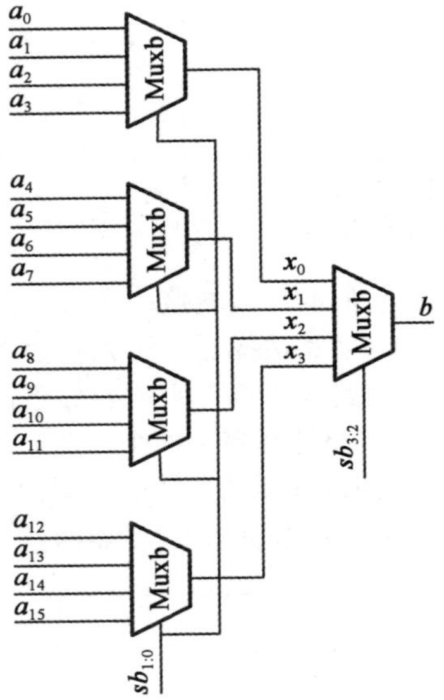

图 8-18　由小型二进制选择多路选择器构成的大型二进制选择多路选择器

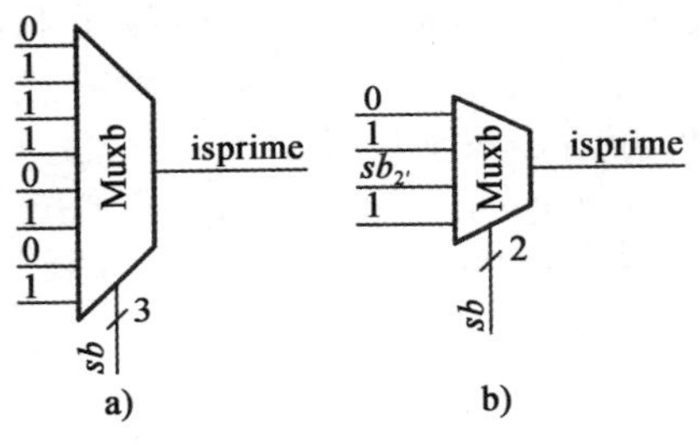

图 8-19　通过二进制选择多路选择器可以直接实现组合逻辑函数。a）利用 8 选 1 多路选择器实现 3 位素数判定函数。b）利用 4 选 1 二进制编码多路选择器实现相同功能

图 8-20 是用 Verilog 描述的 3 位素数判定函数，采用了多路选择器实现。由于更容易编写、阅读和维护，图中选择了 2^n 输入的多路选择器，低级的优化可留给综合工具。

```
module Primem(in, isprime) ;
  input [2:0] in ;
  output      isprime ;

  Muxb8 #(1) m(1, 0, 1, 0, 1, 1, 1, 0, in, isprime) ;
endmodule
```

图 8-20　利用 8 选 1 二进制多路选择器实现 3 位素数判定函数的 Verilog 描述，其中多路选择器的数据输入为 3 位素数的真值表

8.4 编码器

图8-21为编码器的原理图符号，该逻辑模块能够将输入的独热编码信号转换成二进制编码的信号输出。编码器是译码器的反函数。它接受一个 n 位独热的信号并产生 $m = \lceil \log_2 n \rceil$ 位的二进制输出信号。只有输入信号为独热信号时，编码器才能正常工作。 160~161

图8-22是用或门实现的4-2编码器。每一个或门的输入取自二进制输出集所对应的独热信号。例如，图8-22中2和3的二进制编码所对应的 $b1$ 输出为真，因此 $b1$ 所在或门的输入包含独热输入 $a2$ 和 $a3$。

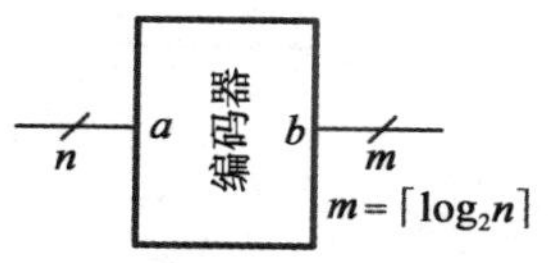

图8-21 $n-m$ 编码器的原理图符号，该编码器能够将 n 位独热信号转变为 $m = \lceil \log_2 n \rceil$ 位的二进制信号

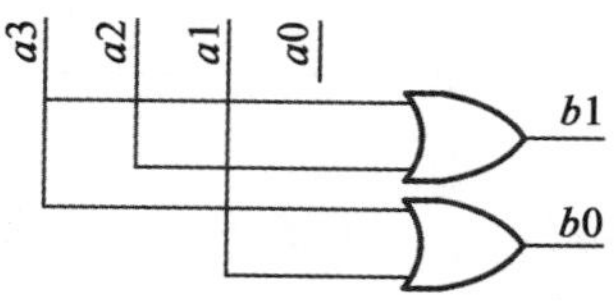

图8-22 4-2编码器的原理图

图8-23中的Verilog模块是采用逻辑方程描述的4-2编码器。该描述与图8-22中的原理图一致。将b中两位信号分别对应的逻辑表达式拼接，就可以实现在一条语句中对输出信号b进行赋值。

```
// 4-2编码器
module Enc42(a, b) ;
  input  [3:0] a ;
  output [1:0] b ;
  assign b = {a[3] | a[2], a[3] | a[1]} ;
endmodule
```

图8-23 用Verilog描述的4-2编码器

为了进行比较，图8-24给出了该模块的Verilog行为描述。当输入为独热码时，图8-24中的模块与图8-23中的功能相同。对于其他非零输入，行为模块的输出为一个无关项或未知状态（x），而用逻辑表达式生成的模块的输出由输入位经或运算后决定。编写代码时应该优先选择行为描述方式，这样既可以检测非法输入状态，还可以让综合器自由地利用无关项从而使逻辑达到最小。

图8-24中的编码器在输入为全0时输出0。这种小型编码器在构建大型编码器时会很方便。如果不需要这个功能，可以从case语句中删除这一行代码。

```
// 4-2编码器
module Enc42b(a, b) ;
  input  [3:0] a ;
  output [1:0] b ;
  reg    [1:0] b ;

  always @(*) begin
```

图8-24 4-2编码器的Verilog行为描述

```
    case(a)
      4'b0001: b = 2'd0 ;
      4'b0010: b = 2'd1 ;
      4'b0100: b = 2'd2 ;
      4'b1000: b = 2'd3 ;
      4'b0000: b = 2'd0 ; // 用于扩展大的编码器
      default: b = 2'bxx ;
    endcase
  end
endmodule
```

图 8-24　(续)

大型编码器可以由几个小型编码器构成，如图 8-25 所示。图中实现了一个 16－4 的编码器，该编码器由 4－2 编码器按照树形结构组成的。为了实现 16－4 编码器，需要为每一个 4－2 编码器增加一个汇总输出端。只要编码器的任何一个输入为真，则汇总输出为真。编码器输出的最低两位有效位由或门产生[⊖]，而或门的输入直接来自 4－2 编码器的输出。这里需要额外增加一个 4－2 编码器，它的输入与 4 个输入编码器产生的汇总输出相连，该编码器的输出是整个 16－4 编码器的最高两位有效位。最后这个编码器的汇总输出（图中未显示）可以作为整个 16－4 编码器的输出。更大型的编码器可以在这个树形结构上继续分级扩展构成。

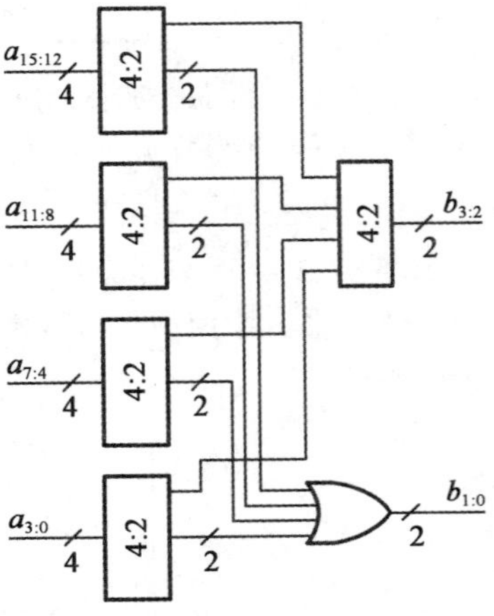

图 8-25　大型编码器可以由小型编码器构成。每一个小型编码器需要添加一个额外的输出，用来表明其输入是否为真

162
~
163

为了理解树形编码器的工作原理，我们以 a_{10} 为例，即输入端只有 a_{10} 为真，其他为假。第三个编码器（从下到上）的输入为 0100，因此经编码后输出为 10，它的汇总输出为真。其他输入编码器的输入均为 0，因此输出全部为 0。第三个编码器的输出传递到两个或门，与其他输入（此时均为 0）经或运算后形成最低两位有效位，即 $b_{1:0}=10$。由于仅第三个编码器的汇总输出为真，使得用来产生高位的编码器的输入为 0100，经编码后输出 $b_{3:2}=10$，因此整个编码器的输出 $b_{3:0}=1010$，其所对应的十进制数为 10，即实现对 a_{10} 的编码。

图 8-26 为该树形编码器的 Verilog 描述。模块 `Enc42a` 实现带汇总输出的 4－2 编码器，该模块中产生汇总输出 `c` 的语句使用了 Verilog 中的缩减运算符。表达式 `|a` 将 `a` 的所有位逐次进行或运算。同理，`&a` 将 `a` 的所有位逐次进行与运算。

```
// 4-2编码器——带汇总输出
module Enc42a(a, b, c) ;
  input  [3:0] a ;
  output [1:0] b ;
  output c ;
```

图 8-26　Verilog 描述的 16－4 编码器，该编码器由一组带汇总输出的 4－2 编码器（`Enc42a` 模块）构成。`Enc42a` 模块有一个输入为真，汇总输出为真

⊖ 这就是为什么在图 8-24 中当输入为 `4'h0` 时，输出是 `2'b00`，而不是 `2'bxx`。

```
  assign b = {a[3] | a[2], a[3] | a[1]} ;
  assign  c  = |a ;
endmodule
//-------------------------------------------------
// 构造编码器
module Enc164(a, b) ;
  input  [15:0] a ;
  output[3:0]  b ;
  wire  [7:0] c ; // 第一级的中间结果
  wire  [3:0] d ; // 判断4组中是否存在置位

  //  4个用来产生低位的编码器
  Enc42a e0(a[3:0],  c[1:0],d[0]) ;
  Enc42a e1(a[7:4],  c[3:2],d[1]) ;
  Enc42a e2(a[11:8], c[5:4],d[2]) ;
  Enc42a e3(a[15:12],c[7:6],d[3]) ;

  // 该编码器根据汇总值形成编码的高位
  Enc42 e4(d[3:0], b[3:2]) ;

  // 4个低位编码器产生的输出经过两个或门后形成编码的低位
  assign b[1]  = c[1]|c[3]|c[5]|c[7]  ;
  assign b[0]  = c[0]|c[2]|c[4]|c[6]  ;
endmodule
```

图 8-26 （续）

例 8-2 温度计编码器

用 Verilog 编写一个能够将 4 位温度编码转换为二进制数的编码器，其中二进制数反映了温度编码中 1 的个数。如果输入不是温度编码，输出为 X。具体代码如图 8-27 所示。 164

```
module ThermometerEncoder(a,b) ;
  input [3:0] a ;  // 温度计编码器输入
  output [2:0] b ; // 输入中1的个数——如果合法

  reg [2:0] b ;

  always @(*) begin
    case(a)
      4'b0000: b = 0 ;
      4'b0001: b = 1 ;
      4'b0011: b = 2 ;
      4'b0111: b = 3 ;
      4'b1111: b = 4 ;
      default: b = 3'bx ;
    endcase//(a)
  end
endmodule //ThermometerEncoder
```

图 8-27 用 Verilog 描述的能够将 4 位温度编码转换为二进制数的编码器

8.5　仲裁器和优先编码器

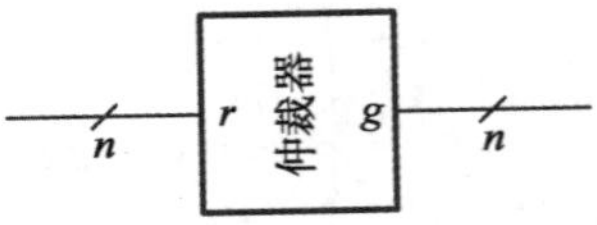

图 8-28　仲裁器的原理图符号

图 8-28 为仲裁器的原理图符号，有时又被称为寻找第一个 1（FF1）单元。该电路接收一个任意的输入信号，并输出一个独热信号，该独热信号中唯一的 1 所在的位置与输入信号中 1 的最低有效位相同。例如，如果一个 8 位仲裁器的输入为 01011100，由于最低位 1 所在位为第 2 位，所以输出为 00000100。在某些应用中，我们还可以逆向使用仲裁器，寻找 1 所在的最高有效位。在本节中，我们主要关注如何利用仲裁器在输入信号中找到 1 所在的最低有效位。

在数字系统中，仲裁器用来仲裁对共享资源的请求。例如，如果 n 个单元共享一条总线，同一时间只允许一个单元占用该总线，那么一个 n 输入的仲裁器可以决定在给定的周期内各单元何时使用总线（见 24.2 节）。[⊖] 仲裁器的另一个用途是在算术运算电路中对数字进行格式化时寻找最高有效 1 的位置（见 11.3.3 节）。在该应用中，它们被称为寻找第一个 1 单元，由于没有仲裁器，需要通过移动来找到最高
165 有效的 1（可与我们现在讨论的仲裁器进行对比）。

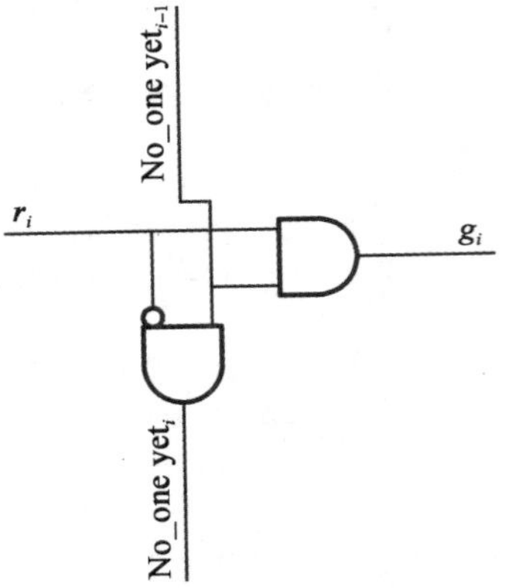

图 8-29　一位仲裁器逻辑图。只有当输入为 1 且当前仍未找到 1 时输出为真。如果之前已经找到 1，或当前输入正好为 1，输出信号通知其他阶段已经找到一个 1

仲裁器可以构建成一个*迭代电路*。也就是说，设计仲裁器时先设计一位逻辑电路，然后再重复使用该电路（或进行迭代）。图 8-29 给出了仲裁器中一位（第 i 位）的逻辑。用一个与门来产生该位能否输出的信号 g_i。如果请求信号 r_i 为高，且当前未找到 1，g_i 为高，就像图中上面那个输入端发出 1 一样。如果当前阶段或之前任意阶段未找到 1，另一个与门会向下游发出信号。在学习数字设计时我们会看到很多类似的迭代电路，这些电路广泛应用在算术电路中（见第 10 章）。

例如，构建一个 4 位仲裁器，我们可以将图 8-29 中的位单元复制 4 份并连接，其中第一个单元上面的输入端与 1 相连，所得电路如图 8-30a 所示。由若干与门形成的垂直链会扫描输入请求，直到发现第一个 1 为止，并且会禁用该输入后面的所有输出。用于输出的与门将第一个输入的 1 传递到输出，并且将该 1 所在位后面的输出强制设为 0。

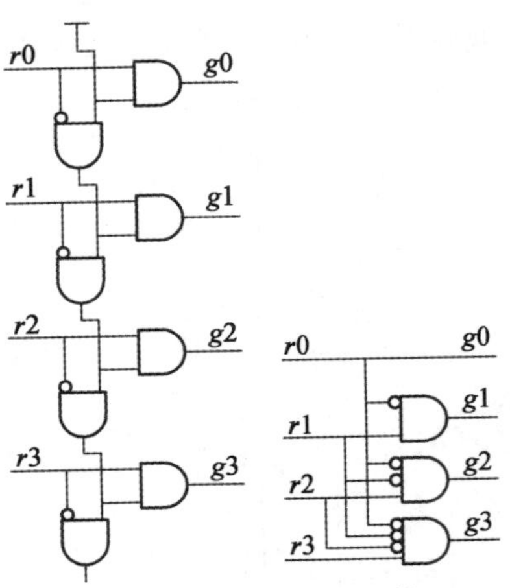

a)　　b)

图 8-30　4 位仲裁器的两种实现方式。a）使用图 8-29 中的位单元电路；b）使用超前技术

该电路中与门形成的线性链路会造成一定的延迟，该延迟会随着输入数的增加而线性增加。在某些应用中这个延迟会很高。我们可以将逻辑扁平化来缩短这个延迟，如图 8-30b 中所示。这项技术经常被称作*超前技术*，因为产生 `g3` 输出的门会根据 `r0`、`r1`

⊖ 在该应用中，为了实现资源共享，我们使用典型的循环优先仲裁器。在固定优先级仲裁器中，与最低优先级相连的单元处于不公平的地位。

和 r2 的值提前获得，而不是等它们经过一串门电路后再去判断。在 12.1 节，我们将看到有关超前技术在迭代电路上更具扩展性的实现方法。166

图 8-31 中给出了仲裁器的两种 Verilog 描述。仲裁器 Arb 用来寻找 1 的最低有效位，仲裁器 RArb 寻找 1 的最高有效位。其中 Arb 的实现方法与图 8-30a 完全一致。信号 c 和请求输入 r 进行与运算后形成信号 g，其中信号 c 表示目前为止还未找到 1，该信号通过拼接方式将若干信号拼接起来，其中 LSB 设置为 1（即 g0 始终有效），剩余所有位 c[i]设置为 r[i-1]&c[i-1]。乍一看，该定义像是一个环形电路，因为看起来好像我们用 c 来代表环形。但仔细检查后我们应该能够意识到 c 的每一位只依赖于 c 的低有效位，因此该定义不是环形的。

```
// 仲裁器（任意宽度）——LSB的优先级最高
module Arb(r, g) ;
  parameter n=8 ;
  input  [n-1:0] r ;
  output [n-1:0] g ;
  wire   [n-1:0] c = {(~r[n-2:0] & c[n-2:0]),1'b1} ;
  assign g = r & c ;
endmodule
//----------------------------------------------------------
// 仲裁器（任意宽度）——MSB的优先级最高
module RArb(r, g) ;
  parameter n=8 ;
  input  [n-1:0] r ;
  output [n-1:0] g ;
  wire   [n-1:0] c = {1'b1,(~r[n-1:1] & c[n-1:1])} ;
  assign g = r & c ;
endmodule
```

图 8-31　两个任意宽度的固定优先级仲裁器的 Verilog 描述。Arb 找到最低有效的 1，RArb 找到最高有效的 1

为了进行比较，图 8-32 给出了一个用行为方式描述的 4 位仲裁器的 Verilog 代码，该代码实现了从输入 a 中查找 1 的最低有效位的功能。代码通过 casex 语句将 16 行的真值表压缩为 5 行，其中默认情况永远不会出现。167

仲裁器的一个用途是构建*优先编码器*，如图 8-33 所示。优先编码器有一个 n 位的输入信号 a 和一个 $m=\lceil \log_2 n \rceil$ 位的二进制输出信号 b，b 指出了 a 中第一个 1 的位置。优先编码器有两个工作步骤，如图 8-33a 所示。首先，仲裁器找到输入 a 中第一个 1 的位置，输出一个只有该位为 1 的独热码信号 g。然后，通过一个编码器将独热码 g 转换为二进制信号 b。在图 8-34 中给出了优先编码器的 Verilog 描述。

当输入 a 为 0 时，仲裁器输出 g=0，该信号不是独热码。如果本例中的编码器是按 8.4 节中所描述那样用或门电路搭建而成的，将会输出 b=0，在多数情况下这是可以接受的。但在某些应用中，必须能够检测全零的情况，并输出一个特殊的码来区别输入为 0 还是第一位为 0。这很容易实现，只需在设置仲裁器的宽度时比其他情况宽 1 位，且将最后输入位设置为常数 1。

优先编码器的 Verilog 行为描述如图 8-35 所示。该电路在输入 r=0 的情况下输出为 x，而不是 0。当 r=0 时，该电路很容易修正，通过在 casex 语句添加一行就可以给 g（或者作为辅助输出）分配任何值。

```
// 宽度为4位的仲裁器——LSB的优先级最高
module Arb_4b(r, g) ;
  input  [3:0] r ;
  output [3:0] g ;
  reg [3:0] g ;
  always @(*) begin
    casex(r)
      4'b0000: g = 4'b0000 ;
      4'bxxx1: g = 4'b0001 ;
      4'bxx10: g = 4'b0010 ;
      4'bx100: g = 4'b0100 ;
      4'b1000: g = 4'b1000 ;
      default: g = 4'hx ;
    endcase
  end
endmodule
```

图 8-32　通过 casex 语句查找 1 的最低有效位的 4 位仲裁器的行为描述

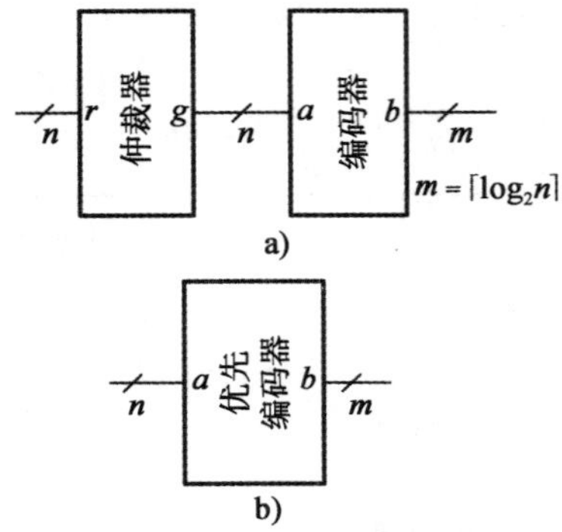

图 8-33　a）将仲裁器和编码器连接在一起实现的优先编码器。b）优先编码器的原理图符号

```
// 8-3优先编码器
module PriorityEncoder83(r, b) ;
  input  [7:0] r ;
  output [2:0] b ;
  wire   [7:0] g ;
  Arb #(8) a(r, g) ;
  Enc83    e(g, b) ;
endmodule
```

图 8-34　优先编码器的 Verilog 描述

```
// 8-3优先编码器
module PriorityEncoder83b(r, b) ;
  input  [7:0] r ;
  output [2:0] b ;
  reg    [7:0] g ;

  always @(*) begin
    casex(r)
      4'bxxxxxxx1: g = 0 ;
      4'bxxxxxx10: g = 1 ;
      4'bxxxxx100: g = 2 ;
      4'bxxxx1000: g = 3 ;
      4'bxxx10000: g = 4 ;
      4'bxx100000: g = 5 ;
      4'bx1000000: g = 6 ;
      4'b10000000: g = 7 ;
      default: g = x ;
    endcase
  end
endmodule
```

图 8-35　优先编码器的 Verilog 行为描述

例 8-3　可编程优先级仲裁器

使用位片式标记法，用 Verilog 编写一个优先级可编程的仲裁器。要求该仲裁器能够接受一个用独热码表示的优先级信号 p，该信号用来选择 r 中拥有最高权限的那一位。优先级从该位起向左依次减少，范围涉及 $n-1$ 位到 0 位。例如，对于 8 位仲裁器，如果 p 的第 6 位被设定，那么 r [6] 拥有最高优先级，r [7] 拥有第二高的优先级，r [0] 拥有第三高的优先级，以此类推。为了便于时序验证，设计中不应包含循环逻辑。

为了实现所需要功能，可以在循环逻辑中使用下面两个语句来实现。

```
wire [n-1:0] c = ({~r[n-2:0],~r[n-1]} & {c[n-2:0],c[n-1]}) | p ;
assign g = r & c ;
```

第一行语句从信号 p 所指定的位为“1”的位置开始，计算每一位的进位信号 c，只要信号 r 对应位为低就向左循环传递该进位，就可以找到优先级最高的请求。遗憾的是，由于该逻辑是循环的，无法用现代的时序验证工具进行验证。168~169

为了使逻辑无环，可以复制进位链，使其长度为 $2n$，这样传播 [n - 1] 位的进位就不用循环逻辑了。

```
wire [2*n-1:0] c = ({~r[n-2:0],~r,~r[n-1]} &
                    {c[2*n-2:0],1'b0}) | {{n{1'b0}},p} ;
assign g = r & (c[2*n-1:n] | c[n-1:0]) ;
```

8.6 比较器

图 8-36 给出了等值比较器的原理图符号。该模块输入端为两个 n 位的二进制信号 a 和 b，输出端是一个 1 位的信号，该信号用来指示是否 $a=b$；也就是说，a 的每一位与 b 所对应的每一位是否相等。

图 8-37 给出了 4 位等值比较器的逻辑图。图中专用的一组或非（异或非）门用来比较输入信号的每一位。如果两个输入信号相等，每个异或非门的输出都为高，所以当 $ai=bi$ 时，信号 eq$i$ 为真。最后所有 eq$i$ 信号通过一个与门，只有当所有位都相等时输出才为真。此外，设计等值比较器时还可以通过迭代电路对每一位进行线性扫描来确定所有位是否都相等。

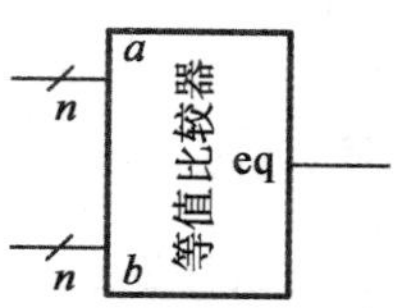

图 8-36　等值比较器的原理图符号。如果 $a=b$，eq 的输出为真

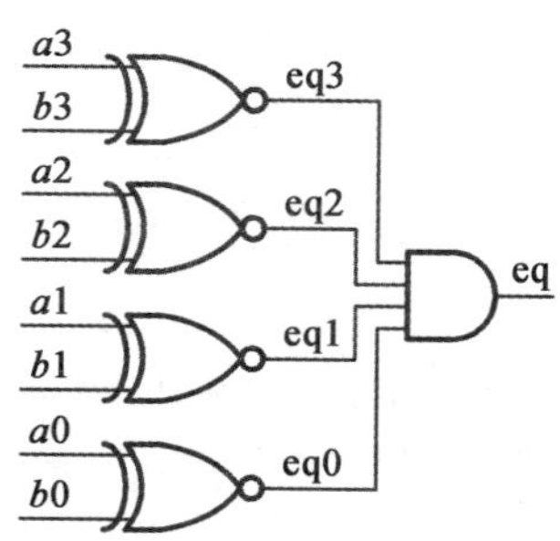

图 8-37　4 位等值比较器的逻辑图。专用的或非（异或非）门用来比较输入信号 a 和 b 的每一位。逐位比较后的信号通过右端的与门，如果比较的结果相等，输出为真

图 8-38 中给出了等值比较器的 Verilog 描述。这里我们使用 Verilog 的“==”运算符直接产生相等的输出信号 eq。相反，Verilog 中产生不相等的输出需要使用“!=”运算符。另一种实现方式是通过 XNOR 运算符“~^”进行按位比较，如下所示：

```
wire eq = &(a ~^ b) ;
```

这里无须声明中间信号，就可以使用 AND 缩减运算符对每一位进行异或非运算。170

数值比较器可以用来比较两个二进制数的相对大小。严格来讲，这是一个运算电路，它将输入看作数字，因此我们将其放在第 10 章里进行介绍。这里提及是因为该模块是理解迭代电路的一个很好的例子。

图 8-39 为数值比较器的原理图符号。a 和 b 均为 n 位，如果 a 比 b 大，输出信号 gt 为真。

两个二进制数不相等时，如果其中一个最高有效的位为 1，该数比另一个大。

```
// 等值比较器
module EqComp(a, b, eq) ;
  parameter k=8 ;
  input  [k-1:0] a, b ;
  output eq ;
  assign  eq = (a == b) ;
endmodule
```

图 8-38　利用 Verilog 中的“= =”运算符实现的等值比较器

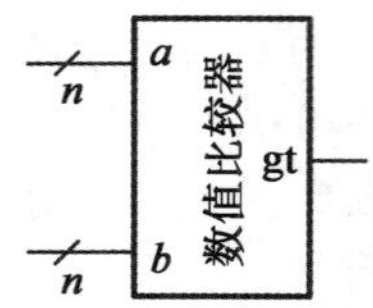

图 8-39　数值比较器的原理图符号。如果 $a>b$，gt 的输出为真

图 8-40 中的数值比较器是由两个不同的迭代电路构建而成的。当两个数字不相等时，图 8-40a 中的电路是从 LSB 向 MSB 扫描查找最高有效位。该电路传递的信号为 gtb（低位大）。如果信号 gtb_i 被置位，表明信号 a 从 LSB 一直到 $i-1$ 位均大于信号 b，即 gtb_i 代表 $a_{i-1:0} > b_{i-1:0}$。如果 $a_i > b_i$，或者 $a_i = b_i$ 且 $a_{i-1:0} > b_{i-1:0}$时，gtb_{i+1} 被置位。最高有效位发出的信号 gtb_n 将给出最后结果，因为该信号表示 $a_{n-1:0} > b_{n-1:0}$。图 8-41 是 LSB 优先数值比较器的 Verilog 描述。

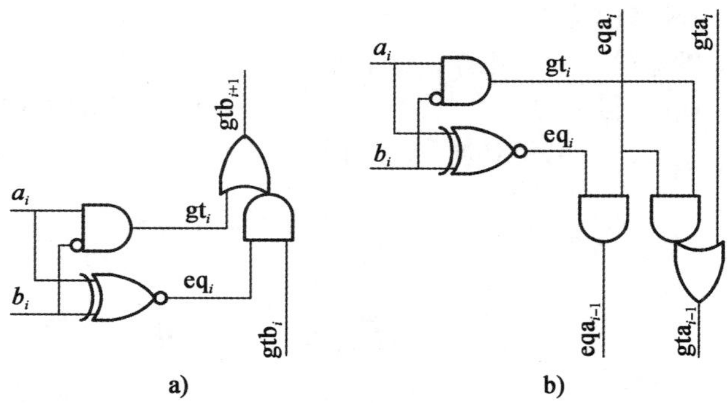

171 图 8-40　数值比较器的两种迭代实现方法。a）先处理 LSB；低位大信号 gtb 向上传播。b）先处理 MSB，高位大信号 gta 和高位相等信号 eqa 向下传播

```
module MagComp(a, b, gt) ;
  parameter k=8 ;
  input  [k-1:0] a, b ;
  output gt ;
  wire   [k-1:0] eqi = a ~^ b ;
  wire   [k-1:0] gti = a & ~b ;
  wire   [k:0] gtb = {((eqi[k-1:0]&gtb[k-1:0])|gti[k-1:0]),1'b0} ;
  assign  gt = gtb[k] ;
endmodule
```

图 8-41　LSB 优先数值比较器的 Verilog 描述

图 8-40b 中的数值比较器采用了另一种迭代方式，即 MSB 优先。采用这种方式时，每位之间必须传递两个信号。信号 gta_i（高位大）表示比当前位高的位满足 $a>b$，换句话说，就是 $a_{n-1:i+1} > b_{n-1:i+1}$。同理，$eqa_i$（高位相等）表示 $a_{n-1:i+1} = b_{n-1:i+1}$。这两个信号都是从 MSB 向 LSB 逐位扫描。一旦发现有差别，就可以获得比较结果。如果第一个差异出现时 $a>b$，电路中差异位发出的 gta_{i-1} 信号被置位、eqa_{i-1} 信号被清零（原书有误——译者注），这些值一直被传

播到输出。相反，如果第一个差异位出现时 $b>a$，eqa_{i-1}被清零，但 gta_{i-1}保持低电平。这些信号也是一路传至到输出。输出为 gta_{-1}信号。

图 8-42 给出了数值比较器的 Verilog 行为描述。该模块比图 8-41 中的模块更容易理解。这段代码在大多数综合器中都可以生成非常好的逻辑，为满足规定的时序约束综合器会使用超前技术。图 8-38 中的等值比较器采用的是行为描述方式。

```
// 数值比较器的行为描述
module MagComp_b(a, b, gt) ;
  parameter k=8 ;
  input   [k-1:0] a, b ;
  output gt ;
  assign    gt = (a > b) ;
endmodule
```

图 8-42　数值比较器的 Verilog 行为描述

例 8-4　三路等值比较器

用 Verilog 描述一个三路等值比较器，即当三个输入 a、b、c 彼此相等时输出为真。

下面给出该模块的 Verilog 代码，它能够比较两对输入。

```
assign eq3 = (a == b) & (b == c) ;
```

172

8.7　移位器

移位器是一个组合逻辑电路，该模块输入端包含位字段 a 和移动位数 n，输出信号为 b。其中 b = a < < n，即 a 移动 n 个位置。左移移位器向左移位，右移移位器向右移动，桶形移位器对输入 a 进行循环移动（移出的位会出现在右边（或左边）起始位置），漏斗移位器的功能是从一个大字段的指定位置中选择一个小字段。

图 8-43 给出了左移移位器的 Verilog 代码。该模块默认参数是接收 8 位的输入 a 和三位的移动位数 n，然后产生 15 位的输出 b。当移动位数 n 为最大值 7 时，输入的位域在输出 b 中是左对齐的。当移动位数为最小值时，输入的位域在输出 b 中是右对齐的。

```
module ShiftLeft(n, a, b) ;
  parameter k=8 ;
  parameter lk=3 ;
  input   [lk-1:0] n ; //  移动几位
  input   [k-1:0] a ;  //  待移动的数
  output [2*k-2:0] b ;  // 输出
  assign b = a<<n ;
endmodule
```

图 8-43　左移移位器的 Verilog 描述

图 8-44 给出了桶形移位器的 Verilog 代码。该模块将 a 左移后形成信号 x，然后将 x 的高位与 x 的低位进行或操作，即将 x 折叠处理后输出 b。

有关漏斗移位器的描述留作习题 8-17。

```
module BarrelShift(n, a, b) ;
  parameter k=8 ;
  parameter lk=3 ;
  input   [lk-1:0] n ; // 移动几位
  input   [k-1:0] a ;  // 待移动的数
  output  [k-1:0] b ;  // 输出
  wire [2*k-2:0] x = a<<n ; //  折叠前的值
  assign  b = x[k-1:0] | {1'b0,x[2*k-2:k]} ;
endmodule
```

图 8-44　桶形移位器的 Verilog 描述

8.8　只读存储器

只读存储器，或者 ROM，其内部是一种查找表的结构。它可以接受一个地址作为输入，然后输出该地址中所存储的值。由于表中所存储的值是预先确定，所以 ROM 是只读的。ROM

173 在制造时采用的是硬连线方式且不能被更改。在 8.9 节我们会介绍读写存储器，该存储器中的内容可以修改。第 25 章将从系统的角度讨论存储器。

图 8-45 为 ROM 的原理图符号。该 ROM 字数为 N、字长为 b，地址 a 的宽度为 n 位（$n=\lceil \log_2 N \rceil$）。当接收到地址信号 a，从 ROM 中选择一个字并从 d 端输出，该字宽度为 b 位。

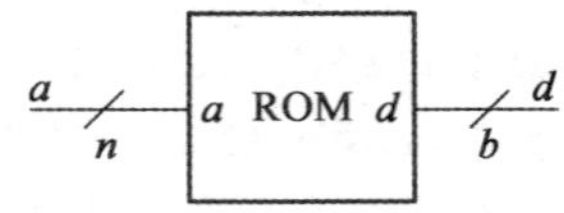

图 8-45　ROM 原理图符号。a 的宽度为 n 位，用来提供地址。该地址存储的数从 d 端输出，宽度为 b 位

将函数的真值表存储到 ROM 中还可以实现任意逻辑函数。例如，我们可以用一个字数为 10、字长为 7 的 ROM 实现一个七段译码器。数字 0 对应的段模式 1111110 放在第一个位置（地址 0），1 对应的段模式 0110000 放在第二个位置（地址 1），以此类推。

图 8-46 中的 ROM 是采用译码器和三态缓冲器实现的。其中 $n-N$ 的译码器将一个 n 位二进制地址 a 译码成一个 N 位的独热码选择信号 w。该字节用来选择与每一位相连的三态门。当地址 $a=i$ 发送到 ROM 的地址端时，字节选择信号 w_i 变为高电平，对应的三态缓冲器打开并将相应的表项 d_i 输出。

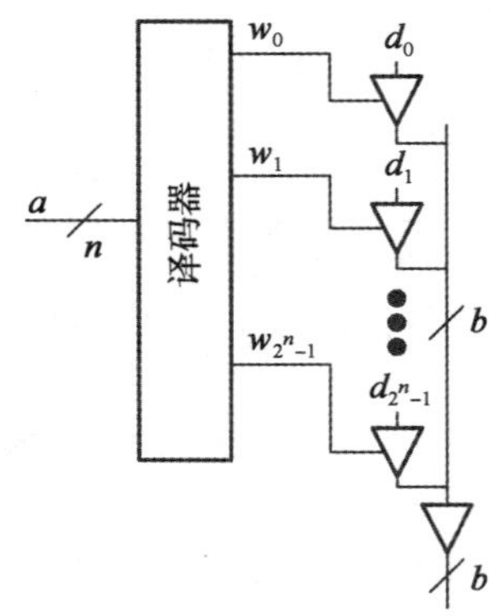

图 8-46　ROM 可以由一个译码器和一组三态门实现，三态门的输入端为常数。地址经过译码后选择其中一个三态门，该门将对应的值输出

对于容量较大的 ROM，如采用图 8-46 中的一维 ROM 结构会使器件变得笨重且效率低下。由于需要 N 个与门，译码器的结构会变得非常庞大。当 ROM 超过一定规模时，采用图 8-47 中所示的二维存储阵列结构效率会更高。图中 8 位地址 $a_{7:0}$ 被分成了一个 6 位的行地址 $a_{7:2}$ 和一个 2 位的列地址 $a_{1:0}$。行地址被输入到译码器中，并通过一个 64 位的独热码选择信号 w 来选择其中的一行。列地址被送入一个二进制多路选择器中，并从选择的行中选出需要的字。例如，地址 $a=49=110001$，那么行地址是 $1100=12$，列地址就是 01。因此选择线 w_{12} 为高，选择包含 d_{48} 到 d_{51} 的这一行，然后通过多路选择器选择该行中的第二个字 d_{49}。

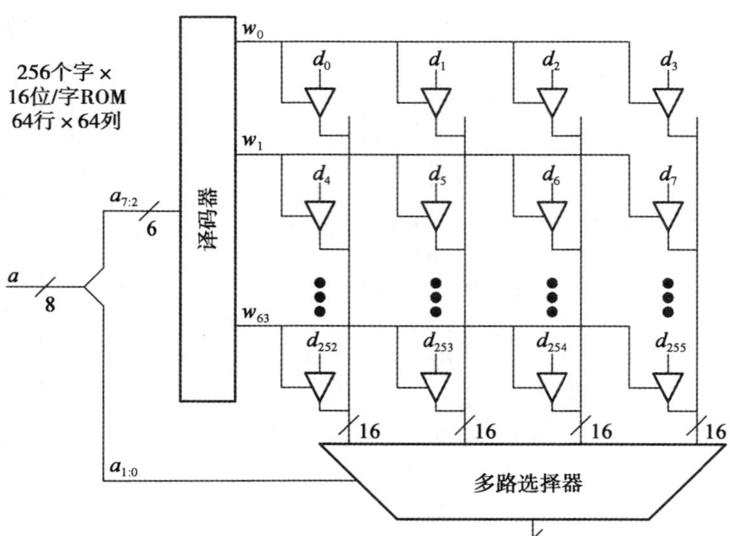

图 8-47　采用二维结构实现的 ROM。译码器选择一行字，多路选择器从选择的行中选出需要的列

尽管图 8-47 中 ROM 的地址没有均分，但其阵列结构呈*正方形*。该器件共有 64 行，每一行有 64 位；每一行 4 个字，每字 16 位。正方形阵列往往会使内存布局最有效，因为它可以最大限度地减少外围设备（译码器和多路选择器）的开销。更大的 ROM（超过 10^5 ~ 10^6 位）则可以通过位片或存储体的形式将多个存储器组合而成，如 25.2 节中描述的。

在实际电路中，ROM 采用高度优化的电路。为了清晰起见，我们用传统的逻辑符号来表示只读存储器——每个位置有一个三态缓冲器。事实上，大多数的 ROM 存储每位信息时仅需要一个晶体管（或者不存在）电路就可以了。

在 Verilog 中可以使用 `case` 语句将 ROM 模块化，如图 8-48 所示。该模块在实例化时，要么 174~175
被综合成实现 ROM 功能的逻辑门，或者被一个硬布线的 ROM 模块替换。ROM 中存储的内容不同，综合后的逻辑就会有不同的面积、延迟和功耗。这非常不利于在设计后期修改 ROM 数据。而且，随着 ROM 的增大，`case` 语句的规模也在增大，设计者出错的概率也会增大。

还可以使用另一种方式来实现 ROM，如图 8-49 所示。该模块是通过 `$readmemh` 语句将数据加载到一组 `reg` 变量中来实现的。

```
// 用case语句实现的 ROM(固定宽度)
module rom_case (a, d) ;
   input [3:0] a;
   output [7:0] d;
   reg [7:0]  d;
   always@(*) begin
      case(a)
        4'h0: d=8'h00;
        4'h1: d=8'h11;
        4'h2: d=8'h22;
        4'h3: d=8'h33;
        4'h4: d=8'h44;
        4'h5: d=8'h12;
        4'h6: d=8'h34;
        4'h7: d=8'h56;
        4'h8: d=8'h78;
        4'h9: d=8'h9a;
        4'ha: d=8'hbc;
        4'hb: d=8'hde;
        4'hc: d=8'hf0;
        4'hd: d=8'h12;
        4'he: d=8'h34;
        4'hf: d=8'h56;
        default: d=8'h0;
      endcase // case (a)
   end // always@ (*)
endmodule
```

图 8-48　用 Verilog 中的 `case` 语句构建 ROM。因为没有参数化且不便于修改，建议使用图 8-49 中的代码结构

```
// 任意宽度和长度的ROM
module rom_reg (a, d) ;
   parameter b = 32;
   parameter w = 4;
   parameter fileName = "dataFile";
   input [w-1:0] a;
   output [b-1:0] d;
   reg [b-1:0]     rom [2**w-1:0] ;
   initial begin
      $readmemh(fileName, rom);
   end
   assign d = rom[a];
endmodule // rom_reg
```

图 8-49　实现任意大小 ROM 的 Verilog 代码。仿真或综合时，通过文件 `fileName` 将数据加载来实现 ROM 初始化

尽管通过 case 语句或者 reg 阵列，ROM 可以实现模块化，但是当 ROM 尺寸高于临界值时

（几千字节），ROM 模块一般应采用定制方式，而不是综合出逻辑模块。这样做的原因，首先，经过优化电路设计和布局，ROM 通常比同等规模的逻辑电路要小得多，而且速度也更快；其次，只要 ROM 的大小没有改变，规则的结构使我们在改变它的内容时不用改变整体布局，仅对 ROM 的内部构件进行小的修改就可以了。一些 ROM 还可以通过仅改变一个金属层来实现编程化，从而使修改 ROM 内容变得相对经济。

大多数 ROM 的内容在生产时就已经被确定，这与某个晶体管是否存在有关。可编程 ROM，或者叫 PROM，在制作时并未存入任何数据，而且它能够在加电后通过熔断保险丝或者在浮动栅极上放置电荷来编程。使用 PROM 可以减少一些额外的成本，从而使小容量的应用变得更加经济，否则还需要配置一个 ROM。某些 PROM 是一次性编程的，也就是说一旦被写入就不能再改变。可擦除可编程 ROM，或者 EPROM，可以多次进行擦除和编程。EPROM 的擦除方式有两种，一种是通过将其暴露在 UV 光（紫外线）下实现擦除（UV-EPROM），另一种是电可擦除的（EEPROM）。

8.9　读写存储器

读写存储器，或者叫 RWM，与 ROM 相似，但不同的是它允许表中的内容被更改和写入。由于历史原因，读写存储器通常被叫做 RAM。[㊀] 目前几乎普遍使用术语 RAM 来指代 RWM，所以我们也采用这种叫法。严格来讲，RAM 是一种时序逻辑电路，它的输出依赖于它的输入，因此我们将 RAM 的讨论推迟到第 14 章。但由于 RAM 是常用的一种元器件，所以在这里我们先介绍一些关于 RAM 的基础知识。

图 8-50a 为单端口 RAM 的原理图符号。如果写入信号 wr 为低，RAM 与 ROM 完全相同。输入端 a 用来提供访问地址，输出端 do 输出该地址的内容。当信号 wr 为高时，执行写操作。输入端 di 上的值被写入地址 a 中。我们在寻址的同时将 wr 设置为高，就可以将数据存储在 RAM 的某一地址内，随后将 wr 设置为低并再次对该地址寻址就可以读出之前存入的数据。

176~177 对于图 8-50a 中的单端口 RAM，同一时间只能根据地址 a 访问一个单元。如果数据正要被写入地址 a，此时不能读取其他地址单元，但采用双端口 RAM 可以解决这个问题。图 8-50b 为双端口 RAM 的原理图符号。对于双端口 RAM，读端口（信号 ao 和 do）与写端口（信号 ai，di 和 wr）是相互独立的。ao 所指单元的数据被读取到输出端 do 上，同一时间输入端 di 也可以被写入 ai 所指的单元中。双端口 RAM 通常用于连接两个子系统，一个子系统对 RAM 进行写入，另一个子系统从中读取数据。RAM 的读取和写入端口数可以为任意值，但是 RAM 的成本会随着端口数量的增加按平方增长。

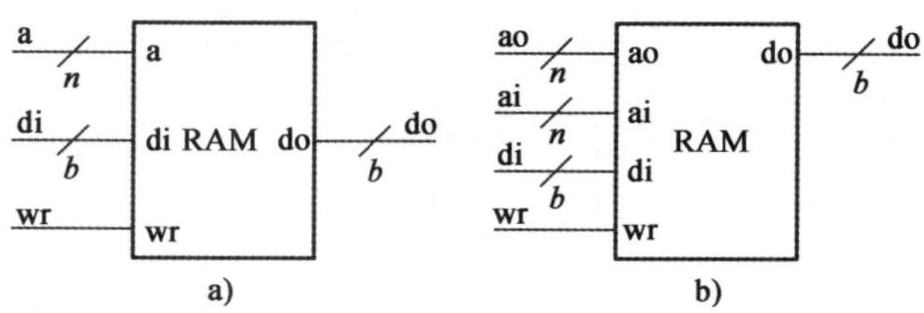

图 8-50　RAM 原理图符号。如果输入线 wr 为真，输入的数据 di 被写到相应的位置上。a）单端口 RAM，读操作和写操作共享地址线。b）双端口 RAM 的地址线是独立的：ao 用于读取，ai 用于写入

图 8-51 用两个译码器、锁存器和三态缓冲器实现了一个简单的双端口 RAM。读译码器和三态缓冲器组成的电路结构与图 8-46 中的 ROM 相同。读取地址 ao 经译码后形成 N 个读字选择

㊀　RAM 是 random access memory 的缩写。我们定义的 ROM 和 RAM 都是允许随机访问的：即每一个地址都可以按任何顺序访问。与此相反，磁带是顺序访问存储器，即磁带上存储的字必须按顺序访问。

线 wo_0，…，wo_{N-1}。每一个读字选择线选择对应位置的数从 do 输出。 178

RAM 读端口和 ROM 的区别在于每一个地址上的数据是从锁存器中得到的（而 ROM 中是一个常量）。锁存器是一个简单的存储元件，当使能端 G 为高时，输入 D 从 Q 输出。当 G 为低时，输出 Q 保持之前的值，这为我们提供了一个简单的一位存储器。27.1 节中对于锁存器有更详细的描述。

RAM 写端口设有写译码器，当 wr 有效时，输出地址 ai 经过译码器并选择线 wi_0，…，wi_{N-1} 中的一根。当 wr 无效时，所有的字选择线保持低电平。当地址 i 被写入时，字选择线 wi_i 变为高，di 上输入的数据被存储到第 i 个锁存器中。当地址改变或者 wr 变为低，wi_i 变为低电平，锁存器保持存储的数据。

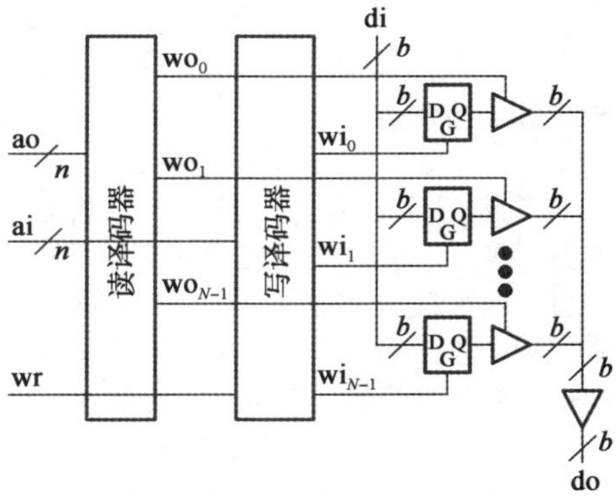

图 8-51　双端口 RAM 可以通过两个译码器和锁存器实现数据的写入，通过三态缓冲器阵列实现读取。实际 RAM 为二维结构，其存储单元采用更有效的电路设计

与 ROM 一样，实际 RAM 在实现上比这里列举的简单例子要高效得多。大多数的 RAM 采用二维结构，与图 8-47 中给出的 ROM 相似。对于写操作而言，列的“复用”较为复杂，这里不做深入的讨论。最实用的 RAM 中的位单元也比这里给出的锁存器加三态缓冲器的结构高效。大多数静态 RAM（SRAM）使用的存储单元是由 6 个晶体管构成的，现代动态 RAM（DRAM）中的存储单元是由一个晶体管和一个存储电容器构成的。这些存储器单元的电路细节不在本书的讨论范围内。

图 8-52 中给出了一个双端口 RAM 的 Verilog 代码。读功能与图 8-49 中的 ROM 一样；写功能是在 `always` 模块实现的，当信号 `write` 为高时，根据地址更新写入的数据。当 write 为低时，最后一个写入地址的数据被保存下来。就像上文提到的，由于 RAM 能够保存状态，因此它不是组合电路而是一个时序电路（见第 14 章）。与图 8-49 中的 ROM 不同，RAM 没有被初始化。为避免得到未定义的数据，每一个地址在读取前必须被写入。[⊖] 大多数 RAM 模块都有一个同步接口，需要一个时钟沿来实现读取或写入操作。在第 25 章我们将深入讨论 RAM 模块。

```
// 大小与宽度可修改的RAM
module ram_reg(ra, wa, write, din, dout);
   parameter b = 32;
   parameter w = 4;
   input [w-1:0] ra, wa;
   input         write;
   input [b-1:0] din;
   output [b-1:0] dout;
   reg [b-1:0]      ram [2**w-1:0];
   assign dout = ram[ra];
   always@(*) begin
      if(write == 1)
         ram[wa] = din;
  end
endmodule // ram_reg
```

图 8-52　用 Verilog 实现的 RAM 模块。当输入信号为高时，din 被写入地址 wa 所对应的单元内。地址 ra 上存储的数据被连续输出

⊖ 某些 SRAM 要么提供一个复位信号要么将逻辑 0 写入每一个寄存器中。

8.10　可编程逻辑阵列

可编程逻辑阵列，或者叫 PLA，其内部是一种有规律的结构，经过配置可以实现任意一组用积之和表示的逻辑函数。如图 8-53 所示，PLA 是由一个与平面和一个或平面构成的。与平面是一个二维结构，其中垂直方向是常量（输入量的真值及其补码），水平方向是乘积项。每一行可以选择任意一组常量作为与门的输入，从而实现一个任意的乘积项。连接到每个与门的常量在图中用方块代表。例如，最上面的与门选择三个常量 a_0、$\overline{a_1}$、$\overline{a_2}$ 作为输入，并生成它们的乘积项 $a_0 \wedge \overline{a_1} \wedge \overline{a_2}$。

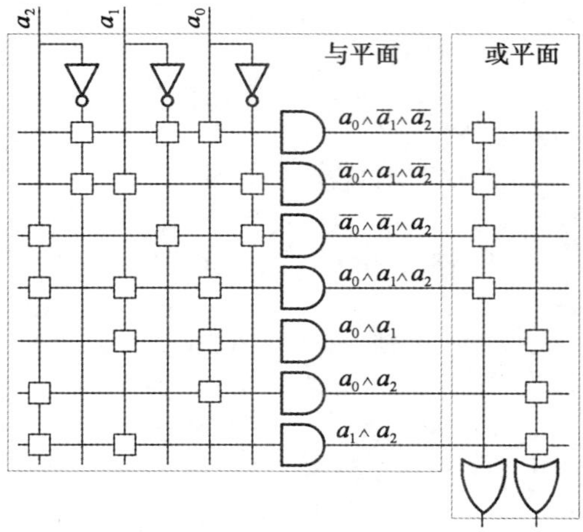

图 8-53　可编程逻辑阵列（PLA）由一个与平面和一个或平面组成。通过编程，任意一组乘积项都可以由与平面实现。这些乘积项通过或平面实现由积之和表示的逻辑函数。本图利用 PLA 实现了一个完整的加法器，其中与平面包含 7 个乘积项，或平面包含两个和（分别表示加法和及进位）

与平面与 ROM 中的译码器很相似，不同之处是与阵列每一行的乘积项是任意的，而译码器每一行的乘积项是该行地址对应的最小项。PLA 中的很多行在同一时间都处于高电平，而 ROM 的译码器在同一时间只有一行是有效的。

或阵列也是一个二维结构：水平方向为乘积项，垂直方向为输出（和）。每一列上的任意乘积项进行或操作以后形成一个输出。图 8-53 中，每一个或门包含的乘积项用方块表示。例如，最右边的列中或操作包含了下面的三个乘积项。

在实际产品中，PLA 通常使用跟与阵列和或阵列相同的结构——与非门（NAND）或者非门
179~180 (NOR)。根据德·摩根律，NAND-NAND 结构的 PLA 与图 8-53 中给出的 AND-OR 结构的 PLA 是等效的。NOR-NOR 结构实现了函数的互补，并且可以在后面接一个反相器直接实现函数。高度优化的电路通常在阵列的每一个交叉点上放置一个晶体管（或者不放）。

大多数 PLA 在制造时都是硬连线的。每一个乘积项中的常量或者每一个和中的乘积项都是由晶体管存在与否决定。在一些 PLA 中，通过一个存储位来配置乘积项中是否包含常量或者和中是否包含乘积项。在多数情况下，这种可配置的 PLA 的尺寸比同等硬连线结构 PLA 大得多。

8.11　数据手册

在一个规模较大的设计中，设计者通常在不了解基本器件和子系统是如何实现的情况下使用它们。这个时候，设计者依靠的是这些模块的说明书。说明书通常被叫做*数据手册*，它给出了模块使用的详细信息，但往往会忽略其内部细节。数据手册通常包含以下内容。

1）模块的功能描述——该模块实现了什么。应该有足够的细节来描述完整的模块行为。对于组合逻辑电路，通常会用真值表或方程来描述模块的功能。

2）模块输入输出的详细描述：依次介绍每一个信号，并给出信号的名称、宽度、方向和简短描述。

3）如果有，给出所有模块参数的描述。

4）模块中所有状态和寄存器的描述（对于时序模块）。

5）模块的同步时序：模块的周期级时序。

6）具体的时序：一个周期中的输入和输出信号的时序。

7）模块的电气性能：电源、功耗、输入和输出信号电平、输入载荷以及输出驱动能力。

这里暂时不讨论 5）和 6），介绍完时序电路和时序后再作讨论。

图 8-54 是一个假想的 4 – 16 译码器的数据手册。图中描述了模块的行为，但没有描述它的实现。模块功能是由公式（b =1 < <a）确定。我们也可以很容易地用一个 16 行的真值表把它的功能描 181
述出来。时序部分描述了这个模块的传播延迟和污染延迟（见第 15 章），单位为皮秒（ps）。最后，电气部分给出了单位为飞法（fF）的输入载荷及单位为千欧（kΩ）的输出电阻（驱动）。

```
Name: decode_4_16

Description: 4 to 16 decoder

Inputs:
  Name  Width  Direction  Description
  a     4      in         binary input
  b     16     out        one-hot output

Function:
  b = 1<<a

Timing:
  Parameter Min    Max    Units Description
  t_dab            300    ps    Delay from a to b - no load on b
  t_cab     100           ps    Contamination delay from a to b - no load on b

Electrical
  Parameter Min    Max    Units Description
  c_a              20     fF    Capacitance of each bit of a
  r_b       5             kOhms Effective output resistance of each bit of b
```

图 8-54　4 – 16 译码器数据手册示例

基础单元是一种物理芯片，数据手册中的电气特性和时序均为实际值。但对于一个没有被综合的 Verilog 模块，这些参数是不知道的。例如，在综合和物理设计完成之前，每个输入的电容负载是无法获知的。

约束文件用来指定时序和电气参数期望的目标。这些目标（或者约束）可用于指导工具进行综合和物理设计。图 8-55 中给出了一个非常简单的 4 – 16 译码器的约束文件。这个文件可在 Synopsys Design Compiler® 中使用。文件中指定从译码器 *a* 到 *b* 的延迟不能超过 0.2 ns，并指定输入 *a* 在驱动 INV4 单元时由库中等效的单元驱动，而不是指定了输入负载。如果综合器造成输入电容过大，这个单元驱动 *a* 产生的延迟（包含在总延迟中）会使它很难满足时序约束。最后，文件中还指定输出负载 *b* 的每一位是 5（电容单位）。综合器必须将译码器的输出驱动设置得足够大，以免驱动负载时造成过多延迟。

```
set_max_delay 0.2 -from {a} -to {b}
set_driving_cell -lib_cell INV4 {a}
set_load -pin_load 5 {b}
```

图 8-55　4 – 16 译码器约束文件示例

8.12　知识产权

一个设计团队在设计一款芯片时，往往会将从其他地方获得的一些模块融入自己的设计中。这些从其他来源获得的模块通常叫做 IP，即**知识产权**。⊖ 182

⊖ **知识产权**（IP）这个术语所指的范围要比这里用到的更广泛。独立于物理对象的任何有价值的东西都可称为 IP。也就是说，这个价值是智力因素创造的，而不是通过制造业创造出来的。例如，所有的软件、书籍、电影、音乐、设计，包括 Verilog 设计都是 IP。

IP 模块可以从供应商或者开源的项目中获得。一些厂商专注于特殊类型的 IP。例如，ARM 公司和 MIPS 公司专门销售微处理器的 IP。大多数手机微处理器都是从 ARM 公司获得 IP 授权的。

软件行业具有革命性的开源运动也同样出现在硬件世界里。在开源网站 http://www.opencores.org 上可以免费获得很多有用的 Verilog IP 模块，包括处理器、接口（例如，以太网、PCI、USB 等）、加密/解密模块、压缩/解压缩模块及其他一些模块。虽然这些模块比本章中描述的那些要复杂得多，但概念是相通的。设计团队通过组合各种模块来实现一个系统。数据手册（和约束文件）对这些模块进行了描述，指定了它们的功能、接口和参数。

与其他商品相似，IP 一经出售概不负责（买家需要小心）。购买的 IP 并不总是符合它的规范。谨慎的设计者应该彻底地测试拿到的每一个 IP。

小结

通过本章学习，读者应该已经学到了数字设计中的一些常见的设计模式和术语。在设计中反复会用到的常见电路包括：

译码器能够将一个二进制编码的信号转换为独热码表示的信号。例如，我们可以用它来选择存储器众多行中的一行。

编码器做反向操作，将独热码信号转换为一个二进制编码。

仲裁器能够在输入字中找到第一个高位（从右侧或者左侧开始查找）。例如，它们可以用来控制共享资源的访问及格式化浮点数。将仲裁器和编码器组合起来就可以形成一个优先编码器。仲裁器找到输入信号中的第一个 1，然后编码器将这个独热码信号转换为二进制编码，输出的二进制编码就是第一个 1 所对应的位置。

多路选择器在独热码选择信号的控制下，从多个输入中选择一路输出。它用来进行数据管理，广泛应用于在各种类型的数据通路中。将译码器和多路选择器结合起来可以构成二进制选择多路选择器。译码器将二进制选择信号转换为独热码，然后多路选择器根据转换结果选择其中一个作为输入。

比较器用来比较两个二进制数，并指出它们是否相等或者判断大小。比较器通常用迭代电路实现。

移位器可以对输入信号进行移动或循环移动。例如，在浮点数加法中用来对齐。

存储器是一个只读（ROM）或者可读可写（RAM）的表。只要给出一个地址，存储器就可以返回这个地址中所存储的值。对于 RAM，可以将数据写入相应的地址中。有关存储器的
183 更多细节将在第 25 章中讨论。

一些电路当规模变大时可以用多个小的模块按照树形方式组成，如译码器、编码器和多路选择器。当模块的规模很大的时候，采用这种分层结构要比平行的方式去实现所需的门少得多，且速度更快、能耗更低。

基础单元（或其他模块）经常在设计中使用，不用理解它们内部是如何实现的。数据手册中可以找到有关这些 IP 模块外部特征的描述。

文献说明

TTL 数据手册［102］，最早在 20 世纪 70 年代出版，描述了经典的 7400 系列 TTL 逻辑系列中可以作为独立芯片使用的元器件的功能。这些元器件包括了简单的门、多路选择器、译码器、七段译码器、算术函数、寄存器、计数器（见第 16 章）等。TTL 数据手册为我们提供了有关数据手册的很多好的范例。每一部分都列出了功能、接口、电气参数和时序参数。

FPGA 厂商经常会给设计者提供一个构建模块的库。Altera 的参数化模块库［1］就是这样

的例子。它包含了译码器、多路选择器以及在第10章中讨论的很多算术电路。

一些数字集成电路教科书，如［91］和［108］，探讨了RAM、ROM和PLA的设计，感兴趣的读者可查阅。

习题

8.1 译码器。用Verilog描述一个3－8译码器。

8.2 译码器逻辑。用4－16译码器和或门实现一个七段译码器。

8.3 双热码译码器。考虑一下双热码信号的字母表，就是二进制信号有两位是等于1的。这里有$(n(n-1))/2n$位双热码符号。假定这些符号按二进制数值来排序，对于$n=5$，顺序是00011，00101，00110，…，11000。设计一个4－5的二进制到双热码的译码器。

8.4 大型译码器，Ⅰ。用Verilog实现一个5－32译码器，基础单元采用一个2－4译码器和一个3－8译码器。

8.5 大型译码器，Ⅱ。用Verilog实现一个6－64译码器，基础单元使用3－8译码器。

8.6 大型译码器，Ⅲ。用Verilog实现一个6－64译码器，基础单元使用2－4译码器。

8.7 分布式多路选择器。实现一个大型（32输入）多路选择器，其中每个多路选择器输入端和它相关联的选择信号均位于同一芯片的不同区域。32个输入和选择信号分布在一个长0.4 mm的线上。说明如何使用静态CMOS门电路（例如，与非门、或非门、反相器——无三态）来实现，要求相邻输入位置之间只有一根导线。 184

8.8 多路选择器逻辑。用一个8－1二进制选择多路选择器实现一个4位的斐波那契电路（如果输入为斐波那契数，输出为真）。

8.9 译码器测试平台。用编码器作测试器，编写4－16译码器的测试平台。

8.10 双热码编码器。按照习题8.3的要求，设计一个5－4双热码编码器。

8.11 可编程优先编码器。用Verilog编写一个优先级可编程的优先编码器，要求根据输入（独热码）信号决定哪一位拥有最高优先级，优先级从该位向右依次降低。

8.12 二进制优先级仲裁器。用Verilog编写一个优先级可编程的优先编码器，由输入的二进制信号决定哪一位有最高的优先级，优先级从该位向右依次降低。

8.13 循环仲裁器。设计一个仲裁器，每个周期最高优先级位于之前赢得仲裁的那一位输入的右侧（循环）。假定之前的获胜者为模块的输入。

8.14 比较器。编写一个任意宽度的数值比较器，信息从MSB到LSB向下传递，如图8-40所示。

8.15 三路数值比较器，Ⅰ。用Verilog编写一个三路数值比较器，如果三个输入严格按照$a>b>c$，输出真。

8.16 三路数值比较器，Ⅱ。用Verilog编写一个三路数值比较器，如果三个输入严格按照$a\geqslant b\geqslant c$，输出真。

8.17 桶形移位器。用Verilog编写一个i到j的桶形移位器，其中输入端a为i位、移动位数n为$l=\log_2(i-j)$位，输出`b = a [n + j - 1: n]`的位数满足$j<i$。

8.18 使用基础单元，Ⅰ。使用基础单元（例如二进制加法器、比较器、多路选择器、译码器、编码器、仲裁器和逻辑门），设计一个8×2的常用电路，该电路的输入为8个2位的二进制数，输出为4个2位的二进制数在输入中出现的次数。修改电路将出现次数最多的2位数字输出（大数优先）。

8.19 使用基础单元，Ⅱ。设计一个组合电路，从3个8位输入中输出数值最小的。

8.20 使用基础单元，Ⅲ。设计一个组合电路，从3个8位输入中输出数值居中的一个（既不是最大也不是最小）。

8.21 ROM逻辑——质数函数。用ROM实现一个4位质数函数。ROM需要多大（N和b是什么）？每一个地址上存储的数据是什么？

8.22 ROM逻辑——七段译码器。用ROM实现一个七段译码器。ROM需要多大（N和b是什么）？每一个地址上存储的数据是什么？

8.23 PLA——质数函数。用PLA实现一个4位质数函数。需要多少个乘积项与和项？每一项之间是如何连接的？

8.24 PLA——七段译码器。用PLA实现一个七段译码器。需要多少个乘积项与和项？每一项之间是如何连接的？ 185~186

组合电路实例

在这一章，我们将通过几个组合电路实例来巩固前边章节的知识。3的倍数电路是另一个迭代电路实例。1.4节中的明天电路是具有分支电路的计数器电路的模块化实例。优先级仲裁器由前边章节介绍的模块构建而成，是基础单元电路的实例。最后，井字棋游戏电路给出了一个复杂的结合了许多概念的电路实例。

9.1 3的倍数电路

在本节中我们开发一个电路，用于判断输入的数字是否是3的倍数。我们用迭代电路实现该功能（就像实现8.6节中的数值比较器一样）。迭代实现3的倍数电路的框图如图9-1所示。该电路从最高有效位开始检测输入数字，一次检测一位。在每一位，都计算当前的余数（0、1或2）。在最低有效位我们检测全部的余数是否为0。当前余数放在每个位单元左侧，在右侧放置输入的当前位以及计算当前余数。

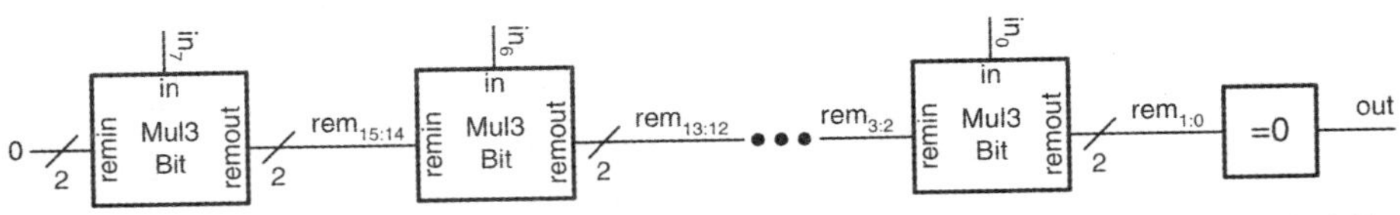

图9-1 3的倍数电路框图。该电路计算模3的余数，从左边MSB到右边LSB，每次计算一位输入数字。每一个位单元计算由remin中的余数和当前输入in连接组成的三位数字的余数。如果最后低位的余数为0，则输入数字为3的倍数

迭代实现3的倍数电路的位单元的Verilog模块如图9-2所示。保存在remin中的余数表示相邻位以左的余数，因此相对于当前位的位置权重为2。在我们的相邻位，该信号表示余数为0、1或2。然而，在当前位，此信号左移一位，它的值表示为0、2、4。因此我们可以将remin和输入的当前位in连接起来形成一个三位二进制数，然后取这个数模3的余数。用case语句来计算新的余数。

```
//----------------------------------------------------------------------
// Multiple_of_3_bit
// 迭代实现3的倍数电路的电路单元
// 确定从当前位到最高有效位形成的数的余数（模3）
// 输入：
//     in——检查的数的当前位
//     remin——最后一位检测后的余数（2位）
// 输出：
//     remout——检测该位以后的余数（2位）
//
// remin的位置权重为2，因此{remin, in}组成一个3位二进制数字
// 将这个数除以3得到的余数输出到remout端
//----------------------------------------------------------------------
```

图9-2 Verilog编程实现3的倍数电路的位单元

```
module Multiple_of_3_bit(in, remin, remout) ;
  input in ;
  input [1:0] remin ;
  output [1:0] remout ;
  reg [1:0] remout ;

  always @(*) begin
    case({remin, in})
      3'd0: remout = 0 ;
      3'd1: remout = 1 ;
      3'd2: remout = 2 ;
      3'd3: remout = 0 ;
      3'd4: remout = 1 ;
      3'd5: remout = 2 ;
      3'd6: remout = 0 ;
      3'd7: remout = 1 ;
      default: remout = 2'hx;
    endcase
  end
endmodule
```

图 9-2 （续）

图 9-3 给出了 3 的倍数模块的顶层设计。该模块将图 9-2 中的位单元实例化了 8 个副本。位单元之间通过传输从一个单元到下一个单元的两位余数进行连接，用 16 位信号 rem 表示。最后，通过比较余数输出是否为 0 来生成输出信号。

```
//-------------------------------------------------
// Multiple_of_3
// 判断输入是否3的倍数
// 输入:
//     in——8位二进制数
// 输出:
//     out——如果是3的倍数则为真
//-------------------------------------------------
module Multiple_of_3(in, out) ;
  input [7:0] in ;
  output out ;

  wire [15:0] rem ; // 每个单元两位余数

  // 实例化8个位单元
  Multiple_of_3_bit b7(in[7],2'b0,rem[15:14]) ;
  Multiple_of_3_bit b6(in[6],rem[15:14],rem[13:12]) ;
  Multiple_of_3_bit b5(in[5],rem[13:12],rem[11:10]) ;
```

图 9-3 8 位 3 的倍数电路的 Verilog 程序。该模块实例化 8 个图 9-2 中的位单元模块，并且检测最后输出是否为 0

```
  Multiple_of_3_bit b4(in[4],rem[11:10],rem[9:8]) ;
  Multiple_of_3_bit b3(in[3],rem[9:8],rem[7:6]) ;
  Multiple_of_3_bit b2(in[2],rem[7:6],rem[5:4]) ;
  Multiple_of_3_bit b1(in[1],rem[5:4],rem[3:2]) ;
  Multiple_of_3_bit b0(in[0],rem[3:2],rem[1:0]) ;

  // 如果余数输出为0，则输出结果为真
  assign out = (rem[1:0] == 2'b0) ;
endmodule
```

图 9-3 （续）

虽然这个模块接受 8 位输入信号，但是很容易通过实例化和连接适当数量的位单元来创建任意长度的 3 的倍数电路。

3 的倍数电路的测试平台见图 9-4。测试平台通过用 Verilog 取模操作符% 来验算模 3 的余数，从而检测当前测试电路的结果。需要注意的是，我们不希望在电路本身的程序里使用% 操作符，因为使用该操作符将使得综合程序实例化一个高成本的除法器。但是，在测试平台中使用操作符% 是没有问题的，因为测试平台不用综合。

测试平台定义了测试设备的输入、输出信号，实例化了 3 的倍数模块，然后遍历了所有可能的输入状态。在每一种输入状态下，测试模块的输出都和用% 操作符计算的输出进行比较。如果两个结果不匹配，则标记出错信息。如果所有状态测试结果都匹配，则通过测试。

```
module testMul3 ;
  reg [7:0] in ;
  reg error ;
  wire out ;

  Multiple_of_3 dut(in, out) ;

  initial begin
    in = 0 ; error = 0 ;
    repeat(256) begin
      #100
      // $display("%d %b",in,out) ;
      if(out !== ((in %3) == 0)) begin
        $display("ERROR %d -> %b",in,out);
        error = 1 ;
      end
      in = in + 1 ;
    end
    if(error == 0) $display("PASS") ;
  end
endmodule
```

图 9-4 Verilog 实现 3 的倍数电路的测试平台

9.2　明天电路

在 1.4 节中我们介绍了一个日历电路。这个电路的关键模块是明天电路，明天电路给定今天在本月中的日期、月的天数、星期几的格式，以相同的格式计算出明天的日期。在这一节中 187~189
我们将用 Verilog 编程实现这个明天电路。

数字电路设计的关键步骤是将大的问题划分为简单的子问题。然后就可以设计简单的模块来解决这些子问题，将这些子问题模块组合起来解决我们的大问题。在明天电路中我们可以定义两个子问题：

1）增加星期几功能（星期几和月份或月的天数无关）；

2）确定当前月的天数。

图 9-5 给出了增加星期几功能的 Verilog 模块。如果当前日期是'SATURDAY（定义成 7），此模块设置明天为'SUNDAY（定义成 1）。如果当前日期不是'SATURDAY，该模块将今天加一得到明天。

在 16.1 节中我们将看到 NextDayOfWeek 模块是计数器的组成部分，计数器是一个状态增加的电路。这里与计数器不同的是当计数器到达'SATURDAY 时复位为'SUNDAY。

该模块通过定义'SATURDAY 和'SUNDAY 进行编码。然而该模块只有在日期表示为从'SUNDAY 开始到'SATURDAY 结束的连续的三位数字时才能正常工作。在习题 9.9 中我们尝试编写一个更加通用的版本，使得无论星期几用任何形式表示，模块都能正常工作。

```
module NextDayOfWeek(today, tomorrow) ;
  input [2:0] today ;
  output [2:0] tomorrow ;

 assign tomorrow = (today == `SATURDAY) ? `SUNDAY : today + 3'd1 ;
endmodule
```

图 9-5　Verilog 编程实现 NextDayOfWeek 模块，增加了星期几功能

图 9-6 给出了计算给定月份天数的 Verilog 模块。该模块用一条简单的 case 语句实现，用 default 分支来处理一个月有 31 天的情况。如果我们将月的名称定义为常量，可以提高程序的可读性。然而，日常生活中用数字表示月份就足够了，在这里我们使用数字表示月份。

细心的读者会发现 DaysInMonth 模块并不完全正确。程序没有考虑闰年的情况，即闰年二月份天数为 29。我们把它作为习题（习题 9.10）留给读者来补充这种情况。

定义完两个子模块，现在我们可以开发完整的 Tomorrow 模块了。图 9-7 给出了完整的明天电路模块的程序。在模块后边是输入/输出信号声明，然后实例化两个子模块。NextDayOfWeek 模块直接生成模块 tomorrowDoW 的输出信号。这也是唯一一段使用 todayDoW 输入信号的程序。星期几函数完全独立于月份和月的天数函数。

接下来，电路实例化 DaysInMonth 子模块。该子模块生成一个内部信号 daysInMonth 对当前月份的最后一天进行编码。接下来 Tomorrow 模块生成两个内部信号：如果今天是当前月最后一天则 lastDay 为真，如果当前月是十二月则 lastMonth 为真。利用这两个内部信号，模块通过 assign 语句使用条件操作符?：计算出 tomorrowMonth 和 tomorrowDoM 的值。如果操作符？之前的布尔表达式为真，则赋值为操作符：左边的数值，如果表达式为假，则赋值为右边的数值。

```
module DaysInMonth(month, days) ;
  input [3:0] month ; // 一年中的月份 1 = Jan, 12 = Dec
  output [4:0] days ; // 一个月中的天数

  reg [4:0] days ;

  always @(*) begin
    case(month)
      // 9月等月份有30天
      // 剩下的所有月份为31天
      // 除了2月份有28天
      4,6,9,11: days = 5'd30 ;
      2: days = 5'd28 ;
      default: days = 5'd31 ;
    endcase
  end
endmodule
```

190～191

图 9-6　Verilog 编程实现计算不同年的各月份天数的模块

```
module Tomorrow(todayMonth, todayDoM, todayDoW,
                tomorrowMonth, tomorrowDoM, tomorrowDoW) ;
  input [3:0] todayMonth ;  // 今天
  input [4:0] todayDoM ;
  input [2:0] todayDoW ;
  output [3:0] tomorrowMonth ;  // 明天
  output [4:0] tomorrowDoM ;
  output [2:0] tomorrowDoW ;

  // 计算星期中的下一天
  NextDayOfWeek ndow(todayDoW, tomorrowDoW) ;

  // 计算在当前月中的天数
  wire [4:0] daysInMonth ;
  DaysInMonth dim(todayMonth, daysInMonth) ;

  // 计算月份和在月中的天数
  wire lastDay = (todayDoM == daysInMonth) ;
  wire lastMonth = (todayMonth == `DECEMBER) ;
  assign tomorrowMonth = lastDay ? (lastMonth ? `JANUARY : todayMonth + 4'd1)
                               : todayMonth ;
  assign tomorrowDoM = lastDay ? 5'd1 : todayDoM + 5'd1 ;
endmodule
```

图 9-7　Verilog 编程实现明天电路。电路接收今天在当月的日期、月的天数、星期几的格式，以相同的格式计算出明天的日期

有效验证明天电路很具有挑战性。暴力枚举所有状态需要 7 年的输入数据（2555 个输入）来模拟电路。通过观察并验证星期几函数的独立性，可以将输入减少到 365 个。可以通过只模

拟月初和月末来进一步压缩测试集。我们还需要对 `DaysInMonth` 模块进行单元测试，保证输出每个月正确的天数。

9.3　优先级仲裁器

下一个例子是 4 输入优先级仲裁器，该电路接收 4 个输入信号，输出具有最高值的输入信号的索引。如果出现平局，则输出具有最高值的索引中最小的一个。举例说明，假设 4 个输入分别为 28、32、47、19，由于输入 2 具有最高值 47，因此仲裁器会输出 2。如果 4 个输入分别为 17、23、19、23，由于输入 1 和 3 为最高值 23 并且输入 1 有最小索引，因此仲裁器将输出 1。

该电路可以应用在网络设备中，根据服务质量（QoS）策略给每个数据包打分，再根据分数选择下一个要发送的数据包。分数最高的数据包最先发送。在此应用场景中，每个数据包的分数作为优先级仲裁器的输入信号，通过优先级仲裁器选择数据包进行传输。

图 9-8 给出了优先级仲裁器的实现方案，图 9-9 给出了其 Verilog 实现。该实现通过淘汰赛 192
机制选择获胜的输入信号。在第一轮比赛中，输入信号 0 和 1，输入信号 2 和 3 分别进行比较。第二轮比赛在第一轮的获胜者之间进行。

淘汰赛中的每次比赛通过数值比较器（见 8.6 节）实现。为了在平局时支持小号输入信号，数值比较器计算出信号 `c1gt0`，如果 `in1 > in0`，`c1gt0` 为真。如果出现平局，则信号 `c1gt0` 为假，表明 `in0` 赢得了比赛。在 `in3` 和 `in2` 之间也进行相似的比较。

通过两个 2 选 1 多路选择器（见 8.3 节）来选择第二轮比赛对手。每个多路选择器利用比较器的输出信号作为选择信号来选择第一轮比赛的胜利者。

第三个数值比较器完成第二轮比赛，即比较从第一级多路选择器输出的两个胜利者。第二轮比较器的输出就是优先级仲裁器的 MSB。如果该信号为真，最后的胜利者是 `in2` 或 `in3`，如果该信号为假，则胜利者是 `in0` 或 `in1`。

为了得到优先级仲裁器输出的 LSB，我们选择赢得第一轮比赛的比较器的输出。通过由最终比较器的输出信号控制的单数据位宽 2 选 1 多路选择器来实现。

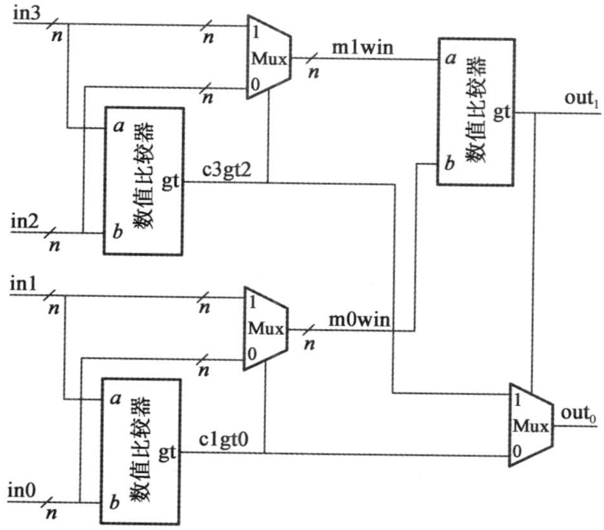

图 9-8　4 输入优先级仲裁器。该电路接收 4 个输入信号，输出具有最大值的输入信号的索引。通过对输入信号进行淘汰赛发现最高值，然后选择匹配结果来计算索引

```
//----------------------------------------------------------------------
// 4输入优先级仲裁器
// 输出最高值输入的索引号
// 输入:
//   in0, in1, in2, in3——n位二进制输入值
// 输出:
//   out——具有最高值的输入信号的2位索引号
//
// 我们通过淘汰赛来选择获胜者
// 在第一轮比赛中in0对阵in1, in2对阵in3
// 第一轮的获胜者之间进行第二轮比赛
// MSB来自于最后一轮比赛，LSB来自于选中的第一轮比赛
//
// 最后的仲裁结果偏好于索引号低的输入信号
//----------------------------------------------------------------------
module PriorityArbiter(in3, in2, in1, in0, out) ;
   parameter n = 8 ; // 输入信号宽度
   input [n-1:0] in3, in2, in1, in0 ;
   output [1:0]  out ;
   wire [n-1:0]  match0winner, match1winner ;

   // 第一轮淘汰赛
   MagComp #(n) round0match0(in1, in0, c1gt0) ; // 比较in0和in1
   MagComp #(n) round0match1(in3, in2, c3gt2) ; // 比较in2和in3

   // 选择第一轮的获胜者
   Mux2 #(n) match0(in1, in0, {c1gt0, ~c1gt0}, match0winner) ;
   Mux2 #(n) match1(in3, in2, {c3gt2, ~c3gt2}, match1winner) ;

   // 比较round0的获胜者
   MagComp #(n) round1(match1winner, match0winner, out[1]) ;

   // 选择获胜的LSB索引
   Mux2 #(1) winningLSB(c3gt2, c1gt0, {out[1], ~out[1]}, out[0]) ;
endmodule
```

图 9-9　Verilog 编程实现 4 输入优先级仲裁器

9.4　井字棋游戏

在这一节中我们开发一个能玩井字棋游戏的组合电路。给定起始棋盘位置，程序选择下一步棋的位置。作为一个组合电路，该程序只能完成一步棋。然而，我们能够很容易将它转换成时序电路（见第 14 章）来完成整个游戏。时序电路版本的井字棋游戏见 19.3 节。

首先我们要决定如何表示棋盘。我们将输入棋盘的位置表示为两个 9 位向量：xin 表示 X 的位置，oin 表示 O 的位置。我们将每个 9 位向量映射到棋盘上，如图 9-10a 所示。左上角是 LSB 右下角是 MSB。例如，图 9-10b 给出的棋盘表示 xin = 100000001，oin = 000110000（原书有误——译者注）。对于一个合法的棋盘位置，xin 和 oin 必须是正交垂直的，即 xin^oin = 0。

严格意义上讲，作为棋手 X，合法的棋盘还应该满足 $N_X+1 \geqslant N_O \geqslant N_X$，其中 N_O 是 oin 中

位组的数量，N_X 是 xin 中位组的数量。如果 X 先走，两个输入应该一直有相同数量的位组。如果 O 先走，那么 oin 中的位组总比 xin 中的位组多一个。

通常输出信号 xout 是一个 9 位的独热码向量，表示井字棋游戏电路将要在哪个位置下棋。合法的下法必须是跟输入向量垂直正交。接下来，之前的 xin 和 xout 相或以后代替之前的 xin，对手则使 oin 增加一位。

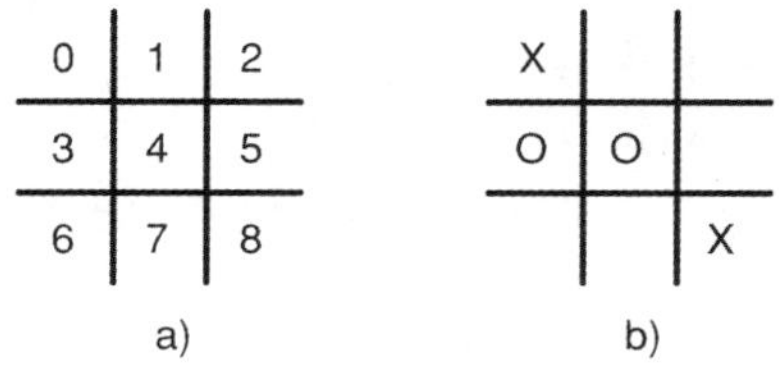

图 9-10 井字棋游戏棋盘的表示方法。a) 将一个位向量映射到棋盘上。b) 棋盘由 xin = 100000001，oin = 000110000（原书有误——译者注）表示

193～195

到目前为止我们已经表示了棋盘，下一步我们将构造我们的电路。一种有用的结构是利用*分而治之*的方法，作为一组有序策略模块，每个模块应用策略生成下一步棋走法。然后最高优先级的模块生成的下一步棋走法被选中。例如，一个好的策略模块集合满足以下几点：

1）*获胜*：如果一步棋使得某一方三个棋子连成一排，则该方获胜。

2）*不失败*：如果一步棋能够阻止对方两个棋子连成一排，则不会失败。

3）*选择第一个空格*：以特定顺序遍历棋盘，选择第一个空格。

从我们的模块中选择电路组合输入信号并选择最高优先级模块的输出信号。通过模块化设计，以后我们可以很容易增加更多的策略模块来完善电路功能。

井字棋游戏移动生成器的顶层模块如图 9-11 所示。该模块的 Verilog 程序如图 9-12 所示。该程序实例化 4 个模块：两个 TwoInArray 实例、一个 Empty 实例和一个 Select3 实例。第一个 TwoInArray 模块查找能够使我们赢得比赛的位置，如果有，我们将棋下到这个位置，这个位置和两个 X 连成一行、一列或对角线，在这个行、列或对角线上没有 O。第二个 TwoInArray 模块查找这样的位置，如果我们这一步不走这个位置对方下一步走这个位置将赢得比赛，即一行、一列或对角线有两个 O 而没有 X 的位置。我们在获胜和阻止获胜策略使用相同的模块，因为它们需要同样的功能，只是将 X 和 O 颠倒一下。下一个模块 Empty 根据特定的顺序查找第一个空格。按照策略价值排序选择空格。最后，模块 Select3 需要前面模块的三个输出来选择最高优先级的步骤。

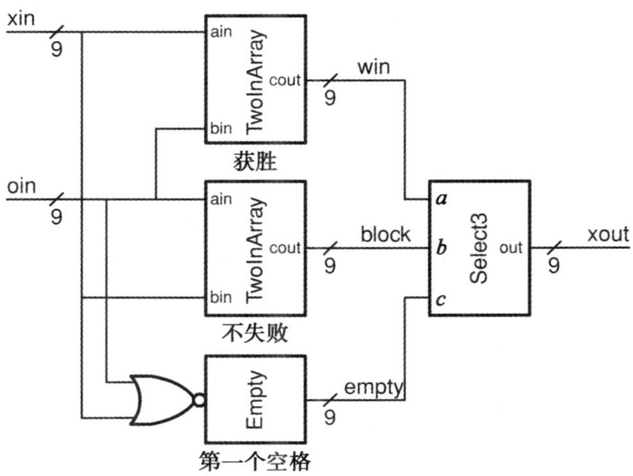

图 9-11 井字棋游戏模块的高级设计。3 个策略模块接收输入信号 xin 和 oin，计算可能获胜的下棋步骤，不失败的步骤，选择一个空格。然后 Select3 模块选择这些可能步骤中优先级最高的一个来移动棋子

```
//------------------------------------------------------------------------------
// TicTacToe
// 在井字棋游戏中为X方生成一个下棋步骤
// 输入:
//     xin oin——当前X和O的位置（9位）
// 输出:
//     xout—— X方下一个热门位置（9位）
//
// 输入输出用一个棋盘映射:
//
//    0 | 1 | 2
//   ---+---+---
//    3 | 4 | 5
//   ---+---+---
//    6 | 7 | 8
//
// 顶层电路实例化策略模块和选择器模块，每个策略模块根据策略生成一个下棋步骤，
// 选择器模块选择最高优先级策略模块来下下一步棋
// 获胜模块选择一个空格下棋，如果存在这样的空格则会赢得比赛
//
// 阻止模块选择一个空格下棋，这样将阻止对方赢得比赛
//
// 空策略模块通过特定的查找顺序查找第一个空格
//------------------------------------------------------------------------------
module TicTacToe(xin, oin, xout) ;
  input [8:0] xin, oin ;
  output [8:0] xout ;
  wire [8:0] win, block, empty ;

  TwoInArray winx(xin, oin, win) ;              // 如果可以就获胜
  TwoInArray blockx(oin, xin, block) ;          // 阻止O方获胜
  Empty      emptyx(~(oin | xin), empty) ;        // 否则选择一个空格
  Select3    comb(win, block, empty, xout) ; // 选择最高优先级
endmodule
```

图 9-12　Verilog 编程实现井字格移动发生器的顶层电路

196~197 井字棋游戏实现的主要工作由图 9-13 给出的 TwoInArray 模块完成。该模块创建 8 个 TwoInRow 模块实例（见图 9-14）。每个 TwoInRow 模块检查一条线（行、列或对角线）。如果检查的直线有两位 a 为真并且没有 b 为真，则在空格位置生成一个 1。该模块包含 3 个 4 输入与门，表示 3 个位置中的每一个都被检查到了。需要注意的是，我们在每个与门仅仅检测 b 的一个数据位，这是因为我们假设输入是合法的，即如果 a 的一个数据位是真，则 b 对应的数据位为假。

3 个 TwoInRow 实例检测所有行，生成一个 9 位的向量 rows。如果 rows 的某位为真，放一个 a 到相应的空格就可以完成一行。同样，3 个 TwoInRow 实例检测 3 列中有两位 a 并且没有 b 的列，生成 9 位向量结果 cols。最后两个 TwoInRow 实例检测两个对角线，生成两个 3 位向量 ddiag 和 udiag，分别表示向下对角线和向上对角线。

检测完行、列、对角线之后，最后的 assign 语句通过或操作将各个组件结合到一起形成

```
//----------------------------------------------------------------------
// TwoInArray
// 表示数组中是否有任意行或列或对角线上有两个类型a而没有类型b
// （a和b可以是x和o或o和x）
// 输入：
//   ain, bin——类型a或b的数组（9位）
// 输出：
//   cout——完成a的行、列或对角线的下棋的空格（9位）
// 如果多于一个空格满足条件，则输出可以有多个位组
// 如果没有空格满足条件，则输出全部为0
//----------------------------------------------------------------------
module TwoInArray(ain, bin, cout) ;
  input [8:0] ain, bin ;
  output [8:0] cout ;

  wire [8:0] rows, cols ;
  wire [2:0] ddiag, udiag ;

  // 检查每一行
  TwoInRow topr(ain[2:0],bin[2:0],rows[2:0]) ;
  TwoInRow midr(ain[5:3],bin[5:3],rows[5:3]) ;
  TwoInRow botr(ain[8:6],bin[8:6],rows[8:6]) ;

  // 检查每一列
  TwoInRow leftc({ain[6],ain[3],ain[0]},
                 {bin[6],bin[3],bin[0]},
                 {cols[6],cols[3],cols[0]}) ;
  TwoInRow midc({ain[7],ain[4],ain[1]},
                 {bin[7],bin[4],bin[1]},
                 {cols[7],cols[4],cols[1]}) ;
  TwoInRow rightc({ain[8],ain[5],ain[2]},
                 {bin[8],bin[5],bin[2]},
                 {cols[8],cols[5],cols[2]}) ;

  // 检查所有对角线
  TwoInRow dndiagx({ain[8],ain[4],ain[0]},{bin[8],bin[4],bin[0]},ddiag) ;
  TwoInRow updiagx({ain[6],ain[4],ain[2]},{bin[6],bin[4],bin[2]},udiag) ;

  // 所有输出进行或运算
  assign cout = rows | cols |
        {ddiag[2],1'b0,1'b0,1'b0,ddiag[1],1'b0,1'b0,1'b0,ddiag[0]} |
        {1'b0,1'b0,udiag[2],1'b0,udiag[1],1'b0,udiag[0],1'b0,1'b0} ;
endmodule
```

图 9-13 Verilog 编程实现 TwoInArray 模块

一个单独的 9 位结果向量。向量 rows 和 cols 直接组合。3 位的对角线向量首先扩展成 9 位，将活动位放到合适的位置。

图 9-15 给出的 Empty 模块用了一个仲裁器（见 8.5 节）在输入向量中查找第一个非零

```
//----------------------------------------------------------------------
// TwoInRow
// 表示是否有一行（或列或对角线）上有两个类型a而没有类型b
// （a和b可以是x和o或o和x）
// 输入:
//   ain, bin——类型a或b的行（3位）
// 输出:
//   cout——其他两个是类型a的空格位置（3位）
//----------------------------------------------------------------------
module TwoInRow(ain, bin, cout) ;
  input [2:0] ain, bin ;
  output [2:0] cout ;

  assign cout[0] = ~bin[0] & ~ain[0] & ain[1] & ain[2] ;
  assign cout[1] = ~bin[1] & ain[0] & ~ain[1] & ain[2] ;
  assign cout[2] = ~bin[2] & ain[0] & ain[1] & ~ain[2] ;
endmodule
```

图 9-14　Verilog 编程实现 TwoInRow 模块。该模块在某行的空位置输出 1，该行有 a 的两个数据位而没有 b 的数据位

位。需要注意的是，顶层模块已经将两个输入向量或在了一起并补足了缺失位，因此这个模块的输入信号的每一位都对应一个空格。输入向量使用连接语句按照我们想要的优先级顺序（中间优先级最高，然后是 4 个角，最后是边）进行排队。输出以同样的顺序排队来保持一致性。

```
//----------------------------------------------------------------------
// Empty
// 检查输入信号没有的第一个空格
// 排列向量使用中间位置在最前边，然后是角，最后是边
// 输入:
//   in——已占用的格（9位）
// 输出:
//   out——第一个空格（9位）
//----------------------------------------------------------------------
module Empty(in, out) ;
  input [8:0] in ;
  output [8:0] out ;

  RArb #(9) ra({in[4],in[0],in[2],in[6],in[8],in[1],in[3],in[5],in[7]},
         {out[4],out[0],out[2],out[6],out[8],out[1],out[3],out[5],out[7]}) ;
endmodule
```

图 9-15　Verilog 编程实现 Empty 模块。该模块用仲裁器来查找第一个空位置，首先查找中间位置，然后查找 4 个角，最后查找 4 个边

图 9-16 给出的 Select3 模块也仅仅是一个仲裁器。在这种情况下，一个 27 位的仲裁器扫描所有三个输入信号来查找第一位。这样既选择最高优先级的非零输入，又选择了这个输入的第一个组位。仲裁器 27 位的输出通过或操作减少到 9 位来和每个输入保持一致。

值得指出的是，整个井字棋模块的底层仅仅由两个模块类型 TwoInRow 和 RArb 构建而成。这充分论证了组合电路基础单元的通用性。

```
//-----------------------------------------------------------------------
// Select3
// 从3个9位向量中选择优先级最高的位
// 输入:
//    a, b, c——输入向量（9位）
// 输出:
//    out——独热输出组位，在最高优先级输入的最高位（9位）
//-----------------------------------------------------------------------
module Select3(a, b, c, out) ;
  input [8:0] a, b, c;
  output [8:0] out ;
  wire [26:0] x ;

  RArb #(27) ra({a,b,c},x) ;

  assign out = x[26:18] | x[17:9] | x[8:0] ;
endmodule
```

图 9-16 Verilog 编程实现 Select3 模块。用一个 27 输入仲裁器查找最高优先级策略模块的第一个组位。通过一个三路或电路生成仲裁器的输出信号 198~199

图 9-17 给出了井字棋游戏模块的一个简单测试平台。该测试平台实例化了两个 TicTacToe 模块。一个作为 X 方，另一个作为 O 方。测试平台首先检测 X 方模块，在测试平台中称为 dut，进行一些直接测试。5 个向量检测空格、获胜、阻止获胜策略，并且检测行、列、对角线的模式。

```
module TestTic ;
  reg [8:0] xin, oin ;
  wire [8:0] xout, oout ;

  TicTacToe dut(xin, oin, xout) ;
  TicTacToe opponent(oin, xin, oout) ;

  initial begin
    // 所有位为0，应该选择中间位置
    xin = 0 ; oin = 0 ;
    #100 $display("%b %b -> %b", xin, oin, xout) ;
    // 穿过顶端能获胜
    xin = 9'b101 ; oin = 0 ;
    #100 $display("%b %b -> %b", xin, oin, xout) ;
    // 接近获胜：根据阻止策略。穿越顶端不能获胜
    xin = 9'b101 ; oin = 9'b010 ;
    #100 $display("%b %b -> %b", xin, oin, xout) ;
    // 在第一列阻止
    xin = 0 ; oin = 9'b100100 ;
    #100 $display("%b %b -> %b", xin, oin, xout) ;
```

图 9-17 井字棋游戏模块的 Verilog 测试平台。执行直接测试然后进行一个模块对阵另一个模块的游戏

```
    // 沿着对角线阻止
    xin = 0 ; oin = 9'b010100 ;
    #100 $display("%b %b -> %b", xin, oin, xout) ;
    // 游戏开始，x方先走
    xin = 0 ; oin = 0 ;
    repeat (6) begin
      #100
      $display("%h %h %h", {xin[0],oin[0]},{xin[1],oin[1]},{xin[2],oin[2]});
      $display("%h %h %h", {xin[3],oin[3]},{xin[4],oin[4]},{xin[5],oin[5]});
      $display("%h %h %h", {xin[6],oin[6]},{xin[7],oin[7]},{xin[8],oin[8]});
      $display(" ") ;
      xin = (xout | xin) ;
      #100
      $display("%h %h %h", {xin[0],oin[0]},{xin[1],oin[1]},{xin[2],oin[2]});
      $display("%h %h %h", {xin[3],oin[3]},{xin[4],oin[4]},{xin[5],oin[5]});
      $display("%h %h %h", {xin[6],oin[6]},{xin[7],oin[7]},{xin[8],oin[8]});
      $display(" ") ;
      oin = (oout | oin) ;
    end
  end
endmodule
```

图 9-17　（续）

在 5 个定向模式测试之后，测试平台通过将每个模块的输出结果和输入信号进行或操作来
200 生成下一轮比赛的输入信号，从而完成一轮完整的井字棋游戏。游戏结果如图 9-18 所示（通过编写脚本程序输出 $display 语句内容来获得游戏结果）。

```
. . .     . . .     O . .     O . X     O . X
. . .     . X .     . X .     . X .     . X .
. . .     . . .     . . .     . . .     O . .


O . X     O . X     O . X     O O X     O O X
X X .     X X O     X X O     X X O     X X O
O . .     O . .     O . X     O . X     O X X
```

图 9-18　执行一个井字棋模块对阵另一个井字棋模块的结果

游戏从空棋盘开始。empty 策略使得 X 方第一步棋下到中心位置，即最高优先级的空格。接下来两轮同样适用 empty 规则，O 方和 X 方将棋下到顶部的两个角上。这时 X 方有两个棋子排成一行，因此适用 block 规则，O 方将棋下到棋盘的左下角（位置 6），图 9-18 第一行完成。

图 9-18 的第二行开始适用于 block 规则，使得 X 方将棋下到左侧边位置（位置 3）；然后 O 方在中间一行阻挡 X。这时候 empty 规则使得 X 将棋下到最后一个角的位置。最后两步，empty 规则使 O 方和 X 方依次下到剩余两个空格中。这局棋以平局结束。

该测试平台执行的验证绝不足以完全验证模块的操作。许多输入组合没有测试到。测试器需要对模块进行完全测试。这项工作通常通过高级编程语言实现（如 C），并且为仿真器提供接口。全部操作将通过对仿真结果和高级语言模块进行比较来完成。希望同样的错误不要在两

个模型中都出现。

一旦测试器布置到位，我们仍需要选择测试向量。在更多的直接测试之后（例如测试所有 8 条线上的获胜、阻止、即将获胜、即将阻止），我们可以采取两种方法。我们可以穷尽测试模块（这里有 2^{18} 种输入情况）。这取决于我们的仿真器有多快，我们可能有时间去尝试这样测试。另外，如果没有足够时间进行穷尽测试，我们可以采用随机测试，任意生成输入信号组合来测试输出结果。

小结

在这一章我们学习了 4 个扩展实例，这 4 个例子汇集了很多到目前为止在本书学到的知识点。3 的倍数电路是迭代电路的实例。该电路由 8 个 `Multiple_of_3_bit` 模块构成，每个 `Multiple_of_3_bit` 模块都是由 `case` 语句说明的组合电路模块的实例。该电路的顶层模块是结构化 Verilog 编程的很好的实例。该电路的测试平台完成穷尽测试并且具有自检功能。 201

明天电路实现 1.4 节中详细说明的功能，即给定今天的日期和星期几作为输入，计算出明天的日期和星期几。该电路的子模块给出了用 `case` 和 `design` 一起定义组合电路模块的实例。顶层模块用于实例化和连接子模块，它通过在同一级使用 `assign` 语句实现 Verilog 混合结构编程。

优先级仲裁器给出了通过组成组合电路基础单元来实现某个功能的实例，在这个例子中组合电路基础单元有比较器和多路选择器。该电路在输入信号之间举行一场淘汰赛，用比较器来选择每场比赛的获胜者，然后用多路选择器按照某路线将获胜者发送到下一轮比赛。

最后，井字棋游戏电路举例说明了如何由简单电路构建成复杂功能电路，以及如何利用分而治之的方法将复杂任务分解为简单部分。顶层电路实例化策略模块，然后用仲裁器来选择最高优先级结果。反过来说，每一个策略模块由简单的逻辑模块实现。在底层，整个电路由仲裁器和 `TwoInRow` 模块实现。

习题

9.1 表决电路。用像加法器、比较器、多路选择器、译码器、编码器、仲裁器等那样的组合电路基础单元和逻辑门电路设计一个电路。该电路接收 5 个 3 位独热码数字，输出其中一个在输入端出现最多的 3 位独热码数字。输入信号之间可以以任何形式隔开。例如，如果输入信号为 100，100，100，010，001，那么将输出 100。

9.2 中间电路。用像加法器、比较器、多路选择器、译码器、编码器、仲裁器等那样的组合电路基础单元和逻辑门电路设计一个电路。该电路接收 3 个独热码 8 位数字 $a2_{7:0}$、$a1_{7:0}$、$a3_{7:0}$，输出输入三个数值中的中间一个。例如，如果输入数值为 $a2 = 10000000$，$a1 = 00010000$，$a0 = 00000001$。那么输出值将为 00010000，即三个热独码数值的中间一个。

9.3 设计 5 的倍数电路。用类似于 9.1 节中的 3 的倍数电路设计类似的方法，设计一个 5 的倍数电路，如果 8 位输入信号数值为 5 的倍数，则电路输出真。

9.4 实现 5 的倍数电路。用 Verilog 编程实现习题 9.3 中设计的 5 的倍数电路，并编写测试平台进行穷尽测试。

9.5 设计 10 的倍数电路。设计一个电路，如果 8 位输入数值是 10 的倍数，则输出为真。（提示：考虑要实现此功能需要实现多少位余数。）

9.6 实现 10 的倍数电路。用 Verilog 编程实现习题 9.5 中设计的 10 的倍数电路，并编写测试平台进行穷尽测试。

9.7 设计模 3 电路。修改 9.1 节中 3 的倍数电路，使输出变为 `in% 3`，即输入信号以 3 为模进行计算。 202

9.8 实现模 3 电路。用 Verilog 编程实现习题 9.7 中设计的模 3 电路，并编写测试平台进行穷尽测试。

9.9 修改日历电路，Ⅰ。重新编写 `NextDayOfWeek` 模块程序，使得该程序能够接受任何形式定义的常量'SUNDAY、'MONDAY，…，'SATURDAY。

9.10　修改日历电路，Ⅱ。修改日历电路，使得其在闰年情况下也能正常工作。假设输入信号包含年，用12位二进制表示。

9.11　日历表示。设计一个组合逻辑电路，输入日期从1月1日开始的天数0000，程序返回月中的日期，即月的天数。（可选：还可以生成星期几格式。）

9.12　设计优先级仲裁器中的连接。9.3节中的优先级仲裁器在同样结果下一般以低序号输入形式给出仲裁结果。修改电路使得仲裁器在相同情况下以高序号输入为仲裁结果。

9.13　实现优先级仲裁器中的连接。Verilog编程实现习题9.12的优先级仲裁器连接，并用选择的测试用例进行验证。

9.14　5输入优先级仲裁器。修改9.3节中的优先级仲裁器，使输入信号增加为5个。

9.15　8输入优先级仲裁器。修改9.3节中的优先级仲裁器，使输入信号增加为8个。

9.16　反相优先级。修改9.3节中的优先级仲裁器，使仲裁结果选择值最低的输入信号。

9.17　获胜值。修改9.3节中的优先级仲裁器，输出仲裁获胜的输入信号的值。

9.18　井字棋游戏策略，Ⅰ。对9.4节的井字棋游戏模块进行扩展，增加策略模块，使得将棋下到某个空格可以使某方两个棋子连成一条直线。创建模块 `OneInARow`，查找有一个X但是没有O的行、列、对角线。利用此模块构建一个模块 `OneInArray` 来实现此策略。

9.19　井字棋游戏策略，Ⅱ。对9.4节的井字棋游戏模块进行扩展，增加策略模块，使得在空棋盘上，将棋下到位置0（左上角）。

9.20　井字棋游戏策略，Ⅲ。对9.4节的井字棋游戏模块进行扩展，增加策略模块，使得当棋盘上只有对方O占据了两个对角，X占据了中间位置，其他地方都是空的，下棋策略使得X方将棋下到相邻边的位置。（即将棋下到下图中H所示的位置。[⊖]）

```
O . .
H X .
. . O
```

9.21　井字棋游戏输入检测。在井字棋游戏模块中增加一个模块，用来检测输入是否合法。

9.22　井字棋游戏结束。在井字棋游戏模块中增加一个模块，当比赛结束时输出一个信号表示比赛结果。该信号应该设置这些编码项：比赛中、获胜、失败、平局。

203～204

9.23　验证。为井字棋游戏模块构建一个检测器，编写测试平台对该模块进行随机测试。

⊖　在这种情况下，如果你将棋下到角落的位置，那么你的对手O将在两步棋之后赢得比赛。

第三部分

算 术 电 路

算 术 电 路

很多数字系统对数进行操作，完成诸如加法和乘法的算术运算。例如，数字音频系统利用数列来表示一个波形，并且执行滤波和缩放的算术运算。

数字系统内部以二进制的形式表示数。包括加法和乘法在内的二进制算术运算函数通过组合逻辑功能来完成。在本章中，我们介绍正整数和负整数的二进制表示方法，并构建用于简单的加法、减法、乘法和除法运算的逻辑电路。在第 11 章，我们通过着眼于近似实数的浮点数的表示方法来详述这些基础。在第 12 章，我们着眼于快速算术运算的方法。最后，第 13 章给出了使用这些算术运算的几个设计实例。

10.1 二进制数

作为人类，我们习惯用十进制或者以 10 为基数的记数法来表示数。也就是说，我们使用进位制记数法，其中每位数用其右边的数的权重的 10 倍进行加权。例如，1234_{10}（下标表示以 10 为基数）表示 $1\times1000+2\times100+3\times10+4$。我们用十进制系统很可能是因为我们有 10 根手指可以计数。

在数字电子中，我们没有 10 根手指，但我们有两个状态——1 和 0，用它来表示数值。因此，虽然计算机可以（有时确实是）以 10 为基数（十进制）来表示数，但更顺理成章的是以 2 为基数或者二进制记数法来表示数。用二进制记数法，每位数用其右边的数的权重的 2 倍进行加权。例如，1011_2（下标表示以 2 为基数）表示 $1\times8+0\times4+1\times2+1=11_{10}$。

更正式地讲，以 b 为基数表示的数 a_{n-1}，a_{n-2}，…，a_1，a_0，其数值为：

$$v=\sum_{i=0}^{n-1}a_i b^i \tag{10-1}$$

205~207 对于二进制数，$b=2$，我们可以得到

$$v=\sum_{i=0}^{n-1}a_i 2^i \tag{10-2}$$

第 a_{n-1} 位是二进制表示法的最左边或最高有效位（MSB），第 a_0 位是最右边或最低有效位（LSB）。

我们可以根据目标进制按照公式（10-1）或者公式（10-2），将一种进制转换为另一种进制，如我们上面将 1011_2 转换为 11_{10} 一样。十进制转换为二进制就可采用这种方法。例如，$1234_{10}=1\times1111101000_2+10_2\times1100100_2+11_2\times1010_2+100_2\times1=1111101000_2+11001000_2+11110_2+100_2=10011010010_2$。但是，这个过程有些繁琐，需要大量的二进制计算。

通常，更方便的是重复减去小于这个数的 2 的最大幂，然后叠加这些 2 的幂来构成一个以 2 为基数的表达式。例如，在公式（10-3）中我们将 1234_{10} 转换为二进制。在左边一列中，我们从 1234_{10} 开始，并重复地减去小于余数的 2 的最大幂。每次我们从左边一列中减去一个数值，我们在右边一列中叠加相同的数，但采用的是二进制表示法。在公式底部，左边一列为 0；我们已经减去 1234_{10} 整个值，右边一列是 10011010010_2，即 1234_{10} 的二进制表示。我们在此列中叠加了 1234_{10} 的整个值，每次一位。

$$
\begin{array}{rr}
1234_{10} & 0_2 \\
-\ 1024_{10} & +\ 10\ 000\ 000\ 000_2 \\
\hline
210_{10} & 10\ 000\ 000\ 000_2 \\
-\ 128_{10} & +\ 10\ 000\ 000_2 \\
\hline
82_{10} & 10\ 010\ 000\ 000_2 \\
-\ 64_{10} & +\ 1\ 000\ 000_2 \\
\hline
18_{10} & 10\ 011\ 000\ 000_2 \\
-\ 16_{10} & +\ 10\ 000_2 \\
\hline
2_{10} & 10\ 011\ 010\ 000_2 \\
-\ 2_{10} & +\ 10_2 \\
\hline
0_{10} & 10\ 011\ 010\ 010_2
\end{array}
\tag{10-3}
$$

因为二进制数可能很长，表示一个4位的十进制数可能需要11位二进制数，我们有时用十六进制或是以16为基数的记数法。因为 $16=2^4$，所以二进制和十六进制之间转换很容易。我们简单地将二进制数分解成4位的数据块，然后将每个数据块转换为十六进制。例如，1234_{10} 可表示为 10011010010_2 以及 $4D2_{16}$。如下所示，我们简单地从右至左取 10011010010_2 每4位一组，然后将每组都转换为十六进制。我们使用字母A～F分别表示值为10～15的单个数字。$4D2_{16}$ 中的字母D意味着第二位数字（权重为16）的值为13。

$$
\begin{array}{cccc}
0100 & 1101 & 0010 & {}_2 \\
4 & D & 2 & {}_{16}
\end{array}
\tag{10-4}
$$

数字系统使用二进制编码的十进制数（二－十进制编码）或BCD表示来编码十进制数。 208
这是一种每一位十进制数字由4位二进制数表示的表示法。在BCD中，值由下式给出：

$$
v = \sum_{i=0}^{n-1} d_i 10^i \tag{10-5}
$$

$$
= \sum_{i=0}^{n-1} \left(10^i \times \sum_{j=0}^{3} a_{ij} 2^j\right) \tag{10-6}
$$

也就是说，每一个4位的十进制组 d_i 用10的幂进行加权，并且十进制组 d_i 内的每一个二进制数位 a_{ij} 又用2的幂进行加权。例如，数 $1234_{10}=0001001000110100_{BCD}$。

$$
\begin{array}{ccccc}
1 & 2 & 3 & 4 & {}_{10} \\
0001 & 0010 & 0011 & 0100 & {}_{BCD}
\end{array}
\tag{10-7}
$$

我们使用二进制记数法表示数字系统中的数的原因是，它使得常见的操作（加法、减法、乘法等）容易执行。一如既往，我们会选择适合手边任务的表示法。如果我们有一组不同的操作要执行，我们可能会选择一个不同的表示法。

例 10-1　二进制转换

将数5961转换为以下记数法：二进制，十六进制，BCD。

我们可以按照与公式（10-3）中相同的方法将其转换为二进制。答案总共有13位：

$$
\begin{array}{rr}
5961_{10} & 0_2 \\
-\ 4096_{10} & +\ 1\ 000\ 000\ 000\ 000_2 \\
\hline
1865_{10} & 1\ 000\ 000\ 000\ 000_2 \\
-\ 1024_{10} & +\ 10\ 000\ 000\ 000_2 \\
\hline
841_{10} & 1\ 010\ 000\ 000\ 000_2 \\
-\ 512_{10} & +\ 1\ 000\ 000\ 000_2 \\
\hline
329_{10} & 1\ 011\ 000\ 000\ 000_2
\end{array}
$$

-256_{10}	$+100\ 000\ 000_2$
73_{10}	$1\ 011\ 100\ 000\ 000_2$
-64_{10}	$+1\ 000\ 000_2$
9_{10}	$1\ 011\ 101\ 000\ 000_2$
-8_{10}	$+1\ 000_2$
1_{10}	$1\ 011\ 101\ 001\ 000_2$
-1_{10}	1_2
209 0_{10}	$1\ 011\ 101\ 001\ 001_2$

数 5961_{10} 在二进制中为 1011101000100_2。为了写出十六进制数值，我们将二进制数字分为4组：

$$0001\quad 0111\quad 0100\quad 1001_2$$
$$1\quad 7\quad 4\quad 9_{16}$$

最后，在BCD码中，该数变成0101 1001 0110 0001。

10.2　二进制加法

我们关心的第一个操作将是加法。我们做二进制数加法与做十进制数加法采用同样的方法，从右边开始，每次一位数字。唯一的区别是数字是二进制的，而不是十进制的。这实际上明显简化了加法，因为我们只需要记住数字的4种可能的组合（而不是100种）。

要将 a 和 b 两个二进制位相加，结果 r 只有4种可能性，如表10-1所示。在第一行中，我们做加法 $0+0$ 得到 $r=0$。在第二行和第三行中，我们做加法 $0+1$（或者等同于 $1+0$）均得到 $r=1$。最后，在最后一行中，如果 a 和 b 均为1，我们将得到 $r=1+1=2$。

为了表示结果 r 的范围为0~2，需要 s 和 c 两个位，如表10-1所示。最低有效位 s 我们称之为*和*，而最高有效位 c 我们称之为*进位*。（当我们讨论多位加法时，这些名称的由来很快就会变得清楚了。）

将两个位相加以产生和（sum）及进位（carry）的电路称为*半加器*。读者会注意到，和的真值表与异或门的真值表相同，而进位的真值表恰恰是与门的真值表。因此，我们可以用这两
210 个门电路来实现一个半加器，如图10-1所示。

表10-1　半加器真值表

a	b	r	c	s
0	0	0	0	0
0	1	1	0	1
1	0	1	0	1
1	1	2	1	0

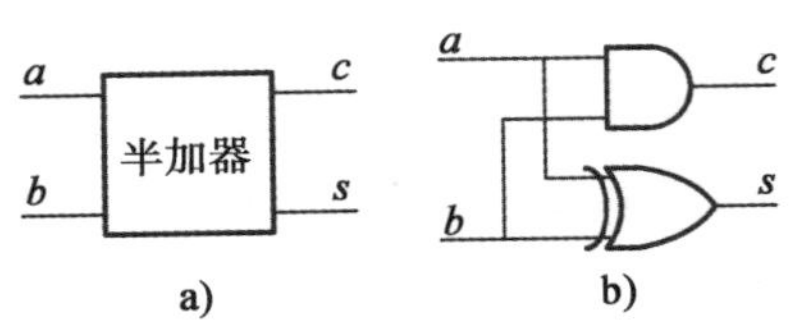

图10-1　半加器：a）图形符号；b）逻辑电路

为了处理进位输入，我们需要一个能够接受三个输入位即 a、b 和 cin（用于进位输入）的电路，并能生成出这些位之和的结果 r。现在 r 的取值范围为0~3，但它仍然能用两个位即 s 和 cout（用于进位输出）来表示。将三个权重相同的位相加以产生和及进位的电路称为*全加器*，该电路的真值表如表10-2所示。

图10-2为全加器电路图。从表10-2中，我们观察到和输出（s）具有三输入异或的真值表（即当奇数个输入为真时输出为真）。进位输出（cout）为真时大多数的输入都为真（三个当中有两个或三个为真），因此可以使用择多电路（公式（3-6））来实现。

表 10-2 全加器真值表

a	b	cin	r	cout	s	a	b	cin	r	cout	s
0	0	0	0	0	0	1	0	0	1	0	1
0	0	1	1	0	1	1	0	1	2	1	0
0	1	0	1	0	1	1	1	0	2	1	0
0	1	1	2	1	0	1	1	1	3	1	1

敏锐的读者现在已经观察到了加法器电路实际上就是计数器。半加器或全加器仅计取其输入端上 1 的个数（所有输入都是等效的），并在其输出端上以二进制的形式记录该计数值。对于半加器，计数在 0 ~ 2 的范围内，而对于全加器，计数范围为 0 ~ 3。

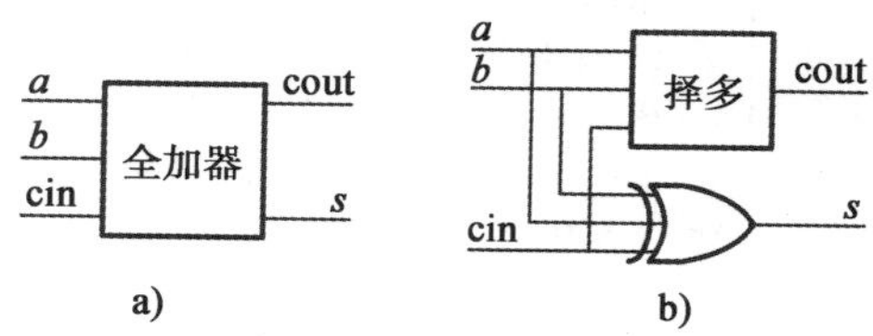

图 10-2 全加器：a）图形符号；b）逻辑电路

我们可以利用这个计数特性用半加器来构造一个全加器，如图 10-3a 所示。在该图中，括号中的数字表示信号的权重。输入信号都用 1 加权，结果输出一个二进制数，其中和用 1 加权，进位输出用 2 加权。因为加法器计取的是其所有输入端上 1 的个数，所以它们应当具有相等的权重，否则一个输入端计取的将比另一个输入端多。我们使用一个半加器计取两个原始输入信号，产生一个我们称为 p（用于传递（propagate））的和以及一个我们称为 g（用于生成（generate））的进位。如果传递信号为真，进位输入（cin）中的一位将使进位输出变高。也就是说，进位输入传递到了进位输出。如果生成信号为真，进位输出将为真，而与进位输入无关。也就是说 a 和 b 生成了进位输出。我们将在 12.1 节中看到如何使用生成和传递信号来构建非常快速的加法器。对于现在来说，我们仍将继续我们简单的加法器。 211

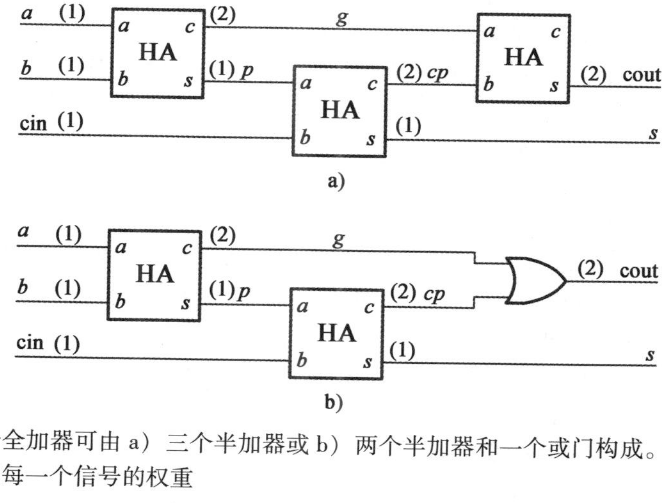

图 10-3 一个全加器可由 a）三个半加器或 b）两个半加器和一个或门构成。括号里的数字表示每一个信号的权重

第二个半加器将 p（权重为 1）与进位输入（权重也为 1）相结合以产生和输出 s（权重为 1）以及进位输出 cp（用于传递进位，权重为 2）。此时，我们有一个权重为 1 的信号 s 和两个权重为 2 的信号 cp 和 g。我们利用第三个半加器将这两个权重为 2 的信号相结合，第三个半加器的和输出就是进位输出（权重为 2）。该半加器的进位输出（权重为 4）未使用。这是因为，仅有三个输入，不会出现 4 的计数。

我们可以通过利用以下事实简化图 10-3a 的电路：①我们仅需要最后一个半加器的和输出；②最后一个半加器的两个输入将不会同时为高。事实①让我们可以用一个异或门来代替半加器。因为进位输出未使用，因此不需要该半加器中的与门。事实②让我们可以用一个或门来代替异或门（在 CMOS 中用一个更简单的门来实现），因为它们的真值表是完全相同的，除了两个输入同时为高的状态。简化的结果是图 10-3b 的电路，该电路的 Verilog 描述如图 10-4 所示。

```
//----------------------------------------------------------------
// 半加器
module HalfAdder(a,b,c,s) ;
  input a,b ;
  output c,s ;  // 进位及和
  assign s = a ^ b ;
  assign c = a & b ;
endmodule
//----------------------------------------------------------------
// 全加器——来自半加器
module FullAdder1(a,b,cin,cout,s) ;
  input a,b,cin ;
  output cout,s ;  // 进位及和
  wire g,p ;      // 生成和传递
  wire cp ;
  HalfAdder ha1(a,b,g,p) ;
  HalfAdder ha2(cin,p,cp,s) ;
  assign cout = g | cp;
endmodule
```

图 10-4　由半加器构成的全加器的 Verilog 描述

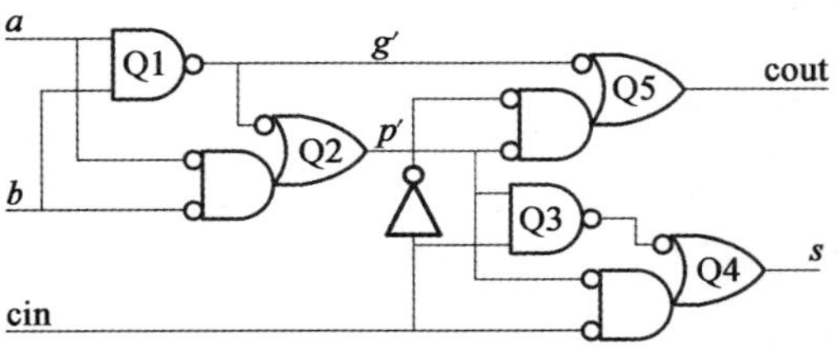

图 10-5　全加器的 CMOS 门级实现

图 10-5 显示了用于全加器的优化后的 CMOS 逻辑电路。该电路由一个反相器和 5 个 CMOS 门电路 Q1 ~ Q5 组成，其中包括 2 个 2 输入与非门 Q1 和 Q3，以及 3 个 3 输入或 - 与 - 非（OAI）门 Q2、Q4 和 Q5。Q1 和 Q2 构成第一个半加器，提供作为补充的输出的 p 和 g。Q3 和 Q4 构成一个同或（XNOR）门，用作第二个半加器的异或，产生输出 s。Q5 的输入 OR 门（低为真与门）部分完成第二个半加器的与门部分。然而，不产生 cp 信号，它保留在了 Q5 的内部。Q5 的输出与门（低为真或门）部分完成或门部分，用以将 g 与 cp 组合并生成进位输出。

通过以上说明，可以看到算术电路是如何用 CMOS 门电路实现的。幸运的是，使用现代逻辑综合工具，你无须让运算电路工作在门级电路上。

现在我们有了可以单位相加的电路，我们可以继续多位加法。要将多位数相加，我们简单地运用这个单位二进制加法，从右到左每次一位。例如，假设我们使用 4 位二进制数，要将 3_{10}（0011）加到 6_{10}（0110）上，我们计算如下：

```
  1 1 0
 0 1 1 0
+0 0 1 1
--------
 1 0 0 1
```

我们从最右边的一列开始，两个 LSB 相加，即 0 + 1，得到 1 作为结果的 LSB。结果可以用一位来表示（即其小于 2），所以进入下一列的进位（由顶部一行中的小灰色数字表示）为 0。算上进位，我们有 3 位用于对第二列（0、1 和 1）求和，结果为 2，所以和的第二位为 0，并

且我们进位一个1到第三列的顶部。在第三列中，位为1、1和0，又是两个1，所以和及进位仍分别是0和1。在最后第四列中，只有进位是1，所以和为1，进位（未显示）为0。结果为0110+0011=1001或者$6_{10}+3_{10}=9_{10}$。 212~213

例 10-2 二进制加法

用二进制完成以下加法：$71_{10}+51_{10}$。

首先，我们将数转换为二进制：$71_{10}=1000111_2$ 和 $51_{10}=110011$。然后，我们做加法（进位输出在顶部一行，和输出在底部）：

```
c   0001110
    1000111
+   0110011
    -------
s   1111010
```

当将答案转换回十进制时，可以验证 $1111010_2=122_{10}$。

我们可以采用相同的方式从全加器构建一个多位加法器电路：从LSB开始，一直操作到MSB。此种电路如图10-6所示。底部的全加器FA0计算进位输入cin与两个输入a_0和b_0的最低有效位（LSB）之和，产生和的最低有效位（LSB）s_0以及进到第1位的进位c_1。对于此位，我们也可以使用半加器；然而，我们选择使用全加器是为了允许我们使用进位输入。每一个后续的全加器位FA i计算进到那一位的进位c_i与那一位的输入a_i和b_i之和，以产生和的那一位s_i以及进到下一位的进位c_{i+1}。

如果正确设置输入（对于所有的i，恰好a_i或b_i中的一个为真），进位将从cin波动到cout。因为传递通过所有n个全加器，此种电路通常被称为行波进位加法器。对于n比较大（大于8）时，这可能会很慢。我们将在12.1节中看到如何构建一个延迟与log（n）而不是n成比例的加法器。 214

对于大多数应用来说，用Verilog描述一个加法器最合适的方法是使用行为描述，如图10-7所示。在声明了输入和输出之后，这里实实在在的描述就是一行，使用“+”运算符将单位的cin与n位的a和b相加。级联的cout和s作为输出结果。

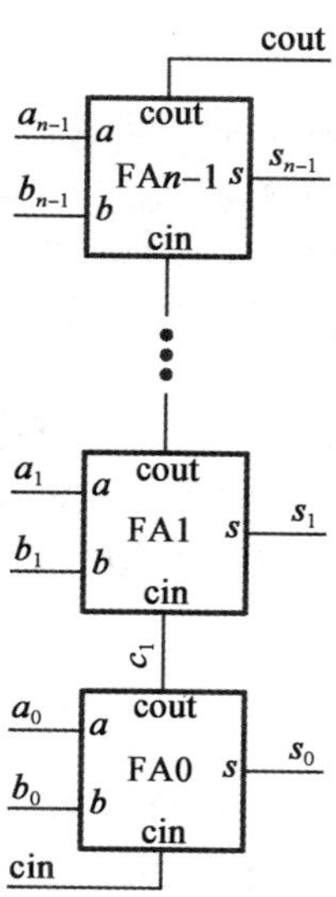

图10-6 多位二进制加法器

```
// 多位加法器——行为描述
module Adder1(a,b,cin,cout,s) ;
  parameter n = 8 ;
  input [n-1:0] a, b ;
  input cin ;
  output [n-1:0] s ;
  output cout ;

  assign {cout, s} = a + b + cin ;
endmodule
```

图10-7 多位加法器的Verilog行为描述。该描述使用Verilog的“+”原语来描述加法

如这里所示，现代综合工具在行为描述方面做得相当好，并生成一个非常高效的逻辑网表。事实上，许多工具都带有各种算术单元的优化版本库。不需要更详细地描述加法器了。

出于例证的目的，加法器的另一种 Verilog 描述如图 10-8 所示。该模块根据与、或以及异或运算描述了行波进位加法器的逐位逻辑。该描述定义了 n 位的传播变量和生成变量，然后用它们来计算出进位。进位的定义使用级联和子字段规格以使得进位的第 i 位是第 $i-1$ 位的函数。这不是一个循环定义。

```
// 多位加法器——逐位逻辑描述
module Adder2(a,b,cin,cout,s) ;
  parameter n = 8 ;
  input [n-1:0] a, b ;
  input cin ;
  output [n-1:0] s ;
  output cout ;

  wire [n-1:0] p = a ^ b ;                          // 传递
  wire [n-1:0] g = a & b ;                          // 生成
  wire [n:0]   c = {g | (p & c[n-1:0]), cin} ;      // 进位 = g | p & c
  assign s = p ^ c[n-1:0] ;                         // 求和
  assign cout = c[n] ;
endmodule
```

图 10-8 行波进位加法器的逐位逻辑的 Verilog 描述

尽管这个描述对于展示加法器的逻辑定义是有用的，它可以生成出一个劣于图 10-7 的行
215 为描述的逻辑网表。这是因为综合工具可能不会将其识别为加法器，因此不能完成其特定的加法器综合。相比之下，当使用“+”运算符时，毫无疑问所描述的电路就是加法器。逻辑描述也难以阅读和维护。没有模块名称、变量名称和注释，你将要研究学习这个模块一段时间，才能识别出其功能。相反，使用了“+”，对于读者来说，能够马上明白（和综合工具一样）你的意思。

我们的 n 位加法器（图 10-6 ~ 图 10-8）接收两个 n 位输入，并产生一个 $n+1$ 位输出。这确保了我们有足够的位数来表示最大可能的和。例如，使用 3 位加法器，将二进制的 111 加到 111 则给出 4 位的结果 1110。然而，在很多应用中，我们需要一个 n 位的输出。例如，我们可能想使用该输出作为随后的输入。在这些情况下，我们需要舍弃进位输出而仅仅保留 n 位的和。将自身限制到 n 位输出会加大溢出的隐患，这是当我们计算的输出过大而不能用 n 位表示时就会发生的情况。

溢出通常是一种错误状态。它能容易地侦测到；任何时候进位输出为 1，则会出现溢出。大多数加法器对溢出情况执行模运算，它们计算 a + b（mod 2^n）。例如，使用 3 位加法器，111 + 010 相加给出 001（$7_{10}+2_{10}=1_{10}$（mod 8_{10}））。在习题 10.20 中，我们将看一个饱和加法器，在溢出情况时它采用不同的方法产生输出。

10.3 负数和减法

对于 n 位二进制数，使用公式（10-2），我们只能表示最大值为 2^n-1 的非负整数。我们经常将仅表示正整数的二进制数称为*无符号数*（因为它们没有 + 或 - 号）。在本节中，我们将看到如何使用二进制数来表示正整数和负整数，通常称为*带符号数*。为了表示带符号数，我们有三个主要的选择：2 的补码（即补码）、1 的补码（即反码）和符号 - 数值码（即原码）。

从概念上讲，最简单的数制是符号 - 数值码。在这里，我们可以在这个数上简单地增加一个符号位 s，并约定如果 $s=0$，该数为正数，如果 $s=1$，该数为负数。按照约定，我们将符号位放置在最左边（MSB）位置。考虑两个数 $+23_{10}$ 和 -23_{10}。在符号 - 数值码表示法中，$+23_{10}=010111_2$ 并且 $-23_{10}=110111_{2SM}$。在这两个数之间的变化就是符号位。我们的数值函数变成：

$$v=-1^s\times\sum_{i=0}^{n-1}a_i2^i \tag{10-8}$$

要得到相反数的 1 的补码，我们求反该数的所有位。因此，求反我们示例中的数 $+23_{10}=010111_2$，我们得到 $-23_{10}=101000_{2OC}$。该数值函数变成：

$$v=-a_{n-1}(2^{n-1}-1)+\sum_{i=0}^{n-2}a_i2^i \tag{10-9}$$ 216

在这里，符号位 a_{n-1} 用 $-(2^{n-1}-1)$（在二进制表示中为全 1 的数字，因此名称为 1 的补码）加权。

最后，要得到相反数的 2 的补码，我们求反该数的所有位然后加 1。对于我们示例中的数 $+23_{10}=010111_2$，$-23_{10}=101001_2$。该数值函数变成：

$$v=-a_{n-1}2^{n-1}+\sum_{i=0}^{n-2}a_i2^i \tag{10-10}$$

与 1 的补码相比，符号位的权重减少了 $1\sim-2^{n-1}$。

那么我们应该在一个给定的系统中使用这三种格式中的哪一种？答案是取决于系统。然而，绝大多数数字系统采用 2 的补码记数制，因为它简化了加法和减法。我们使用二进制加法，可以直接将正数或负数的 2 的补码进行相加，并得到正确的答案。对于符号 - 数值码或 1 的补码却不是这样。

例如，考虑将 +4 和 -3 相加以获得结果 +1 表示成 4 位带符号的二进制数的情况。针对三种记数制，该计算的输入和输出展示在下面。对于 2 的补码，将 +4（0100）加到 -3（1101）给出 +1（10001），如果我们忽略进位（下面会更详细地讨论进位和溢出），答案是正确的。相反，仅将 1 的补码相加则会得到 10000，[㊀] 而将符号 - 数值码相加则得到 1111。[㊁]

	2 的补码	1 的补码	符号 - 数值码
+4	0100	0100	0100
-3	1101	1100	1011
+1	0001	0001	0001

为了弄明白为什么 2 的补码数使得负数相加变得更容易，有必要回顾一下我们是如何生成 2 的补码的。我们对位求反然后加 1。对某数 x 按位求反得到 2^n-1-x（对于 4 位整数则是 $15-x$），例如，$15-3=12$，其在二进制中为 1100（3 的 1 的补码）。x 的 2 的补码比这个再多 1，或者是 2^n-x（对于 4 位整数则是 $16-x$），例如，$16-3=13$，其在二进制中为 1101（3 的 2 的补码）。因为所有的加法都是以模 2^n 完成的，某数的 2 的补码 2^n-x 与 $-x$ 等同。因此，我们可以得到正确的结果。回到我们先前的例子：

$$4-3=4+(16-3)\ (\text{mod }16)=17\ (\text{mod }16)=1 \tag{10-11}$$

在思考 1 的补码或 2 的补码运算时，在一个轮盘上可视化这些数字通常很有帮助，如图 10-9 所示。这里我们展示了从 0000（在 12 点钟位置）到 1111 的 4 位数，顺时针方向围绕着圆递增。 217
在图 10-9a、图 10-9b 和图 10-9c 中，我们分别展示了由 2 的补码、1 的补码和符号 - 数值码分

㊀ 在习题 10.33 中，我们看到如何通过使用循环进位来构建一个 1 的补码加法器。

㊁ 负数的符号 - 数值码加法是通过先转换为 1 的补码或 2 的补码来完成的。

配给这些位组合的数值。

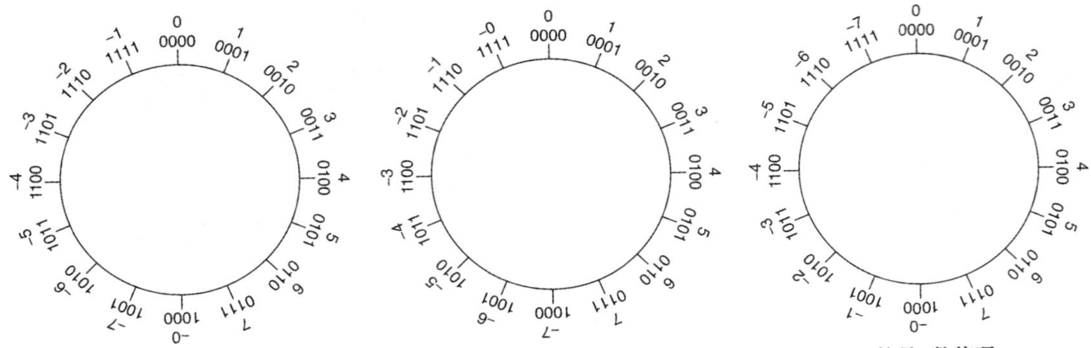

a) 2的补码　　b) 1的补码　　c) 符号-数值码

图 10-9　数字轮盘展示了负数的三种编码。a）2 的补码。b）1 的补码。c）符号 - 数值码

从图中可以立即看出的一点是，1 的补码和符号 - 数值码中 0 不具有唯一的表示。例如，在 1 的补码中，0000 和 1111 都表示数值 0。这使得数值比较更加困难。恒等比较器（见 8.6 节）本身不能确定两个数的 1 的补码或符号 - 数值码是否相等，因为一个可能是 +0，另一个可能是 -0。

更重要的是，这个圆圈让我们理解了模运算的效果。将某个数加上 $-x$ 具有沿着圆周顺时针转动 $16-x$ 步的效果，它与围绕着圆周逆时针转动 x 步的效果完全相同。例如，-3 等同于顺时针转动 13 步或逆时针转动 3 步，因此在 -5 和 +7 之间的任何值加上 -3 即可得到正确的
218 结果（将 -3 加到 -6 和 -8 之间的值会导致溢出，因为我们无法表示小于 -8 的结果）。

在 2 的补码数相加时，我们如何检测溢出？我们在上面看到，可以生成一个进位作为模运算的结果，并能得到一个正确的答案。但是，我们仍然可以生成超出范围的结果。例如，当我们将 -3 加上 -6 或 +4 加上 +4 时会发生什么？我们分别得到了 +7 和 -8，两个都错了。我们如何检测这个信号溢出呢？

这里观察到的关键情况是符号改变了。我们总是可以将一个正数加到负数上（反之亦然），并得到范围内的结果。溢出仅会出现在：如果我们将两个符号相同的数相加，且得到一个符号相反的结果。因此，我们可以通过比较输入和输出的符号来检测溢出。[⊖]

现在可以做负数加法了，我们可以构建一个减法电路。一个减法器接受两个 2 的补码 a 和 b 作为输入，并且输出 $q=a-b$。一个既可以做加法又可以做减法的电路如图 10-10 所示。在加法模式下，sub 输入为低，因此经过异或门后 b 输入不变，加法器产生 $a+b$。当 sub 输入为高时，异或门对 b 输入进行求反，并且进到加法器的进位为高，因此加法器产生 $a+\bar{b}+1=a-b$。

图 10-11 展示了我们的加/减电路如何用三个门电路来增加溢出检测。第一个异或门检测两个输入的符号是否不同（sid）；第二个异或门确定其中一个输入的符号是否不同于输出的符号（siod）。与门检查两个输入的符号是否相同（sid = 0）并且不同于输出的符号（siod = 1）。如果是，则发生溢出。

我们可以将溢出检测简化为单独的一个异或门，如图 10-12 所示。这种简化基于对符号位的进位和输出的观察。表 10-3 列举了 6 种情况：输入同为正、异号或同为负，以及进位输入是 0 或是 1。当输入的符号不同（$p=1$，

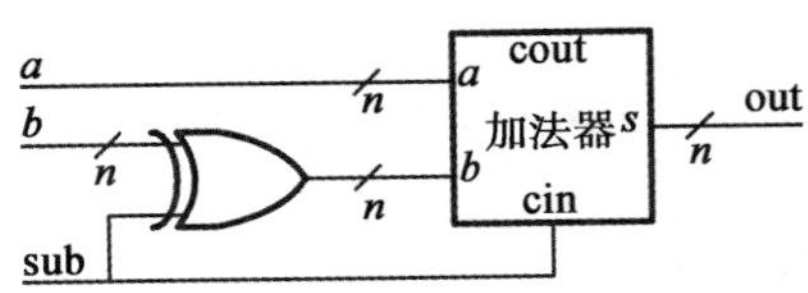

图 10-10　2 的补码加/减法单元

⊖　我们将在下文看到，可以通过将进到最后一位的进位与最后一位的进位输出进行比较来完成相同的功能。

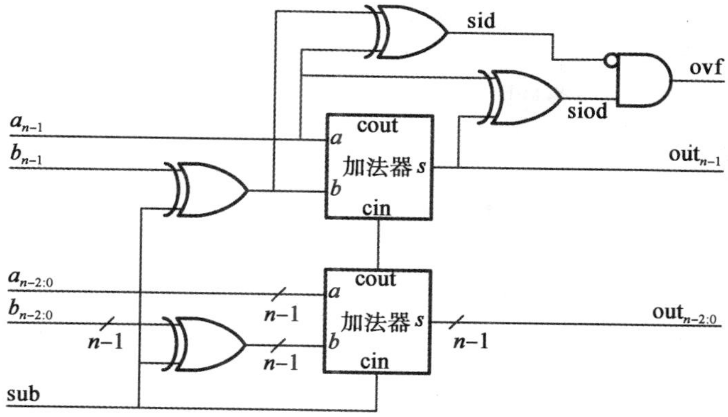

图 10-11 基于符号位比较进行溢出检测的 2 的补码加/减法单元

$g=0$）时，进到符号位的进位将传递。因此，在这种情况下进位的输入和输出是相同的。当输入同为正（$p=0$，$g=0$）时，进到符号位的进位标志着溢出，并且不会传递。最后，如果输入同为负（$g=1$），除非有进到符号位的进位，否则溢出将发生。因此，我们看到：如果进到符号位的进位（cis）和符号位的进位输出（cos）不同，则会发生溢出。 219

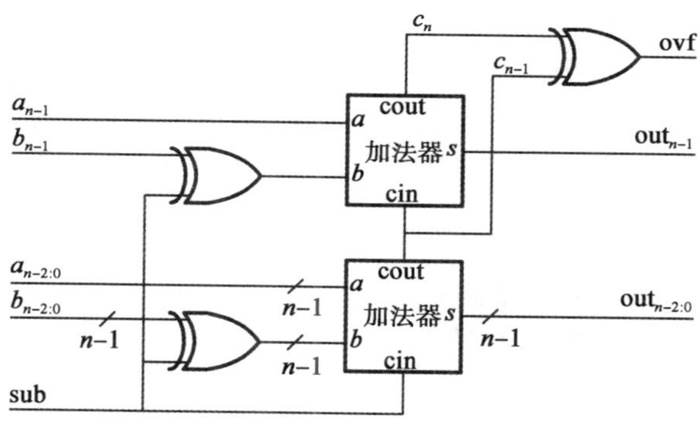

图10-12 基于最后一位的进位输入和输出进行溢出检测的 2 的补码加/减法单元

表 10-3 针对加法器的输入以及进到符号位的进位情况来检测溢出。列显示了 a 和 b 的符号位（as 和 bs）、进到符号位的进位和符号位进位输出（cis 和 cos）以及输出的符号位（qs）。仅当进到符号位的进位和符号位进位输出不同时才发生溢出

as	bs	cis	qs	cos	ovf	说明
0	0	0	0	0	0	输入同为正，进位同为 0，无溢出
0	0	1	1	0	1	输入同为正，进位输入为 1，溢出
0	1	0	1	0	0	输入异号，进位输入为 0，无溢出
0	1	1	0	1	0	输入异号，进位输入为 1，无溢出
1	1	0	0	1	1	输入同为负，进位输入为 0，溢出
1	1	1	1	1	0	输入同为负，进位输入为 1，无溢出

加/减法单元的 Verilog 代码如图 10-13 所示。该代码实例化了一个用于符号位相加的 1 位加法器以及一个用于其余位相加的 $n-1$ 位加法器。b 输入与 sub 输入的异或门按照每个加法器的参数列表执行。

另一种 Verilog 实现如图 10-14 所示。该代码使用带有“+”运算符的 assign 语句来代替实例化的预定义的加法器。它仍然在做加法之前对 b 输入执行显式异或操作。

```
// 做加法a+b或做减法a-b，检查溢出
module AddSub(a,b,sub,s,ovf) ;
  parameter n = 8 ;
  input [n-1:0] a, b ;
  input sub ;              // 如果sub=1做减法，否则做加法
  output [n-1:0] s ;
  output ovf ;             // 若溢出则为1
  wire c1, c2 ;            // 最后两位的进位输出
  assign ovf = c1 ^ c2 ;   // 如果符号不匹配，溢出

  // 非符号位相加
  Adder1 #(n-1) ai(a[n-2:0],b[n-2:0]^{n-1{sub}},sub,c1,s[n-2:0]) ;
  // 符号位相加
  Adder1 #(1)   as(a[n-1],b[n-1]^sub,c1,c2,s[n-1]) ;
endmodule
```

图 10-13 用于具有溢出检测的加/减法单元的结构化 Verilog 代码。其实现实例化加法器模块

有人可能会试图避免使用显式异或运算，而是使用下面类似的语句编写一个加/减法单元（忽略溢出）：

```
assign {c, s} = sub ? (a - b) : (a + b) ;
```

不要这样做！几乎所有的综合系统都将为这个代码生成两个独立的加法器：一个做“+”，另一个做“-”。虽然这段代码是相当清楚且容易阅读的，但它不能很好地综合，生成出被替代版本的两倍的逻辑。

```
// 做加法a+b或做减法a-b，检查溢出
module AddSub1(a,b,sub,s,ovf) ;
  parameter n = 8 ;
  input [n-1:0] a, b ;
  input sub ;              // 如果sub=1做减法，否则做加法
  output [n-1:0] s ;
  output ovf ;             // 若溢出则为1
  wire c1, c2 ;            // 最后两位的进位输出
  assign ovf = c1 ^ c2 ;   // 如果符号不匹配，溢出

  // 非符号位相加
  assign {c1, s[n-2:0]} = a[n-2:0] + (b[n-2:0] ^ {n-1{sub}}) + sub ;
  // 符号位相加
  assign {c2, s[n-1]} = a[n-1] + (b[n-1] ^ sub) + c1 ;
endmodule
```

图 10-14 具有溢出检测的加/减法单元的 Verilog 行为描述。其实现了用“+”运算符完成 2 的补码相加

一旦我们有了一个减法器，然后在输出端上附加一个零检查器，也就有了一个比较器。如果我们做减法，计算 $s=a-b$，然后如果 $s=0$，则 $a=b$，并且如果 s 的符号位为真，则 $(a-b)<0$，所以 $a<b$。

当不同长度的带符号数的 2 的补数相加时，首先必须将较短的数进行符号扩展。要求符号位（具有负权重）位于相同的位置。如果不进行符号扩展就将数相加，则较短的数中的负加权

符号位将错误地添加到较长数的正加权位上。例如，我们将 -6_{10} 的4位表示方式1010加到 220~221
$+8_{10}$ 的6位表示方式001000上，我们得到 $010010=18_{10}$。这是因为1010被误解为 10_{10}。

通过将符号位复制到左边的新位置，可以对2的补码进行符号扩展。例如，将1010符号扩展至6位给出111010。我们的加法现在变成 $111010+001000=000010=2_{10}$，这是正确的结果。

在硬件中，完成符号扩展不需额外的门电路，只需将符号位重复连线。在Verilog中，可以使用拼接运算符轻松表达。例如，如果 a 是 n 位长且 b 是 $m<n$ 位长，我们要将 b 的符号扩展至 n 位，需编写：

```
...
parameter n = 6 ;
parameter m = 4 ;

wire [n-1:0] a ;
wire [m-1:0] b ;

... {{(n-m+1){b[m-1]}},b[m-2:0]} ... ; \\ 将b符号扩展到n位
```

当对带符号数的2的补数移位时，重要的是当右移时复制符号位，当左移时检查溢出。当结果的符号与输入的符号不同时，左移会发生溢出。要正确地将 n 位2的补码 b 右移三个位置，我们需编写：

```
{{3{b[n-1]}},b[n-1:3]}
```

通过变量 s 将 b 进行移位，$0\leqslant s\leqslant m$，向右移我们需编写：

```
{{m{b[n-1]}},b[n-1:0]}>>s
```

例10-3 负数

将数字 -82 转换为符号-数值码、1的补码和2的补码等8位二进制数。

我们注意到82在二进制中是 1010010_2。要转换为符号-数值码的格式，我们只需将符号(1)附加到该数的开头：11010010。1的补码形式是通过反相正数（01010010）的所有位得到的：10101101。最后，我们通过把1加到1的补码上来得到2的补数：10101110。

例10-4 减法

在2的补码中，从 72_{10} 减去 82_{10}。

我们必须先将72和 -82 都转换为二进制：01001000和10101110（见例10-3）。然后，我们完成加法：

$$
\begin{array}{rr}
c & 00010000 \\
 & 01001000 \\
+ & \underline{10101110} \\
s & 11110110
\end{array}
$$

最后，我们验证 11110110_2 确实等于 -10_{10}。 222

10.4 乘法

二进制数相乘与十进制数相乘我们采用同样的方式：通过移位和相加。将二进制数左移一位相当于乘以2。例如，$101_2=5_{10}$；如果我们左移一位，我们得到了 $1010_2=10_{10}$；再左移一位得到 $10100_2=20_{10}$，以此类推。

要将两个无符号二进制数 a_{n-1}，…，a_0 和 b_{n-1}，…，b_0 相乘，我们将 a 的副本移位并加到对应每个 b 是 1 的位置上。也就是说，我们计算 $b_0a+b_1(a<<1)+\cdots+b_{n-1}(a<<(n-1))$。

例如，考虑 $a=101_2$乘以 $b=110_2$（$5_{10}\times6_{10}$）。我们写成竖式：

```
    1 0 1
  × 1 1 0
  -------
    0 0 0
  1 0 1
1 0 1
---------
1 1 1 1 0
```

此时 $b_0=0$，因此该 0 的行在不移位位置。因为 $b_1=1$，我们将 101 移 1 位，以及因为 $b_2=2$，将 101 移 2 位。对这三个部分积求和给出 $11110=30_{10}$。

对两个 4 位无符号二进制数执行乘法运算的电路如图 10-15 所示。16 个与门的阵列形成 4 个 4 位部分积。第一行 4 个与门形成 b_0a，第二行形成 b_1a 并左移 1 位，以此类推。12 个全加器的阵列然后将各列的部分积相加以产生 8 位的乘积 p_7，…，p_0。由 $b_0\wedge a_0$ 形成部分积中的 pp_{00}位，是权重（1）的唯一的部分积，因此它直接成为 p_0。部分积中的 pp_{01}和 pp_{10}位都是权重（2），并通过全加器相加得到 p_1。通过将 pp_{02}、pp_{11}和 pp_{20}与权重（1）的加法器的进位输出相加来计算乘积中的 p_2 位。以类似的方式计算其余的位，即将它们所在列的部分积与来自前一列的进位相加。

请注意，在某列中的所有部分积都具有合计为该列权重的指数，例如，02、11 和 20 全都合计为（2）。这是因为由输入位推导出的部分积的权重等于输入位的指数的和。为了弄明白这一点，乘法可以考虑表示为：

$$p=\sum_{i=0}^{n-1}\sum_{j=0}^{n-1}(a_i\wedge b_j)\times2^{i+j}\tag{10-12}$$

4 位乘法器的 Verilog 代码如图 10-16 所示。4 个赋值语句形成部分积 pp0 到 pp3，每个都是 4 位向量。然后三个 4 位加法器被实例化以将部分积相加。每一个加法器的第二个输入级联自前
223 一个加法器的高三位输出以及 0（对于第一加法器）或前一加法器的进位输出。

图 10-15 和图 10-16 的乘法器实现了无符号数相乘。a 输入用带符号数的 2 的补码，它不会产生正确结果，因为部分积在相加之前并没有将符号扩展到全位宽。同样，b 输入用负数的 2 的补码，它也不会产生正确结果。这是因为 b_3 上的乘法计算用 8 加权而不是 −8。我们将能处理 2 的补码的乘法器的修改留做习题（习题 10.50）。此外，Booth 重编码（见 12.2 节）的使用会产生一个轻而易举地处理带符号数的乘法器。

例 10-5 二进制乘法

无符号十六进制数 E_{16}乘以 D_{16}。

该乘法运算的最终结果为 $B6_{16}$。我们展示计算过程如下：

```
          1 1 1 0
×         1 1 0 1
-----------------
          1 1 1 0
        0 0 0 0
      1 1 1 0
    1 1 1 0
-----------------
  1 0 1 1 0 1 1 0
```

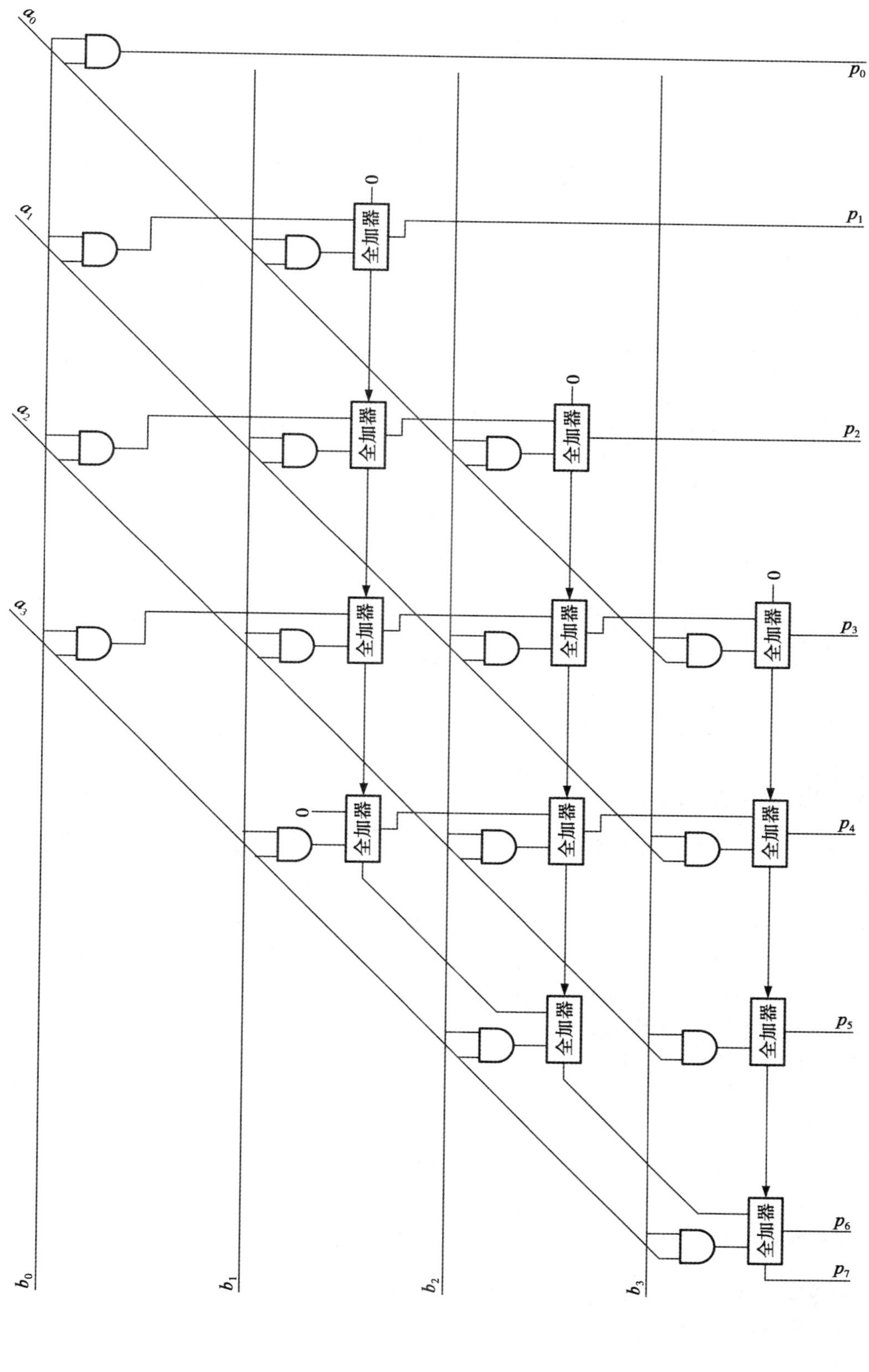

图10-15 4位无符号二进制乘法器

```
// 4位乘法器
module Mul4(a,b,p) ;
  input [3:0] a,b ;
  output [7:0] p ;

  // 形成部分积
  wire [3:0] pp0 = a & {4{b[0]}} ; // x1
  wire [3:0] pp1 = a & {4{b[1]}} ; // x2
  wire [3:0] pp2 = a & {4{b[2]}} ; // x4
  wire [3:0] pp3 = a & {4{b[3]}} ; // x8

  // 计算部分积之和
  wire cout1, cout2, cout3 ;
  wire [3:0] s1, s2, s3 ;
  Adder1 #(4) a1(pp1, {1'b0,pp0[3:1]}, 1'b0, cout1, s1) ;
  Adder1 #(4) a2(pp2, {cout1,s1[3:1]}, 1'b0, cout2, s2) ;
  Adder1 #(4) a3(pp3, {cout2,s2[3:1]}, 1'b0, cout3, s3) ;

  // 取结果
  assign p = {cout3, s3, s2[0], s1[0], pp0[0]} ;
endmodule
```

224 ~ 225

图 10-16　4 位无符号乘法器的 Verilog 代码

10.5　除法

此时，我们已经知道了如何以二进制形式表示带符号整数和无符号整数，以及如何对这些数进行加法、减法和乘法。要完成四则运算需要构建一个简单的计算器，我们还需要学习如何做二进制数除法。

与十进制数一样，我们通过移位、比较和减法来除二进制数。给定一个 b 位的除数 x 和一个 c 位的被除数 y，我们得到 c 位的商 q，结果是 $q=\left\lfloor\frac{y}{x}\right\rfloor$。我们还可以计算出 b 位的余数 r，结果是 $r=y-qx=y$（模 x）。为了正确地处理 $x=1$ 的情况，商输出必须与被除数的长度相同。

我们一次一位执行除法，从左（MSB）至右生成 q。从比较 $x'_{2b-1}=2^{2b-1}x=x<<(2b-1)$ 和 $r'_{2b-1}=y$ 开始。我们设 $q_{2b-1}=x'_{2b-1}\leqslant r'_{2b-1}$。然后我们通过计算到目前为止的余数 $r'_{2b-2}=r'_{2b-1}-q_{2b-1}x'_{2b-1}$，并右移 1 位除数得到 $x'_{2b-2}=2^{2b-2}x=x'_{2b-1}>>1$，来准备下一次迭代。在每个 i 位，我们重复比较，计算 $q_i=x'_i\leqslant r'_i$，然后计算 $r'_{i-1}=r'_i-q_ix'_i$ 和 $x'_{i-1}=x'_i>>1$。

例如，$132_{10}=10000100_2$ 除以 $11_{10}=1011_2$。过程如下所示：

```
             1 1 0 0
1 0 1 1 ) 1 0 0 0 0 1 0 0    y
          - 1 0 1 1 0 0 0    x'3
            1 0 1 1 0 0      r'2
          - 1 0 1 1 0 0      x'2
                      0
```

对于前 4 次迭代，$i=7$，…，4（未显示），$x'_i>y$，均未执行减法。最终，在第 5 次迭代中，$i=3$，我们有 $x'_3=1011000<r'_3=y$，所以我们设 $q_3=1$ 并做减法计算出 $r'_2=y-x'_3=101100$。

我们将 x_3' 右移得到 $x_2' = 101100$。这两个值是相等的，所以 $q_2 = 1$。相减得到 $r_1' = 0$，并且 q 的所有后面的位均为 0。

一个 6 位除以 3 位的除法器如图 10-17 所示。该电路由几乎相同的 6 级组成。第 i 级的商的第 q_i 位是通过比较经过恰当移位后的输入 x_i' 和来自前一级的余数 r_i' 来产生的。第 i 级的余数 r_{i-1}' 是通过一个减法器和一个多路选择器来产生的，减法器从前一级的余数中减去移位后的输入。如果 q_i 为真，多路选择器选择减法的结果 $r_i' - x_i'$ 作为新的余数。如果 q_i 为假，则前一级的余数不变地传递下去。第 0 级产生商的 LSB q_0 和最终的余数 r。

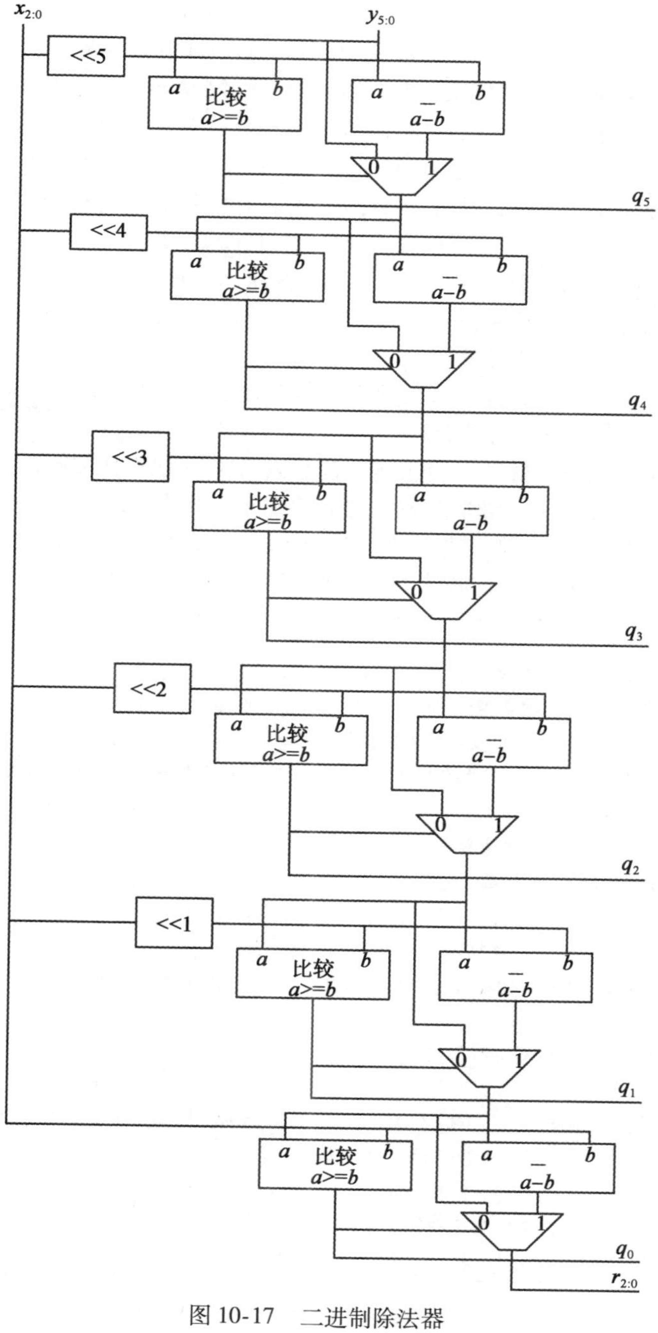

图 10-17　二进制除法器

依据门电路的数量，除法器是非常昂贵的，但并不像图 10-17 所示的那么贵。为了清楚起见，该图展示了6个减法器和6个比较器。在实际中，减法器可以起到比较器的作用。减法器的进位输出可以用作商的位。如果减法器的进位输出为1，则 $a>=b$。通过这种优化，可以使用6个减法器和6个多路选择器来实现该电路。

226~227 可以通过减少减法器的宽度来进行进一步的优化。第一个减法器可以做成单个位宽。要弄明白这一点，注意到 x 左移5位后，在其低5位均为0。因此，结果的低5位将等于 y 的低5位 $y_{4:0}$，我们就不需要减去这些位。还注意到如果 x 除了 LSB 之外的任何位为1，则 x 左移5位保证大于 y，则不需要减法的结果。因此，我们不需要将 x 的最高位送入减法器。然而，我们需要检查 x 的最高位是否为1，作为计算商的 MSB q_5 的一部分。如果 x 的最高位为1，则 x 左移5位大于 y 且 $q_5=0$。通过这些观察，我们看到第一个减法器只需要从 y 的 MSB 中减去 x 的 LSB。因此，1位减法器就足够了。通过类似的一组参数，对于计算 q_4 的级我们可以使用2位减法器，对于 q_3 级使用3位，对于 q_2 级使用4位减法器。q_1 和 q_0 级也可以使用4位减法器。q_1 级的余数保证长度不超过5位，并且 q_0 级的余数最多为4位。因此，可以省略这些减法器的最高位。

6位除以3位的除法器的 Verilog 代码如图 10-18 所示。该代码使用减法器来执行比较并且优化每级的减法器的宽度。每个减法器使用 Adder1 模块（图 10-7）实现，求反该模块的第二个输入并且进位输入设置为1位宽（1'b1）。每个多路选择器用一条使用?：运算符的赋值语句来实现。对于第1级，检查输入 x 的高两位作为比较的一部分，然后在第2级中检查 x 的 MSB。余数的 Verilog 代码直接来自原理图。

除了消耗大量的空间外，除法器也很慢。这是因为在一个级中的减法必须完成才可以确定多路选择器的命令，因此在下一级中的减法之前的中间余数才可以启动。这样，穿过使用了行波进位加法器的 c 位除以 b 位的除法器的延时与 $c\times b$ 成正比，因为必须执行长度为 $b+1$ 位（在第一个 b 级之后）的进位（c）减法。这与乘法器中的部分乘积可以并行求和是相反的。

```
// 6位除以3位除法器
//   在每一级，我们使用加法器做减法和比较
//   加法器从1位宽开始，增长到4位宽
//   作为比较的一部分，我们检查加法器左边的x的位
//   从第4次迭代(即计算q[2])开始，每次迭代中我们舍弃余数的一位。其保证为0
module Divide(y, x, q, r) ;
  input [5:0] y ; // 被除数
  input [2:0] x ; // 除数
  output [5:0] q ; // 商
  output [2:0] r ; // 余数
  wire co5, co4, co3, co2, co1, co0 ;  // 加法器进位输出

  wire sum5 ; // 加法器的和输出——第1级
  Adder1 #(1) sub5(y[5],~x[0],1'b1, co5, sum5) ;
  assign q[5] = co5 & ~(|x[2:1]) ; // 如果x左移5位后大于y，则q[5]为0
  wire [5:0] r4 = q[5]? {sum5,y[4:0]} : y ;

  wire [1:0] sum4 ; // 加法器的和输出——第2级
  Adder1 #(2) sub4(r4[5:4],~x[1:0],1'b1, co4, sum4) ;
```

图 10-18　6位除以3位的除法器的 Verilog 代码

```
   assign q[4] = co4 & ~x[2] ;  // 比较
   wire [5:0] r3 = q[4]? {sum4,r4[3:0]} : r4 ;

   wire [2:0] sum3 ;   // 加法器的和输出——第3级
   Adder1 #(3) sub3(r3[5:3],~x,1'b1, co3, sum3) ;
   assign q[3] = co3 ;  // 比较
   wire [5:0] r2 = q[3]? {sum3,r3[2:0]} : r3 ;

   wire [3:0] sum2 ;   // 加法器的和输出——第4级
   Adder1 #(4) sub2(r2[5:2],{1'b1,~x},1'b1, co2, sum2) ;
   assign q[2] = co2 ;  // 比较
   wire [4:0] r1 = q[2]? {sum2[2:0],r2[1:0]} : r2[4:0] ; // MSB为0，舍弃它

   wire [3:0] sum1 ; // 加法器的和输出——第5级
   Adder1 #(4) sub1(r1[4:1],{1'b1,~x},1'b1, co1, sum1) ;
   assign q[1] = co1 ;  // 比较
   wire [3:0] r0 = q[1]? {sum1[2:0],r1[0]} : r1[3:0] ; // MSB为0，舍弃它

   wire [2:0] sum0 ; // 加法器的和输出——第6级
   Adder1 #(4) sub0(r0[3:0],{1'b1,~x},1'b1, co0, sum0) ;
   assign q[0] = co0 ;  // 比较
  assign r = q[0]? sum0[2:0] : r0[2:0] ; // MSB为0，舍弃它
endmodule
```

图 10-18 （续）

例 10-6 除法

EA_{16}除以 12_{16}。

在得出最终答案 D_{16}之前，我们的计算如下所示：

```
           00001101
     10010)11101010
          -10010000
           ---------
             1011010
            -1001000
           ---------
                10010
               -10010
           ---------
                    0
```

228 ~ 229

小结

在本章中，你已经学会了如何使用组合逻辑电路来完成算术运算。我们已经看到了如何表示正数和负数以及如何完成基于典型计算器的四则运算：整数的 +、−、× 和 ÷。

我们使用加权表示法表示具有多位数字信号的数，其中最右边一位（最低有效位或 LSB）用 1 加权，并且所有其他位具有其右边相邻位的 2 倍的权重。换言之，第 i 位，如果它为 1，则表示 2^i 的数值。

我们用 2 的补码表示负数，其中最左边一位（最高有效位或 MSB）的权重是无效的。在带

符号数字中，我们称该位为符号位。符号位为 0 的数为正数，负数的符号位为 1。通过求反每一位（1 的补码）然后加 1，我们得到一个相反数。当我们对带符号数进行运算时，我们必须经常对它们进行符号扩展，多次复制符号位，以便所有参与运算的数都在相同的位置上有其符号位。

利用这种加权二进制记数法，我们可以一次一位地执行多位信号的加法，当两位的和产生了进到下一位的进位输出时要执行进位操作。通过写出用于将相等权重的三个位相加得到一个 2 位的二进制输出的真值表，我们推导出了全加器。多位加法是通过迭代的全加器电路完成的。为了执行减法，我们采用一个输入的 2 的补码（求该输入的相反数），然后相加。

当算术运算的结果太大而不能在输出信号的宽度上表示时发生溢出。对于无符号加法，当有最后一位的进位输出时检测到溢出。对于带符号的加法，当两个输入同号并且输出具有相反的符号时，或者当进到符号位的进位与符号位的进位输出不同时，则发生溢出。有一些系统使用饱和算法来限制由溢出引起的误差。

执行乘法和除法与十进制数完全一样。通过乘法，一个输入的每一位与另一个输入的每一位相乘（相与），形成一个部分积的矩阵。每个部分积具有的权重由推导出该部分积的输入的权重的乘积给出。也就是说，$pp_{ij} = a_i \wedge b_j$ 具有权重 2^{i+j}。加法器数组用于求和部分积以给出最终的答案。我们将在第 12 章中看到如何更快地做到这一点。

除法器通过从当前余数（第一次迭代的被除数）中减去移位后的除数来执行二进制长除法。

习题

10.1 十进制到二进制转换，Ⅰ。将 817 从十进制转换到二进制记数法，使用尽可能少的位数，用十六进制表达结果。

10.2 十进制到二进制转换，Ⅱ。将 1492 从十进制转换到二进制记数法，使用尽可能少的位数，用十六进制表达结果。

230

10.3 十进制到二进制转换，Ⅲ。将 1963 从十进制转换到二进制记数法，使用尽可能少的位数，并用十六进制表达结果。

10.4 十进制到二进制转换，Ⅳ。将 2012 从十进制转换到二进制记数法，使用尽可能少的位数，并用十六进制表达结果。

10.5 二进制到十进制转换，Ⅰ。将 0011 0011 0001 从二进制转换到十进制记数法。

10.6 二进制到十进制转换，Ⅱ。将 0111 1111 从二进制转换到十进制记数法。

10.7 二进制到十进制转换，Ⅲ。将 0100 1100 1011 0010 1111 从二进制转换到十进制记数法。

10.8 二进制到十进制转换，Ⅳ。将 0001 0110 1101 从二进制转换到十进制记数法。

10.9 十六进制到十进制转换，Ⅰ。将 2C 从十六进制转换到十进制记数法，并用二进制编码的十进制（BCD）记数法表达该数。

10.10 十六进制到十进制转换，Ⅱ。将数 BEEF 从十六进制转换到十进制记数法，并用二进制编码的十进制（BCD）记数法表达该数。

10.11 十六进制到十进制转换，Ⅲ。将 2015 从无符号的十六进制转换到十进制记数法，并用二进制编码的十进制（BCD）记数法表达该数。

10.12 十六进制到十进制转换，Ⅳ。将 F00D 从无符号的十六进制转换到十进制记数法，并用二进制编码的十进制（BCD）记数法表达该数。

10.13 十六进制到十进制转换，Ⅴ。将 DEED 从无符号的十六进制转换到十进制记数法，并用二进制编码的十进制（BCD）记数法表达该数。

10.14 二进制加法，Ⅰ。下列一对二进制数相加：

```
 1010
+0111
```

10.15 二进制加法，Ⅱ。下列一对二进制数相加：

```
 011 1010
+110 1011
```

10.16 二进制加法，Ⅲ。下列一对十六进制数相加：

```
 2A
+3C
```

10.17 二进制加法，Ⅳ。下列一对十六进制数相加：

```
 BC
+AD
```

10.18 位计数电路，设计。使用全加器设计一个可以接受7位输入的电路，并用3位二进制数输出输入中1的个数。

10.19 位计数电路，实现。编写 Verilog 代码实现习题10.18中的电路并通过仿真证明其能正确运行。 231

10.20 饱和加法器，设计。在某些应用中，特别是在信号处理方面，期望具有加法器饱和，在溢出情况下产生 2^n-1 的结果，而不是产生模数的结果。设计一个饱和加法器。你可以使用 n 位加法器和 n 位多路选择器作为基本器件。

10.21 饱和加法器，实现。为习题10.20的饱和加法器编写 Verilog 代码，并用典型的测试用例仿真它来证明其能正确操作。你的代码应该以加法器的宽度作为参数。

10.22 矢量加法器。设计一个既可以起到一个32位加法器，又可以起到两个16位加法器或者起到4个8位加法器作用的电路，并编写 Verilog 代码。在你的电路中最多可以有32个全加器。模块的输入为 `a[31:0]`、`b[31:0]`、`add2×16`、`add4×8`，且输出为 `s[31:0]`。相关操作参考表10-4，你不需要处理减法或溢出。

表10-4 习题10.22的矢量加法器的输出规格

add2x16	add4x8	结果
0	0	s[31:0] = a[31:0] + b[31:0]
1	0	s[31:16] = a[31:16] + b[31:16] s[15:0] = a[15:0] + b[15:0]
0	1	s[31:24] = a[31:24] + b[31:24] ... s[7:0] = a[7:0] + b[7:0]
1	1	s[31:0] = 32'hx

你不能将表10-4简单地实现为 `case` 或 `casex` 语句。

10.23 BCD加法，设计。设计一个接受两个3位（12位二进制）BCD码（公式（10-6））的电路，并用BCD码输出它们的和。

10.24 BCD加法，实现。用 Verilog 编写习题10.23中的BCD加法器，并使用测试平台验证其操作。

10.25 负数，Ⅰ。将+17表示为8位二进制符号-数值码，1的补码和2的补码。

10.26 负数，Ⅱ。将-17表示为8位二进制符号-数值码，1的补码和2的补码。

10.27 负数，Ⅲ。将-31表示为8位二进制符号-数值码，1的补码和2的补码。

10.28 负数，Ⅳ。将-32表示为8位二进制符号-数值码，1的补码和2的补码。

10.29 减法，Ⅰ。下列一对二进制2的补码相减：

```
 0101
-0110
```

10.30 减法，Ⅱ。下列一对二进制2的补码相减：

```
 0101
-1110
```

232

10.31 减法，Ⅲ。下列一对二进制2的补码相减：

```
 1010
-0010
```

10.32 减法，Ⅳ。下列一对二进制 2 的补码相减：

$$\begin{array}{r} 0101 \\ -0111 \\ \hline \end{array}$$

10.33 1 的补码加法器，设计。设计一个 1 的补码加法器。（提示：首先将两个数正常相加，如果第一次相加有进位，你需要增加结果以便给出正确的答案。虽然简单的解决方案需要一个加法器和一个增量器，但也可以使用单个加法器来完成）。

10.34 1 的补码加法器，实现。为你的 1 的补码加法器（习题 10.33）编写 Verilog 代码，并用典型的测试用例仿真它来证明其能正确操作。

10.35 饱和的 2 的补码加法器，设计。在习题 10.20 中，我们看到了如何为正数构建一个饱和加法器。在本题中，你来扩展此设计使得它能处理负数，即在正方向和负方向上均饱和。在正方向上溢出时，加法器将产生 $2^{n-2}-1$，而在负方向上的溢出时，它应该产生 -2^{n-2}。

10.36 饱和的 2 的补码加法器，实现。为你的饱和的 2 的补码加法器（习题 10.35）编写 Verilog 代码，并用典型的测试用例仿真它来证明其能正确操作。

10.37 符号 - 数值码加法器，设计。设计一个接受两个二进制符号 - 数值码的电路，并以符号 - 数值码的格式输出它们的和。

10.38 符号 - 数值码加法器，实现。为习题 10.37 的符号 - 数值码加法器编写 Verilog 代码，并用典型的测试用例仿真它来证明其能正确操作。

10.39 非标准的带符号表示法。考虑一个 4 位表示法，其可以表示从 -4 到 11 的数。每个负数用其标准的 2 的补码表示法来表示，例如，-4 = 1100。同样，每个正数用其标准的二进制表示法来表示，例如，11 = 1011。

（a）为这个表示法绘制数字轮盘（见图 10-9）。

（b）绘制一个加法器，对这些数进行运算并检测溢出。

（c）解释如何对这些数之一求反。

10.40 乘法，Ⅰ。下列一对无符号二进制数相乘：

$$\begin{array}{r} 0101 \\ \times 0101 \\ \hline \end{array}$$

10.41 乘法，Ⅱ。下列一对无符号二进制数相乘：

$$\begin{array}{r} 0110 \\ \times 0011 \\ \hline \end{array}$$

233

10.42 乘法，Ⅲ。下列一对无符号二进制数相乘：

$$\begin{array}{r} 1001 \\ \times 1001 \\ \hline \end{array}$$

10.43 乘法，Ⅳ。下列一对无符号十六进制数相乘：

$$\begin{array}{r} A \\ \times C \\ \hline \end{array}$$

10.44 5 倍电路。使用加法器、组合电路基础单元和门电路设计一个电路，该电路接受一个 4 位二进制 2 的补码输入 `a[3:0]`，输出一个 7 位 2 的补码输出 `b[6:0]`，输出是输入值的 5 倍。你不可以使用乘法基础单元。使用可能的最少加法器的位数。

10.45 15 倍电路。使用加法器、组合电路基础单元和门电路设计一个电路，该电路接受一个 4 位二进制 2 的补码输入 `a[3:0]`，输出一个 8 位 2 的补码输出 `b[7:0]`，输出是输入值的 15 倍。你不可以使用乘法基础单元。使用可能的最少加法器的位数。

10.46 16 倍电路。设计一个电路，其接受 8 位二进制 2 的补码输入 `a[7:0]`，并输出一个 12 位 2 的补码输出 `b[11:0]`，输出是输入值的 16 倍。使用尽可能少的逻辑器件。

10.47 BCD 乘法，设计。设计一个电路，其接受两个 3 位数的 BCD 码（12 位二进制）（见公式（10-6））并以 BCD 码格式输出它们的乘积。

10.48 BCD乘法，实现。用Verilog编写习题10.47中的设计，并使用测试平台验证其操作。

10.49 电路设计。使用加法器、组合电路基础单元和门电路，设计一个接受4个输入a、b、c和d并输出表达式$a-b+(c\times d)$的电路。输入a是一个4位2的补码，输入b是一个4位1的补码。输入c是一个2位无符号数。输入d是一个4位无符号数。

10.50 2的补码乘法器，设计。设计一个二进制2的补码乘法器，考虑两种方法：

(a) 符号扩展部分积用来处理输入a是负数，并且如果b是负数，则添加一个“补码器”用来求最后一组部分积的相反数。

(b) 将两个输入转换为符号-数值记数法，无符号数相乘，然后将结果转换回2的补码。

比较两种方法的成本和性能（延迟）。选择付出最低成本的方法，并以基本器件（门电路，加法器等）展示该设计。

10.51 2的补码乘法器，实现。为习题10.50的2的补码乘法器编写Verilog代码，并用典型的测试用例仿真它来证明其能正确操作。

10.52 二进制除法，Ⅰ。下列一对无符号二进制数相除（展示计算过程的每个步骤）：$101110_2 \div 101_2$。

10.53 二进制除法，Ⅱ。下列一对无符号二进制数相除（展示计算过程的每个步骤）：$101110_2 \div 011_2$。

10.54 二进制除法，Ⅲ。下列一对无符号十六进制数相除（展示计算过程的每个步骤）：$AE_{16} \div E_{16}$。

10.55 二进制除法，Ⅳ。下列一对无符号十六进制数相除（展示计算过程的每个步骤）：$F7_{16} \div 6_{16}$。

10.56 除法器中的减法器宽度。针对下列每一对参数的宽度，确定在除法器的每一级中所需的减法器的宽度：

(a) 被除数4位，除数4位；

(b) 被除数6位，除数4位； 234~235

(c) 被除数4位，除数3位。

第11章
Digital Design：A Systems Approach

定点数和浮点数

在第10章中，我们介绍了计算机的算术运算基础：二进制整数的加法、减法、乘法和除法。在本章中，我们着眼于数的表示方法来更为详细地继续探讨计算机的算术运算。常常整数不足以满足我们的需要。例如，假设我们希望表示从0（真空）到0.9个大气压之间变化的压力，误差最多为0.001个大气压。整数不会有助于我们区分0.899和0.9。对于这项工作，我们将引入**二进制小数点**（类似于十进制小数点）的概念，并使用二进制**定点数**。

在某些情况下，我们需要用非常大的动态范围来表示数据。例如，假设我们需要表示从1 ps（10^{-12} s）到一个世纪（大约3×10^9 s）的时间间隔范围，准度（accuracy）为1%。要用定点数来横跨这个时间范围需要72位。但是，如果使用**浮点数**（其允许我们改变二进制小数点的位置）我们就可以用13位表示：6位表示这个数以及7位编码二进制小数点的位置。

11.1 误差的表示方法：准度、精度和分辨率

伴随着数字电子技术，我们将一个数x表示为一串二进制数b。在数字系统中使用了很多不同的**数制系统**，一种数制系统可以被看作R和V两个函数。表示函数（representation function）R将来自某个数集（例如实数集、整数集等）的一个数x映射成一个位串b:$b=R(x)$。取值函数（value function）V返回由一个特定的位串表示的这个数（来自同一数集）：$y=V(b)$。

考虑映射到和映射自某个范围内的实数集。由于具有的实数可能比具有的给定长度的位串更多，因此很多实数必然会映射到同一个位串上。因此，如果用R将一个实数映射到一个位串上，然后用V返回，通常会得到一个与开始时稍有不同的实数。也就是说，如果计算$y=V(R(x))$，则y和x将不同。这个差异就是表示方法的误差。我们既可以在绝对意义上（例如，表示具有2 mm的误差）又可以相对于这个数的大小（例如，表示具有3%的误差）来表示误差。在点x处表示的**绝对误差**如下所示：

236

$$e_a = |V(R(x)) - x| \tag{11-1}$$

而且**相对误差**为

$$e_r = \left|\frac{V(R(x)) - x}{x}\right| \tag{11-2}$$

一种数的表示方法的优劣程度是由它的**准度**（accuracy）或**精度**（precision）给出的，[⊖] 即在其输入范围X内的最大误差。绝对准度由下式给出：

$$a_a = \max_{x\in X}|V(R(x)) - x| \tag{11-3}$$

且相对准度为：

$$a_r = \max_{x\in X}\left|\frac{V(R(x)) - x}{x}\right| \tag{11-4}$$

理所当然，在$x=0$附近不定义相对准度。当我们想以给定的相对准度节俭地表示数时，常常使用浮点数。当我们想以给定的绝对准度节俭地表示数时，定点数效率更高，我们将在下面的

⊖ 在本书中我们互换地使用术语准度和精度。

节中描述这两种表示方法。

有时人们指的是在数制系统中使用的位数，即其长度（对于长度，经常误用作术语精度；例如，说一个系统具有 32 位的精度）。在其他时候，人们指的是通过数制系统可以分辨的最小差别，即系统的分辨率。在测定表示方法的优劣程度时，用到的既不是长度也不是分辨率，而是准度。

例如，假设我们通过用最接近的整数表示每个实数，将 $X=[0, 1000]$ 范围内的实数表示为 10 位二进制整数。为一个实数挑选一个最接近的整数通常指的是将该实数舍入为一个整数。将 512.742 表示为 513 或 1000000001_2，并且表示这个数的误差为 $e_a(512.742) = |512.742-513| = 0.258$。因为一个值介于两个整数之间（例如 512.500），因此在整个范围内的误差是 $a_a(X) = 0.5$，无论是向上舍入还是向下舍去都会有这么大的误差。注意到，在这里的误差取决于表示函数 R。如果我们选择 R 以便可以通过使用小于 x 的、最接近的整数来表示每一个数 x，则得到 $e_a(512.742) = 0.742$ 和 $a_a(X) = 1$。对于正实数，采用第二个表示函数通常指的是将实数截断为一个整数。

同样，不应该将准度与分辨率混淆。上面讨论的舍入表示法和截断表示法的分辨率均是 1.0，即整数间隔的一个单位。但是，舍入的准度为 0.5，而截断的准度则为 1.0。

例 11-1　计算准度

在 1.3 节中，我们将 68 和 82 之间的温度表示为 3 位二进制数，其中：

$$T = 68 + 2\sum_{i=0}^{2} 2^i \mathrm{TempA}_i$$ 237

对于这种表示方法，给出该表示法的绝对准度、相对准度和分辨率。只计算 68 和 82 之间的值，并采用舍入。

在该表示法中分辨率或 LSB 的权重为 2。绝对准度 a_a 为 1。例如，数值 79 向上舍入为 80 且 $|79-80| = 1$。介于 68 和 70 之间的数，特指 69，则有最小相对准度：

$$a_r = \left|\frac{V(R(69)) - 69}{69}\right|$$

$$a_r = \left|\frac{70 - 69}{69}\right|$$

$$a_r = 1.4\%$$

对于 68 和 82 之间的数，这种表示法具有 1.4% 的准度。

例 11-2　表示方法设计

分辨率为多大能够表示从 54 500 000 km 到 4 500 000 000 km 的数且准度为 3%？这是分别表示太阳和水星，以及太阳和海王星之间距离的范围。采取舍入表示法。

最大误差将介于 54 500 000 和 54 500 000 + r 的中间，其中 r 表示分辨率。所以

$$a_r = \left|\frac{V(R(x)) - x}{x}\right|$$

$$3\% = \left|\frac{54\,500\,000 - 54\,500\,000 - 0.5r}{54\,500\,000 + 0.5r}\right|$$

$$r = 3\,370\,000$$

为了实现目标，LSB 在表示方法中需要表示 3 370 000 km 或更小。用来计算所表示的距离 D（D 采用 11 位表示法且 LSB 的权重为 3 000 000 km）的取值函数是：

$$D = 54.5\times10^6 + 3\times10^6\sum_{i=0}^{10} 2^i$$

11.2　定点数

11.2.1　表示方法

一个 b 位的二进制定点数是一种表示方法，该数 a_{n-1}，a_{n-2}，…，a_1，a_0 的值由下式给出：

238

$$v = 2^p \sum_{i=0}^{n-1} a_i 2^{i-n} \tag{11-5}$$

其中，p 是一个常数，以位为单位，从该数左端开始，给出了二进制数小数点的位置。

例如，考虑一种具有 $n=4$ 位数的定点数制系统，在 $p=1$ 时二进制小数点在最高有效位的右边。也就是说，在二进制小数点的右边有 3 位（即该数的小数部分）以及在二进制小数点的左边有 1 位（即该数的整数部分）。通常采用简写的 $p.f$ 来指一个数的整数位和小数位。使用这种 $n=4$ 和 $p=1$ 简写的数制系统是一个 1.3 定点数制系统。如果在整数位的左边添加一个附加的符号位，把所得到的 $p+f+1$ 位数制系统称作 $sp.f$ 数制系统。在 $sp.f$ 数制系统中使用 2 的补码。

小数的位数 $f=n-p$ 决定了数制系统的分辨率。分辨率或可以分辨的最小间隔是 $r=2^{-f}$。例如，对于 $f=3$，1.3 定点数制系统的分辨率为 1/8 或 0.125，二进制数的每一个增量改变的数值表示为 1/8。整数的位数 p 决定了数制系统的范围。采用这种数制系统，可以表示的最大数是 2^p-r。对于带符号的数制系统，可以表示的最小数（最大的相反数，不是最接近零）是 -2^p。为了有时能更容易看出范围和精度，重写公式（11-5）如下：

$$v = r \sum_{i=0}^{n-1} a_i 2^i \tag{11-6}$$

要将二进制定点数转换为十进制，只需转换为整数并乘以 r。表 11-1 给出了一些定点数示例及其转换为十进制和分数的表示。

表 11-1　定点数示例

格　式	数　字	r	整　数	数　值	
1.3	1.011	0.125	11	1.375	(11/8)
s1.3	01.011	0.125	11	1.375	(11/8)
s1.3	11.011	0.125	−5	0.625	(−5/8)
2.4	10.0111	0.0625	39	2.4375	(39/16)

要将十进制数转换为二进制定点数，最简单的方法是（a）将十进制数乘以 2^f，（b）将得到乘积舍入为最接近的整数，（c）将得到的十进制整数转换为二进制整数。例如，假设要将 1.389 转换到 1.3 定点格式。先乘以 8，得到 11.112。然后舍入到 11，再转换为二进制，得到 1.011，即表示 1.375。因此，在这种表示方法中的*误差*（表示值和实际值之间的差值）为 $1.389-1.375=0.014$，或刚好超过实际值的 1%。如果总是舍入到最接近的值，在该范围内的
239 所有值（表示的准度）的最大误差应该是 $r/2$，在上述情况下是 0.0625。当取值越接近 0，这个用数值百分比表示的误差越大。对于接近 0 的数，误差为 100%。

尽管十进制整数可以零误差地转换为二进制整数，但通常不能将十进制小数无误差地转换为有限长的二进制小数。这是因为 5 不能被任何 2 的幂整除，0.1_{10} 不能被精确地表示为有限长度的二进制小数。表示 2 的幂（例如 0.25、0.125 等）的十进制小数可以精确地表示为二进制小数。但却不能精确地表示其他的十进制小数，例如 0.1 或 0.389。当增加更多的数位时，误差会变得更小，但它永远不会为零。如果需要零误差，则可以按比例缩放该数（例如，乘以 1000），或者可以用 BCD 码表示。

二进制定点数经常用在信号处理方面的应用，例如，用于处理音频流和视频流。在这些应用中，取值范围和精度是众所周知的，并且可以放置二进制小数点以便使用该数制系统的整个范围，同时消除（或最小化）溢出的可能性。通常，按比例缩放所表示的数值使其落在 -1 和 1 区间内，因此它们可以用 $s0.f$ 格式来表示。对于大多数信号处理，16 位就足够了，并且使用 $s0.15$ 格式。

考虑一个示例：用 10 mV 的精度来表示一个 0 V 和 10 V 之间的电压。假设希望这种表示法使用最少的位数。很明显，在二进制小数点的左边需要 4 位来表示 10。为了达到 10 mV 的精度，将需要 20 mV 的分辨率。因此，在二进制小数点右边需要 6 位，即得到一个 $2^{-6}=0.015\,625$ 的分辨率和 $2^{-7}=0.007\,812\,5$ 的精度。因此，使用 10 位的 4.6 定点数格式可以直接将该电压范围表示到指定的精度。

另一种表示法使用一个按比例缩放的数。如果使用一个 9 位二进制数，可以表示 0 ~ 511 的值。如果按 20 mV 的比例来缩放这个数，即一个二进制的 1 对应于 20 mV，那么就可以只用 9 位来表示具有 10 mV 精度的 10 V 量程。

例 11-3　转换二进制定点数

将 4.23 转换为下列每一种定点数格式，然后再转换回十进制。全部采取舍入。

1）$s4.2$；

2）$s4.5$；

3）12 位，其中将表示的数 ×100。

该数的整数部分到十进制的转换是件容易的事：$4_{10}=100_2$。采用类似于如何转换整数的方法得到了该数的小数部分：

$$
\begin{array}{rr}
0.23_{10} & 0.000_2 \\
-\,0.125_{10} & +\,0.001_2 \\ \hline
0.105_{10} & 0.0010_2 \\
-\,0.0625_{10} & +\,0.0001_2 \\ \hline
0.0425_{10} & 0.00110_2 \\
-\,0.03125_{10} & +\,0.00001_2 \\ \hline
0.01125_{10} & 0.0011100_2 \\
-\,0.0078125_{10} & +\,0.0000001_2 \\ \hline
0.0034375_{10} & 0.0011101_2 \\
\cdots &
\end{array}
$$

240

注意，不能在有限的二进制小数位数中精确地表示小数 0.23。为了将此值表示为一个 $s4.2$ 的数，将该数的小数部分舍入为 0.01_2，得到答案 00100.01。将这个数转换回十进制得到 4.25_{10}。按 $s4.5$ 格式，该数的答案是 00100.00111_2 或 4.21875_{10}。最后，按比例缩放 $4.23\times100=423_{10}=00110100111_2$。

例 11-4　设计一种定点系统

描述表示 0 ~ 31 AU 的距离所需的位数，精度为 0.05 AU。

由于在这种表示法中所有的数都是正的，因此不需要符号位。表示整数 0 ~ 31 仅需要 4 位。采用舍入的表示法，需要 0.1 AU 或更低的分辨率。由于 $2^{-4}<0.1$，使用 4 位作为这个数的小数部分。因此，最终格式是 8 位：4.4。

11.2.2　运算

就如同是整数一样，可以使用第 10 章中描述的相同的算术运算电路，在定点二进制数上执行 4 种基本的运算。但需要仔细地考虑算术运算结果的范围和精度，可能会不同于输入的范围和精度。

两个 $p.f$ 格式的定点数相加得到的结果是一个 $(p+1).f$ 格式的定点数。如果希望将这个结果表示为一个 $p.f$ 格式的定点数，可能会遇到结果超出了表示范围的溢出情况。例如，考虑用 4.6 定点表示法来表示的电压。如果将两个电压相加，将得到一个介于 0 V 和 20 V 的结果。需要用一个 5.6 定点表示法来表示这个满量程。

当定点数序列相加时，这些数相加通常采用较大的范围，然后按比例缩放和舍入来适应结果期望的范围和精度。例如，假设有 16 个数值，希望计算每一个用 s4.6 定点格式表示的 -10 V ~ 10 V 之间的电压之和。但是，已知和的结果是一个介于 -10 和 10 之间的数。为了避免中间结果的任何溢出，使用 s8.6 格式来执行求和，然后在结束时再转换回 s4.6 格式。在某些情况下，使用饱和来完成这个最终的转换，如果结果超出了可以表示的范围，则将该值固定（clamp）
241 到最大的可以表示的值（见习题 10.20）。

要将两个采用不同表示法的定点数相加，必须先对齐两个数的二进制小数点。通常是将两个数转换为一种 p 和 f 大到足以使得原来的两种表示法重叠一致的定点表示法来实现的。例如，考虑将 2.3 格式的数 01.101 与 3.2 格式的数 101.01 相加。先将这两个数转换为 3.3 格式，然后相加 001.101 + 101.010，得到 110.111。

当两个定点数相乘时，结果的位数是输入在二进制小数点两侧的位数的两倍。例如，如果将两个 4.6 格式的定点数相乘，结果将是一个 8.12 格式的定点数。假设将一个 10 V 量程和 10 mV 精度的电压信号乘以量程为 10 A 和精度为 10 mA 的电流信号，这两个信号都是 4.6 格式。结果是一个 8.12 格式的量程为 100 W 和精度为 100 μW 的功率信号。

许多信号处理器将数按比例缩放为 0.16 格式（或对于带符号数为 s0.15）。两个 0.16 格式的数相乘得到一个 0.32 格式的数。通常的操作是取两个 0.16 格式的向量的点积。为了允许进行这种操作而又不丢失精度，许多通用的信号处理器采用 40 位累加器。它们累积多达 256 个 0.32 格式的乘法运算结果，得到 8.32 格式的和（对于带符号数，结果为 s8.30 格式）。然后常常对该和进行按比例缩放和舍入以获得 0.16 格式的最终结果。

在大多数情况下，计算得到的高精度结果最终必须要舍入到最初的精度上。舍入就是通过舍弃一个数的最右边的一些位来降低该数的精度的过程。当将十进制数舍入到最接近的整数时，我们知道如果下一位数是 5 或更大，应该向上舍入，如果是 4 或更小，应该向下舍去。二进制舍入的工作方式相同。如果舍弃的最高有效位是 1，则舍入，如果是 0，则舍去。例如，0.8 格式的数 .10001000 被舍入为 0.4 格式的 .1001，而 0.8 格式的 .10000111 舍入到 0.4 格式的 .1000。在向上舍入时，舍入需要一个加法（或至少加 1）来增加结果，因此它不是一个不受约束的操作。舍入有可能会改变所有的剩余位。例如，在 0.8 格式的 .01111000 舍入到 0.4 格式，得到 .1000。

例 11-5　定点数运算

将 s2.3 格式的数 010.001 和 s0.4 格式的数 0.1011 相加、相减和相乘，使结果保持满精度。

首先，在对齐二进制小数点之后做加法：

$$\begin{array}{r} 010.0010 \\ +\ 000.1011 \\ \hline 010.1101 \end{array}$$

减去 0.1011，就是加上 0.1011 的 2 的补码：1.0101。如果要对齐该值，必须对这个数进行符号扩展：

$$
\begin{array}{r}
010.0010 \\
+\ \underline{111.0101} \\
001.0111
\end{array}
$$
242

最后，计算乘法：

$$
\begin{array}{r}
00010.001 \\
\times\ \underline{0000.1011} \\
000010001 \\
000100010 \\
+\ \underline{010001000} \\
010111011
\end{array}
$$

乘积的最终格式为 $s2.7$：001.0111011_2。

11.3 浮点数

11.3.1 表示方法

高动态范围（high-dynamic-range，HDR）数常用浮点格式表示。尤其是，当需要一个固定比例的（而不是绝对的）精度时，浮点格式用于表示一个数是有能力的。

浮点数有两个组成部分：指数（也称阶码——译者注）e 和尾数 m。由浮点数表示的值由下式给出：

$$v = m \times 2^{e-x} \tag{11-7}$$

其中，m 是一个二进制小数，e 是一个二进制整数，x 是指数上的一个偏移值，用于居中动态范围。尾数 m 是一个小数，意味着二进制小数点在 m 的 MSB 的左边。指数 e 是一个整数，二进制小数点在其 LSB 的右边。如果 m 的位是 m_{n-1}，…，m_0，e 的位是 e_{k-1}，…，e_0，值由下式给出：

$$v = \sum_{i=0}^{n-1} m_i 2^{i-n} \times 2^{(\sum_{i=0}^{k-1} e_i 2^k - x)} \tag{11-8}$$

我们将 a 位尾数和 b 位指数的浮点数制系统称为 aEb 格式。例如，5 位尾数和 3 位指数的数制是 5E3 数制。我们还将使用符号“E”去书写数字。例如，尾数为 10010 和指数为 011 的 5E3 格式的数为 10010E011。假设偏移为 0，则该数的值为 $v = 18/32 \times 8 = 4.5$。

我们还可以将 4.5 表示为 01001E100（$9/32 \times 16$）。大多数浮点数制系统不允许采用 4.5 的第二种表示方法，通过将尾数不断地左移（并递减指数）直到尾数的 MSB 是 1 或者指数是 0 来规格化所有的浮点数。使用规格化的数字，我们可以通过简单地逐位比较两个数来快速地检查两个数是否相等。如果数是未规格化的，必须先将它们进行规格化（或至少对齐），然后才 243
能进行比较。一些数制系统利用规格化的优点来省略尾数的 MSB，因为它几乎总是 1（见习题 11.23）。

通常，在存储浮点数时，指数存储在尾数的左边。例如，11001E011 按 8 位存储时为 01111001。只要对数字进行过规格化，将指数存储到左侧则允许将整数比较用在浮点数上。也就是说，对于两个浮点数 a 和 b，如果 $a > b$，则 $i_a > i_b$，其中 i_a 和 i_b 分别是 a 和 b 的整数位。

如果我们想要表示带符号的数值，通常在指数的左边添加一个符号位。例如，在 8 位中，我们可以表示一个 S4E3 格式的数，从左到右包含 1 个符号位，3 个指数位，然后是 4 个尾数位（SEEEMMMM）。在这种表示方法中，位串 11001001 表示 −9E4 或（偏移为 0）$-9/16 \times 2^4 = -9$。

浮点数只是应用到二进制数的科学计数法。如同科学计数法一样，浮点数的误差与数的大小成正比。出于这个原因，浮点数是一种按照指定比例的精度来表示数值的有效方式，尤其是当所讨论的数值具有高动态范围时。

例如，假设我们需要按照1%的准度表示从 1 ns 到 1000 s 的时间。在这个范围的低端，需要10 ps 的准度，而在这个范围的高端，需要表示1000 s，即是低端需要的准度的10^{14}倍。定点表示法将需要46 位（10.36）来表示具有 10 ps 精度（20 ps 的分辨率）的 1000 s。使用浮点数，我们可以利用这样的事实，即在该范围的高端，只需要 10 s 的精度（20 s 的分辨率）。因此，尾数仅需要6 位。通过使用6 位指数来表示2^{64}的范围，将可以覆盖这个大的动态范围（$10^{12} < 2^{40}$）。将指数偏移（公式（11-7）中的x）设置为54，所以我们表示的数可以高达2^{10}。因此，可以使用12 位的6E6 格式的浮点数实现与使用46 位的10.36 格式的定点数相同的相对精度。

如同未按比例缩放的定点数，二进制浮点数不能精确地表示任意的十进制数，因为1/10不能精确地表示为有限长度的二进制小数。例如，在二进制中像0.3 这样的值只能用近似值。这个近似值可以通过增加尾数的位数来提高精度，但始终会存在误差。在误差必须为零的应用中，必须使用BCD 码或按比例缩放表示法。

例 11-6　浮点数设计

设计一个浮点数表示法来表示1×10^{-6}到1×10^{7}的测量值，误差为5%。用这种格式表示数值4.5。

在我们的表示法中，总共需要5 位尾数来表示最高有效位为1，并且尾数的其余部分表示所需的精度。要表示的最小数是1×2^{-20}，而最大数是1×2^{24}。在指数中，需要一个至少是44（需要6 位）的范围，指数偏移为20。

244 注意，4.5 等于0.10010×2^{3}。在我们的格式中，它表示为：10010E010111。

11.3.2　未规格化数和逐级下溢

如果我们禁止所有未规格化数，在表示函数中会有一个很大的分歧，因为最接近0 的数可以表示（例如在4E3 中）为1000E000，没有偏移时表示0.5。这对于小于0.5 的数给出了一个大的相对误差。我们可以通过仅允许指数为0 的未规格化数来减少这个相对误差。然后，我们可以将1/4 表示为0100E000，将1/8 表示为0010E000，将1/16 表示为0001E000。在这种情况下，较小的数的误差幅度减小了8 倍。通常，对于具有n位尾数的、较小的数的误差减少了2^{n-1}倍。

这种表示方法通常被称为逐级下溢，因为它减少了由于下溢引起的误差，即当算术运算给出的结果比可以表示的最小数更接近0 时。这就解决了相同的数有多种表示方法的问题。因为这些未规格化数被限制到了指数为0，因此每个值仅有一种表示方法。

为了简化表示方法，在这里描述的算术单元并不支持逐级下溢。我们将这种支持逐级下溢的扩展的表示方法留作习题11.29 和习题11.30。

11.3.3　浮点数乘法

浮点数相乘很简单：仅需将尾数相乘并将指数相加。这样将使得尾数的位数翻倍，指数的位数增加。我们通常通过舍入尾数（如11.2.2 节所述）并舍弃经由指数相加所产生的附加位来得到一个与输入格式相同的结果。当舍入尾数时，考虑到舍弃的位则必须调整指数。如果有指数偏移，为了弥补两次使用偏移所带来的影响还必须调整指数。如果在指数没有附加位的情况下不能表示该数时，则发出溢出信号。舍入尾数所带来的尾数增加可能会导致一个进位到下一个尾数位。如果发生这种情况，尾数将再次右移，指数相应增加。

例如，考虑将101E011（5）乘以101E100（10），均采用3E3 格式，无偏移。目的是得到一个相同格式的规格化结果。输入是101E011 和101E100，先将尾数101 和101 相乘得到011001

(25/64)，然后将指数 011 和 100 相加得到 111（7_{10}）。事实上，这就是正确的答案：$25/64\times 2^7=50$。现在需要将这个结果转换回 3E3 格式。

为了得到 3 位规格化尾数，将尾数左移 1 位并舍弃最低两位。指数通过减 1 调整到 110。因为被舍弃的最高有效位是 0，所以舍入不需要尾数增加。因此，按照原来的格式我们的结果是 110E110（$6/8\times 2^6=48$）。在这里，误差为 2 是由于舍入期间舍弃尾数的 LSB 造成的。 245

例 11-7　浮点数乘法

将下列两个指数偏移为 4 的 4E3 格式的数相乘：

$$1100E010\times 1100E110$$

首先通过对两个输入指数求和（1000_2）再减去偏移（100_2）得到一开始的输出指数 100_2。接下来，将两个尾数相乘，得到 0.10010000_2 或 0.1001_2 的乘积。因为不需要规格化，最终答案是 1001E100。

图 11-1 给出了一个浮点乘法器的框图，该乘法器的 Verilog 描述如图 11-2 所示。图中的 FF1 块得到 pm（乘法器的乘积输出）的最左边 1 位。因为两个输入都是规格化的，所以确保这位是该乘积左边两位中的 1 位。因此，可以直接使用 pm [7] 来选择 pm 中哪一组的 4 位作为 sm，即移位后的乘积。[⊖] 信号 rnd（pm 的第一个舍弃位）用于确定是否需要舍入增量。信号 xm（舍入后的 sm）是一个 5 位信号。像 pm 一样，它确保在其最高有效的两位之一中有一个 1。因此，我们使用其最高有效位 xm [4] 来选择哪一组 4 位数作为输出的规格化尾数。请注意，我们确保在这最终的移位之后不再需要另外的舍入，因为如果 xm [4] 为 1，则 xm [0] 保证为 0（见习题 11.26）。

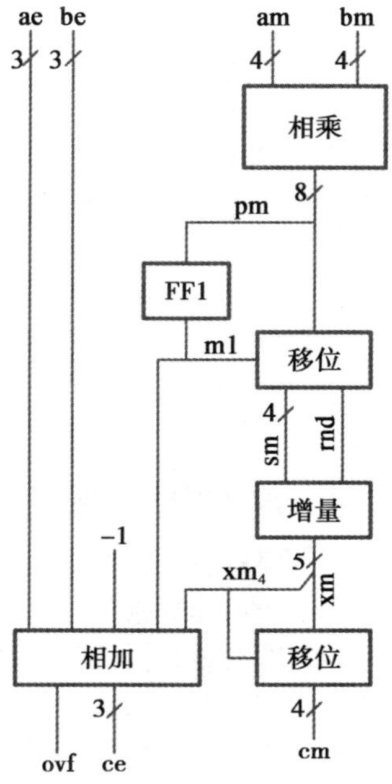

图 11-1　具有 3E4 格式的输入和输出的浮点乘法器 246

```
module FP_Mul(ae, am, be, bm, ce, cm, ovf) ;
  parameter e = 3 ;
  input [e-1:0] ae, be ; // 输入的指数
  input [3:0] am, bm ; //  输入的尾数
  output [e-1:0] ce ; // 结果的指数
  output [3:0] cm ; //  结果的尾数
  output ovf ; // 溢出指示
  wire [7:0] pm ; // 一开始的相乘结果
  wire [3:0] sm ; //  移位后
  wire [4:0] xm ; //  增加后
  wire rnd ; //  最高有效位移位后为1, 则为true
  wire [1:0] oe ; //  检测指数ovf

  // am和bm相乘
  Mul4 mult(am, bm, pm) ;
```

图 11-2　浮点数乘法器的 Verilog 描述

⊖ 在这种情况下，FF1 块仅仅选择 pm 输出的 1 位，如 Verilog 中所示。然而，对于未规格化的数来说，需要一个完整的优先级编码器功能。

```
  // 移位/舍入：若MSB为1，选择第7:4位，否则选择第6:3位
  assign sm = pm[7] ? pm[7:4] : pm[6:3] ;
  assign rnd = pm[7] ? pm[3] : pm[2] ;

  // 增加
  assign xm = sm + rnd ;

  // 最后的移位/舍入
  assign cm = xm[4] ? xm[4:1] : xm[3:0] ;

  // 指数相加
  assign {oe, ce} = ae + be + (pm[7] | xm[4]) - 1 ;
  assign ovf = |oe ;
endmodule
```

图 11-2 （续）

11.3.4 浮点数加/减法

由于需要对齐输入和规格化输出，因此浮点数加法比乘法稍微复杂一些。该过程有三个步骤：对齐、相加和规格化。在对齐这一步，指数较小的数的尾数右移，使其与指数较大的数的尾数对准，即权重相同的位彼此对齐。一旦两个尾数对齐，就如同整数一样，可以将它们相加或相减。该加法可能会产生一个未规格化的结果。加法的进位输出可能会导致尾数必须右移 1 位，将最高有效的 1 放到结果的 MSB 中。另外，减法可能需要左移若干位来移掉结果中若干个为 0 的 MSB，以将最高有效的 1 置于结果的 MSB 中。规格化这一步骤是要找到结果的最高有效的 1，将结果移位到将这个 1 放到尾数的 MSB 中，并相应地调整指数。如果规格化是右移，则它可能会舍弃结果的一个 LSB。舍弃此位时，舍入的增量需要舍入，而不是截断。

作为一个浮点数加法的例子，假设希望将采用5E3 表示法表示的 5 和 11 相加。在这种表示法中，数字 5 是 10100E011，数字 11 是 10110E100。在对齐这一步，将 5 的尾数右移 1 位，使其与尾数 11 对齐。实际上，把 5 改写为 01010E100 ，即未规格化的尾数，让该指数与另一个数的指数一致。在两个尾数对齐的情况下，现在可以将尾数相加。尾数相加有一个进位输出，得到的结果是 6E3 格式的 100000E100。为了规格化这个结果，使其符合 5E3 格式，将尾数右
247 移 1 位，然后指数增 1，得到最终结果 10000E101 或 16。

作为第二个例子，考虑 10 减去 9，二者都以 *s*5E3 格式表示。此时，9 是 +10010E100，10 是 +10100E100。这两个数字具有相同的指数，它们已经对齐，在做减法之前无须移位。两个数相减得到未规格化的 00010E100。为了规格化这个数，将尾数左移 3 位，然后指数减 3，得到 10000E001 或 1。

在加法和减法之前对齐浮点数会导致舍弃在较大的数的 LSB 更远处的一些位。因此，浮点运算是不符合结合律的。例如，考虑将一个小的数值 b 和一个大的数值 A 相加。如果 b 足够小，则 $b+A=A$。如果从这个和中再减去 A，会发现 $(b+A)-A=0$。先前的减法给出了不同的答案：$b+(A-A)=b$。

例 11-8 浮点数加减法

将下列写成 4E3 格式的浮点数相加和相减，偏移为 4：

1100E100 + 1110E011； 1100E100 - 1110E011

要执行加法，必须先将较小的数移位来对齐二进制小数点：

$$
\begin{array}{r}
0.1100E100 \\
+\ 0.0111E100 \\
\hline
=\ 1.0011E100 \\
\approx 1010E101
\end{array}
$$

做完加法之后，必须对和进行规格化，在移出一个1之后向上舍入。

减法遵循类似的方法，但是加上减数移位后的数值的2的补码：

$$
\begin{array}{r}
0.1100E100 \\
+\ 1.1001E100 \\
\hline
0.0101E100 \\
=\ 1010E011
\end{array}
$$

这一次，差值必须左移，以获得正确的答案。

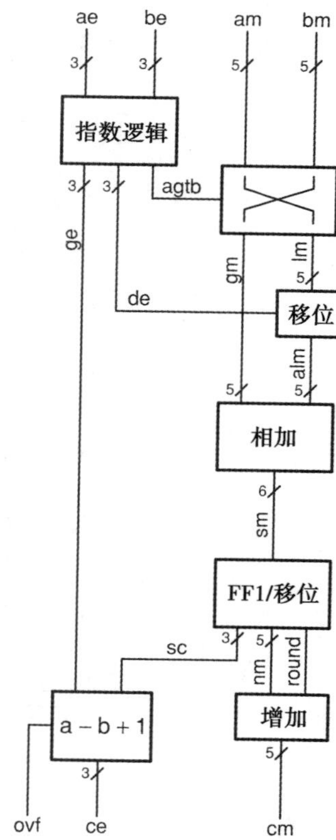

图 11-3 浮点数加法器

248

浮点数加法器的框图如图11-3所示，该加法器的Verilog描述如图11-4所示。输入指数逻辑比较两个指数，生成信号agtb，用来确定哪个尾数需要移位，并生成信号de，其给出要移位的位数。输入开关用agtb来切换两个尾数，指数较大的尾数在信号gm上，而指数较小的尾数在信号lm上。然后尾数lm依据de来移位以对齐尾数[⊖]。对齐的尾数相加，产生信号sm，其比尾数宽一位。然后使用优先级反转编码器找到sm中的最高有效1。然后执行移位将该位移动到结果的最高有效的位置，给出信号nm。该移位的范围从右移1位到左移整个宽度的位，信号rnd捕获在右移1位时丢弃的位。依据移位的位数来调整指数。如果指数不能按照给定的位数表示，则发生溢出。

249

```
module FP_Add(ae, am, be, bm, ce, cm, ovf);
  parameter e = 3 ;
  parameter m = 5 ;
  input [e-1:0] ae, be ; // 输入的指数
  input [m-1:0] am, bm ; // 输入的尾数
  output [e-1:0] ce ; // 结果的指数
  output [m-1:0] cm ; // 结果的尾数
  output ovf ; // 溢出指示
  wire [e-1:0] ge, le, de, sc ;
  wire [m-1:0] gm, lm, alm, nm ;
  wire rnd;

  // 输入指数逻辑
  wire agtb = (ae >= be) ;
  assign ge = agtb ? ae : be ;   // 较大的指数
  assign le = agtb ? be : ae ;   // 较小的指数
  assign de = ge - le ;          // 指数的差
```

图 11-4 浮点数加法器的Verilog描述

⊖ 聪明的读者会注意到，我们在产生一个5位的alm而不是6位的alm之前可能移掉了一个舍入位。习题11.24将要求你解决这个问题。

```
  // 选择输入尾数
  assign gm = agtb ? am : bm ; // 大指数的尾数
  assign lm = agtb ? bm : am ; // 小指数的尾数

  // 移位尾数以对齐
  assign alm = lm>>de ; // 用较小的指数对齐尾数

  // 相加
  wire [m:0] sm = gm + alm ;

  // 找到第一个为1的位
  RevPriorityEncoder #(6,3) ff1(sm, sc) ;

  // 将其移位至MSB
  assign {nm, rnd} = sm<<sc ;

  // 调整指数
  assign {ovf,ce} = ge - sc + 1 ;

  // 舍入结果
  assign cm = nm + rnd ;
endmodule
```

图 11-4　（续）

小结

在本章中，你已经学会了如何为一个特定的应用选择一种具有适当的范围和准度的数制系
250 统。我们可以用绝对的或相对的关系来表示一种表示方法的误差。对于给定的表示函数 $R(x)$，可以计算出任一点 x 处的这种表示方法的绝对误差和相对误差。一种表示方法的准度是在所要求的范围内的最大误差。

定点数有一个固定的二进制小数点，其中小数位在二进制小数点的右边，而整数位在其左边。例如，一个 $s1.14$ 格式的数是一个 16 位数，其中 1 位符号位，二进制小数点左边的 1 位整数位，二进制小数点右边的 14 位小数位。在这种 $s1.14$ 表示方法中，LSB 的权重为 2^{-14}。定点数的运算要比浮点数的运算简单，如果恰当地按比例缩放，它们会有好的绝对准度。

用浮点数表示的值是 $v=m\times 2^{e-x}$，其中 m 是尾数，e 是指数，x 是偏移值。m 乘以 2^{e-x} 具有允许 m 中的二进制小数点浮动的效果，因此得名。浮点数的运算比整数更为复杂，因为在相加之前需要对齐尾数，以使相对应的位具有相同的权重。浮点数的优势是：对于给定的位数和所要求的范围，它们比定点数具有更大的相对准度。浮点数也允许设计人员偷个懒，不按比例缩放变量。浮点数较大的覆盖范围允许设计人员将按比例缩放推迟给硬件。

为了让每一个数值具有单一的表示方法，通常通过不断地将尾数左移直到尾数的 MSB 为 1（并相应地递减指数）来规格化浮点数。由于尾数的 MSB 总为 1，我们常常省略它，我们称为隐含的 1。为了允许准确地表示较小的数，在指数为 0 时，允许使用未规格化数，称为逐级下溢。

浮点数乘法通过将指数相加和尾数相乘来完成。相乘的结果必须舍入以满足输出位数的要求，然后规格化，以便输出的最高有效位为 1。

浮点数加法运算要求先通过右移指数较小的尾数来对齐尾数，以使相对应的位具有相同的

权重。在相加之后，必须对结果进行规格化，即移位结果，使得移位后的结果的 MSB 为 1，并且相应地调整指数。

文献说明

有关浮点格式的更多信息，请参考 IEEE 浮点标准［55］和［53］。

习题

11.1 定点表示，Ⅰ。将下列定点数转换到十进制：1.4 格式的 1.0101。

11.2 定点表示，Ⅱ。将下列定点数转换到十进制：*s*1.4 格式的 11.0101。 251

11.3 定点表示，Ⅲ。将下列定点数转换到十进制：3.3 格式的 101.011。

11.4 定点表示，Ⅳ。将下列定点数转换到十进制：*s*2.3 格式的 101.011。

11.5 定点表示，Ⅰ。将 1.5999 转换为最接近的定点数 *s*1.5 表示，并给出绝对误差和相对误差。

11.6 定点表示，Ⅱ。将 0.3775 转换为最接近的定点数 *s*1.5 表示，并给出绝对误差和相对误差。

11.7 定点表示，Ⅲ。将 1.109375 转换为最接近的定点数 *s*1.5 表示，并给出绝对误差和相对误差。

11.8 定点表示，Ⅳ。将 −1.171875 转换为最接近的定点数 *s*1.5 表示，并给出绝对误差和相对误差。

11.9 定点表示，绝对误差。找到一个介于 −1 和 1 之间的十进制数值，其表示为 *s*1.5 格式的定点数的误差的绝对值为最大。

11.10 定点表示，相对误差。找到一个介于 0.1 和 1 之间的十进制数值，其表示为 *s*1.5 格式的定点数的误差的百分比为最大。

11.11 选择定点表示方法，Ⅰ。想要表示一个范围从 −10 PSI 到 10 PSI、准度为 0.1 PSI 的相对压力信号。选择以最少位数和指定准度覆盖此范围的定点表示方法。

11.12 选择定点表示方法，Ⅱ。选择一种覆盖范围从 0.001 到 1 的定点表示方法，准度为 1%，并使用最少位数。

11.13 浮点表示，Ⅰ。将下列偏移为 3 的浮点数转换为十进制：4E3 格式的 1111E111。

11.14 浮点表示，Ⅱ。将下列偏移为 3 的浮点数转换为十进制：4E3 格式的 1010E100。

11.15 浮点表示，Ⅲ。将下列偏移为 3 的浮点数转换为十进制：*s*3E3 格式的 1100E001。

11.16 浮点表示，Ⅳ。将下列偏移为 3 的浮点数转换为十进制：*s*3E3 格式的 0101E101。

11.17 浮点表示，Ⅰ。将 −23 转换到 *s*3E5 浮点格式，偏移为 8，并给出相对误差和绝对误差。

11.18 浮点表示，Ⅱ。将 100 000 转换到 *s*3E5 浮点格式，偏移为 8，并给出相对误差和绝对误差。

11.19 浮点表示，Ⅲ。将 999 转换到 *s*3E5 浮点格式，偏移为 16，并给出相对误差和绝对误差。 252

11.20 浮点表示，Ⅳ。将 64 转换到 *s*3E5 浮点格式，偏移为 16，并给出相对误差和绝对误差。

11.21 选择浮点表示方法，Ⅰ。选择一种使用最少位数覆盖范围从 −10 到 10 的浮点表示方法，准度为 0.1，数值 >1/32。

11.22 选择浮点表示方法，Ⅱ。选择一种使用最少位数覆盖范围从 0.001 到 100 000 000 的浮点表示方法，准度为 1%。

11.23 隐含的 1。许多浮点数格式省略了尾数的 MSB。也就是说，无须去存储这一位。例如，IEEE 单精度浮点数标准通过省略尾数的 MSB 来实现在 23 位的空间内存储 24 位的尾数。这被称为隐含的 1。一些格式坚信这个被省略的 MSB 常为 1。但是，这将导致令人关注的接近 0 的错误行为。通过隐含为 0 的尾数的 MSB，且当 $e=0$ 时指数为 $1-x$（当 $e=1$ 时指数相同），可以获得更好的误差特性（在复杂性上的一些成本）。具有这种特征的数制系统就说提供了逐级下溢。

(a) 假设你有一个 5E3 浮点数制系统，偏移 x 为 0，支持隐含的 1（尾数由隐含的 1 后面紧跟着的 4 位组成）。对于不支持逐级下溢的数制系统，在区间［−2，2］上绘制误差曲线。

(b) 在与 (a) 相同的坐标轴上，绘制同一个数制系统的误差曲线，但支持逐级下溢。

(c) 对于不支持逐级下溢的数制系统，哪个值的百分比误差最大？

(d) 是否有一个取值范围，其中支持逐级下溢的数制系统比不支持逐级下溢的数制系统具有更大的误差？如果有，这个范围是多少？

11.24 带有舍入位的浮点数加法。修改图 11-3 的框图和图 11-4 的 Verilog 说明可能舍弃 `lm` 的舍入位的原因。例如，$1.0000\times2^0+1.1111\times2^{-1}$应输出 1.0000×2^1（从 1.11111×2^0 舍入）而不是 1.1111×2^0。新建一个连线 guard，表示该位在 `alm` 的 LSB 的右边，并将其加到和 `sm` 中（如果已经设置）。

11.25 浮点数减法。扩展图 11-3 和图 11-4 所示的浮点加法器，使其能够处理带符号的浮点数并执行浮点数减法。假设每个输入操作数的符号位由各自的线路 `as` 和 `bs` 提供，结果的符号位要输出在线路 `cs` 上。

11.26 浮点数乘法。在 11.3.3 节中曾指出：如果舍入的乘积 `xm` 的 MSB 是 1，则它的 LSB 一定是 0。然而，并没有为这一断言给出任何的理由。请你证明这断言是真的。

11.27 支持未规格化数的浮点数乘法。修改 11.3.3 节的浮点数乘法器的设计，使其能够处理未规格化输入。

11.28 支持下溢的浮点数加法。两个规格化浮点数相加可能会导致不能表示一个在尾数的 MSB 中是 1 的数，但也不是 0。这种情况就是下溢。修改 11.3.4 节的加法器，使其能够检测和标志一个下溢状态。

11.29 支持逐级下溢的加法。扩展 11.3.4 节的加法器设计，使其能够处理逐级下溢。也就是说，当指数为 0 时能处理未规格化输入。

11.30 支持逐级下溢的乘法。扩展 11.3.3 节的乘法器设计，使其能够处理逐级下溢。

11.31 逐级下溢和隐含的 1。考虑一种如习题 11.23 所描述的数制系统，其采用在尾数的 MSB 中具有隐含的 1 的表示方法。扩展这种数制系统使其能支持逐级下溢的数。确保没有在数制系统中创建任何不足或冗余的表示（提示：让 0 和 1 的指数表示相同的值，但其中一个具有隐含的 1，而另一个没有）。将下列数字转换为 4E3 格式的表示形式：

(a) 1/8

(b) 4

(c) 1/16

(d) 32

11.32 支持逐级下溢和隐含的 1 的加法。扩展 11.3.4 节的加法器设计，使其能够处理具有一个隐含的 1 的逐级下溢（习题 11.31）。

11.33 支持逐级下溢和隐含的 1 的乘法。扩展 11.3.3 节的乘法器设计，使其能够处理具有一个隐含的 1 的逐级下溢（习题 11.31）。

11.34 对数的表示方法。考虑一种数制系统，对于一个固定的基数 b，有 $v=b^{e-x}$。该数制系统类似于浮点数表示法，其中尾数常为 1，因此被省略。考虑 $b=2^{1/8}$ 的特殊情况。假设必须表示 1 μV 至 1 MV 的电压，相对准度为 5%。这种表示法与定点数和浮点数表示法相比，在需要的位数方面有何区别？

253 ~ 254

第12章

Digital Design: A Systems Approach

快速算术电路

在本章中，我们着眼于提高算术电路速度的三种方法，尤其是乘法器。在12.1节中，我们从再次讨论二进制加法器开始，然后看看如何通过使用分级的超前进位电路将它们的延迟从$O(n)$减少到$O(\log(n))$。这种技术可以直接用于构建快速加法器，而且还可以用于加速乘法器中的部分积的求和。在12.2节中，我们看到如何通过将一个输入重新编码为一个更高基数的带符号数，可以大大减少需要在乘法器中求和的部分积的个数。最后，在12.3节中，我们将了解到如何用全加器树来累加带有$O(\log(n))$延迟的部分积。将这三种技术组合到一个快速乘法器中，留作习题12.17～习题12.20。

12.1 超前进位

回忆一下，由于在进位信号上的传递一位接着一位，可以形成行波，影响到和的*MSB*的最终值，因此将10.2节中开发的加法器称为*行波进位加法器*。这种行波进位将导致加法器的延迟随加法器的位数呈线性增加。对于大型的加法器，这种线性延迟会变得过大。

我们采用如图12-1所示的双树结构可以构建一个延迟随加法器的宽度呈对数增加而不是线性增加的加法器。该电路通过计算上面树中的每一组的进位*传递*和进位*生成*，然后使用这些信号来产生进入下面树中的每一位的进位信号。如果进到第i位的进位将从第i位传递到第j位，并且生成了第j位的进位输出，则传递信号p_{ij}为真。无论是否有进到第i位的进位，如果生成了第j位的进位输出，则生成信号g_{ij}为真。可以将p和g递归地定义如下：

$$p_{ij} = p_{ik} \wedge p_{(k+1)j} (\forall k: i \leqslant k < j) \tag{12-1}$$

$$p_{ii} = p_i = a_i \oplus b_i \tag{12-2}$$

$$g_{ij} = (g_{ik} \wedge p(k+1)j) \vee g_{(k+1)j} (\forall k: i \leqslant k < j) \tag{12-3}$$

$$g_{ii} = g_i = a_i \wedge b_i \tag{12-4}$$

前两个公式定义了传递信号。如果进位信号从第i位传递到第$k(p_{ik})$位，然后再从第$k+1$位传递到第$j(p_{(k+1)_j})$位，则进位信号将在第i位到第j位的范围内传递。k可以是i到$j-1$之间的任一值。当然，通常会平分这个区间间隔，选择$k = \lfloor (i+j)/2 \rfloor$。结合图10-3所讨论的内容，当这个区间间隔只剩下1位时，则计算p_{ii}，或仅计算p_i。当恰好只有1位输入时，进位传递到单独的第i位上则该位为真（即当$ai \oplus bi$时）。

第一个生成公式表明，如果1）无论进到第i位的进

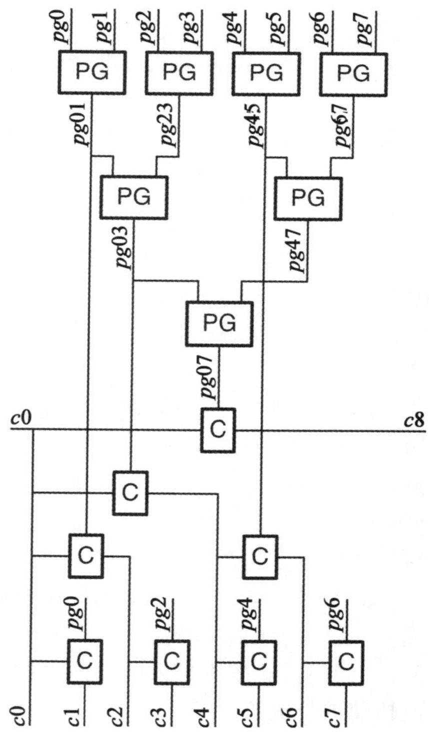

图12-1 超前进位电路框图。每个pg信号表示两位，其中，p位指明进位在指定的位范围内传递，g位指明进位在指定的位范围之外生成。pg信号合并在位范围不断增加的一棵树上。然后pg信号在另一棵树上用来生成每一位的进位信号c

位如何，都从第 k 位产生一个进位信号，然后进位信号从第 $k+1$ 位传递到第 j 位，或者 2）无论进到第 $k+1$ 位的进位如何，都从第 j 位产生一个进位信号。生成的基本情况在图 10-3 中讨论过。仅当该进位的两个输入都是高电平时，才产生一个 1 位的进位。

使用公式（12-1）～公式（12-4）很容易构造出图 12-1 的进位电路的上面部分。对于图中的 8 位进位电路，我们想要知道进位输出的第 7 位 c_8 是什么。因此，要计算 p_{07} 和 g_{07}。为了简化绘图，我们将这两个信号统称为 pg_{07}，选择 $k=3$，然后由 pg_{03} 和 pg_{47} 计算 pg_{07}。标记为 PG 的块的逻辑是公式（12-1）和公式（12-3）的逻辑，如图 12-2 所示。然后，反复不断地细分
256 每一个区间间隔，一直到最小 1 位的 p 和 g 项。

一旦递归地生成了 pg 信号，便可以使用这些信号来生成进位信号。我们继续构建一棵树，从所有的 8 位的进位开始，然后是 4 位一组、2 位一组和 1 位一组。由前一级的进位信号和 pg 信号来计算每一级的进位信号，如下式所示：

$$c_{j+1} = g_{ij} \vee (c_i \wedge p_{ij}) \tag{12-5}$$

图 12-1 的每个 C 块中的逻辑是公式（12-5）的逻辑，如图 12-3 所示。

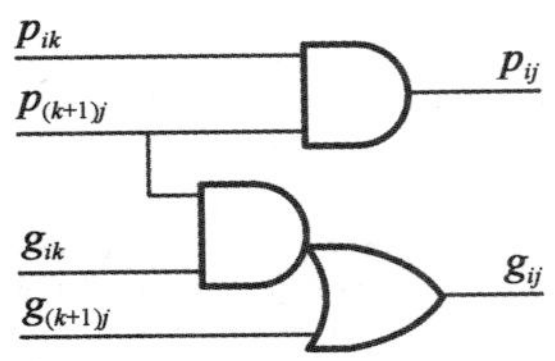

图 12-2　作为从 ik 到（$k+1$）j 两个相邻子范围 p 和 g 信号的函数，递归地生成一组从第 i 位到第 j 位的传递信号 p_{ij} 和生成信号 g_{ij} 的逻辑

图 12-3　从上一级的进位信号和 pg 信号生成进位信号的逻辑

图 12-1 的 8 位超前进位电路的 Verilog 代码以及从加法器的输入 a 和 b 产生 p 和 g 的逻辑如图 12-4 所示。该代码包括直接用于输入、PG 块和 C 块的公式，而不是为每个块类型定义模块，然后分别实例化它们中的每一个。在这种情况下，用公式编写代码使得代码更容易编写和理解。

图 12-4 中的 Verilog 代码生成了许多没用的信号。例如，尽管只需要偶数，但还是给所有的 8 位都生成了在代码中名为 p2 [i] 的成对的传递信号 $p_{i(i+1)}$。同样，尽管只使用第 0 位和第 4 位，但还是为全部的 8 位都生成了 4 位宽的传递信号 p4 和生成信号 g4；另外尽管只使用第 0 位，但还是生成了 8 位宽的传递信号 p8 和生成信号 g8。这种编码风格使得编写公式更容易，并且没有冗余，因为综合工具可以优化掉没用的信号并且只生成需要的一些逻辑。

图 12-1 和图 12-4 的电路使用的扇入为 2。也就是说，每一级的 p 和 g 信号成对地组合来形成下一级的 p 和 g 信号。根据现有技术中的一个逻辑级的最佳扇入和扇出（参见 5.2～5.3 节），构建具有较大扇入的超前进位电路可能会更快。例如，图 12-5 显示了一个扇入为 4 的 16 位超前进位电路。

图 12-5 的电路对应的 Verilog 代码如图 12-6 所示。与图 12-4 的直接实现超前公式形成对照，该模块使用子模块（如图 12-7 所示）进行编码，来实现 4 位宽的 PG 函数和进位函数。对于基数为 4 的情况，这样使得代码可读性更好。

当然，超前进位电路的扇入或基数不能是 2 的幂，可以构建扇出为 3、5、6 或者任何其他值的超前进位电路。在有些情况下，采用混合式设计能够获得更好的性能。其中，在比较靠前的级中（其连线较短）使用较大的扇入，在相对靠后的级中使用较小的扇入（其连线较长），以此来平衡由于扇入造成的大规模电路的驱动能力问题，即较长的连线具有的逻辑驱动能力较小（参见第 5.3 节）。

虽然我们已经在加法器的上下文中举例说明了超前进位，但是该技术可以应用于任意的一维迭代函数。例如，仲裁器（见第8.5节）和比较器（见第8.6节）可以根据延迟来实现，该延迟随着所使用的超前树的输入数呈对数增加。必须按照传递－生成的格式写出该迭代电路的逻辑： 257

$$p_i = f_p(a_i, b_i, \cdots) \tag{12-6}$$

$$g_i = f_g(a_i, b_i, \cdots) \tag{12-7}$$

$$c_{i+1} = g_i \vee (p_i \wedge c_i) \tag{12-8}$$

$$o_i = f_0(c_i, a_i, b_i, \cdots) \tag{12-9}$$

例如，一个具有从LSB到MSB的进位传递的数值比较器在传递－生成中可以按照传递－生成格式提出：

$$p_i = \overline{(a_i \oplus b_i)} \tag{12-10}$$

$$g_i = a_i \wedge \overline{b_i} \tag{12-11}$$

$$o = c_N \tag{12-12}$$

利用这个公式，我们可以使用图12-5的电路构建一个只有4级逻辑的16位数值比较器。由于数值比较器仅需要进位的MSB作为其输出，因此图12-5中的 `Carry` 块可以省略。

在编写Verilog代码时，使用超前进位公式来描述其他函数比用该公式描述加法器更重要。现代综合工具非常擅长采用下列Verilog代码：

```
assign s = a + b;
```

并将其扩展为高度优化的加法器，包括超前进位（如果有约束的话）。综合工具不会对其他函数进行优化，譬如优先编码器和比较器。

我们将会在习题12.2～习题12.4中看到一些其他的超前进位电路的应用实例。

```
// 8位超前进位
// 取8位的输入a和b、ci并输出co
// 该模块生成了许多没用的信号，其会被综合工具优化掉
module Cla8(a, b, ci, co) ;
  input [7:0] a, b ;
  input ci ;
  output [8:0] co ;

  wire [7:0] p, g, p2, g2, p4, g4, p8, g8 ;   // p树和g树

  // PG单元的输入级
  assign p = a ^ b ;
  assign g = a & b ;

  // 多位的p和g
  // px[i]/gx[i]在从第i位开始的x位上传递/生成
  assign p2 = p & {1'b0, p[7:1]} ; // 一对-只使用0, 2, 4, 6
  assign g2 = {1'b0, g[7:1]} | (g & {1'b0, p[7:1]}) ;
  assign p4 = p2 & {2'b00, p2[7:2]} ; // 半字节-只使用0, 4
```

图12-4 8位超前进位电路的Verilog描述。该代码生成了许多没用的中间信号，通过综合工具优化掉

```
  assign g4 = {2'b00, g2[7:2]} | (g2 & {2'b00, p2[7:2]}) ;
  assign p8 = p4 & {4'b0000, p4[7:4]} ; // 一字节-只使用0
  assign g8 = {4'b0000, g4[7:4]} | (g4 & {4'b0000, p4[7:4]}) ;

  // 第一级输出，源自ci
  assign co[0] = ci ;
  assign co[8] = g8[0] | (ci & p8[0]) ;
  assign co[4] = g4[0] | (ci & p4[0]) ;
  assign co[2] = g2[0] | (ci & p2[0]) ;
  assign co[1] = g[0] | (ci & p[0]) ;

  // 第二级输出，源自第一级
  assign co[6] = g2[4] | (co[4] & p2[4]) ;
  assign co[5] = g[4] | (co[4] & p[4]) ;
  assign co[3] = g[2] | (co[2] & p[2]) ;

  // 最后一级输出，源自第二级
  assign co[7] = g[6] | (co[6] & p[6]) ;
endmodule
```

图 12-4　（续）

258
~
259

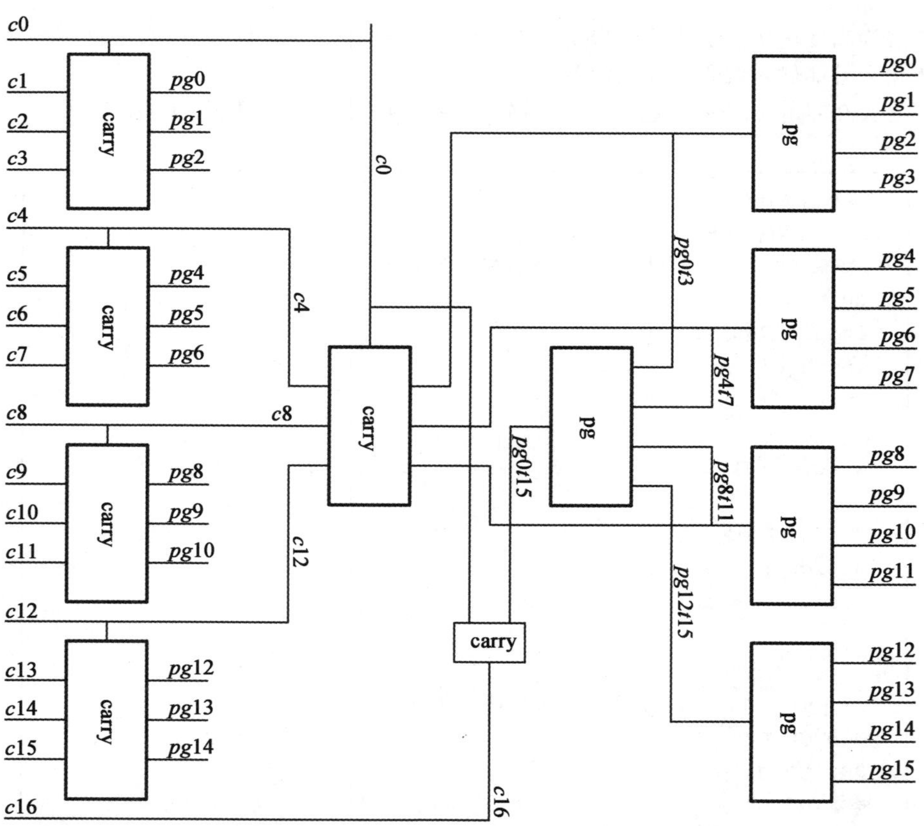

图 12-5　扇入或基数为 4 的 16 位超前进位电路

```
// 16位基4超前进位
module Cla16(a, b, ci, co) ;
  input [15:0] a, b ;
  input ci ;
  output [16:0] co ;

  wire [15:0] p, g ;
  wire [3:0] p4, g4 ; // p4[i]从4i传递到4i+3
  wire p16, g16 ; // 所有16位

  // PG单元的输入级
  assign p = a ^ b ;
  assign g = a & b ;

  // 输入PG级
  PG4 pg10(p[3:0],   g[3:0],   p4[0],g4[0]) ;
  PG4 pg11(p[7:4],   g[7:4],   p4[1],g4[1]) ;
  PG4 pg12(p[11:8], g[11:8], p4[2],g4[2]) ;
  PG4 pg13(p[15:12],g[15:12],p4[3],g4[3]) ;

  // 16位p和g
  PG4 pg2(p4, g4, p16, g16) ;

  // 进位的MSB和LSB
  assign co[16] = g16 | ci & p16 ;
  assign co[0] = ci ;

  // 第一级进位
  Carry4 c10(ci,p4[2:0],g4[2:0],{co[12],co[8],co[4]}) ;

  // 第二级进位
  Carry4 c20(ci,p[2:0],g[2:0],co[3:1]) ;
  Carry4 c21(co[4],p[6:4],g[6:4],co[7:5]) ;
  Carry4 c22(co[8],p[10:8],g[10:8],co[11:9]) ;
  Carry4 c23(co[12],p[14:12],g[14:12],co[15:13]) ;
endmodule
```

图 12-6 图 12-5 的 16 位基 4 超前进位电路单元的 Verilog 描述

```
// 4位PG模块
module PG4(pi, gi, po, go) ;
  input [3:0] pi, gi ;
  output po, go ;

  assign po = &pi ;
  assign go = gi[3] | (gi[2] & pi[3]) | (gi[1] & (&pi[3:2])) |
```

图 12-7 用于图 12-6 的超前进位模块的 4 位 PG 模块和 4 位 Carry 模块

```
            gi[0] & (&pi[3:1]) ;
endmodule
//----------------------------------------------------------------------
// 4位进位模块
module Carry4(ci, p, g, co) ;
  input ci ;
  input [2:0] p, g ;
  output [2:0] co ;

  wire [3:0] gg = {g, ci} ;
  assign co = (gg>>1) | (gg & p) | ((gg<<1) & p & (p<<1)) |
                ((gg<<2) & p & (p<<1) & (p<<2)) ;
endmodule
```

图 12-7　（续）

12.2　布斯编码

在 10.4 节中描述的无符号二进制乘法器产生 m 个 n 位的部分积，并且需要 $m\times(n-1)$ 个全加器单元将这些部分积求和为最终结果。我们可以使用布斯编码将部分积的个数减少 1/2（或更多）。另外一个好处是，重编码更容易处理带符号数的 2 的补码输入。

基 2^i 重编码通过将 n 位乘法器改写为（n/i）位的基 2^i 的数来运行。例如，可以将 6 位二进制数 $b=011011_2$ 改写为 3 位（原书有误——译者注）四进制（基 4）数 123_4。将该数乘以另一个二进制数 $a=010011_2$，仅需对三个部分积求和，如图 12-8 所示。

```
    010011
  x    123
 ~--------
   0111001
  0100110
0010011
-----------
01000000001
```

图 12-8　一个二进制数乘以四进制数的实例。与 6 位二进制数 ×6 位二进制数乘法相比，仅有 3 个二进制部分积必须求和

这种简单的重编码要求从移位后的最高可达 a 的 2^i-1 倍中选择部分积。例如，对于上面讨论的基 4 乘法，要求的倍数是 a、$2a$ 和 $3a$。$2a$ 的值可以利用一个简单的移位，但是 $3a$ 需要进行一个移位和一个加法。即使利用这种加法先去计算 $3a$，计算乘积所需的全加器的总数也减少了大约 1/2。

260 ~ 261 布斯编码不需要这个提前做的加法（对于基数 4），并能轻而易举地处理带符号数的 2 的补码。它是通过将使用的重叠的数字理解为带符号数来实现的。每一个数字都是一个 $i+1$ 位的位域，并且与相邻数字重叠 1 位。将一个数字的位视为一个位向量 b_{i-1}，b_{i-2}，…，b_0，b_{-1}。每个数字的 MSB b_{i-1}的权重为 $-(2^{i-1})$，每个数字中间的位 b_j 的权重为 2^j，并且每个数字的 LSB b_{-1}的权重为 1。按照这种重叠方式，该加权方式确保在重编码的数中的每一位的正确的总权重。

考虑基 4 布斯编码的一个 8 位 2 的补码 b_7，…，b_0。将其改写为 4 个数位的基 4 的数 d_3，…，d_0，其中第 i 个数字由 b_{2i+1}、b_{2i}和 b_{2i-1}3 位组成，它们分别用 −2、1 和 1 加权（并且整个数字用 4^i 加权）。对重叠位的权重求和可得到 2 的补码的正确权重。例如，第 b_1 位是数字 d_0 的 MSB，在这里的权重为 −2，并且它是数字 d_1 的 LSB，在这里的权重为 4；对这些权重值求和，则得到的总权重为 2，即第 b_1 位的正确权重。表 12-1 说明了这种重叠方式是如何用于第 b_3 位和第 b_5 位的。横线下面每一位的权重之和等于横线上面的权重。为了使数字 d_0 的 3 位能匹配地操作，假设 b_{-1}总为零。

表 12-1 8 位二进制数基 4 布斯编码的权重

位	b_7	b_6	b_5	b_4	b_3	b_2	b_1	b_0	b_{-1}
权重	-128	64	32	16	8	4	2	1	不适用
d_3	-128	64	64						
d_2			-32	16	16				
d_1					-8	4	4		
d_0							-2	1	1

如表 12-2 所示，布斯编码的乘法器中的每一个基 4 的数字 d_i 可以取 5 个值之一：-2、-1、0、1 或 2。因此，采用布斯编码的每一个数字选择这 5 个被乘数的倍数中的一个作为该数字的部分积，从而可以构建一个产生一半数量的部分积的乘法器。所有这些被乘数的倍数都可以通过简单的移位（乘以 2）和逻辑求反（执行 2 的补码取反）来实现。

表 12-2 基 4 数字 d_i 的可能的值

b_{2i+1}	b_{2i}	b_{2i-1}	d_i	b_{2i+1}	b_{2i}	b_{2i-1}	d_i
0	0	0	0	1	0	0	-2
0	0	1	1	1	0	1	-1
0	1	0	1	1	1	0	-1
0	1	1	2	1	1	1	0

图 12-9 给出一个采用基 4 布斯编码的 6 位 ×4 位 2 的补码乘法器。该设计的 Verilog 实现如图 12-10 和图 12-11 所示。

在图 12-9 的左侧，使用 3 个重编码器（R）块将输入 $b_{5:0}$ 的 3 位重叠的域重新编码为 3 个带符号的四进制数字 $d_{0:2}$。注意到，使用 b_1、b_0 和 b_{-1}（其常为 0）来计算最低有效的数字 d_0。重新编码的细节如图 12-11 所示。将每一个重新编码的数字表示为一个 3 位的域，MSB 来编码这个数字是否是负的，最低两位来编码这个数字是 2 还是 1。如果这个数字为 0，则所有的 3 位均为低。

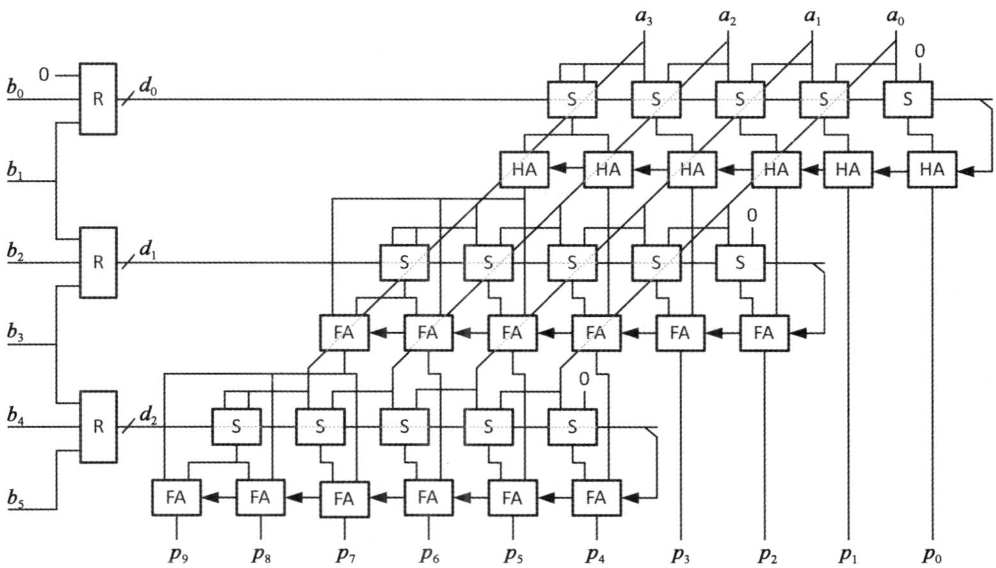

图 12-9 采用基 4 布斯编码的 6 位 ×4 位 2 的补码乘法器

每一个 R 块的输出驱动一行选择（S）块。由 d_i 驱动的 S 块，通过有选择的移位（如果 d_i

为 ±2）和求反（如果 d_i 为 −1 或 −2）完成带符号的 $a_{3:0}$ 乘以 d_i。当 d_i = ±1 时，a 输入必须符号扩展为 5 位，给出具有正确符号的 5 位的 S 块输出。取反位 $d_{i,2}$ 必须与每一行的 S 块的输出相加以完成乘法，这是因为 2 的补码取反要将一个数求反然后加 1。

262~263 虽然操作数 a 仅有 4 位宽，且 S 块的输出仅有 5 位宽，但用来完成取反的加法必须是 6 位宽以便处理所有的情况。例如，考虑当 $a = -8_{10} = 1000_2$ 且 $d_i = -2$ 时，所得到的部分积 $pp_i = +16_{10} = 010000$ 需要 6 位。这两个 6 位的输入相加必须进行符号扩展才能得到正确的结果。

对于加法器的每一行，低两位直接用作输出，高 4 位被符号扩展到 6 位，并与下一行也被符号扩展到 6 位的部分积相加，最终输出是一个 10 位的 2 的补码。

```
// 6位×4位基4布斯编码乘法器
module R4Mult64(a, b, s) ;
  input [3:0] a ;
  input [5:0] b ;
  output [9:0] s ;

  wire [2:0] d2, d1, d0 ; // 重编码的数字，包括的操作有：求反，选择2，选择1

  // 重编码器
  Recode4 r0({b[1:0],1'b0},d0) ;
  Recode4 r1(b[3:1],d1) ;
  Recode4 r2(b[5:3],d2) ;

  // 选择器，按照公式的格式，在选择1(d[0])的时候进行符号扩展
  wire [4:0] pp0 = {5{d0[2]}} ^ (({5{d0[1]}} & {a, 1'b0})
                   | ({5{d0[0]}} & {a[3], a})) ;
  wire [4:0] pp1 = {5{d1[2]}} ^ (({5{d1[1]}} & {a, 1'b0})
                   | ({5{d1[0]}} & {a[3], a})) ;
  wire [4:0] pp2 = {5{d2[2]}} ^ (({5{d2[1]}} & {a, 1'b0})
                   | ({5{d2[0]}} & {a[3], a})) ;

  // 加法器——对部分求和进行符号扩展
  // 半加器的第一行
  wire [5:0] ps0 = {pp0[4],pp0} + d0[2] ;
  wire [5:0] ps1 = {pp1[4],pp1} + {{3{ps0[5]}},ps0[4:2]}
                   + d1[2] ; // 加法器的第二行
  wire [5:0] ps2 = {pp2[4],pp2} + {{3{ps1[5]}},ps1[4:2]}
                   + d2[2] ; // 加法器的第三行
  // 输出
  assign s = {ps2, ps1[1:0], ps0[1:0]} ;
endmodule
```

图 12-10　图 12-9 的基 4 布斯编码的乘法器的 Verilog 代码

虽然我们的实例实现了基 4 重编码，它可以用 2 的任意幂为基数来重新编码。基 8 重编码器使用重叠的 4 位的域（其位加权分别为 −4、2、1、1）得到取值范围从 −4 到 4 的八进制数字，预加器需要产生 3a 作为 S 块的输入之一。

基 16 重编码器使用重叠的 5 位的域（其加权为 −8、4、2、1、1）来得到取值范围从 −8

```
// 基4重编码块
// 输出求反、选择2和选择1
module Recode4(b, d) ;
  input [2:0] b ;
  output [2:0] d ;
  reg [2:0] d ;

  always @(*) begin
    case(b)
      0,7: d = 3'b000 ; // 不选择，不求反
      1,2: d = 3'b001 ; // 选择1
      3:   d = 3'b010 ; // 选择2
      4:   d = 3'b110 ; // 选择2，求反
      5,6: d = 3'b101 ; // 选择1，求反
      default: d = 3'b000 ; // 不应被选择
    endcase
  end
endmodule
```

图 12-11　图 12-10 的布斯编码乘法器的重编码块

到 8 的十六进制数字，预加器需要产生 $3a$、$5a$ 和 $7a$ 等数值，$6a$ 是 S 块将 $3a$ 进行移位而得到的。基 32 甚至基 64 重编码器也适用这种方法，并且可能对超大型的乘法器有兴趣。 264

12.3　华莱士树

图 10-15 的简单无符号乘法器和图 12-9 的重编码乘法器都是成直线地经过一系列与输入的个数成正比的加法器来传递进位信号。对于简单的 n 位 $\times m$ 位的乘法器，进位链的长度是 $n+m-2$。对于 n 位 $\times m$ 位的基 4 布斯编码乘法器，进位链的长度是 $n+m/2+1$。通过将加法器组织成一个树形结构而不是一个线性阵列，从而将每个权重对应的部分积减少到最多两个，进而可以将累加部分积中的延迟 $O(n)$ 减小到 $O(\log(n))$。然后可以使用超前进位加法器（见第 12.1 节）进行最终求和。

对于图 10-15 的4 位乘4 位的乘法器，图 12-12 给出了累加部分积（标记为 pp_{ij}）的电路，图左侧的部分积是图 10-15 中与门的输出信号 $pp_{ij}=a_i \wedge b_j$。华莱士树由 5 个全加器（FA）和一个半加法器组成，将每个权重对应的部分积减少到最多两个。然后超前进位加法器形成的最终乘积的延迟与字长呈对数关系。

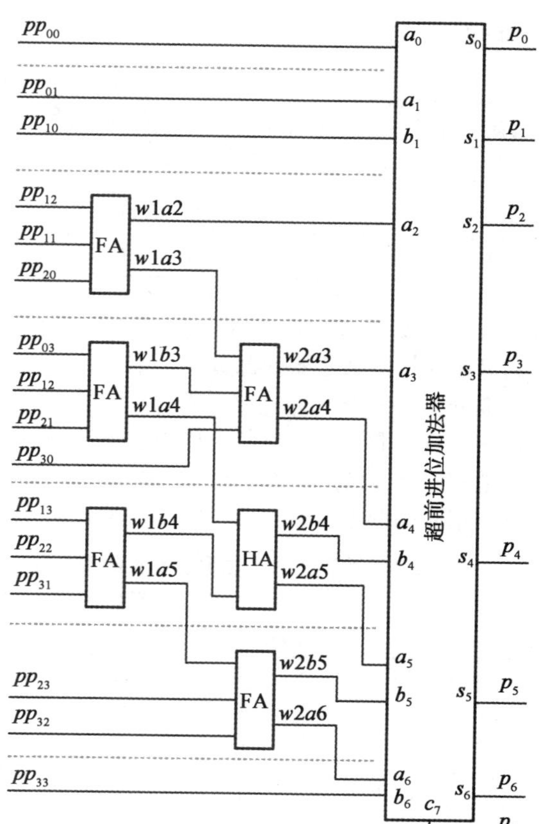

图 12-12　华莱士树，用于累加图 10-15 中简单的 4 位乘以 4 位的无符号乘法器的部分积

图中部分积在垂直方向按权重分组，用虚线分开每一组。权重 1 和 2 的第 0 组和第 1 组有 2 个或更少的部分积，因此不需要减少。这些部分积可以直接输入到超前进位加法器。

权重 4 的第 2 组有 3 个二进制数部分积（pp_{02}、pp_{11} 和 pp_{20}），将其输入一个全加器，产生一个权重 4 的信号 $w1a2$（将该信号输入到超前进位加法器）以及一个权重 8 的信号 $w1a3$（将该信号传递到下一组）。

中间信号的名称指明了信号的级、信号权重的对数，并且其能识别这个级和权重的独有的信
265 号。例如，$w1a3$ 在第 1 级，权重 8，即 2^3，并且是具有这两个属性的第一个信号（因此标记是 a）。

权重 8 的第 3 组有 4 个部分积，其中 3 个输入一个全加器中，第 4 个传递到第 2 级的第 2 个全加器。第二个全加器将两个第 3 组第 1 级的信号 $w1a3$ 和 $w1b3$ 以及第 3 组剩下的输入 pp_{30} 合在一起，产生一个第 3 组第 2 级的信号 $w2a3$，并和一个第 4 组第 2 级的信号 $w2a4$ 一同输入超前进位加法器。

在剩下的组中继续这个过程。每个组中的部分积和中间信号通过全加器和一个半加器来削减，直到每一组中的信号数为 2 个或更少，此时将它们输入到最后的超前进位加法器。

利用全加器和半加器，每一级的加法器都削减了部分积，如表 12-3 所示。该表给出了对应每个权重为 i 的输入数，经由一级全加器和半加器将产生多少个权重 i 和 $2i$ 的输出。例如，对于权重 i 的 6 个输入，使用两个全加器可以为权重 i 和 $2i$ 中的每一个各生成两个输出。在某些情况下，可以选择是否削减这些输出。例如，对于给定权重的两个部分积，可以用直通的方式传递这些输入，或许像图 12-12 中的第 1 组那样输入超前进位加法器，或者可以将它们输入半加器，来为权重 i 和 $2i$ 中的每一个各生成一个输出。在表的最后两列中给出的这种削减替代的方案是有意义。

表 12-3 在华莱士树的 1 级中部分积削减的数量

输入	输出		替代方案		输入	输出		替代方案	
	i	$2i$	i	$2i$		i	$2i$	i	$2i$
1	1	0			5	2	2		
2	1	1	2	0	6	2	2		
3	1	1			7	3	2		
4	2	1			8	3	3	4	2

利用表 12-3 的削减数，表 12-4 给出了如何在 4 级的全加器和半加器中削减 8 位乘以 8 位的简单无符号乘法器的部分积。第一行显示的是组号，即权重的 $\log_2$。第二行显示的是每组中的部分积的个数（pps）：需要求和的给定权重的位数。余下的行显示的是在每一级全加器之后每一个权重剩下的信号数，使用表 12-3 的削减规则计算这个数量。每一个数仅取决于它上面的数和右上方的那个数。例如，第 9 组在第 1 级之后有 4 个信号，这包括从第 9 组中的 6 个部分积削减的两个信号和两个附加信号（第 8 组中 7 个部分积削减的进位输出）。

表 12-4 对于一个 8 位乘以 8 位的简单无符号乘法器，华莱士树累加的部分积。在“pps”这行中给出每个权重对应的部分积的个数，在随后的每行中给出了每级全加器之后该权重所剩余的信号数

$\log_2$ 权重	14	13	12	11	10	9	8	7	6	5	4	3	2	1	0
pps	1	2	3	4	5	6	7	8	7	6	5	4	3	2	1
第 1 级	1	3	2	4	4	4	6	5	5	4	3	3	1		
第 2 级	2	1	3	3	3	4	4	4	3	3	2	1			
第 3 级	2	2	2	2	2	3	3	3	2	1					
第 4 级				2	2	2	2	1							

266~267 在第 12 组的第 2 级，可以选择是否将两个第 1 级的信号传递到第 3 级，或者用半加器将一

个信号直接传送到第 13 组。通过传递这些信号，能够在第 3 级中使用全加器将三个信号减少到两个，即第 12 组和第 13 组各一个。这种避免使用半加器的策略允许累积足够的信号来使用全加器，这将减少下一级中信号的总数。

表 12-5 给出了布斯编码如何削减部分积的个数，从而削减它们所需要的级数。由于采用了布斯编码来做带符号的乘法，因此必须将所有部分积的符号扩展到整个位宽，还必须考虑华莱士树中每个输入位（第 0、2、4 和 6 位）的进位。采用重新编码可以在超前进位加法器之前仅需用 3 级加法器来实现 16 位乘法器。而没有采用重新编码则需要 4 级。

表 12-5　对于一个 8 位乘以 8 位的简单无符号基 4 布斯编码乘法器，华莱士树累加的部分积。因为符号扩展了所有的部分积，第 10 ~ 15 位每个都有 4 个输入

$\log_2$ 权重	15	14	13	12	11	10	9	8	7	6	5	4	3	2	1	0
pps	4	4	4	4	4	4	4	4	4	5	3	4	2	3	1	2
第 1 级	3	3	3	3	3	3	3	3	4	3	2	3	2	1		
第 2 级	2	2	2	2	2	2	2	2	3	2	2	1				
第 3 级	2	2	2	2	2	2	2	2	1							

除了在乘法器中对部分积求和之外，还可以用全加器树对 N 个 b 位数的 $O(\log(N)\log(b))$ 倍求和。例如，图 12-13 展示了如何用 3 级全加器树来对 6 个数进行求和，该电路的 Verilog 代码如图 12-14 所示。

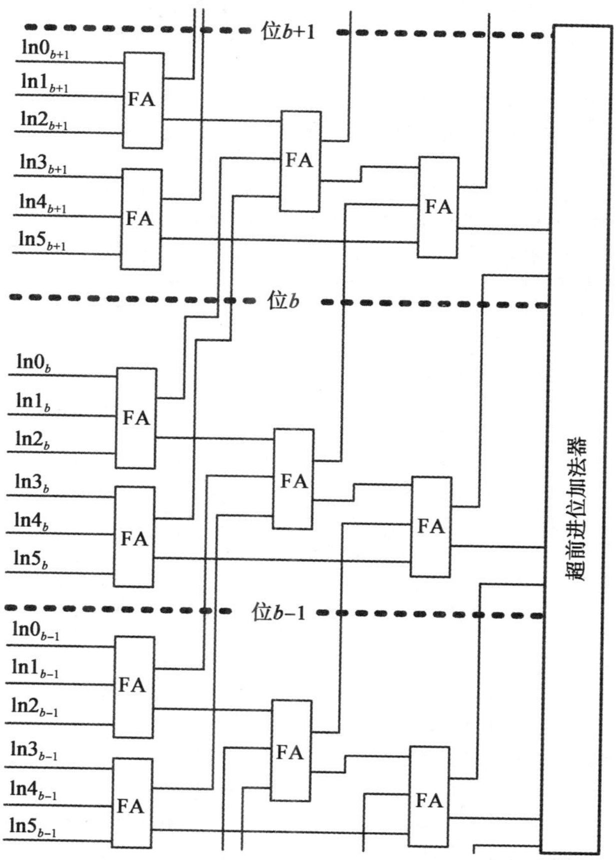

图 12-13　多输入加法器的每一位由一系列全加器将输入数压缩为两个。然后，由常规的加法器将最终的两个数相加

```
module MultiAdder_FA_Tree(in0, in1, in2, in3, in4, in5,
                          out);
   // 硬编码4位输入
   input [3:0] in0, in1, in2, in3, in4, in5;

   // 当对6个数求和时，在输出中需要3位附加位
   output [6:0] out;

   // 需要符号扩展输入
   wire [6:0]   se_in0, se_in1, se_in2, se_in3, se_in4, se_in5;

   wire [6:0]           s00, s01, s10, s20;   // s(级)(单元)
   wire [6:0]           c00, c01, c10, c20;   // c(级)(单元)
   wire [3:0]           toss;
   // 不需要第7位，丢弃这位的输出

   // 符号扩展输入
   assign se_in0 = {in0[3], in0[3], in0[3], in0};
   assign se_in1 = {in1[3], in1[3], in1[3], in1};
   assign se_in2 = {in2[3], in2[3], in2[3], in2};
   assign se_in3 = {in3[3], in3[3], in3[3], in3};
   assign se_in4 = {in4[3], in4[3], in4[3], in4};
   assign se_in5 = {in5[3], in5[3], in5[3], in5};

   // 将低位进位输入设置为0
   assign c00[0] = 0; assign c01[0] = 0;
   assign c10[0] = 0; assign c20[0] = 0;

   fa fa01_0(se_in0[0], se_in1[0], se_in2[0], s00[0], c00[1]);
   fa fa02_0(se_in3[0], se_in4[0], se_in5[0], s01[0], c01[1]);
   fa fa10_0(s00[0], c00[0], c01[0], s10[0], c10[1]);
   fa fa20_0(s01[0], s10[0], c10[0], s20[0], c20[1]);

   // 第1、2、3、4、5位的加法器阵列减少代码长度
   fa fa00_51[5:1](se_in0[5:1], se_in1[5:1], se_in2[5:1],
                   s00[5:1], c00[6:2]);
   fa fa01_51[5:1](se_in3[5:1], se_in4[5:1], se_in5[5:1],
                   s01[5:1], c01[6:2]);
   fa fa10_51[5:1](s00[5:1], c00[5:1], c01[5:1],
                   s10[5:1], c10[6:2]);
   fa fa20_51[5:1](s01[5:1], s10[5:1], c10[5:1],
                   s20[5:1], c20[6:2]);

   fa fa01_6(se_in0[6], se_in1[6], se_in2[6], s00[6], toss[0]);
   fa fa02_6(se_in3[6], se_in4[6], se_in5[6], s01[0], toss[1]);
   fa fa10_6(s00[6], c00[6], c01[6], s10[6], toss[2]);
   fa fa20_6(s01[6], s10[6], c10[6], s20[6], toss[3]);

   assign out = s20 + c20;

endmodule // MultiAdder_FA_Tree
```

图 12-14 用于 6 输入带符号加法器的 Verilog 模块，由 1 位全加器电路（fa）构成

因为每级加法器将给定权重的信号数削减 2/3，所以只用两个加法器的输入对 N 个数求和所需的级数 S 被限制为：

$$S \geqslant \lceil \log_{3/2}(N/2) \rceil \tag{12-13}$$

遗憾的是，这个限制并不是很严谨。例如，它表明可以在 4 个级中对 10 个输入求和，而实际上需要 5 级。严谨的限制可以通过循环的方式来达到：

$$S(N) = 0 \quad 若 \quad 0 \leqslant N \leqslant 2 \tag{12-14}$$

$$S(N) = 1 + S\left(N - \left\lfloor \frac{N}{3} \right\rfloor\right) \quad 若 \quad N \geqslant 3 \tag{12-15}$$

具有权重相等的 N 个输入信号的每一级使用 $a = \left\lfloor \frac{N}{3} \right\rfloor$ 个全加器将输入减少到 $N - a$ 个信号，直到输出仅有两个信号。在表 12-6 中列举了的 S（N）的前 16 个值。 268~270

表 12-6　使用全加器的华莱士树将 N 个输入减少到两个输出所需的级数

N	S	N	S	N	S	N	S
1	0	5	3	9	4	13	5
2	0	6	3	10	5	14	6
3	1	7	4	11	5	15	6
4	2	8	4	12	5	16	6

在本节中，我们着眼于使用全加器对权重相等的位进行压缩，将 3 个权重相等的位压缩为一个 2 位的二进制数，其表明了在这 3 位输入中 1 的个数。因此，在上下文中使用的全加器有时被称为 3－2 *压缩器*或 3－2 *计数器*。可以用更高的基数的压缩器构建削减树。例如，可以设计一个接受 7 位权重相等的输入并输出一个 3 位二进制数的 7－3 *压缩器*，它计取输入中 1 的个数。习题 12.12 将探讨利用这个 7－3 压缩器构建华莱士树。同样还可以将两个全加器组合在一起（以进位输入和进位输出为模）得到一个 4－2 *压缩器*。这个概念将在习题 12.13 中进行探讨。

12.4　综合说明

虽然有时候需要明确地对乘法器和加法器进行编码以实现特定的目标，但在大多数情况下，现代综合工具都足以胜任，任何一种工具只需分别使用 Verilog 运算符 * 和 +，就能很容易地生成高效的带符号和无符号的乘法器和加法器。综合工具都有一个大规模的加法器和乘法器设计库，并将选择满足特定时序约束的、成本最低的设计。

小结

在本章中，你已经学习了如何设计快速算术电路。已经涵盖了在当今几乎所有高性能算术电路中使用的三种技术：超前进位、布斯编码和华莱士树。

通过用一个树形逻辑模块计算一组位的进位输出，可以执行一个在（延迟）时间上与 $\log_2(n)$ 而不是 n 成比例的 n 位加法。为了构建*超前进位树*，不管带入的进位是什么，依据特定的函数 p 和 g 来用公式表示加法运算（或其他迭代函数），特定的函数 p 和 g 通过 1 位*传递*进位并*生成* 1 位的进位输出。由更少位的一组（最后是 1 位）的 p 和 g 函数递归地计算一组位的 p 和 g 函数。一旦计算出一组位的进位输出，可以用反向树来计算该组中每一位的进位输出。 271

我们可以采用*布斯编码*乘法器的一个输入，将需要在乘法器中求和的部分积的个数削减 1/2（或更多）。例如，按照基 4 布斯编码，将 n 位输入重新编码为（$n/2$）位的基 4 的数，其中每位数字的取值是在 －2 和 2 之间的整数。与门通过可选的移位（用于 2 和 －2）和取反（用于 －2 和 －1）来计算每一个符号扩展后的部分积。然后，对所得到的、小得多的一组部分积求和。另外一个好处是，布斯编码处理 2 的补码只需很少的额外代价。

我们可以使用加法器树来对乘法器的部分积求和（无论是否使用重新编码）。华莱士树对部分积求和的时间与对 N 个部分积求和的时间的 $\log_{3/2}$（$N/2$）成正比。

虽然理解这些用于构建快速算术电路的技术固然很重要，但是现代综合工具已将这些技术以及其他一些技术吸收到了优化的算术运算单元设计库中。因此，在实现标准算术运算功能时，不必再用手动的方法来实例化这些功能，综合工具能很好地处理这些情况。在实现其他功能时，有必要用手动的方法实现，例如，可以由超前进位提高效率的其他的迭代电路。

文献说明

MacSorley [72] 在 1961 年发表的经典论文中包括了本章所描述的所有技术，以及一些其他的技术。该文展示了 20 世纪 60 年代初期计算机算法领域的成熟度。1956 年，Weinberger 和 Smith 第一次阐述了超前进位 [107]。关于快速加法器的更多信息，请参阅 Harris 的并行前缀加法器分类法 [45] 或 Ling 关于快速加法的论文 [67]。

重新编码源自布斯算法 [14]，最初开发它主要用于软件中顺序执行乘法。在本书中描述的并行格式与 MacSorley 描述的并行格式 [72] 类似。参考文献 [106] 第一次阐述了华莱士树。

感兴趣的读者可参考很多的教材和专题文章之一，包括参考文献 [24]、[41]、[42] 和 [52]。

之前的 3 章只涉及了有趣的计算机算法的一些肤浅话题。感兴趣的读者还可以参考很多相关的优秀教材及专著，包括参考文献 [24]、[41]、[42] 和 [52]。

习题

12.1 超前混合基数。编写一个 32 位数值比较器的 Verilog 代码，使用扇入为 5 或 6 的 PG 块的超前进位。

12.2 反向进位传递。编写一个 32 位数值比较器的 Verilog 代码，进位从 MSB 传递到 LSB，并使用了扇入为 4 的超前进位（提示：参见图 8-40b）。 272

12.3 超前仲裁。编写一个 32 位仲裁器的 Verilog 代码，使用了扇入为 4 的超前进位。

12.4 超前优先编码器。结合超前进位与图 8-24 中所示的技术来构建一个 32 位优先编码器，使用的扇入为 4。

12.5 无符号重编码乘法器。重新设计图 12-9 和图 12-10 中的基 4 布斯编码乘法器，用来处理无符号数。

12.6 基 8 布斯编码器。设计一个基 8 布斯编码器。先写出与表 12-1 和表 12-2 类似的一个表，编写用于 6 位与 6 位相乘的 Verilog 代码，只生成两个部分积。

12.7 基 16 布斯编码器。重复习题 12.6，但是换成使用基 16 布斯编码的 8 位与 8 位相乘。

12.8 优化布斯编码。对于 64 位带符号乘法，请你确定重编码的基数，要求使用最少的全加器，包括用于先计算乘数 a 的加法器和用于求和部分积的加法器。

12.9 优化布斯编码。针对 128 位带符号乘法，重复习题 12.8。

12.10 需要所有的加法器吗？在图 12-9 的每一行中最左边的两个加法器的输入信号完全相同。因此，人们或许会认为最左边的加法器可以不要了，然后将其输出连至同一行中的倒数第二个加法器的进位输出。这种说法正确吗？如果正确，解释为什么；如果不正确，解释为什么不正确，并提出一种替代方法来简化这个逻辑（提示：考虑确保 $a=-8$ 和 $b=2$、8 或 12 的情况）。

12.11 16 位 ×16 位基 4 布斯乘法器的华莱士树。绘制一个与表 12-4 和表 12-5 类似的表格，华莱士树对 16 位 ×16 位基 4 布斯编码乘法器的部分积求和。记住要符号扩展部分积。

12.12 7 输入计数器单元的华莱士树。假设有一个全加法器，其有 3 个权重 i 的输入并生成 1 个权重 i 的输出和 1 个权重 $2i$ 的输出。此外，还有一个 7 输入的“双加器”，其有 7 个权重 i 的输入并为每

一个权重 i、$2i$ 和 $4i$ 分别生成 1 个输出。针对使用这些 7 输入单元（以及全加器和半加法器）的 16 位 ×16 位基 4 布斯编码的乘法器，绘制与表 12-4 和表 12-5 类似的表。

12.13 4－2 压缩器。图 12-15 给出了一个 4－2 压缩器，它使用 4 位输入，并通过所使用的两个加法器产生 2 位输出。

(a) 使用这些“四”输入单元为 16 位 ×16 位基 8 布斯编码的乘法器绘制一个与表 12-4 和表 12-5 类似的表。可以假设能提供先做加法的部分积。

(b) 使用 4－2 压缩器将 n 个部分积削减到 2 个的延迟的边界是什么？根据一个全加器的延迟写出答案。这比使用一个基本的 3－2 华莱士树更快还是更慢？

(c) 对于相同的输入数，为了让 4－2 华莱士树与 3－2 华莱士树的延迟相等，一个 4－2 压缩器的延迟必须为多少？

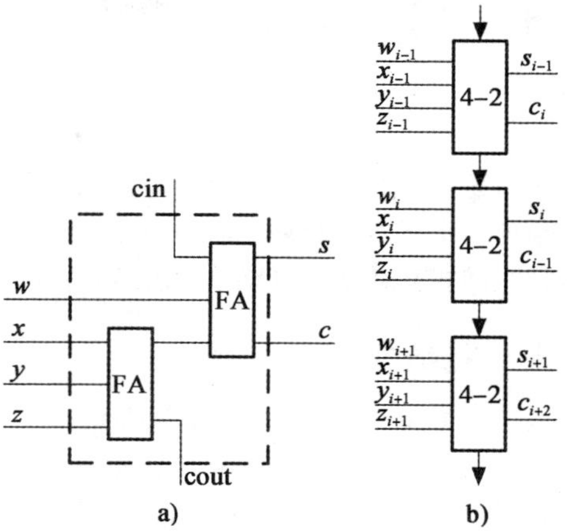

图 12-15 一个 4－2 压缩器由两个全加法器组成。a）采取 4 位输入并产生 1 个进位及 1 个和。如 b）所示，将中间的进位从一位传递到下一位。在习题 12.13 中使用这种结构

12.14 华莱士树选择。重新绘制表 12-5，但在第 12 组的第 1 级中使用一个半加法器，而不是将第 12 组的 2 个部分积传递到第 2 级。

12.15 每个部分积有 2 位的华莱士树。为华莱士树绘制一个与表 12-4 和表 12-5 类似的表，来对 15 位基 8 布斯编码乘法器的部分积求和。假设每个部分积由 2 位组成，以允许在不先做相加的情况下处理 $3a$ 情况。

12.16 简化华莱士树。图 12-12 中的两个全加器可以用半加器代替。根据这个变化重新绘制该图，给出如何处理现在每个加法器多出来的输入。这个具有三个半加器和三个全加器的设计是否比最初的设计好？解释为什么是或为什么不是。

12.17 快速乘法运算，设计。设计一个延迟最小的 32 位 ×32 位 2 的补码乘法器。你的设计应包括部分积的布斯编码（具有最佳的基数），一个用于削减部分积的华莱士树，以及一个用于执行最终求和的超前进位加法器（具有最佳的基数）。注意正确处理求和树中的符号扩展。给出该设计完整的延迟分析。

12.18 快速乘法运算，实现。编写习题 12.17 的乘法器的 Verilog 代码，并使用测试平台验证它。

12.19 快速无符号乘法运算，设计。设计一个延迟最小的 32 位 ×32 位无符号乘法器。你的设计应包括部分积的布斯编码（具有最佳的基数），一个用于削减部分积的华莱士树，以及一个用于执行最终求和的超前进位加法器（具有最佳的基数）。给出该设计完整的延迟分析。 273 ~ 274

12.20 快速无符号乘法运算，实现。编写习题 12.19 的乘法器的 Verilog 代码，并使用测试平台验证它。

第 13 章

Digital Design: A Systems Approach

算术运算实例

本章给出了几个算术运算电路的设计与实现，它们都使用了第 10 ~ 12 章中介绍的技术。首先，给出一个定点复数乘法器的设计。然后，介绍一种 8 位浮点数格式，并开发这种格式与定点数格式之间相互转换的电路单元。最后，以有限脉冲响应（FIR）滤波器的实现作为结尾。

13.1 复数乘法

两个复数 $a+ib$ 和 $c+id$ 相乘得到：

$$(a+ib)\times(c+id)=(ac-bd)+i(bc+da) \qquad (13\text{-}1)$$

为了得到乘积的实部和虚部，需要 4 个乘法器和 2 个加法器。[⊖] 由于 $i^2=-1$，所以必须从实数输入分量的乘积中减去两个虚数输入分量的乘积，得出输出的实部。

复数乘法器采用信号处理中常用的 *s*1.14 定点格式（见 11.2 节）。一直到最终的求和，为了避免触发溢出错误或丢失精度，要保持中间值在全位宽。两个 *s*1.14 格式的数相乘得到一个 *s*2.28 格式的乘积，然后再将这两个乘积相加得到一个 *s*3.28 格式的结果。在模块的最后一级检查溢出，并将 *s*3.28 格式的结果舍入为一个 *s*1.14 格式的数。当 *s*3.28 格式的结果的 3 个最高有效位不是同一值时，则发生溢出。前导 1 表示负溢出，前导 0 表示正溢出。复数乘法器采用饱和算术运算，将结果固定在某个溢出上以最小化误差（见习题 10.20）。

复数乘法器实现的框图和 Verilog 代码分别如图 13-1 和图 13-2 所示。Verilog 模块使用了关键字 `signed`，当运算中使用该关键字时，将自动地符号扩展输入。

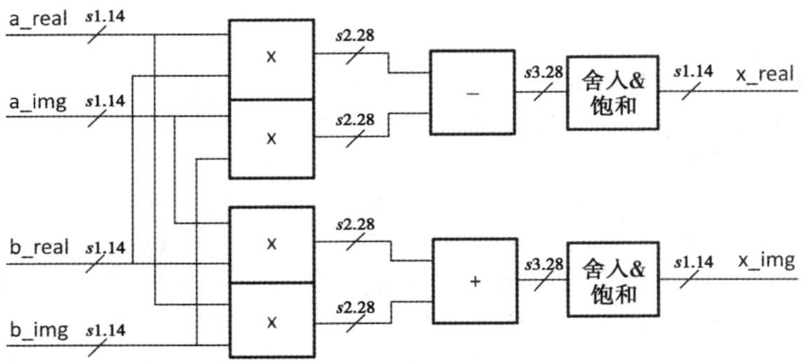

图 13-1　一个 *s*1.14 格式的定点复数乘法器。该电路由两个 16 位乘法器和两个 31 位加法器组成，该电路需要两个复数输入 a 和 b，并产生复数输出 x

275 图 13-1 的设计很简单，因为乘法器和加法器都不是专用电路单元，它也不是最快的。每个乘法器都有自己的部分积生成电路和削减树，通过 31 位加法器得到一个结果（见 12.3 节）。为了消除这个加法器的延迟，可以修改乘法器来省掉最后一级加法，并且改为输出削减后的部分积。可以使用两个全加器电路来将这 4 个值削减到最后一级加法的两个输入。输出的实部需要一个减法操作，它通过将 `b_img` 输入到修改后的乘法器之前将 `b_img` 反相来执行（从图 13-3 看应该是 b_img——译者注）。在图 13-3 中给出了修改后的框图，但把中间连线的位宽以及最

⊖ 也可以用三个乘法器（ad，bc，$(a-b)(c+d)$）构建该电路，但我们重点关注具有 4 个乘积的实现。

终的设计留给读者在习题 13.1 中完成。

```
module complex_mult(a_real, a_img, b_real, b_img, x_real, x_img);
  input signed [15:0] a_real, a_img, b_real, b_img; //s1.14格式
  output signed [15:0] x_real, x_img; //s1.14格式

  wire                 overflow_pos_real, overflow_pos_img;
  wire                 overflow_neg_real, overflow_neg_img;
  wire                 no_overflow_real, no_overflow_img;

  // s2.28格式
  wire signed [30:0] p_ar_br = a_real * b_real;
  wire signed [30:0] p_ai_bi = a_img * b_img;
  wire signed [30:0] p_ai_br = a_img * b_real;
  wire signed [30:0] p_ar_bi = a_real * b_img;

  // s3.28格式
  wire signed [31:0] s_real = p_ar_br - p_ai_bi;
  wire signed [31:0] s_img = p_ar_bi + p_ai_br;

  // 在一半的位置舍入为s3.14格式
  wire signed [17:0] s_real_rnd = s_real[31:14] + s_real[13];
  wire signed [17:0] s_img_rnd = s_img[31:14] + s_img[13];

  // 检查溢出并固定(第17、16、15位不相等)
  assign overflow_pos_real =
    (~s_real_rnd[17]) & (s_real_rnd[16] | s_real_rnd[15]);
  assign overflow_neg_real =
    (s_real_rnd[17]) & ~(s_real_rnd[16] & s_real_rnd[15]);
  assign no_overflow_real = ~(overflow_pos_real | overflow_neg_real);

  assign overflow_pos_img =
    (~s_img_rnd[17]) & (s_img_rnd[16] | s_img_rnd[15]);
  assign overflow_neg_img =
    (s_img_rnd[17]) & ~(s_img_rnd[16] & s_img_rnd[15]);
  assign no_overflow_img = ~(overflow_pos_img | overflow_neg_img);

  assign x_real = ({16{overflow_pos_real}} & 16'h7fff) |
                  ({16{overflow_neg_real}} & 16'h8000) |
                  ({16{no_overflow_real}} & s_real_rnd[15:0]);

  assign x_img = ({16{overflow_pos_img}} & 16'h7fff) |
                 ({16{overflow_neg_img}} & 16'h8000) |
                 ({16{no_overflow_img}} & s_img_rnd[15:0]);
endmodule // complex_mult
```

图 13-2　复数乘法器的 Verilog 代码

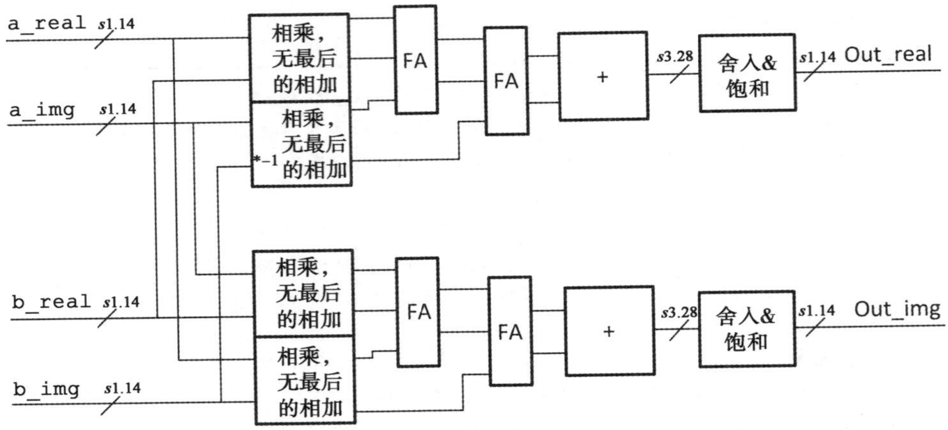

图 13-3　更快的 $s1.14$ 格式的定点复数乘法器。该实现去掉了每个乘法器中的最后一个加法器，而是通过两个全加器将 4 个输出值削减为 2 个

13.2　定点和浮点格式之间的转换

在本节中，将介绍一种 8 位浮点格式，并探讨如何在 12 位带符号数和这种新格式之间进行转换。我们即将使用的这种格式是自定义的，也类似于在 A 律和 μ 律音频压缩中使用的格式。与这些格式一样，它将 12 位带符号整数压缩为一种 8 位的表示方法。但它不能表示小数的大小。

13.2.1　浮点格式

如图 13-4 所示，8 位格式表示数值的范围是 −2047 ~ 2047，具有 5 位精度。这种格式包含 1 个符号位、3 个指数位和 4 个尾数位。用隐含的 MSB 为“1”来扩大 4 位的尾数（见习题 11.23），以表示每个定点数的 5 个最高有效位。为了准确地表示小于 16 的数，把逐级下溢也包括了进来（见 11.3.2 节）。

符号	指数	尾数
7	6:4	3:0

图 13-4　本章使用的浮点格式

将 0 简单地表示为 00_{16}，值 80_{16}（负 0）表示一个运算错误代码。[1] 在进行运算时发生了溢出，则将结果设置为 80_{16} 以表明发
276~277 生了错误。当这个错误代码输入任一浮点函数（如加法）时，输出将自动设置为这个错误代码。

这种浮点格式的取值函数由下式给出：

$$v = \begin{cases} -1^s m & \exp = 0 \\ -1^s 2^{e-1}(10000_2 + m) & \exp \neq 0 \end{cases} \tag{13-2}$$

为了提供逐级下溢，指数为 0 和 1 时均将二进制小数点编码在尾数的 LSB 右边。区别在于，指数 > 0（即 = 1）时在尾数的 MSB 左侧有一个隐含的 1，而指数 = 0 时则没有。指数为 1 ~ 7 时有一个 1 的偏移，即尾数左移 $e-1$ 位可以得到该值。

计算浮点数表示的公式（省略了可能的尾数舍入）如下：

$$s = v < 0 \tag{13-3}$$

$$e = \begin{cases} 0 & \log_2(|x|) < 4 \\ \lfloor \log_2(|x|) \rfloor - 3 & \log_2(|x|) \geq 4 \end{cases} \tag{13-4}$$

$$m = |x| 2^{-\min(e-1,0)} \tag{13-5}$$

[1] 类似于 IEEE 浮点标准中的 NaN。

为了用浮点格式编码尾数值，尾数是输入的最高有效的 5 位（尾数中可能有 1 个隐含的 1——译者注）。指数则编码最高有效位的位置。

转换到浮点数还要包括一步对新尾数的舍入。采用一个简单的舍入操作：在一半的位置向上舍入。图 13-5 和图 13-6 分别给出了所表示的值和相对误差。这种表示方法的相对误差不会超过 3.1%，并且所有误差的第一个值是 33。无误差的表示方法仅发生在移出的位数值全部为 0 的时候。 278

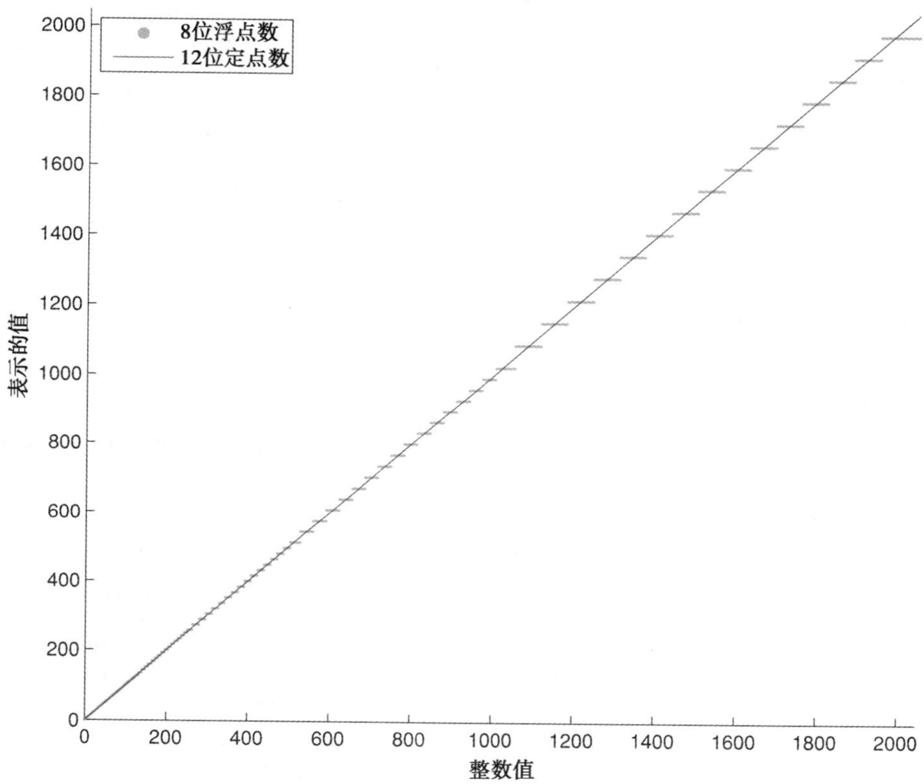

图 13-5　定点数及其浮点表示方法。截断操作使浮点数小于或等于初始值

表 13-1 给出了几个示例的定点数及其浮点格式。

表 13-1　不同的定点值及其浮点表示。第三列表示将浮点数值转换回 12 位定点数

定点数（hex）	浮点数（hex）	转换的浮点数（hex）	定点数（hex）	浮点数（hex）	转换的浮点数（hex）
000	00	000	0de	4c	0e0
003	03	000	59d	76	580
00f	0f	00f	7ff	7f	7C0
011	11	012	fff	81	fff

13.2.2　定点数到浮点数的转换

图 13-7 给出了一个 12 位定点数到 8 位浮点数转换电路的框图。首先用反相电路和多路选择器将输入从 2 的补码转换为符号 - 数值码。其次，用查找第一个 1 的电路单元找到最高有效的 1（见 8.5 节）。

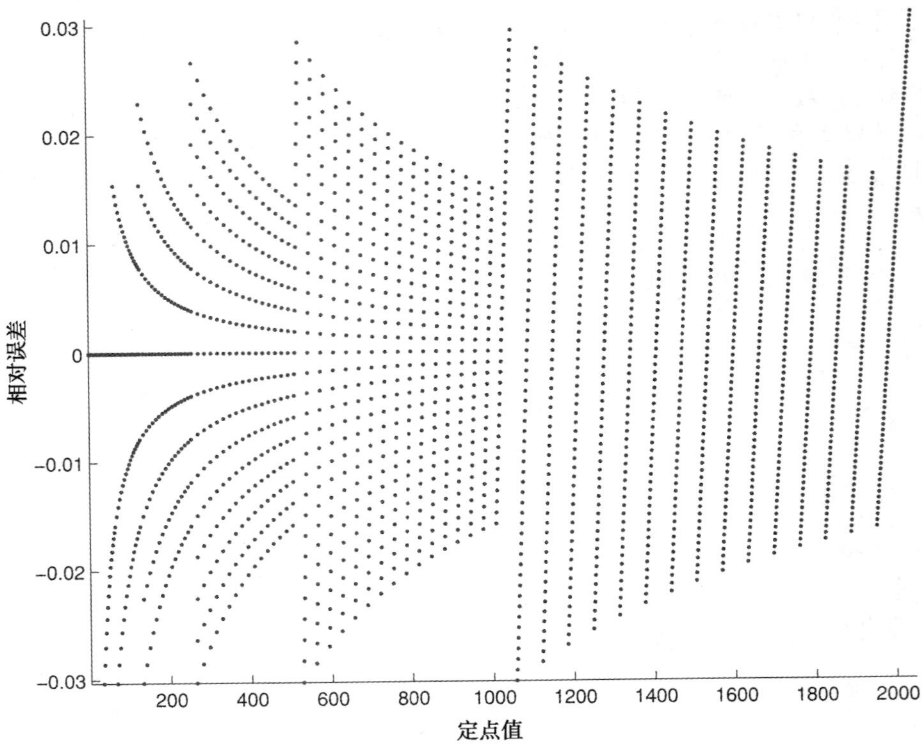

图 13-6　8 位浮点格式的误差表示

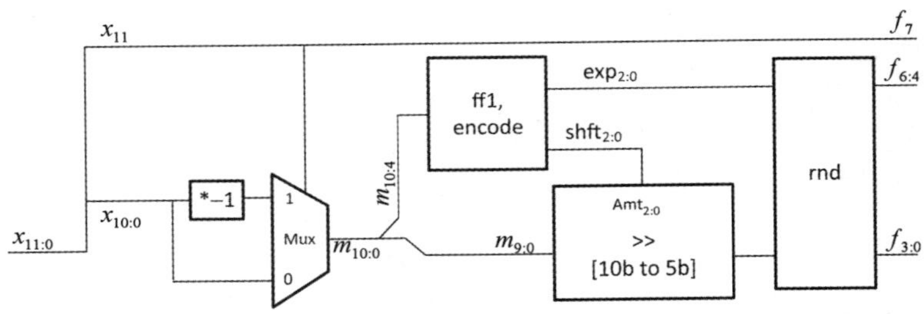

图 13-7　定点数转换为浮点数的框图

这个独热信号立即输入到优先编码器中，对 3 位指数和尾数移位的位数进行编码。该逻辑将输入的最低有效的 10 位移到尾数中。舍入一个数可能会导致指数增加（并可能会导致溢出）。

定点数到浮点数转换电路的 Verilog 代码见图 13-8。使用 casex 语句找到最高有效的 1，并编码指数和移位的位数。移位时，模块保留 1 位舍入位（mant_lng[0]），然后再将其加回到尾数中。在舍入操作之前若尾数为 4′ b1111，则将溢出，然后将指数加 1。若指数溢出，则令输出值饱和。在所提供的模块中，输入 800_{16}（−2048）不会转换为 ff_{16}，而是转换为错误代码 0×80。习题 13.4 将要求修复这个缺陷。

13.2.3　浮点数到定点数的转换

浮点数到定点数转换电路的框图和 Verilog 代码如图 13-9 和图 13-10 所示。转换过程的第一步是检查指数是否等于 0 来确定是否存在隐含的 1。如果存在这个 1，则从指数中减去 1，然后依规定的位数左移尾数和隐含的位。最后，如果有必要，则取这个数值的相反值。

```
module fix2float_top(fixed, float);
   input  [11:0] fixed;
   output  [7:0] float;

   reg [2:0]   exponent;
   reg [2:0]   shift;

   wire [10:0] magnitude = fixed[11] ? ~(fixed[10:0])+1 : fixed[10:0];
   wire        sign  = fixed[11];

   always@(*) begin
      casex(magnitude[10:4])
        7'b1xxxxxx: {exponent, shift} = {3'b111, 3'b110};
        7'b01xxxxx: {exponent, shift} = {3'b110, 3'b101};
        7'b001xxxx: {exponent, shift} = {3'b101, 3'b100};
        7'b0001xxx: {exponent, shift} = {3'b100, 3'b011};
        7'b00001xx: {exponent, shift} = {3'b011, 3'b010};
        7'b000001x: {exponent, shift} = {3'b010, 3'b001};
        7'b0000001: {exponent, shift} = {3'b001, 3'b000};
        7'b0000000: {exponent, shift} = {3'b000, 3'b000};
        default: {exponent, shift} = 6'hx;
      endcase
   end

   // 对尾数移位，然后舍入
   wire [4:0]   mant_lng = {magnitude[9:0], 1'b0} >> shift;
   wire [4:0]   mant = mant_lng[4:1] + mant_lng[0];

   // 检查舍入溢出
   wire [3:0]   new_exp = exponent + mant[4];

   // 若指数溢出，则令输出值饱和
   assign float = new_exp[3] ? {sign, 3'h7, 4'hf} :
                  {sign, new_exp[2:0], mant[3:0]};
   // 即使有舍入溢出，使用mant[3:0]也是正确的，
   // 因为在这种情况下mant[4:1]=mant[3:0]=4'b0000
endmodule // fix2float_top
```

图 13-8 定点数到浮点数转换的顶层 Verilog 模块 279~282

13.3 FIR 滤波器

本节详细介绍 4 阶有限脉冲响应（FIR）滤波器的设计。给定一组 4 输入值和权重，则得到该模块的输出：

$$y = w_0x_0 + w_1x_1 + w_2x_2 + w_3x_3 \tag{13-6}$$

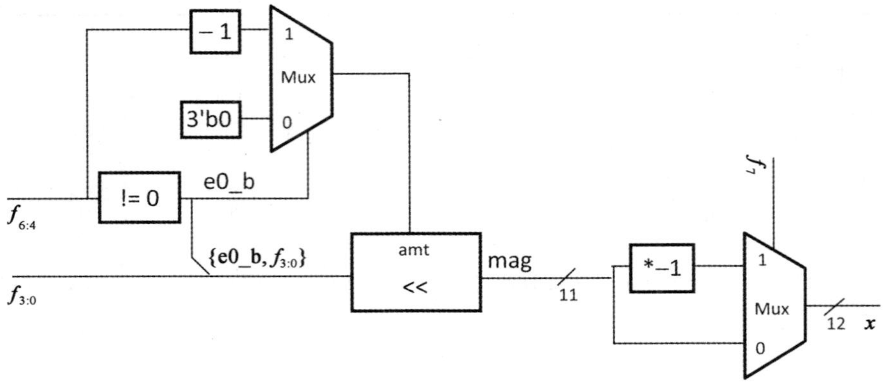

图 13-9　浮点数到定点数转换电路的框图

```
module float2fix(float, fixed);
   input [7:0] float;
   output [11:0] fixed;

   wire          sign = float[7];
   wire [2:0]    exponent = float[6:4];
   wire [3:0]    mant = float[3:0];

   wire [2:0]    shift = (exponent == 0) ? 3'd0 : exponent-1;
   wire          implied_one = (exponent != 0);

   wire [11:0]   mag = {implied_one, mant} << shift;
   assign    fixed = sign ? ~mag + 1 : mag;
endmodule // float2fix
```

图 13-10　浮点数到定点数转换的顶层 Verilog 模块

也就是说，该滤波器完成一个四元向量 w 和 x 的点积。输入值和输出值采用 13.2 节的浮点格式，权重按 1.4 的定点格式。对于所示的实现，将权重限制为正数，并且和小于等于 1：

$$0 \leqslant w_i \leqslant 1, \quad \sum_{i=0}^{3} w_i \leqslant 1 \tag{13-7}$$

请读者在习题 13.7 和习题 13.8 中去掉这些限制。

由于我们的浮点格式仅表示一个 12 位动态范围（$s11.0$），因此选择按定点格式进行所有的运算。这些定点电路单元将比对应的浮点电路单元更小、更快。输入的权重值为无符号的 1.4 格式的值（16）。为了避免丢失中间过程的精度，$s11.0$ 格式 ×1.4 格式的乘法器的输出要采用 $s11.4$ 的定点格式。由于限制了权重的和小于等于 1，加法器输出一个 $s11.4$ 格式的值。FIR 滤波器的最后一级对剩余的小数部分进行舍入，并转换回 8 位浮点格式。框图和数的表示方法如图 13-11 所示。

FIR 滤波器的 Verilog 代码如图 13-12 所示。首先用图 13-10 的转换块将每个浮点数输入转换为定点数。然后，符号扩展定点值（`fixi`）并乘以权重（得到 `weightedi`）。舍入加权的数的和，然后转换回浮点数。若输入了一个错误代码，则在该过程的最后一步输出一个错误代码。

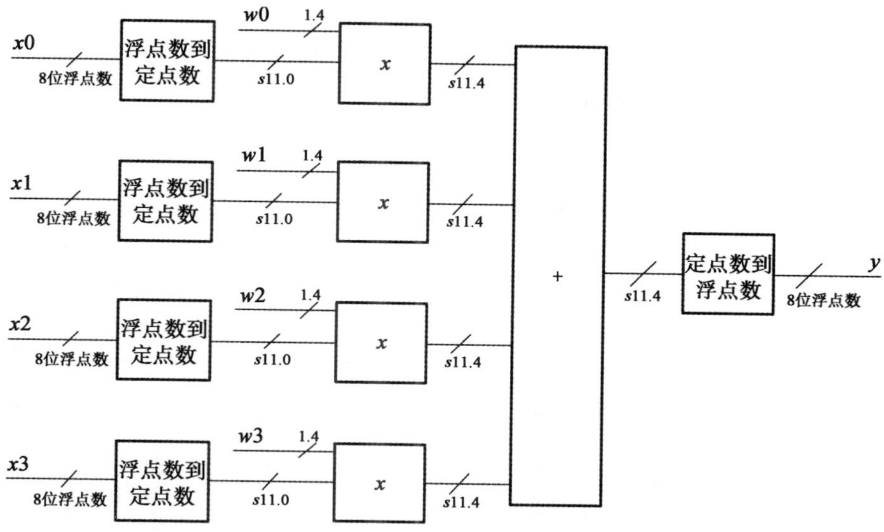

图 13-11　FIR 滤波器框图。所有权重必须为正数且和小于等于 1。该滤波器将 8 位浮点输入转换为 12 位定点格式。所有中间值都是定点格式且位数设计成不丢失精度

```
module fir(x0, x1, x2, x3,
           w0, w1, w2, w3, out);
   // 4输入浮点数FIR滤波器
   //
   // 如果4个输入中的任一个是错误代码，则输出将只是一个错误
   // 因为限制权重为小于等于1
   input [7:0] x0, x1, x2, x3;
   // 在1.4格式中,最大值=16/16
   input [4:0] w0, w1, w2, w3;

   output [7:0] out;
   wire [11:0]  fix0, fix1, fix2, fix3;

   // 加权的浮点数, s11.4格式
   wire [15:0]  weighted0, weighted1, weighted2, weighted3, shift1;
   wire [15:0]  w_sum;
   wire [7:0]   float_out;

   float2fix conv0(x0, fix0);
   float2fix conv1(x1, fix1);
   float2fix conv2(x2, fix2);
   float2fix conv3(x3, fix3);

   assign weighted0 = {{4{fix0[11]}}, fix0} * w0;
   assign weighted1 = {{4{fix1[11]}}, fix1} * w1;
   assign weighted2 = {{4{fix2[11]}}, fix2} * w2;
   assign weighted3 = {{4{fix3[11]}}, fix3} * w3;
   assign w_sum = weighted0 + weighted1 + weighted2 + weighted3;
   fix2float convOut(w_sum[15:4]+w_sum[3], float_out);
```

图 13-12　浮点数 FIR 滤波器的 Verilog 模块

```
    wire          error;
    //如果任何输入是一个错误代码，则输出也应该是一个错误代码
    assign error = (in0 == 8'h80) | (in1 == 8'h80) |
                   (in2 == 8'h80) | (in3 == 8'h80);
    assign out = error ? 8'h80 : float_out;
endmodule // fir
```

图 13-12 （续）

小结

283~284 在本章中，你看到了三个扩展的示例，汇集了从第 10 ~ 12 章学到的很多内容。复数乘法器举例说明了在使用定点数时出现的溢出和精度问题，以及如何使用舍入和饱和来处理这些问题。

我们对定点数到浮点数转换的讨论（基于流行的音频压缩标准）给出了相对精度的浮点表示法的优点，并且举例说明了许多浮点表示法的细节。这种表示法包括隐含的 1 和逐级下溢，在转换期间要注意舍入和规格化。

最后一个示例是有限脉冲响应滤波器。这个模块举例说明了多种记数制的使用。它具有浮点数输入和输出、定点数权重，并用定点数执行其内部计算（它使用我们的定点数到浮点数转换模块相互转换）。要关注内部表示法的给定范围和精度，以避免溢出或丢失精度。

文献说明

μ-律的版本来自 G. 711 标准 [56]。

习题

13.1 更快的复数乘法，设计。给出图 13-3 中复数乘法电路的详细设计（包括连线的位宽和华莱士树）。不需要编写 Verilog 代码，而是以简单的方式描述该模块。

13.2 更快的复数乘法，实现。编写并验证 Verilog 代码，实现习题 13.1 的设计。

13.3 更为复杂的乘法。为 8 个不同的 *s*1.14 格式的复数相乘的模块的设计、编写和验证 Verilog 代码。并在最终输出步骤之前不丢失精度。

13.4 定点数到浮点数的转换。图 13-8 的定点数转换模块，给定的输入值 800_{16} 不能正确工作，修复这个问题。

13.5 定点数到浮点数的转换，截断。用截断的方案（丢弃被移出的位）代替舍入的方案，修改图 13-8 的定点数到浮点数转换电路。这种格式的最大表示误差是多少？以图表方式给出所有输入数的误差。

13.6 3E5 浮点数。编写一个定点到浮点和浮点到定点转换电路的 Verilog 代码，可以在 32 位带符号整数和 3E5 浮点数值之间转换。该格式有 1 个符号位、5 个指数位（最大值 29）、1 个隐含的 1 和 2 个尾数位。采用 1 个隐含的 1、逐级下溢和截断。这种表示方法仅允许用表示输入值的 3 个 MSB 来
285 进行 4 倍的数据压缩。最大的表示误差是多少？

13.7 扩展 FIR 滤波器，Ⅰ。修改图 13-12 的 FIR 滤波器，可接受 *s*2.5 格式的权重，仅受以下约束：

$$-1 \leqslant \sum_{i=0}^{3} w_i \leqslant 1$$

13.8 扩展 FIR 滤波器，Ⅱ。修改习题 13.7 的 FIR 滤波器，并去掉对权重求和的约束。确保检查溢出。

13.9 扩展 FIR 滤波器，Ⅲ。利用图 13-12 的 FIR 滤波器模块（不用修改），设计一个 16 阶 FIR 函数，求出所有 16 个输入的平均值。欲使丢失的精度最小，需要修改滤波器的哪些部分能完全不丢失精度？

13.10 把它放在一起。绘制一个复杂的 4 阶 FIR 滤波器的框图。输入值和最终的输出是 3E5 格式的复数。权重是 s1.4 定点格式的复数。请务必标明所有中间连线的数字格式和位宽。在最后的输出之前不能丢失精度。

13.11 叉积。一个向量（a_x，a_y，a_z）与另一个向量（b_x，b_y，b_z）的叉积可以得到另一个向量（c_x，c_y，c_z），其中：

$$c_x = a_y b_z - a_z b_y$$
$$c_y = a_z b_x - a_x b_z$$
$$c_z = a_x b_y - a_y b_x$$

设计一个模块，其具有两个 s3.14 格式的三维向量的输入和一个三维向量的输出。输出向量不是由 s3.14 格式的数组成，而是由不会造成丢失精度的最少位宽的数组成。

13.12 近似的平方根。为了得到 0.5 和 2 之间的数的平方根的近似值[一]，可由下式计算该近似值：

$$\sqrt{x} \approx 1 + \frac{x-1}{2} - \frac{(x-1)^2}{8} + \frac{(x-1)^3}{16}$$

设计并编写一个用上面公式计算数 1.8 的近似平方根的 Verilog 模块。可以假设输入介于 0.5 和 2 之间。你要输出一个数 1.8 的近似平方根，但又不会丢失任何的中间精度。对于 0.5 和 2 之间所有的数，最坏情况下的误差是多少？

13.13 近似的除法。为了得到 0.5 和 1 之间的数的倒数的近似值[二]，给出：

$$\frac{1}{x} \approx 1 + (1-x) + (1-x)^2 + (1-x)^3 + (1-x)^4$$

(a) 用图表绘制从 $x=0.5$ 到 $x=1$ 该近似值的误差。

(b) 设计一个被除数乘以除数的倒数的浮点数除法器模块（23E8 格式）。应提供一个至少与图 11-1 的框图一样详细的框图。[三]

13.14 BCD 到二进制。设计并编写一个 Verilog 代码模块，将 4 位无符号 BCD 码转换为 14 位二进制数。 286~287

13.15 二进制到 BCD。设计并编写一个 Verilog 代码模块，将 14 位无符号二进制转换为 4 位 BCD 码。

[一] 通过计算在 $x=1$ 附近的 $\sqrt{x}$ 的泰勒级数得到。

[二] 通过计算在 $x=1$ 附近的 $1/x$ 的泰勒级数得到。

[三] 请注意，很少有系统允许在除法运算中出现任何错误。

第四部分

Digital Design：A Systems Approach

同步时序逻辑

第 14 章

Digital Design：A Systems Approach

时序逻辑

时序逻辑的输出信号不仅取决于它的输入信号，还取决于它的状态，该状态反映其输入信号的历史信息。我们通过反馈电路构成时序逻辑电路，反馈电路将组合逻辑电路计算出来的状态变量作为输入信号重新输送给电路。一般的时序逻辑含有异步反馈电路，由于多个状态位可以在不同时刻发生变化，因此设计和分析都比较复杂。在本章中我们将我们的设计和分析任务进行简化，限制为同步时序逻辑，在同步时序逻辑中状态变量保存在寄存器中，只有在时钟信号（clk）上升沿时状态变量才进行更新。㊀

同步时序逻辑电路的行为或*有限状态机*（FSM）完全由两个逻辑函数进行描述：一个函数由其输入信号和当前状态来计算下一个状态，另一个函数由其输入信号和当前状态来计算输出信号。我们用*状态表*或*状态图*来描述这两个函数。如果用符号表示状态，*状态分配*将符号状态映射到一组位向量，通常用二进制和独热码表示状态分配。

给定状态表（或状态图）和状态分配，实现有限状态机就是简单地合成下一个状态和输出逻辑函数。对于独热状态编码来说，合成过程很简单，每一个状态映射到各自的触发器，状态图里所有指向一个状态的边映射为触发器的输入逻辑函数。对于二进制编码，将状态向量位构成的卡诺图进行化简并表示为逻辑公式即可。

用 Verilog 语言实现有限状态机时，声明一个状态寄存器保存当前状态，用组合逻辑描述下一个状态和输出函数，可以用第 7 章介绍的 `case` 语句来完成。状态分配需要用 `'define` 语句进行定义，从而在状态分配发生变化时不需要变更状态机本身的描述。这里需要特别注意在启动状态时将 FSM 复位到一个已知的状态。

14.1 时序电路

288～291 回想一下，组合逻辑电路产生输出信号只依赖于其输入信号的当前状态。组合电路必须不能有循环。如果我们将反馈电路加入组合电路中，创建一个如图 14-1 所示的循环，电路就变成了时序电路。时序电路的输出信号不仅取决于当前的输入信号，还取决于先前的输入信号。反馈电路创建的循环允许电路存储当前输入信号的信息。我们将存储在反馈信号中的信息称作电路的*状态*。

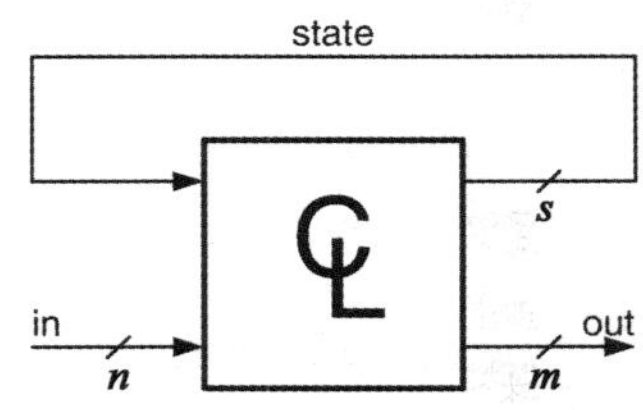

图 14-1　将携带状态信息的反馈路径添加到组合电路中就构成了时序电路。时序电路的输出信号取决于当前输入信号和当前状态，可以用历史输入信号的函数表示

时序电路产生的输出信号可以表示为电路输入信号和当前状态的函数。电路生成的下一个状态也是输入信号和当前状态的函数。

图 14-2 给出了一个 reset-set（RS）触发器，该触发器是由两个或非门组成的非常简单的时序逻辑电路。㊁输出信号 q 作为一个状态变量反馈到输入端。电路行为由方程式 $q=\bar{r}\wedge(s\vee q)$ 表示。状态变量 q 在方程式两边都出现了。为了更加清楚地表示动态关系，

㊀ 我们将在第 26 章重新考虑异步时序电路。

㊁ 我们画出的电路图如图 14-2a 所示。其他不遵守冒泡规则的人画出的电路图如图 14-2b 所示。

我们将方程式重新写为 $q_{new}=\bar{r}\wedge(s\vee q_{old})$。也就是说，方程式告诉我们如何在函数中通过输入信号和 q 的 old 状态来获得 q 的 new 状态。

从方程式和原理图可以很容易地看出，当 $r=1$，$q=0$ 时触发器复位；当 $s=1$，$r=0$，$q=1$ 时触发器置位；当 $s=0$，$r=0$ 时，输出信号 q 保持状态不变。输出信号 q 的值反映了哪个信号最后的输入是高电平。如果信号 r 最后状态为高电平，则 $q=0$。如果 s 最后状态为高电平，则 $q=1$。我们将以上行为总结成如表 14-1 所示的状态表。

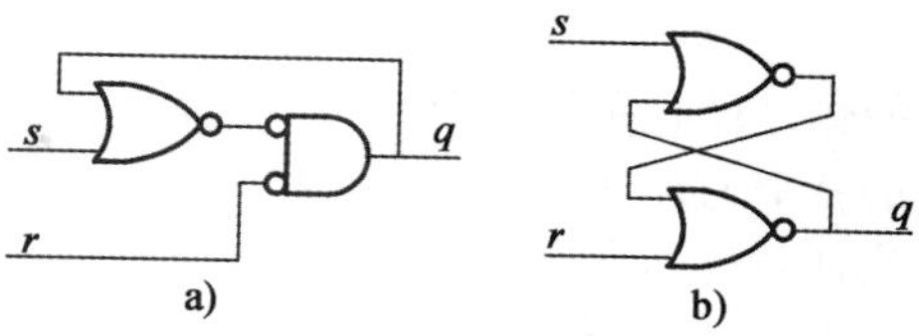

图 14-2　RS 触发器就是一个简单的时序电路实例：a）原理图；b）不遵循冒泡规则的备选原理图

由于时序电路的功能依赖于随着时间推移信号的演变，我们一般用时序图来描述时序电路的行为。图 14-3 所示的时序图显示了 RS 触发器的操作过程。该图将信号 r、s、q 的波形、信号电平显示为时间的函数。时间从左到右递增。从一个信号到另外一个信号之间的箭头表示信号之间产生影响的关系。

表 14-1　RS 触发器状态表

r	s	q_{old}	q_{new}	r	s	q_{old}	q_{new}
0	0	0	0	0	1	X	1
0	0	1	1	1	X	X	0

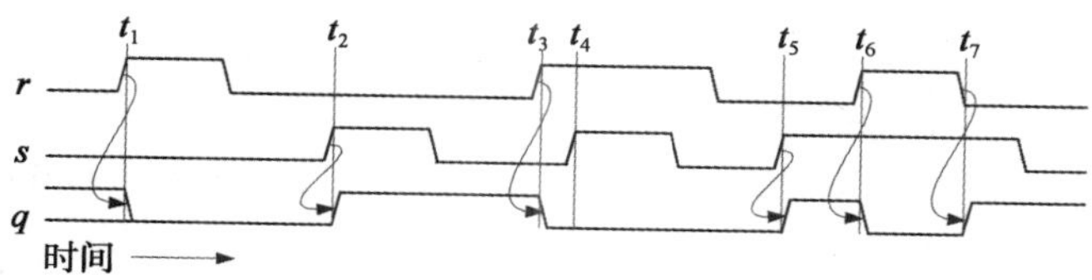

图 14-3　时序图显示了 RS 触发器的操作过程。信号值随着时间变化从左到右顺序显示

最初 q 处于未知状态，q 可以是高电平也可以是低电平，在图中两种状态都表示出来。在 t_1 时刻，r 变为高电平，q 变为低电平，触发器复位。在 t_2 时刻，信号 s 变为高电平，q 出现上升沿，触发器置位。在 t_3 时刻，触发器再一次复位。在 t_4 时刻，信号 s 变为高电平，由于信号 r 保持高电平，信号 s 的这次变化没有影响输出信号的值。在 t_5 时刻，信号 s 变为高电平，同时信号 r 保持低电平，完成触发器的置位。在 t_6 时刻，当 r 变为高电平时，尽管信号 s 保持高电平，触发器又一次复位。在 t_7 时刻，当信号 r 变为低电平时，触发器最后一次置位。

14.2　同步时序电路

图 14-2 所示的 RS 触发器比较简单，很容易理解，但是任意一个包含多位状态反馈的时序电路的行为都会很复杂。复杂性一定程度上是由于下一个状态信号的不同位会在不同的时刻发生变化而引起的。竞争可以产生下一个状态输出信号，这取决于电路延迟。在第 26 章中，我们再讨论通用的异步时序电路。在此之前我们将注意力集中在同步时序电路上，在同步时序电路中，时钟存储元件用来保证所有状态变量在同一时刻改变状态，即跟时钟信号同步。同步时序电路也称作*有限状态机*或 FSM。

图 14-4 给出了一个同步时序逻辑电路的框图。该电路通过一个 s 位宽的 D 触发器（s 表示状态的位宽）打破了状态反馈回路，成为同步电路。该触发器在时钟信号上升沿到来时，根据输入信号的值更新输出信号，这些将在 15.2 节中进一步介绍。在其他时刻，输出信号保持不变。在反馈回路中加入 D 触发器可以约束所有状态位在同一时刻发生变化，从而消

除了竞争。

图 14-5 所示的时序图列举了同步时序电路的操作过程。在每一个时钟周期，时间从时钟信号的一个上升沿到下一个上升沿，一个组合逻辑模块通过输入信号和当前状态的组合函数计算下一个状态和输出信号（图中没有显示）。在每次时钟信号上升沿，根据前一个时钟周期计算的下一个状态值，对当前状态（state）进行更新。

292~293

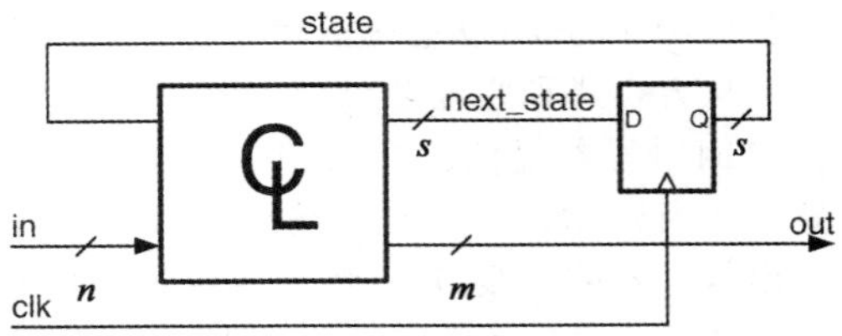

图 14-4　同步时序电路通过时钟存储元件打破状态反馈回路（在此例中用的是 D 触发器）。触发器保证所有状态变量在时钟上升沿到来的同一时刻改变状态的值

例如，在图 14-5 的第一个时钟周期，当前状态是 SB，输入信号在时钟周期结束之前变为 B。组合逻辑计算下一个状态 SC = f(B,SB)。在时钟周期结束时，时钟信号再一次出现上升沿，这时候当前状态变为 SC。并且在下一个时钟上升沿到来之前一直保持 SC 状态。

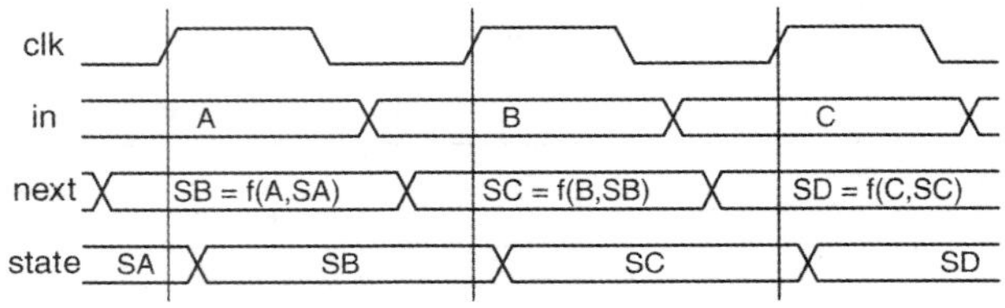

图 14-5　时序图列举了同步时序电路的操作过程。在每次时钟信号 clk 的上升沿到来时状态发生变化

我们可以通过 clock-by-clock 原理分析同步时序电路。在给定的时钟周期内下一个状态和输出信号的值只依赖于当前状态和该时钟周期内的输入信号值。在每一个时钟上升沿，当前状态变更到下一个状态。

例如，假设按照表 14-2 给出下一个状态和输出逻辑。如果电路启动状态为 00，在前 9 个周期输入序列 011011011，那么每个周期的电路状态和输出信号将是什么？

我们的实例电路的操作过程如表 14-3 所示。在周期 0 电路从 00 状态启动。在这个周期内

294 输入信号和输出信号都是 0。在 00 状态输入信号 0，则下一个状态还是 00，因此在周期 1 电路状态仍然保持 00，但是输入信号变为 1。在 00 状态下输入信号 1 导致在周期 2 进入状态 01。在状态 01 输入 1，则在周期 3 进入状态 11。在周期 3 状态 11 时，输入信号变为 0，则在周期 4 状态变回 01。在周期 4、5，输入信号保持高电平，则状态值在周期 5 和周期 6 分别为 11、10。在周期 6 输入低电平，则到周期 7 状态变回 11。在周期 7 和 8 保持高电平输入信号，则状态信号在周期 8 和 9 分别为 10 和 00。在周期 8 由于状态为 10 并且输入信号为 1，所以输出信号变为 1。

状态表是有限状态机的一种表示方式，像表 14-2 那样，以表格的形式给出下一个状态和输出信号的函数关系。另一种类似的图形表示方式称为状态图，如图 14-6 所示。

表 14-2　同步逻辑电路实例的状态表

状　态	下一个状态		输　出		状　态	下一个状态		输　出	
	in = 0	in = 1	in = 0	in = 1		in = 0	in = 1	in = 0	in = 1
00	00	01	0	0	11	01	10	0	0
01	00	11	0	0	10	11	00	0	1

表 14-3 表 14-2 所描述的时序逻辑电路在输入信号序列 011011011 时的状态序列

周期	状态	输入	输出	周期	状态	输入	输出
0	00	0	0	5	11	1	0
1	00	1	0	6	10	0	0
2	01	1	0	7	11	1	0
3	11	0	0	8	10	1	1
4	01	1	0	9	00		0

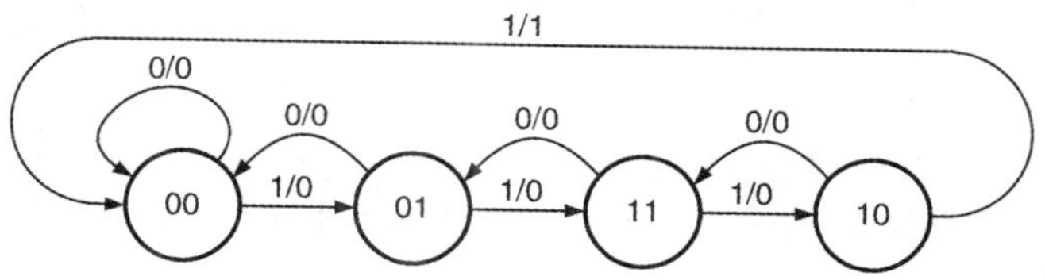

图 14-6 表 14-2 所描述的有限状态机的状态图。4 个圆圈代表 4 个状态。每个箭头表示从当前状态到下一个状态的*状态转换*，并且标明了*输入/输出*信号，输入信号引发状态转换，输出信号表明在当前状态下输入此输入信号时产生的输出结果 295

在图 14-6 中，每一个圆圈代表一个状态。并且标记为状态的名字。在这里我们用状态变量的值作为状态的名称。稍后我们将介绍独立于状态编码的符号化的状态名称。下一个状态函数用箭头表示。每一个箭头都表示一次*状态转换*，并且标注了在此次转换过程中输入信号和输出信号的值。例如，从状态 00 到状态 01 的箭头，标注了 1/0，表示在状态 00 且输入信号为 1 时，下一个状态为 01，并且输出信号为 0。需要注意的是，箭头可以从一个状态转换到该状态本身，比如在状态 00 时输入信号 0，则状态 00 保持不变。同样，在状态图中状态转换可能跨越很长的距离，比如在状态 10 时输入信号 1，则转换为状态 00。

14.3 交通灯控制器

作为 FSM 的第二个实例，考虑一下在一个南北道路和东西道路的十字路口控制交通灯的问题，如图 14-7 所示。需要控制 6 个信号灯：南北方向和东西方向的绿灯、黄灯和红灯。FSM 定义了输入信号 carew 表示有车在东西方向路口等待，输入信号 rst 表示将 FSM 重置到已知状态。

对该 FSM 的描述如下：

1）当南北方向信号灯为绿灯并且东西方向信号灯为红灯时，将 FSM 重置到某一状态。

2）当检测到东西方向有车时（carew = 1），经过一系列状态转换使得东西方向信号灯亮绿灯，然后再变回南北方向信号灯亮绿灯。

3）信号灯变化时，如果某个方向的信号灯为绿灯，则需要先变为黄灯之后才能变为红灯。

4）只有当一个方向的信号灯为红灯时，另外一个方向的信号灯才能够是绿灯。 296

图 14-8 给出了一个符合我们规范的 FSM 状态图。该图同图 14-6 所示的状态图相比有两个主要的不同点。首先，状态用符号名称进行标注。其次，输出信号的值放在了状态下边，而不是标注在转换过程中。这样表示是因为在此实例中输出信号只是状态的函数，而跟输入信号无关。㊀

FSM 重置到 GNS 状态（南北方向为绿灯）。在此状态下输出信号为 100 001。100 表示南北方向信号灯状态（绿灯 - 黄灯 - 红灯）。001 表示东西方向信号灯状态（也是绿灯 - 黄灯 - 红灯）。因此此状态下南北方向信号灯亮绿灯，东西方向信号灯亮红灯。此复位状态满足规范的

㊀ 如果 FSM 的输出信号的值只依赖于当前状态，而跟输入信号的值无关，则该 FSM 称作*摩尔型有限状态机*（Moore machine）。如果 FSM 的输出信号依赖于当前状态和输入信号的值，则该 FSM 称作*米利型有限状态机*（Mealy machine）。

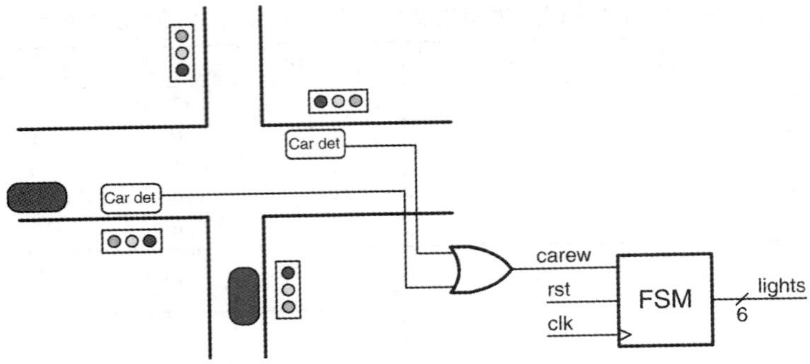

图 14-7　用 FSM 在十字路口控制交通灯。该 FSM 有两个输入信号：复位信号（rst），表示汽车在东西向马路等待的信号（carew）。该 FSM 有 6 个输出信号来控制三个南北方向交通灯（绿、黄、红）和三个东西方向交通灯

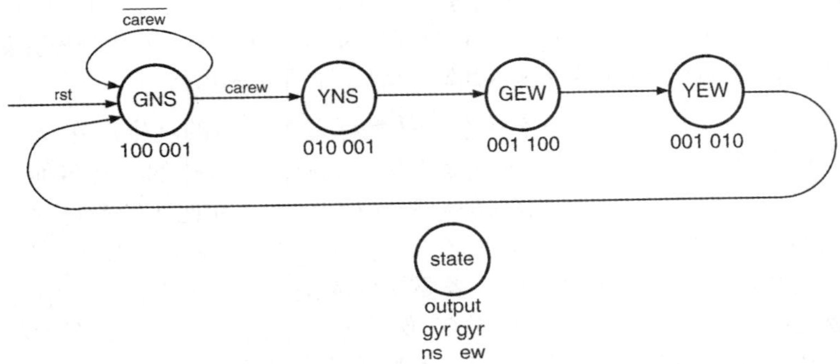

图 14-8　交通灯控制器 FSM 的状态图。用符号名称标记各种状态。在每种状态下给出输出信号的值（南北方向的绿灯 - 黄灯 - 红灯（三位）以及东西方向的绿灯 - 黄灯 - 红灯）。省略了复位箭头。FSM 复位状态为 GNS

第一条。标注为 carew 的箭头保持 GNS 状态，直到东西方向检测到有车辆出现。

当东西方向检测到车辆时，信号 carew 变为真，时钟信号的下一个上升沿到来时，状态机进入 YNS 状态（南北方向变成黄灯）。在此状态下输出信号值为 010 001。010 意味着南北方向亮黄灯，001 意味着东西方向亮红灯。在东西方向信号灯变为绿灯之前，即状态从 GNS 转换到 GEW 之前，先转换到 YNS 状态满足规范中第三条要求。从状态 YNS 出来的箭头没有标注，意味着 YNS 状态无条件转换到 GEW 状态（除非 FSM 复位）。

GEW 状态（东西方向亮绿灯）一般都紧随 YNS 状态之后。在此状态时输出信号的值为 001 100，表示南北方向亮红灯并且东西方向亮绿灯。GEW 状态及其转换序列部分满足规范中第二条要求。GEW 状态之后一般紧接着进入 YEW 状态。YEW 状态（东西方向亮黄灯）的输出信号为 001 010，表示南北方向亮红灯同时东西方向亮黄灯。YEW 状态满足规范第三条要求，即从 GEW 状态转换到 GNS 状态时，需要先转换为中间状态 YEW。

表 14-4 给出了交通灯控制器的状态表。没有显示复位。在习题 14.3 ~ 习题 14.9 中，我们
297 将对此基本的交通灯控制器进行某些方面的扩展。

表 14-4　交通灯控制器 FSM 的状态表。FSM 重置到 GNS 状态

状态	下一个状态		输出	状态	下一个状态		输出
	carew = 0	carew = 1			carew = 0	carew = 1	
GNS	GNS	YNS	100 001	GEW	YEW	YEW	001 100
YNS	GEW	GEW	010 001	YEW	GNS	GNS	001 010

例 14-1 状态机

为一个给脉冲序列中填充缺失脉冲的状态机画出状态图。正常情况下输入信号 a 每 5 个周期出现一个周期的高电平。当输入信号 a 在预计的周期或前一个周期变为高电平时，输出信号 q 将在下一个周期变为高电平。如果输入信号 a 提前或推迟一个周期，时序将重置，预计 5 个周期后信号 a 再次变为高电平。如果输入信号 a 提前或推迟两个周期，它将被忽略不计。如果在预计的周期内 a 没有出现，则输出信号 q 仍然在此预计周期之后变为高电平。

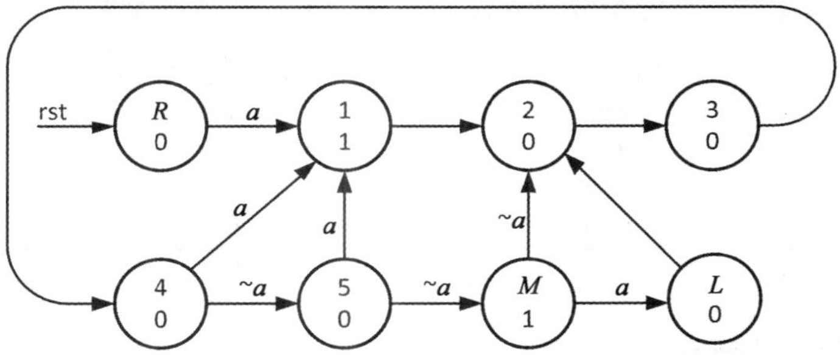

图 14-9 例 14-1 描述的脉冲填充器 FSM 的状态图

图 14-9 所示的状态图包含 8 个状态。每个状态下的输出信号显示在状态名下边。当系统复位时，状态机从状态 R 启动，等待输入信号 a 的第一次脉冲信号。当脉冲信号到来时，状态机转换到状态 1 并且输出 1。在状态 1、2、3 时无论输入信号 a 为何值，状态机都将继续转换到状态 2、3、4。如果在状态 4 时输入信号 a 为高电平（提前一个周期），则状态机转换到状态 1——重置时序。在状态 5 时，如果脉冲出现在预期的时间，则状态转换为状态 1——重启脉冲序列。如果在状态 5 时输入信号 a 为 0，控制状态转换到状态 M，该状态下输出信号 q 保持高电平来处理丢失的或迟到的脉冲。如果在状态 M 时输入信号 a 为高电平，控制状态转换为状态 L，为后续脉冲重置时序。否则，控制状态转换到状态 2 来处理丢失脉冲而不需要重置时序。 298

14.4 状态分配

如果像图 14-8 或者表 14-4 那样用符号化的状态名称来详细说明 FSM，在实现 FSM 之前就需要给状态分配实际的二进制值。这个给状态分配值的过程称作*状态分配*。

对于同步状态机，只要每个状态的值是唯一的，我们就可以给状态分配任意值的集合。[⊖] 要表示 N 种状态至少需要 $S_{\min} = \log_2(N)$ 位；然而，用最少的位数进行状态分配往往不是最佳状态分配方法。我们将状态向量的每一位称作*状态变量*。

独热码状态分配用 N 位表示 N 种状态。每个状态都有自己单独的一位表示。当状态机处于第 i 种状态时，状态变量相应的第 i 位 b_i 为 1。在所有其他状态时 b_i 为 0。表 14-5 给出了交通灯控制器 FSM 的独热码状态分配情况。在这个表中，用 4 位表示 4 种状态。在任意状态下都只有一位为 1。接下来我们将看到，通过使用独热码进行状态分配使得有限状态机的逻辑设计变得相当简单。

二进制状态分配使用最少位数 $S_{\min} = \log_2(N)$ 来表示 N 种状态。包含 $N!$ 种可能的二进制状态分配（4 个状态 24 种）结果，你选择哪种分配结果并不重要。然而大量的学术论文已经论述了关于选择好的状态分配方法来最小化实现电路逻辑，实际上这并不重要。除了在非常罕见

⊖ 对于异步机就不能这样随意分配，需要谨慎小心进行状态分配来避免竞争。

的情况下，通过优化状态分配来节省一些门电路并不重要。不要在状态分配上浪费太多时间。设计时间远远比节省一点点门电路要重要。

表 14-6 给出了交通灯控制器 FSM 的一种可能的二进制状态分配方法。这个特殊的状态分配用格雷码进行编码，从而在每次状态转换时状态变量只有一位发生变化。这样做可能降低功耗，简化逻辑。一般我们可能更容易直接选择二进制的计数值（GEW = 10，YEW = 11），这样做也没有太大差别。

表 14-5　交通灯控制器 FSM 的独热码状态分配

状　态	编　码
GNS	0001
YNS	0010
GEW	0100
YEW	1000

299

表 14-6　交通灯控制器 FSM 的二进制状态分配

状　态	编　码
GNS	00
YNS	01
GEW	11
YEW	10

14.5　实现有限状态机

给定状态表（或状态图）和状态分配，FSM 的实现将简化为设计两个组合逻辑电路，一个是下一个状态，一个是输出信号。这些组合逻辑电路包含 s 位宽的 D 触发器，用于在时钟信号上升沿到来时更新当前状态到下一个状态。像这样的多位 D 触发器称作*寄存器*，当它用于保存 FSM 的状态时称作*状态寄存器*。

使用独热码进行状态分配，下一个状态逻辑的实现就是将状态图直接转换成电路图，如图 14-10 显示了交通灯控制器 FSM。4 个触发器对应 4 种状态：GNS、YNS、GEW、YEW。当第一个触发器置位时，FSM 处于 GNS 状态。逻辑电路传输每个触发器的 D 输入信号就像在状态图中转换箭头传输相应的状态。对于状态 GEW 和 YEW 来说这个逻辑电路仅仅是一条信号线。这两个状态往往紧随前边的状态出现。对于 YNS 状态，输入逻辑是一个与门，将之前的状态（GNS）和 GNS 状态到 YNS 状态的转换条件（carew）相与。GNS 状态是两个目标箭头的目标，因此需要一个或门来进行组合。首先，GNS 状态和转换条件 $\overline{carew}$ 相与，该与门的输出信号再与 YEW 状态的一条信号相或，$\overline{carew}$ 对应从 GNS 到其自身的一条返回边。

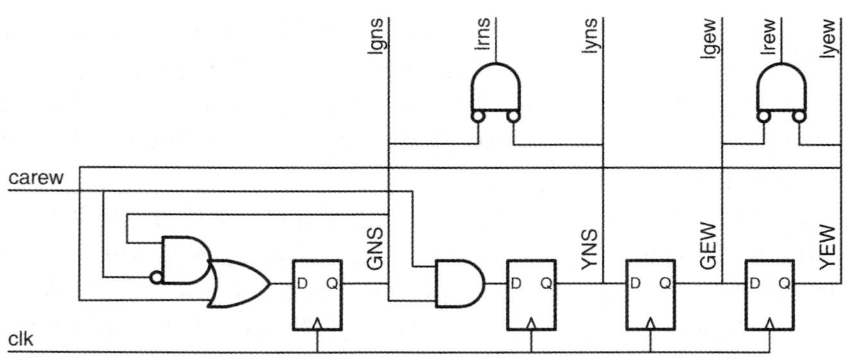

图 14-10　用独热码状态编码实现交通灯控制器 FSM。用了 4 个触发器，每个触发器对应一个状态。指向一个状态的状态转换箭头直接转换成前面所述的相应触发器的逻辑电路。图上方的输出信号代表了每个信号灯各自的状态。例如，lrns 表示南北方向的红灯状态

独热码 FSM 通常可以用这种方法直接实现。这使得在逻辑综合之前阶段的 FSM 设计和维

护变得非常容易。只要能够简单地给每个状态实例化一个触发器，给每个转换箭头选择合适的输入门电路。逻辑电路功能马上就呈现出来了。能够直接添加、删除或变更状态转换箭头的条件，这样做只影响跟转换箭头相关的部分逻辑电路。但是，同现代逻辑综合的方法相比，这种方法的优势将会大大降低。

图 14-10 所示电路的输出逻辑包含两个或非门。状态 GNS、YNS、GEW 和 YEW 直接驱动绿灯和黄灯的输出。而红灯的输出通过观察每个方向灯的点亮情况，如果黄灯和绿灯熄灭，则红灯点亮，即 $r=\bar{y}\wedge\bar{g}$。

我们要实现二进制状态编码的 FSM，需要对每一个状态变量进行逻辑综合。首先，我们将状态表转换成真值表，真值表将每一个下一个状态变量表示为当前状态变量和所有输入信号的函数。例如，交通灯控制器 FSM 使用表 14-6 所示的状态编码，其真值表如表 14-7 所示。

表 14-7　交通灯控制器 FSM 使用表 14-6 所示方法进行状态分配之后，下一个状态函数的真值表

状　态	carew	下一个状态	说　明	状　态	carew	下一个状态	说　明
00	0	00	绿灯 北/南 carew = 0	11	0	10	绿灯 东/西 carew = 0
00	1	01	绿灯 北/南 carew = 1	11	1	10	绿灯 东/西 carew = 1
01	0	11	黄灯 北/南 carew = 0	10	0	00	黄灯 东/西 carew = 0
01	1	11	黄灯 北/南 carew = 1	10	1	00	黄灯 东/西 carew = 1

根据该状态表我们画出两张卡诺图，如图 14-11 所示。左边的卡诺图显示了下一个状态（ns_1）的 MSB 的真值表，右边的卡诺图显示了下一个状态（ns_0）的 LSB 的真值表。在这里下一个状态逻辑非常简单。ns_1 函数包含一个质蕴涵项，ns_0 函数有两个质蕴涵项。这三个质蕴涵项都是必要的。逻辑非常简单：

$$ns_1 = s_0 \qquad (14\text{-}1)$$

$$ns_0 = (s_0 \vee \text{carew}) \wedge \overline{s_1} \qquad (14\text{-}2)$$

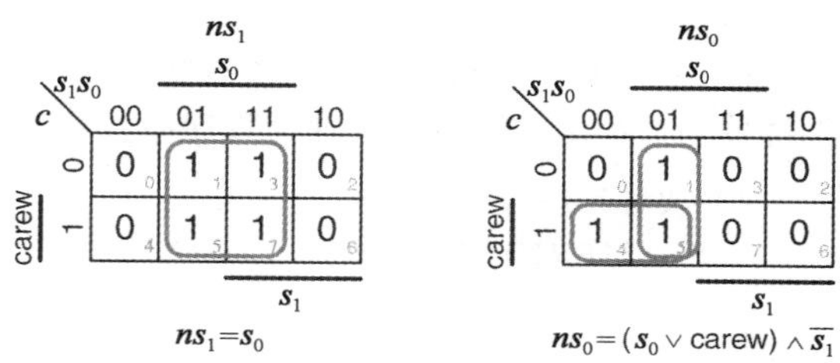

图 14-11　根据当前状态和输入信号 carew 计算下一个状态（ns_1ns_0）的卡诺图

300
~
301

其中 ns_1、ns_0 是下一个状态变量，s_1、s_0 是当前状态变量。

目前我们已经知道了下一个状态函数，剩下的就是获得输出函数。为此我们写出输出信号的真值表，这只是当前状态的函数，如表 14-8 所示。输出变量的逻辑函数可以直接从此真值表得出，具体如下：

$$g_{ns} = \overline{s_1} \wedge \overline{s_0} \qquad (14\text{-}3)$$

$$y_{ns} = \overline{s_1} \wedge s_0 \qquad (14\text{-}4)$$

$$r_{ns} = s_1 \qquad (14\text{-}5)$$

$$g_{ew} = s_1 \wedge s_0 \qquad (14\text{-}6)$$

$$y_{ew} = s_1 \wedge \overline{s_0} \qquad (14\text{-}7)$$

$$r_{ew} = \overline{s_1} \qquad (14\text{-}8)$$

结合下一个状态和逻辑方程，我们得出图 14-12 所示的逻辑电路图。

表 14-8　交通灯控制器 FSM 使用表 14-6 所示方法进行状态分配之后，输出函数的真值表

状　态	输　出	状　态	输　出
00	100 001	11	001 100
01	010 001	10	001 010

302

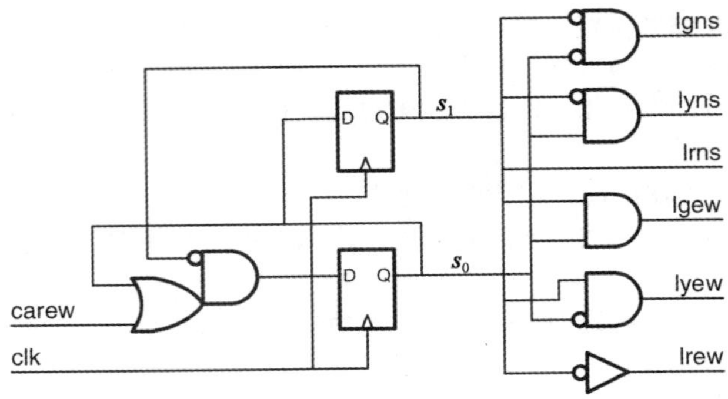

图 14-12　使用表 14-6 所示状态分配实现交通灯控制器 FSM 的逻辑电路图

14.6　Verilog 编程实现有限状态机

指定下一个状态和输出函数，选择状态分配，用 Verilog 语言设计一个 FSM 将是一件简单的事情。逻辑综合完成生成下一个状态和输出逻辑的所有工作。图 14-13 给出了交通灯控制器 FSM 的 Verilog 语言描述。逻辑的主要部分是一个单独的 case 语句，用来定义下一个状态和输出函数。

该程序由三个关键点构成。

1）实现时序逻辑电路时，所有状态变量应该被明确定义为 D 触发器。不要让 Verilog 语言编译器为你推断出触发器。在此程序中，状态触发器直接用如下代码进行实例化：

```
// 实例化状态寄存器
DFF #('SWIDTH) state_reg(clk, next, state) ;
```

这段代码实例化一个'SWIDTH 宽度的 D 触发器，该触发器由时钟信号 clk 实现，包含输入信号 next，输出信号 state。

2）在设计有限状态机时，用 Verilog 语法'define 语句定义所有常量。不要对任何常量进行硬编码。应该用这种方法声明的常量包括状态变量的宽度'SWIDTH，状态编码（如'GNS），输入信号和输出编码（如'GNSL）。尤其是为状态编码定义符号名称，这样编程者可以通过修改定义来改变状态分配。在下文中我们将介绍一个这样的例子。

3）保证在程序中有对 FSM 进行复位的操作。在这里我们定义了两个下一个状态变量，next1 和 next。case 语句只对 next1 作为下一个状态进行了计算，而忽略了复位信号 rst。最后一条 assign 语句覆盖了这种情况，如果 rst 有效，则下一个状态将重置为状态'GNS。

```
// 增加复位功能
assign next = rst ? 'GNS : next1 ;
```

在下一个状态函数之外考虑复位因素，这种方式很大程度上提高了程序的可读性。如果我
303 们不这样做，就得在每个状态都重复复位判断，而不是像现在这样只判断一次。

图 14-14 用 Verilog 语言定义了交通灯控制器 FSM。用'define 的方式进行定义可以使我们在程序中使用符号名称，从而提高可读性，同时容易修改程序。例如，替换为图 14-15 所示的独热码状态编码，我们的 FSM 就从二进制编码转换成了独热码状态编码，而不需要更改任何其他代码。

DFF 模块的 Verilog 语言程序如图 14-16 所示。该行为描述用 always 语句块实现：

```
always @(posedge clk)
  out = in ;
```

该程序块完成在每次时钟信号 clk 的上升沿（posedge）到来时将输出信号更新为 out = in。

```
//------------------------------------------------------------
// Traffic_Light
// 输入:
//    clk——系统时钟
//    rst——复位——高有效
//    carew——东西方向来车——当东西方向有车等待的时候有效
// 输出:
//   lights——(6位){gns, yns, rns, gew, yew, rew}
//   在carew无效时保持GNS状态，carew有效时，状态序列依次为YNS, GEW, YEW
// 最后再回到状态GNS
//------------------------------------------------------------
module Traffic_Light(clk, rst, carew, lights) ;
  input clk ;
  input rst ;                               // 复位
  input carew ;                             // 东西方向马路上有车
  output [5:0] lights ;                     // {gns, yns, rns, gew, yew, rew}
  wire ['SWIDTH-1:0] state, next ;  // 当前状态和下一个状态
  reg ['SWIDTH-1:0] next1 ;                 // 下一个状态W/O复位
  reg [5:0] lights ;                        // 6盏灯的输出, 1=on

  // 实例化状态寄存器
  DFF #('SWIDTH) state_reg(clk, next, state) ;

  // 用组合逻辑表示下一个状态和输出信号的方程式
  always @(*) begin
    case(state)
      'GNS: {next1, lights} = {(carew ? 'YNS : 'GNS), 'GNSL} ;
      'YNS: {next1, lights} = {'GEW, 'YNSL} ;
      'GEW: {next1, lights} = {'YEW, 'GEWL} ;
      'YEW: {next1, lights} = {'GNS, 'YEWL} ;
      default: {next1, lights} = {'SWIDTH+6{1'bx}};
    endcase
  end
  // 增加复位功能
  assign next = rst ? 'GNS : next1 ;
endmodule
```

图 14-13 Verilog 语言描述交通灯控制器 FSM

```
//------------------------------------------------
// 定义状态分配——二进制
//------------------------------------------------
'define SWIDTH 2
'define GNS 2'b00
```

图 14-14 Verilog 语言定义交通灯控制器状态变量和输出编码

```
`define YNS 2'b01
`define GEW 2'b11
`define YEW 2'b10
//-----------------------------------------
// 定义输出编码
//-----------------------------------------
`define GNSL 6'b100001
`define YNSL 6'b010001
`define GEWL 6'b001100
`define YEWL 6'b001010
```

图 14-14　（续）

```
//------------------------------------------------------------------
// 定义状态分配——独热码
//------------------------------------------------------------------
`define SWIDTH 4
`define GNS 4'b1000
`define YNS 4'b0100
`define GEW 4'b0010
`define YEW 4'b0001
```

图 14-15　Verilog 语言定义交通灯控制器 FSM 的独热码状态编码

```
module DFF(clk, in, out) ;
  parameter n = 1;  // 宽度
  input clk ;
  input  [n-1:0] in ;
  output [n-1:0] out ;
  reg    [n-1:0] out ;

  always @(posedge clk)
    out = in ;
endmodule
```

图 14-16　Verilog 语言描述 D 触发器

交通灯控制器的测试平台如图 14-17 所示。为了全面测试 FSM，我们的测试平台需要访问到状态图的每一个状态，遍历状态图中的每一条边。对于我们的交通灯控制器 FSM 来说，要达到这个覆盖范围不是特别难。

304～305 测试平台由三部分构成。首先，实例化一个 Traffic_Light 模块，即测试单元。第二个组成部分是一个 initial 模块，产生时钟信号并输出。仿真结束前不断重复执行 forever 模块体。在这种情况下，重复的代码显示一些变量，并产生一个延迟 10 个单位时间的时钟信号。在经过半个时钟周期后，clk 信号变成低电平后显示结束。最后一个组成部分生成测试模块的输入信号。

输入信号和模块做出的响应以文本的方式显示在图 14-18 中，该文本显示了在每次时钟信号下降沿时各个信号的状态，相应的波形见图 14-19。最初，state 和 next 都处于未知状态（文本中输出 x，在波形中用 0 和 1 中间的一条线表示）。在第 2 个时钟周期声明信号 rst，复位到一个已知状态。下一个状态信号 next 立即响应，state 信号紧接着在时钟上升沿也做出响应。在第 5 个时钟周期 carew 变为高电平之前，FSM 一直保持状态 00，在第 6 个时钟周期 FSM 转换为状态 01。接下来进行一系列状态转换，从 01、11、10，最后在第 9 个时钟周期返回状态 00。此后 00 状态保持了两个周期，直到 carew 在第 10 个时钟周期变为高电平，在第 11 个时钟周期 FSM 再一次启动状态转换序列。这次 carew 信号保持高电平，一直重复这些状态序列，直到仿真结束。

```
module Test_Fsm1 ;
  reg clk, rst, carew ;
  wire [5:0] lights ;

  Traffic_Light tl(clk, rst, carew, lights) ;

  // 周期为10个时间单元
  initial begin
    clk = 1 ; #5 clk = 0 ;
    forever
      begin
        $display("%b %b %b %b", rst, carew, tl.state, lights ) ;
        #5 clk = 1 ; #5 clk = 0 ;
      end
    end

  // 输入激励
  initial begin
    rst = 0 ; carew=0 ;               // 启动w/o复位，显示x状态
    #15 rst = 1 ; carew = 0 ;         // 复位
    #10 rst = 0 ;                     // 取消复位
    #20 carew = 1 ;                   // 等待2个周期后有车到达
    #30 carew = 0 ;                   // 3个周期后车离开（绿灯）
    #20 carew = 1 ;                   // 等待2个周期后车辆到达并等待
    #60                               // 6个附加周期
    $stop ;
  end
endmodule
```

图 14-17　交通灯控制器 FSM 的 Verilog 测试平台

```
0 0 xx xxxxxx    0 0 00 100001
1 0 xx xxxxxx    0 1 00 100001
0 0 00 100001    0 1 01 010001
0 0 00 100001    0 1 11 001100
0 1 00 100001    0 1 10 001010
0 1 01 010001    0 1 00 100001
0 1 11 001100    0 1 01 010001
0 0 10 001010
```

图 14-18　用图 14-17 所示的测试平台对图 14-13 所示的交通灯控制器 FSM 进行仿真的结果。每行显示在时钟下降沿时信号 rst、carew、state、linghts 的值

例 14-2　Verilong FSM

用 Verilog 语言为例 14-1 中的脉冲填充器 FSM 编写一个模块。

程序如图 14-20 所示。程序中实例化了一个状态寄存器 sr，casex 语句用最直接的方法对状态表进行编码。状态分配用宏指令实现。为了增强程序的可读性，宏指令'O、'I、'X 分

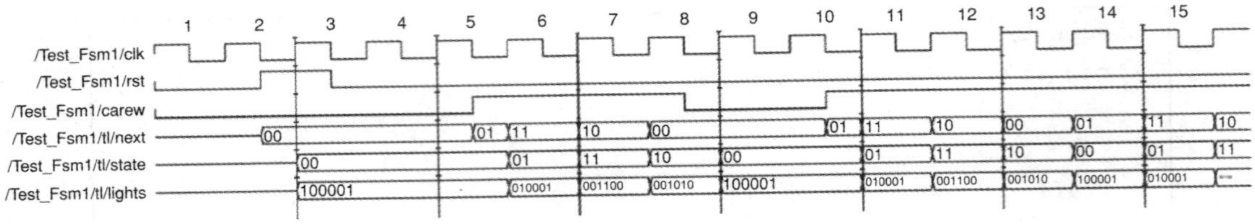

图 14-19　图 14-13 所示的交通灯控制器 FSM 在图 14-17 所示的测试平台进行仿真的波形图

别定义为一位数据表示的 0、1、X。

```
module PulseFiller(clk, rst, a, q) ;
  input clk, rst, a ;
  output q ;
  wire ['SWIDTH-1:0] state ;
  reg ['SWIDTH-1:0] next ;
  reg q ;

  DFF #('SWIDTH) sr(clk, next, state) ;

  always @(*) begin
    casex({rst,a,state})
      {'I,'X,'SX}: {q,next} = {'O,'SR} ;
      {'O,'O,'SR}: {q,next} = {'O,'SR} ;
      {'O,'I,'SR}: {q,next} = {'O,'S1} ;
      {'O,'X,'S1}: {q,next} = {'I,'S2} ;
      {'O,'X,'S2}: {q,next} = {'O,'S3} ;
      {'O,'X,'S3}: {q,next} = {'O,'S4} ;
      {'O,'O,'S4}: {q,next} = {'O,'S5} ;
      {'O,'I,'S4}: {q,next} = {'O,'S1} ;
      {'O,'O,'S5}: {q,next} = {'O,'SM} ;
      {'O,'I,'S5}: {q,next} = {'O,'S1} ;
      {'O,'O,'SM}: {q,next} = {'I,'S2} ;
      {'O,'I,'SM}: {q,next} = {'I,'SL} ;
      {'O,'X,'SL}: {q,next} = {'O,'S2} ;
      default: {q,next} = {'X,'SX} ;
    endcase
  end
endmodule
```

图 14-20　用 Verilog 语言实现例 14-2 介绍的脉冲填充器 FSM

小结

在本章中，已经增加了数字系统学习中的时间维度。通过在组合逻辑电路中添加反馈回路，我们搭建了时序逻辑电路：时序逻辑电路的输出信号不止是输入信号的函数，还是当前状态以及它们的历史状态的函数。组合逻辑电路是静态的，通常在组合逻辑电路中给定相同的输入会产生相同的输出结果，而时序逻辑电路的行为是随时间不断发展的。

为了控制状态变量之间潜在的竞争，同步时序逻辑电路在所有的反馈回路中包含了一个时钟控制的触发器或寄存器。这样做使得所有状态变量都在时钟信号的上升沿同时进行变更。同步时序逻辑电路的状态演变以不连续的步骤进行。每个时钟周期，在时钟信号上升沿到来时，状态变更到一个由先前状态和输入信号计算出来的状态值。同步时序逻辑电路这种步进式的行为方式使得它的分析和设计变得很简单。

设计一个同步时序逻辑电路或有限状态机，要从描述状态机函数的状态图或状态表开始。状态分配为状态机的每个状态分配了唯一的位模式。用本书前边介绍的方法，我们可以根据状态编码、状态图或状态表写出下一个状态和输出信号的组合逻辑函数。

用 Verilog 语言实现有限状态机，需要明确实例化一个状态寄存器，然后用 `case` 语句或 `assign` 语句设计组合逻辑电路来计算下一个状态和输出信号。在设计过程中要保证状态寄存器在复位时能够初始化到一个已知状态。

文献说明

FSM 的最早描述之一以及时序逻辑参考赫夫曼的“时序开关电路的综合”[51]。Moore [80] 和 Mealy [76] 关于时序 FSM 的论文也提供了该主题的背景。关于 FSM 最新的研究，参考文献 [65] 提到了 Kohavi 的著作。许多原著探索了合成状态机逻辑问题，诸如 Brown 的《Fundamentals of Digital Logic》[19]。

对交通灯的深入探讨感兴趣的读者可以阅读 1927 年的两篇文章 [68, 73]，这两篇文章介绍了现在无处不在的交通灯的使用。 306~309

习题

14.1 归位序列，Ⅰ。表 14-2 所描述的有限状态机没有复位输入。说明不考虑初始化启动状态，通过提供一个固定的输入信号序列，如何能够使状态机处于已知状态？通常用于使 FSM 回到同一个状态的输入序列称为归位序列。

14.2 归位序列，Ⅱ。假设表 14-4 描述的交通灯控制器 FSM 没有复位到状态 GNS。给出一个归位序列，使状态机能够回到 GNS 状态。

14.3 改进的交通灯控制器，I-I。修改表 14-4 描述的交通灯控制器 FSM，使信号灯在变为绿灯之前，每个方向的信号灯都保持一个周期的红灯。给出修改后的 FSM 的状态表和状态图。

14.4 改进的交通灯控制器，I-II。给习题 14.3 中改进的交通灯控制器选择一种状态分配，推导出逻辑函数计算下一个状态和输出信号的值。给出下一个状态变量和输出变量的卡诺图，并给出 FSM 的门级电路的原理图。

14.5 改进的交通灯控制器，I-III。编写 Verilog 程序，实现习题 14.3 的状态机，并进行验证。

14.6 改进的交通灯控制器，II-I。修改表 14-4 描述的交通灯控制器 FSM，增加一个输入信号 carns，指示在南北方向有车等待。修改逻辑关系，当信号灯变为东西方向通行时，东西方向一直保持绿灯亮，直到南北方向检测到有车出现。给出修改后的 FSM 的状态表和状态图。

14.7 改进的交通灯控制器，II-II。给习题 14.6 中改进的交通灯控制器选择一种状态分配，推导出逻辑函数计算下一个状态和输出信号的值。给出下一个状态变量和输出变量的卡诺图，并给出 FSM 的门级电路的原理图。

14.8 改进的交通灯控制器，II-III。编写 Verilog 程序，实现习题 14.6 的状态机，并进行验证。

14.9 改进的交通灯控制器，III-I。修改表 14-4 描述的交通灯控制器 FSM，只要 carew 为高电平 FSM 就一直保持状态 GEW。给出修改后的 FSM 的状态表和状态图。

14.10 改进的交通灯控制器，III-II。给习题 14.9 中改进的交通灯控制器选择一种状态分配，推导出逻辑函数计算下一个状态和输出信号的值。给出下一个状态变量和输出变量的卡诺图，并给出 FSM 的门级电路的原理图。

14.11 改进的交通灯控制器，III-III。编写 Verilog 程序，实现习题 14.9 的状态机，并进行验证。 310

14.12 *改进的脉冲填充器，Ⅰ*。修改例 14-1 中的 FSM，使得输入信号 a 在每 6 个周期预期出现一次正脉冲，而不是之前的 5 个周期。画出改进的 FSM 的状态图。

14.13 *脉冲填充器状态表*。写出例 14-1 中 FSM 的状态表。

14.14 *脉冲填充器状态分配*。用三个状态变量为例 14-1 的脉冲填充器 FSM 设计状态分配。R 状态编码为 000，状态 1 编码为 001。对剩下的状态进行分配，使得每次状态转换时变更尽可能少的状态位。

14.15 *实现脉冲填充器*。写出例 14-1 中脉冲填充器的下一个状态的逻辑方程式。使用以下状态编码：$R=000$，$1=001$，$2=010$，$3=011$，$4=100$，$5=101$，$M=110$，$L=111$。

14.16 *独热码实现脉冲填充器*。用独热码状态分配，实现例 14-1 中的脉冲填充器 FSM，画出原理图。

14.17 *实现 FSM*。使用状态编码 GNS = 00，YNS = 01，GEW = 10，YEW = 11，实现交通灯控制器 FSM。给出下一个状态变量和输出变量的卡诺图，并给出 FSM 的门级电路的原理图。

14.18 *数字锁，Ⅰ*。画出数字锁的状态图和状态表。数字锁有两个输入信号 a 和 b，一个输出信号 unlock。只有检测到 a、b、a、a 输入序列时输出信号才有效。输入序列的每个信号必须持续一个或多个周期，并且所有输入信号在一个或多个周期内保持低电平。解锁之后，任何一个输入信号变为高电平都会使输出信号变低。

14.19 *数字锁，Ⅱ*。用 Verilog 语言编程实现习题 14.18 的数字锁状态机。

14.20 *基本的自动售货机，Ⅰ*。习题 14.20 ~ 习题 14.22 将集中于为简单的自动售货机设计一个 FSM。该自动售货机只出售 0.4 美元的单一商品，并且只接受 5 美分硬币和 10 美分硬币。输入信号为 nickel 和 dime，输出信号为 vend 和 change。当向售货机投入 5 美分硬币（0.05 美元）或 10 美分硬币（0.10 美元）时，两个输入信号出现正脉冲（一次只有一个输入信号出现正脉冲）。当投入足够的钱之后，vend 信号出现一个周期的高电平。如果投入了 0.45 美元，change 信号也出现一个周期的高电平。卖出一件商品之后，售货机重新回到没有投入硬币时的初始化状态。我们将在 16.3.1 节开发一个更加灵活的自动售货机。画出该自动售货机的状态图和状态表。

14.21 *基本的自动售货机，Ⅱ*。使用习题 14.20 完成的状态图，用二进制状态分配，推导出输出信号和下一个状态逻辑。

14.22 *基本的自动售货机，Ⅲ*。用 Verilog 编程实现习题 14.20 中的自动售货机。给出用户连续投入 2 个
311 5 美分硬币、6 个 10 美分硬币、3 个 5 美分硬币之后输出信号和状态的波形图。

14.23 *能够投入 25 美分硬币的自动售货机，Ⅰ*。修改习题 14.20 的自动售货机，添加 25 美分硬币输入（0.25 美元），修改状态表和状态图。假设当 change 为高电平时，自动售货机在每个周期都输出一枚 5 美分硬币。

14.24 *能够投入 25 美分硬币的自动售货机，Ⅱ*。编写 Verilog 语言程序，实现习题 14.23 的状态机。

14.25 *飞机指示灯，Ⅰ*。为商务班机控制座位安全带和禁用电子产品标志的 FSM 画出状态图和状态表。状态机有三个输入信号：alt10k，alt25k，smooth。当飞机在任何方向运动超过 10 000（25 000）英尺时，alt10k（alt25k）将出现正脉冲并保持一个周期的高电平。如果飞机没有上升、下降或经历颠簸，信号 smooth 将设置为高电平。当飞机高度低于 10 000 英尺的时候，状态机应该将信号 noelectronics 设置为高电平，反之设置为低电平。当飞机高于 25 000 英尺并且信号 smooth 至少保持了 5 个周期的有效状态，只有这时候信号 seatbelt 才应该为低电平。假设飞机初始化状态在地面上。

14.26 *飞机指示灯，Ⅱ*。用独热码状态编码，为习题 14.25 的状态机推导计算出下一个状态和输出信号的电路逻辑。

14.27 *飞机指示灯，Ⅲ*。编写 Verilog 语言程序，实现习题 14.25 的状态机。

14.28 *防抱死制动，Ⅰ*。防抱死制动系统的 FSM 接受两个输入信号（wheel 和 time），生成一个输出信号（unlock）。车轮每旋转几圈后信号 wheel 输入一个正脉冲保持一个时钟周期的高电平。信号 time 每 10 ms 输入一个正脉冲保持一个时钟周期的高电平。如果机器在最后一个 wheel 脉冲之后检测到两个 time 脉冲，则机器认为轮子出现抱死现象，信号 unlock 保持一个时钟周期的有效状态来“泵送”制动系统。信号 unlock 变为高电平之后，机器在重新开始正常操作之前等待两个

time 脉冲。因此，在两个 unlock 脉冲之间至少有 4 个 time 脉冲。画出此状态机的状态图（遵循冒泡规则）。

14.29 防抱死制动，Ⅱ。编写 Verilog 语言程序，实现习题 14.28 的防抱死制动状态机，并进行验证。

14.30 方向传感器，Ⅰ。方向传感器用来检测旋转的齿轮。每次当齿轮齿超过传感器左边界或右边界时输入一个脉冲信号。该状态机有两个输入信号 il 和 ir，两个输出信号 ol 和 or。任何时候，输入信号 il 出现一个或多个周期的高电平，零个周期或多个周期之后，紧接着输入信号 ir 出现零个周期或者多个周期的高电平，这时 FSM 应该在 ol 端输出一个单周期脉冲。同样，如果 ir 出现高电平，紧接着 il 出现高电平，则在 or 端输出一个单周期脉冲。在图 14-21 中我们给出了一个波形实例。画出状态图和状态表。

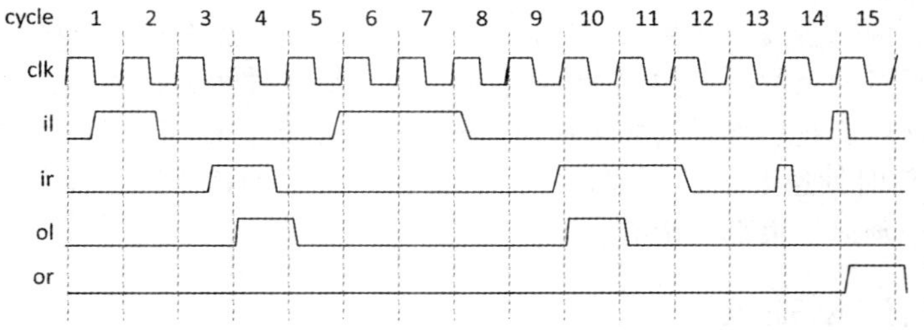

图 14-21　习题 14.30 中方向传感器的时序图实例

312 ~ 313

14.31 方向传感器，Ⅱ。编写 Verilog 语言程序，实现习题 14.30 的方向传感器状态机，并进行验证。

第 15 章

Digital Design：A Systems Approach

时序约束

FSM 可以运行多快？会由于逻辑太快而导致 FSM 失败吗？在这一章中，我们将通过分析有限状态机和构成有限状态机的触发器的时序来回答这些问题。

有限状态机受制于两个时序约束——最大延迟约束和最小延迟约束。我们可以操作 FSM 的最大速度取决于两个触发器参数（建立时间和传播延迟）以及下一个状态逻辑的传播延迟。另一方面，最小延迟约束取决于另两个触发器参数（保持时间和污染延迟）以及下一个状态逻辑的最小污染延迟。我们将看到如果最小延迟约束不满足，由于违反了保持时间规则，我们的 FSM 可能在任何时钟速度下都不能运行。时钟偏差，即到达不同触发器的时钟延迟，对最大延迟约束和最小延迟约束都有影响。

15.1 传播和污染延迟

在同步系统中，逻辑信号从一个时钟周期末的稳定状态演变为下一个时钟周期末的新的稳定状态。在这两个稳定状态之间，状态可以发生任意次数的转换。

在分析逻辑模块的时序时，我们关心两个时间。首先，我们想知道输入信号首次变化后（在新的时钟周期），输出信号能够保持多长时间的初始化稳定状态（从最后一个时钟周期开始）。我们称这个时间为电路的*污染延迟*，即电路保持的旧的稳定状态被输入转换污染所需的时间。注意输出值的第一次改变一般不改变输出信号到新的稳定状态。我们想知道的第二个时间是，当输入信号停止变化后多长时间输出信号能够到达新的稳定状态。我们称这个时间为*传播延迟*，即输入信号的稳定值传播到输出信号的稳定值所需的时间。

传播延迟和污染延迟如图 15-1 所示。图 15-1a 给出了一个组合逻辑电路模块，其输入信号为 a，输出信号为 b。图 15-1b 显示了当输入信号 a 改变状态时输出信号 b 如何响应。在 t_1 时刻
314 之前，从最后一个时钟周期开始，输入信号 a 和输出信号 b 都处于稳定状态。在 t_1 时刻，输入信号 a 首先发生改变。如果信号 a 是一个多位信号，这个时刻指的是输入信号 a 第一位改变状态的时间，其他位的状态可以随后再改变。不管是单一位还是多位，t_1 时刻就是输入信号 a 发生第一次状态转换的时间。信号 a 的给定位在达到新的稳定状态之前可能发生了多次变换。在 t_2 时刻，即 t_1 时刻之后经历一段污染延迟 t_{cab}，信号 a 的首次变化可能影响输出信号 b，信号 b 可能改变状态。在 t_2 时刻之前，信号 b 保持时钟周期稳态值。随着信号 a 在 t_1 时刻开始发生变化，信号 b 第一个发生变化的位在 t_2 时刻开始变化；此后该位在信号 b 到达稳定状态之前可能会再次变化，信号 b 的其他位随后发生变化。

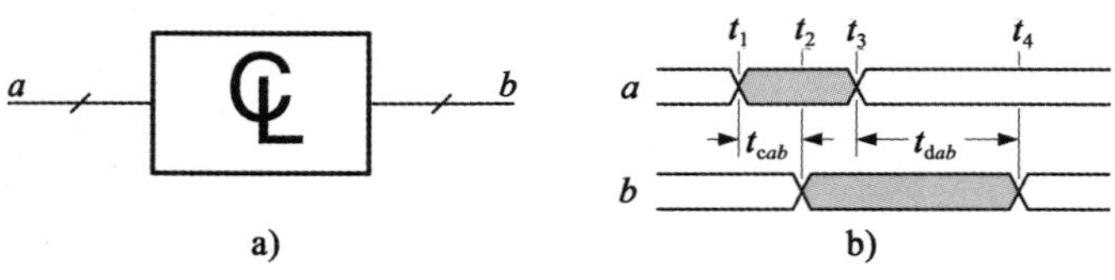

图 15-1　传播延迟 t_{dab} 和污染延迟 t_{cab}。逻辑电路模块的污染延迟指的是第一个输入信号第一次发生变化到第一个输出信号第一次发生变化之间的时间。逻辑电路模块的传播延迟指的是最后一个输入信号最后一次发生变化到最后一个输出信号最后一次发生变化之间的时间

在 t_3时刻，输入信号 a 停止变化状态。从 t_3时刻开始，至少到当前时钟周期结束前，信号 a 保持稳定状态。t_3时刻表示信号 a 的最后变化位完成最后一次状态切换。在 t_4时刻，即 t_3时刻之后经历一段传播延迟 t_{dab}，输入信号 a 最后的变化对输出信号 b 产生最后的影响。从这一点开始，至少到时钟周期结束之前，输出信号 b 在此时钟周期保持稳定状态。

我们用 t_{dab}（t_{cab}）来表示从信号 a 到信号 b 的传播（污染）延迟。下标 d 或 c 表示传播或污染。下标的其他位给出了延迟的源信号和目标信号。就是说，t_{dxy}表示从信号 x 转变开始到信号 y 转变的延迟。

像5.1节介绍的那样，我们从输入信号的信号摆幅50%的交叉点开始到输出信号的信号摆幅50%的交叉点结束来对延迟进行测量。用这种方法测量延迟使我们可以用线性路径的方式对传播延迟和污染延迟进行求和，如图15-2所示。图中的时序图显示了当两个模块线性组合时，它们的延迟求和为：

$$t_{cac} = t_{cab} + t_{cbc}\text{（原书有误——译者注）} \tag{15-1}$$

$$t_{dac} = t_{dab} + t_{dbc}\text{（原书有误——译者注）} \tag{15-2}$$

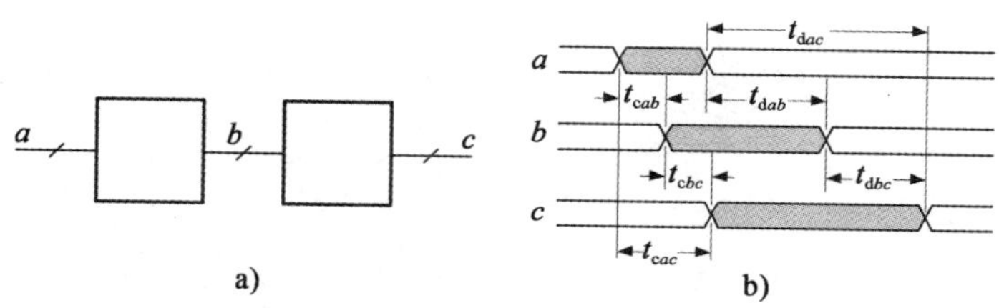

图15-2 线性路径下传播延迟和污染延迟的求和。a）两个电路模块通过输入信号 a、中间信号 b、输出信号 c 串联。b）时序图显示了污染延迟 $t_{cac}=t_{cab}+t_{cbc}$，同样的传播延迟 $t_{dac}=t_{dab}+t_{dbc}$

用并行路径处理电路问题，我们只简单列出所有可能的单一位数路径。总体污染延迟是所有路径的最小污染延迟，总体传播延迟是所有路径的最大传播延迟。

图15-3a给出了一个具有静态冒险的电路（回顾6.10节）。每个门电路符号内的值是以任意时间单位表示的该门电路的延迟值。（在这里我们假设基本门电路的污染延迟和传播延迟是相同的。）图15-3b中显示的时序图说明了当信号 a 下降，信号 $b=1$ 并且信号 $c=0$ 时的时序。输出信号在两个时间单位后第一次发生变化，4个时间单位后最后一次发生变化。因此，$t_{caf}=2$，$t_{daf}=4$。

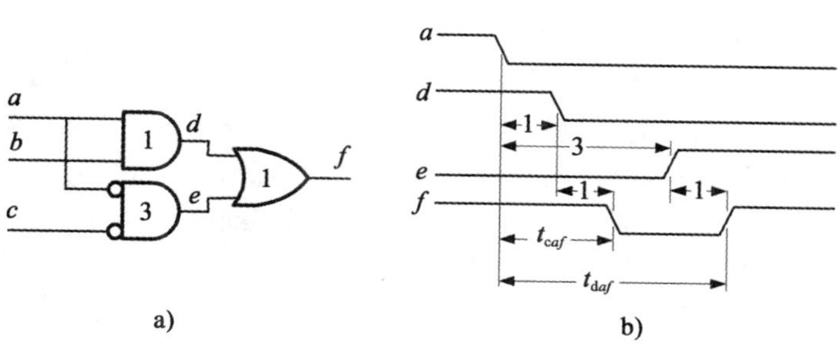

图15-3 有冒险现象的电路举例说明传播和污染延迟

我们可以通过列举路径得到同样的结果。最小延迟路径为 $a-d-f$，其污染延迟为2；最大延迟路径为 $a-e-f$，其传播延迟为4。

污染延迟和传播延迟独立于电路的输入状态。图15-3a中的电路，不管信号 b 和 c 的状态是什么，从 a 到 f 的污染延迟都为 2。该延迟表示在输入信号 a 发生变化后两个时间单位以后输出信号可能会发生变化，但不保证一定会变。

许多人对污染延迟和最小传播延迟混淆不清。这两个延迟不是一回事。最小传播延迟是电路的输入信号转换之后，电路输出端出现正确的稳定状态所需时间的最小值（在一定参数范围内：电压、温度、过程变量、输入信号组合）。相比之下，污染延迟指的是电路的输入信号转换之后，电路输出端最早开始从之前的稳定状态值发生变化的时间。这些不是一回事。导致污染延迟的转换过程通常不会引起输出信号变化到稳定状态，而是引发输出信号变化到一些中间值——例如，图 15-3 中冒险电路输入信号 a 从 1 切换为 0 的过程。

315~316

例 15-1　传播延迟和污染延迟

在图 15-4 所示的电路中，计算从输入信号 a 到输出信号 q 的传播延迟和污染延迟。每个逻辑门上标出的数字以皮秒为单位表示了该门的延迟。

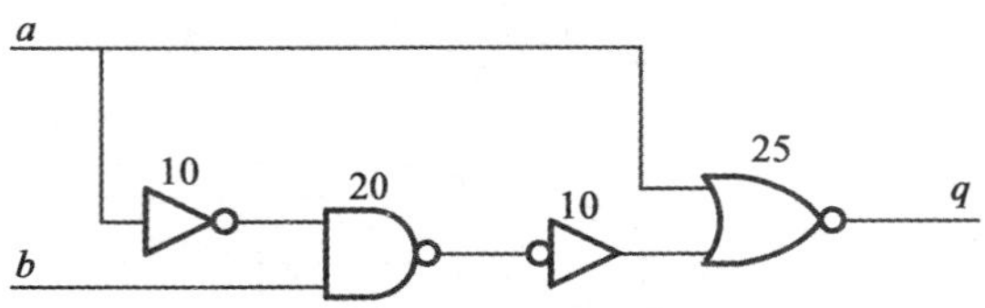

图 15-4　例 15-1 中的延迟计算电路

最小延迟为从 a 直接到或非门再到 q 的路径。因此，$t_{caq}=25$ ps。最大延迟包括两个反相器和与非门，给出延迟为 $t_{daq}=65$ ps。

15.2　D 触发器

时序约束决定了 FSM 是否进行操作，以什么速度进行操作取决于构成 FSM 的时钟存储元件，我们给出的例子中用的 D 触发器。D 触发器的示意图如图 15-5 所示。多位的 D 触发器一般称作寄存器。在这里我们将 D 触发器看作黑盒子，只关心它的外部行为，而不管这些行为在触发器内部是如何完成的。我们将推迟到第 27 章对 D 触发器内部进行探索。

D 触发器在时钟信号上升沿对输入信号进行取样，并根据所取的样本值对输出信号进行更新。该取样过程和更新过程在图 15-5b 所示的时序图中有所描述。为了保证能够正确取样，输入数据（显示在时序图顶部的波形中）在时钟信号上升沿前后必须保持一段时间的稳定状态。

317 特别注意在时钟信号上升沿到达 50% 点之前数据必须已经到达其正确值（在图中用 x 表示）并保持了建立时间 t_s 的时间长度；在时钟信号 50% 点之后，数据必须继续保持稳定值，直到经过保持时间（hold time）t_h 之后。[⊖] 在数据波形图的灰色区域，输入信号 d 可以为任意值。然而，在设置和保持区间内 d 必须保持稳定状态，以保证触发器能够正确得到取样值 x。

如果输入信号满足设置和保持时间约束，触发器将根据取样值 x 对输出信号进行更新，如图 15-5b 中底部波形所示。在时钟信号上升沿之后的污染延迟 t_{cCQ} 时间内，输出端 q 仍然稳定输出其原值（即前一个时钟信号上升沿所取的样品值）。电路在这个时间点之前可能仍然依赖于旧的稳定的输出值。污染延迟之后触发器的输出信号可能发生变化，但是可能不是正确的值。这段时间没有保障的输出信号在图中表示为灰色阴影。时钟信号上升沿之后经过传播延迟 t_{dCQ}，输出信号确保已经变为从输入信号取样的 x 值。在出现下一个时钟信号上升沿之前以及上升沿之后的 t_{cCQ} 时间内，输出信号都将稳定地保持这个值。

⊖ 注意 t_s 或 t_h 可能是负数，但是 t_s+t_h 一般是正数。

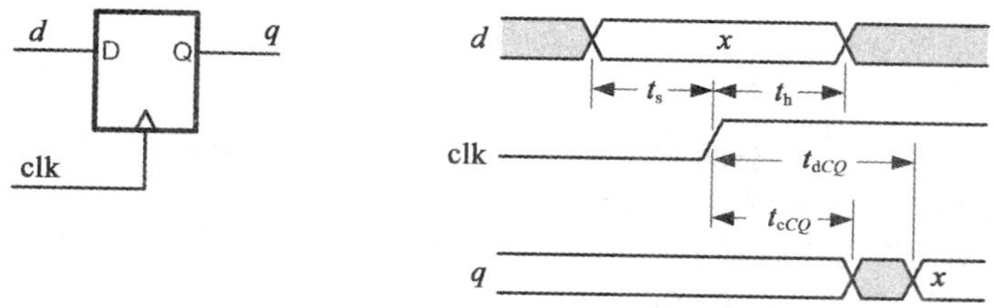

a) b)

图 15-5 D 触发器。a）原理符号图；b）时序图。D 触发器在时钟信号上升沿对输入信号进行取样，并根据取样结果对输出信号进行更新。为了正确取样，输入信号必须在时钟信号上升沿之前 t_s 时间内直到时钟信号上升沿之后 t_h 时间都保持稳定。输出信号可能在时钟信号之后 t_{ccQ}时间后马上发生变化。输出信号到达正确值的时间不晚于时钟信号上升沿之后的 t_{dCQ}时间

15.3 设置和保持时序约束

目前我们已经介绍了相关术语，有限状态机的时序约束很简单。为了确保时钟周期 t_{cy}对于最长路径来说满足 D 触发器的建立时间也足够长，必须满足以下条件：

$$t_{cy} \geq t_{dCQ} + t_{dMax} + t_s \tag{15-3}$$

其中，t_{dMax}指的是从 D 触发器输出端到 D 触发器输入端的最大传播延迟。

我们还要保证没有信号污染的延迟时间太短导致违背 D 触发器输入信号的保持时间约束，为此需要满足条件：

$$t_h \leq t_{cCQ} + t_{cMin} \tag{15-4}$$

其中，t_{cMin}指的是从 D 触发器输出端到 D 触发器输入端的最小污染延迟。

这两个约束条件（15-3）和（15-4）控制系统时序。建立时间约束（15-3）通过给定电路运行的最小周期时间 t_{cy}决定了电路的性能。另一方面，保持时间约束是正确性约束。如果违反了方程式（15-4），电路就不满足它的保持时间约束，不管时钟周期时间为多少，电路都可能出现故障。

图 15-6 给出了一个简单的有限状态机，我们将用它来说明建立时间和保持时间约束。该 FSM 由两个触发器组成。上方触发器生成状态位 a，通过最大长度（最大传播延迟）逻辑路径（Max）传播生成信号 b。信号 b 依次被下方触发器取样。下方触发器生成信号 c，通过最小长度（最小污染延迟）电路模块传播生成信号 d，信号 d 被上方触发器取样。注意最小延迟路径的目标触发器不必是最大延迟路径的源触发器（反之亦然）。通常，我们需要测试从所有触发器到所有触发器的所有可能路径来寻找最小路径和最大路径。

图 15-6 中，从上方触发器到下方触发器的最大延迟路径对下方触发器的建立时间产生了压力。如果该路径太慢，下方触发器的时钟信号可能在输入信号 b 到达这个周期的最后稳定值之前出现下一个上升沿。图 15-7 将图 15-6 中该路径高亮表示。此路径相对应的时序图如图 15-8 所示。假设时钟信号上升沿时对信号 d 取样值为 x，然后，经过一个触发器传播延迟 t_{dCQ}之后，触发器输出信号 a 值变为 x，并且在此时钟周期剩下时间内保持这个值。信号 a 是组合逻辑模 318~319
块 Max 的输入信号，Max 模块生成信号 b。经过从信号 a 到信号 b 的附加传播延迟 t_{dab}（该延迟对应于约束条件（15-3）中的 t_{dMax}）之后，信号 b 出现这个周期的最终值 $f(x)$。为了满足约束条件（15-3），信号 b 必须先于下一个时钟信号上升沿之前至少 t_s 时间稳定保持这个最终值 $f(x)$。通过最大路径的传播延迟和建立时间的和必须小于周期时间。在时序图中，信号 b 稍微提前了一点时间达到最终值，留下一点时间富裕，或松弛时间 t_{slack}。时钟周期 t_{cy} 可以再缩短

t_{slack}仍然满足建立时间约束。

图 15-6 中，从下方触发器到上方触发器的最小延迟路径对上方触发器的保持时间产生压力。如果该路径太快，信号 d 可能在时钟信号上升沿以后的保持时间结束之前发生改变。图 15-9 高亮表示了这条时序路径。图 15-10 给出了只包含这个路径信号的时序图。时钟信号上升沿后经过一个触发器污染延迟 t_{cCQ}，信号 c 可能最先发生变化。经过此逻辑电路模块的一个污染延迟 t_{ccd}（该延迟对应于约束条件（15-4）中的 t_{cMin}）之后，信号 d 可能发生变化。为了满足保持时间约束条件，信号 d 的最早变化在时钟信号上升沿之后经过 t_h 时间才允许发生。最小路径的污染延迟的和必须大于保持时间。在时序图中，污染延迟远远大于保持时间，有相当大的时间富裕，或松弛时间 t_{slack}。

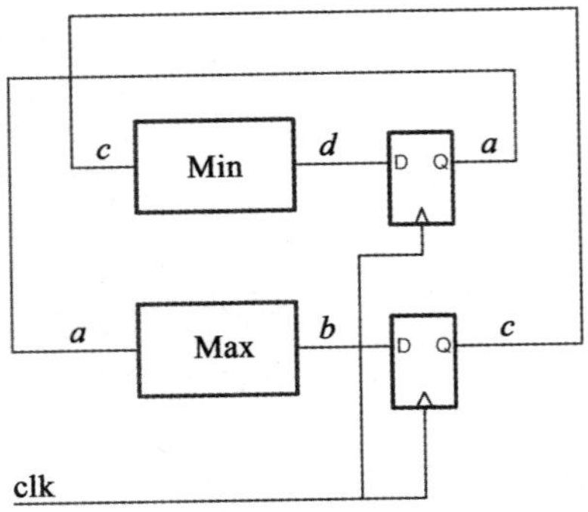

图 15-6 阐述设置约束和保持约束的 FSM

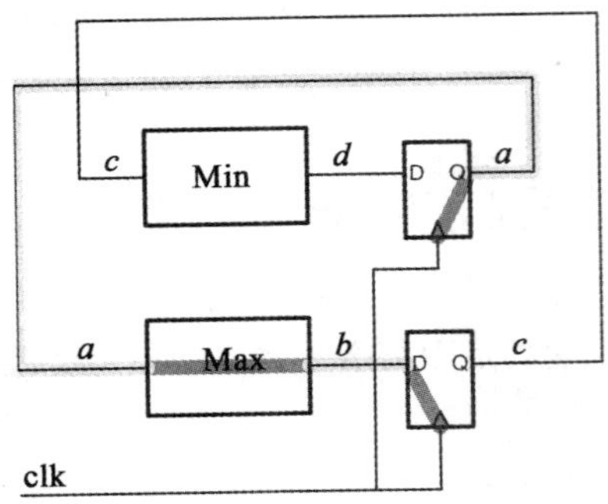

图 15-7 建立时间约束。用阴影表示从源触发器时钟到目的触发器时钟的最大路径。从时钟信号上升沿开始，信号必须经过最大延迟逻辑路径（t_{dab}）、至少在下一个时钟信号上升沿之前一个建立时间（t_s）内传播到触发器的输出端 Q（t_{dCQ}）

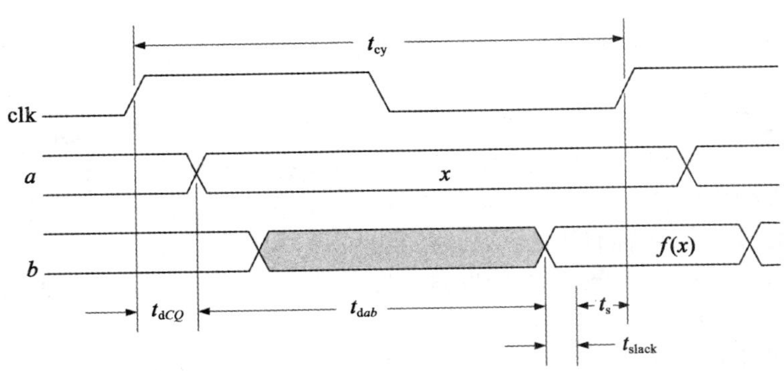

图 15-8 阐述建立时间约束条件的时序图

例 15-2 建立时间和保持时间

考虑一个 D 触发器，其中，$t_s=50$ ps，$t_h=40$ ps，$t_{cCQ}=t_{dCQ}=60$ ps，其用来实现有限状态机的状态寄存器。下一个状态逻辑电路的传播延迟为 $t_d=800$ ps，污染延迟为 $t_c=50$ ps。计算
320 建立时间和保持时间的松弛时间，假设工作时钟频率为 $f_{cy}=1$ GHZ。

对于建立时间约束，有：

$$t_{\text{sslack}} = t_{\text{cy}} - t_{dCQ} - t_{\text{d}} - t_{\text{s}} = 1000 - 60 - 800 - 50 = 90\ \text{ps}$$

保持时间松弛时间为：

$$t_{\text{hslack}} = t_{cCQ} + t_{\text{c}} - t_{\text{h}} = 60 + 50 - 40 = 70\ \text{ps}$$

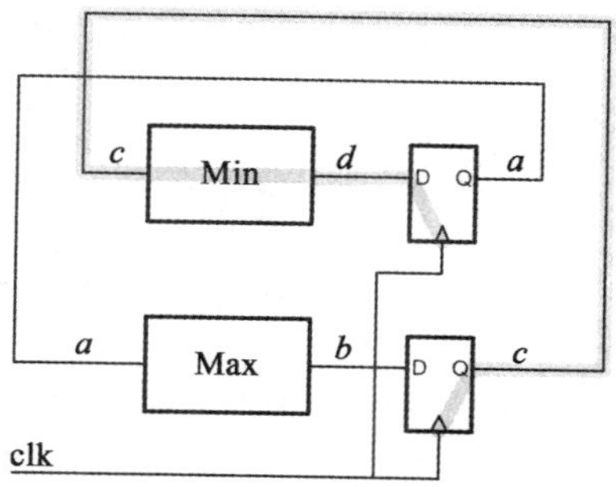

图 15-9　保持时间约束。阴影表示从源触发器时钟到目的触发器时钟的最小污染延迟路径。从时钟信号上升沿开始，污染延迟必须足够长，保证信号 d 能够保持稳定值，一直到该时钟信号上升沿之后一个保持时间 t_{h}

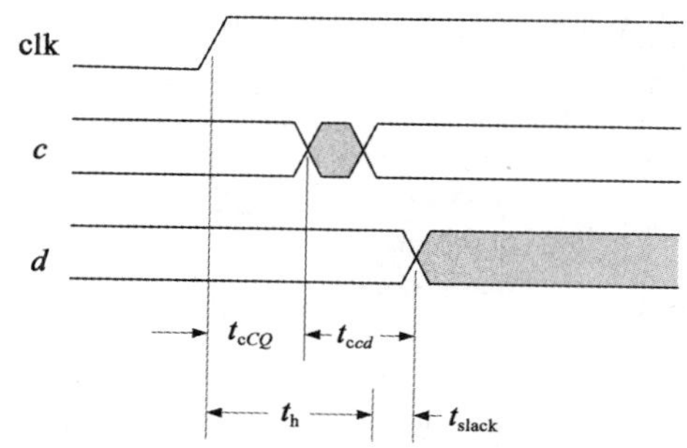

图 15-10　阐述保持时间约束条件的时序图

15.4　时钟偏差的影响

在理想芯片中，所有触发器输入端的时钟信号同时发生变化。实际上，时钟分布网络里边的设备变化和线路延迟导致不同触发器之间时钟信号时序略微不同。我们称这种时钟时序上的空间变化为*时钟偏差*。时钟偏差对建立时间约束和保持时间约束都产生不利影响。假设时钟偏差为 t_{k}，这两个约束变为：

$$t_{\text{cy}} \geqslant t_{dCQ} + t_{\text{dMax}} + t_{\text{s}} + t_{\text{k}} \tag{15-5}$$

和

$$t_{\text{h}} \leqslant t_{cCQ} + t_{\text{cMin}} - t_{\text{k}} \tag{15-6}$$

图 15-11 在图 15-5 的 FSM 基础上增加了时钟偏差。延迟时间为 t_{k}（时钟偏差的大小）的延迟线（椭圆形状的电路模块）连接在时钟信号输入端和上方触发器时钟之间。因此每个时 321
钟信号的时钟沿到达上方触发器的时间要比到达下方触发器时间落后一个 t_{k} 的时间。延迟最大长度路径的源触发器的时钟使得最大路径明显变长。以类似的方式，延迟最小长度路径的目的触发器的时钟使得最小路径明显变短。

时钟偏差影响最小长度路径，从而影响保持时间约束，如图 15-12 所示。从时钟信号到信号 c 再到信号 d 的污染延迟像前边那样加上。然而，现在信号 d 必须保持稳定状态，一直到延迟时钟 clkd 之后 t_{h} 时间，或者原始时钟信号 clk 之后 $t_{\text{h}} + t_{\text{k}}$ 时间。这样的效果跟保持时间增加 t_{k} 时间的效果一样。

图 15-13 所示的时序图描述了建立时间约束中时钟偏差的影响。延迟到达上方触发器的时钟信号将信号 a 的传输过程延迟了时间 t_{k}，实际上在最大路径中增加了时间 t_{k}。

例 15-3　时钟偏差

重复例 15-2 计算松弛时间，加入时钟偏差 $t_{\text{k}} = 75$ ps。

时钟偏差往往减少了松弛时间（时间富裕）。存在时钟偏差时，建立时间松弛时间计算公式变为：

322 $$t_{\text{sslack}} = t_{\text{cy}} - t_{\text{d}CQ} - t_{\text{d}} - t_{\text{s}} - t_{\text{k}} = 1000 - 60 - 800 - 50 - 75 = 15 \text{ ps}$$

存在时钟偏差时，保持时间松弛时间为：

$$t_{\text{hslack}} = t_{\text{c}CQ} + t_{\text{c}} - t_{\text{h}} - t_{\text{k}} = 60 + 50 - 40 - 75 = -5 \text{ ps}$$

当存在 75 ps 的时钟偏差时，由于计算出的松弛时间为负数，该系统将不再满足保持时间约束。

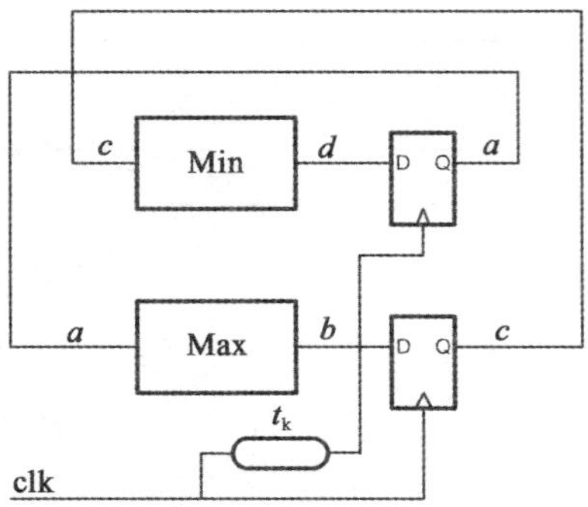

图 15-11　图 15-5 的 FSM 加入时钟偏差

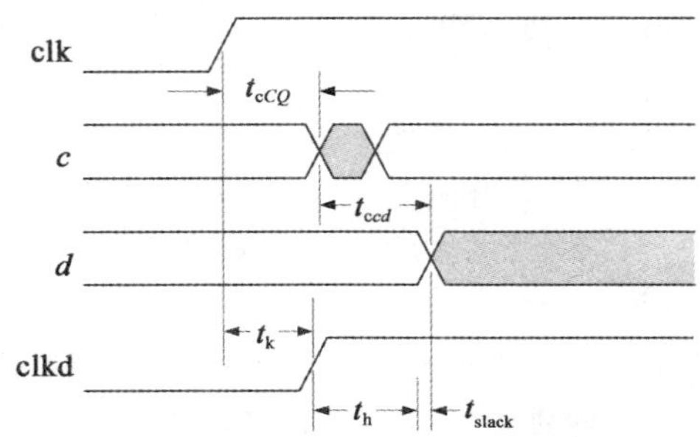

图 15-12　显示时钟偏差对保持时间约束影响的时序图

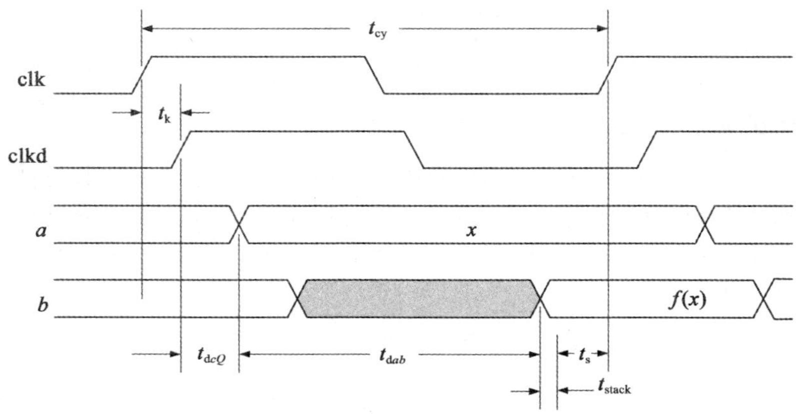

图 15-13　显示时钟偏差对建立时间约束影响的时序图

15.5　时序实例

现在考虑一个 16 位状态机的例子，该状态机下一个状态是当前状态的值乘以 3（图 15-14）。用行波进位加法器（见 10.2 节）来计算两个值的和并将结果存入触发器。假设全加器模块来自任何输入的污染延迟 t_{cFA} 为 10 ps，传播延迟 t_{dFA} 为 30 ps。触发器之间的最小污染延迟为 10 ps，最大传播延迟为 16 t_{dFA} =480 ps。

323 假设触发器的 $t_{\text{c}CQ}$ 和 $t_{\text{d}CQ}$ 分别为 10 ps 和 20 ps。触发器有 20 ps 的建立时间，10 ps 的保持时间。首先，检查电路满足保持时间约束：

$$t_{\text{h}} \leqslant t_{\text{c}CQ} + t_{\text{cFA}}$$

$$10 \text{ ps} \leqslant 10 \text{ ps} + 10 \text{ ps}$$

接下来，我们计算最大周期时间：

$$t_{\text{cy}} \geqslant t_{\text{d}CQ} + t_{\text{d}} + t_{\text{s}}$$

$$t_{\text{cy}} = 20 + 480 + 20 = 520 \text{ ps}$$

这些方程式在触发器参数为负数的时候也是合法的。在任何情况下完成自由偏差的时序分析都有相同的步骤：找到最小和最大逻辑延迟，检查方程式（15-3）和（15-4）。

为了构建一个鲁棒性更强的电路，我们希望验证我们的电路没有任何时序违规，甚至是存在超过 20 ps 的时钟偏差。该时钟偏差可以是任何两个触发器之间任何方向的偏差。再次，我们从保持时间开始：

$$t_h \leqslant t_{cCQ} + t_{cFA} - t_k$$
$$10 \leqslant 10 + 10 - 20$$

出错了，我们的电路违反了保持时间约束。不像违反建立时间约束那样，我们不能简单地增加周期时间来解决这个问题。必须重新设计触发器，修改时钟分布来减少时钟偏差，或者在触发器输入端增加额外的逻辑电路。我们选择最简单的解决方法，即增加额外逻辑电路。这么做我们必须在每个触发器输入之前直接增加具有 10 ps 污染延迟的逻辑电路（或者直接在输出后边加）。

必须将这个新的延迟时间加入周期时间的计算中（假设传播延迟和污染延迟相同）：

$$t_{cy} \geqslant t_{dCQ} + t_d + t_{extra} + t_s + t_k$$
$$t_{cy} = 20 + 480 + 10 + 20 + 20 = 550\ \text{ps}$$

该实例电路可以在频率为 1.8 GHz 的时钟下运行。

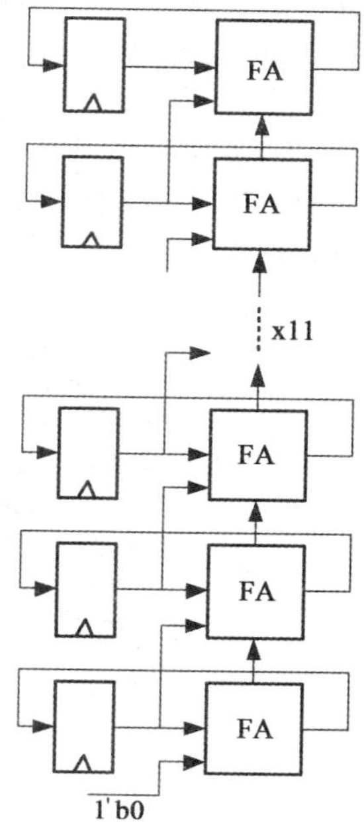

图 15-14　15.5 节用到的 16 位电路。最小逻辑污染延迟来自一个全加器，传播延迟来自 16 个全加器

15.6　时序和逻辑综合

对于每项电路设计来说，我们在 15.6 节完成的时序分析必须在每种运行条件下所有可能的触发器组合之间的所有逻辑路径下重复进行。[㊀] 手工完成少量门电路的时序分析是非常费时间的，并且容易出错。手工完成大量逻辑电路的时序检查几乎是不可能完成的。幸运的是，综合和时序分析工具为我们完成了这些分析工作。 324

逻辑综合工具，将 Verilog 语言程序转换为逻辑门电路，每个门都有其对应的时序模型。给定运行条件、逻辑电路以及约束条件，该工具将判定任何路径是否违反时序。如果逻辑综合工具发现时序违规发生，该工具将尝试用满足时序约束的实现方法替换以后的组合逻辑电路。逻辑综合工具用迭代的方法完成设计，而不是经常开始使用的最快实现设计的方法。该工具首先生成一个最小范围（或能量）逻辑电路。然后只对违反建立时间约束的路径生成快速实现。例如，Verilog 语言实现加法器时首先实现一个行波进位加法器。如果行波进位加法器速度太慢，再用更快、更大的超前进位加法器替换。

标准单元库以提供包括触发器约束在内的时序模型为特点，每个单元都有一些工艺角。[㊁] 设计者负责在约束文件里规定时钟信号的名称、预期的周期时间、输入/输出延迟。图 15-15 给出了一个用 Tcl 语言编写的实例脚本，规定这些约束条件，启用综合工具。该脚本导入 RTL 文件（一个控制可编程计数器的状态机）、设置时钟信号名称和周期（ns）、创建时钟、规定输

㊀ 保持时间违规在最优实例逻辑延迟（高电压和低温度）情况下出现频率更高。建立时间违规在低操作电压和热片等最差的实例条件下最常见。

㊁ 这些模型和其他特征数据由标准单元库的供应商提供。特征化一个标准单元库往往比设计一个标准单元库需要更多的精力。

入输出延迟。综合工具的输出信号包括一个所有违反时序约束的逻辑路径的列表。例如，图 15-16 给出了例子中的错误路径。该路径从程序计数器的 11 位运行到 26 位，在触发器设置窗口内没有到达目标状态。

除了综合工具完成的时序分析之外，通常用独立的静态时序分析（STA）工具来验证最后的设计（包括互联寄生现象）是否满足所有时序约束。

我们可以用时序模型完成 Verilog 仿真。然而，这样的仿真只能发现输入向量（所仿真案例）激活关键路径的时序错误。由于很难证明测试到了所有路径，时序仿真不足以证明芯片满足所有时序约束。静态时序分析能够发现所有违反时序约束的路径，可以用来证明芯片满足所有时序。

```
set top pc_28bit_top
set src_files [list\
 ./rtl/pc_28bit_top.v\
 ./rtl/pc_28bit.v ]
read_verilog -rtl ${src_files}
current_design    ${top}
# Clocks
set clk_name   CLK
set clk_period 1
create_clock -name ${clk_name} -period ${clk_period} \
 [get_ports ${clk_name}]

set_input_delay .2 -clock CLK $all_inputs
set_output_delay .5 -clock CLK $all_outputs
```

图 15-15　Tcl 脚本的一部分，用于创建一个周期为 1 ns 的时钟信号。同时设置系统的输入延迟和输出延迟分别为 200 ps 和 500 ps

325

```
Des/Clust/Port      Wire Load Model       Library
  ------------------------------------------------
  pc_28bit_top       area_1Kto2K           CORE

  Point                                  Incr       Path
  -------------------------------------------------------
  clock CLK (rise edge)                  0.00       0.00
  clock network delay (ideal)            0.00       0.00
  I_pc_28bit/PC_reg[11]/CP (DFPQX9)      0.00       0.00 r
  I_pc_28bit/PC_reg[11]/Q (DFPQX9)       0.20       0.20 f
  U382/Z (BFX53)                         0.08       0.28 f
  U197/Z (NAND2X7)                       0.06       0.34 r
  U458/Z (OAI12X18)                      0.05       0.39 f
  U267/Z (AOI21X12)                      0.03       0.42 r
  U265/Z (OAI21X12)                      0.03       0.45 f
  U257/Z (IVX18)                         0.06       0.51 r
  U256/Z (AND2X35)                       0.10       0.61 r
  U358/Z (NAND2X7)                       0.05       0.66 f
```

图 15-16　综合之后违反建立时间约束的实例路径。该路径是许多错误路径中特定的一条，从程序计数器的第 11 位运行到第 26 位。通常，从 Verilog 行为描述转换成门电路时，逻辑信号的名称是模棱两可的

```
U628/Z (XNOR2X18)                     0.10        0.76 f
U430/Z (NAND2X14)                     0.05        0.81 r
U533/Z (NAND3X13)                     0.11        0.92 f
I_pc_28bit/PC_reg[26]/D (DFPQX9)      0.00        0.92 f
data arrival time                                  0.92

clock CLK (rise edge)                 1.00        1.00
clock network delay (ideal)           0.00        1.00
I_pc_28bit/PC_reg[26]/CP (DFPQX9)     0.00        1.00 r
library setup time                   -0.12        0.88
data required time                                0.88
-------------------------------------------------------
data required time                                0.88
data arrival time                                -0.92
-------------------------------------------------------
slack (VIOLATED)                                 -0.04
```

图 15-16 （续）

小结

通过本章我们学习了如何分析同步逻辑电路的时序。组合逻辑电路模块的时序由两个数字描述。电路的*污染延迟*，t_{cab}，指的是从输入信号 a 发生任何变化开始，直到输出信号 b 的先前的稳定状态值被改变或被污染所经过的时间。污染延迟对分析保持时间违规是非常重要的。电路的*传播延迟*，t_{dab}，指的是输入信号 a 最后一次变化完成，到输出信号 b 设置好它在时钟周期剩余时间保持的稳定状态值所用的时间。传播延迟用于分析建立时间违规。 326

D 触发器或寄存器的时序由 4 个数字进行管理。寄存器的输入信号必须在时钟上升沿之前保持*建立时间* t_s 长度的稳定状态，在时钟信号上升沿之后还要保持*保持时间* t_h 长度的稳定状态。如果寄存器满足建立时间和保持时间约束，则寄存器的输出信号在时钟信号上升沿后污染延迟 t_{ccq} 时间之后被污染（先前的值不再保持稳定），时钟信号上升沿之后再经过传播延迟时间 t_{dcq} 之后稳定在新的状态值。对于大多数触发器，$t_{ccq}=t_{dcq}$，并且触发器的状态一步到位转换到最终状态。

根据这些组合逻辑电路和寄存器的时序性能，能够推导出寄存器满足保持时间约束的条件为

$$t_h \leqslant t_{cCQ} + t_{cMin} - t_k$$

寄存器满足建立时间约束的条件为

$$t_{cy} \geqslant t_{dCQ} + t_{dMax} + t_s + t_k$$

其中 t_k 表示时钟偏差，t_{cMin} 是所有组合路径的最小污染延迟，t_{dMax} 是所有组合路径的最大传播延迟。

在实际中，我们用*静态时序分析工具*验证设计满足建立时间约束和保持时间约束。这些工具计算设计中所有可能的组合路径的延迟，并验证每一个触发器都满足建立时间和保持时间约束。

文献说明

Dally 和 Poulton [32]、Weste 和 Harris [108] 对我们的简单的基于触发器的时钟方案和更加复杂的基于锁存器方案的时序分析进行了详细介绍。综合和最优化工具用到的算法描述见参考文献 [77]。Brunvand [20] 最近的一本书详细介绍了设计过程，包括商业时序分析工具的使用。

习题

15.1 传播和污染延迟，I。计算图 15-17 中每一个输入信号到输出信号的传播延迟和污染延迟。假设每个门有 10 ps 的延迟。

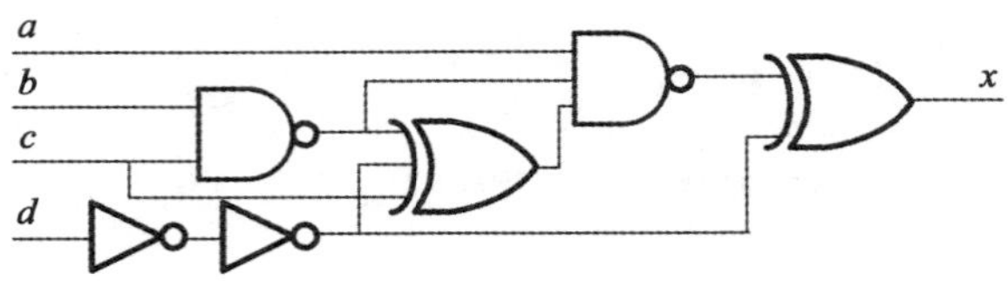

327 图 15-17　习题 15.1 用的简单的组合电路

15.2 传播和污染延迟，II。计算图 15-18 所示电路中从触发器 A 到输出信号的污染延迟和传播延迟。假设信号通过每个门的延迟为 10 ps。

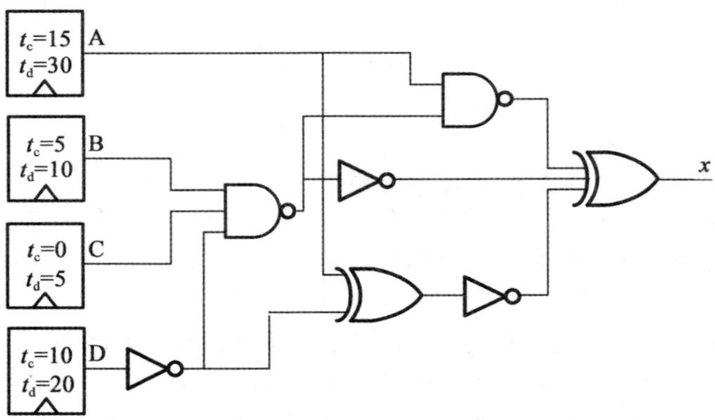

图 15-18　习题 15.2 ~ 习题 15.6 用的简单电路。每个触发器标注单位为皮秒，每个门有 10 ps的延迟

15.3 传播和污染延迟，III。计算图 15-18 所示电路中从触发器 B 到输出信号的污染延迟和传播延迟。假设信号通过每个门的延迟为 10 ps。

15.4 传播和污染延迟，IV。计算图 15-18 所示电路中从触发器 C 到输出信号的污染延迟和传播延迟。假设信号通过每个门的延迟为 10 ps。

15.5 传播和污染延迟，V。计算图 15-18 所示电路中从触发器 D 到输出信号的污染延迟和传播延迟。假设信号通过每个门的延迟为 10 ps。

15.6 传播和污染延迟，VI。图 15-18 所示电路的全部污染延迟和传播延迟是什么？假设信号通过每个门的延迟为 10 ps。

15.7 设置和保持，I。为表 15-1 的触发器 A 画出波形图，显示触发器的输入信号在 t_s 前变为高电平，在 t_h 之后变为低电平。包括 clk、D 和 Q（以前状态为 0）。在图中标记所有约束。

表 15-1　习题中用到的 3 个不同的触发器规格

参数（ps）	FF A	FF B	FF C
t_s	20	100	−30
t_h	10	−20	80
t_{cCQ}	10	2	40
t_{dCQ}	20	30	50

328

15.8 设置和保持，II。为表15-1的触发器B画出波形图，显示触发器的输入信号在t_s前变为高电平，在t_h之后变为低电平。包括clk、D和Q（以前状态为0）。在图中标记所有约束。

15.9 设置和保持，III。为表15-1的触发器C画出波形图，显示触发器的输入信号在t_s前变为高电平，在t_h之后变为低电平。包括clk、D和Q（以前状态为0）。在图中标记所有约束。

15.10 设置和保持违规，I。对于表15-1中的触发器A和一个2 GHz的时钟信号，检查图15-19所示电路的时序违规行为。如果存在保持违规，表明需要增加必要的延迟，增加延迟后重新检查建立时间违规行为。如果存在设置违规，则计算最大的无差错时钟频率。

15.11 设置和保持违规，II。对于表15-1中的触发器B和一个2 GHz的时钟信号，检查图15-19所示电路的时序违规行为。如果存在保持违规，表明需要增加必要的延迟，增加延迟后重新检查建立时间违规行为。如果存在设置违规，则计算最大的无差错时钟频率。

15.12 设置和保持违规，III。对于表15-1中的触发器C和一个2 GHz的时钟信号，检查图15-19所示电路的时序违规行为。如果存在保持违规，表明需要增加必要的延迟，增加延迟后重新检查建立时间违规行为。如果存在设置违规，则计算最大的无差错时钟频率。

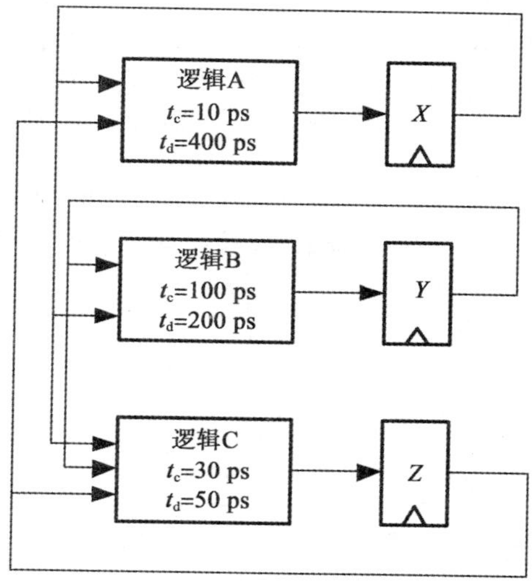

图15-19　习题15.10～习题15.12以及习题15.22～习题15.24用到的简单逻辑电路

15.13 逻辑约束，I。表15-1中的触发器A和一个1 GHz的时钟信号，对于划分成两个触发器的任何逻辑电路模块，其最小t_c和最大t_d是什么？

15.14 逻辑约束，II。表15-1中的触发器B和一个1 GHz的时钟信号，对于划分成两个触发器的任何逻辑电路模块，其最小t_c和最大t_d是什么？

15.15 逻辑约束，III。表15-1中的触发器C和一个1 GHz的时钟信号，对于划分成两个触发器的任何逻辑电路模块，其最小t_c和最大t_d是什么？

15.16 避免保持违规，I。假设你是一位电路设计师，在自由偏差环境中实现一个触发器，消除所有保持违规行为。写出能使你设计的触发器避免出现故障的不等式。 329

15.17 避免保持违规，II。假设你是一位电路设计师，在偏差为t_k的环境中实现一个触发器，消除所有保持违规行为。写出能使你设计的触发器避免出现故障的不等式。

15.18 后期制作违规。芯片烧录完成后从加工厂回来，发现芯片不工作。如何能够测试故障原因是否是设置或保持违规引起的？描述测试如何进行。

15.19 时钟延迟。假设图15-20所示的内部触发器中，$t_s=t_h=50$ ps，$t_{dCQ}=t_{cCQ}=80$ ps。那么外部触发器的t_s、t_h、t_{dCQ}、t_{cCQ}分别是多少？

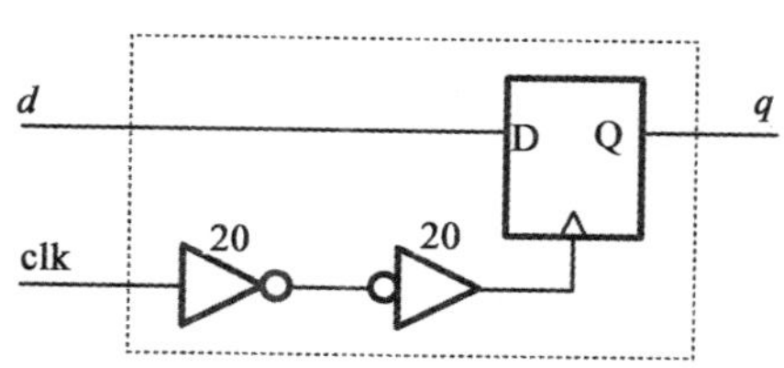

图15-20　在时钟输入信号和内部触发器之间增加两个反相器构成外部触发器，两个反相器的组合延迟为40 ps。习题15.19使用该电路图

15.20 数据延迟。重新完成习题15.19，两个反相器不再放在clk输入端，而是放在d输入端。

15.21 输出延迟。重新完成习题 15.19，两个反相器不再放在 clk 输入端，而是放在 q 输出端。

15.22 时钟偏差，I。计算图 15-19 中电路允许的最大时钟偏差。指出该时钟偏差出现在哪两个触发器之间，以及该时钟偏差是否触发设置或保持违规行为。使用触发器规格 A 和一个 2 ns 的时钟信号。列出所有可能路径，并写出设置和保持方程式。

15.23 时钟偏差，II。重新完成习题 15.22，使用触发器规格 B 和一个 2 ns 的时钟信号。

15.24 时钟偏差，III。重新完成习题 15.22，使用触发器规格 C 和一个 4 ns 的时钟信号。

15.25 时序分析。两个 64 位的数字相乘得到一个 128 位的结果。

(a) 假设输入信号和输出信号由触发器终止，则在该系统中有多少开始触发器和结束触发器的组合？

330 (b) 手动检查一条寄存器到寄存器路径的违规行为需要 30 s。如果想用 9 种不同的进程检查这些路径中每条路径的设置和保持违规，估算完成该乘法器的全部时序分析所需要的时间。

第 16 章

Digital Design: A Systems Approach

数据通路时序逻辑

在第 14 章，我们看到了如何从状态图对有限状态机进行综合，通过写出下一个状态函数并综合逻辑电路实现这个表。然而，对于许多时序函数，用表达式描述下一个状态函数要比用表描述简单得多。这样的函数用*数据通路*描述和实现更有效，其下一个状态用逻辑函数计算，经常涉及算术运算电路、多路选择器和其他基础单元电路。

16.1 计数器

16.1.1 简单计数器

假设要用图 16-1 给出的状态图构建一个有限状态机。当电路输入信号 r 为真时电路复位到状态 0。当输入信号 r 为假时，状态机从 0 到 31 进行计数，然后再返回状态 0。由于电路的这种计数行为，我们称这个有限状态机为*计数器*。

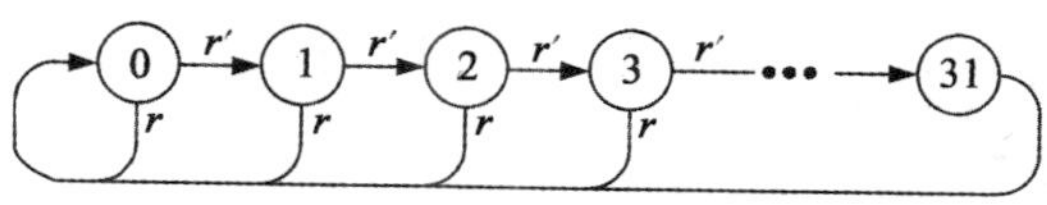

图 16-1　5 位计数器的状态图

可以用第 14 章介绍的方法设计这个计数器。用该方法设计的 3 位计数器（8 种状态）的 Verilog 描述如图 16-2 所示。⊖ 3 位宽度的触发器保持当前状态 count 并且在每个时钟信号上升沿到来时根据下一个状态 next 对其进行更新。casex 语句直接读取状态表，为每个输入信号和当前状态的组合指定下一个状态。

```
module Counter1(clk,rst,out) ;
  input rst, clk ; // 复位和时钟信号
  output [2:0] out ;
  reg    [2:0] next ;

  DFF #(3) count(clk, next, out) ;

  always@(*) begin
    casex({rst,out})
      4'b1xxx: next = 0 ;
      4'd0: next = 1 ;
      4'd1: next = 2 ;
      4'd2: next = 3 ;
      4'd3: next = 4 ;
      4'd4: next = 5 ;
      4'd5: next = 6 ;
      4'd6: next = 7 ;
      4'd7: next = 0 ;
      default: next = 0 ;
    endcase
  end
endmodule
```

图 16-2　用状态表定义的 3 位计数器 FSM

虽然这种方法可以完成计数器设计，但是设计的计数器程序冗长且效率低下。状态表部分行是重复的。状态机的行为完全可以由一条语句获得：

```
assign next = rst ? 0 : count + 1 ;
```

该语句是有限状态机的*数据通路*描述，在该描述中将下一个状态表示为当前状态和输入信号的函数。

图 16-3 给出了一个用数据通路描述的 n 位计数器模块的 Verilog 程序。n 位宽度的触发器保持当前状态 count，并在每个时钟信号上升沿到来时用下一个状态 next 的值更新当前状态。一条 assign 语句描述下一个状态函数。当 rst 信号为高电平时

⊖ 用此方法实现 5 位计数器（32 种状态）需要 32 行的状态表。

下一个状态为0，否则下一个状态为 count +1。

```
module Counter(clk, rst, count) ;
  parameter n=5 ;
  input rst, clk ; // 复位和时钟信号
  output [n-1:0] count ;

  wire   [n-1:0] next = rst? 0 : count+1 ;

  DFF #(n) count(clk, next, count) ;
endmodule
```

图 16-3 用单个 assign 语句定义的 *n* 位计数器 FSM

该计数器的框图如图 16-4 所示。该图表明了该实现方法的数据通路性质。下一个状态由流经包括组合基础单元电路（包括算术模块和多路选择器）的路径数据计算得出。在这种情况下，两个基础单元为多路选择器和增量器，其中，多路选择器用于选择复位（0）还是增量（count +1），增量器用于将 count 增加到 count +1。

331~332

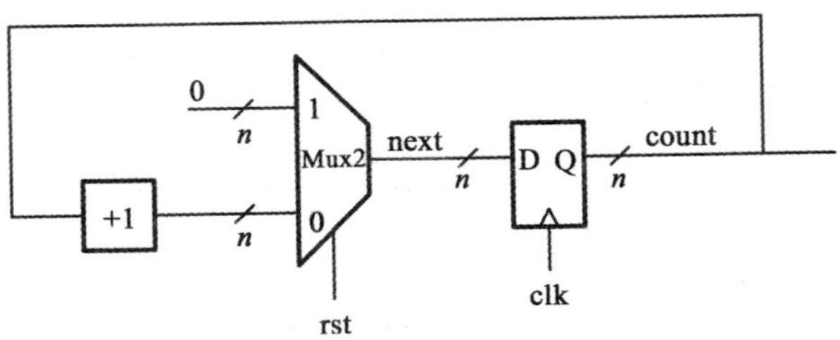

图 16-4 简单计数器框图。计数器状态用状态寄存器保存（触发器）。下一个状态由多路选择器产生，如果 rst 信号有效则为0，否则输出状态的增量（count +1）

一般来说，时序数据通路电路采用图 16-5 所示的形式。像任何同步时序逻辑模块一样，状态寄存器保存状态值。输出逻辑模块将输出信号表示为输入信号和当前状态的函数进行计算。下一个状态表示为输入信号和当前状态的函数，由下一个状态模块进行计算。数据通路的特点是下一个状态逻辑和输出逻辑用函数表示而不是用表表示。对于简单的计数器来说，输出逻辑就是当前状态，下一个状态逻辑是选择增量或者设置为0。在后面的章节中我们将看到更加复杂的时序数据通路电路的例子。但是，所有数据通路电路都保留下一个状态和输出信号的函数描述。

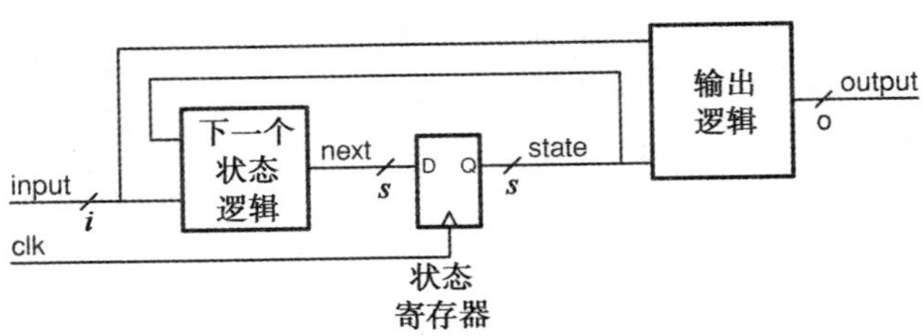

图 16-5 一般情况下，时序数据通路电路包含一个状态寄存器、下一个状态逻辑和输出逻辑。下一个状态模块和输出模块由函数进行描述而不用表进行描述

16.1.2 加一/减一/载入计数器

我们给出的简单计数器下一个状态只有两种选择：复位或增量。通常计数器的下一个状态需要有更多选择。与需要向上计数一样，计数器也需要向下计数（减量）；也可能有的情况下

需要保持现有状态；偶尔还需要给计数器载入一个任意值。

图 16-6 给出了一个这样的加一/减一/载入（UDL）计数器。该计数器有 4 个控制输入信号（rst，up，down，load），一个 *n* 位宽的数据输入 in。下一个状态函数直接由 casex 语句描述。如果复位信号（rst）有效，下一个状态是 0。否则，如果 up 有效，下一个状态为 out +1。如果 down 有效（up 和 rst 无效），计数器通过设置下一个状态为 out -1 实现计数器减量计数。当信号 load 有效时，计数器通过设置下一个状态为 in 来进行计数值载入。最后，如果输入控制信号都无效，计数器通过设置下一个状态为 out 来保持当前状态值。

这个描述精确计算 UDL 计数器的函数，满足大部分需求。然而，在计数器需要实例化为增量器（计算 out +1）和减量器（计算 out-1）时，该设计就显得效率低下了。我们通过对计算机算法的简单学习（第 10 章），知道这两个电路可以合并。 333

如果节省一些门电路资源对于当前设计非常重要（这种情况不太可能出现），我们可以描述一个更加经济实用的计数器电路，如图 16-7 所示。该电路在 casex 语句之外考虑增量和减量问题，取而代之的是用信号 outpm1（out 加 1 或减 1）实现。该信号用 assign 语句生成，当 up 为假时 out 减 1，当 up 为真时 out 加 1。其他代码与图 16-6 一样。

```
module UDL_Count1(clk, rst, up, down, load, in, out) ;
  parameter n = 4 ;
  input clk, rst, up, down, load ;
  input [n-1:0] in ;
  output [n-1:0] out ;
  reg [n-1:0]   next ;

  DFF #(n) count(clk, next, out) ;

  always@(*) begin
    casex({rst, up, down, load})
      4'b1xxx: next = {n{1'b0}} ;
      4'b01xx: next = out + 1'b1 ;
      4'b001x: next = out - 1'b1 ;
      4'b0001: next = in ;
      default: next = out ;
    endcase
  end
endmodule
```

图 16-6 加一/减一/载入（UDL）计数器的 Verilog 语言描述

图 16-8 显示了 UDL 计数器的框图。同图 16-4 所示的简单计数器和大部分数据通路电路一样，UDL 计数器电路用多路选择器为下一个状态选择不同选项。这些选项中有一些由功能单元创建。多路选择器有 4 个输入信号：选择输入值（load）、增量器/减量器输出信号（up 或 down）、0（reset）、计数（hold）。信号功能单元是一个增量器/减量器，能从当前计数值加一或减一。信号线 down 控制是加操作还是减操作。一个组合逻辑模块通过译码控制输入信号来生成多路选择器的选择信号。该框图相应的 Verilog 程序见图 16-9。 334

16.1.3 定时器

在许多应用中，比如一个更加复杂版本的交通灯控制器，我们需要一个能够设置为初始时间 *t* 的定时器，*t* 个时间周期之后，用信号告诉我们时间结束。这类似于厨房定时器，设置一个时间间隔，当时间结束后发出声音信号。

```
module UDL_Count2(clk, rst, up, down, load, in, out) ;
  parameter n = 4 ;
  input clk, rst, up, down, load ;
  input [n-1:0] in ;
  output [n-1:0] out ;
  wire [n-1:0] outpm1 ;
  reg  [n-1:0] next ;

  DFF #(n) count(clk, next, out) ;

  assign outpm1 = out + {{n-1{~up}},1'b1} ;

  always@(*) begin
    casex({rst, up, down, load})
      4'b1xxx: next = {n{1'b0}} ;
      4'b01xx: next = outpm1 ;
      4'b001x: next = outpm1 ;
      4'b0001: next = in ;
      default: next = out ;
    endcase
  end
endmodule
```

图 16-7　使用 Verilog 语言描述具有共享增量器/减量器的加一/减一/载入（UDL）计数器

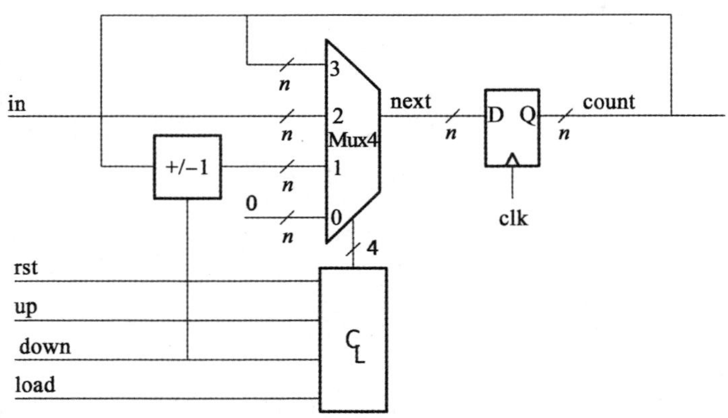

图 16-8　加一/减一/载入（UDL）计数器的框图

图 16-10 显示了一个定时器 FSM 的框图。该定时器遵循我们熟悉的原理，用多路选择器从常量、输入信号、功能单元的输出信号（此例中为一个减量器）中选择下一个状态。所不同的是这个框图包括一个输出功能单元。当计数达到零时零检测器将信号 done 声明为有效。

要运行定时器，时间间隔应用于输入信号 in，控制信号 load 用于载入时间间隔。载入时间间隔以后，每个周期内部变量 count 减计数。当 count 达到零之后，输出信号 done 有效，停止计数。复位输入信号 rst 只用于在定时器上电时进行初始化操作。

定时器的 Verilog 描述如图 16-11 所示。风格类似于简单计数器以及使用多路选择器和状态寄存器的结构化 UDL 计数器。减量器在多路选择器的参数列表中实现。为了保持定时器持续减量，当 done 信号有效并且 load 信号无效时选择多路选择器的零输入操作。最后的 `assign` 语句实现零检测器功能。

```
module UDL_Count3(clk, rst, up, down, load, in, out) ;
  parameter n = 4 ;
  input clk, rst, up, down, load ;
  input [n-1:0] in ;
  output [n-1:0] out ;
  wire [n-1:0] next, outpm1 ;

  DFF #(n) count(clk, next, out) ;

  assign outpm1 = out + {{n-1{down}},1'b1} ;

  Mux4 #(n) mux(out, in, outpm1, {n{1'b0}},
               {(~rst & ~up & ~down & ~load),
                (~rst & load),
                (~rst & (up | down)),
                rst},
               next) ;
endmodule
```

图 16-9　使用 Verilog 语言描述具有共享增量器/减量器和显式的多路选择器的加一/减一/载入（UDL）计数器

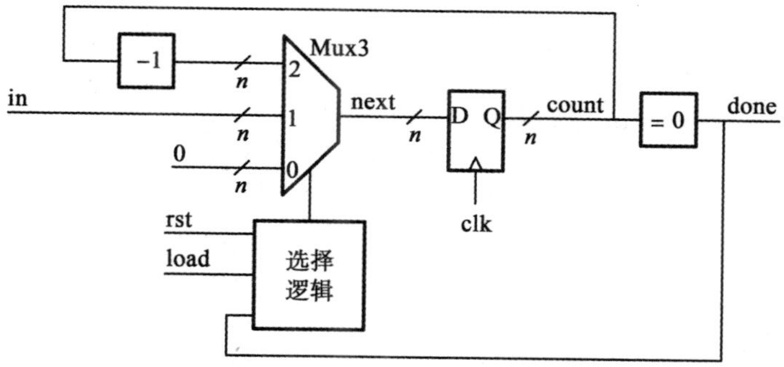

图 16-10　定时器 FSM 的框图

```
//----------------------------------------------------------------
// 定时器模块
// 重置计数设置为0
// 加载计数值设置为in
// 否则进行减计数，直到计数值为0（不包括0）
// 当计数值为0时done有效
//----------------------------------------------------------------
module Timer(clk, rst, load, in, done) ;
  parameter n=4 ;
  input clk, rst, load ;
  input [n-1:0] in ;
   output       done ;
  wire [n-1:0] count, next_count ;
  wire done ;

  DFF #(n) cnt(clk, next_count, count) ;
```

图 16-11　定时器的 Verilog 语言描述

```
  Mux3 #(n) mux(count-1'b1, in, {n{1'b0}},
                {~rst & ~load & ~done,
                 load & ~rst,
                 rst | (done & ~load)},
                next_count) ;
  assign done = ~(|count) ;
endmodule
```

图 16-11　（续）

例 16-1　加 3/减 3 计数器

写出任意宽度计数器的 Verilog 程序模块，计数器复位后，如果输入信号 inc 有效，则每个时钟周期进行加 3 操作，如果输入信号 dec 有效，则每个时钟周期进行减 3 操作，否则保持原值不变。

Verilog 程序如图 16-12 所示。定义 outpm3，如果 dec 有效则值为 out - 3，否则值为 out +3，从而实现增量和减量共享一个加法器。casex 语句用来实现多路选择器，为 next 选择合适的值。如果 inc 和 dec 同时有效，则 next 为任意未定义的值 x。

```
module IncDecBy3(clk, rst, inc, dec, out) ;
  parameter n=8 ;
  input clk, rst, inc, dec ;
  output [n-1:0] out ;
  reg [n-1:0] next ;

  DFF #(n) sr(clk, next, out) ;

  wire [n-1:0] outpm3 = out + (dec ? (~2) : 3) ;

  always @(*) begin
    casex({rst,inc,dec})
      3'b1xx: next = 0 ;       // 复位
      3'b010: next = outpm3 ; // 加计数
      3'b001: next = outpm3 ; // 减计数
      3'b000: next = out ;    // 保持
      default: next = {n{1'bx}} ;
    endcase
  end
endmodule //IncDecBy3
```

335~337 图 16-12　加 3/减 3 计数器的 Verilog 语言描述

16.2　移位寄存器

除了增量、减量和比较之外，移位是另一个常用的数据通路功能。移位器在串行器和串并转换器中相当有用，串并转换器用于将并行数据转换成串行数据，也可以反过来将串行数据转换成并行数据。

16.2.1　一个简单的移位寄存器

图 16-13 给出了一个简单移位寄存器的框图，图 16-14 给出了其 Verilog 描述。除非移位寄

存器复位，否则其下一个状态总是当前状态左移一位得到的结果，输入信号 sin 填充最右边一位（LSB）。用 Verilog 编程实现时，二选一多路选择器用条件语句“?:”结构实现，左移由以下表达式实现：

```
{out[n-2:0], sin}
```

在这里，连接操作用 sin 连接 out 信号最右边的 $n-1$ 位。实际上就是将 out 信号左移一位，然后将 sin 信号插入 LSB。

例如，这个简单的移位寄存器可以用作串并转换器。输入信号 sin 接收串行输入，每过 n 个时钟周期，就可以从信号 out 读出并行输出结果。还需要某些框架协议来确定每个并行符号启动和停止的位置，即在哪个时钟周期内应该读出并行数据。

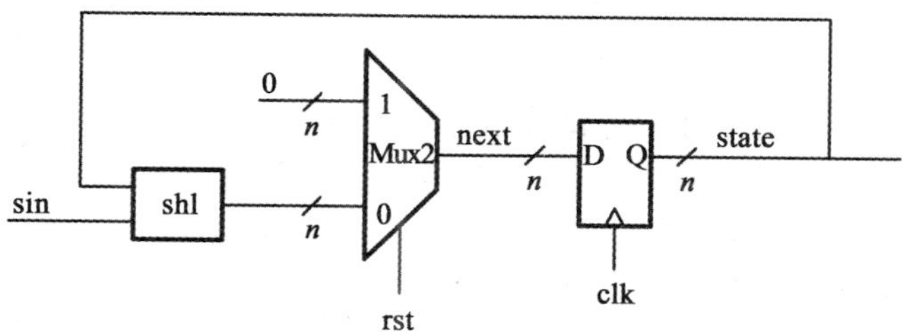

图 16-13 简单移位寄存器的框图

```
//-------------------------------------------------------------------
// 基本移位寄存器
// rst——将out设置为0，否则out值左移——sin填充LSB
//-------------------------------------------------------------------
module Shift_Register1(clk, rst, sin, out) ;
  parameter n = 4 ;
  input clk, rst, sin ;
  output [n-1:0] out ;

  wire [n-1:0] next = rst ? {n{1'b0}} : {out[n-2:0],sin} ;

  DFF #(n) cnt(clk, next, out) ;
endmodule
```

图 16-14 简单移位寄存器的 Verilog 语言描述。如果 rst 信号有效，寄存器设置为全 0；否则寄存器左移，并用输入信号 sin 填充 LSB 338

16.2.2 左移/右移/载入移位寄存器

类似于复杂计数器，我们可以设计复杂的移位寄存器，能够载入数据，并且可以实现任意方向的移位。该左移/右移/载入（LRL）移位寄存器的框图如图 16-15 所示，其 Verilog 编程实现如图 16-16 所示。该模块用 casex 语句选择 0、左移（用拼接实现）、右移（也用拼接实现）、输入和输出。注意移位表达式

```
{out[n-2:0],sin}
{sin, out[n-1:1]}
```

并不产生实际逻辑电路。移位操作只是简单的连线，将信号 sin 和信号 out 选定的位数作为多路选择器的合适的输入位。

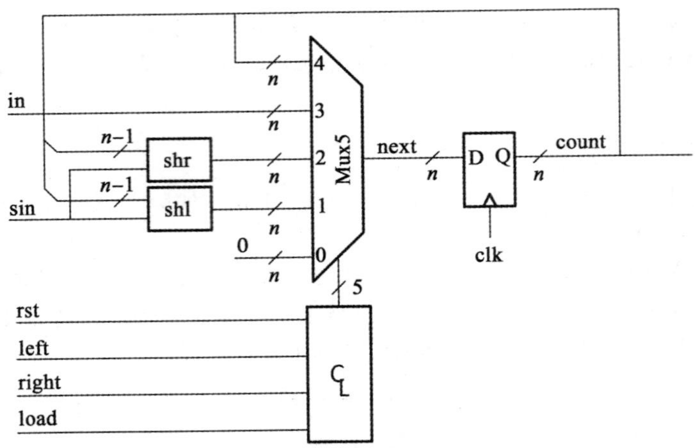

图 16-15　左移/右移/载入移位寄存器的框图

```
//----------------------------------------------------------------------
// 具有载入功能的左移/右移移位寄存器
//----------------------------------------------------------------------
module LRL_Shift_Register(clk, rst, left, right, load, sin, in, out) ;
  parameter n = 4 ;
  input clk, rst, left, right, load, sin ;
  input [n-1:0] in ;
  output [n-1:0] out ;
  reg [n-1:0] next ;

  DFF #(n) cnt(clk, next, out) ;

  always @(*) begin
    casex({rst,left,right,load})
      4'b1xxx: next = 0 ;                    // 复位
      4'b01xx: next = {out[n-2:0],sin} ; // 左移
      4'b001x: next = {sin,out[n-1:1]} ; // 右移
      4'b0001: next = in ;                   // 载入
      default: next = out ;                  // 保持
    endcase
  end
endmodule
```

图 16-16　左移/右移/载入移位寄存器的 Verilog 语言描述

16.2.3　通用移位器/计数器

如果使 LRL 移位寄存器模块具有增量、减量、测零的功能，则该移位寄存器模块可以代替本节中介绍过的任何模块。这个想法并不像看起来那么遥不可及。开始你可能会认为，当我们只需要一个简单计数器时去用一个全功能模块是浪费。然而，大多数综合系统通过假设常量输入来消除永远不会使用的电路逻辑（即如果 up 和 dowm 信号一直为零，则增量器/减量器功能将会被消除）。因此，在实践中无用逻辑不应该占用任何资源。[⊖] 通用移位器/计数器的优点是它们都只包含一个单一模块需要记住和维护。

⊖ 在使用此方法之前，用你的综合系统验证其正确性。

通用移位器/计数器模块的 Verilog 编程实现如图 16-17 所示。该代码在很大程度上结合了以上各个模块的代码。该程序用一个 7 输入多路选择器在输入信号、当前状态、增量、减量、左移、右移、零之间进行选择。增量/减量通过 assign 语句实现（与 UDL 计数器一样），移位通过拼接实现（与 LRL 移位器一样）。

通用模块的一个创新点在于使用仲裁器 RArb 来确保同一时刻多路选择器不会选择两个输入同时有效。该仲裁在模块前面进行显式定义。根据 7 个选择输入信号，很容易对仲裁器进行实例化来实现此逻辑。在许多通用移位器/计数器（或任何其他数据通路模块）的应用中，我们能够保证在同一时刻不会有两个命令输入信号有效。在这种情况下，我们不需要仲裁（无论通过模块还是通过显式定义来进行仲裁）。然而，为了验证命令输入确实是独热码，在模块中编写一个声明是有用的。例如，要判断一个信号是独热码，代码可以写为

```
assign count = in[0]+in[1]+...+in[n-1] ;
assign error = count > 1 ;
```

设计者必须在每个时钟沿检测此错误条件。此声明是一个逻辑表达式，不生成门电路，[⊖] 但是如果仿真过程中违反了此表达式，则对错误进行标识。

```
//----------------------------------------------------------------------
// 通用移位器/计数器
// 按优先顺序列出输入信号
// rst——将状态重置为0
// left——将目前状态左移,用sin填充最低有效位
// right——将目前状态右移,用sin填充最高有效位
// up——加计数状态
// down——减计数状态，状态不能小于0
// load——从信号in载入数值
//
// 输出信号done表示状态为全0
//----------------------------------------------------------------------
module UnivShCnt(clk, rst, left, right, up, down, load, sin, in, out, done) ;
  parameter n = 4 ;
  input clk, rst, left, right, up, down, load, sin ;
  input [n-1:0] in ;
  output [n-1:0] out ;
  output done ;
  wire [6:0] sel ; // 多路选择器选择信号，由仲裁命令生成
  wire [n-1:0] next, outpm1 ;

  assign outpm1 = out + {{n-1{~up}},1'b1} ; // 对out进行加计数或减计数
  DFF #(n) cnt(clk, next, out) ;
  RArb #(7) arb({rst, left, right, up, down & ~done, load, 1'b1}, sel) ;
  Mux7 #(n) mux({n{1'b0}}, {out[n-2:0],sin}, {sin,out[n-1:1]},
               outpm1, outpm1, in, out, sel, next);
  assign  done = ~(|out) ;
endmodule
```

图 16-17　通用移位器/计数器的 Verilog 描述，使用共享增量器/减量器和显式多路选择器实现。通过使用仲裁来保证同一时刻多路选择器只有一个输入选择端有效

⊖ 许多综合工具有相应的内置命令来声明哪些逻辑不应该进行综合。例如，Synopsys 公司的设计编译器使用 //synthesis translate_ off 和 //synthesis translate_ on 命令来停止或启动综合。

例 16-2　可变的移位位数

编写移位寄存器的 Verilog 程序模块，通过一个两位输入信号 sh_amount 决定左移 0 位、1 位、2 位或 3 位。右端填充位由一个 3 位输入信号 sin 决定，并且遵循最高有效位优先。

Verilog 程序如图 16-18 所示。首先我们用 sin 信号和 out 信号进行拼接，这样有效实现 out 信号左移 3 位。然后将拼接后的值进行右移，右移位数由 3 - sh_amount 决定，此过程用 sin 信号高位优先的原则进行填充，将 out 信号放置到正确位置。

339
~
341

```
module VarShift(clk, rst, sh_amount, sin, out) ;
  parameter n=8 ;
  input clk, rst ;
  input [1:0] sh_amount;
  input [2:0] sin ;
  output [n-1:0] out ;

  DFF #(n) sr(clk, next, out) ;

  wire [n-1:0] next = rst ? 0 : {out,sin} >> (3-sh_amount) ;
endmodule
```

图 16-18　例 16-2 描述的可变移位位数移位器的 Verilog 程序

16.3　控制和数据分区

数字设计中一个共同的主题就是将一个模块划分为控制有限状态机和数据通路，如图 16-19 所示。就像本章中介绍的移位寄存器和计数器一样，数据通路通过多路选择器和功能单元计算其下一个状态。另一方面，控制 FSM 通过状态表计算其下一个状态。模块的输入信号分为控制输入（影响控制 FSM 的状态）和数据输入（为数据通路提供数值）。模块的输出信号也按类似方式进行划分。控制 FSM 通过一组命令信号控制数据通路的操作。数据通路通过一组状态信号对控制 FSM 进行通信反馈。

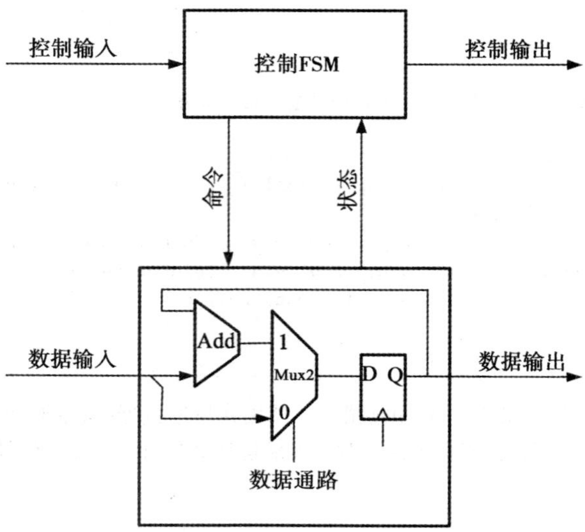

图 16-19　系统经常划分为数据通路和控制模块，在数据通路中下一个状态由功能单元决定，在控制模块中下一个状态由状态表决定

本章中我们看到的计数器和移位器是这种结构进行退化的例子。每个都包含一个数据通路和一个控制单元。数据通路包含多路选择器和功能单元（移位器、增量器和加法器）。但是它们的控制单元是严格的组合逻辑。数据通路命令（如多路选择器选择命令和加/减控制命令）和控制输出仅仅是当前控制输入和数据通路状态的函数。在本节中我们将研究两个模块实例，这两个模块的控制部分包含内部状态。

16.3.1 实例：自动售货机 FSM

考虑为软饮料自动售货机设计一个控制器的问题。具体规范如下。自动售货机接受五分、一角、两角五分硬币。当有硬币投入投币口时，在表示五分、一角、两角五分硬币类型的三条信号线中，其中一条出现一个周期的时钟脉冲。所售商品的价格通过售货机的一个 n 位内置开关进行设置（以五分为单位），并通过 n 位信号 price 输入到控制器中。当投入足够的硬币来购买软饮料时，状态信号 enough 有效。当 enough 信号有效时，用户按下 dispense 按钮，serve 信号保持一个周期的有效状态，表示供应软饮料。serve 信号有效状态之后，FSM 必须等待直到 done 信号有效为止，表示机械设备完成供应软饮料的操作。服务完成之后，如果需要售货机将给消费者找零。一次找零五分，change 信号保持一个时钟周期的有效状态，直到信号 done 有效，表示完成一次找零五分操作，接下来根据需要继续找零或找零结束返回原始状态。任何时间 done 信号有效时，必须等到 done 信号变为低电平之后才能进行后续活动。 342

我们从考虑自动售货机的控制部分开始。首先，看一下输入输出信号。除 price 之外的所有输入信号（rst，nickel，dime，quarter，dispense，done）都是控制输入信号，所有输出信号（serve 和 change）都是控制输出信号。我们需要的来自数据通路模块的状态信号包括 enough 信号（表示投入了足够的钱）和 zero 信号（表示不用支付更多零钱）。我们将在后面看到数据状态的时候考虑发送到数据通路的命令。

现在考虑自动售货机控制部分的状态。如图 16-20 所示，自动售货机有三个主要工作阶段。[⊖] 首先，在投币阶段（状态 deposit），使用者进行投币，并按下按钮 dispense。当信号 dispense 和信号 enough 都有效时，自动售货机进入服务阶段（状态 serve1 和 serve2）。在 serve1 状态等待 done 信号有效表示软饮料供应完成，在 serve2 状态等待 done 信号有效来解除状态锁定。我们认为输出信号 serve 在第一个时钟周期只能为状态 serve1。如果不需要找零，zero 信号有效，FSM 从 serve2 状态返回投币状态。然而，如果需要找零，FSM 进入找零阶段（状态 change1 和 change2）。自动售货机在这些状态之间不断循环，宣布进入找零阶段后，在 change1 状态等待 done 有效，然后在 change2 状态等待 done 信号变为低电平。我们在每次转换成 change1 状态时的第一个时钟周期对输出信号 change 进行更新维护。只有当所有找零都完成之后状态才能返回到投币状态。

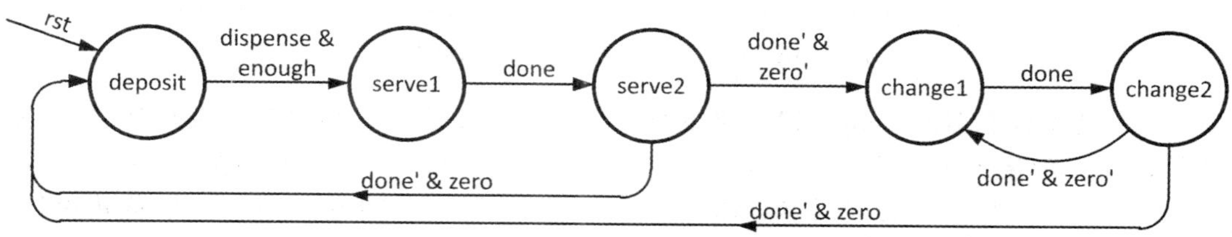

图 16-20 自动售货机控制器控制部分的状态图。为了使状态图更加清晰，我们省略了从一个状态到该状态自身的边。如果从某状态出发的边上所有的逻辑条件都不满足，则状态机保持当前状态

⊖ 在这张图中，省略了从一个状态到其自身的边。如果从某状态出发的所有边的条件都不满足，则 FSM 保持在当前状态不变。

我们已经完成了控制状态的定义，现在开始关注数据状态。该 FSM 包含一个数据状态——以五分为单位表示的自动售货机当前所占有的消费者的钱币总量。我们称此状态变量为
343 amount。影响 amount 变量的不同活动为：

- 复位：amount←0；
- 投入硬币：amount←amount + value，在这里 value = 1、2 或 5，相应地表示五分、一角和两角五分；
- 供应饮料：amount←amount - price；
- 找回五分零钱：amount←amount - 1；
- 其他情况：amount 保持不变。

现在我们可以设计一个数据通路来完成这些操作。状态变量 amount 可以清零、增加、减少或保持不变。根据这些寄存器传送情况，我们明白需要图 16-21 所示的数据通路。总量的下一个状态 next 通过一个三选一多路选择器实现，选择 0、amount 或 sum 中的一个，其中 sum 是加法/减法单元的输出信号，该单元从 amount 增加或减少 value 值。value 由一个四选一多路选择器对输入信号 1、2、5 或 price 进行选择。从这张图中我们可以看出控制数据通路需要的命令信号为两个多路选择器的选择信号和加法/减法单元的控制信号。

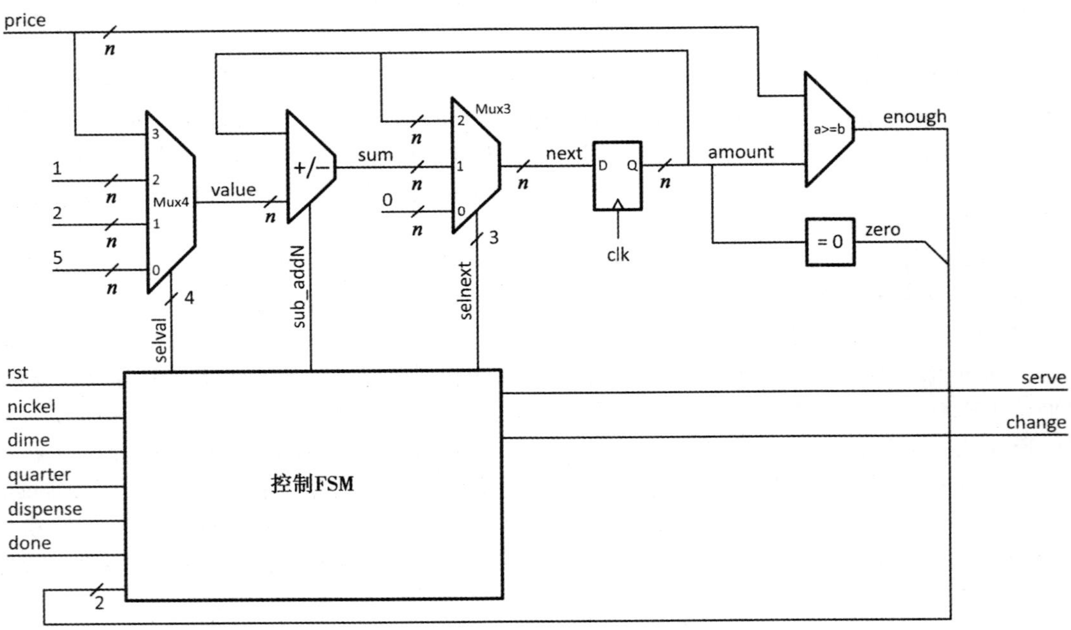

图 16-21 自动售货机控制器的框图

自动售货机控制器的 Verilog 程序如图 16-22 ~ 图 16-25 所示。顶层模块如图 16-22 所示。该模块仅仅实例化了控制模块（`VendingMachineControl`）和数据模块（`VendingMachineData`），并将它们连接起来。命令信号 `sub`、`selval` 和 `selnext`，以及状态信号 `enough` 和 `zero` 都在这一层进行声明。

自动售货机控制器控制模块的 Verilog 程序分成了两张图。图 16-23 显示模块的第一部分，
344 该部分包括生成输出信号和命令变量的逻辑电路。定义一个变量 `first` 用来区分状态 serve1 和 change1 的第一个周期。在这两个状态中任何一个状态经过一个周期以后 `first` 变量都变为低电平。该变量使我们在每次访问这些状态时只需要保持一个周期的输出值，并且每次访问 change1 状态时 `amount` 只衰减一次。如果没有 `first` 变量，我们需要将状态 serve1 和

change1 分别扩展为两个状态。first 信号分别和 serve1、change1 中为真的信号相与得到输出信号 serve 和 change。

```
//-------------------------------------------------------------------
// VendingMachine——顶层模块
// 仅仅将数据模块和控制模块进行连接
//-------------------------------------------------------------------
module VendingMachine(clk, rst, nickel, dime, quarter, dispense, done, price,
                      serve, change) ;
  parameter n = `DWIDTH ;
  input clk, rst, nickel, dime, quarter, dispense, done ;
  input [n-1:0] price ;
  output serve, change ;

  wire enough, zero, sub ;
  wire [3:0] selval ;
  wire [2:0] selnext ;

  VendingMachineControl vmc(clk, rst, nickel, dime, quarter, dispense, done,
  enough, zero, serve, change, selval, selnext, sub) ;

  VendingMachineData #(n) vmd(clk, selval, selnext, sub, price, enough, zero) ;
endmodule
```

图 16-22　自动售货机控制器的 Verilog 程序顶层模块，仅仅声明控制模块和数据模块，并将它们连接起来

```
module VendingMachineControl(clk, rst, nickel, dime, quarter, dispense, done,
  enough, zero, serve, change, selval, selnext, sub) ;
  input clk, rst, nickel, dime, quarter, dispense, done, enough, zero ;
  output serve, change, sub ;
  output [3:0] selval ;
  output [2:0] selnext ;
  wire [`SWIDTH-1:0] state, next ; // 当前状态和下一个状态
  reg [`SWIDTH-1:0] next1 ;        // 下一个状态w/o复位

  // 输出信号
  wire first ; // 在serve1或change1的第一个时钟周期有效
  wire serve1 = (state == `SERVE1) ;
  wire change1 = (state == `CHANGE1) ;
  assign serve = serve1 & first ;
  assign change = change1 & first ;

  // 数据通路控制
  wire dep = (state == `DEPOSIT) ;
  // price, 1, 2, 5
  wire [3:0] selval = {(dep & dispense),
                       ((dep & nickel)| change),
                       (dep & dime),
                       (dep & quarter)} ;
  // amount, sum, 0
```

图 16-23　自动售货机控制器的控制模块的 Verilog 程序描述（两部分中的第一部分）。该控制模块的第一部分给出了用 assign 语句实现的输出信号和命令变量

```
wire selv = (dep & (nickel | dime | quarter | (dispense & enough))) |
            (change & first) ;
wire [2:0] selnext = {~(selv | rst), ~rst & selv,rst} ;

// 减法
wire sub = (dep & dispense) | change ;

// 只有在serve1或change1的第一个时钟周期执行
wire nfirst = !(serve1 | change1) ;
DFF #(1) first_reg(clk, nfirst, first) ;
```

图 16-23　（续）

数据通路控制信号由输入信号和状态变量决定。这两个选择信号为独热码变量。每一位由一个逻辑表达式决定。信号 selval（选择输入到加法/减法单元的值）在投币状态（信号 dep 有效）并且 dispense 按下时选择 price 的值。当在投币状态投入五分硬币或者在找零状态时选择 1。相应地，当在投币状态投入一角硬币或者两角五分硬币时分别选择 2 和 5。信号 selnext 为 amount 变量选择下一个状态。如果复位信号 rst 有效则选择零。如果 selv 信号有效则选择加法/减法单元的输出结果。其他情况下，选择 amount 的当前值。在投币状态下投入硬币时或者 dispense 信号和 enough 信号都有效时变量 selv 有效；在找零状态下如果 first 信号有效则 selv 信号有效。注意当在投币状态下 dispense 有效时我们可以选择 price，这是因为如果 enough 信号也有效时我们只选择加法/减法单元的输出值。最后，加法/减法单元的控制信号控制电路在 dispense 和 change 有效时进行减法，其他情况加法器进行加法运算。

控制模块的第二部分给出了下一个状态逻辑，如图 16-24 所示。该逻辑用 casex 语句实现，假设情况由 4 个输入位和当前状态连接而成。大多数转换为一个单独的 case 语句编程实现。例如，自动售货机处于投币状态，并且 dispense 和 enough 信号都有效，执行第一条
345～346 case 语句 4'b11xx, 'DEPOSIT。该语句使得自动售货机处于投币状态时对后两种情况进行编码。一条单独的 assignment 语句将 FSM 复位到投币状态。

```
// 状态寄存器
DFF #(`SWIDTH) state_reg(clk, next, state) ;

// 下一个状态逻辑
always @(*) begin
  casex({dispense, enough, done, zero, state})
    {4'b11xx,`DEPOSIT}:  next1 = `SERVE1 ;  // dispense & enough
    {4'b0xxx,`DEPOSIT}:  next1 = `DEPOSIT ;
    {4'bx0xx,`DEPOSIT}:  next1 = `DEPOSIT ;
    {4'bxx1x,`SERVE1}:   next1 = `SERVE2 ;  // done
    {4'bxx0x,`SERVE1}:   next1 = `SERVE1 ;
    {4'bxx01,`SERVE2}:   next1 = `DEPOSIT ;  // ~done & zero
    {4'bxx00,`SERVE2}:   next1 = `CHANGE1 ;  // ~done & ~zero
    {4'bxx1x,`SERVE2}:   next1 = `SERVE2  ;  // done
    {4'bxx1x,`CHANGE1}:  next1 = `CHANGE2 ;  // done
    {4'bxx0x,`CHANGE1}:  next1 = `CHANGE1 ;  // done
```

图 16-24　自动售货机控制器的控制模块的 Verilog 程序描述（两部分中的第二部分）。该控制模块的第二部分用 casex 语句实现了下一个状态函数

```
      {4'bxx00,'CHANGE2}:  next1 = 'CHANGE1 ;  // ~done & ~zero
      {4'bxx01,'CHANGE2}:  next1 = 'DEPOSIT ;  // ~done & zero
      {4'bxx1x,'CHANGE2}:  next1 = 'CHANGE2 ;  // ~done & zero
    endcase
  end

  // 重置下一个状态
  assign next = rst ? 'DEPOSIT : next1 ;
endmodule
```

图 16-24 (续)

自动售货机控制器数据通路的 Verilog 描述如图 16-25 所示。该程序紧随图 16-21 给出的数据通路部分。一个状态寄存器保存当前总量。3 输入多路选择器将 0、加法/减法单元的 sum 输出或 amount 的当前值反馈给状态寄存器。加法/减法单元完成从 amount 增加或减少 value 的值。4 输入多路选择器选择要被加或减的 value 的值。最后，两个 assign 语句生成状态信号 enough 和 zero。

```
module VendingMachineData(clk, selval, selnext, sub, price, enough, zero) ;
  parameter n = 6 ;
  input clk, sub ;
  input [3:0] selval ;  // price, 1, 2, 5
  input [2:0] selnext ; // amount, sum, 0
  input [n-1:0] price ; // 用五分为单位表示的软饮料价格
  output enough ;       // amount > price
  output zero ;         // amount = zero

  wire [n-1:0] sum ;   // 加法/减法单元的输出值
  wire [n-1:0] amount ; // 当前硬币总价值
  wire [n-1:0] next ;   // 下一个状态硬币总价值
  wire [n-1:0] value ;  // 需要从总价值增加或减少的值
  wire ovf ;            // 溢出，暂时忽略不计

  // 保存当前总价值的状态寄存器
  DFF #(n) amt(clk, next, amount) ;

  // 从0、sum或hold中选择下一个状态
  Mux3 #(n) nsmux(amount, sum, {n{1'b0}}, selnext, next) ;

  // 从当前总价值中增加或减少一个数值
  AddSub #(n) add(amount, value, sub, sum, ovf) ;

  // 选择需要增加或减少的值
  Mux4 #(n) vmux(price, 'NICKEL, 'DIME, 'QUARTER, selval, value) ;

  // 比较器
  wire enough = (amount >= price) ;
  wire zero = (amount == 0) ;
endmodule
```

图 16-25 自动售货机控制器的数据通路

自动售货机控制器的测试平台如图 16-26 所示，在此平台对控制器进行仿真的波形如图 16-27 所示。测试从重置售货机开始。投入一枚五分硬币，接着投入一枚一角硬币，使

amount变为3（15分）。这时，我们等待一个时钟周期不投入硬币，以保证 amount 的值稳定在3。然后我们更新 dispense 信号以确保在没有投入足够的硬币之前不能够供应软饮料。接下来我们在连续的两个时钟周期内投入两个两角五分，使 amount 变为8然后再变为13。当 amount 达到13时，由于超出了商品价格（11），信号 enough 变为高电平。经过一个空闲时钟周期，我们再一次更新 dispense 信号。这次售货机工作了。状态推进到001（serve1）并且 amount 减少为2（减去了商品价格11）。

在状态 serve1 的第一个时钟周期（state = 001），serve 信号有效。售货机再保持此状态一个周期，等待 done 信号变为高电平。当 done 信号已经变为低电平之后，在 serve2（state = 011）状态只需要一个时钟周期，紧接着进入状态 change1（state = 010）。在 change1 状态的第一个时钟周期，输出信号 change 有效（返还给消费者五分硬币），amount 的值减少为1。售货机再保持 change1 状态一个时钟周期，用于等待 done 信号有效。由于信号 zero 无效，接下来只需要一个时钟周期就可以从 change2（state = 100）状态返回到 change1 状态。change 信号再一次有效，amount 值在 change1 状态的第一个时钟周期再一次减少1。这一次 amount 值变为0，信号 zero 有效。在 change1 状态等待第二个时钟周期之后，由于 zero 信号有效，售货机状态通过 change2 状态返回到投币状态，准备重新开始。

```
module testVend ;
  reg clk, rst, nickel, dime, quarter, dispense, done ;
  reg [3:0] price ;
  wire serve, change ;

  VendingMachine #(4) vm(clk, rst, nickel, dime, quarter, dispense, done, price,
                         serve, change) ;

  // 周期为10个时间单元的时钟信号
  initial begin
    clk = 1 ; #5 clk = 0 ;
    forever
      begin
        $display("%b %h %h %b %b",
        {nickel,dime,quarter,dispense}, vm.vmc.state, vm.vmd.amount, serve, change);
        #5 clk = 1 ; #5 clk = 0 ;
      end
    end

  // 给予及时的反馈
  always @(posedge clk) begin
    done = (serve | change) ;
  end

  initial begin
    rst = 1 ; {nickel, dime, quarter, dispense} = 4'b0 ; price = `PRICE ;
    #25 rst = 0 ;
    #10 {nickel, dime, quarter, dispense} = 4'b1000 ; // 五分硬币，总值为1
    #10 {nickel, dime, quarter, dispense} = 4'b0100 ; // 一角硬币，总值为3
    #10 {nickel, dime, quarter, dispense} = 4'b0000 ; // 空操作
    #10 {nickel, dime, quarter, dispense} = 4'b0001 ; // 尝试提前执行
    #10 {nickel, dime, quarter, dispense} = 4'b0010 ; // 两角五分，总值为8
    #10 {nickel, dime, quarter, dispense} = 4'b0010 ; // 两角五分，总值为13
    #10 {nickel, dime, quarter, dispense} = 4'b0000 ; // 空操作
    #10 {nickel, dime, quarter, dispense} = 4'b0001 ; // 售出饮料，总值为2
    #10 dispense = 0 ;
    #100 $stop ;
  end
endmodule
```

347～349

图16-26　自动售货机控制器的 Verilog 测试平台

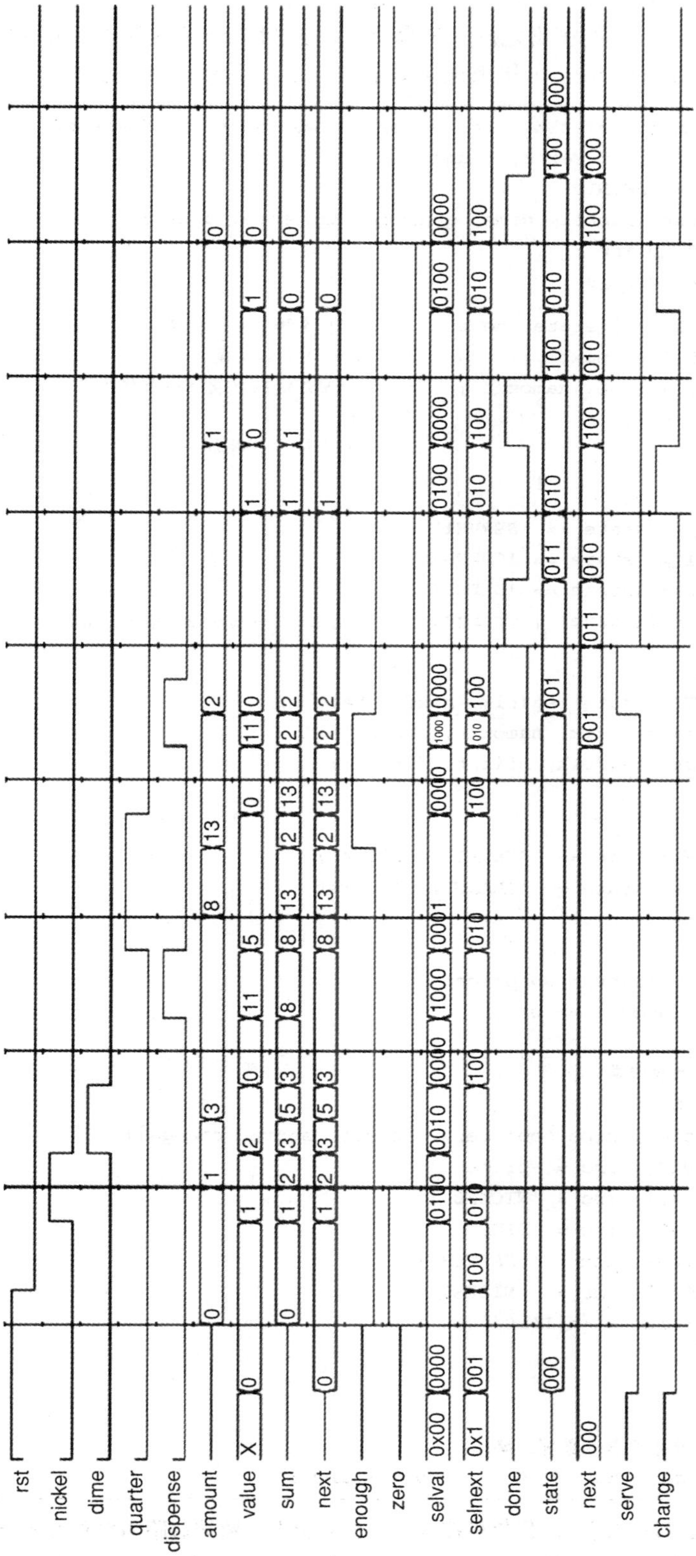

图16-27 用图16-26所示的测试平台仿真自动售货机控制器的波形

图 16-28 给出了实现自动售货机的另一种方法，用一个单独模块实现。除了省略掉了产生信号 selval 和 selnext 的逻辑之外，该售货机的控制部分同图 16-23 和图 16-24 完全相同。数据通路使用一个单独的 case 语句来选择增量，inc，当 amount 为常量时该增量为 0。

```
module VendingMachine1(clk, rst, nickel, dime, quarter, dispense, done, price,
                      serve, change) ;
  parameter n = `DWIDTH ;
  input clk, rst, nickel, dime, quarter, dispense, done ;
  input [n-1:0] price ;
  output serve, change ;

  wire [`SWIDTH-1:0] state, next ; // 当前状态和下一个状态
  reg [`SWIDTH-1:0] next1 ;        // 下一个状态w/o复位
  wire [n-1:0] amount, namount ;   // 数据通路状态以及下一个状态
  reg [n-1:0] inc ;                // 增量
  wire first ;                     // 状态的第一个周期

  // 译码
  wire serve1 = (state == `SERVE1) ;
  wire change1 = (state == `CHANGE1) ;
  wire deposit = (state == `DEPOSIT) ;
  wire nfirst = !(serve1 | change1) ; // 不处于serve1或change1状态

  // 状态寄存器
  DFF #(`SWIDTH) state_reg(clk, next, state) ;
  DFF #(n) data_reg(clk, namount, amount) ;
  DFF #(1) first_reg(clk, nfirst, first) ;

  // 输出
  wire serve = (state == `SERVE1) & first ;
  wire change = (state == `CHANGE1) & first ;

  // 状态信号
  wire enough = (amount >= price) ;
  wire zero = (amount == 0) ;

  // 选择增量的数据通路
  always @(*) begin
    casex({nickel, dime, quarter, deposit, serve, change})
      {6'bxxx010}: inc = -price ;
      {6'b100100}: inc = `NICKEL ;
      {6'b010100}: inc = `DIME ;
      {6'b001100}: inc = `QUARTER ;
      {6'bxxx001}: inc = -`NICKEL ;
      default: inc = {n{1'b0}} ;
    endcase
  end

  // 选择下一个硬币总值的数据通路
  assign namount = rst ? 0 : amount + inc ;
```

350～351 图 16-28　用单独模块实现自动售货机控制器的相同版本。数据通路用单独的 casex 语句实现选择一个增量。两部分中的第一部分，第二部分完全等同于图 16-24

16.3.2　实例：密码锁

作为第二个控制和数据通路的实例，考虑一个从十进制键盘接收输入信息的电子密码锁。用户必须输入十进制数字序列构成的密码，然后按下确认（enter）键。如果用户输入了正确的密码序列，则输出信号 unlock 有效（假设表示开动门闩来开门）。为了使其重新上锁，用户需要再次按下确认键。如果用户输入的密码序列不正确，输出信号 busy 有效，并且启动一个定时器，经过预先设置的时间之后才允许该用户再次进行开锁。忙指示灯只有在用户输入完整的密码序列并且按下确认键之后才可以开启。如果忙指示灯在用户输入第一个错误密码位时点亮，则给用户提供了破解密码的信息，一次可以破解一位密码。

该密码锁系统有 3 个输入信号：key、key_valid 和 enter。4 位编码 key 表示当前输入的按键，信号 key_valid 表示按键有效。输入键盘是经过预处理的，每次按键维持一个时钟周期的有效期。同样，enter 信号也经过了预处理，保证用户每次按下确认键来开锁或重新上锁时该信号保持一个时钟周期的有效期。密码序列的长度由内部变量 length 来进行设置，密码序列保存在内部存储器中。

图 16-29 显示了密码锁控制部分的状态图。密码锁复位到开始状态（enter）。在此状态密码锁接收输入信息。每次有键按下时，同预期的数字进行检测。如果检测结果正确（kmatch），密码锁继续保持开始状态等待输入；如果检测结果不正确（$valid \wedge \overline{kmatch}$），密码锁转换到 wait1 状态。密码锁保持 wait1 状态，直到有确认键按下时，进入 wait2 状态。在 wait2 状态密码锁启动一个定时器，并且保持此状态，在定时器 done 信号有效之前保持信号 busy 有效。

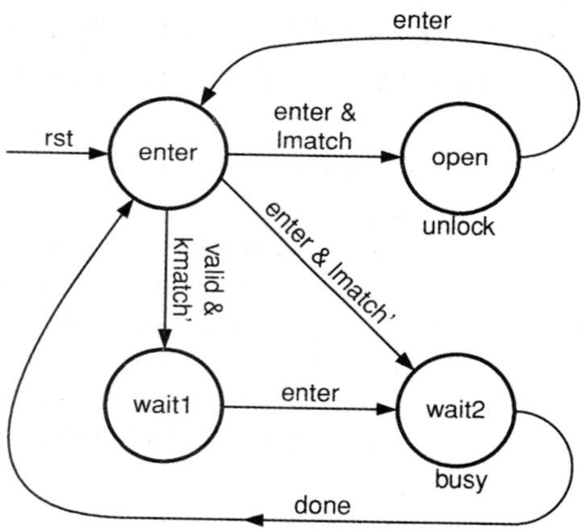

图 16-29　密码锁控制部分状态图

当整个密码都全部正确输入之后，密码锁还保持在开始状态，并且 lmatch 为真。在此开始状态下错误的输入数字会将状态转换为 wait1。只有输入的密码长度同内部 length 变量一致时 lmatch 才为真。如果这时候按下确认键，密码锁转换到打开（open）状态（$enter \wedge lmatch$），密码锁打开。在打开状态再次输入确认键则使密码锁返回到复位状态。如果在开始状态，当密码长度不匹配时按下确认键（输入的密码位数过多或过少）（$enter \wedge \overline{lmatch}$），则密码锁状态转换为 wait2 状态。

密码锁数据通路部分的框图如图 16-30 所示。数据通路包括两个独立的部分。上半部分用于比较输入密码的长度和密码值。下半部分用于输入错误密码时定义等待周期。此部分包含一个单独的定时器模块，当控制信号 load 有效时载入定时间隔 twait。然后定时器开始倒计时。当定时器计时结束时，状态信号 done 变为有效。

数据通路的上半部分包含一个计数器、一个 ROM 和两个比较器。计数器记录我们正在输入的密码数位。在密码锁进入开始状态之前计数器清零，然后在每次有密码键按下时进行加一计数。计数器的输出信号 index 选择将要进行比较的密码数位。信号 index 和 length 进行比较生成状态信号 lmatch。index 还用于表示存放密码的 ROM 的地址。密码的当前数数位从 ROM 352
内读出，作为信号 code，同用户输入的按键进行比较，生成状态信号 kmatch。图 16-31 和图 16-32 给出了密码锁的 Verilog 程序实现。在这里我们将控制模块和数据通路模块都放在了一个单独的模块中。这样做省略了将控制部分和数据部分进行连接的代码，但是对于大模块来说可能导致不够灵活、不易维护的编程代价。

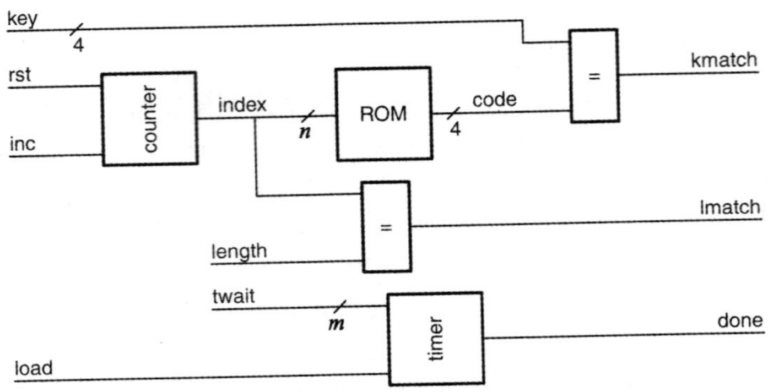

图 16-30 密码锁数据通路部分的框图

此模块的数据通路部分如图 16-31 所示。该 Verilog 程序严格按照图 16-30 给出的框图进行编写。计数器用的是 16.1.2 节介绍的加一/减一/载入计数器。在这里只用到了 `rst` 和 `up` 两个控制输入信号。其他控制输入信号 `load` 和 `down` 都为零。当对计数器进行综合时，综合器将利用这些零控制输入信号来消除无用的逻辑电路。16.1.3 节介绍的定时器模块用来在 wait2 状态时进行倒计时。两个比较器用 assignment 语句实现。

```
//----------------------------------------------------------------------
// CombLock
// 输入信号:
//   key——4位信号，当key_valid有效时每次接收一位密码
//   key_valid——接收新密码位的标识信号
//   enter——表示全部密码输入完毕的信号
// 输出信号:
//   busy——超时输入错误密码后有效
//   unlock——输入正确密码并按下确认键后该信号有效

//----------------------------------------------------------------------
module CombLock(clk, rst, key, key_valid, enter, busy, unlock) ;
  parameter n = 4 ; // 密码长度位数
  parameter m = 4 ; // 定时器位数
  input clk, rst, key_valid, enter ;
  input [3:0] key ;
  output busy, unlock ;

  //---- 数据通路 ------------------------------------
  wire rstctr ; // 计数器复位
  wire inc ;    // 计数器加计数
  wire load ;   // 载入定时器
  wire done ;   // 定时结束
  wire [n-1:0] index ;
  wire [3:0] code ;
  UDL_Count #(n) ctr(clk, rstctr, inc, 1'b0, 1'b0, 4'b0, index) ; // 计数器
  ROM #(n,4) rom(index, code) ; // ROM存储密码
  Timer #(m) tim(clk, rst, load, `TWAIT, done) ; // 等待定时器
  wire kmatch = (code == key) ;        // 密码比较器
  wire lmatch = (index == `LENGTH) ;   // 长度比较器
```

图 16-31 密码锁的 Verilog 描述（两部分中的第一部分）。此部分紧随图 16-30 对数据通路进行描述

图 16-32 显示了密码锁模块的 Verilog 实现的控制部分程序。程序的顶部生成输出和下一个状态变量。输出信号 busy 和 unlock 通过对状态变量 state 进行译码来产生，这是由于这两个输出信号在密码锁处于 wait2 状态和打开状态时相应的值都为真。开始状态和 wait1 状态也进行了译码，在命令方程式中会用到。命令信号 rstctr 用于在复位时重置数位计数器，或者在指向开始状态的那些状态（wait2 状态和打开状态）时重置计数器，以便于计数器完成清零工作，准备在开始状态统计数位序列。同样，load 信号在指向 wait2 状态（开始状态和 wait1 状态）的状态时载入定时器，以便于在 wait2 状态时能够进行倒计时。在开始状态下每次有键按下时，inc 信号对计数器进行加一计数。

下一个状态函数通过 casex 语句实现，并用一个单独的 assign 语句复位到开始状态。case 变量由 5 个输入信号和状态信号拼接而成，该状态信号用当前状态影响下一个状态函数。

```
//---  控制器  ---------------------------------------
wire [`SWIDTH-1:0] state, next ;          // 当前状态和下一个状态
reg  [`SWIDTH-1:0] next1 ;                // 复位
wire senter = (state == `ENTER) ;         // 译码状态
assign unlock = (state == `OPEN) ;
assign busy = (state == `WAIT2) ;
wire swait1 = (state == `WAIT1) ;
assign rstctr = rst | unlock | busy ;     // 返回到输入状态之前复位
assign inc = senter & key_valid ;         // 每次有按键时进行加计数
assign load = senter | swait1 ;           // 在进入wait2状态之前载入

DFF #(`SWIDTH) sr(clk, next, state) ; // 状态寄存器

always @(*) begin
  casex({enter, lmatch, key_valid, kmatch, done,state})
    {5'bxx10x,`ENTER}: next1 = `WAIT1 ;  // valid & ~kmatch
    {5'b0x11x,`ENTER}: next1 = `ENTER ;  // valid & kmatch
    {5'b110xx,`ENTER}: next1 = `OPEN  ;  // enter & lmatch
    {5'b10xxx,`ENTER}: next1 = `WAIT2 ;  // enter & ~lmatch
    {5'b0x0xx,`ENTER}: next1 = `ENTER ;  // ~enter & ~valid

    {5'b1xxxx,`OPEN}: next1 = `ENTER  ; // enter
    {5'b0xxxx,`OPEN}: next1 = `OPEN   ; // ~enter

    {5'b1xxxx,`WAIT1}: next1 = `WAIT2  ; // enter
    {5'b0xxxx,`WAIT1}: next1 = `WAIT1  ; // ~enter

    {5'bxxxx1,`WAIT2}: next1 = `ENTER  ; // done
    {5'bxxxx0,`WAIT2}: next1 = `WAIT2  ; // ~done
    default: next1 = {`SWIDTH{1'bx}};
  endcase
end
assign next = rst ? `ENTER : next1 ; // 复位
endmodule
```

图 16-32 密码锁的 Verilog 描述（两部分中的第二部分）。此部分描述控制器。assign语句生成命令和输出信号。casex 语句计算下一个状态函数

图 16-33 给出了用一系列测试输入对密码锁模块进行仿真生成的波形图。该测试访问到了

所有状态，并且遍历了图 16-29 所示的状态图的所有边。该测试通过三次开锁尝试进行测试，其中包括一次正确尝试两次错误尝试。复位以后，测试过程首先输入正确的密码序列，在 1 和 7 之后分别给出一个脉冲。循环输入直到输入最后一个数值 8，按下确认键 `enter`，下一个周期 `unlock` 信号变为高电平，密码锁进入打开状态（`state =1`）。`enter` 信号在保持一个周期低电平之后又变为高电平，使密码锁返回开始状态。

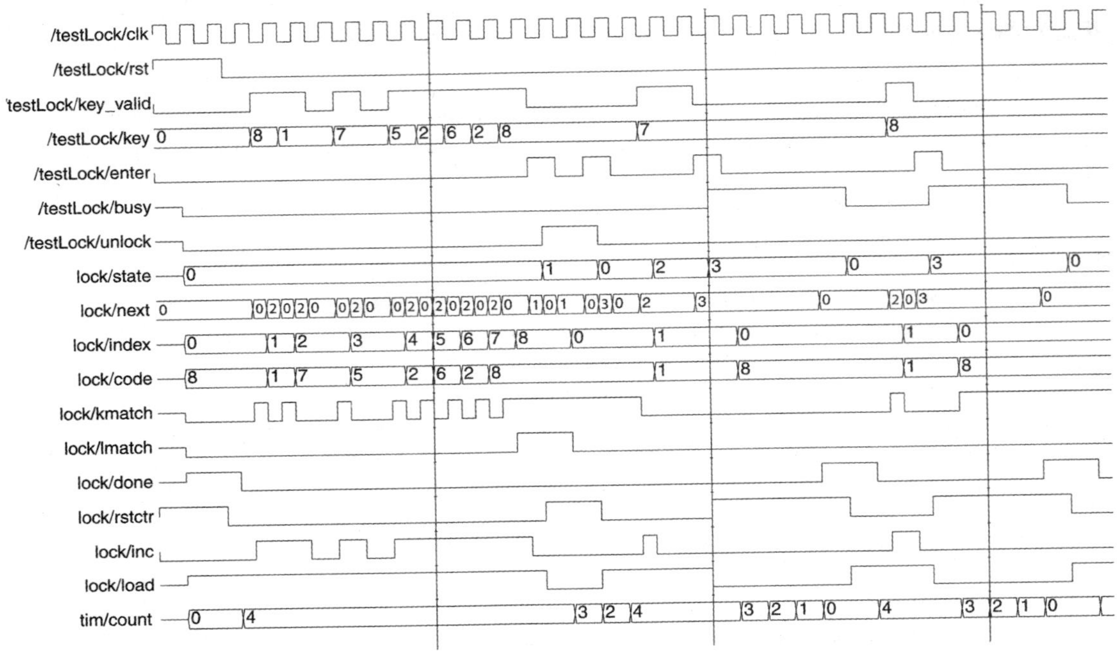

图 16-33 图 16-31 和图 16-32 所描述的密码锁模块的仿真波形

第二次开锁尝试包含了输入无效密码。当输入第一个错误密码位时（7 代替了 8），密码锁装换到 wait1 状态（`state =2`）。密码锁保持 wait1 状态直到确认键 `enter` 按下，然后进入 wait2 状态（`state =3`）。在 wait2 状态，输出信号 `busy` 有效，定时器从 4 开始倒计时。⊖

第三次开锁尝试包含输入错误长度的密码。正确输入第一个密码位后，按下确认键，`enter` 信号有效。由于输入的密码还没达到正确长度（`lmatch =0`），密码锁转换到 wait2 状态并开始对定时器进行倒计时。

小结

在本章中，通过学习将系统划分为数据通路和控制逻辑的过程，你已经迈出了从模块设计到系统设计的第一步。还学习了如何设计**数据通路** FSM，它的状态机的下一个状态函数由表达式描述，而不是状态表。

常用的数据通路 FSM 包括**计数器**和**移位寄存器**。计数器由当前状态增加或减少来生成下一个状态。移位寄存器通过对当前状态进行移位来产生下一个状态。这些 FSM 还可能具有为状态寄存器**载入**一个任意值的功能。

大多数系统能够划分为数据通路和控制逻辑两部分。数据通路维护状态信息，这些状态表

⊖ 实际上我们可以用更长的超时时间。然而，用短的超时时间可以缩短仿真时间，从而使得波形图的可读性更强。

示为值，就像自动售货机中找零的数量，或者音频信号的量级。数据通路的下一个状态函数由表达式定义，或者在结构上直接连接多路选择器和功能单元。 353~356

相应的，控制逻辑维护的状态表示离散的操作模式。数据通路的操作用框图或者表达式表示，而控制逻辑的操作用状态图或状态表表示。

习题

16.1 环形计数器。考虑一个具有4位状态寄存器 state 的数据通路 FSM，其下一个状态函数由以下 Verilog 语句进行描述：

```
wire [3:0] next = rst ? 0 : {state[2:0],~state[3]} ;
```

画出该 FSM 的状态图。用简单的语言描述此 FSM 能完成的功能。

16.2 线性反馈移位寄存器，I。考虑一个具有4位状态寄存器 state 的数据通路 FSM，其下一个状态函数由以下 Verilog 语句进行描述：

```
wire [3:0] next = rst ? 4'b1 : {state[2:0],state[3]^state[2]} ;
```

回想一下，在 Verilog 语言中^表示 XOR 操作。画出该 FSM 的状态图。用简单的语言描述此 FSM 能完成的功能。

16.3 线性反馈移位寄存器，II。考虑一个具有5位状态寄存器 state 的数据通路 FSM，其下一个状态函数由以下 Verilog 语句进行描述：

```
wire [4:0] next = rst ? 5'b1 : {state[3:0],state[4]^state[2]} ;
```

回想一下，在 Verilog 语言中^表示 XOR 操作。画出该 FSM 的状态图。用简单的语言描述此 FSM 能完成的功能。

16.4 饱和计数器，I。画出计数器的框图，该计数器可以加计数、减计数、载入。然而，该计数器必须在加计数（从可编程的最大值开始）和减计数（从零开始）时必须进行饱和计数。

16.5 饱和计数器，II。为习题16.4中的饱和计数器编写 Verilog 程序。

16.6 多路计数器，I。修改图16-9中的加一/减一/载入计数器，使修改后的计数器含有4个独立的计数寄存器。增加一个两位输入信号 rd，用于在进行任何给定操作时选择修改4个计数寄存器中的哪一个。

16.7 多路计数器，II。修改习题16.6中的计数器，使得修改后的计数器有一个源寄存器输入 rs 和一个目的寄存器输入 rd。这样允许用户设置 cnt3 = cnt0 - 1，例如（rd = 3，rs = 0）。用 rd 输入作为载入的目的。

16.8 斐波那契数列，I。画出计算16位斐波那契数列的数据通路电路的框图。每个时钟周期电路输出下一个斐波那契数（复位以后从0开始）。当下一个数大于16位时，电路应发出信号。

16.9 斐波那契数列，II。用 Verilog 编程实现习题16.8中的数据通路 FSM。

16.10 自动售货机，I。按以下方式修改16.3.1节中的自动售货机。当把硬币投入售货机中时，适当的信号保持不定时间的高电平。只需要对每个硬币进行一次计数，在投入下一个硬币之前输入信号变为低电平。 357

16.11 自动售货机，II。按以下方式修改16.3.1节中的自动售货机。如果用户不断向当前实现的售货机投入硬币，则计数器会溢出。设计自动售货机具有最高收款数，使得将多出的硬币退还给用户。

16.12 密码锁，I。按以下方式修改16.3.2节中的密码锁。增加密码锁功能使该密码锁支持多用户（最多8个）。第一位数字选择用户，其他输入信息为开锁序列。所有编码都存放在同一个单独的 ROM 中。

16.13 密码锁，II。按以下方式修改16.3.2节中的密码锁。允许用户（单一用户）输入的密码中有一位错误时仍然能够开锁。例如，如果密码是12345，以下任何一组输入都能够开锁：11345、12385、12349。对于长度为 n 的密码，在原始的实现方法和宽松的实现方法中猜对正确组合的概率是多少？

16.14 番茄重量，I。一家食品罐头厂要把番茄装入纸箱里，要求每个纸箱至少装16盎司番茄。每个番茄重4~6盎司，因此每个纸箱将装3个或4个番茄。接下来的三个问题要求我们创建一个模块，按顺序接收每个番茄的重量，并为每个包装输出总重量和一个表示打包有效的信号。所设计系统的输入信号为 rst（清除重量）、clk、weight [2: 0]（当前番茄的重量）、valid_ in（输入的重量是有效的）。当存储的重量数值（输出信号 weight_out[4:0]）为16或者大于16时输出信号 valid_ out 出现上升沿。在表示番茄重量大于16盎司的有效输出信号之后，下一个输入重量应该加0，表示开始新的一个包装。画出该模块的数据通路的框图。

16.15 番茄重量，II。为习题16.14中创建的数据通路描述如何生成控制信号（用逻辑方程式或框图表示）。

16.16 番茄重量，III。编程实现习题16.14中的番茄称重器，并进行验证。

16.17 计算器 FSM，I。八进制计算器的数据通路包含一个24位输入寄存器 in_ reg 和一个24位累加器 acc。这两个寄存器的内容都以8位八进制（基数为8）数字表示。复位的时候两个寄存器都清零。计算器包含按键C（清零）、数字键0~7、功能键+、-、×。按下一次按键C表示清除 in_ reg。再次按下按键C并且中间没有其他按键时表示清除 acc。按下数字键时将 in_ reg 寄存器内容左移三位并将按键的数字填充到寄存器空出的低三位。按下功能键时在两个寄存器之间执行该功能，并将执行结果存入 acc 中。画出该计算器数据通路的框图。

16.18 计算器 FSM，II。画出习题16.17介绍的计算器的控制器模块的框图。

16.19 计算器 FSM，III。编写 Verilog 程序实现习题16.17中的计算器。编写测试平台验证计算器的 Verilog 程序。

16.20 计算器 FSM，IV。结合框图，用英语进行描述，说明为了使计算器能够接收十进制输入（数字0~9）来代替八进制数，必须对前边的设计进行哪些修改。每个数字必须进行单独存储和显示，也就是说，需要一个类似习题6.14中的七段数码管显示那样的模块来完成。

16.21 升序序列检测器。编写 Verilog 模块，在8位输入端 in 接收8字节序列，该序列第一个字节由信号位 start 标识。所设计的模块需要在最后一个字节输入完成后的周期声明一个信号位 done。在同一个周期还需要声明一个信号位 in_sequence 来表示此8字节序列是否为升序序列，也就是说，第 $i+1$ 个字节比第 i 个字节大1，$b_{i+1}=b_i+1$，i 从1到7。

358~359 **16.22** 降序序列检测器。编写 Verilog 模块，在8位输入端 in 接收8字节序列，该序列第一个字节由信号位 start 标识。所设计的模块需要在最后一个字节输入完成后的周期声明一个信号位 done。在同一个周期还需要声明一个信号位 in_sequence 来表示此8字节序列是否为降序序列，也就是说，第 $i+1$ 个字节比第 i 个字节小1，$b_{i+1}=b_i-1$，i 从1到7。

分解有限状态机

分解状态机是将状态机划分为两个或更多简单状态机的过程。可以通过将状态机的正交垂直部分划分成能够独立处理的单独的FSM，从而大大简化状态机的设计。独立的FSM之间通过逻辑信号进行通信。一个FSM为另一个FSM提供输入控制信号并检测它的输出状态信号。如果通过分解问题，对状态机进行适当的分解，就可以使状态机更加简单并且易于理解和维护。

在FSM分解过程中，每个子状态机的状态表示多维状态空间中的一维。所有子状态机的状态共同定义整体状态机的状态——状态空间中的一个独立的点。组合后的状态机有一定数量的状态，这个数量等于各个子状态机状态的乘积——状态空间中的点的数量。[⊖] 如果单个状态机有几十个状态，整个状态机有成千上万个状态就不足为怪了。如果不进行分解来处理这么大数目的状态将是不切实际的。

在16.3节我们已经看到了一种分解的形式，即开发一个包含数据通路组件和控制组件的状态机。实际上，我们将整个状态机分解为数据通路部分和控制部分。在此我们通过介绍如何对控制部分进行分解来推广这个概念。

在本章中，我们通过两个实例来介绍有限状态机分解。在第一个例子中，我们从一个平面FSM开始将其分解为多个简单的FSM。在第二个例子中，我们直接从规格中得到分解后的FSM，而不受平面FSM的干扰。大多数真实的FSM用后一种方法进行设计。分解通常是状态机规格的自然产物。很少应用到已知平面状态机中。

17.1 闪光信号灯

假设要设计一个闪光信号灯。发光器有单独的输入信号in和单独的输出信号out。当输入信号in变为高电平时（保持一个周期），初始化闪烁序列。当闪烁序列通过out信号输出时，驱动一个发光二极管（LED）闪烁3次。对于每次闪烁，输出信号out保持6个周期高电平（LED开）。在闪烁之间输出信号out保持4个周期低电平。第三次闪烁之后FSM返回OFF状态等待输入信号in的下一个脉冲到来。 360

闪光信号灯的状态图如图17-1所示。该FSM包含27个状态：3次闪烁每次包含6个状态，每次闪烁之间的两个阶段包含4个状态，还有一个OFF状态。我们可以用一条包含27种假设的`case`语句实现此FSM。但是，假如设计规格变成了要求每次闪烁包含12个周期、4个闪烁周期和7个闪烁间隔周期。由于该状态机是平面状态机，这些改动任何一个都需要完全改变`case`语句。

我们将阐述闪光信号灯的分解过程。该状态机可以按两种方式进行分解。首先，我们可以将打开和关闭时间间隔的计数进行析出因数，作为一个定时器。这样可以将给定闪烁或闪烁间隔的6状态或4状态序列缩减为一个单独状态。这样进行定时分解不但简化了状态机，而且使得改变打开和关闭时间间隔变得相当简单。第二种方法，将三次闪烁进行析出因数（虽然最后一次闪烁略有不同）。这样做也简化了状态机，还使得我们可以改变闪烁次数。

图17-2显示了发光器如何通过分解将计算时间间隔的过程分离为单独的状态机。如图17-2b所示，分解后的状态机包含一个主FSM和一个定时器FSM，主FSM用于接收in信号并生成out

⊖ 对于大多数状态机来说，并不是状态空间中所有点都是可到达的。

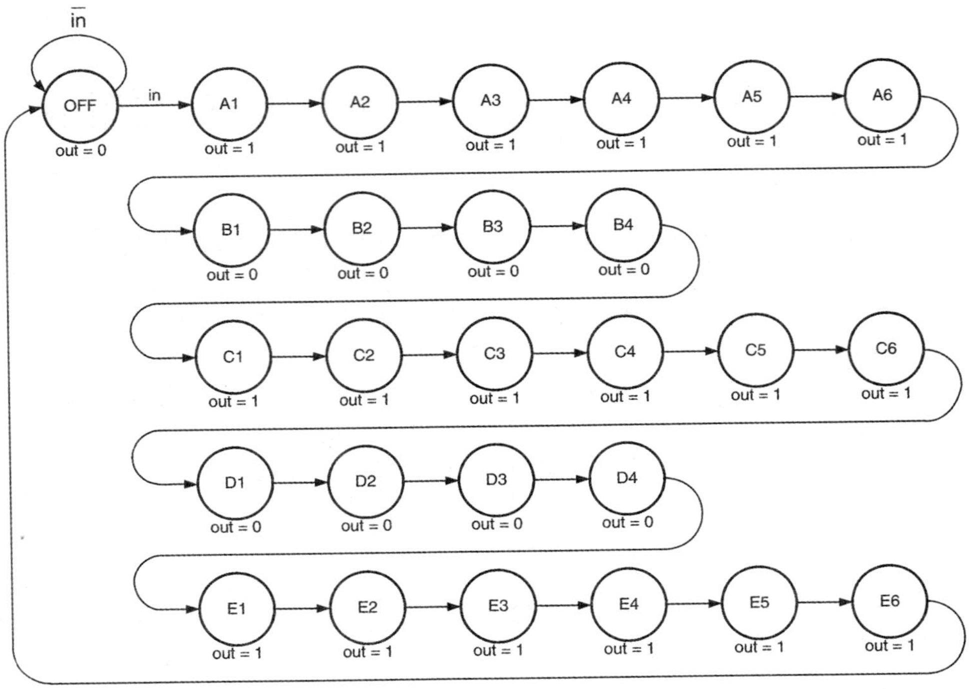

图 17-1　闪光信号灯的状态图

361 信号。定时器 FSM 接收来自主 FSM 的两个控制信号，并返回一个状态信号。控制信号 tload 命令定时器为倒计时器载入一个值（即开启倒计时），信号 tsel 用于选择要载入的数值。当 tsel 为高电平时，定时器设置为计数 6 个周期。当 tsel 为低电平时，计数器计数 4 个周期。当计数器完成倒计时计数时，信号 done 有效，并且保持有效状态直到计数器重新载入数值。该定时器的状态图如图 17-2c 所示。⊖ 此定时器作为一个数据通路 FSM 来实现，具体在 16.1.3 节进行讨论。

主 FSM 的状态图如图 17-2a 所示。这些状态与图 17-1 中状态完全对应，只是将每个重复状态序列（如 A1 到 A6）用一个单独的状态（如 A）代替。状态机从 OFF 状态启动。该状态不断为启动序列（tsel = 1）载入定时器的倒计时数值。当信号 in 有效时，FSM 进入状态 A，输出信号 out 变为高电平，定时器开始倒计时。主 FSM 保持状态 A，等待定时器计时完成，信号 done 有效。该状态保持 6 个周期。A 状态的最后一个周期，信号 done 变为真，因此 tload 信号有效（tload = done），并且计数器载入关闭序列的倒计时值（tsel = 0）。注意，只有在 A 状态最后一个周期，done 信号有效时，tload 信号才有效。如果该信号在 A 状态每个周期都有效，则定时器将不断复位，并且永远不会到达 DONE 状态。由于 done 信号在最后一个周期有效，状态机在下一个周期进入状态 B 并且输出信号 out 变为低电平。该过程在状态 B 到 E 之间不断重复，在每次进行状态转换时都要等待信号 done 有效。这些状态中的每一个（E 状态除外）都在其最后一个周期通过指定 tload = done 来为下一个状态载入计数值。

如果将图 17-2 的 FSM 同图 17-1 的平面 FSM 进行比较，我们发现平面状态机的状态被分开了。在当前闪烁或闪烁间隔表示循环计数的一部分状态（状态名称的数字部分或在图 17-1 中的水平位置）包含在计数器中，而反映当前所处哪一次闪烁或闪烁间隔的一部分状态（状态

⊖ 该状态图只显示了 tload 信号在状态 DONE 时的活动情况。实际上，定时器可以在任何状态下进行载入。为了表示清楚，在这里省略了额外的边。

名称的字母部分或在图 17-1 中的垂直位置）包含在主 FSM 中。通过这种方式将状态分解成水平和垂直两部分，从而可以只用两个 6 状态状态机就能够表示原始状态机的所有 27 个状态。

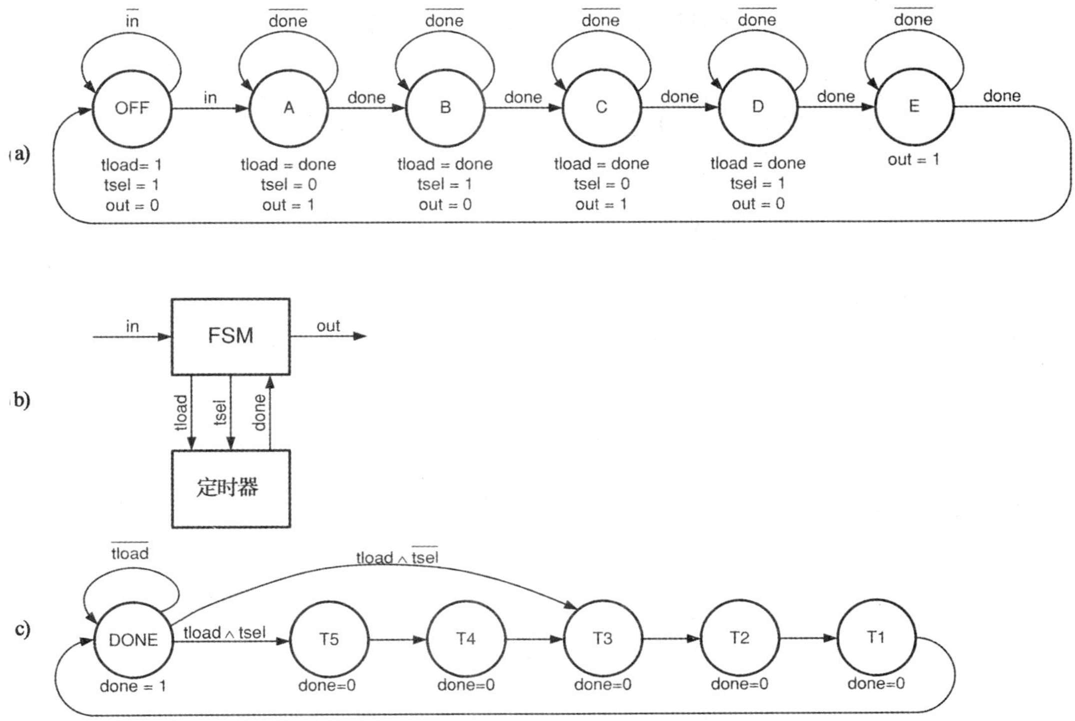

图 17-2　闪光信号灯的状态图，将打开和关闭时间间隔提取因数为一个定时器。a）主 FSM 的状态图。b）主 FSM 和定时器 FSM 进行连接的框图。c）定时器 FSM 的状态图

图 17-2a 中主 FSM 的 Verilog 程序如图 17-3 所示。`flash` 模块实例化了一个状态寄存器和一个定时器（见图 17-4），然后用一个 `case` 语句描述组合逻辑表示的下一个状态和输出逻辑。对于 6 个状态中的每一个状态，都用一条连接语句对输出信号 `out`、两个定时器控制信号 `tload` 和 `tsel`、下一个状态 `next1` 进行设置。需要注意的是，分配给定时器控制信号 `tload` 的值取决于定时器状态 `done` 信号的值。这是一个输入信号 `done` 不经过延迟直接影响输出信号 `tload` 的状态机的实例。在每一个状态，下一个状态由`?:`语句决定，在进入下一个状态之前要等待信号 `in` 或信号 `done` 有效。最后的 `assign` 语句将状态机复位到 `OFF` 状态。

```
// 为flash1定义状态
`define SWIDTH 3
`define S_OFF 3'b000  // off状态
`define S_A   3'b001  // 第一次闪烁
`define S_B   3'b010  // 第一个闪烁间隔
`define S_C   3'b011  // 第二次闪烁
`define S_D   3'b100  // 第二个闪烁间隔
`define S_E   3'b101  // 第三次和最后一次闪烁

// Flash——闪烁3次，每次6个周期闪烁，4个周期停止。每次in有效
module Flash(clk, rst, in, out) ;
```

图 17-3　图 17-2a 中主 FSM 的 Verilog 描述

```
  input clk, rst, in ; // in触发器启动闪烁序列
  output out ;         // out驱动LED
  reg  out ;                          //  输出
  wire ['SWIDTH-1:0] state, next ; // 当前状态
  reg  ['SWIDTH-1:0] next1  ;      // 不含复位的下一个状态
  reg  tload, tsel ;               // 定时器输入信号
  wire done ;                      // 定时器输出信号

  // 实例化状态寄存器
  DFF #('SWIDTH) state_reg(clk, next, state) ;

  // 实例化定时器
  Timer1 timer(clk, rst, tload, tsel, done) ;

  // 下一个状态和输出逻辑
  always @(*) begin
    case(state)
      'S_OFF: {out, tload, tsel, next1} =
              {1'b0, 1'b1, 1'b1, in ? 'S_A : 'S_OFF } ;
      'S_A:   {out, tload, tsel, next1} =
              {1'b1, done, 1'b0, done ? 'S_B : 'S_A } ;
      'S_B:   {out, tload, tsel, next1} =
              {1'b0, done, 1'b1, done ? 'S_C : 'S_B } ;
      'S_C:   {out, tload, tsel, next1} =
              {1'b1, done, 1'b0, done ? 'S_D : 'S_C } ;
      'S_D:   {out, tload, tsel, next1} =
              {1'b0, done, 1'b1, done ? 'S_E : 'S_D } ;
      'S_E:   {out, tload, tsel, next1} =
              {1'b1, done, 1'b1, done ? 'S_OFF : 'S_E } ;
      default:{out, tload, tsel, next1} =
              {1'b1, done, 1'b1, done ? 'S_OFF : 'S_E } ;
    endcase
  end

  // 重置到关闭状态
  assign next = rst ? 'S_OFF : next1 ;
endmodule
```

图 17-3　（续）

为了保证程序的完整性，定时器的 Verilog 程序如图 17-4 所示。所采用的方法同 16.1.3 节介绍的方法类似。

对图 17-2 所示分解的发光器进行仿真得到的波形显示如图 17-5 所示。从顶部开始第 4 行的输出信号显示预期的 3 个脉冲，每个脉冲宽度为 6 个周期，闪烁间隔为 4 个周期。主 FSM 的状态直接在输出信号下边显示，定时器状态显示在图的底部。波形显示了主 FSM 如何在定时器倒计时时——闪烁时从 5 倒计到 0，闪烁间隔时从 3 倒计到 0——保持在一个状态不变。定时器控制信号线（直接位于定时器状态上边）显示了在状态 A ~ E（1 ~ 5）时 tload 信号如何紧随 done 信号。

```
// 定义时间间隔
// 载入5，用5到0表示6个周期时间间隔
`define T_WIDTH 3
`define T_ON  3'd5
`define T_OFF 3'd3

// 定时器1——复位到完成状态。tload有效时载入时间
// 如果tsel有效则载入T_ON，否则载入T_OFF。如果没有载入或复位状态，定时器开始
// 每个周期进行计时。done有效并且计数器为0时停止定时
module Timer1(clk, rst, tload, tsel, done) ;
  parameter n=`T_WIDTH ;
  input clk, rst, tload, tsel ;
  output done ;
  wire [n-1:0] count ;
  reg  [n-1:0] next_count ;

  // 状态寄存器
  DFF #(n) state(clk, next_count, count) ;

  // 信号done
  assign done = ~(|count) ;

  // 下一个计数逻辑
  always@(*) begin
    casex({rst, tload, tsel, done})
      4'b1xxx: next_count = `T_WIDTH'b0 ;
      4'b011x: next_count = `T_ON ;
      4'b010x: next_count = `T_OFF ;
      4'b00x0: next_count = count - 1'b1 ;
      4'b00x1: next_count = count ;
      default: next_count = count ;
    endcase
  end
endmodule
```

图 17-4 图 17-2 所示闪光信号灯所用定时器 FSM 的 Verilog 描述

我们可以通过将状态 A、C、E 认定为重复相同功能来对发光器进一步进行分解。唯一的不同就是剩余闪烁的次数。我们可以将剩余闪烁的次数分解为第二个计数器，如图 17-6 所示。在这里主 FSM 只有三个状态决定状态机是关闭、闪烁还是闪烁间隔。决定闪烁或闪烁间隔的内部位置的状态包含在一个定时器中（就像图 17-2 所示）。最后，决定剩余闪烁次数的状态包含在一个计数器中。主 FSM、定时器 FSM 和计数器 FSM 三个 FSM 共同决定分解后的状态机的全部状态。三个子状态机中的每一个分别决定三维状态空间中沿着一个轴的状态。

进行二次分解的状态机的主 FSM 的状态图如图 17-6b 所示。状态机只有三个状态。它从 OFF 状态启动。在 OFF 状态，定时器和计数器都进行载入。定时器载入闪烁的倒计时值。计数器载入比实际需要的闪烁次数少一的值（即对于 4 次闪烁计数器载入数值 3）。输入信号 in 变为高电平使得状态机进入 FLASH 状态。在 FLASH 状态，输出信号 out 为真，定时器进行倒计时，计数器空闲。在 FLASH 状态的最后一个周期，定时器倒计时到 0 状态，信号 tdone 为真。在这个周期，定时器重新载入闪烁间隔的倒计时值。在 tdone 信号为真时，如果计数器没有完 362~365

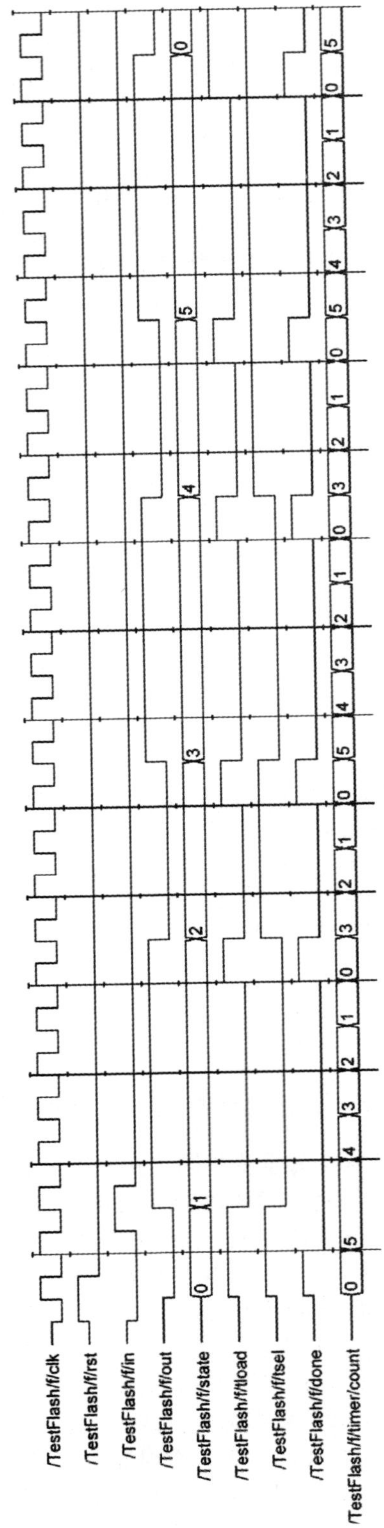

图17-5 对图17-2中分解的闪光信号灯进行仿真的波形图

成计数（cdone 不为真），则 FSM 从 FLASH 状态转换为 SPACE 状态。否则，如果这是最后一次闪烁（cdone 为真），状态机返回到 OFF 状态。在 SPACE 状态，输出信号为假，定时器进行倒计时，计数器空闲。在 SPACE 状态的最后一个周期，tdone 信号为真。这使得计数器减一，减少剩余闪烁次数的值，定时器重新载入闪烁的倒计时值。

图 17-6 中二次分解的闪光灯的 Verilog 程序如图 17-7 所示，计数器模块的 Verilog 描述见图 17-8。主 FSM 的下一个状态和输出函数再次使用连接语句通过一条语句设置下一个状态、输出和 4 个控制信号。嵌套的?：语句用于为 FLASH 状态计算下一个状态时同时测试 `tdone` 和 `cdone` 两个信号。在某些状态下，状态信号 `tdone` 直接传递到控制信号 `tload` 和 `cdec`。计数器模块和定时器模块几乎完全相同，只是有一些控制上的不同，计数器只有在 `cdec` 信号有效时才进行减一操作，而定时器是一直在进行减一操作。概括起来说，就是同一个参数化的模块可以用于两种不同的功能。

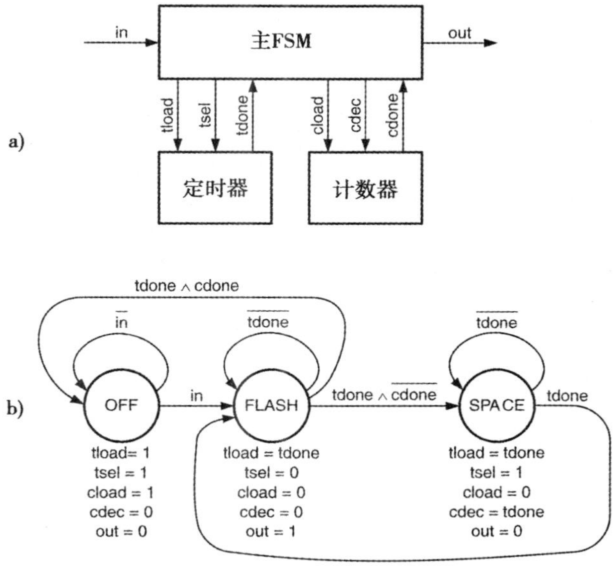

图 17-6 对图 17-1 中的闪光信号灯进行二次分解。当前闪烁序列的位置包含在定时器中。剩余闪烁次数包含在计数器中。最后，闪光灯是关闭、闪烁还是在两次闪烁之间的间隔由主 FSM 决定。a）二次分解状态机的框图。b）主 FSM 的状态图

```
// 定义二次分解状态
`define XWIDTH 2
`define X_OFF   2'b00
`define X_FLASH 2'b01
`define X_SPACE 2'b10

module Flash2(clk, rst, in, out) ;
  input clk, rst, in ; // in触发器启动闪烁序列
  output out ;          //  out驱动LED
  reg  out ;                         // 输出
  wire [`XWIDTH-1:0] state, next ; // 当前状态
  reg  [`XWIDTH-1:0] next1  ;        // 不含复位状态的下一个状态
  reg  tload, tsel, cload, cdec ;  // 定时器和计数器输入信号
```

图 17-7 图 17-6 中主 FSM 的 Verilog 描述

```
wire tdone, cdone ;                    // 定时器和计数器输出信号

// 实例化状态寄存器
DFF #(`XWIDTH) state_reg(clk, next, state) ;

// 实例化定时器和计数器
Timer1   timer(clk, rst, tload, tsel, tdone) ;
Counter1 counter(clk, rst, cload, cdec, cdone) ;

always @(*) begin
  case(state)
    `X_OFF:  {out, tload, tsel, cload, cdec, next1} =
             {1'b0, 1'b1, 1'b1, 1'b1, 1'b0,
              in ? `X_FLASH : `X_OFF } ;
    `X_FLASH:{out, tload, tsel, cload, cdec, next1} =
             {1'b1, tdone, 1'b0, 1'b0, 1'b0,
              tdone ? (cdone ? `X_OFF : `X_SPACE) : `X_FLASH } ;
    `X_SPACE:{out, tload, tsel, cload, cdec, next1} =
             {1'b0, tdone, 1'b1, 1'b0, tdone,
              tdone ? `X_FLASH : `X_SPACE } ;
    default:{out, tload, tsel, cload, cdec, next1} =
             {1'b0, tdone, 1'b1, 1'b0, tdone,
              tdone ? `X_FLASH : `X_SPACE } ;
  endcase
end

assign next = rst ? `X_OFF : next1 ;
endmodule
```

图 17-7　（续）

```
// 定义脉冲计数器
// 4个脉冲载入3
`define C_WIDTH 2
`define C_COUNT 3

// 计数器1——脉冲计数器
//   cload——载入计数器值C_COUNT
//   cdec——计数值不为0就进行减计数
//   cdone——计数值为0的信号

module Counter1(clk, rst, cload, cdec, cdone) ;
  parameter n=`C_WIDTH ;
  input clk, rst, cload, cdec ;
  output cdone ;
  wire [n-1:0] count ;
  reg  [n-1:0] next_count ;
  wire cdone ;
```

图 17-8　图 17-6 中计数器的 Verilog 描述

```
  // 状态寄存器
  DFF #(n) state(clk, next_count, count) ;

  // 信号done
  assign cdone = ~(|count) ;

  // 下一个计数逻辑
  always@(*) begin
    casex({rst, cload, cdec, cdone})
      4'b1xxx: next_count = 'C_WIDTH'b0 ;
      4'b01xx: next_count = 'C_COUNT ;
      4'b0010: next_count = count - 1'b1 ;
      4'b00x1: next_count = count ;
      default: next_count = count ;
    endcase
  end
endmodule
```

图 17-8　（续）

对二次分解的闪光信号灯进行仿真得到的波形如图 17-9 所示。在这个仿真过程中，计数器初始化为 3，表示主 FSM 进行 4 次闪烁。显而易见，3 个状态变量的时间尺是不同的。计数器（最底部的线）移动的最慢，在 4 次闪烁序列中从 3 减计数到 0。该计数器在每个闪烁间隔的最后一个周期进行减一计数。在每个时间点上，它表示完成当前闪烁之后剩余闪烁的次数。主 FSM 状态变化也很慢。从 0（OFF）状态启动后，在 1（FLASH）状态和 2（SPACE）状态之间轮流替换，直到 4 次闪烁都完成为止。最后，定时器状态变化最快，每次闪烁时从 5 倒计时到 0，每次闪烁间隔从 3 倒计时到 0。

17.2　交通灯控制器

作为分解的第二个实例，我们考虑 14.3 节介绍过的交通灯控制器的更复杂的版本。该状态机包含两个输入信号 carew 和 carlt，分别表示在东西方向马路上有车等待（ew）以及在左转车道有车等待（lt）。此状态机有 9 条输出信号线驱动三组灯，每组包含三盏灯。南北方向马路、东西方向马路、左转车道（南北方向）各用一组灯表示。每组灯包含一盏红灯、一盏黄灯和一盏绿灯。

通常南北方向的灯亮绿灯。然而，当东西方向马路上或左转车道上有车等待时，我们希望切换灯的状态以便东西方向或左转车道的灯变为绿灯（根据优先级左转车道优先）。一旦灯切换到东西方向或者左转车道，灯将保持这个状态直到该方向不再监测到有车等待，或者计时器过期。然后灯的状态返回到南北方向亮绿灯。

每次切换灯的状态时，活跃方向的灯从绿灯切换到黄灯。经过一定时间后再变为红灯。然后，经过第二次时间间隔，再将其他方向的灯切换为绿灯。直到绿灯保持了第三次时间间隔之后才允许进行再次切换。

给定这个规格之后，我们决定对此有限状态机进行分解，用 5 个模块实现此交通灯控制器，如图 17-10 所示。主 FSM 接收输入信号并决定哪个方向应该亮绿灯，即信号 dir 的值。为了决定什么时候该将灯强制切换回南北方向，使用了定时器 Timer1。它还从组合器模块接收信号 ok 的值，表示最后一个方向的序列变化完成，可以开始新的方向变化。 366~369

组合器模块维护当前方向状态，并将当前方向状态和来自灯光 FSM 的 light 信号组合起来

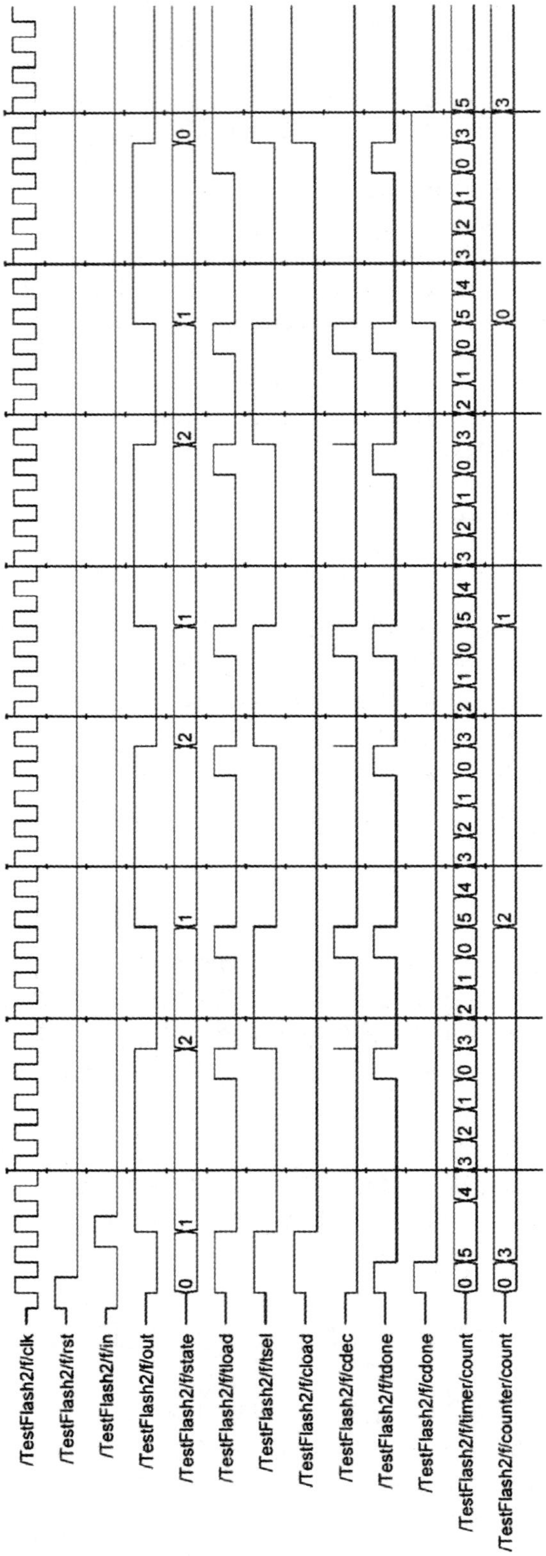

图17-9　图17-6中二次分解的闪光信号灯进行仿真的波形图

生成 9 个灯光输出信号 lights。组合器模块还通过信号 dir 从主 FSM 模块接收方向请求，并且通过灯光 FSM 序列对这些请求作出响应。当有新的方向请求发生时，组合器解除警报信号 on（将其设置为低电平）来要求灯光 FSM 将灯切换到红灯。当灯光为红灯时，当前方向设置为等同于所请求方向，on 信号有效来请求灯光按序变为绿灯。只有来自灯光 FSM 的信号 done 有效之后，表示序列完成，灯光已经持续了要求的时间间隔的绿灯状态，ok 信号有效，允许另一个方向变化。

这些模块说明了两种类型的关系。主 FSM 和组合器模块形成一个*管道*。请求流从左到右经过该管道。请求信号转换成 car_ew 和 car_lt 输入的形式输入到主 FSM 中。主 FSM 处理该请求，并转而通过信号线 dir 给组合器发送一个请求。组合器依次处理该请求，在 lights 信号输出端输出合适的序列作为回应。我们将在第 23 章对管道进行更加深入的讨论。

在这里 ok 信号是*流控制*信号的实例。该信号为主 FSM 提供了反压，避免主 FSM 超前于组合器和灯光 FSM 模块。主 FSM 发出一个请求，在 ok 信号有效之前不允许发出其他请求，ok 信号有效表示其他电路已经完成处理第一个请求。我们将在 22.1.3 节中更加详细地讨论流控制问题。

图 17-10 中其他模块之间的关系为*主从关系*。主 FSM 作为 Timer1 的主设备，发送给 Timer1 命令，Timer1 作为从设备，接受来自主 FSM 的命令并执行这些命令。类似地，组合器是灯光 FSM 的主设备，而灯光 FSM 是 Timer2 的主设备。 370~371

灯光 FSM 使得交通灯按序从绿灯变为红灯然后再变为绿灯。该模块通过信号 on 从组合器模块接收请求，并通过 done 信号对这些请求作出回应。该模块还生成 3 位 light 信号，表示当前方向点亮哪盏灯。当信号 on 设置为高电平时，请求灯光 FSM 将 light 信号切换到绿灯。切换完成之后，并且最小绿灯时间间隔到期，灯光 FSM 模块将 done 信号设为有效状态作为响应。当信号 on 设置为低电平时，请求灯光 FSM 将 light 信号按序切换到红灯——经过黄灯状态并且遵循要求的时间间隔。完成请求之后，done 信号设置为低电平。灯光 FSM 用它自己的定时器（Timer2）计算灯光序列要求的时间间隔。

作为灯光 FSM 和组合器之间的接口，信号 done 提供了流控制功能。组合器模块只有在 done 信号为低电平时才能触发 on 信号为高电平，只有在 done 信号为高电平时才能触发 on 信号为低电平。信号 on 触发之后，只有等到信号 done 切换到同信号 on 一样的状态之后才能对信号 on 再一次进行状态切换。

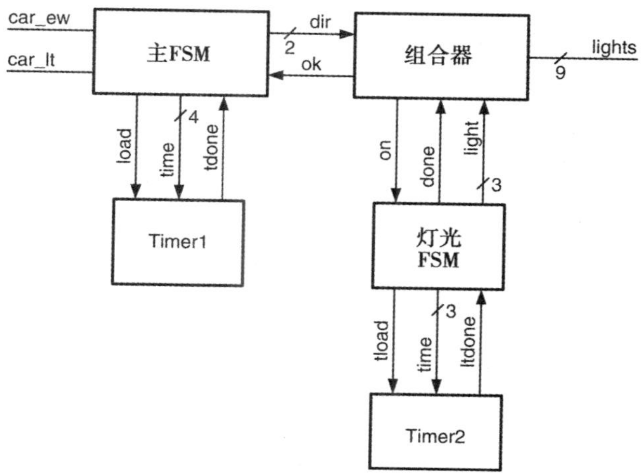

图 17-10　分解交通灯控制器的框图

主 FSM 的状态图如图 17-11 所示。状态机从 NS 状态启动。在此状态，Timer1 进行载入操作，以便于在 LT 状态和 EW 状态能够进行倒计时，请求的方向是 NS。当信号 ok 指示可以请求一个新的方向，并且其中一个 car 信号指示另外一个方向上有车等待，这时候退出 NS 状态。在 EW 状态和 LT 状态，新的方向有请求时，当 ok 信号为真，并且或者在该方向上没有车辆等待或者定时器计时时间到（用信号 tdone 表示），这时候退出当前状态。

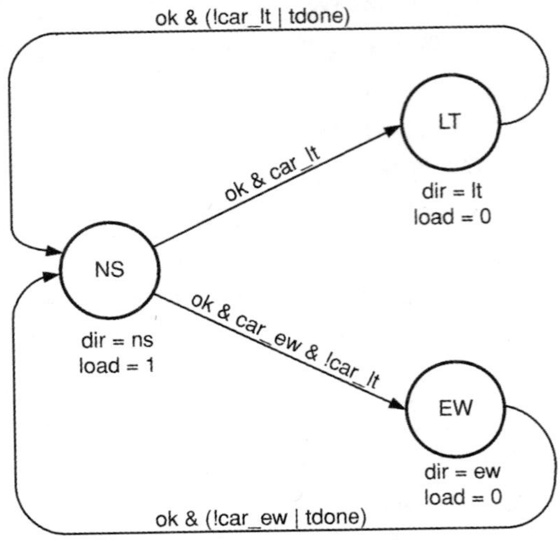

图 17-11　图 17-10 的主 FSM 的状态图

灯光 FSM 是一个简单的灯光序列发生器，类似于 17.1 节中的闪光信号灯。图 17-12 显示了灯光 FSM 的状态图。像闪光信号灯一样，在每个状态的最后一个周期定时器载入下一个状态的超时时限。状态机从 RED 状态启动。当定时器定时结束时，并且来自组合器的信号 on 表明请求绿灯点亮时，状态转换为 GREEN 状态。在 GREEN 状态定时器完成倒计时之后，done 信号有效。到 YELLOW 状态的转换由定时器定时结束和信号 on
372 为低电平来进行触发。[⊖] 从 YELLOW 状态到 RED 状态的转换只依赖于定时器。信号 done 在 YELLOW 状态时保持高电平。只有在 RED 状态的定时器完成倒计时之后，信号 done 才允许变为低电平，表示完成了到 RED 状态的转换。

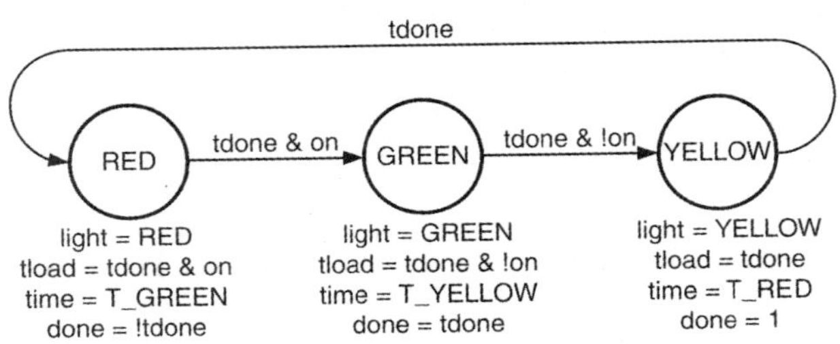

图 17-12　图 17-10 的灯光 FSM 状态图

分解的交通灯控制器的主 FSM 的 Verilog 描述如图 17-13 所示。此模块实例化了一个定时器，然后用 case 语句实现了一个三状态 FSM，此 FSM 严格按照图 17-11 中的状态图实现。Verilog 条件语句“?:”用于生成下一个状态逻辑。三层嵌套选择语句用在状态 M_NS 时依次测试信号 ok、car_lt、car_ew。

主 FSM 没有实例化组合器。主模块和组合器模块都在顶层设计中作为对等模块进行实例化。

组合器模块的 Verilog 描述如图 17-14 所示。此模块从主 FSM 模块接收信号 dir，用流控制信号 ok 对主 FSM 模块进行响应，并生成输出信号 lights。在组合器模块中状态的关键部分是当前方向寄存器 cur_dir。该寄存器保存了灯光 FSM 当前按顺序排列的方向。当信号 on 和信号 done 都为低电平时，该寄存器通过请求方向信号 dir 进行更新。当组合器已经请求灯光序列为红灯（信号 on 为低电平）并且灯光 FSM 已经完成此请求操作（信号 done 为电平）时，对此寄存器进行更新。

任何时候，只要当前方向和请求方向相匹配，请求灯光 FSM 将灯光定序为绿灯的 on 命令

⊖ 由于信号 on 只有在信号 done 为高电平时才会变为低电平，因此信号 tdone 的检测是多余的。

都有效。当主 FSM 请求一个新的方向时，使得 on 信号变为低电平，表示请求灯光 FSM 将灯光定序为红灯以便为新的方向做准备。

```
// 主FSM状态
// 这些也用作方向值
`define MWIDTH 2
`define M_NS   2'b00
`define M_EW   2'b01
`define M_LT   2'b10

//主FSM
//   car_ew——东西方向道路上有车辆等待
//   car_lt——左转车道有车辆等待
//   ok——信号ok有效表示可以请求新的方向
//   dir——输出信号表示新请求的方向
module TLC_Master(clk, rst, car_ew, car_lt, ok, dir) ;
  input clk, rst, car_ew, car_lt, ok ;
  output [1:0] dir ;

  wire [`MWIDTH-1:0] state, next ; // 当前状态和下一个状态
  reg  [`MWIDTH-1:0] next1 ;       // 不含复位状态的下一个状态
  reg  tload ;                     // 载入定时器
  reg  [1:0] dir ;                 // 输出方向信号
  wire tdone ;                     // 定时器完成

  // 实例化状态寄存器
  DFF #(`MWIDTH) state_reg(clk, next, state) ;

  // 实例化定时器
  Timer #(`TWIDTH) timer(clk, rst, tload, `T_EXP, tdone) ;

  always @(*) begin
    case(state)
      `M_NS: {dir, tload, next1} =
              {`M_NS, 1'b1, ok ? (car_lt ? `M_LT
                                         : (car_ew ? `M_EW : `M_NS))
                               : `M_NS} ;
      `M_EW: {dir, tload, next1} =
              {`M_EW, 1'b0, (ok & (~car_ew | tdone)) ? `M_NS : `M_EW}
      `M_LT: {dir, tload, next1} =
              {`M_LT, 1'b0, (ok & (~car_ew | tdone)) ? `M_NS : `M_LT}
      default: {dir, tload, next1} =
              {`M_NS, 1'b0, `M_NS} ;
    endcase
  end
  assign next = rst ? `M_NS : next1 ;
endmodule
```

图 17-13　交通灯控制器主 FSM 的 Verilog 描述

当信号 on 和信号 done 都为真时，对主 FSM 进行响应的信号 ok 有效。这发生在灯光

FSM 完成将请求方向灯光定序为绿灯之后。

输出信号 lights 由 case 语句进行计算，当前方向作为该 case 语句的条件变量。该 case 语句将来自灯光 FSM 的输出信号 light 插入当前方向对应的位置，并将其他方向设置为红灯。

```
//--------------------------------------------------------------------
// 组合器
//   dir——主FSM请求的方向
//   ok——对主FSM做出的响应
//   lights——控制交通灯的9位信号{NS,EW,LT}
//--------------------------------------------------------------------
module TLC_Combiner(clk, rst, dir, ok , lights) ;
  input clk, rst ;
  input [1:0] dir ;
  output ok ;
  output [8:0] lights ;
  wire done, on ;
  wire [2:0] light ;
  reg [8:0] lights ;
  wire [1:0] cur_dir, next_dir ;

  // 当前方向寄存器
   DFF #(2) dir_reg(clk, next_dir, cur_dir) ;

  // 灯光FSM
  TLC_Light lt(clk, rst, on, done, light) ;

  // 从灯光FSM请求绿灯状态，直到方向改变
   assign  on = (cur_dir == dir) ;

  // 灯光FSM使灯变为红灯以后更新方向信息
   assign next_dir = rst ? 2'b0 : ((~on & ~done) ? dir : cur_dir) ;

  // 灯光FSM完成之后ok信号有效，开始新的改变
  wire ok = on & done ;

  // 根据信号cur_dir和light得到灯光状态
  always @(*) begin
    case(cur_dir)
      `M_NS: lights = {light, `RED, `RED} ;
      `M_EW: lights = {`RED, light, `RED} ;
      `M_LT: lights = {`RED, `RED, light} ;
      default: lights = {`RED, `RED, `RED} ;
    endcase
  end
 endmodule
```

图 17-14　交通灯控制器组合器的 Verilog 描述

灯光 FSM 的 Verilog 描述如图 17-15 所示。该模块实例化了一个定时器，然后用 case 语句实现了一个对应图 17-12 所示的状态转换的 FSM。下一个状态逻辑用 Verilog 选择语句实现。

```
//----------------------------------------------------------------------
// 灯光FSM
//----------------------------------------------------------------------
module TLC_Light(clk, rst, on, done, light) ;
  input clk, rst, on ;
  output done ;
  output [2:0] light ;
  reg  [2:0] light ;
  reg  done ;
  wire ['LWIDTH-1:0] state, next ; // 当前状态，下一个状态
  reg  ['LWIDTH-1:0] next1 ;       // 下一个状态w/0复位
  reg  tload ;
  reg  ['TWIDTH-1:0] tin ;
  wire tdone ;

  // 实例化状态寄存器
  DFF #('LWIDTH) state_reg(clk, next, state) ;

  // 实例化定时器
  Timer timer(clk, rst, tload, tin, tdone) ;

  always @(*) begin
    case(state)
      'L_RED: {tload, tin, light, done, next1} =
              {tdone & on, 'T_GREEN, 'RED, ~tdone,
               (tdone & on) ? 'L_GREEN : 'L_RED} ;
      'L_GREEN: {tload, tin, light, done, next1} =
              {tdone & ~on, 'T_YELLOW, 'GREEN, tdone,
               (tdone & ~on) ? 'L_YELLOW : 'L_GREEN} ;
      'L_YELLOW: {tload, tin, light, done, next1} =
              {tdone, 'T_RED, 'YELLOW, 1'b1, tdone ? 'L_RED : 'L_YELLOW} ;
      default: {tload, tin, light, done, next1} =
              {tdone, 'T_RED, 'YELLOW, 1'b1, tdone ? 'L_RED : 'L_YELLOW} ;
    endcase
  end

  assign next = rst ? 'L_RED : next1 ;
endmodule
```

图 17-15　交通灯控制器灯光 FSM 的 Verilog 描述

分解的交通灯控制器进行仿真的波形如图 17-16 所示。状态机首先通过设置主 FSM 为 NS 状态（00）实现复位。输出信号 dir 也为 NS（00）。由于灯光 FSM 还没有完成排序使得 NS 方向上亮绿灯，因此信号线 ok 初始化为低电平。交通灯初始化为全红灯（444），但是一个周期之后南北方向变为绿灯（144）。

灯光 FSM 初始化为 RED（00）状态，由于信号 on 和信号 tdone 都有效，因此紧接着变为 GREEN 状态。在 GREEN 状态启动一个定时器，发送信号 done 到组合器，紧接着组合器发送信号 ok 到主 FSM，在这之前 tdone 信号再次有效。

由于 car_ew 有效，一旦 ok 信号变为高电平，主 FSM 通过设置 dir 为 01 来请求方向改变为东西方向。组合器通过设置 on 信号为低电平来请求灯光 FSM 排序当前方向的灯为红灯，以此

作为对主 FSM 请求的响应。灯光 FSM 依次进行响应，将状态转换到 YELLOW 状态（10），这将引起 light 信号变为黄灯（2），因此 lights 信号变为 244，即南北方向亮黄灯。当灯光定时器完成倒计时，灯光状态机进入 RED 状态（00），light 信号变为 4（RED），lights 信号变为 444，即所有方向亮红灯。一旦灯光定时器倒计时结束，即全红灯状态最小时间结束，灯光 FSM 将 done 信号设置为低电平，表示已经完成了状态转换。

当信号 on 和信号 done 都为低电平时，组合器更新信号 cur_dir 为东西方向（01），设置信号 on 为高电平用于请求灯光 FSM 排序东西方向的灯为绿灯。当灯光 FSM 完成这些动作，且已经为 GREEN 状态开始进行定时，其将信号 done 设置为真。这将引起组合器将信号 ok 设为真，并发送信号给主 FSM 说明它已经准备好接收新的方向。

当信号 ok 第二次有效时，主 FSM 再次请求南北方向（dir = 00）。这个请求由信号线 car_ew 为低电平或者主定时器定时结束来驱动。新的方向请求使得信号 on 变为低电平，并将所有灯都排序为红灯状态。然后，信号 cur_dir 更新之后，设置信号 on 为高电平以便将灯排序为 GREEN 状态。当这些都完成之后，信号 ok 再次有效。

当信号 ok 第三次有效时，信号 car_lt 为真，即请求左转方向（dir = 10），灯排序为变为红灯之后再返回绿灯状态。当排序完成时，ok 信号第四次有效。这时 car_lt 信号仍然有效，但是主定时器已经定时结束，因此再次请求南北方向。

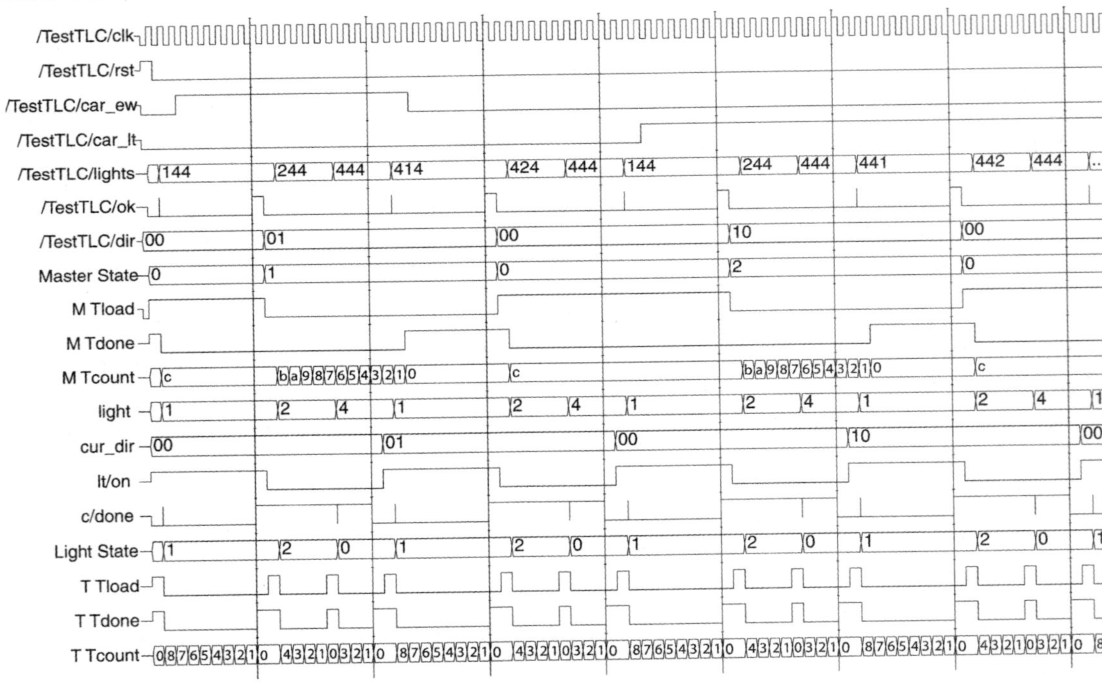

图 17-16 分解交通灯控制器仿真的波形图

小结

在本章中通过两个实例，学习了如何将复杂有限状态机进行分解，划分为多个简单的状态机。将状态机进行分解，即将一个巨大的一维状态空间映射到一个多维状态空间，用分解后的每个状态机表示其中一维。

合并相同状态序列是分解的一种方法。如果一个状态图中完全相同（或几乎完全相同）的序列出现多次，则此序列可以进行因式提取。用一个状态机实现相同序列，另一个状态机保持记录当前正在运行哪一个重复序列的实例，以便于在序列结束时能够转换到正确的状态。闪光信号灯的例子就是通过识别相同序列的方法进行分解。

分层是进行分解的另外一种方法，用这种方法可以构建分层次的状态机。顶层状态机作出顶层决策，如，哪个方向应该亮绿灯，并保持顶层状态。顶层状态机调用一个或多个低层状态机来执行其指令，就像对交通灯进行排序使得其从绿灯变为红灯，反之亦然。低层状态机可以调用它们自己的伺服程序状态机，例如定时器。为了使不同层次的状态机操作能够同步，需要加入流控制功能。

习题 373~378

17.1 对状态图进行分解，I－I。思考图 17-17 所示的状态图。

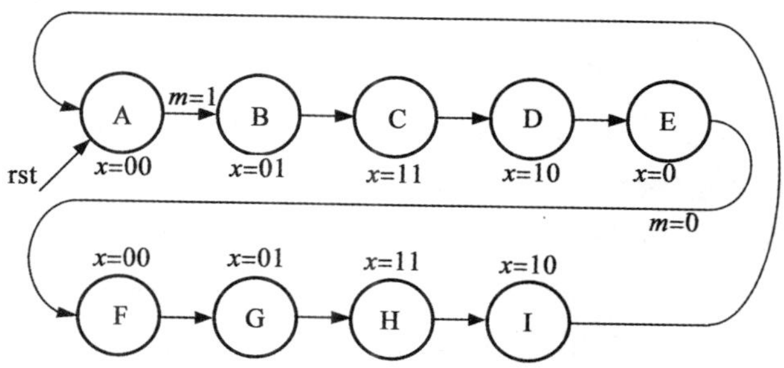

图 17-17 习题 17.1 未分解的状态图。该状态图有一个一位信号 m，输出一个两位信号 x。没有标明输入值的边表示自动进行状态转换

(a) 识别此 FSM 中的完全相同或几乎完全相同的状态序列。

(b) 画出实现这些状态序列的单独 FSM 的状态图，输入信号应该从序列变化的部分中选择。

(c) 画出改进的顶层状态图，用于调用 (b) 中的 FSM 来实现重复序列。

17.2 对状态图进行分解，I－II。用 Verilog 编程实现习题 17.1 中分解的状态机。

17.3 对状态图进行分解，II－I。思考图 17-18 所示的状态图。

(a) 识别此 FSM 中的完全相同或几乎完全相同的状态序列。

(b) 画出实现这些状态序列的单独 FSM 的状态图，输入信号应该从序列变化的部分中选择。

(c) 画出改进的顶层状态图，用于调用 (b) 中的 FSM 来实现重复序列。

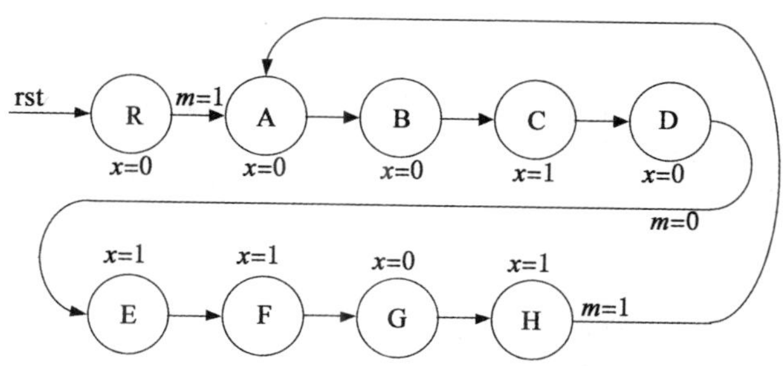

图 17-18 习题 17.3 未分解的状态图。该状态图有一个一位信号 m，输出一个一位信号 x。没有标明输入值的边表示自动进行状态转换

17.4 对状态图进行分解，II－II。用 Verilog 编程实现习题 17.3 中分解的状态机。

17.5 对状态图进行分解，III－I。思考图 17-19 所示的状态图。

(a) 识别此 FSM 中的完全相同或几乎完全相同并且能够用定时器代替的状态序列。

(b) 画出改进的顶层状态图，用于调用 (a) 中的定时器。

(c) 识别新的 FSM 中的完全相同或几乎完全相同的状态序列。 379

(d) 画出实现这些状态序列的单独 FSM 的状态图，包括定时器。

(e) 画出改进的顶层状态图，用于调用（e）中的 FSM 来实现重复序列。顶层最多包括 5 个状态。

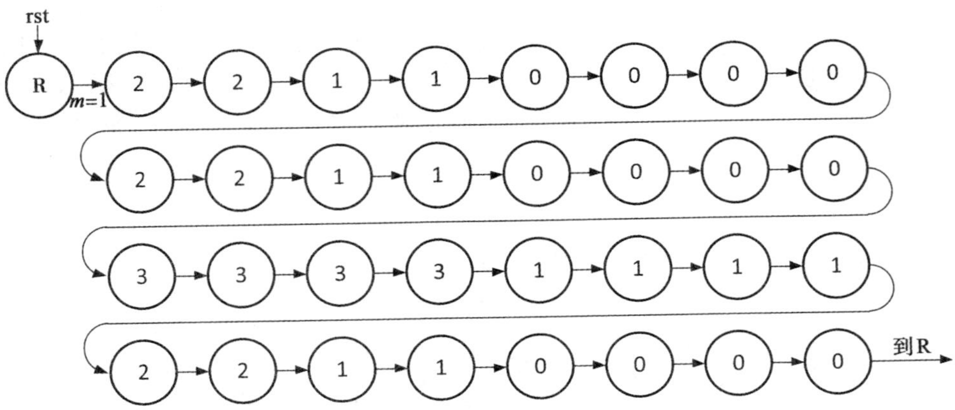

图 17-19　习题 17.5 未分解的状态图。该状态图有一个一位信号 m，输出一个两位信号。每个状态用它们的输出值（0，1，2 或 3）代替状态 ID 表示

17.6 对状态图进行分解，III－II。用 Verilog 编程实现习题 17.5 中进行了二次分解的状态机。

17.7 分层状态机，I。设计一个 FSM 用于控制仓库中的自动叉车。仓库中地面上和通道中央都画有反光线。反光线在每个交叉点都产生分支。所有交叉点包括通道都以 90 度角相交。设计的 FSM 有输入信号 far_left、left、center、right 和 far_right，表示反光线严重偏左、稍微偏左、居中、稍微偏右、严重偏右。还有一个输入信号 meter，叉车每次移动一米，此信号就变为高电平并保持一个周期。FSM 的输出信号 go 使叉车向前移动，信号 turn_right 和 turn_left 使得叉车在指定方向上改变 5 度。状态机的每个时钟周期叉车可以向前移动大约 1 cm。放置传感器以便于当反光线接近叉车中心时，三个中间传感器将会有一个被触发。如果出现向右的 5 度航线偏差，将使叉车在 100 个周期内关闭左侧传感器打开右侧传感器。

在仓库中，通过一系列指令，使叉车指向特定的位置。有三种类型的指令：`advance n` 命令叉车沿着当前反光条向前移动 n 米；`advance next` 命令叉车向下一个交叉点前进，`turn <direction>` 命令叉车在当前交叉点转向指定的方向（左或右）。
380

(a) 描述叉车控制器 FSM 的层次。总共分为多少个层次？每个层次分别实现什么功能？

(b) 定义层次之间的接口。画出这些接口的框图。

(c) 为每个层次分别画出其 FSM。

17.8 分层状态机，II。用 Verilog 编程实现习题 17.7 中的叉车控制器。

17.9 反向合并，I。在图 17-2 的闪光信号灯状态机中，主状态机记录了当前处于哪一次闪烁（或闪烁间隔），用一个从定时器来计算每次闪烁（或闪烁间隔）中的周期数。用另外一种方法对状态机进行分解，使得主状态机计算每次闪烁中的周期数，从状态机记录当前所处的闪烁或闪烁间隔。

(a) 画出反向闪光信号灯的框图。

(b) 为主状态机和从状态机分别画出状态图。

17.10 反向合并，II。用 Verilog 编程实现习题 17.9 中新的发光器。

17.11 SOS 发光器，I。修改图 17-2 中的发光器 FSM，使它闪烁 SOS 序列——3 次短闪烁（每次一个时钟周期），紧接着进行 3 次长闪烁（每次 4 个时钟周期），然后再进行 3 次短闪烁。每个字符之间的时间间隔为一个时钟周期。一条 SOS 序列中字符之间的时间间隔长度应该为 3 个时钟周期。前一条 SOS 序列和下一条 SOS 序列之间的时间间隔应该为 7 个周期。（提示：构建一个字符 FSM 和一个 SOS FSM。）

17.12 SOS 发光器，II。用 Verilog 编程实现习题 17.11 中的 SOS 发光器。要求实现测试平台并对设计进行验证。

17.13 SOS 发光器，III。修改习题 17.11 和习题 17.12 中的 SOS 发光器，实现一个 FSM 闪烁莫尔斯码（Morse code）编码的 TOSS 来代替 SOS。（T 的编码是一个单独的长闪烁。）

17.14 改进的闪光信号灯，I。修改图 17-6 所示的发光器 FSM，如果计数为奇数则亮灯 5 个时钟周期，如果计数为偶数则亮灯 15 个周期。需要提供一个经过验证的 Verilog 模块作为解决方案。

17.15 改进的闪光信号灯，II。修改图 17-6 所示的发光器 FSM，使得灯持续点亮的时间等于当前计数值。需要提供一个经过验证的 Verilog 模块作为解决方案。

17.16 步行、禁止步行发光器。编写 FSM 的 Verilog 程序，控制两盏灯：步行灯和禁止步行（停止）信号灯。控制输出的为一个三位独热码输入信号 ctl。信号 ctl 可能出现的每种值对应的发光器操作如下所示：3:b001：步行 - 关闭，停止 - 打开；3:b010：步行 - 关闭，停止 - 闪烁（10 个时钟周期关闭，15 个时钟周期打开）；3:b100：步行 - 打开，停止 - 关闭。

17.17 交通灯控制器，I。修改图 17-10 中的交通灯控制器，使得南北方向和东西方向有相同的优先级。增加一个附加的输入信号 car_ns，表示南北方向有车等待。无论在 NS 状态还是 EW 状态，另外一个方向有车等待时就切换到另外一个方向，主定时器结束定时。

17.18 交通灯控制器，II。修改图 17-10 中的交通灯控制器，使得从红灯切换到绿灯时，在切换之前红灯和黄灯都点亮保持三个时钟周期。

17.19 交通灯控制器，III。修改图 17-10 中的交通灯控制器，使其在南北方向和东西方向都包含人行道信号灯（见习题 17.16）。灯的顺序不再是绿灯、黄灯、红灯。而是用绿灯步行、绿灯闪烁、黄灯、红灯这个顺序来代替。步行信号只能在绿灯步行灯亮时有效。禁止步行灯应该在绿灯闪烁时进行闪烁，在黄灯和红灯状态时禁止步行灯有效。 381~382

第18章

Digital Design: A Systems Approach

微　　码

用存储阵列实现有限状态机的下一个状态和输出逻辑为实现FSM提供了一种灵活的方法。可以通过改变存储器的内容来改变FSM的功能。我们所说的存储阵列内容称为*微码*，用这种方法实现的状态机称为*微编码*FSM。所述存储阵列的每个字都决定了状态机在特定状态和输入信号组合下的行为，称为*微指令*。

通过增加用特定逻辑计算下一个状态的存储器，或者通过有选择地更新很少发生变化的输出信号，我们可以减少所需的微指令存储器。通过增加一个指令序列发生器和*分支*微指令来引起控制流发生改变，为每个状态提供一条微指令，而不是为每个状态×输入信号的组合提供一条微指令。可以通过定义控制、输出以及其他功能的不同微指令类型来实现不同的功能共享微指令的数据位。

18.1　简单的微编码FSM

图18-1给出了一个简单微编码FSM的框图。存储阵列保存下一个状态和输出函数。存储阵列的每一个字保存了当前状态和输入信号的特定组合所对应的下一个状态和输出信号。存储阵列通过当前状态和输入信号级联来进行编址。一对寄存器分别保存当前状态和当前输出信号。

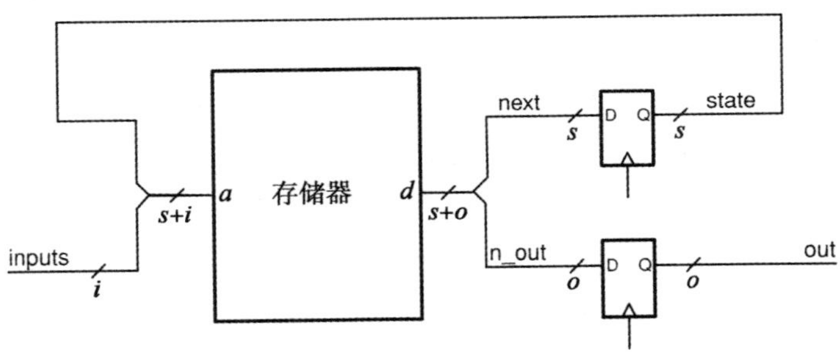

图18-1　简单微编码FSM的框图

在实践中，存储器可能用RAM或EEPROM来实现，以便允许软件对微码进行重新编程。或者，存储器可能为ROM。用ROM作为存储器，需要一个新的掩模组来重新编写微码。然而，改变ROM的程序而不用改变芯片布局，这样做仍然是有利的。某些ROM设计甚至允许通过改变单独的金属级掩模来改变程序，这样做节省了变更的成本。某些设计采用了混合设计方法，将大多数微码放到ROM里（为了节约成本），将一小部分微码保留在RAM里。有一种方法可以将一个任意状态序列重定向到微码的RAM部分，从而允许任何状态使用RAM进行修补。

该FSM的Verilog描述如图18-2所示。该程序严格按照原理图，并添加了一些逻辑电路，
383 在`rst`信号有效时进行状态复位。`ROM`模块是只读存储器，取走地址`{state, in}`，返回微指令`uinst`。然后微指令被分解为下一个状态和输出组成部分。由于在没有对ROM进行编程之前没有功能，因此图18-1和图18-2的FSM非常简单。

为了看到如何对ROM进行编程实现有限状态机，思考14.3节介绍的简单交通灯控制器。

图 18-3 再一次给出了此控制器的状态图。为了填充微码 ROM，简单写出每个当前状态/输入信号组合情况下，下一个状态和输出信号的值，如表 18-1 所示。思考表格的第一行。地址 0000 对应输入信号 car_ew = 0 时的状态 GNS（南北方向亮绿灯）。对于此状态，输出信号为 100001（南北方向亮绿灯，东西方向亮红灯），并且下一个状态为 GNS（000）。因此，ROM 中 0000 位置的内容为 000100001，即下一个状态 000 和输出信号级联的结果。表格的第二行，地址 0001 对应输入信号 car_ew = 1 时的状态 GNS。在这里输出信号同第一行相同，但是下一个状态为 YNS（001），因此 ROM 存储器此位置的内容为 001100001。表格剩下的行可以用类似的方式推导出来。用名为“数据”的列的内容对 ROM 进行加载。

```
module ucode1(clk,rst,in,out) ;
  parameter n = 1 ; // 输入信号宽度
  parameter m = 6 ; // 输出信号宽度
  parameter k = 3 ; // 状态位数

  input  clk, rst ;
  input  [n-1:0] in ;
  output [m-1:0] out ;

  wire    [k-1:0] next, state ;
  wire [k+m-1:0] uinst ;

  DFF #(k) state_reg(clk, next, state) ;  // 状态寄存器
  DFF #(m) out_reg(clk, uinst[m-1:0], out) ; // 输出寄存器
  ROM #(n+k,m+k) uc({state, in}, uinst) ; // 微码存储
  assign next = rst ? {k{1'b0}} : uinst[m+k-1:m] ; // 重置状态
endmodule
```

图 18-2 简单微编码 FSM 的 Verilog 描述 384

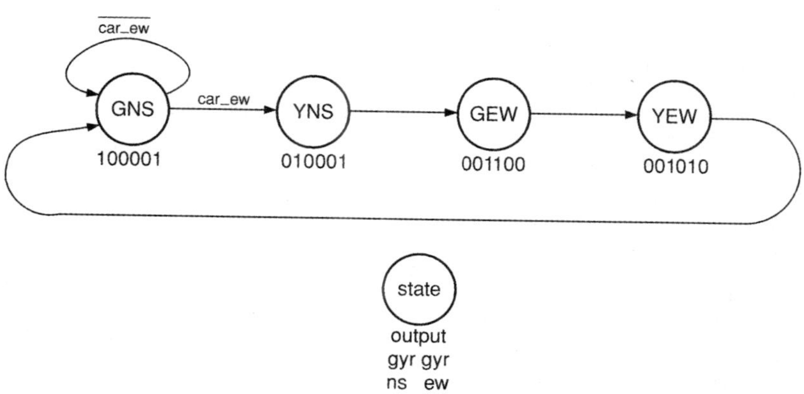

图 18-3 简单交通灯控制器的状态图

用表 18-1 中的 ROM 内容对图 18-2 所示的微编码 FSM 进行仿真的结果如图 18-4 所示。输出信号、状态、微码 ROM 地址、微码 ROM 数据（微指令）（底部的 4 个信号）用八进制表示（基数为 8）。系统初始化为状态 0（GNS）并且输出信号为 41（南北方向亮绿灯（4），东西方向亮红灯（1））。然后输入信号线（car_ew）变为高电平，将 ROM 地址从 00 切换到 01。这使得微指令从 041 切换到 141，在下一个时钟选择下一个状态为 1（YNS）。然后状态机在返回到状态 0 之前先经过状态 2（GEW）和状态 3（YEW）。

表 18-1　简单微编码交通灯控制器的状态表

地址	状态	car_ew	下一个状态	输出	数据
0000	GNS（000）	0	GNS（000）	100001	000100001
0001	GNS（000）	1	YNS（001）	100001	001100001
0010	YNS（001）	0	GEW（010）	010001	010010001
0011	YNS（001）	1	GEW（010）	010001	010010001
0100	GEW（010）	0	YEW（011）	001100	011001100
0101	GEW（010）	1	YEW（011）	001100	011001100
0110	YEW（011）	0	GNS（000）	001010	000001010
0111	YEW（011）	1	GNS（000）	001010	000001010

385

微码的优点在于，我们可以仅仅改变 ROM 的内容来改变 FSM 的功能。例如，假设我们想要对 FSM 进行如下修改：

1）只要信号 car_ew 为真，东西方向灯就保持亮绿灯；

2）南北方向绿灯至少持续亮 3 个周期（状态 GNS1、GNS2 和 GNS3）；

3）黄灯之后，每个方向的灯都变为红灯，并且至少保持一个周期，之后再开始新的绿灯点亮周期。

表 18-2 给出了完成这些改动的状态表。将状态 GNS 划分为三个状态，并增加两个新状态（RNS 和 REW）。注意状态 GEW 现在对信号 car_ew 进行测试，并且该信号为真时一直保持 GEW 状态。用新的微码对图 18-2 的 FSM 进行仿真的结果见图 18-5 所示的波形。

表 18-2　简单微编码交通灯控制器的状态表

地址	状态	car_ew	下一个状态	输出	数据
0000	GNS1（000）	0	GNS2（001）	100001	001100001
0001	GNS1（000）	1	GNS2（001）	100001	001100001
0010	GNS2（001）	0	GNS3（010）	100001	010100001
0011	GNS2（001）	1	GNS3（010）	100001	010100001
0100	GNS3（010）	0	GNS3（010）	100001	010100001
0101	GNS3（010）	1	YNS（011）	100001	011100001
0110	YNS（011）	0	RNS（100）	010001	100010001
0111	YNS（011）	1	RNS（100）	010001	100010001
1000	RNS（100）	0	GEW（101）	001001	101001001
1001	RNS（100）	1	GEW（101）	001001	101001001
1010	GEW（101）	0	YEW（110）	001100	110001100
1011	GEW（101）	1	GEW（101）	001100	101001100
1100	YEW（110）	0	REW（111）	001010	111001010
1101	YEW（110）	1	REW（111）	001010	111001010
1110	REW（111）	0	GNS（000）	001001	000001001
1111	REW（111）	1	GNS（000）	001001	000001001

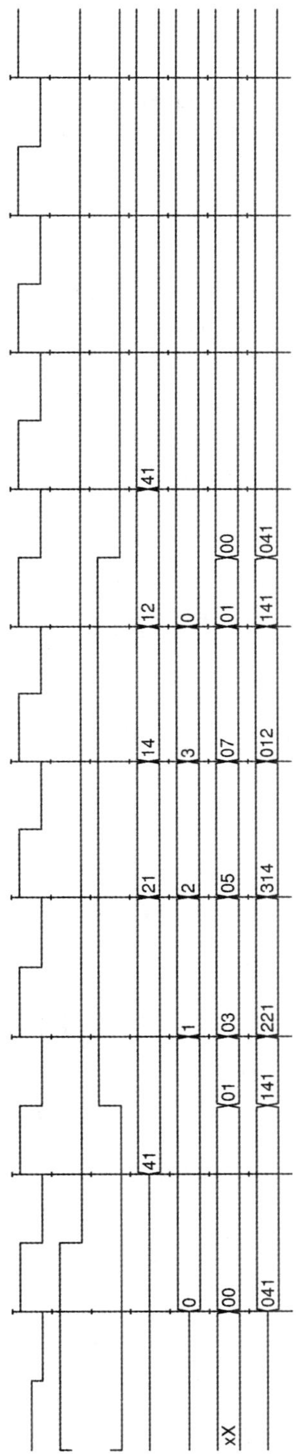

图18-4　用表18-1中的微码对图18-2的微编码FSM进行仿真的波形图

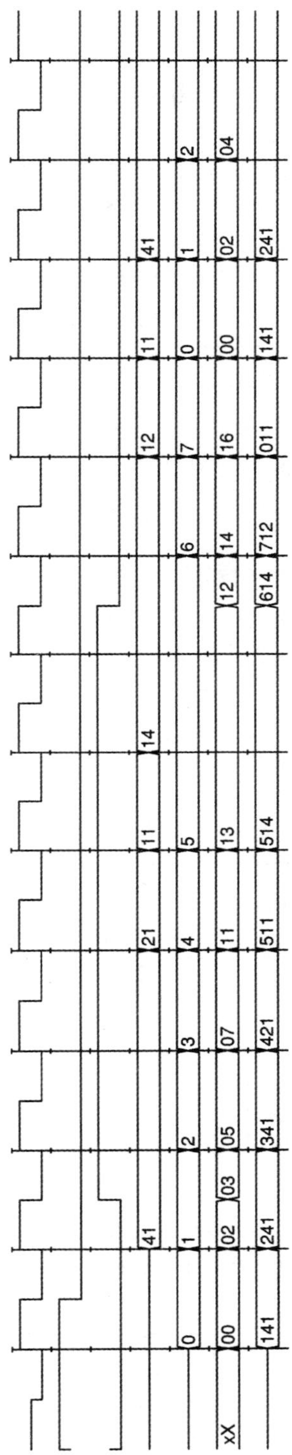

图18-5　用表18-2中的微码对图18-2的微编码FSM进行仿真的波形图

18.2 指令序列

386~388 通过使用序列发生器来产生下一条指令的地址使得构建微编码 FSM 相当高效。执行指令序列有两大优势。首先，对于只是进入下一条指令的简单微指令，其指令地址可以用计数器生成，避免在微码存储器中存放这些地址。其次，用逻辑电路选择或组合不同的输入信号，微码存储器可以为每个状态保存一个单独的微指令，而不是必须为输入信号的每种可能的组合保存单独的（几乎完全相同的）指令。

表 18-2 中微码的概述显示了序列发生器可以消除的冗余。当所有指令选择它们自己或按顺序选择下一条指令作为下一个状态时，每条指令包含一个明确的下一个状态字段。同时，对于两种输入状态，两条指令仅在下一个状态字段上略有差别，所有指令都是重复的。如果有多个输入信号，这些开销将更高。

为微编码 FSM 增加序列发生器是从 FSM（下一个状态由逻辑函数决定）到存储程序计算机的第一步，在存储程序计算机中下一条指令由翻译当前指令来决定。通过使用序列发生器，微编码状态机像存储程序计算机那样按顺序逐条执行微指令，直到有分支指令将程序重新定位到一个新的地址执行。

图 18-6 给出了一个使用指令序列发生器的微编码 FSM。在这里状态寄存器用微码计数器（μPC 或 uPC）寄存器代替。在任何时候，此寄存器通过选择当前微指令来表示当前状态。在这个设计中我们已经将微码存储器中的微指令数量从 2^{s+i} 条减少到 2^s 条，也就是说，每个状态的微指令条数从 2^i 条减少到 1 条。指令条数减少的代价就是将每条微指令的宽度从 $s+o$ 位增加到 $s+o+b$ 位。每条微指令包含三个字段，如图 18-7 所示：一个 o 位字段指定当前输出信号，一个 s 位字段指定分支指令分支到的地址（分支目标），一个 b 位字段定义分支指令。

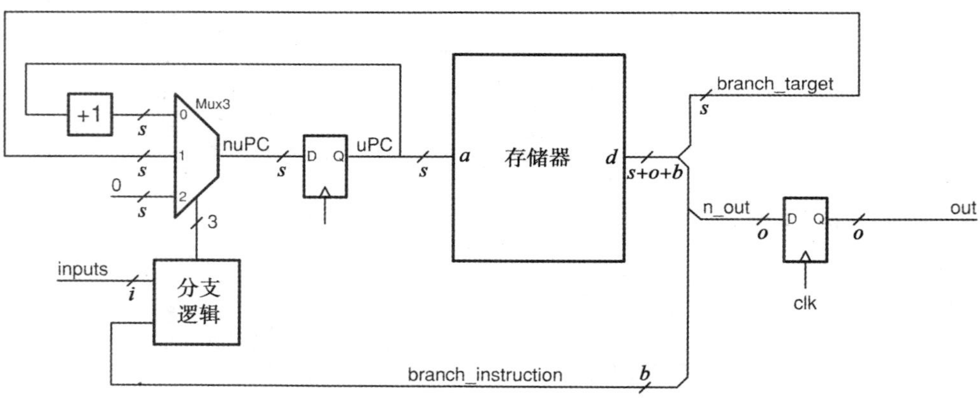

图 18-6　使用指令序列发生器的微编码 FSM。根据分支指令和输入信号组合，多路选择器和增量器计算下一条微指令地址（下一个状态）

389 图 18-7　图 18-6 中使用指令序列发生器的微编码 FSM 的微指令格式

有了指令序列发生器，分支逻辑可以根据当前微指令中分支指令对输入信息进行测试。测试的结果，序列发生器要么分支（通过选择分支目标字段作为下一个 uPC）要么不分支（通过选择 uPC + 1 作为下一个 uPC）。

考虑一个两位输入字段的例子。定义一个三位分支指令 brinst，如下所示：

```
branch = (brinst[0] & in[0] | brinst[1] & in[1]) ^ brinst[2] ;
```

分支指令第 0 位和第 1 位选择是否测试输入信号第 0 位或第 1 位（或任意一个）。分支指令第 2 位控制测试的极性。如果 brinst[2] 为低电平，则选择的位为高电平时进行分支。否则选择的位为低电平时进行分支。用这种方法对分支指令进行编码，那么可以执行的分支指令如表 18-3 所示。

表 18-3 分支指令编码

编码	操作码	说 明
000	NOP	不分支，执行 uPC + 1
001	B0	当输入为 0 时分支。如果输入为 0，则分支到 br_ upc，否则执行 uPC + 1
010	B1	输入为 1 时分支
011	BA	分支到任意分支。如果输入有效则进行分支
100	BR	直接分支；输入为任何值都进行分支，br_ upc 作为下一个 uPC
101	BN0	当输入不为 0 时分支。如果输入不为 0，则分支，否则继续 uPC + 1
110	BN1	输入不为 1 时进行分支
111	BNA	当输入 0 和 1 都无效时进行分支

分支指令还可以用其他方法进行编码。常见的 n 位编码使用 $n-1$ 位来选择 2^{n-1} 个输入信号中的一个进行测试，剩下的一位用于选择在选定的输入信号为高电平或低电平时是否进行分支。输入信号中的一位一直保持高电平，表示允许创建 NOP 和 BR 指令。对于这种编码方法，分支信号如下：

```
branch = brinst[n-1] ^ in[brinst[n-2:0]] ;
```

通过这种替代方法创建分支指令（为三位信号 brinst），三个输入信号如表 18-4 所示。为了提供 NOP 和 BR 指令，将第四个输入信号用常量 1 进行赋值。在这里每条分支指令精确测试一个输入信号，而在表 18-3 的编码方法中指令可以测试 0 个、1 个或 2 个输入信号。除了目前这两种编码方法之外还可能有许多其他编码方法。 390

表 18-4 替代的分支指令编码

编码	操作码	说 明
000	B0	输入为 0 时转移
001	B1	输入为 1 时转移
010	B2	输入为 2 时转移
011	BR	总是转移（输入 3 为常量“1”）
100	BN0	输入不为 0 时转移
101	BN1	输入不为 1 时转移
110	BN2	输入不为 1 时转移
111	NOP	从不转移

图 18-8 给出了使用指令序列发生器的微编码 FSM 的 Verilog 程序。此 Verilog 程序严格按照图 18-6 所示的框图进行编写。第一条 assign 语句计算信号 branch，如果序列发生器在下一个周期要进行分支则此信号为真。第二条 assign 语句根据 branch 和 rst 信号计算下一

个微码计数器（nupc）。为了增强程序的可读性，用 assign 语句将微指令的三个字段划分为输出信号（nxt_out）、分支目标（br_upc）和分支指令（brinst）三部分。使用这些容易记住的名字而不用 uinst 的索引字段，使得后边的程序更容易理解。

```
module ucode2(clk,rst,in,out) ;
  parameter n = 2 ; // 输入信号宽度
  parameter m = 9 ; // 输出信号宽度
  parameter k = 4 ; // 状态位数
  parameter j = 3 ; // 指令位数

  input  clk, rst ;
  input  [n-1:0] in ;
  output [m-1:0] out ;

  wire   [k-1:0] nupc, upc ; // 微程序计数器
  wire [j+k+m-1:0] uinst ;   // 微指令字

  // 分离微指令的字段
  wire [m-1:0] nxt_out ; // = uinst[m-1:0] ;
  wire [k-1:0] br_upc  ; // = uinst[m+k-1:m] ;
  wire [j-1:0] brinst  ; // = uinst[m+j+k-1:m+k] ;
  assign {brinst, br_upc, nxt_out} = uinst ;

  DFF #(k) upc_reg(clk, nupc, upc) ;  // 微程序计数器
  DFF #(m) out_reg(clk, nxt_out, out) ; // 输出寄存器
  ROM #(k,m+k+j) uc(upc, uinst) ; // 微码存储

  // 分支指令编码
  wire branch = (brinst[0] & in[0] | brinst[1] & in[1]) ^ brinst[2] ;

  // 序列发生器
  assign nupc = rst ? {k{1'b0}} : branch ? br_upc : upc + 1'b1 ;
endmodule
```

391　图 18-8　指令序列发生器微编码 FSM 的 Verilog 描述

考虑交通灯控制器的一个稍微复杂一点的版本，除了南北方向和东西方向信号之外，还包含一个左转信号。表 18-5 显示了其微码。在这里输入信号 0 表示 car_lt，输入信号 1 表示 car_ew，因此我们重新命名我们的分支信号 BLT（如果 car_lt 有效则分支）和 BNEW（如果 car_ew 无效则分支），等等。

表 18-5 所示的微码从状态 NS1 启动，即南北方向信号灯亮绿灯。在此状态下检测左转传感器转移到 LT1 的信号 BLT。如果 car_lt 为真，则控制状态转移到 LT1。否则 uPC 进入下一个状态 NS2。在 NS2 状态，如果 car_ew 信号为假（BNEW NS1），则微码转回 NS1 状态。否则，控制转移到状态 EW1，此时南北方向信号灯变为黄灯。EW1 经常紧随着进入 EW2 状态，即东西方向信号灯亮绿灯。BEW EW2 使得只要 car_ew 为真，则 uPC 就保持 EW2 状态。当 car_ew 变为假时，uPC 进入状态 EW3，此时东西方向信号灯变为黄灯，并且 BR NS1 控制状态转回 NS1。左转序列（LT1，LT2，LT3）以类似方式进行操作。

表 18-5 图 18-6 中使用序列发生器的交通灯控制器的微码

地址	状态	brinst	目标	NS LT EW	数据
0000	NS1	BLT（001）	LT1（0101）	100001001	0010101100001001
0001	NS2	BNEW（110）	NS1（0000）	100001001	1100000100001001
0010	EW1	NOP（000）		010001001	0000000010001001
0011	EW2	BEW（010）	EW2（0011）	001001100	0100011001001100
0100	EW3	BR（100）	NS1（0000）	001001010	1000000001001010
0101	LT1	NOP（000）		010001001	0000000010001001
0110	LT2	BLT（001）	LT2（0110）	001100001	0010110001100001
0111	LT3	BR（100）	NS1（0000）	001010001	1000000001010001

图 18-8 的微编码序列发生器运行表 18-5 的微码进行仿真的波形图如图 18-9 所示。从图形顶部数第五行显示了微程序计数器 upc。状态机复位到 upc =0（NS1），前进到 1（NS2），然后在分支到 5（LT1）之前返回到 0（NS1）。状态机从 5（LT1）前进到 6（LT2）并保持 6，直到 car_lt 变为低电平为止。然后状态前进到 7（LT3）再返回到 0（NS1）。此时 car_ew = 1，接下来的状态序列为 0，1，2，3（NS1，NS2，EW1，EW2）。状态机停留在 3（EW2）直到 car_ew 变为低电平，然后前进到 4（EW3）再返回到 0（NS1）。状态机在状态 NS1 和状态 NS2 之间进行几次循环，一直到信号 car_ew 和 car_lt 同时变为高电平为止。当这些发生时状态机处于 392
状态 NS1，因此首先检测到信号 car_lt，uPC 指向 LT1。

由于图 18-6 的微编码 FSM 在每条微指令时只能进行一路分支，因此用两个状态（NS1 和 NS2）实现保持南北方向、变为东西方向或变为左转之间的三路分支。这样做导致有两个状态（NS1 和 NS2）南北方向信号灯亮绿灯，有两个状态（EW1 和 EW2）南北方向信号灯亮黄灯。真正解决这个问题的方法是支持多路分支（我们将在下面讨论）。然而，我们可以通过使用表 18-6 的替代微码，用软件的方法部分解决这个问题。

在表 18-6 给出的替代微码中，通过使用 BNA NS1（在 NS1 没有任何输入时分支），使得只要 car_ew 和 car_lt 信号都为假则 uPC 保持状态 NS1。现在 NS1 成为南北方向信号灯亮绿灯的唯一状态。如果任何输入信号为真，uPC 前进到状态 NS2，此状态是南北方向信号灯亮黄灯的唯一状态。状态 NS2 测试输入信号 car_lt，如果 car_lt 为真则分支到状态 LT1（BLT LT1）。如果 car_lt 为假，uPC 前进到 EW1。除了状态 EW 和 LT 进行了重新编号，状态机其余部分类似于表 18-5。

此替代微码的仿真波形如图 18-10 所示。

表 18-6 图 18-6 中使用序列发生器的交通灯控制器的替代微码

地址	状态	brinst	目标	NS LT EW	数据
0000	NS1	BNA（111）	NS1（0000）	100001001	1110000100001001
0001	NS2	BLT（001）	LT1（0100）	010001001	0010100010001001
0010	EW1	BEW（010）	EW1（0010）	001001100	0100010001001100
0011	EW2	BR（100）	NS1（0000）	001001010	1000000001001010
0100	LT1	BLT（001）	LT1（0100）	001100001	0010100001100001
0101	LT2	BR（100）	NS1（0000）	001010001	1000000001010001

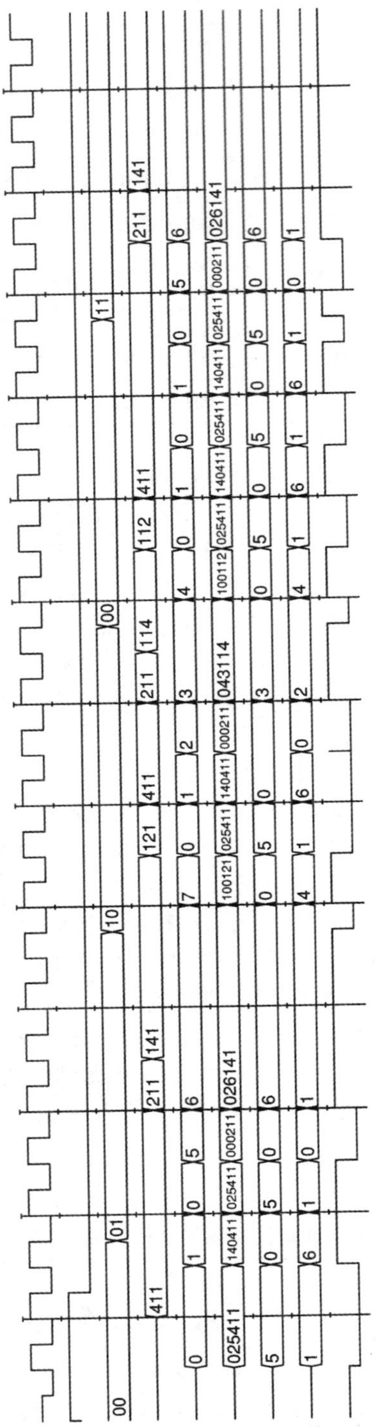

图18-9　使用表18-5的微码对图18-8中的微编码FSM进行仿真的波形图

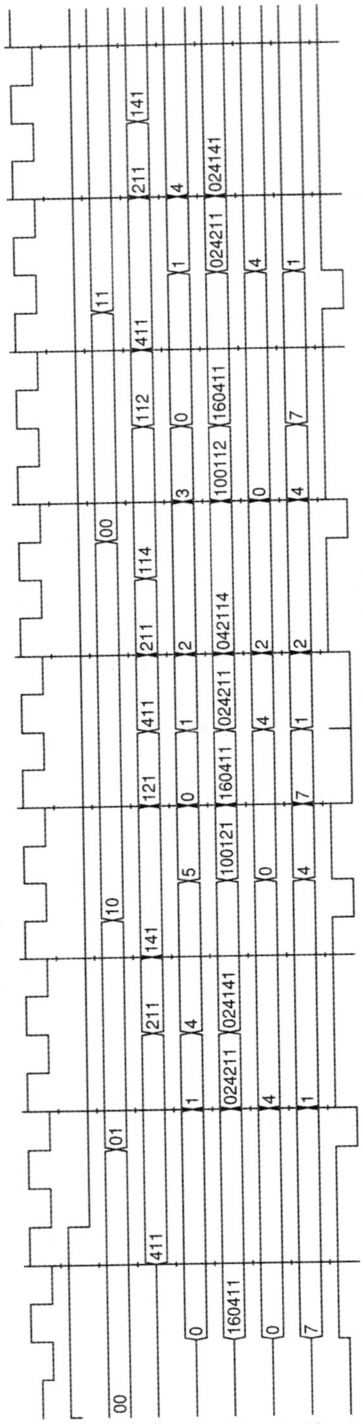

图18-10　使用表18-6的微码对图18-8中的微编码FSM进行仿真的波形图

18.3　多路分支

正如我们在18.2节所看到的那样，使用指令序列发生器很大程度上减少了微码存储器的大小，但是代价就是限制每个状态最多有两个下一个状态（upc +1和br_upc）。如果我们的FSM从一个特定状态出发有大量出口，则这样的限制就成为问题。例如，在微编码处理器中，基于当前指令的操作码可能分支到数十个甚至数百个下一个状态，这是非常典型的。另外，在指令的寻址模式下也需要多路分支。如果用18.2节中的序列发生器来实现这样的多路调度，由于测试n个不同的操作码需要n个周期，实现起来效率会非常低下。 393~395

如图18-11所示，我们可以通过使用支持多路分支的指令序列发生器来克服两路分支的限制。此序列发生器与图18-6中的序列发生器类似，除了分支目标br_upc由分支指令brinst和输入信号产生，而不是直接由微指令提供。通过这种方法，从每一个状态可以分支到2^i个下一个状态（每种输入组合生成一个状态）。

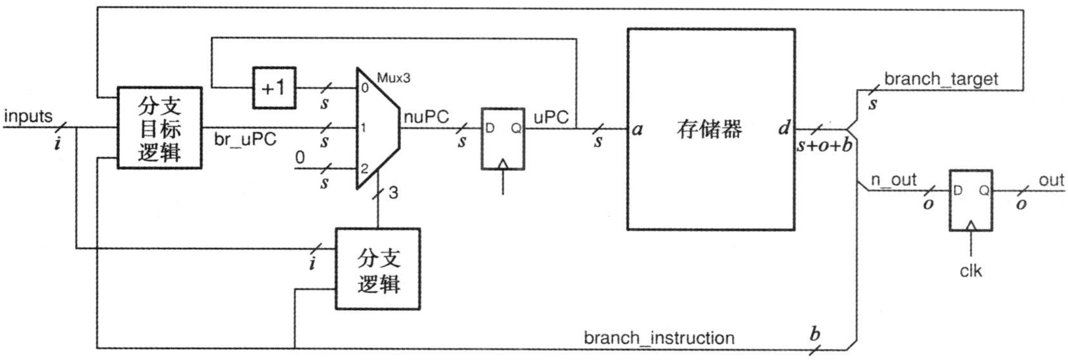

图18-11　使用支持多路分支的指令序列发生器的微编码FSM

分支指令编码不仅仅是测试条件，还是如何决定分支目标的条件。表18-7给出了一种可行的对多路分支指令进行编码的方法。BRx和BRNx指令是两路分支指令，同表18-4中定义的分支指令完全相同。BR4指令是四路分支指令，根据输入信号选择4个相邻状态（从br_upc到br_upc +3）中的一个。

表18-7　支持多路分支的微编码FSM的分支指令

编码	操作码	说　明
BRx	00xx	条件x满足时分支（见表18-4，包括BR）
BRNx	01xx	条件x不满足时分支（见表18-4，包括NOP）
BR4	1000	四路分支：nupc = br_upc + in

使用BR4指令在将状态映射到微指令地址时需要谨慎小心，可能需要复用一些状态。例如，考虑图18-12的状态图。将该状态图映射到状态机的微码地址，用四路分支指令增加输入信号到分支目标，如表18-8所示。从X出来的四路分支目标地址为000，因此我们必须将分支目标A1、B1、C1和X相应地布置在位置000、001、010和011。以类似的方式我们将状态进行定位，使得从C1出发的四路分支目标地址为100。因此我们必须将状态C2、C3、X和C1相应地放置在100、101、110和111。要完成这项工作我

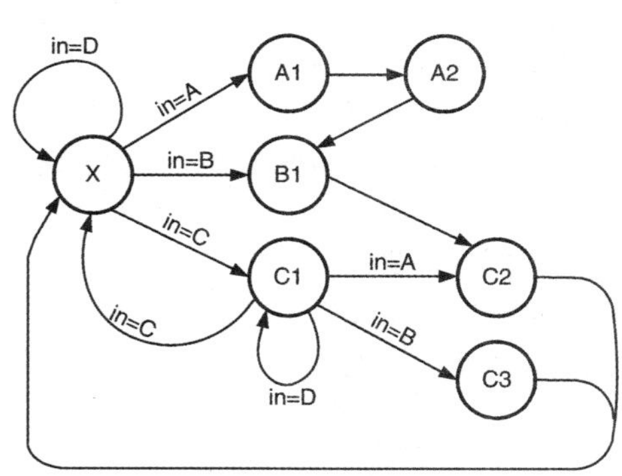

图18-12　具有两个四路分支的状态图

们需要两个 X 状态，一个位于 011 一个位于 110，需要两个 C1 状态（位于 010 和 111）。当我
396 们用这种方式复用一个状态时，只需要为两个副本（如 X 和 X′）安排相同的行为。

表 18-8　图 18-12 到微码地址的状态映射图。状态 X 和状态 C1 是重复的，它们在两个四路分支中都出现了

地址	状态	分支指令	分支目标	地址	状态	分支指令	分支目标
000	A1	BR	A2	100	C2	BR	X
001	B1	BR	C2	101	C3	BR	X
010	C1	BR4	C2	110	X′	BR4	A1
011	X	BR4	A1	111	C1′	BR4	C2

18.4　多种指令类型

到目前为止，我们已经研究过在每一条微指令中更新所有输出信号位的微编码 FSM。通常，大多数 FSM 在给定的状态下只需要更新所有输出信号的一个子集。例如，我们的交通灯控制器 FSM 在每次状态改变时最多改变一个信号灯。可以通过修改 FSM 使得在任何给定的状态下只更新一个输出寄存器来保存微指令的数据位。我们利用其他微指令位在每条微指令中指定一个分支指令和分支目标，尽管许多微指令常常前进到下一个状态而不发生分支。我们可以通过只在一些指令中进行分支而在其他指令中更新输出信号来节省这些冗余的分支位。

图 18-13 给出了两种微指令类型的微编码 FSM
397 的指令格式：分支指令和存储（输出）指令。每条微指令不是这种类型就是那种类型。最左边一位为 1 识别为分支指令，指定了分支条件和分支目标。当 FSM 遇到分支微指令时，按照分支条件和分支目标指定的方式进行分支（或不分支）。输出信号不需要更新。最左边一位为 0 识别为存储指令，指定输出寄存器和输出值。当 FSM 遇到存储微指令时，将值存储到指定的输出寄存器，然后依次执行下一条微指令。存储指令不进行分支。

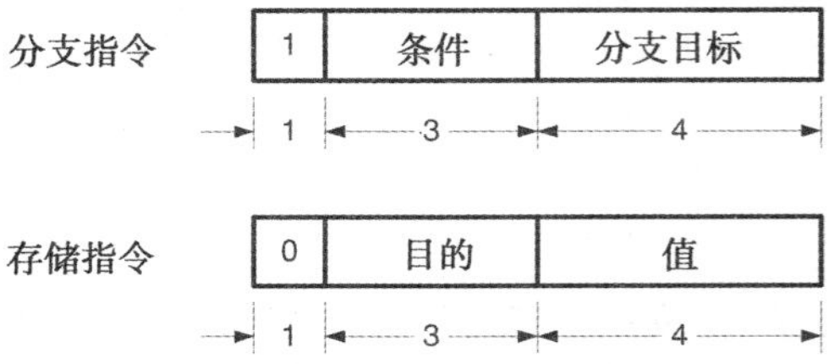

图 18-13　具有独立输出和分支指令的微编码 FSM 的指令格式

图 18-14 给出了支持图 18-13 中的两种指令的微编码 FSM 的框图。每条微指令划分为 x 位的指令字段和 s 位的值字段。指令字段保存操作码（opcode）位（最左边一位区分分支指令和存储指令）和条件（分支指令）或者目的（存储指令）。值字段保存分支目标（分支指令）或新的输出值（存储指令）。

图 18-14 中的指令序列发生器同图 18-6 中完全相同，除了当前微指令是存储指令时，分支逻辑通常选择下一条微指令 uPC + 1。⊖ 主要不同在于输出逻辑。在这里译码器使得在存储指令中最多有一个输出寄存器接收值字段。

图 18-14 中有两种指令类型的微码引擎的 Verilog 程序如图 18-15 所示。在这里微指令分解为操作码（0 = 存储指令，1 = 分支指令）、指令（存储指令的目的地，分支指令的条件）和值。对于存储指令，目标译码为支持独热码的向量 `e`，用于将值存储到三个输出寄存器中的一个（NS = 0，EW = 1，LT = 2）或者用于载入定时器（destination = 3）。对于分支指令，`inst[2]`决定了分支的优先级，低两位 `inst[1:0]`决定测试的条件（LT = 0，EW = 1，LT | EW = 2，timer = 3）。

⊖　可以很容易为支持多路分支的 FSM（图 18-11）添加多个指令类型和输出寄存器。

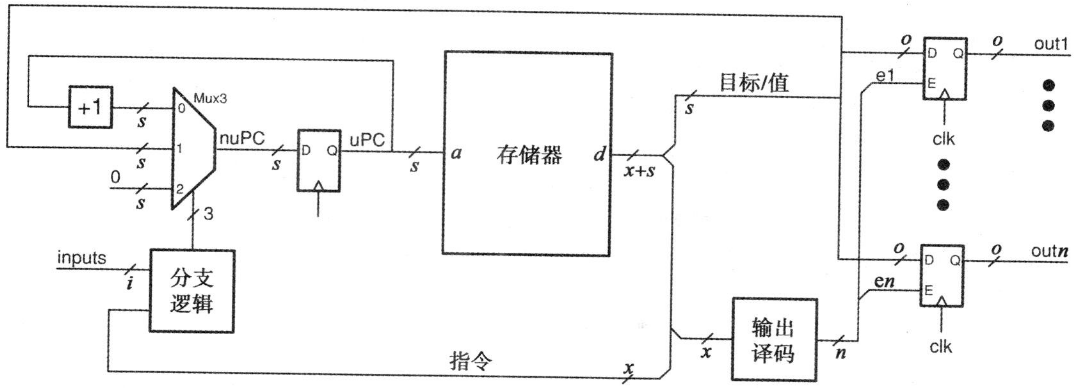

图 18-14 有输出指令的微编码 FSM 的框图。对于我们的交通灯控制器，用定时器代替最后输出寄存器，并将其 done 信号反馈到分支逻辑

```
module ucodeMI(clk,rst,in,out) ;
  parameter n = 2 ; // 输入信号宽度
  parameter m = 9 ; // 输出信号宽度
  parameter o = 3 ; // 输出子信号宽度
  parameter k = 5 ; // 状态位数
  parameter j = 4 ; // 指令位数

  input  clk, rst ;
  input  [n-1:0] in ;
  output [m-1:0] out ;

  wire   [k-1:0] nupc, upc ; // 微程序计数器
  wire [j+k-1:0] uinst ;    // 微指令字
  wire done ; // 定时器done信号

  // 分离微指令字段
  wire opcode ; // 操作码位
  wire [j-2:0] inst ;  // 分支条件，存储目标
  wire [k-1:0] value ; // 分支目标，存储值
  assign {opcode, inst, value} = uinst ;

  DFF #(k) upc_reg(clk, nupc, upc) ;  // 微程序计数器
  ROM #(k,k+j) uc(upc, uinst) ; // 微码存储

  // 输出寄存器和定时器
  DFFE #(o) or0(clk, e[0], value[o-1:0], out[o-1:0]) ;       // NS
  DFFE #(o) or1(clk, e[1], value[o-1:0], out[2*o-1:o]) ;     // EW
  DFFE #(o) or2(clk, e[2], value[o-1:0], out[3*o-1:2*o]) ; // LT
  Timer #(k) tim(clk, rst, e[3], value, done) ;              // 定时器

  // 使能输出寄存器和定时器
  wire [3:0] e = opcode ? 4'b0 : 1<<inst ;

  // 分支指令译码
```

图 18-15 有两种指令类型的微编码 FSM 的 Verilog 描述

```
  wire branch = opcode ? (inst[2] ^ (((inst[1:0] == 0) & in[0]) | // BLT
     ((inst[1:0] == 1) & in[1]) | // BEW
     ((inst[1:0] == 2) & (in[0]|in[1])) | //BLE
     ((inst[1:0] == 3) & done))) // BTD
                  : 1'b0 ; // 作为存储操作码

  // 微程序计数器
  assign nupc = rst ? {k{1'b0}} : branch ? value : upc + 1'b1 ;
endmodule
```

398 ~ 399

图 18-15　（续）

表 18-9 给出了更加复杂的交通灯控制器的微码，这是根据图 18-15 的微码引擎编写的。前边三个状态载入三个输出寄存器，东西方向寄存器和左转寄存器为 RED，南北方向寄存器为 GREEN。下一个状态 NS1 和 NS2 等待 8 个周期来载入定时器并等待信号 done 有效。然后状态 NS4 等待输入信号。NS5 状态时南北方向信号灯设置为 YELLOW；NS6 和 NS7 状态设置定时器并等到定时器完成定时，然后进入 NS8 状态，此时南北方向信号灯设置为 RED。如果左转输入信号为真，NS9 状态分支到 LT1 状态按照左转信号灯序列转换。否则东西方向信号灯在状态 EW1 ~ EW9 按序转换。对该微码进行仿真产生的波形如图 18-16 所示。

表 18-9　用两种指令类型的 FSM 实现交通灯控制器的微码

地址	状态	指令	值	数据
00000	RST1	SLT（0010）	RED 001	001000001
00001	RST2	SEW（0001）	RED 001	000100001
00010	NS1	SNS（0000）	GREEN 100	000000100
00011	NS2	STIM（0011）	TGRN 01000	001101000
00100	NS3	BNTD（1111）	NS3 00100	111100100
00101	NS4	BNLE（1110）	NS4 00101	111000101
00110	NS5	SNS（0000）	YELLOW 010	000000010
00111	NS6	STIM（0011）	TYEL 00011	001100011
01000	NS7	BNTD（1111）	NS7 01000	111101000
01001	NS8	SNS（0000）	RED 001	000000001
01010	NS9	BLT（1000）	LT1 10100	100010100
01011	EW1	STIM（0011）	TRED 00010	001100010
01100	EW2	BNTD（1111）	EW2 01100	111101100
01101	EW3	SEW（0001）	GREEN 100	000100100
01110	EW4	STIM（0011）	TGRN 01000	001101000
01111	EW5	BNTD（1111）	EW5 01111	111101111
10000	EW6	SEW（0001）	YELLOW 010	000100010
10001	EW7	STIM（0011）	TYEL 00011	001100011
10010	EW8	BNTD（1111）	EW8 10010	111110010
10011	EW9	BTD（1011）	RST2 00001	101100001
10100	LT1	STIM（0011）	TRED 00010	001100010
10101	LT2	BNTD（1111）	LT2 10101	111110101
10110	LT3	SLT（0010）	GREEN 100	001000100
10111	LT4	STIM（0011）	TGRN 01000	001101000
11000	LT5	BNTD（1111）	LT5 11000	111111000
11001	LT6	SLT（0010）	YELLOW 010	001000010
11010	LT7	STIM（0011）	TYEL 00011	001100011
11011	LT8	BNTD（1111）	LT8 10010	111111011
11100	LT9	BTD（1011）	RST1 00000	101100000

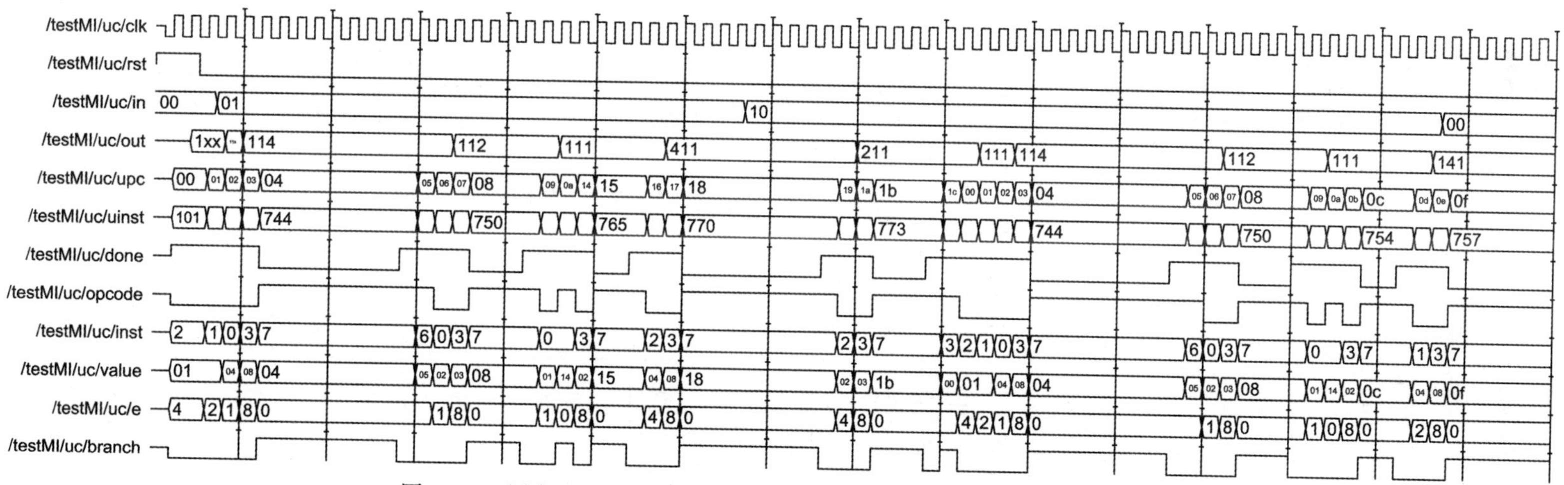

图18-16　用表18-9的微码对图18-15的微编码FSM进行仿真生成的波形

18.5 微码子程序

表 18-9 的状态序列重复的地方很多。NS、EW 和 LT 序列执行几乎相同的动作。唯一明显的区别就是写入的输出寄存器不同。就像我们在第 17 章中通过因式分解 FSM 来共享相同的状态序列一样，我们可以通过在微编码 FSM 中支持子程序来实现共享相同的状态序列。子程序是一个指令序列，它能够在一些不同的点被调用，退出子程序之后将控制返回到调用它的点。

图 18-17 给出了支持一级子程序的微码引擎的框图。该状态机与图 18-14 的状态机几乎完全相同，除了两个不同点：（a）序列发生器中增加了返回 uPC 寄存器 rupc 以及相关的逻辑，（b）输出部分增加了选择寄存器和相关的逻辑。

rupc 寄存器用于保存子程序执行完之后应该分支到的 upc。当子程序被调用时，分支目标被选作下一个 upc，并且下一条指令的地址 upc + 1 依次保存在 rupc 寄存器中。使用专门的分支指令 CALL 使得使能信号线指向 rupc 寄存器，erpc 有效。当子程序完成之后，将控制返回到保存的位置，用另一个专门的分支指令 RET 选择 rupc 作为下一个 upc 的来源。

选择寄存器用于在不同的地方被调用时允许将相同的状态序列写入不同的输出寄存器中。两位寄存器识别码（NS = 0，EW = 1，LT = 2）可以存储在选择寄存器中。然后用专门的存储指令 SSEL 对选择寄存器指定的寄存器（而不是由指令的目标位指定）进行存储。因此，主程序可以存储 0（NS）到选择寄存器中，然后调用子程序来排序南北方向信号灯的亮灭。然后主
400~402 程序可以存储 1（EW）到选择寄存器中，并调用相同的子程序来排序东西方向信号灯的亮灭。同一个子程序可以排序不同方向的信号灯是由于它用 SSEL 指令完成所有的输出操作。

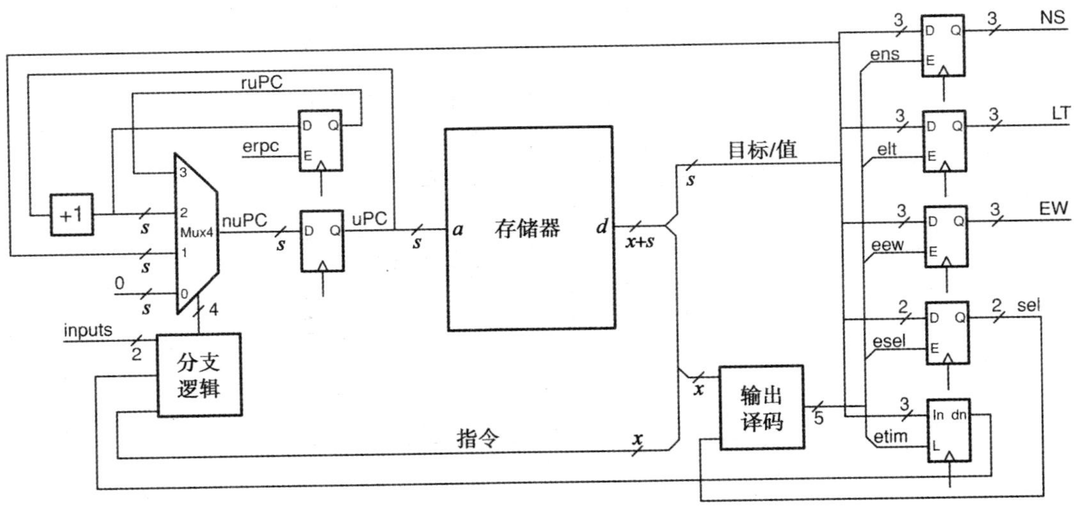

图 18-17 支持一级子程序的微编码 FSM

18.6 简单计算机

在这一章里，我们从一个简单的微编码 FSM 开始，构建出一个包含分支指令和多个输出寄存器的系统。这一节我们继续完善实现一个简单处理器。这个设计目的在于，通过说明一个处理器实际上是多么简单来揭秘处理器，而不是为了给出一个例子说明处理器应该是什么样的。这个设计专注于最简单的处理器，而在性能、效率和易编程方面不过多考虑。

该处理器支持三种主要类型的指令：分支指令、传送指令和算术指令。不管哪种类型的指令，长度都固定为一个字节大小。高 4 位 i[7:4] 表示指令的操作码。低 4 位的解释依赖于操

作码。我们在表18-10中概括出了16种不同的指令。

分支目标没有存放在指令ROM中，而是存储在分支目标寄存器BRD中。BR指令之后的下一个PC的值等于BRD的值。为了更高效地调用子程序，BR. S指令将PC+1存储到BRD中。BR. IM指令根据8位输入信号和定时器的done信号，使用存储在寄存器IM中的十位分支指令进行分支。分支指令按照表18-3显示的那样工作，除了输入信号为9个（8个输入信号和定时器）而不是2个。BR. IMI指令也用IM寄存器，但是目标是 PC + i[3:0]。最后，BR. ACC指令根据累加器寄存器（ACC）进行分支。指令的第3位和第2位表示分支条件。

表18-10 处理器用到的操作码列表。以1开头的操作码是ALU中的运算操作码，指令的低4位为ALU和LDA指令的RS进行编码。对于特定的指令，可以表示分支条件（BR. ACC）、立即数（BR. IMI，LDA. I）或目标（STA）

操作码 i[7:4]	指令	描 述
0000	BR	分支到BRD存储的PC
0001	BR. S	分支到BRD存储的PC，再将PC+1存到BRD
0010	BR. IM	根据输入信号和存储在IM中的当前分支指令进行分支；分支目标是BRD
0011	BR. IMI	除了分支目标是PC+i[3:0]，其他同BRIM
0100	BR. ACC	如果ACC满足存储在位［4:3］的条件（00表示等于0；01表示不等于0；10表示大于0；11表示小于0），则分支到BR寄存器保存的地址
0101	LDA	ACC = RS(i[3:0])
0110	LDA. I	ACC = i[3:0]
0111	STA	RD(i[3:0]) = ACC
1000	ADD	ACC = ACC + RS(i[3:0])
1001	SUB	ACC = ACC. RS
1010	MUL	{ACC. H, ACC} = ACC * RS
1011	SH	{ACC. H, ACC} = {16'd0, ACC} < < RS
1100	XOR	ACC = ACC⊕RS
1101	AND	ACC = ACC) ∧ RS
1110	OR	ACC = ACC ∨ RS
1111	NOT	$ACC = \overline{ACC}$

表18-11列出了处理器的寄存器，许多寄存器只有唯一的功能。系统的输出为4个16位寄存器：O0～O3。临时寄存器（T0～T2）用于存储中间值。PC保存当前程序计数器，并且对于所有非分支指令（用作RS）来说都是只读的。还支持进行写入操作时载入定时器。8位输入信号位作为一个只读寄存器出现。累加器拆分为16位的高位寄存器和低位寄存器。只有乘法和移位指令会往高位写入数据。

表18-11 处理器保留的状态。指令ROM（通过PC进行访问）和数据RAM没有给出，当MD寄存器用作源操作数或目的操作数时，通过地址寄存器MA访问数据RAM

ID	寄存器	长度（b）	描 述
0000	ACC	16	所有算术操作的隐式目标
0001	ACC. H	16	累加器高16位
0010	O0	16	寄存器连接到输出端
0011	O1	16	寄存器连接到输出端
0100	O2	16	寄存器连接到输出端

（续）

ID	寄存器	长度（b）	描 述
0101	O3	16	寄存器连接到输出端
0110	BRD	16	分支目标寄存器
0111	MA	16	存储器地址
1000	MD	X	存储器源寄存器
1001	IM	10	分支指令寄存器
1010	T0	16	临时寄存器 0
1011	T1	16	临时寄存器 1
1100	T2	16	临时寄存器 2
1101	IN	8	输入值，只读
1110	PC	16	当前程序计数器，只读
1111	timer	16	定时器，只写；当用作目的时载入一个新的启动时间

处理器包含一个算术逻辑单元（ALU）。给定操作码和两个输入信号，ALU 执行指定的操作并输出运算结果。在结构上，ALU 计算 8 种不同的操作，然后用一个 8 位多路选择器对运算结果进行选择输出。类似于 16.2.3 节中的通用移位器/计数器，只是没有内部状态。ALU 的 Verilog 程序如图 18-18 所示。输出函数通过 case 语句选定，我们只需要实例化一个加法器/减法器。

403
~
405

```
module alu(opcode, s0, s1, o_high, o_low, write_high) ;
   input [2:0] opcode;
   input signed [15:0] s0, s1;
   output [15:0] o_low, o_high;
   output          write_high;

   reg [15:0]      o_low, o_high;
   reg             write_high;
   wire            sub = (opcode == `OP_SUB);
   wire [15:0]     addsub_val = s0 + (sub ? ~s1 : s1) + sub;
   wire signed [31:0] product = s0*s1;
   //o_high = s0>>(16-s1)
   //o_low = s0<<s1
   wire [31:0]            shft = {16'h0000, s0} << s1;
   always@(*) begin
      case(opcode)
        `OP_ADD: {o_high, o_low, write_high} = {16'd0, addsub_val, 1'b0};
        `OP_SUB: {o_high, o_low, write_high} = {16'd0, addsub_val, 1'b0};
        `OP_MUL: {o_high, o_low, write_high} = {product, 1'b1};
        `OP_SH: {o_high, o_low, write_high} = {shft, 1'b1};
        `OP_XOR: {o_high, o_low, write_high} = {16'd0, s0^s1, 1'b0};
        `OP_AND: {o_high, o_low, write_high} = {16'd0, s0&s1, 1'b0};
        `OP_OR: {o_high, o_low, write_high}  = {16'd0, s0|s1, 1'b0};
        `OP_NOT: {o_high, o_low, write_high} = {16'd0, ~s0, 1'b0};
        default: {o_high, o_low, write_high}  = {32'd0, 1'b0};
      endcase // case (opcode)
   end
endmodule // alu
```

图 18-18 简单 ALU 的 Verilog 程序。只有移位操作和乘法操作才对累加器的高数据位进行写入操作

通过 MD 和 MA 寄存器存取数据 RAM（见 8.9 节）。当 MD 用作任何 LD 或 ALU 指令的源寄存器时，将存储器 RAM 中地址为 MA 的存储单元所存储的值载入寄存器 MD。当 MD 是 STA 指令的目的寄存器时，ACC 中的值放入存储器地址 MA 中。

处理器模块的 Verilog 程序如图 18-19 ~ 图 18-21 所示。程序的第一部分（图 18-19）从指令 ROM 中载入当前指令并对当前指令进行分析。用 case 语句从 16 个选项中选择正确的源寄存器。在程序的第二部分和第三部分（图 18-20 和图 18-21），程序计算分支条件和下一个程序计数器。使能信号 en 用于写入正确的寄存器。Verilog 程序以所有状态寄存器结束，包括定时器和 PC。

我们的简单处理器执行存储在 ROM 中的软件程序。例如，图 18-22 所示的计算斐波那契数列的程序。执行该程序的波形结果如图 18-23 所示。程序通过往寄存器中载入一些常量来初始化状态，同时也读取输入信号决定需要计算多少数字。从 PC = 9 开始的循环计算下一个数字并将它传输到 o0。循环次数 o1 是递减的，如果循环次数不为 0 则分支到循环开始的地方继续执行。

```
module processor(o0, o1, o2, o3, in, rst, clk) ;
  parameter programFile = "fib.asm";

  input [7:0] in;
  input       rst, clk;
  output [15:0] o0, o1, o2, o3;

  //取指令，分析指令
  wire [7:0]    i; // 指令
  wire [15:0]   pc;
  ROM #(8, 16, programFile) insnStore(pc, i);
  wire [3:0]    op = i[7:4]; //操作码
  wire          alu_op = op[3]; //算术操作
  wire [2:0]    alu_opcode = op[2:0];
  wire [1:0]    br_op = i[3:2]; //分支指令操作码
  wire [3:0]    rs = i[3:0]; //源寄存器

  //寄存器状态
  wire [15:0]   acc, acch, brd, ma, mout, t0, t1, t2;
  wire          tdone;
  wire [9:0]    im;

  //源寄存器译码
  reg [15:0]    s1;
  always@(*) begin
    case(rs)
      `RACC: s1 = acc;
      `RACCH: s1 = acch;
      `RO0: s1 = o0;
      `RO1: s1 = o1;
      `RO2: s1 = o2;
      `RO3: s1 = o3;
      `RBRD: s1 = brd;
```

图 18-19 处理器的 Verilog 程序，三部分中的第一部分。模块的这部分用地址 PC 读取指令 ROM 并分析指令 i。通过 case 语句找到正确的源寄存器

```
      `RMA: s1 = ma;
      `RMD: s1 = mout;
      `RIM: s1 = {6'd0, im};
      `RT0: s1 = t0;
      `RT1: s1 = t1;
      `RT2: s1 = t2;
      `RIN: s1 = {8'd0, in};
      `RPC: s1 = pc;
      default: s1 = 16'd0;
    endcase // case (rs)
end
```

图 18-19　（续）

```
//计算下一个PC
//im寄存器分支条件
wire          imbranch = im[9] ^ (|({im[8]&tdone, im[7:0] & in}));
//acc 分支条件
wire          acc_eqz = (acc == 16'd0);
wire          accbranch =
              (br_op == `BR_EQ & acc_eqz) |
              (br_op == `BR_NEQ  & (!acc_eqz)) |
              (br_op == `BR_GZ   & (!acc_eqz) & !acc[15]) |
              (br_op == `BR_LZ   & (!acc_eqz) & acc[15]);
//是否分支
wire          bran = (op == `OP_BR) | (op == `OP_BRS) |
              ((op == `OP_BRIM | op == `OP_BRIMI) & imbranch) |
              ((op==`OP_BRACC) & accbranch);

//计算下一个PC
wire [15:0]   npc = bran ? (op == `OP_BRIMI ? pc + i[3:0] : brd) : pc + 1;
wire [15:0]   npcr = rst ? 16'd0 : npc;

//ALU和下一个累加器的输入
wire          write_high;
wire [15:0]   o_high, o_low;
alu theALU(alu_opcode, acc, s1, o_high, o_low, write_high);

wire [15:0]   acc_nxt = (({16{alu_op}} & o_low) |
                        ({16{op == `OP_LDA}} & s1) |
                        ({16{op == `OP_LDAI}} & rs)) & {16{~rst}};
wire [15:0] acch_nxt = (({16{alu_op}} & o_high) |
                        ({16{op == `OP_STA}} & acc)) &
                        {16{~rst}};
//下一个brd寄存器值
wire [15:0] brdn = (op == `OP_BRS) ? pc+1 : acc;
wire [15:0] brdr = rst ? 16'd0 : brdn;
```

图 18-20　处理器的 Verilog 程序，三部分中的第二部分。此程序顶端计算分支条件和目标。它还为累加器寄存器分配下一个值，为我们已构造的状态分配使能信号 en

```
    // 计算寄存器的写入信号
    wire [15:0] en_i = 1<<rs;
    wire [15:0] en = (en_i & {16{op == `OP_STA}}) | {16{rst}};
    wire        lda = (op ==  `OP_LDA) | (op == `OP_LDAI); //Load the acc?
    wire        en_acc = alu_op | lda | en[`RACC];
    wire        en_acch = (alu_op & write_high) | en[`RACCH];
    wire        en_brd = en[`RBRD] | (op == `OP_BRS);
    wire [15:0] accr = rst ? 16'd0 : acc;

    DFFE #(16) ACC(clk, en_acc, acc_nxt, acc);
    DFFE #(16) ACCH(clk, en_acch, acch_nxt, acch);
    DFFE #(16) O0(clk, en[`RO0], accr, o0);
    DFFE #(16) O1(clk, en[`RO1], accr, o1);
    DFFE #(16) O2(clk, en[`RO2], accr, o2);
    DFFE #(16) O3(clk, en[`RO3], accr, o3);
    DFFE #(16) BRD(clk, en_brd, brdr, brd);
    DFFE #(16) MA(clk, en[`RMA], accr, ma);
    RAM #(16, 16) dataStore(ma, ma, en[`RMD], accr, mout);
    DFFE #(16) IM(clk, en[`RIM], accr, im);
    DFFE #(16) T0(clk, en[`RT0], accr, t0);
    DFFE #(16) T1(clk, en[`RT1], accr, t1);
    DFFE #(16) T2(clk, en[`RT2], accr, t2);
    //IN, not included
    DFFE #(16) PC(clk, 1'b1, npcr, pc);
    Timer #(16) ttimer(clk, rst, en[`RTIME], acc, tdone);

endmodule // alu
```

图 18-21 处理器的 Verilog 程序，三部分中的第三部分。在这里我们分配使能信号并实例化寄存器

```
LDAI 0111
STA BRD #Load branch target (insn 7)
LDA IN
STA O1 #O1=loop count, from input
LDAI 0001
STA T0 #Store 1 into T0  for dec loop count
STA T1 #Store 1 into T1 as first num
#begin loop
LDA O0 #Acc = last fib
ADD T1 #Add = 2nd to last fib
STA T2 #T2 = last fib
LDA O0
STA T1 #T1 = 2nd to last fib
LDA T2
STA O0 #O0 = T2 (last fib)
LDA O1
SUB T0
STA O1 #O1 = O1-1 (next loop iteration)
BRACC 0100 #Branch if no more iterations
```

图 18-22 用我们的简单处理器计算斐波那契数列的程序

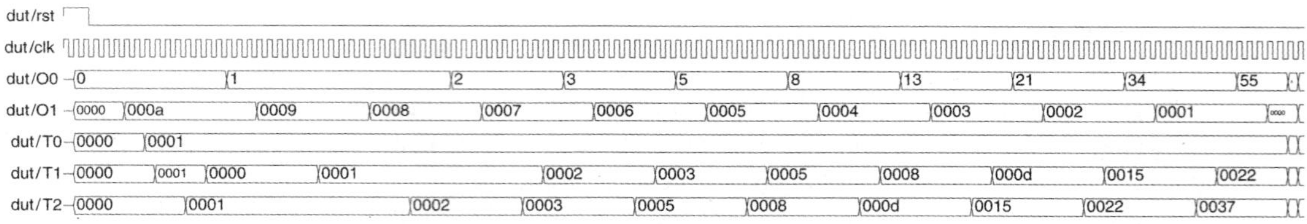

图 18-23　图 18-22 的斐波那契程序运行在我们的处理器上。寄存器 O0 显示了当前斐波那契数，寄存器 O1 保存程序还需要进行的迭代次数。该图还给出了存储在寄存器 T0、T1 和 T2 中的临时值

小结

在本章中你已经学会了强大的*存储程序控制*技术以及如何用*微码*实现有限状态机。

任何有限状态机都可以用存储器（ROM 或 RAM）中的表存储下一个状态和输出函数来实现。所有输入信号和当前状态组合起来作为存储器地址。存储器输出给定下一个状态和当前输出信号。这项技术通常需要一个 $S2^i$ 字大小的存储器，这里 S 是状态数，i 是输入信号的位数。

通过增加一个*序列发生器*来产生下一个状态存储器地址，可以将需要的存储器大小减少到 S 个字。序列发生器实现一系列的*分支*指令，该指令选择依次进入下一个状态还是分支到*分支目标*，分支目标由当前微码字指定，并且依赖于输入信号位的值。多路分支可以通过基于输入条件修改分支目标地址来实现。

如果在每次状态转换时输出信号只有一个子集发生变化，我们可以通过定义*存储指令*进一步缩减我们的存储器需求。使用这种结构，微码状态机的输出信号保存在一组寄存器中。每条存储微指令更新一个输出寄存器的状态。其他寄存器保留它们的原值不变。

如果我们的微码有重复序列，我们可以通过在分支指令中增加*子程序*调用和返回指令来减小程序规模。CALL 指令将调用之后的指令地址保存到指定的 `rupc` 寄存器中。公共序列执行完了之后，RET 指令分支到 `rupc` 保存的地址处。

文献说明

406～410 微码起源于 1951 年，由 Maurice Wilkes 在剑桥大学提出，是为了实现 EDSAC 计算机的控制逻辑而提出的［109］。从那时开始微码已经广泛应用到许多不同类型的数字系统中。微码在 20 世纪 70 年代后期非常流行，主要是用双极型位片芯片集来实现处理器［78］。如今，微码仍然广泛应用于实现像 x86 那样的复杂指令集［43］。用于为摩托罗拉 680000（最初用于 Apple Macintosh 计算机的处理器）生成微码的方法在参考文献［103］中进行了介绍。

处理器设计最流行的两本书是 Patterson 和 Hennessy 的导论［90］和进阶［47］。作为另一个相对简单的处理器的例子，O'Brien 的《The Apollo Guidance Computer》［87］概述了探月计算机。

习题

18.1　*改进的交通灯控制器，I*。修改表 18-1（为图 18-1 给出的控制器编写）中的交通灯控制器微码，增加输入信号 car_ns。现在，任何方向的交通灯都保持绿灯亮，直到有表示在相反方向有车过来的输入信号变为高电平为止。不管是否绿灯方向还有车，这个转换都会发生。确保绿灯从一个方向转换到另一个方向的过程中都包括黄灯。

18.2　*改进的交通灯控制器，II*。使用图 18-2 的微编码 FSM，模仿习题 18.1 的微码。实例化一个 FSM 版本，确保有足够的输入、输出和状态位。

18.3 改进的交通灯控制器，III。当前方向没有车到来而相反方向有车到来时，为了使信号灯改变方向，习题18.1的程序必须改变多少位数？

18.4 微编码自动售货机。用使用了18.2节中的指令序列发生器的微编码控制器来实现16.3.1节中自动售货机的控制路径。状态机的输入、输出信号是什么？需要多大的控制存储空间？给出这个解决方案的微码。假设控制器的每一个外部输入信号都保持高电平，直到FSM输出一个nxt输出信号脉冲。

18.5 微编码密码锁。用18.2节中的微编码控制器和序列发生器实现16.3.2节密码锁的控制部分。状态机的输入信号和输出信号有哪些？需要多大的控制存储空间？给出此实现方案的微码。

18.6 SOS发光器，I。写出SOS发光器（习题17.11）的微码。当输入信号`flash`为高电平时，系统应该闪烁SOS序列——3次短闪烁（每次闪烁1个时钟周期），紧接着3次长闪烁（每次闪烁4个时钟周期），接下来再3次短闪烁。字符之间的间隔应该为一个时钟周期。一条SOS中字符之间的间隔应该为3个时钟周期。前一条SOS和后一条SOS之间的间隔应该为7个时钟周期。当输入信号为低电平时，发光器应该重置到复位状态。用18.1节的微编码FSM。保留发光器原设计，不进行因式分解。

18.7 SOS发光器，II。修改18.1节和习题18.6的微编码FSM和微码，作为控制模块和你设计的数据通路进行连接。给出此数据通路的框图，需要在这两者和微码之间进行信号连接。 411

18.8 SOS发光器，III。编写习题18.7的SOS发光器的Verilog程序（数据通路+微编码FSM），并对程序进行验证。

18.9 SOS发光器，IV。用18.2节的序列微编码FSM代替18.1节的FSM，编写习题18.7的SOS发光器的微码。

18.10 SOS发光器，V。用18.5节的支持子程序的微编码FSM，编写习题18.7的SOS发光器的微码。系统中每个字符应该是独立的子程序。

18.11 字符串比较，I。本习题和习题18.12～习题18.14通过建立一个微编码状态机来实现ASCII码字符串比较的问题。原始框图如图18-24a所示。时序如图18-24b所示。通过声明一个输入信号start来启动字符串比较。比较完整个字符串之后，如果找到了匹配字符串，输出信号match有效，直到start信号再次出现脉冲。如果字符串终止符号到达（end=1），信号fail应该保持有效状态，直到重新启动。微码状态机声明c_nxt信号，用于从输入端请求每一个新的字符。ROM向输入模块提供信号s_c来匹配当前字符。输入逻辑模块输出三个信号：start、end（c=8'b0）、match（c=s_c）。

(a) 如果匹配序列为“11ABC”，画出状态图。

(b) 画出没有序列发生器（见表18-1）的微码表。为每一个状态和输入信号组合，指出next、n_m、n_f、s_c和c_nxt的值。

(c) 写出该FSM的Verilog程序。

18.12 字符串比较，II。假设字符串为“FLIPFLOP”（考虑从第二个L开始的所有转换），重复习题18.11。

18.13 字符串比较，III。在习题18.12的字符串比较器中加入序列发生器。你可以定义自己的分支指令。

(a) 重新画出图18-24a的框图，使其包含序列发生器。

(b) 定义并列出你要用来排序状态的分支指令。

(c) 写出匹配“ABC”和“FLIPFLOP”的ROM表（见表18-5）。

(d) 更新Verilog程序，使其包含序列发生器。

18.14 字符串比较，IV。修改序列发生器，使其增加一个计数器，用来指示当前匹配的字符在字符串中的位置。更新框图和Verilog程序，实现此计数器。

18.15 有调用/返回的微码控制器。编写Verilog程序实现支持调用/返回指令的控制器，并对其进行验证。

18.16 多级调用/返回。描述一个控制器，它能够对调用/返回指令进行三级深度的调用。这里允许子程序调用子程序（称作子程序）。

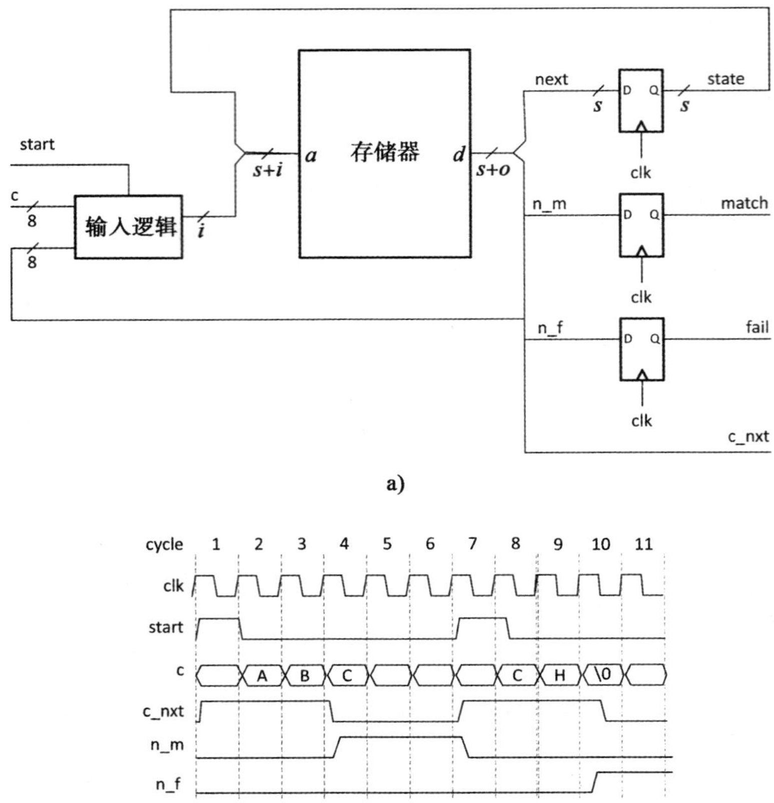

a)

b)

图 18-24　基本字符串比较引擎的微码模块 a）和波形图 b）。输入字符 c 和字符串“ABC”进行匹配。如果匹配，匹配输出信号有效。如果字符串到达结束符号‘/0’，失败输出信号有效

18.17　编写程序，I。为 18.6 节的简单处理器编写程序，将 ASCII 字符串“HELLO WORLD”放到输出寄存器 O1 中。[⊖] 显示每个字符花费的周期数量不是问题，只要 O1 中的数值序列能够拼写出“HELLO WORLD”。

18.18　编写程序，II。将习题 18.17 的程序进行汇编——转换成一系列二进制指令。用我们提供的 Verilog 处理器运行它。

412～413 **18.19**　编写程序，III。为 18.6 节的处理器编写程序，计算存储器中前 32 个数值（地址 0～31）的平均值，用寄存器 O1 输出计算结果。

⊖ 在 ASCII 码中，单词“HELLO”（以空格结尾）对应于十六进制值 0x48、0x45、0x4C、0x4F、0x20。

第19章

Digital Design: A Systems Approach

时序电路实例

本章给出了一些时序电路的附加实例。我们开始用一个简单的有限状态机来复习如何根据设计规格画出状态图以及如何用 Verilog 编程实现简单的 FSM，这个状态机用因数 3 来降低输入端 1 的数值。然后我们实现一个 SOS 探测器来复习一下有限状态机的分解。接下来我们重新考虑 9.4 节的井字棋游戏，构建数据通路的时序电路，用我们之前开发的组合移动发生器对阵它自己进行游戏。通过构建一个赫夫曼编码器和译码器，我们阐述了如何使用表驱动时序电路，以及如何用像计数器和移位寄存器那样的时序基础单元组成电路。编码器同计数器和移位寄存器一起使用表查找，而译码器遍历存储在表中的树形数据结构。

19.1 3 分频计数器

这一节我们将设计一个有限状态机，每当输入信号保持三个周期的高电平时就在输出端输出一个周期的高电平信号。更具体地说，我们的 FSM 只有单独的一个输入信号 `in` 和单独的一个输出信号 `out`。当检测到输入信号 `in` 出现三个周期的高电平时（或 6 个、9 个等），输出信号 `out` 将出现一个周期的高电平。该 FSM 将输入端的脉冲数量除以 3。而不是输入端表示的二进制数除以 3。

这个状态机的状态图如图 19-1 所示。最初，我们似乎可以用三个状态实现这个状态机；然而，实际上需要 4 个状态。我们需要用状态 A 到 D 来区分到目前为止输入端已经保持高电平 0、1、2、3 个周期。状态机重置为状态 A。状态机保持这个状态，直到输入端在时钟上升沿到来时变为高电平，这时候状态前进到状态 B。第二个高电平输入使得状态机状态变为 C，第三个高电平输入使得状态机状态变为 D，这时候输出端保持一个周期的高电平。我们不能简单利用第三个高电平输入信号来返回状态 A，这是因为我们需要区分是否已经看到了三个周期的高电平输入还是根本没有看到高电平输入，在看到三个周期的高电平信号的情况下，输出信号为高电平。[⊖]

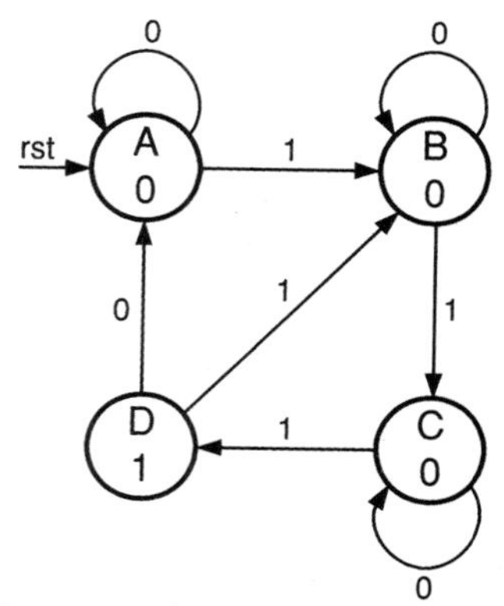

图 19-1　3 分频计数器 FSM 的状态图。4 个状态表示到目前为止输入信号变为高电平之后，0、1、2、3 个周期的状态

FSM 通常在一个周期之后退出状态 D。这个周期时出现的输入信号决定了下一个状态值。如果输入信号为低电平，则状态机前进到状态 A，在下一次输出之前等待新的三个高电平输入。如果输入信号为高电平，这个高电平将记作新的三个高电平输入中的一个，因此状态机直接进入状态 B，接着再等待两个高电平输入。 414

这个 3 分频 FSM 的 Verilog 程序如图 19-2 所示。用一条 `case` 语句来实现下一个状态函数，包括复位操作。单独的一条 `assign` 语句实现输出函数，使得输出信号在状态 D 输出高电平。用于定义状态和其宽度的定义语句没有显示出来。对此 Verilog 模型进行仿真的波形如图 19-3 所示。

⊖ 只需要三个状态的方法见习题 19.3。

```
//----------------------------------------------------------------------
//除以3的FSM
//  in——当输入高电平时状态数增加
//   out——输入信号每出现三个周期的高电平，输出信号出现一个周期的高电平
//     在in第三个高电平周期之后out第一次变为高电平
//----------------------------------------------------------------------
module Div3FSM(clk, rst, in, out) ;
  input clk, rst, in ;
  output out ;

  wire [`AWIDTH-1:0] state ; // 当前状态
  reg  [`AWIDTH-1:0] next ;  // 下一个状态

  // 实例化状态寄存器
  DFF #(`AWIDTH) state_reg(clk, next, state) ;

  // 下一个状态函数
  always @(*) begin
    case(state)
      `A: next = rst ? `A : (in ? `B : `A) ;
      `B: next = rst ? `A : (in ? `C : `B) ;
      `C: next = rst ? `A : (in ? `D : `C) ;
      `D: next = rst ? `A : (in ? `B : `A) ;
      default: next = `A ;
    endcase
  end

  // 输出函数
  assign out = (state == `D) ;
endmodule
```

图 19-2 3 分频计数器的 Verilog 描述

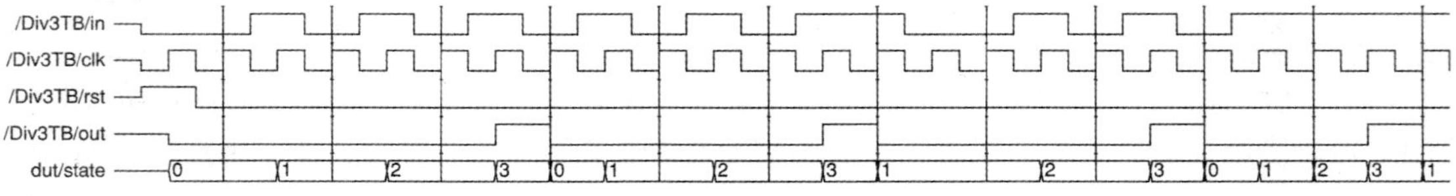

图 19-3 3 分频计数器的仿真波形

19.2 SOS 探测器

莫尔斯码曾经广泛应用于电报和无线电通信，其将字母、数字和一些标点符号表示为用点和破折号表示的开关信号。空格用来分隔符号。点是短周期的开信号（on），破折号（dash）是长周期的开信号（on）。一个符号中的点和破折号用短周期的关信号（off）来分隔，空格是长周期的关信号（off）。通用紧急求救码 SOS 用莫尔斯码表示为三个点（S），一个空格，三个破折号（O），一个空格，三个点（第二个 S）。

考虑完成一个任务，建立一个有限状态机来检测输入端接收到的 SOS 信号。假设用一个周期高电平的输入信号表示点，用三个周期高电平的输入信号表示破折号，用一个周期低电平的输入信号来分隔一个符号内的点和破折号，用三个或更多个周期低电平的输入信号表示空格。

注意输入信号保持两个周期的高电平或低电平状态为非法情况。根据这些定义，一条合法的 SOS 字符串应该为 1010100011101110111000010101000。

我们可以用一个平面状态机来构建 SOS 探测器，状态图如图 19-4 所示。FSM 复位到状态 R。状态 S11 到 S18 检测到第一个“S”以及相关的空格。状态 O1 到 O11 检测到“O”，状态 O12 到 O14 检测到紧随“O”的空格。最后状态 S21 到 S28 检测到第二个“S”和随后的空格。状态 S28 输出“1”表示检测到了 SOS。

为了清晰起见，图 19-4 省略了许多转换过程。沿水平路径从状态 R 到状态 S28 的转换过程表示当检测到 SOS 时发生的转换。如果这个路径上的任何点当希望出现 0 而实际上检测到 1 时，状态机转换到状态 E1。类似地，如果我们希望检测到 1 而实际检测到 0 时，状态机转换到状态 E2。这些转换显示在图的第一行（通过方块 E 和 E1），省略部分是为了避免使图凌乱。状态 E1 到 E3 是错误处理状态，错误条件之后等待一个时间间隔，然后重启检测过程。

从状态 O1 到 S12 的转换过程处理输入信号包含字符串 SSOS 的情况。检测到第一个 S 之后，我们希望检测到字符 O，但是却接收到了第二个字符 S。如果我们在状态 O1 接收到 0 之后转换到状态 E2，我们将错过第二个 S，进而探测不到字符串 SOS。相反我们必须识别出点并转换到状态 S12。

为了允许紧接的 SOS 在最小空间间隔被检测到，我们需要从 S28 到 S11 的转换过程（表示为方块 D）。在状态 S28 检测到 SOS 以及后续的空格后，下一个 1 成为下一个 SOS 的第一个点，必须通过转换到状态 S11 来识别。

当图 19-4 的平面 FSM 工作时，该 FSM 不是一个很好的解决方案，有以下几个原因。首 415~417
先，它不是模块化的。如果我们要将点的定义改变为输入信号保持 1 个或 2 个周期高电平，这时候平面状态机需要改变 8 个地方（每个地方识别出一个点）。类似地，破折号或空格的定义改变了，也需要有全局的改变来适应。同时，如果我们检测的序列不是 SOS 了，而变成了 ABC，那么状态机就需要完全重新做。第二，状态机很大，34 个状态，如果点和破折号定义更加复杂则状态机将更庞大。最后，状态机的某些方面是敏感的，比如从状态 O1 到 S12 的转换。

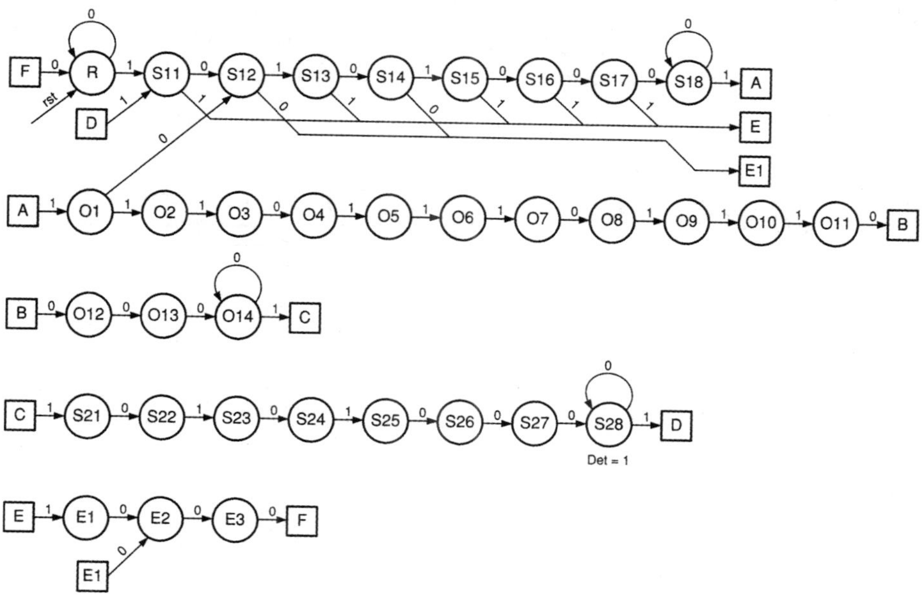

图 19-4　用一个平面 FSM 实现 SOS 探测器的状态图。方块表示连接

SOS 状态机是进行分解的最好候选。我们可以构建 FSM 来检测点、破折号和空格，然后用

这些 FSM 的输出信号来构建检测 S 和 O 的 FSM。最后，用一个简单的顶层 FSM 来检测 SOS。分解的 SOS 探测器 FSM 的框图如图 19-5 所示。输入信号位数据流（序列）输入到 3 个元素检测 FSM——点、破折号和空格。这些 FSM 每个都有两个输出信号：一个表示检测到该元素，一个表示当前输入序列可能是元素的一部分。例如，当检测到点时，点 FSM 输出 isDot 信号，当当前序列可能是一个点时输出 cbDot 信号，但是在决定之前需要一个额外的输入。

这 3 个元素探测器的 6 个输出信号传输到一对字符探测器，分别探测字符 S 和 O。像元素探测器一样，每一个字符探测器也有 is 和 could 两个输出信号。这两个字符探测器的 4 个输出
418 信号再输入到顶层的 SOS FSM，当检测到 SOS 时进行显示。

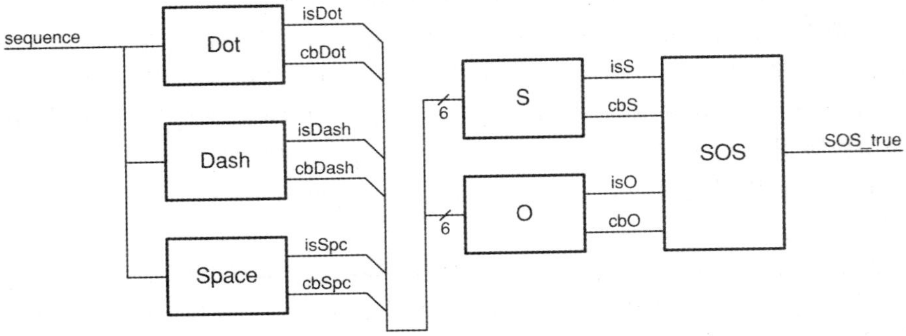

图 19-5　对 SOS 探测器进行分解的框图。FSM 的第一列检测点、破折号和空格。第二列检测字符 S 和 O。最后的 SOS FSM 检测 SOS 序列。每一个子状态机有两个输出信号：其中一个指示检测到预期的符号（例如，isS），另一个指示当前序列可能是预期符号的一个前缀（例如，cbS）

图 19-6 显示了检测元素点、破折号、空格的三个 FSM。点 FSM 复位到状态 0。根据在输入端检测到 1，通过输出信号 cb 有效并转换到状态 Dot 表明当前序列可能为点。在状态 Dot，如果输入端输入 0，则检测到点，is 输出有效并且状态机返回到状态 0。注意当输出信号 is 有效时，cb 输出信号也有效。如果在状态 Dot 检测到输入 1，则状态机进入状态 1，等待输入 0。破折号和空格状态机以类似方式进行工作。

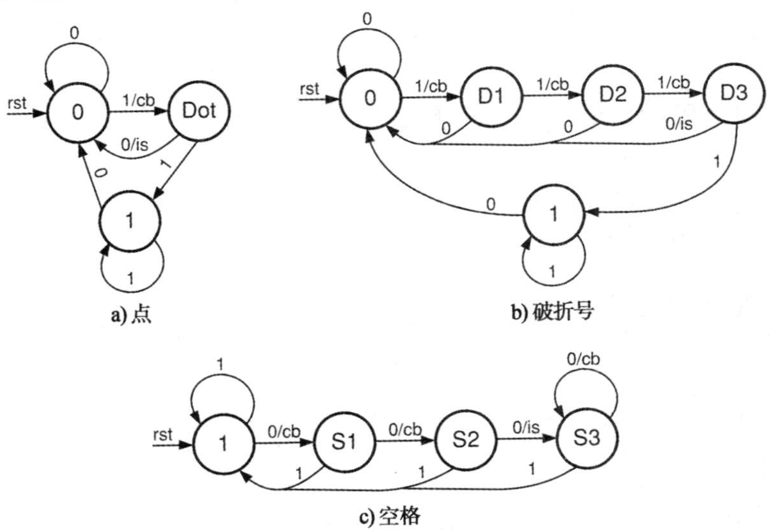

图 19-6　元素有限状态机。a）点，b）破折号，c）空格。当当前序列可能（cb）是元素
419 前缀时或者检测到元素时（is），每个状态机都有相应的输出

字符 S 的字符 FSM 如图 19-7 所示。状态机复位到状态 OTH（其他），该状态也是默认（def 转换的目标状态，其包含了意外输入。当检测空格时，状态机进入状态 SPC。检测到第一个点则进入状态 D1，接下来的点使得状态机进入状态 D2 和状态 D3。在状态 D3 检测到一个空格则使状态机返回到状态 SPC 并且信号 is 有效，表示已经检测到了字符 S。

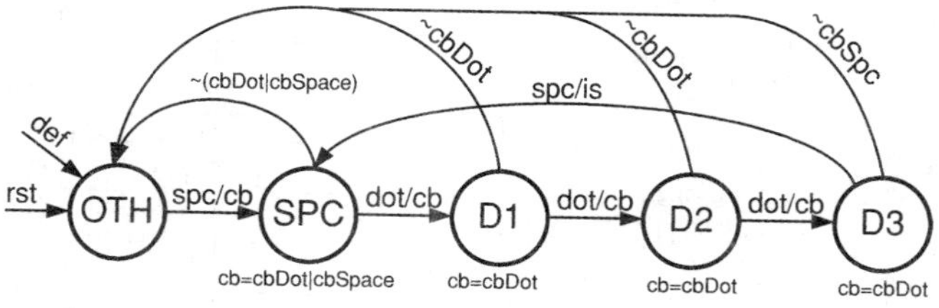

图 19-7 S 检测 FSM 的状态图

如果在序列从 SPC 经过 D1、D2、D3 并返回 SPC 过程中的任何点，输入信号可能不是元素期待的值（例如，如果 cbDot 在状态 D1 时输入为 0），然后状态机将返回到状态 OTH。这就是为什么在元素探测器中我们需要 could-be 输出。这样做允许我们检测我们寻找的元素之间的非法元素。例如，考虑输入序列 00010110101000。状态机检测到空格 000，第一个点 10，然后在非法元素 110 时，由于 cbDot 在检测到第二个 1 时变为低电平，使得状态机返回到状态 OTH。如果我们只是等待 isDot 信号，由于这个序列有三个点，我们将错误地认为它是一个 S 符号。没有监听信号 cbDot 我们将不会发现这三个点不是连续的，因此不是字符 S。

图 19-8 给出了主 SOS 探测 FSM，只考虑三个状态。该状态机在检测到 S 之前一直保持状态 ST（启动），然后状态机进入状态 S1。接下来如果检测到 O，则状态机从状态 S1 进入状态 O。然而如果在状态 S1 的任何点输入信号 cbO 变为 0，表示在字符 S 和字符 O 之间出现非法序列，状态机返回到状态 ST。如果状态机在状态 O 检测到第二个 S，则使得其输出信号 is 有效，检测到 SOS，返回到状态 ST。如果输入信号 cbS 在状态 O 变为低电平，在字符 O 和字符 S 之间检测到非法序列，状态机返回状态 ST，但是没有检测到 SOS。

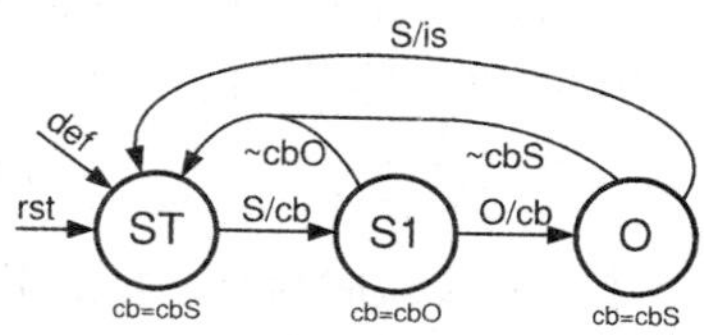

图 19-8 主 SOS 检测 FSM 的状态图

图 19-9 的波形显示了分解的 SOS 探测器的操作。波形显示了两个正确的 SOS 检测，以及它们之间的一个 SOT（T 为一个单独的破折号）。注意每一个元素的信号 cb 和信号 is 波形，包括字符元素 S 和 O，以及 SOS 本身。在 T 破折号的第二个 1，cbDot 变为低电平，引起 cbS 和 cbSOS 依次变为低电平（组合起来）。 420

对 SOS 探测器进行分解使其变为一个更简单的系统，更容易进行修改和维护。不是一个 34 状态的脆弱的、巨大的状态机，而是将全部 20 个状态划分为 6 个小的简单的 FSM。分解的状态机中，最大的单独 FSM 有 5 个状态。如果我们需要修改规格，将点的定义改变为连续的 1 个或 2 个 1，我们只需要对点 FSM 做一处简单改变。[⊖]

19.3 井字棋游戏

在 9.4 节中我们设计了一个组合模块生成井字棋游戏中的位置移动。在这一节中我们将用这个模块作为时序系统的一个组件，该时序系统将对阵它自己玩井字棋游戏。

该系统的框图如图 19-10 所示。系统的状态保存在图左边的三个寄存器中。9 位的寄存器 Xreg 和 Oreg 分别保留反映 X 和 O 当前位置的位图。1 位的 xplays 寄存器表示接下来轮到谁玩

⊖ 对此分解后的 SOS 探测器进行的一些实际修改见习题 19.4 和习题 19.5。

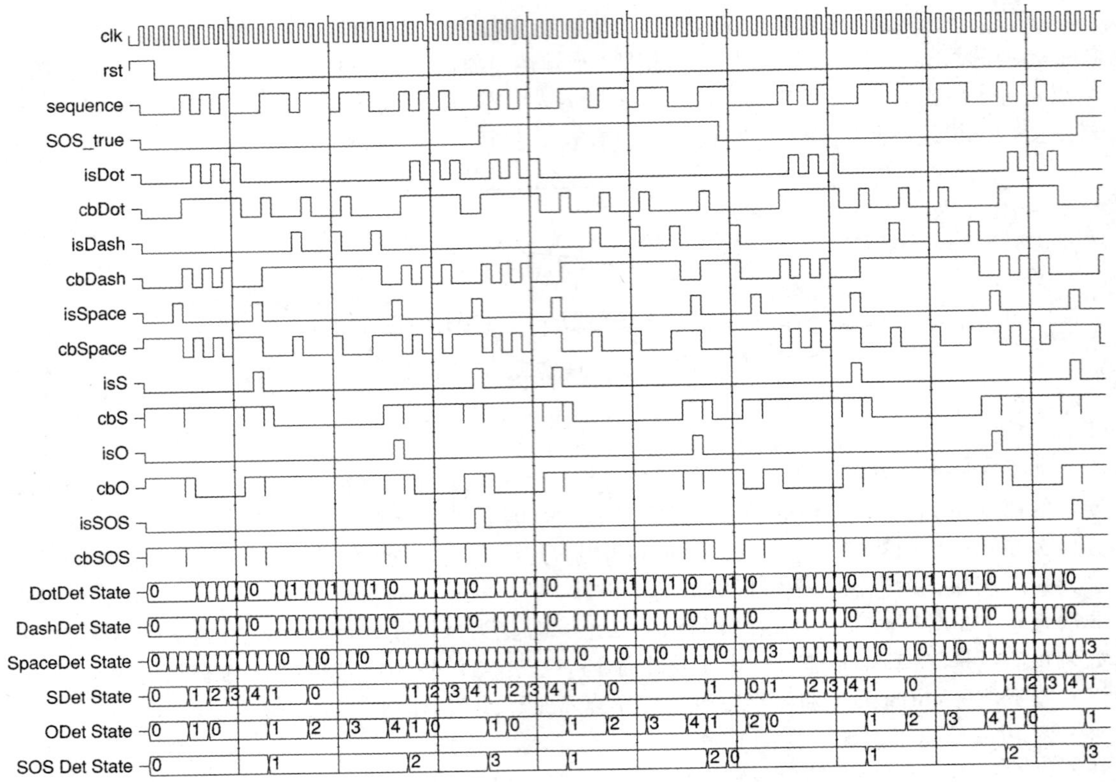

图 19-9　分解的 SOS 探测器的操作波形

儿，接下来 X 玩时为真，接下来 O 玩时为假。图中没有显示复位。Xreg 和 Oreg 复位状态为全零；xplay 复位状态为真。

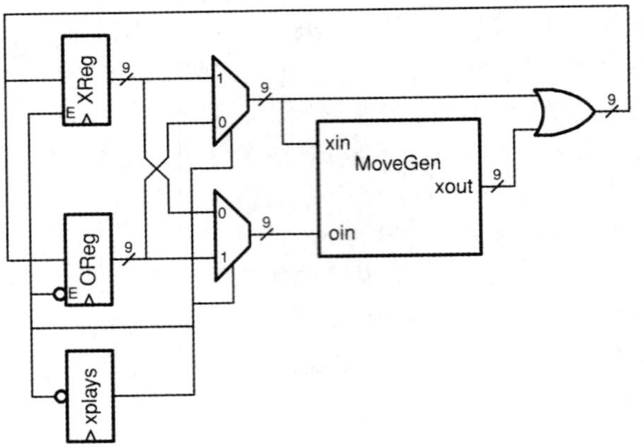

图 19-10　使用 9.4 节中的移动发生模块的井字棋游戏系统的框图

当轮到 X 玩儿时（xplays = 1），多路选择器直接将 Xreg 送到移动发生器的 xin 输入端，将 Oreg 送到其 oin 输入端。移动发生器在 xout 端产生下一个移动，这时候 OReg 和当前 X 的位置生成新的 X 位置并在周期结束时保存回寄存器 Xreg 中。Xreg 的写入操作由信号 xplays 进行使能控制。当 xplays 为假时，多路选择器切换移动发生器的输入信号，为 O 生成一次移动，并在周期结束时将本次移动写回 Oreg 中。

井字棋游戏系统的 Verilog 描述如图 19-11 所示。在声明三个状态寄存器之后，用分配语句在每个周期触发 xplays 信号。在移动发生器的参数列表中，输入多路选择器用选择语句实现。两条 assign 语句计算 Xreg 和 Oreg 的下一个状态。这些语句包含位置移动和前边状态的或操作。

```
//----------------------------------------------------------------------
// 时序井字棋游戏
// 与自己对阵
//----------------------------------------------------------------------
module SeqTic(clk, rst, xreg, oreg, xplays) ;
  input clk, rst ;
  output [8:0] xreg, oreg ;
  output xplays ;

  wire [8:0] nxreg, noreg, move ; // 下一个状态
  wire nxplays ; // 下一个状态

  // 状态
  DFF #(9) x(clk, nxreg, xreg) ;
  DFF #(9) o(clk, noreg, oreg) ;
  DFF xp(clk, nxplays, xplays) ;

  // x先玩儿，然后轮换
  assign nxplays = rst ? 1 : ~xplays ;

  // 移动发生器，多路选择输入信号，当前游戏者为x
  TicTacToe movGen(xplays ? xreg : oreg, xplays ? oreg : xreg, move) ;

  // 更新当前游戏者
  assign nxreg = rst ? 0 : (xreg | (xplays ? move : 0)) ;
  assign noreg = rst ? 0 : (oreg | (xplays ? 0 : move)) ;
endmodule
```

图 19-11　井字棋游戏系统的 Verilog 描述

19.4　赫夫曼编码/译码

赫夫曼编码是一种熵编码，它用位串为字母表中的每个字符进行编码。使用频率高的字符用短的位串进行编码，很少使用的字符用长的位串进行编码。为了能够区分出短位串和长位串的前半部分，要求每个短位串不能是任何长位串的前缀。最终的结果是实现**数据压缩**；也就是说，典型的符号序列用这种方法进行编码，比所有符号都用相同位数进行编码需要的位数更少。

19.4.1　赫夫曼编码器

在这个例子中，我们将为字母表中的字母 A ~ Z 构建一个赫夫曼编码器和译码器。编码器的输入信号是一个 5 位编码，其中 A = 1，Z = 26。[⊖] 为了避免输入字符过快，超出编码器的处理能力，我们的编码器生成一个输入就绪（irdy）信号表示编码器准备好了接收下一个输入字

⊖ 这对应于大写字母和小写字母的 ASCII 编码的低 5 位

符。输出信号是字符进行编码后的连续的位流。为了让译码器容易找到位流的起始位置，编码器还生成一个输出有效信号（oval）表示输出位流有效。显示编码器输入信号和输出信号的框图如图 19-12 所示。

图 19-13 给出了我们将用作例子的编码的树形图。从树形图根部开始到一个字符的路径给出了该字符的编码。例如字符 E 的路径通过右、左、左到达，因此表示为三位字符串 100。字符 J 的路径通过 7 次向左然后两次向右到达，因此表示为 9 位字符串 000000011。像 T 和 E 那样出现频率高的字符只用 3 位表示。而像 Z、Q、X 和 J 那样很少出现的字符用 9 位表示。用树形图表示编码，能够很清楚地表明用于表示一个符号的短字符串不是表示另一个符号的长字符串的前缀，这是因为树形图的每个叶子结点都是到达此叶子结点的路径的终点。

421~423

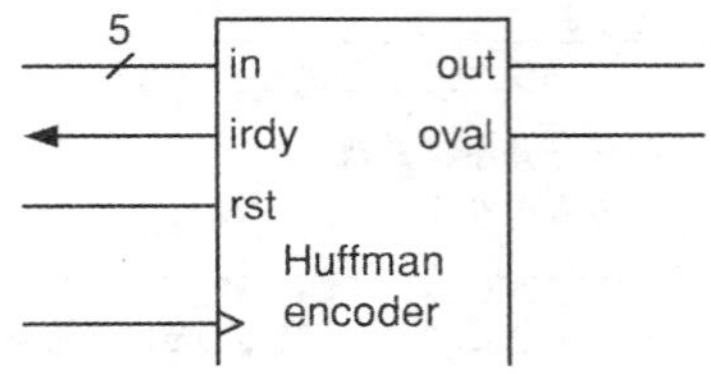

图 19-12　赫夫曼编码器的原理图符号。每当 irdy 信号变为高电平时，编码器在输入端 in 接收一个 5 位字符，并且当 oval 为高电平时，在输出端 out 产生串行输出位流

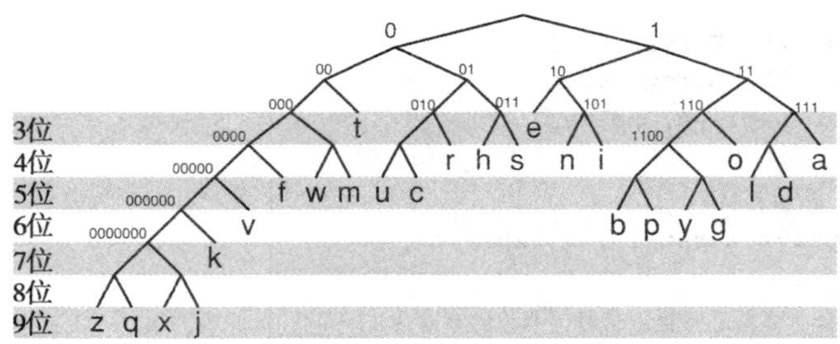

图 19-13　用二进制树表示的字母表的赫夫曼编码。从树根开始，向左的分支表示 0，向右的分支表示 1。因此字符 W 通过序列左、左、左、右、左到达，编码表示为 00010

赫夫曼编码器的框图如图 19-14 所示。5 位输入寄存器保存当前符号，并且每当 irdy 信号有效时载入一个新的符号。符号用于对存储每个符号相关的字符串和字符串长度的 ROM 进行编址。例如，ROM 为符号 T 存储字符串 0011001000000。这表明表示 T 的字符串长度为 3 位，这 3 位为 001。由于最大长度字符串为 9 位，我们用 4 位表示长度，用 9 位表示字符串内容。少于 9 位的字符串在 9 位的字段中是左对齐的，因此可以把它们向左边移出。

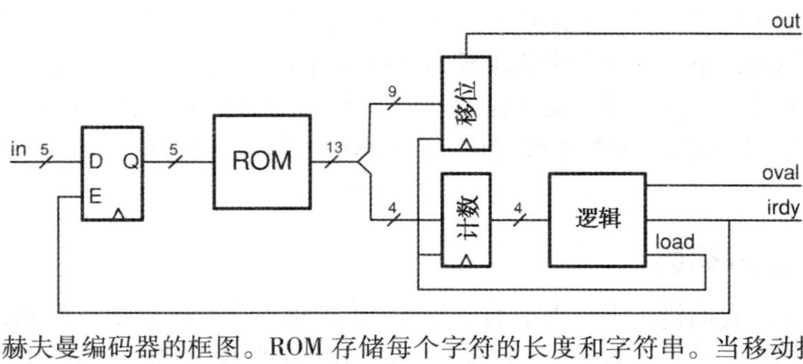

图 19-14　赫夫曼编码器的框图。ROM 存储每个字符的长度和字符串。当移动操作移出字符串时，计数器对长度进行减计数

由信号 irdy 将新的符号载入到输入寄存器，一个周期之后，信号 load 有效，将跟那个符号相关的长度和字符串载入计数器和移位寄存器中。然后当移位寄存器将数据位移动到输出端时

计数器开始进行减计数。当计数器计数到 2 时（倒数第二位），irdy 有效，将下一个符号载入输入寄存器中，当计数器计数到 1 时（此符号的最后一位），load 有效，将下一个符号的长度和字符串载入计数器和移位寄存器中。 424

赫夫曼编码器的 Verilog 实现如图 19-15 所示。我们用 16.1.2 节中的加一/减一/载入计数器来实现计数器，用 16.2.2 节中的左移/右移/载入移位寄存器来实现移位器。需要注意的是，虽然我们不用计数器的加一计数功能和移位寄存器的右移功能，但是综合器将把未使用的逻辑优化掉，因此这仍然是一个高效率的实现方法。表在模块 `HuffmanEncTable` 中实现（没有显示），用一条庞大的 `case` 语句进行编程。

```
//----------------------------------------------------------------------
// 赫夫曼编码器
//    in——字符'a'到'z'——必须准备好
//    irdy——当此信号为高电平时接收当前输入字符
//    out——赫夫曼编码的串行输出位
//    oval——输出有效位时此信号有效
//
//    输入字符访问一个表，每个表项包含4位的长度和9位的数据位
//----------------------------------------------------------------------
module HuffmanEncoder(clk, rst, in, irdy, out, oval) ;
  input clk, rst ;
  input [4:0] in ;
  output irdy, out, oval ;

  wire [3:0] length, count ;
  wire [8:0] bits, obits ;
  wire [4:0] char ;
  wire dirdy ; // irdy延迟一个周期——载入计数器和移位寄存器
  wire oval ;

  // 控制部分
  wire out  = obits[8] ; // MSB为输出
  wire irdy = ~rst & ((count == 2) | (count == 0)) ; // 为0时复位
  wire noval = ~rst & (dirdy | oval) ;  // 载入后输出有效周期

  // 模块实例化
  UDL_Count2 #(4) cntr(.clk(clk), .rst(rst), .up(1'b0), .down(~dirdy),
.load(dirdy), .in(length), .out(count)) ;
  LRL_Shift_Register #(9) shift(.clk(clk), .rst(rst), .left(~dirdy),
        .right(1'b0), .load(dirdy), .sin(1'b0), .in(bits), .out(obits)) ;
  DFF #(5) in_reg(clk, irdy ? in : char, char) ;
  DFF #(1) irdy_reg(clk, irdy, dirdy) ;
  DFF #(1) ov_reg(clk, noval, oval) ;
  HuffmanEncTable tab(char, length, bits) ;

endmodule
```

图 19-15　赫夫曼编码器的 Verilog 描述 425

赫夫曼编码器的控制逻辑是很直接简单的。一行代码判断 irdy 信号为 2 或者 0——0 用于复位后载入第一个符号。然后一条 DFF 语句使得 irdy 信号延迟一个周期，用于产生信号 dirdy，

该信号用于载入计数器和移位器。一行代码和一条 DFF 语句用于在复位后保持 oval 信号为低电平，直到 dirdy 信号第一次有效为止。

图 19-16 显示了用输入字符串“THE”仿真赫夫曼编码器的结果。用十六进制表示的三个符号 14（T）、08（H）和 05（E）显示在信号 in 端。结果输出为 001（T）、0110（H）和 100（E），从 oval 信号有效的第一个周期开始在输出端 out 连续移出。对于每个符号，计数器中的值都从字符串长度（3 或 4）开始减计数到 1，移位寄存器的值 obits 将每个符号相关的字符串进行左移。

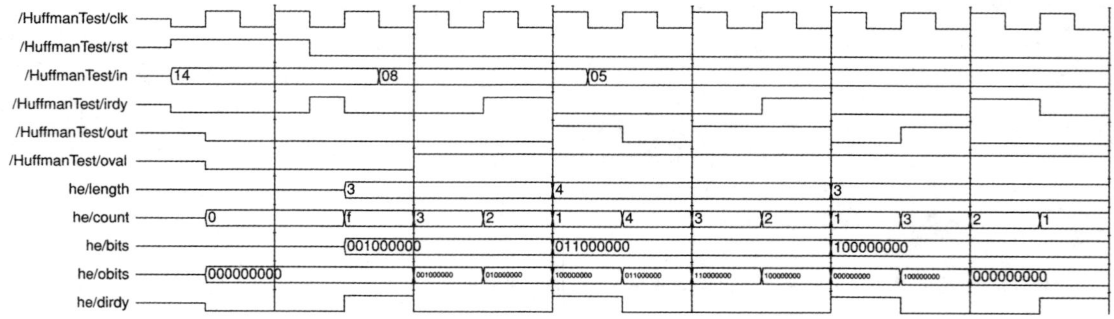

图 19-16　用字符串“THE”对赫夫曼编码器进行仿真的波形

19.4.2　赫夫曼解码器

我们已经用赫夫曼编码对字符串进行了编码，现在我们将关注建立相应的译码器。要对一个赫夫曼编码的位串进行译码，我们只需要简单遍历图 19-13 的编码树，将输入位流的每一位遍历成一条边——0 转换成左边的分支，1 转换成右边的分支。当在此遍历过程中遇到终端结点时，我们在输出端得出相应的符号，然后从树的根部重新开始遍历。

为了方便在一个表中存储译码树，我们对树的结点进行重新标注，如图 19-17 所示。每个结点分配一个整数作为它在表中的地址。注意，由于根结点不需要保存在表中，我们将根结点的左孩子结点标注为 0。表的每一项我们都存储一个类型和值。类型表示该结点是否为内部结点（类型 = 0）或者是终端结点（类型 = 1）。对于终端结点，值保存要得出的符号。对于内部结点，值保存该结点的左孩子的地址（这个值总是偶数）。它的右孩子的地址可以通过这个值加 1 得到。

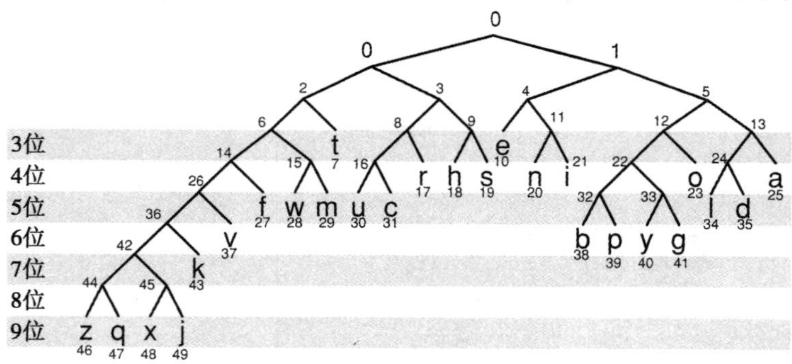

426
~
427

图 19-17　为了在译码表中方便存储而重新标注的图 19-13 的赫夫曼编码树。树的每个结点分配一个唯一的整数充当该结点在表中的地址

为了看清楚我们如何遍历表示树的表格来译码一个位串，考虑对位串 001 进行译码。我们从树的根结点开始，该结点有一个地址为 0 的左孩子，字符串的第一个 0 使我们指向这个孩子

结点。我们读取地址为 0 的表项，发现它是一个值为 2 的内部结点。字符串的第二位为 0，因此我们转到地址 2（如果该位为 1，我们应该转到地址 3）。我们读取地址为 2 的表项，发现它是一个值为 6 的内部结点。字符串的第三位为 1，因此我们转到地址 7，即比这个值大 1 的地址。读取地址为 7 的表项，我们发现它是一个值为“T”（十六进制 14）的终端结点。我们得出这个值，并且将状态机进行复位，从根结点重新开始新的遍历。

赫夫曼译码器的框图如图 19-18 所示，此译码器的 Verilog 程序如图 19-19 所示。当前表结点的地址保存在 node 寄存器中。当 type 有效时——表示终端结点——node 设置为下一个输入位的值（该输入位选择根结点的两个孩子结点中的一个结点来重新开始搜索），表格的值字段启用输出寄存器，oval 信号在接下来的周期有效。这时输出当前符号，并根据下一个符号的第一位决定从根结点的哪个孩子结点开始启动状态机。如果 type 无效——表示内部结点——输入值和表格的值字段结合起来选择当前结点的左孩子结点还是右孩子结点——对树进行遍历。输入值提供结点地址的最低有效位，剩下的地址位由表格的值字段提供。由于表格中所有左孩子都是偶地址，因此这样简单的连接操作是可行的。如果 ival 信号变为低电平，状态机暂停，保持当前状态，直到有可用的有效输入位。Verilog 模型中的信号 ftype 强制状态机在复位后出现第一个有效输入时从根结点启动。 428

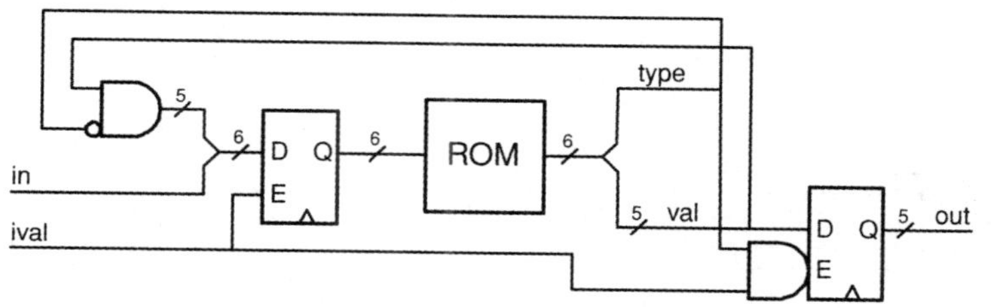

图 19-18 赫夫曼译码器的框图。结点寄存器保存当前树结点的地址。树本身存放在 ROM 中

```
//----------------------------------------------------------------
// 赫夫曼译码器——对编码器生成的位流进行译码
//    in——位流
//    ival——当出现新的有效位时该信号有效
//    out——输出字符
//    oval——当出现新的有效输出时该信号有效
//----------------------------------------------------------------
module HuffmanDecoder(clk, rst, in, ival, out, oval) ;
  input clk, rst, in, ival ;
  output [4:0] out ;
  output oval ;

  wire [5:0] node ; // 指向表格的指针
  wire [4:0] value ; // 表格输出
  wire type ; // 表格类型
  wire ftype ; // 第一个 ival周期为启动泵假设一个类型

  wire [5:0] nnode = rst ? 6'd0
                   : (ival ? {(type|ftype) ? 5'b0 : value, in}
                          : node) ;
  wire [4:0] nout = rst ? 5'd0
                  : ((ival & type) ? value : out) ;
```

图 19-19 赫夫曼译码器的 Verilog 描述

```
  DFF #(6) node_reg(clk, nnode, node) ;
  HuffmanDecTable tab(node, {type, value}) ;
  DFF #(5) out_reg(clk, nout , out) ;
  DFF #(1) oval_reg(clk, ~rst & type & ival, oval) ;
  DFF #(1) ft_reg(clk, rst | (ftype & ~ival), ftype) ;
endmodule
```

图 19-19　（续）

赫夫曼编码器输送给赫夫曼译码器进行联合运行的波形如图 19-20 所示。图中前 11 行与图 19-16 相同，表示编码器对符号字符串“THE”进行编码得到位串 0010110100 的操作。信号 mid 和 mval 是从编码器出来的输出信号，同时是译码器的输入信号（作为 in 和 ival）。译码器的状态显示在 node 变量中，type 和 value 变量显示从表格的每个结点地址读取了什么内容。注意每次 type 有效时——表示叶子结点——在下一个周期从 node 为 0 或 1（取决于 mid）重新开始搜索。同时在紧随 type 的周期，刚完成译码的符号在输出端 out 进行输出（用十六进制表示），并且信号 oval 有效表示有效输出。

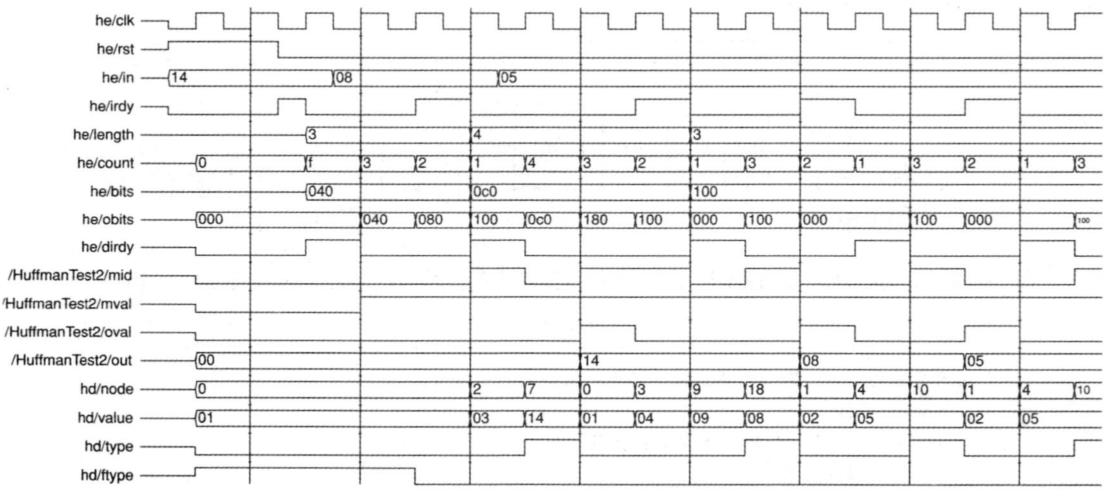

图 19-20　赫夫曼编码器和译码器的波形图，在这里将字符串“THE”编码为 0010110100，然后将此位流译码回到“THE”

小结

在这一章学习了 4 个扩展实例，这几个实例集合了前边第 14 ~ 18 章学到的大部分内容。3 分频计数器实例加强了画状态图和用 Verilog 编程实现简单 FSM 的基本技能。SOS 探测器是通过合并公共序列进行 FSM 分解的另一个实例。井字棋游戏用 9.4 节中的组合电路，并将其转换成对阵自己玩游戏的 FSM。最后，赫夫曼编码器和译码器给出了数据通路有限状态机的实例，它们的控制完全由数据状态推断出来。

文献说明

赫夫曼在参考文献［50］中介绍了他的编码方案。

习题

19.1 4分频计数器。将19.1节中的计数器修改为4分频计数器。

19.2 9分频计数器。说明如何用两个3分频计数器构成9分频计数器。当将两个计数器结合到一起时，输出脉冲的时序将发生什么？ 429~430

19.3 3分频米利状态机。如果允许输出信号是当前状态和输入信号的函数，说明如何只用三个状态实现19.1节的3分频计数器。像这样具有从输入到输出的组合路径的FSM称为米利状态机，输出信号只是当前状态的函数的FSM称为摩尔状态机。

19.4 改进的SOS状态机。修改19.2节中分解的SOS探测器，使得点定义为1个或2个连续的1，破折号定义为3个或4个连续的1。

19.5 进一步改进SOS。进一步修改习题19.4的改进的SOS状态机，使得在一个字符内，点和破折号之间的暂停可以是1个或2个连续的0，字符之间的空格是3个或4个连续的0，5个或更多连续的0表示字之间的空格。SOS出现时识别为单独的一个字。

19.6 井字棋实现。修改19.3节中的井字棋游戏，使其包含三个新的输出信号：gover（游戏结束）、xwin（X获胜）、owin（O获胜）。当任何一个比赛者赢得游戏时，或者没有空地退出时，gover有效，停止游戏，直到重新设置游戏。如果X（O）是获胜者，则xwin（owin）有效。

19.7 井字棋比赛。进一步修改习题19.6中的井字棋游戏，使其包含两个不同的移动发生器来代替共享一个移动发生器，能够实现两者对阵。完善移动发生器，证明其能够战胜图9-12的基准系统。

19.8 井字棋联赛。构建一个模块，实例化8个不同的井字棋模块，使它们在单淘汰联赛中互相对阵。每场比赛最好有两个，和第一场比赛交换模块。如果在比赛结束时不分胜负，控制器可以任意选择一个胜者。系统的输出应该为一个三位信号champion表示联赛的获胜者，以及一个有效信号cvalid表示联赛结束。

19.9 具有流控制功能的赫夫曼编码器。修改19.4.1节中的赫夫曼编码器，使其接受一个输入有效信号ival，当输入端有可用的有效符号时，该信号为真。只有当ival和irdy都有效时，编码器才接受新的符号。注意，在字符串移出之后，如果在下一个输入信号到来之前有段等待时间，则输出有效信号oval需要变为低电平。

19.10 更多的流控制。将习题19.9中的赫夫曼编码器进行进一步扩展，使其接受一个输出就绪信号ordy，当连接到输出端的模块准备好接收下一个数据位时，该信号为真。

19.11 一位字符串。修改19.4.1节中的赫夫曼编码器，使其工作时长度参数为1，也就是说，编码时一个符号可以用一位字符串表示。

19.12 模式计数器，I。设计一个时序逻辑电路，具有一位输入信号in、输出信号out和count[3:0]。当in=0101时，FSM生成out=1，否则out=0。需要能够识别重叠模式，模式0101的数量显示在输出端count。正确的行为如以下例子所示：

```
in:      0010101011011101010
out:     0000010101000000001
count:   0000011223000000001
```

画出控制逻辑和数据通路FSM的框图。 431~432

19.13 阵列计数器，II。编写Verilog程序实现习题19.12中的阵列计数器，并对其进行验证。

第五部分

实 用 设 计

验证与测试

验证与测试在工程上常作为设计的补充。验证可以确保设计符合设计规格的要求。在一个典型的数字系统项目中，投入验证的成本往往高于设计本身。由于芯片的制造成本较高且周期长，要想让芯片首次正常工作，充分的验证是必不可少。如果一个设计上的错误在验证阶段没有被发现，有可能会造成生产延期，严重的甚至有可能要更换生产设备，从而造成更大的损失。

通过测试，可以确保模块实现其应有的功能。芯片在制造时，由于某些原因一些晶体管、导线或触点可能会出现故障。通过生产测试，可以检测出这些故障，并依据测试结果对芯片进行修复或丢弃。

20.1　设计验证

仿真是验证某一设计是否符合设计规格的主要方法。仿真是一个通过向被测单元提供大量的测试激励，并检查输出波形是否正确的过程。在本书中我们会多次使用 Veiilog 测试平台进行仿真测试。

20.1.1　覆盖率的验证

验证的难点在于如何确保具有完备的测试向量集及测试套件。衡量一个测试套件的完备度，主要侧重两个方面：需求覆盖率和代码的执行覆盖率。通常认为，验证时所有需求功能和所有实现语句及状态要尽可能测试到，即覆盖率达到 100%。

需求覆盖率即待执行和检测的功能在设计规格中所占的比例。以我们开发的一种数字钟芯片为例，该芯片包括日期和闹钟功能。表 20-1 列出了部分待测试的功能。像数字钟这样简单的芯片，轻而易举就可以列出数百个功能。对于一个复杂的芯片，列出十万个或更多的功能都是很常见的。每个测试可以验证一个或多个功能。编写测试程序时，涉及一个测试功能就可以
433 ～ 435 将其勾掉。

表 20-1　某数字钟芯片需要测试的功能（仅部分）

标　识	名　称	说　　明
I	increment	时间增加正确
I. s	inc. seconds	秒钟寄存器每秒增加 1
I. sw	seconds wrap	秒钟寄存器从 59 翻转到 0
I. m	inc. minutes	秒钟寄存器从 59 翻转到 0 时，分钟寄存器加 1
…	…	类似的还有 I. mw，I. h，I. hw，I. days，I. daysw，I. months，I. monthsw，I. years 等
I. leap	leap year	若为闰年，二月份日期从 29 翻转到 0
A	alarm	闹钟功能
A. set	alarm set	设置闹钟功能
A. set. s	alarm seconds set	设置闹钟的秒钟
…	…	设置闹钟的分钟和时钟
A. act	alarm activate	设置闹铃声音

（续）

标　识	名　称	说　明
A. quiet	alarm deactivate	关闭闹钟
A. snooze	alarm snooze	设置小睡功能
D	display features	时钟状态正确显示为当前模式
D. time	time display	LCD 显示屏能正确显示小时、分钟和秒
…	…	星期、日期和闹钟等显示功能

将功能按层次分开有利于对测试进行管理。例如，测试闹钟功能时，将计时测试和显示测试分开。这样就能够安排几个小组同时对这些功进行测试。

除了检查需求覆盖率外，还要利用测试套件检查*执行覆盖率*。所选的测试套件应该能够测试到每一行 Verilog 代码的执行情况。例如，`case` 语句的所有分支都应该被测试到。设计中如果有状态机，每个状态之间的切换也都要遍历到。

当需求覆盖率达到 100% 时，如果发现在测试套件中依然有部分 Verilog 代码没有执行，此时需要仔细分析，判断这些语句未执行的原因。是因为该语句所描述的功能没有列在功能列表中，还是根本不需要这些语句或是出现了预料之外的错误，这都是需要我们认真思考的。 436

20.1.2　测试的类型

理想情况下，验证一个功能可以采用穷举测试法，也就是提供所有可能的输入激励，并检查结果是否正确。但遗憾的是，只有最简单的模块可以这样做。通常情况下尝试所有可能的输入组合和所有可能的状态是不切实际的。比如一个 64 位的二进制加法器，输入向量有 $2^{128} = 3.4\times10^{38}$ 种可能。即使测试人员每秒能够测试 100 万种向量，仍然需要 10^{25} 年才能完成测试。

通常我们不使用穷举测试法，而是将*定向测试*和*随机测试*结合起。定向测试是选取一些有意义的测试用例，如边界条件或极端值。例如，测试时钟芯片时，检查时钟能否从 `23:59:59` 正确翻转到 `00:00:00`。测试加法器时，用最大的正数（和负数）加上一个数，然后检查计算结果是否溢出。

随机测试可以作为定向测试的补充。顾名思义，这些测试是随机生成的。对于加法器，可以输入两个随机操作数，然后检查加法器产生的结果是否正确。对于时钟芯片，可以随机设定一个时间和闹钟，然后检查时钟能否正确工作。对于处理器，可以编写一个随机指令序列，该指令序列包含中断、故障及其他条件，然后检查相关寄存器是否处于正确状态。

随机测试时，均匀选取输入变量会存在一定的弊端，例如输入向量个数为 10^8 时，我们有可能会发现一个 bug，但当输入向量达到 10^{38} 个时，我们就很难发现 bug 了。随机测试时为了便于纠错，可以对输入空间中感兴趣的区域采取*非均匀采样*。如测试时钟芯片时，我们可以在当前时间的几秒钟内进行采样，因为这些向量只有在闹钟测试时才有意义。对于处理器而言，我们可以将一些异常与错误预测分支组合起来对处理器进行测试，因为它们才能够给处理器逻辑的工作带来很大压力。

一个典型测试套件的测试向量可能达到 10^9 个或更多。显然我们不能采用手动方式来检查结果是否正确，因为手动方式需要每次重新运行测试程序。相反，我们需要测试程序能够实现自检。常见的一种方法是将我们的设计转化成一个更高层次的模型，但是二者的功能相同。这种高层次的模型通常用一种类似 C 的编程语言实现，该模型不可能每个周期都与设计完全匹配。当然，这个高级模型也会有 bug，但是这些 bug 不大可能与 Verilog 设计中出现的完全一样。

20.1.3 静态时序分析

除了验证设计在功能上是否正确，还必须验证它能否满足建立和保持时间（见 15 章）。在第 15.6 节中我们已经讨论过，这需要借助一个静态时序分析仪实现。该分析仪可以是一个内置的综合工具，或是一个单独的程序，或者二者兼备。

437 从理论上讲，通过仿真可以验证时序，但在实际仿真中构建一组最坏情况下的时序测试程序是很难的。在静态时序分析中，不是所有路径都需要生成测试向量。静态时序分析的缺点是：一些永远不会被使用的路径上出现的问题经常出现在测试报告中。

20.1.4 形式验证

对于某些模块，可以采用一种无须仿真就可以验证功能的验证技术。例如，Formality 工具在检查两个版本的设计是否相同时使用了等效性检查技术。验证技术也常常被用来验证协议，如微处理器中高速缓存的一致性协议。验证技术还可以做到无须编写涵盖所有状态转换的测试程序，就能验证所有状态在转换时是否保留了某些属性。

20.1.5 缺陷跟踪

在验证过程中，*缺陷跟踪系统*常用于跟踪那些已被测试程序发现的缺陷。Bugzilla 是一个开源的缺陷跟踪系统。

当测试程序发现缺陷时，会*弹出*缺陷报告。如果设计师纠正了这个缺陷并对解决方案做了验证，或者放弃了出现缺陷的功能，缺陷报告将*关闭*。在特定的时间内跟踪缺陷数量，能使设计者在项目设计中保持良好的状态。设计之初没有缺陷，测试后缺陷数量开始增加，当测试覆盖率达到 100% 时，缺陷数达到最大值。随后缺陷数量会逐渐减少，当缺陷报告关闭时，我们希望不要再出现太多新的缺陷。当缺陷数最终达到零时，设计完成，此时可将设计移交生产部门生产。

通过缺陷数量和时间之间的函数关系，可以估算出缺陷数量达到零的时间。了解缺陷消失的时间分布也有助于我们把握调试过程。大多数缺陷在一天内就可以快速解决，然而少数有难度的缺陷存在的时间要长一些，有时会达到一个星期或更长的时间。

20.2 测试

测试过程是对设计中的某个具体实例做验证，实际上这恰恰是在实现设计。验证时，我们希望给出一套覆盖率达到 100% 的测试用例。但生产测试的核心不是考虑全部功能是否实现，而是要检查设计中是否存在潜在的*故障*。任何能够影响生产的因素都必须检查到。我们使用一种*故障模型*对各种潜在的故障进行判断。

由于测试时间成本较高，而且生产出的每一个芯片都要求测试，因此尽快完成测试是非常重要的。因此，我们希望在最短的时间内对所有芯片完成测试。但总而言之，与验证本身相

438 比，验证时间并不是最重要的。

20.2.1 故障模型

*故障模型*是对可能导致芯片无法工作的故障建立的一种抽象模型。在现代集成电路中，任何连接（导线和触点）都有可能发生开路或短路。同样，一个晶体管也会因为某种原因处于常开或常闭状态，从而无法正常工作。

一个普遍用于潜在故障模式的抽象模型称为*固定型故障模型*。该模型能够将可能导致电路

电平固定在逻辑“0”或逻辑“1”的潜在故障抽象出来。

我们思考一下图 20-1 中的 2 输入与非门。在实际生产中该门电路可能会出现故障，造成 4 个晶体管 M1 ~ M4 中的一个或多个发生开路或短路。通过将门电路输出固定在 0 或 1 上，我们可以建立所有潜在故障的模型。但是该模型不完全准确。例如，如果 p 型场效应晶体管（PFET）M1 开路，该门不能正常工作，但输出不会固定在一种状态上。当 $b=0$ 时，输出仍然为高电平；当 $a=b=1$ 时，输出为低电平。因此，当测试发现输出为固定 0 故障时，可能检测不到 M1 开路。尽管存在这个缺点，固定型故障模型依然具有良好的覆盖率，它能够为我们检查出实际生产中的各种制造故障。

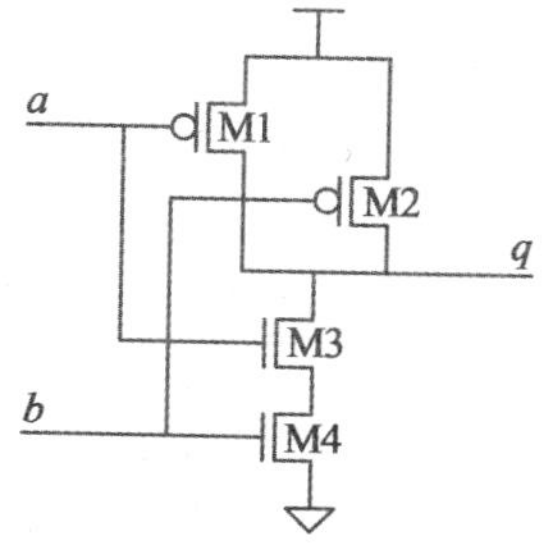

图 20-1　2 输入与非门。采用固定故障模型，该门所有潜在的物理故障均建立在 q 输出固定为 0 或 1 上

20.2.2　组合逻辑测试

为了测试一个组合逻辑块，我们需要一组测试向量[㊀]来检测逻辑块内所有节点的电平，看其是否固定在 0 或 1 上。这里以图 20-2 中的全加器为例（与图 10-5 一致）。固定型故障模型检测出该电路可能有 10 种故障。g'、p'、s、count 或 Q3 的输出电平可能始终为 0 或 1。为检测某一特定故障，需要将检测节点的逻辑电平置为相反状态，输出对该节点敏感。如表 20-2 所示，用两组测试向量（一组全 1 和一组全 0）就可以覆盖该电路中的全部 10 个固定型故障（电平固定在 0，标记为信号 -0；固定在 1，标记为信号 -1）。 439

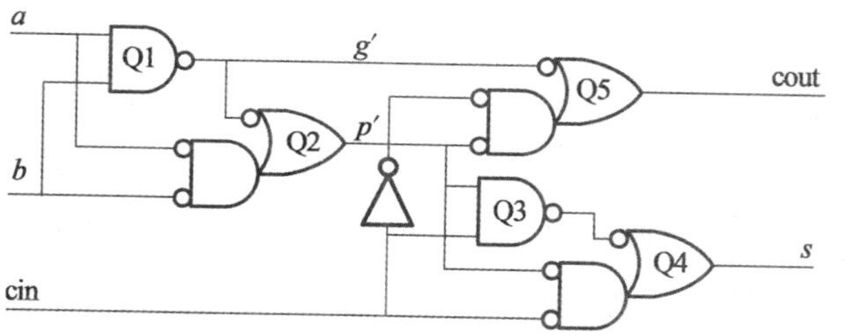

图 20-2　一个全加法器的 CMOS 门级实现

表 20-2　两个测试向量足以覆盖图 20-2 中全加器的固定型故障

a	b	cin	g'	p'	Q3	cout	s	故障覆盖
0	0	0	1	1	1	0	0	g'-0，p'-0，cout-1，sout-1，Q3-0
1	1	1	0	1	0	1	1	g'-1，p'-1，cout-0，sout-0，Q3-1

测试向量自动生成工具（ATPG）能够自动为组合逻辑产生测试向量。只要给出一个网表，ATPG 工具将生成一个最小的测试向量集，如果可能，能达到 100% 的故障覆盖率。

20.2.3　测试冗余逻辑

有些逻辑电路会包含一些冗余的门，例如，在异步逻辑或其他一些存在潜在风险的电路中经常会出现冗余门。要想达到 100% 的故障覆盖率，必须添加额外的信号来禁用冗余电路。

㊀ 之所以这么叫是因为它们是用于测试的位向量。

例如，我们分析图 20-3 中的 2 输入多路选择器（与图 6-19b 一致），该电路出现故障的风险小。在门 Q3 的输出端不可能测试到电平为 0 的固定型故障。任何时间只要 $a=b=1$，Q2 或 Q4 的输出肯定会有一个为高，无论 Q3 为何值，输出 f 始终为高。

440 为了测试该电路，必须在其他两个门中的任何一个门上添加一个辅助输入信号。图 20-4 中增加了一个辅助信号 test，该信号与 Q2 相连。在正常工作时 test = 1，多路选择器像以前一样工作。测试时，允许 test 在 0 和 1 中取值。有了这个输入信号后，当向量 $a=1$，$b=1$，$c=1$，test = 0 时，可以检测到 Q3 输出为固定 0 故障。

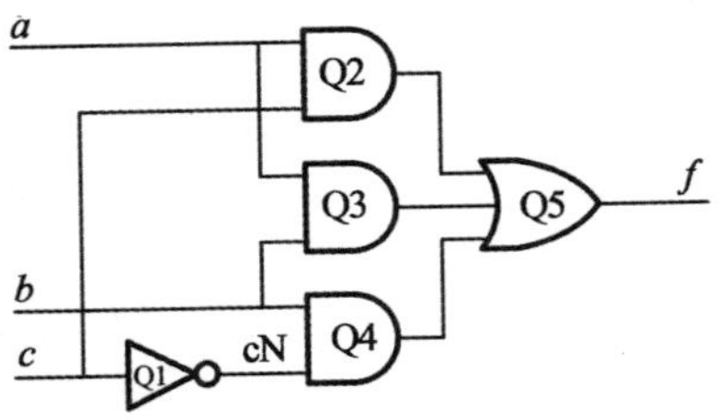

图 20-3　无故障风险的 2 输入多路选择器（与图 6-19b 一致）有一个冗余门 Q3，该电路不可测试

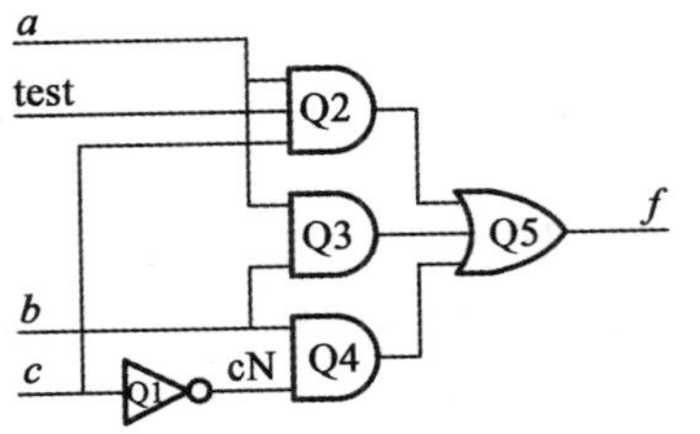

图 20-4　在图 20-3 电路中 Q2 的栅极添加一个测试输入，使该电路具备可测性

20.2.4　扫描

通过使用*扫描链*，可以将时序逻辑测试简化为组合逻辑测试。图 20-5 在设计中就采用了扫描链，每个触发器的输入都与多路选择器相连。当多路选择器的选择端处于*扫描*状态时，触发器与移位寄存器相连。

为了把一个测试向量送入芯片内的每个组合逻辑块，芯片应处于扫描模式，测试向量就可以移入移位寄存器中。随后将 scan 输入端置为低，在一个时钟周期内对所有逻辑块的输出进行采样并打入触发器。最后，再次扫描，将测试结果移出后检查。测试结果移出的同时，一个新的向量又被移入。

为了对时序逻辑进行完整的扫描测试，所有组合逻辑的输入和输出都必须通过扫描链来访问。这意味着，像 I/O、SRAM 这些宏单元的输入和输出部分都要有扫描寄存器。

扫描技术也可用于测试已焊接好芯片的印刷电路板。将芯片的输入和输出连接到一个扫描链上，通过移动测试向量来测试电路板上芯片之间的连接。由于输入和输出可以看作芯片的边界，因此这个技术通常被称为*边界扫描测试*技术。

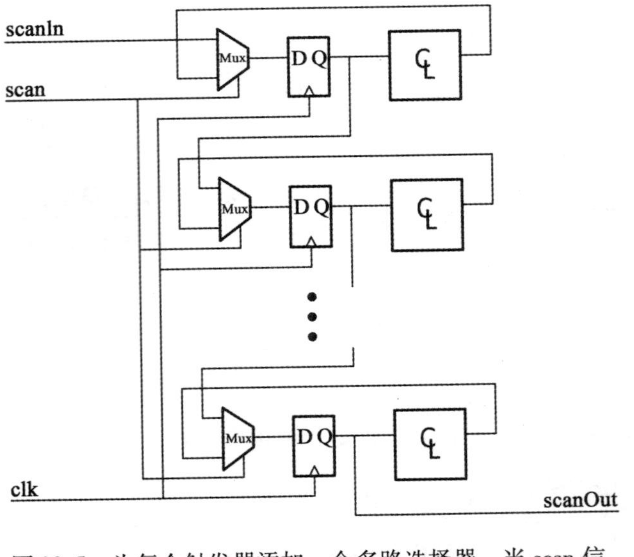

图 20-5　为每个触发器添加一个多路选择器，当 scan 信号发出时，芯片内的所有触发器连接到*扫描链*的移位寄存器上。通过扫描链，可以将测试向量移入并将测试结果移出

集成电路扫描测试中普遍使用的接口是IEEE的JTAG接口[54]。

20.2.5 内置自测试

对片上存储器RAM和ROM（见第8.8节和第8.9节）进行全面测试通常需要很多测试向量。对于RAM，每一位都必须写入“1”和“0”，然后再进行回读。为了检查寻址故障，输入的地址测试向量必须有很大的变化，这样做的目的是避免出现将地址a中读取的数误认为是从地址b中读取的。这种测试可以通过扫描链来完成，但是会花费大量的时间，增大了测试成本。

为了缩短片上存储器的测试时间，目前芯片内大多采用了*内置自测试*（BIST）方式。BIST电路是一个与存储器或存储器组有关的状态机，它可以生成测试向量并进行测试。执行一次向量测试，扫描链需要少则数千，多则数百万个周期，而BIST电路可以每个时钟周期执行一次向量测试，其测试RAM的速度与扫描链长度成正比。

典型的BIST电路是一个具有简单数据通路的有限状态机，如图20-6所示。正常工作时，所有多路选择器选择上面的通路作为输入，此时RAM正常工作。当BIST控制器的输入信号start有效时，BIST控制器选择下面的通路作为多路选择器输入，并开始接收测试向量。地址发生器按序产生内存地址。向量发生器选取预定义的向量并写入存储器，例如01010101和10101010。比较器用来检测从存储器中读取的数据。当测试完成时，控制器发出done信号。输出信号pass用来指示测试是否通过，此时多路选择器的输入切回到上面的通路。习题20.13会对这个状态机的操作细节进行讨论。

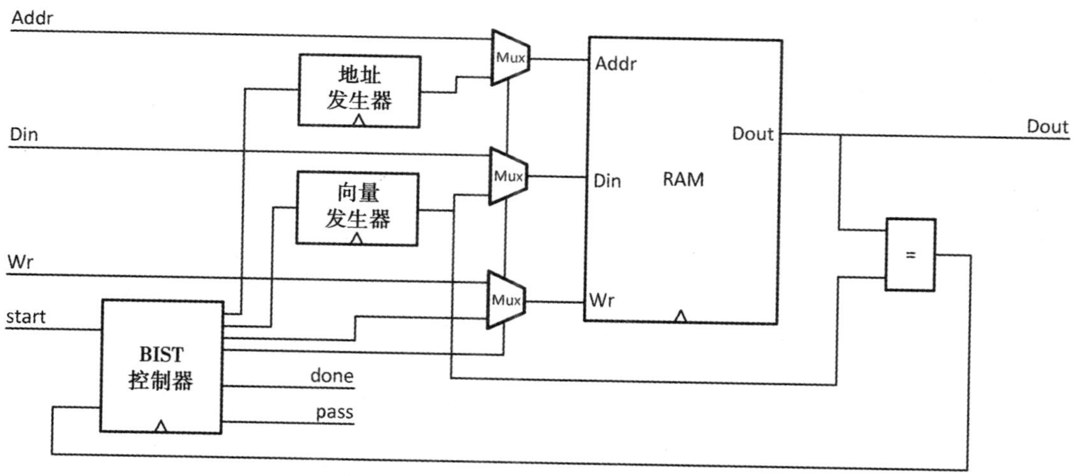

图20-6 RAM中的内置自测试电路

有些BIST电路还在这个基础上做了一些改进，改进后该电路能够修复测试过程中发现的错误。通过预留一些备用的行或列，使RAM变得可修复。BIST电路将备用的行或列地址写入一个寄存器。内存修复细节将在习题20.14中探讨。

另一类BIST逻辑电路用于伪随机测试。片上的LBIST状态机生成一系列的测试向量，这些测试向量经扫描送入寄存器，在时钟控制下又被扫描到片上的一个多输入签名寄存器中(MISR)。MISR通过一系列的移位和异或操作，将芯片内所有的状态减少为几个64位的字。这个过程需要重复多次，最后将MISR中的数据扫描到片外，与期望值进行比较。由于有限状态机全部位于片内，与传统的扫描方式相比，LBIST可以运行更多的测试用例。 441~442

20.2.6　特性测试

特性测试是在设计样品上进行的，目的是确定该设计的典型参数、极端参数及工作包络线，并且还要测试器件的老化性能。生产测试是对生产出的全部芯片进行测试，而特性测试仅抽取少量芯片样本进行测试。

通过特性测试，我们可以得到芯片输入和输出的电气参数，以及芯片在不同工作模式下的功耗。输入和输出电路的特征可以由几个工作点测得，例如特定负载下的 V_{OH} 和 V_{OL}，或测得一个完整的 $V-I$ 曲线。

芯片的工作包络线是指芯片正常工作时电源电压 V_{DD} 和时钟频率 f_{clk} 所在范围。在 V_{DD} 和 f_{clk} 的各种组合下对某一芯片做功能测试，然后将通过测试的组合记录下来就可以绘制出该芯片的包络线。例如，图 20-7 就是某芯片的工作包络线，由于该图很像 shmoo 的卡通形象，通常把它称为 shmoo 图。

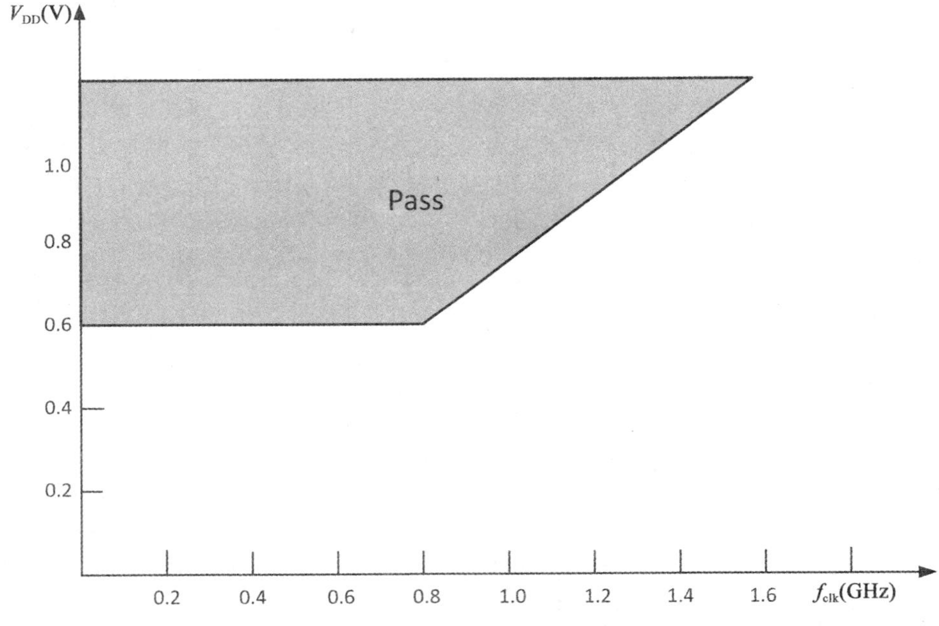

图 20-7　用 shmoo 图表示某芯片正常工作时的 V_{DD} 和 f_{clk}

从图 20-7 中可以看出，该芯片允许工作的最低电压 V_{min} 为 0.6 V。电压为 V_{min} 时，工作频
443 率为 800 MHz。随着电压增大，工作频率增高，电压 1.2 V 时频率达到最高 1.6 GHz。

特性测试还包括加速寿命测试，该测试用来测量器件的失效率，有时也被称为老化测试。老化测试通常选择在高温下（100°C 以上）进行，器件按照阿伦尼乌斯方程中定义的规律加速老化。老化测试时，选择充足的样品，并使样品长时间工作于高温环境下，就可以从统计学上对失效率做显著性检验，或者至少保证失效率在可接受范围内具备一定的可信度。

小结

本章中我们学习了验证和测试的基本知识。设计验证可以确保设计符合设计规格。我们在编写验证测试时要具备完整的需求覆盖率，以确保所有设计功能能够正确实现。此外还要具备完整的执行覆盖率，以确保每一行 Verilog 代码都能够被执行。我们可以通过跟踪缺陷数量来管理验证过程，还可以估算验证完成的时间。

测试能够检测到某一器件的制造工艺是否存在问题。我们使用故障模型来衡量一个测试的覆盖率，通常使用的模型为固定型故障模型。为了能可靠地检测出芯片故障，固定型故障覆盖率应该达到 100%。要实现这个指标，可能需要增加一些冗余的信号逻辑。

同步数字系统的测试过程是高度自动化的。测试向量自动生成工具（ATPG）能够自动为组合逻辑电路生成测试向量。将触发器连接到扫描链上就可以按照组合逻辑电路的方式对时序逻辑进行测试。

通过对样品做特性测试，可以确定某一芯片的工作包络线、关键参数和失效率。利用 shmoo 图可以将 V_{DD}、f_{clk} 的工作包络线可视化。高温下的加速寿命测试可以用来估算失效率。

文献说明

阅读参考文献［9］可以获得有关处理器 Intel Pentium 4®验证的更多过程。文献中给出了引起故障的一些因素，排在前两项的分别是“低级错误”和“理解错误”。

参阅文献［58］和［111］，了解更多有关测试向量生成的内容。很多生成算法基于故障等价的思想［70］。

最早的扫描锁存器是 IBM 的 LSSD 锁存器［39］，文献［8］介绍了它在系统中是如何使用的。

文献［11］和［62］介绍了内存中的 BIST 和修复。正如 McCluskey 在文献［69］中所述，BIST 还可以用来测试逻辑。Riley 等人在文献［93］中详细介绍了 IBM Cell®处理器使用的测试策略。 444

shmoo 是 20 世纪 70 年代由休斯顿发明的，如果想进一步了解可以查阅文献［6］。如果读者更喜欢阅读漫画书而不是学术论文，文献［23］就是一个不错的选择。

若想了解加速寿命测试背后的相关数学知识，可以查阅文献［84］。

习题

20.1 功能列表，I。列出一个简单的四功能计算器芯片的功能表。该芯片的输入端与一个小键盘相连，输出显示采用一个四位的七段数码管。

20.2 功能列表，II。写出一个电子表芯片的功能列表。

20.3 功能列表，III。列出图 17-10 中交通灯控制器的功能列表。

20.4 功能列表，IV。列出图 16-21 中自动售卖机的功能列表。

20.5 定向测试。用 Verilog 编写一个 32 位补码加法器的测试程序，并指定 6 个测试向量。解释选择这几个测试向量的原因。

20.6 随机测试。用 Verilog 编写一个 32 位加法器的测试程序，随机选取 100 个测试向量。

20.7 执行覆盖率。编写图 17-11 中交通灯控制器的测试平台，要求状态图中所有状态的都能被测试到。

20.8 组合测试，I。给出图 8-3 中译码器的最小测试向量集，使覆盖率达到 100%。

20.9 组合测试，II。给出图 8-10a 中多路选择器的最小测试向量集，使覆盖率达到 100%。

20.10 故障模型，I。考虑门电路输入端出现的固定型故障，例如，图 10-5 全加器中的 Q5 底部输入与另外两个输入信号不同，它是由信号 p' 驱动的，可能会出现固定 1 故障。由于该图中有 13 个门输入，因此可能会出现 26 种故障。写一个测试向量集，涵盖与 Q5 有关的 6 个故障。

20.11 故障模型，II。修改习题 20.10 中的测试向量集，要求能涵盖与 Q3 有关的 4 个故障。

20.12 故障模型，III。修改习题 20.10 中的测试向量集，要求能涵盖与 Q4 有关的 6 个故障。

20.13 内置自测试。用 Verilog 编写与图 20-6 中 BIST 单元类似的模型，用该模型测试一个容量为 8 KB 的 RAM。该 BIST 单元执行以下测试。

（a）在 RAM 每一个地址单元内写入二进制数 01010101。

（b）在地址 i 中写入 10101010，即 M[i] = 10101010。验证 M[i] = 10101010 和 M[j] = 01010101，

$\forall i \neq j$。

(c)在地址 i 中写入 01010101，即 M [i] =01010101。

(d)将该值求补后重复 (a) ~ (c)。

(e)发出 done 信号，如果成功再发出 pass 信号。

20.14 存储器修复。用 Verilog 编写存储器模型，该存储器是一个 8 KB 的 RAM 阵列，并具有一个 8 位的备用寄存器。使用一个宽度为 13 位的寄存器存放被替换字节的地址，同时设置一个附加位指示是否发生了替换。当替换指示被置位，按地址寄存器中的地址进行读取和写入时，应访问 8 位数据寄存器，而不是 RAM 阵列。

445~446

第六部分

Digital Design: A Systems Approach

系统设计

第 21 章

Digital Design：A Systems Approach

系统级设计

阅读到本章时，读者应该已经具备设计复杂组合逻辑和时序逻辑电路的能力了。当有人请你设计一个 DVD 播放器、计算机系统或上网用的路由器时，你应该会意识到这些系统内部不应只包含一个有限状态机（简称 FSM），甚至连有限状态控制器相关联的数据通道都不止一个。一个典型的系统通常由多个模块组成，而且每一个模块包含多个数据通路和有限状态控制器。在运用之前学到的设计和分析方法前，首先必须把这些系统分解成若干个简单的模块。但是，如何划分系统使设计变得易于管理并不是一件容易的事。*系统级设计*是数字系统中一项有趣和最富有挑战性的工作。

21.1 系统设计过程

系统设计包括以下几步：

规格：设计一个系统最重要的步骤是确定你将要做什么，并用书面的形式把它明确地描述出来。有关规格的细节我们将在 21.2 节中讨论。

划分模块：系统的需求一旦确定，系统设计的主要工作是把系统划分为易管理的子系统或模块。这里可以采用一种分而治之的方法，将整个系统划分成子系统，然后再对每个子系统进行单独设计。在设计子系统的每个阶段，对子系统细节的描述应该和第一步中对系统总体的描述水平保持一致。21.3 节将介绍三种划分系统的方式：状态、任务或接口。

接口规范：对各个子系统之间的接口进行详细描述是非常重要的。只有具备良好的接口规范，才可以独立地开发和验证每一个模块。设计时尽可能将接口与模块独立开，这样修改模块时不会影响接口或相邻模块的设计。

447 ~ 449

时序设计：在系统设计早期，对操作的时间和顺序进行描述是很重要的。尤其是当工作流涉及多个模块时，必须将各个模块执行任务的时序制定出来，这样才能保证在正确的时间和地点出现正确的数。时序设计对于下文中提到的性能优化也是很重要的。

模块设计：一旦划分完系统，模块和接口就已经确定，系统的时序也就制定出来了，各个模块就可以单独进行设计和验证了。在模块设计完成前，通常我们还无法准确获得模块的性能和时序（例如吞吐率、延迟或流水线深度）。当这些性能参数确定下来后，这些参数有可能会影响系统的时序，此时为满足系统性能指标还要进行进一步优化。衡量一个系统设计的好坏，可以看这些独立设计的模块是否不需要修改就可装入系统正常工作。

性能优化：一旦知道或至少能估算出各个模块的性能参数时，我们就可以分析系统并确定它是否符合性能指标。如果性能指标达不到要求，或者无法实现最高的性价比，这时可以通过增加并行性来优化系统性能。第 23 章中我们将详细讨论这方面的问题。

21.2 规格

很多人在开始设计一个系统时没有制定明确的规格，当设计进行到一半（或多半）时才发现他们构建的系统是错误的。此时需要对系统进行重新设计，之前已做的大量工作不得不丢弃。当规格表述不清时会出现另一个问题，即设计师对规格的理解产生歧义，设计出来的系统部件不兼容。

系统设计之初可以先对需求进行口头讨论。但最关键的还是撰写，这一环节能决定设计时是否会产生歧义。规格写好后还可以让潜在的客户和系统用户审阅，以验证系统设计是否正确。

一个良好的规格至少必须包括以下描述。

1）系统整体描述：系统是什么、能做什么以及如何使用。

2）所有的输入和输出的格式、取值范围、时序及协议。

3）所有用户可见的状态，包括配置寄存器、模式位数及内部存储器。

4）所有工作模式。

5）系统的所有亮点。

6）所有有意义的边界情况，即系统如何处理边界情况。

下面以 Pong 游戏、DES 破解器和音乐播放器为例，分别给出这三个系统的规格。 450

21.2.1 Pong

整体描述：Pong 是 Atari 公司在 20 世纪 70 年代早期开发的一款视频游戏。它是显示在 VGA 视屏上的一个类似打乒乓球的游戏。用户通过按键移动球拍和发球来控制游戏。游戏规则为 11 分制，获胜方发球。游戏中的屏幕被设计成 64×64 的格子，其中左上角为(0，0)。图 21-1 为游戏的屏幕截图。

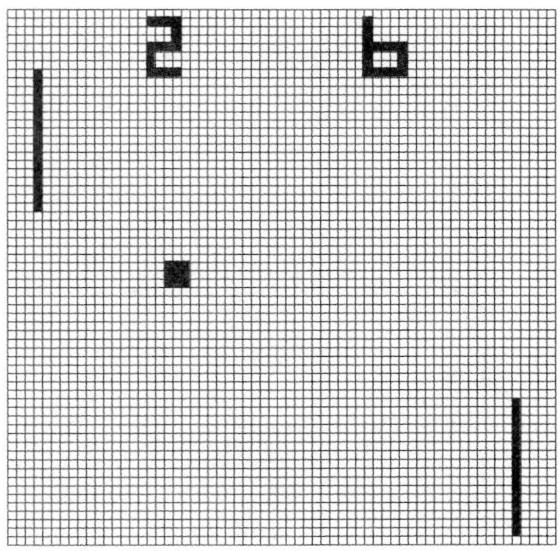

图 21-1　Pong 游戏界面。该系统将两个球拍、一个球和比分显示在一个 64×64 网格中

输入和输出：表 21-1 对系统的输入和输出做了规定。请注意，数字模块输出的红、绿、蓝和同步信号用于显示。这些信号与一个模拟模块结合后产生的模拟信号驱动显示器显示。

状态：系统的可见状态如表 21-2 所示。这些状态大多表示游戏中各元素在视屏上的位置。这里的可见状态是指在显示器上能够看到。用户不能直接读写这些状态。

模式：系统的工作模式如表 21-3 所示。

虽然我们已经给出了 Pong 视频游戏的很多细节，但该规格并不完整。很多细节并没有确定，如发球时球的位置和速度，击球时 y 方向的速度如何变化，球拍的高度。一个完整的规格不应该为设计者留下任何想象空间。在习题 21.1 中要求读者写出 Pong 游戏完整的规格。在实际设计中，规格通常以迭代的方式进行，每次迭代会增加一些细节。撰写完成后通常会提交给一个小组进行严格的审查，以便找出遗漏的或不正确的事项。 451

表 21-1　Pong 游戏系统的输入和输出

名　称	方　向	宽　度	描　　述
leftUp	输入	1	为真时，左边球拍向上移动
leftDown	输入	1	为真时，左边球拍向下移动
leftStart	输入	1	为真时，开始游戏或从左向右发球
rightUp	输入	1	为真时，右边球拍向上移动
rightDown	输入	1	为真时，右边球拍向下移动
rightStart	输入	1	为真时，开始游戏或从右向左发球
red	输出	8	屏幕上当前像素中红色的强度

（续）

名　称	方　向	宽　度	描　述
green	输出	8	屏幕上当前像素中绿色的强度
blue	输出	8	屏幕上当前像素中蓝色的强度
hsync	输出	1	水平同步，有效时在屏幕上进行水平回扫
vsync	输出	1	垂直同步，有效时在屏幕上进行垂直回扫

表 21-2　Pong 游戏系统中用户的可见状态

名　称	宽　度	描　述
rightPadY	6	右边球拍顶部在 y 轴上的位置
leftPadY	6	左边球拍顶部在 y 轴上的位置
ballPosX	6	球在 x 轴上的位置
ballPosY	6	球在 y 轴上的位置
ballVelX	1	球在 x 方向上的运动(0 为左，1 为右)
ballVelY	2	球在 y 方向上的运动(00 为不动，01 为上，10 为下)
rightScore	4	右边玩家的分数
leftScore	4	左边玩家的分数
mode	2	当前模式：idle、rserve、lserve、play

表 21-3　Pong 系统的工作模式

名　称	描　述
idle	分数为零，等待第一次发球：先按下开始按钮，分数为 0。游戏开始后，从某个方向发球(例如，lstart 表示从左向右发球)
play	球的轨迹：根据球速前进；到达顶部或底部后以 y 方向速度反弹；碰到球拍后以 x 方向速度反弹；左边或右边丢球后分别进入 rserve 或 lserve 模式，同时修改分数
lserve	等待左边玩家发球：当 lstart 按下，从左到右发球
rserve	等待右边玩家发球：当 rstart 按下，从右到左发球

21.2.2　DES 破解器

整体描述：DES 破解器接收用数据加密标准加密的密文，在可能的密钥空间搜索并找到密文的加密密钥。DES 是对称密钥算法，数据加密和解密使用的是相同的密钥。找到密钥后，用户就可以读取和发送加密文本了。如果想检查系统给出的密钥是否正确，可以检查输出是否为明文。我们假设原始明文是只包含大写字母和数字的 ASCII 文本。

DES 标准可以对 8 字节的文本块加密，但不能对整个文本进行加密。因此，通过一个密钥，DES 破解器以 8 字节为单位对密文进行迭代处理，并检查每个明文。如果一个密钥能够将所有文本块译码为明文，则破解成功。

452~453 **输入和输出**：DES 破解器的输入和输出如表 21-4 所示。当用户将一块密文送到 cipherText 时，cipherTextValid 信号有效。当接收到所有密文后，发出 start 信号，DES 系统开始进行解密。本节中，我们假设所有数据都存入 RAM。习题 21.2 中要求读者自己定义一个输入协议。

读入全部密文后，用户发出 start 信号。DES 破解器开始运行直到解密完成。当某个密钥成功将密文解密为明文时，发出 found 信号，key 端口输出该密钥。

状态：DES 破解器的各个可见状态如表21-5 所示。每次解密时设置一个 key 值，当解密成功时该值将保持不变。blockNumber 状态用来选择待解密的 cipherTextBlock。mode 用来指示系统所处的状态：正在读取新数据、执行解密还是处于空闲状态。

模式：DES 破解器的工作模式如表 21-6 所示。系统包括 3 种工作模式：idle、dataIn、cracking。

以上 DES 破解器的规格所列功能有限。在习题中，要求读者对其进行扩展，扩展后该系统须具备中断解密、输入新数据和输出明文的功能。

表 21-4 DES 破解系统的输入和输出

名称	方向	宽度	描 述
cipherText	输入	8	待破解密文：一次输入一字节；当 cipherTextValid 和 cipherTextReady 有效时，每个时钟接收一字节
cipherTextValid	输入	1	当密文的下一个有效字节装入时，发出该信号
cipherTextReady	输出	1	当系统能够接收一个密文字节时，发出该信号
start	输入	1	开始密钥搜索：当全部密文装入后，通知系统开始搜索密钥空间
found	输出	1	找到密钥后，发出该信号
key	输出	56	当 found 信号有效后，该端口输出密钥

表 21-5 DES 破解系统中的可见状态

名称	宽度	描 述
key	56	当前用到的 DES 密钥
cipherTextBlock	64	待解密的密文块
blockNumber	16	当前正在解密的密文块号
mode	2	当前模式：idle、dataIn、cracking
cipherTextStore	512	存储的密文块

表 21-6 DES 破解系统的工作模式

名称	描 述
idle	复位或文本块成功解密后：在发出 cipherTextValid 信号读取新数据前，保持空闲状态
dataIn	读取数据并存储，一次读入一字节
cracking	系统连续迭代搜索可能的密钥，直到匹配为止

21.2.3 音乐播放器

整体描述：音乐播放器能够从 RAM 中读取一首歌曲，然后将其合成为音频波形。歌曲以音符的形式存储在 RAM 中，每个音符持续 100 ms。合成器的输出作为音频编译码器的输入。 454
编译码器每 20.8 μs(48 kHz) 输入一个新的数据，输入格式采用 s0.15 表示法。刚开始设计时要求每次只能播放一个音符，随后会要求能输出该音符的多次谐波。

输入和输出：表 21-7 所列为音乐播放器的输入和输出。假定音乐播放器的 RAM 中预装了一首歌。用户只需要标出播放的起始点。几个周期后，下一次的 value 值被输出且 valueValid 为高。该值一直保持不变，直到编译码器发出 next 信号请求下一次计算为止。

状态：音乐播放器的各个状态如表 21-8 所示。noteNumber 表示当前播放的音符。该音符从 RAM 中读出并被转换成频率。该频率值为 0.16(单位是弧度)，表示采样频率为 48 kHz 时两个样点之间的间隔。值为 1 表示样点之间的弧度为 π，或音符频率为 24 kHz(该频率人耳无法听到)。根据频率和时间，合成器计算谐波并输出波形。

模式：音乐播放器只有两种模式：playback 和 idle，如表 21-9 所示。用户只能从 idle 状态进入 playback 状态，且直到歌曲播完为止。

表 21-7　音乐播放器的输入和输出

名称	方向	宽度	描　述
start	输入	1	开始播放选定歌曲
value	输出	s0.15	声音波形当前值，每隔 20.8 μs 输入一个新的数据
valueValid	输出	1	表示输出值有效
next	输入	1	编译码器已准备好接收下一个值

表 21-8　音乐播放器的可见状态

名称	宽度	描　述
noteNumber	16	歌曲中待合成的音符
noteFrequency	0.16	当前音符的频率
time	12	当前时间步长，单位 20.83 μs；每一个音符持续 4800 步
mode	1	空闲或播放

455

表 21-9　音乐播放系统的工作模式

名　称	描　述
idle	无音乐播放
playback	音频输出

21.3　系统划分

系统在设计时通常会被划分成多个模块，常见的划分方式是按照状态、任务或接口来划分。大多数系统在划分模块时将这三种方式结合起来。这种划分可能是分层次的，每一层会采用不同的划分方式。例如，一个系统可以先按任务进行划分，然后将某一个任务分成几个状态，或者再将另一个任务划分成若干个接口。

采用状态划分方式，可以将系统划分为几个与不同状态相关联的模块(这些模块对用户可见或严格地说是内部模块)。每个模块负责维护系统中的不同状态及自身与其他模块之间的通信。

采用任务划分方法，可以将系统功能划分为多个任务，每一个功能模块与一个任务关联。一个任务还可以划分成一系列的子任务，第 23 章介绍的流水线技术就是将一个大任务分解为一系列的子任务，每个子任务模块的输出与下一个子任务的输入相连。采用主 - 从划分方式，可以将系统划分成一个主模块和多个从模块，其中主模块负责监督从模块的工作，即向从模块发送任务并处理它们的响应。采用资源划分方法，可以将模块与一个共享资源相连，并根据仲裁结果访问资源。例如，在一个复杂系统中，存储器模块可以被多个客户端共享。再如，一个路由器中，用于路由计算的模块可以被多个输入端口共享。采用模型 - 视图 - 控制器(MVC)方式划分系统时，系统被划分成一个模型模块(包含大部分系统功能)、一个视图模块(负责所有的模型视图的输出)以及一个控制模块(负责所有控制模型的输入)。

将模块的输入端口和输出端口连接起来(如 MVC 架构系统的视图和控制部分)实际上采用的是按接口划分系统。这样每个独立的模块可以通过接口与系统相关联。例如，一个带 DDR3

DRAM 接口的系统，通常设有一个独立模块控制该接口，客户端通过仲裁共享使用这个接口，并为系统其余部分提供了一个更简单、更抽象的接口。

21.3.1　Pong

图 21-2 展示了如何从两个方向对 Pong 视频游戏进行系统划分。在水平方向，该系统划分为模型、视图和控制器三个任务。其中模型部分在垂直方向又按照球、球拍、得分、模式等状态进一步划分成几个独立的模块。图中还给出了模块之间的接口定义。大多数情况下，模块只是简单地将全部或部分状态(例如，score、ballPos)输出。 456

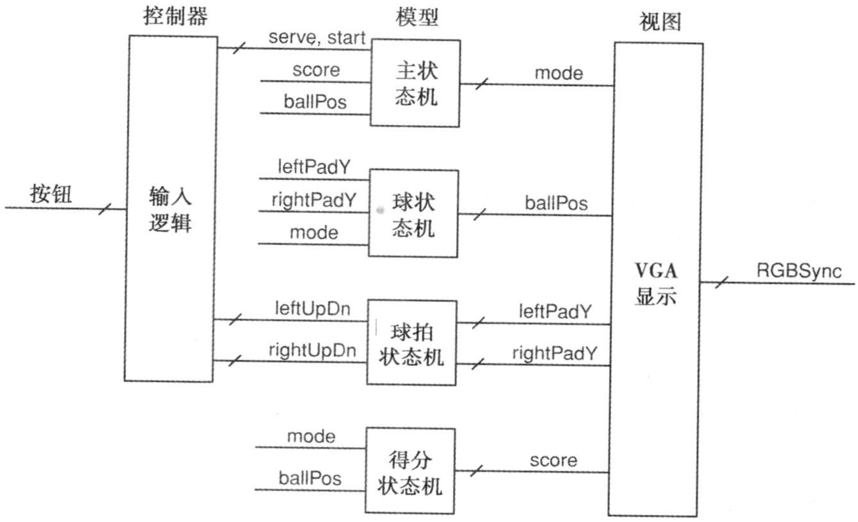

图 21-2　Pong 游戏采用 MVC 架构划分系统。比分、球的位置及球拍构成模型。该模型在 VGA 显示器上显示。控制器模块根据按钮的输入来控制模型。请注意，模型可以进一步按照状态划分为独立的球、球拍和得分模块

21.3.2　DES 破解器

如图 21-3 所示，DES 破解器被划分为几个独立的模块。主状态机作为系统控制器。密文存储模块用来读取和存储密文。当主状态机发出脉冲信号 firstBlock(一个周期)，密文存储模块将第一块密文发送到 cipherTextBlock 总线上并保持。主状态机发出 nextBlock 脉冲信号，存储状态机输出下一块密文。密钥生成器遍历一串 DES 密钥，以便找到相匹配的密钥。firstKey 和 nextKey 信号的工作方式与 firstBlock 和 nextBlock 信号相同。DES 的解密模块需要几个周期才能解密一块密文，完成一次解密后发出 DESdone 信号。最后，文本检查模块若确定经解密模块解密后的“明文”的确是明文时，发出 isPlainText 信号。

21.3.3　音乐合成器

我们将音乐播放器分解成一个执行一系列任务的流水线，如图 21-4 所示。音符 FSM 的任务是读取内存中歌曲的每个音符。该音符在下一个模块中被转换成对应的频率，并存入合成器中。合成器 FSM 会根据每个音符的时间步长输出相应的波形。计算时涉及求正弦值，我们可以用一个 RAM 存储那些用到的正弦值。 457

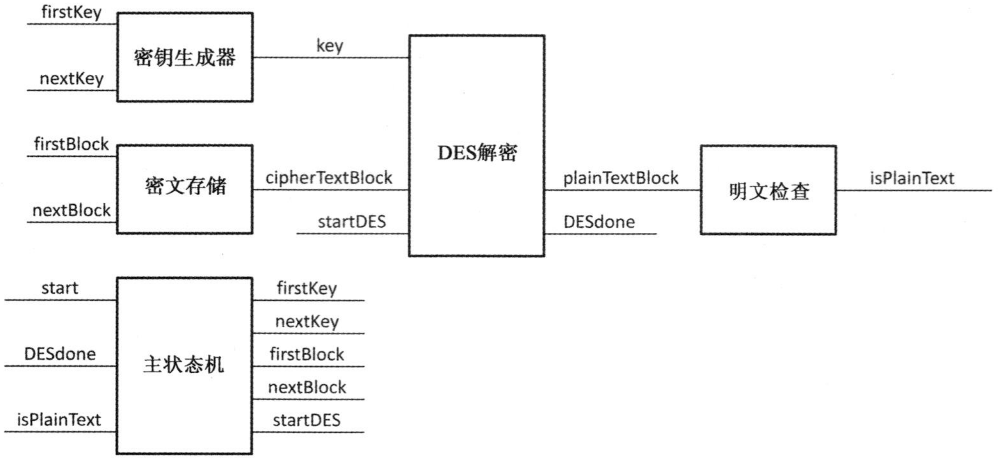

图 21-3　按任务划分的 DES 破解器。这些模块分别执行密钥生成、密文序列化、密文解密及输出明文检查 4 个功能。主状态机模块控制整体的定时和工作顺序

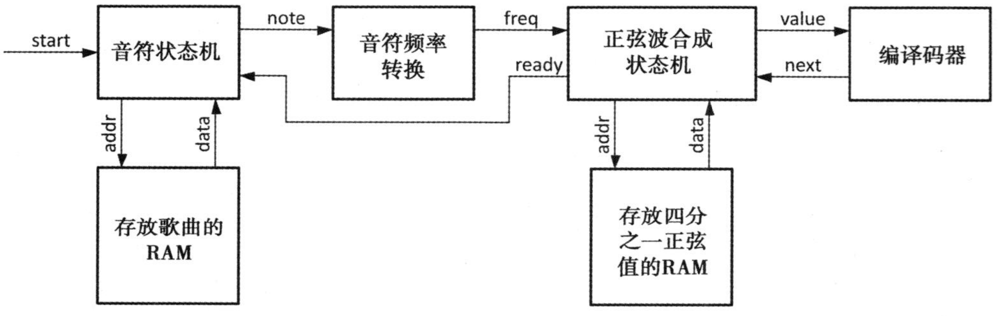

图 21-4　一个按任务划分的简单音乐合成器。音符 FSM 决定下一个播放的音符。音符频率转换模块实现音符到频率的转换。正弦波合成器 FSM 用来合成特定频率的正弦波

图 21-5 中的合成器更复杂一些。它包括两个新的状态机，分别用来计算谐波和衰减的包络线。谐波 FSM 与合成器 FSM 相连，接收一系列格式为 s0. 15 的波形值。谐波 FSM 将这些波形组合后，输出到包络 FSM 中。包络 FSM 是系统末端的一个有限状态机，它利用当前时间步长，经过起音衰减包络发生器，完成对波形的衰减。音符 FSM 发出 nextNote 信号后时间计数器重置。

音乐播放系统通过 ready 信号实现流量控制。编译码器能够输出下一个波形时会通知合成器 FSM。播放完一个音符后，正弦波合成器向音符 FSM 发出 ready 信号。 458

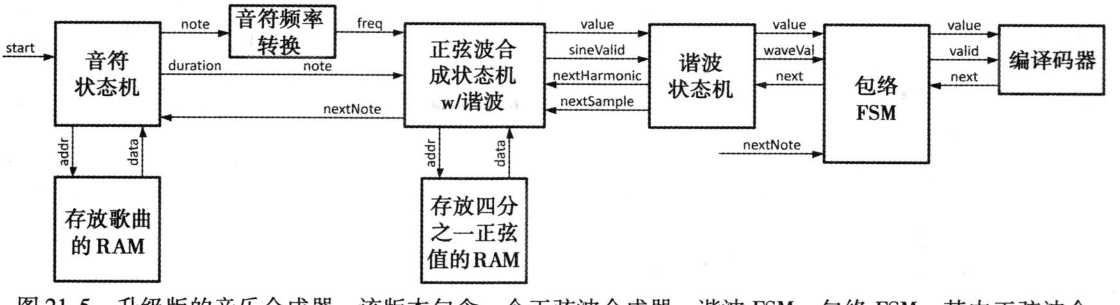

图 21-5　升级版的音乐合成器。该版本包含一个正弦波合成器、谐波 FSM、包络 FSM。其中正弦波合成器产生音符的多次谐波，谐波 FSM 组合这些谐波，包络 FSM 通过起音衰减包络发生器对波形进行调制

小结

本章介绍了在系统设计中，如何为一个复杂系统制定规格，以及如何将系统分解为可以直接设计的简单模块。本章介绍了系统设计的 6 个步骤：

1）规格。

2）划分模块。

3）定义接口规范。

4）时序设计。

5）模块设计。

6）性能优化。

接着通过三个实例对前两个步骤进行了详细讨论。在设计之初制定规格是非常重要的，这样可以避免走回头路以及在理解上产生歧义。规格应该提供足够的细节，确保不会出现明显的外部特性，避免为日后的设计留下过多的想象空间。

系统功能划分是系统设计的关键。系统通常可以划分成与系统某个状态、任务或者接口相关联的模块。系统功能划分往往是一个反复迭代的过程。Pong 游戏采用的思路是先将系统按照模型－视图－控制器的架构分解为几个任务，然后再将模型划分成多个状态。

第 22～25 章将对设计过程中的后续步骤做详细描述。

文献说明

DES 标准[34]详细介绍了 DES 加密器和解密器的实现。Oslson 和 Belar 在文献[88]中描述了 RCA 的第一个音乐合成器。这篇文章写于 1955 年，文中提供了大量真机照片。 459

文献[16]给出了 Pong 视频游戏的实际框图。这篇论文是 Atari 公司的副总工程师在 1977 年撰写的，文中给出了原理图模块，如声音发生器和比分跟踪模块。对于许多早期的消费类电子产品，包括视频游戏的描述可参阅文献［95］。

习题

21.1 Pong 的规格。21.2.1 节中给出的 Pong 视频游戏的规格不完整。文中列出了该规格中遗漏的内容。请将未详细说明的问题尽可能地找出来，并给出它们的规格。

21.2 DES：数据写入。在 DES 方框图中，我们通过输入端为密文存储模块提供数据，但是图 21-3 中未提及数据如何产生。更新框图使其具有读取数据的能力，并详细说明它是如何工作的。

21.3 DES：中断。在 DES 规格和方框图中，添加一个输入中断，用来停止 DES 运算。请详细说明中断发生时的输出值、系统进入何种状态及中断期间发生了什么。并说明如何从中断中恢复?

21.4 DES：明文输出。DES 解密后，我们希望能够输出明文。请定义该功能，并将其加入系统方框图中。

21.5 音乐播放器：输入歌曲。在音乐播放器的规格和方框图中，添加将歌曲存入 RAM 的功能。

21.6 音乐播放器：暂停，停止按钮。添加停止和暂停歌曲播放的功能。并讨论当用户再次发出 start 信号时歌曲从何处开始播放。

21.7 字符串搜索。写出字符串搜索器的规格，并对系统功能进行划分。在一个长字符串中分别检索三个不同的字符序列，要求系统能够输出搜索词出现的次数。

21.8 电梯控制器。写出电梯控制器的规格，并对系统功能进行划分。要求将楼层请求作为输入来控制门的状态（打开或关闭），输入目的楼层后发出启动电梯运行的信号。 460

第22章

Digital Design：A Systems Approach

接口和系统级时序

系统级时序通常由系统的信息流驱动。这是因为信息流经过模块之间的接口，而系统的时序又与接口的定义紧密相连。根据模块在接口处理信息的顺序就可以确定时序。在本章中，我们将以第21章介绍的系统为例讨论接口时序，并阐述整个系统如何通过接口实现按序工作的。

22.1 接口时序

接口时序是发送方和接收方为传送数据所做的约定。源模块S向目的模块D发送数据时，我们需要知道数据在什么时间有效，以及目的模块D在什么时间准备好接收数据。换句话说，源模块S上的数据是何时产生的，何时将该数据发送到接口的引脚上，以及模块D又是在何时对接口引脚上的数据进行采样的。在第17章中我们已经看到了几个状态机模块之间的接口时序。在本节中，我们将会更深入地去讨论这一问题。

22.1.1 常有效时序

顾名思义，一个常有效信号表示该信号始终是有效的，如图22-1所示。一个接口如果只包含常有效的信号，就不再需要任何时序信号。

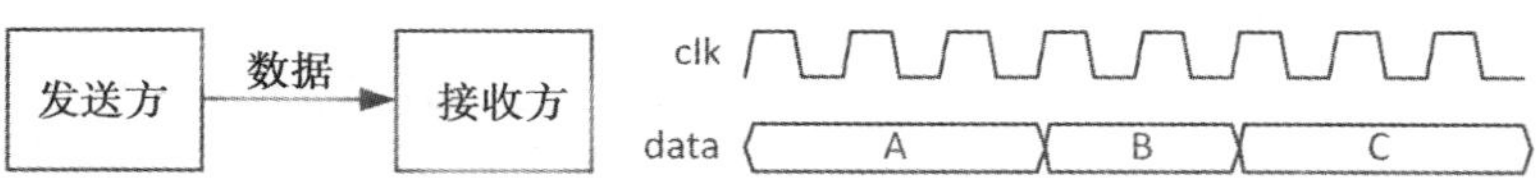

图22-1 常有效接口不需要时序信号或流控制。数据每个周期都有效，接收端可以在任何时间进行采样

区分常有效信号与周期性有效信号(第22.1.2节)的关键是看这个信号能否保持一个时钟周期。一个信号如果是常有效信号，就表示该值可以被丢弃或重复。例如，一个温度传感器不断地输出一个8位数值，该数值表示当前温度，是一个常有效信号。我们既可以把该信号传递给工作频率为时钟频率两倍的模块(温度值会重复)，也可以传递给工作频率为时钟速度一半的模块(此时某些温度值会丢弃)，模块输出仍表示当前温度(可能略有滞后)。

图21-2Pong视频游戏中所有状态接口都是一个常有效接口。接口中mode、ballPos、left-
461 PadY、rightPadY和score信号都是常有效信号。这些信号分别代表某个状态变量的当前值。

静态信号或常量信号是常有效信号的一个特例，该信号的值在发生特定事件时不会改变(例如系统复位)。在处理跨时域的问题时，静态信号更容易处理。这是因为静态信号在工作期间不会发生改变，因而不需要同步。

22.1.2 周期性有效信号

周期性有效时序或周期时序(图22-2)表示该信号每隔N个时钟有效一次。N代表信号的周期。与常有效接口不同，周期性有效信号的每个值代表一个特定的事件、任务或令牌，该信号不能丢弃也不能重复出现。DES破解器(第21.3.2节)中密钥生成模块输出的key就是一个周期性有效接口(假设输入的nextKey信号是一个周期性信号)。该模块每隔N个时钟生成一个新的密钥。每个密钥代表一个特定的任务(解密密文时每个密钥都要被测试)，因此解密时不

能随意丢掉任何一个密钥，也不能让密钥重复出现。㊀

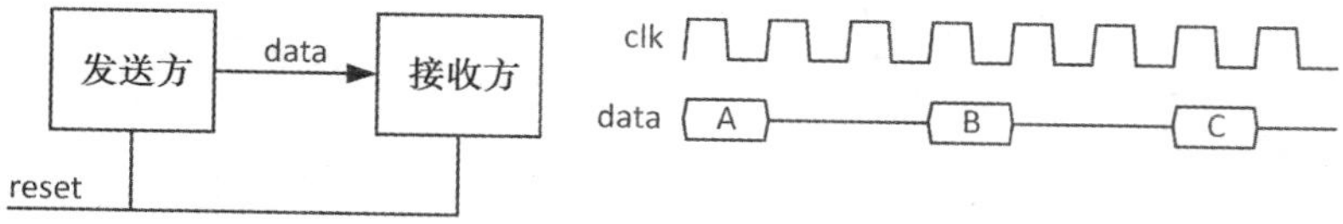

图 22-2 周期有效接口每隔 N 个时钟周期传输一个数据。这里没有流控，每个值不能随意丢弃或重复。图中信号的周期数 N 为 3

周期为 1 的周期性有效信号在每个时钟周期都有效，但它与常有效信号不同，因为它的值是不能随意丢弃或重复的。假如我们按照图 21-3 设计 DES 破解器，密钥生成器每个周期生成一个密钥。这是一个周期为 1 的周期性有效信号，我们不能随意丢弃也不能重复使用任何一个密钥。每个密钥都要被处理而且仅能处理一次。

在处理跨时钟域问题时，常有效信号和周期性有效信号有很明显的区别(第 29 章)。常有效信号可以丢弃也可重复，所以常有效信号跨时钟域设计会很容易，只需避免同步失败就可以了。但是，周期性有效信号在不同时钟域传递时应在一个周期内完成。

当然，如果使用的是周期信号，发送和接收模块必须在某一点开始保持同步，以保证它们能够同时计数到 N。通常只需在复位时将它们内部的计数器初始化就可以实现。 462

接口电路中采用周期性有效信号会使系统变得很脆弱，在大多数情况下，应避免使用带流控制(第 22.1.3 节)的接口。周期性信号不利于模块化。如果为了改变 N 的值重新设计一个模块，所有与该模块相连的模块都需要改动，这样做可能会带来很多问题。如果必须采用流控方式，与其他模块交互时要屏蔽这种变化。

22.1.3 流控制

带流控制的接口可以使用明确的时序信号进行数据传送，这种用于流控制的信号通常称为 valid(有效)信号和 ready(就绪)信号。图 22-3 中的接口就使用了 ready-valid 流控制。当有效数据出现在接口时，发送模块发出 valid 信号。接收模块准备好接收一个新的数据时发出 ready 信号。只有 valid 和 ready 信号同时有效时，才可以进行数据传送。

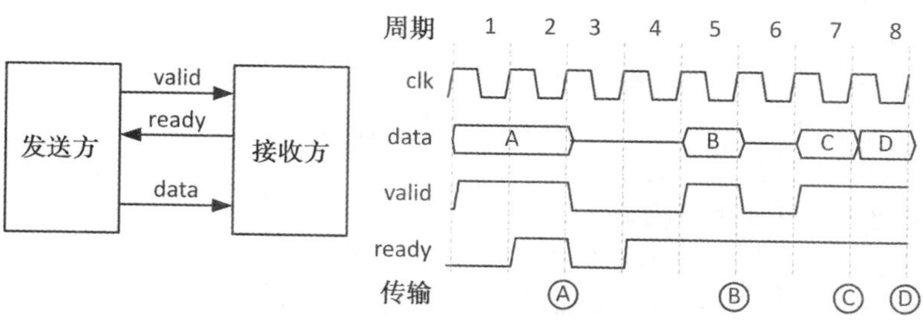

图 22-3 采用 ready-valid 流控制方式，只有发送方表明数据有效且接收方已准备好接收数据时，才能在两个模块之间传输数据或令牌。如果 ready 和 valid 二者有一个无效，传输不会发生

数据传送时如果采用流控制接口，发送方或接收方在传输前必须等待另一方。从图 22-3 中可以看到，传输第一个数据时发送方在等待接收方作出回应。发送方将 A 送入 data 总线，

㊀ 严格地说，密钥是可以重复出现的，但是多次使用同一个密钥是一种无用的重复工作，会增加解密的时间。

并在时钟 1 时发出 valid 信号，但直到时钟 2 接收方发出 ready 信号时传输才真正开始。在第二次传输时，接收方在等待发送方的信号。接收方在时钟 4 时就已经发出 ready 信号，表明数据已准备就绪，但一直处于等待状态。直到时钟 5 时，发送方将 B 发送到 data 总线上且发出 valid 信号后才开始接收数据。

采用 ready-valid 流控制接口时，如果 ready 和 valid 信号有一个为低就无法进行数据传输。图 22-3 中我们可以看到，第三次数据传输时，ready 信号在时钟 6 时为高，但接收方一直未接收数据，直到时钟 7 发送方准备好数据且 valid 有效时才开始接收。当 ready 和 valid 信号同时为高，每个时钟周期传输一个数据，例如图中时钟 8 时数据 D 的传输。

如果两个模块有一个始终处于数据传输状态，接口中的这两个信号可以减少为一个。例如，图 21-4 中音乐播放器的流控制信号 valid 可以省掉，只需要提供 ready 信号就可以了。ready 信号有效时(或编译码器的 next 信号)，假定发送模块已经准备好有效的数据。这种由接收方单向控制传输的方式，有时也称为 pull(拉)时序控制，这就好像接收器是发出 ready 信号将数据拉了过来。

同样如果一个接口仅提供 valid 信号，这也是一种单向的流控制方式。在发送下一个数据前，假定接收方已经准备好接收数据。因为发送方在 valid 有效时，将数据推送出去，我们把
463 这种控制方式称为 push(推)时序控制。

在某些情况下，不需要单独设立 valid 信号，可以把该信号编入数据信号中，用未使用的或无效的数据代码来表示数据无效。按照这个约定，当有效数据出现在数据端口时，表示数据有效。这时还是需要 ready 信号的，因为接收方没有其他途径来表示能否接收数据。

在某些情况下，发送模块提前获得一些数据是很有用的。这可以通过在发送器和接收器之间插入一个 FIFO 缓冲区实现。FIFO 能够存储几个字，其输入和输出端口均采用 ready-valid 接口。FIFO 不为空时，表示输出有效；FIFO 未满时，表示已经准备好输入。有关 FIFO 的具体细节，我们会在第 23 章讨论。

例 22-1　流控制寄存器

设计一个输入和输出均采用流控制的寄存器。该寄存器能够将设计中的那些长且延迟高的关键路径分开。

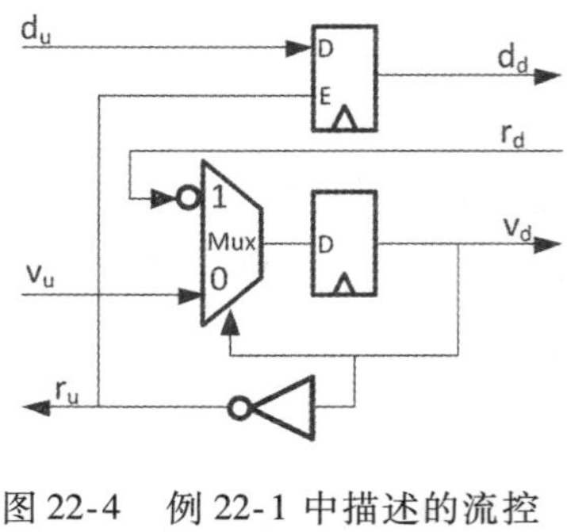

图 22-4　例 22-1 中描述的流控制寄存器的原理图

图 22-4 为该模块的设计原理图。与上游模块进行通信的信号是 d_u(数据输入)、r_u(输出就绪信号)以及 v_u(输入有效信号)；向下游模块传输数据的信号是 d_d(输出)、r_d(输入)和 v_d(输出)。设计这个模块时，我们特意不接入任何组合逻辑电路。这样做的目的是为了消除长的延迟路径。

在每个周期里，如果无有效数据输入时($v_d = 0$)，有效寄存器和数据寄存器存储的是上游模块的值。缓冲区也向上游发出准备接收新数据的信号($r_u = 1$)。当有效数据存入寄存器时($v_d = 1$)，数据寄存器被禁用，存入寄存器的数保持不变。如果下游模块还没有准备好，v_d保持高电平，r_u保持低电平。待下游模块准备就绪后会发出 r_d信号，v_d信号在下一个周期变为无效。由于仅有一个寄存器且各段之间没有组合逻辑电路，该模块每隔一个周期才能接收新的数据。习题 22.6 要求对该设计进行改进，使数据传输率提高一倍。

无论采用常有效还是周期性有效方式，该寄存器内部的 D 触发器在每个时钟沿更新。设计者必须认识到，与非周期输出相比，周期性输出会晚一个时钟周期。这可能需要对下游模块进
464 行适当地改动。

22.2 接口划分与选择

接口的数据部分通常可以按照功能划分成多个字段。例如，在图21-2的Pong游戏系统中，模型子系统的输出部分包含5个字段，分别代表不同的状态变量。再往下进行细分，球拍FSM具有一个常有效接口，包含两个数据字段：leftPadY和rightPadY。球FSM只输出一个信号ballPos。但该信号在逻辑上可分为X分量和Y分量，即ballPos. X和ballPos. Y。㊀

一个接口如果具有多个数据字段，往往可以根据一个字段来确定其他字段的含义。例如，根据图18-13中微代码指令的第一字段就能够确定其余字段的含义。

设计接口时通常将字段分为控制字段、地址字段和数据字段。接口的控制和地址字段具有选择功能。控制字段选择要执行什么操作，地址字段选择在哪里执行操作。例如，在存储器系统中，控制字段可以用来进行读、写、无操作、刷新、设置参数以及其他操作。地址字段用来选择读取、写入或刷新的地址或参数。数据字段用来提供(或接收)相关操作的数据。无论数据字段、地址字段还是控制字段都要按第22.1节中描述的时序工作。

22.3 接口的串行化与分包

当接口位宽较低时，如果想传送一个大的数据，可以采用串行传输方式。此时可以将大数据分成几段，通过多个周期完成传送，每个周期传送一部分。例如，假设一个接口每4个周期传送一个64位的数据。如图22-5所示，我们可以通过一个16位的接口完成数据传送，每个周期传送该数据的四分之一。第一个周期传送 a_3(a[63:48])，第二个周期传送 a_2，以此类推完成全部数据的传送。

串行传输时，对于发送方和接收方必须要有一个约定来确定数据开始传送的时间。这可以通过流控制或使用周期性有效信号实现。图22-5中的接口采用了单向流控制，该接口用frame信号表示每次传送的第一个周期。本例采用的是push流控制。frame信号是一个有效信号，同时我们假定接收器总是处于准备接收状态。如果需要采用双向流控制，可以在接口中添加一个ready信号。 465

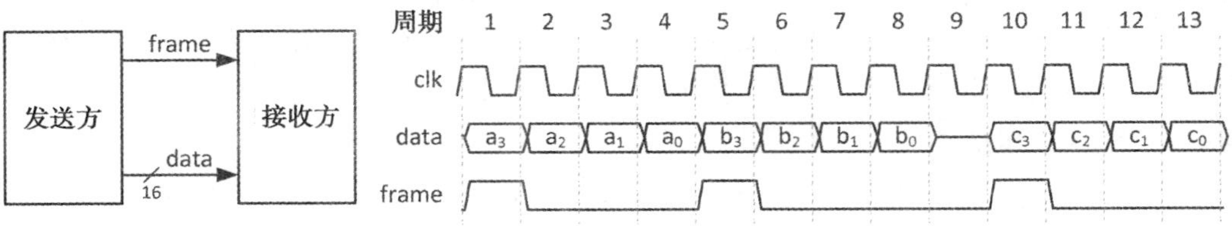

图22-5 串行接口经多个周期完成数据传送。本例中frame信号表示每次传送的第一个周期，这是一种push信号

采用流控制方式，不需要每4个周期启动一次数据传输，甚至无须4的倍数个周期启动一次。在图22-5所示的例子中，由于在周期9时，发送方没有数据传送，链路进入空闲状态。之后在周期10开始传送数据c。有了frame信号，发送方不必等到周期12再开始传送数据，但是如果采用的是周期性有效信号，则需要等到周期12才可以进行数据传送。

图22-5中的接口采用了push方式传输数据，它使用了两级时序控制，分别是帧时序和周期时序。在单向流控制中，帧时序由frame信号决定。一旦开始帧传输，剩下的传输由周期时

㊀ 遗憾的是，Verilog不能分层声明数据类型(像C中的结构)，但System Verilog可以。对于常规的Verilog，像ballPos信号的子字段声明可以通过宏定义来实现。

序控制（周期 $N=1$），此时无流控制。当然也可以两级都采用流控制，只要加入 valid 信号就可以实现，从而实现后续数据的串行传输。只要帧的大小固定，在帧级（传输的第一个字）和周期级（后续字）可以使用一个 valid 信号。如果需要采用双向流控制，这两级中使用一个 ready 信号就可以了。

内存和 I/O 接口往往将命令、地址和数据串行化，然后送入总线传输，如图 22-6 所示。图中可以看到，该接口的位宽为 1 字节，存储一次数据需要使用 7 个周期。其中第 1 个周期传送控制信息，随后用 2 个周期传送地址信息，最后用 4 个周期传送数据。本例中使用了周期有效和 frame-ready 流控制，其中 frame 信号表明整个数据帧已准备好，ready 信号表示接收方已准备好逐周期接收数据。图中可以看到，由于周期 6 时接收方没有准备好，导致周期 7 时数据要重发。

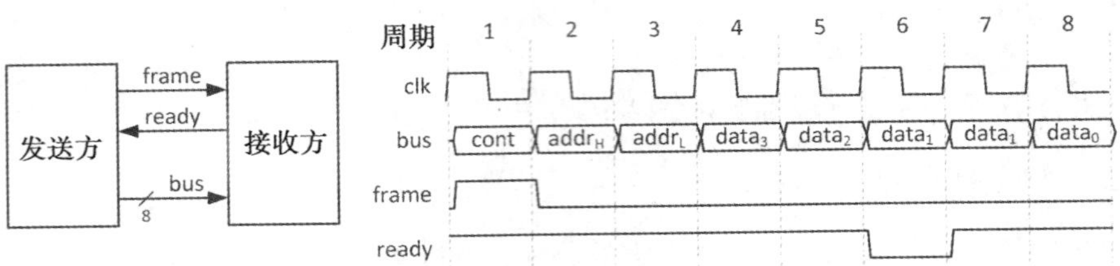

图 22-6　通过共享总线实现控制、地址和数据串行传输的内存或 I/O 接口。本例中使用了双向流控制，其中 frame 信号表示一个有效帧，ready 信号表示已就绪，接收方准备逐周期接收数据

串行接口可以看成是在进行分包。每个传输项是一个包含许多字段的信息包，而且该信息包的长度有可能不固定。数据包通过一个给定宽度的接口实现串行传输，到了另一端后还要进行串并转换。数据包中字段的宽度与接口宽度无关。在某个周期中，发送的信息既可以包括全
466 部字段也可以包括部分字段，而个别字段也可能占用多个周期。

接口是否采用串行方式取决于它的成本和性能。串行接口的优点是可以减少接口的管脚或引线的数量。缺点是增加了等待时间，而且串行化、串并转换及组帧会增加设计的复杂性。在芯片内部，信号布线成本小，几乎总是采用并行方式。而在片外由于芯片管脚和系统级的信号成本较高，为保证各引脚的性能一致，通常采用串行接口。

例 22-2　串并转换器

设计一个串并转换器，该模块的输入宽度为 1 位，输出宽度为 8 位。输入、输出均采用 push 流控制制。当接收到 8 个有效输入时（0，1，…，7 位），输出有效。

图 22-7 是该电路的 Verilog 设计程序，图 22-8 是模块测试平台的输出结果。设计的总体思想是将输入的每一位与 8 个 D 触发器中的一位对应（最低位在前）。程序采用了一个（独热编码）计数器记录下一个要写入的位，输入有效时，每个周期移动一位。在 Verilog 程序中，用寄存器存储三种状态：

1）`en_out`：n 位长的独热信号，对写入串并转换器的下一位编码；

2）`dout`：并行化后的数据，直接馈送到输出（每个触发器的使能端由 `en_out` 信号控制；

3）`vout`：当前周期（第 8 位被捕获时所在的周期）输出有效。

图 22-8 为串并转换器的输出，输入包括全 0 和全 1 的情况。与例 22-3 中定义的**时序表**比较，可以验证该模块时序是否正确。

```
module deserializer(clk, rst, din, vin, dout, vout) ;
   parameter width_in = 1;
   parameter n = 8;

   input clk, rst, vin;
   input [width_in-1:0] din;

   output [width_in*n-1:0] dout;
   output                  vout;

   wire [n-1:0]            en_nxt, en_nxt_rst, en_out;
   assign en_nxt = vin ? {en_out[n-2:0], en_out[n-1]} : en_out;
   assign en_nxt_rst = rst ? {{n-1{1'b0}}, 1'b1} : en_nxt;

   DFF #(1)        cnts[n-1:0](clk, en_nxt_rst, en_out);
   DFFE #(width_in) data[n-1:0](clk, rst ? {n{1'b1}} : en_out,
                           rst ? {width_in{1'b0}} : din, dout);
   wire            vout_nxt = ~rst & en_out[n-1] & vin;
   DFF #(1)        vout_r(clk, vout_nxt, vout);

endmodule // deserializer
```

图 22-7　例 22-2 中采用 push 流控制的串并转换器的 Verilog 代码

```
# vin: 1 din: 1 vout: 0 dout: 00000000 en: 00000001
# vin: 1 din: 1 vout: 0 dout: 00000001 en: 00000010
# vin: 1 din: 1 vout: 0 dout: 00000011 en: 00000100
# vin: 1 din: 1 vout: 0 dout: 00000111 en: 00001000
# vin: 1 din: 1 vout: 0 dout: 00001111 en: 00010000
# vin: 1 din: 1 vout: 0 dout: 00011111 en: 00100000
# vin: 1 din: 1 vout: 0 dout: 00111111 en: 01000000
# vin: 1 din: 1 vout: 0 dout: 01111111 en: 10000000
# vin: 1 din: 0 vout: 1 dout: 11111111 en: 00000001
# vin: 1 din: 0 vout: 0 dout: 11111110 en: 00000010
# vin: 1 din: 0 vout: 0 dout: 11111100 en: 00000100
# vin: 1 din: 0 vout: 0 dout: 11111000 en: 00001000
# vin: 1 din: 0 vout: 0 dout: 11110000 en: 00010000
# vin: 1 din: 0 vout: 0 dout: 11100000 en: 00100000
# vin: 1 din: 0 vout: 0 dout: 11000000 en: 01000000
# vin: 1 din: 0 vout: 0 dout: 10000000 en: 10000000
# vin: 1 din: 1 vout: 1 dout: 00000000 en: 00000001
# vin: 1 din: 1 vout: 0 dout: 00000001 en: 00000010
# vin: 1 din: 1 vout: 0 dout: 00000011 en: 00000100
# vin: 1 din: 1 vout: 0 dout: 00000111 en: 00001000
# vin: 0 din: 1 vout: 0 dout: 00001111 en: 00010000
# vin: 1 din: 1 vout: 0 dout: 00011111 en: 00010000
# vin: 0 din: 1 vout: 0 dout: 00011111 en: 00100000
# vin: 1 din: 1 vout: 0 dout: 00111111 en: 00100000
# vin: 1 din: 1 vout: 0 dout: 00111111 en: 01000000
# vin: 1 din: 1 vout: 0 dout: 01111111 en: 10000000
# vin: 1 din: 1 vout: 1 dout: 11111111 en: 00000001
```

图 22-8　验证例 22-2 和图 22-7 时的一组输出数据

22.4　同步时序

一些接口在工作时需要同步时序，如 LCD 显示器或音频编译码器。这些设备具有严格的时序约束，为避免遗漏采样值，每个数据必须在规定时间窗口内传送。由于 FIFO 的存在，时序约束可以被看作带边界的周期性时序。也就是说，采样点 i 必须在周期 $N(i-B)$ 和 Ni 间传
467~468 送，其中 N 为周期，B 是 FIFO 缓冲器的大小。接口本身采用流控制，它允许在时序上有一些变动，但流控制信号必须在规定的时间间隔内响应。

例如，图 21-4 中音乐播放器的音频编译码器需要采用同步时序。只要系统其他部件的响应速度足够快，可以采用 push 时序实现同步。

如果一个系统需要对资源进行仲裁，同步起来会有一定的难度，尤其是仲裁处于多个同步流之间时。等待仲裁要花费大量的时间，必须防止最坏情况下的延迟超出时序约束。

22.5　时序表

从第 14 章开始，我们就一直使用图 22-6 那样的时序图来说明时序关系。这些图的横轴从左到右显示了时间的变化，纵轴则表示的是每个信号随时间的变化，要么是一个二进制信号的波形，要么是一组值。尽管时序图有利于观察几个周期内的二进制信号，但当信号位数增多时，在时序图上显示波形就不太方便了，而且我们往往还希望看到更多周期内的波形。

如果希望看到更多周期内的波形，或者大多数信号不是二进制时，时序表比时序图更有用。表 22-1 是 19.4.1 节中赫夫曼编码器的时序表，该表中使用的输入数据与图 19-16 中的一样。

表 22-1　19.4.1 节中赫夫曼编码器对字符串“THE”的编码时序表

cycle	rst	irdy	in	char	load	count	value	oval	out
0	1			×		×	×		
1		1	14	×		×	×		
2				14	1	×	×		
3				14		3	001000000	1	0
4		1	08	14		2	01000000	1	0
5				08	1	1	1000000	1	1
6				08		4	011000000	1	0
7				08		3	11000000	1	1
8		1	05	08		2	1000000	1	1
9				05	1	1	000000	1	0
10				05		3	100000000	1	1

无论从水平方向还是竖直方向上看，数据都比较相似，这很容易让人把它理解成一个表。
469 连续显示 value 的值有助于在移位操作时观察结果。而且，两行之间的状态发生变化时很容易发现。从图中我们可以清楚地看到，在某一周期当 irdy 信号发出时，char 在下一行更新为 in 的值。同样，在某一周期当 load 信号发出时，count 和 value 会在下一行更新。

例 22-3　串并转换器时序表

列出例 22-2 中串并转换器的时序表。

从表 22-2 中我们可以看到，串并转换器经过了两次迭代（数据 A 和 B）。每一个周期当输入有效时（ival = 1），计数器（采用二进制编码格式）递增，数据存储在相应的位置上。当计

数器为 7 且输入数据有效时，输出有效信号（oval = 1）。

表 22-2　本时序表反映了例 22-2 中串并转换器的执行过程

cycle	rst	ival	in	count	out	oval
0	1	×	×	×	×	×
1	0	1	A_0	0	00000000	0
2	0	1	A_1	1	$0000000A_0$	0
3	0	1	A_2	2	$000000A_1A_0$	0
…	0	1	A			0
8	0	1	A_7	7	$0A_6A_5A_4A_3A_2A_1A_0$	0
9	0	1	B_0	0	$A_7A_6A_5A_4A_3A_2A_1A_0$	1
10	0	0	X	1	$A_7A_6A_5A_4A_3A_2A_1B_0$	0
11	0	1	B_1	1	$A_7A_6A_5A_4A_3A_2A_1B_0$	0
12	0	1	B_2	2	$A_7A_6A_5A_4A_3A_2B_1B_0$	0
…	0	1	B			0
18	0	0	X	0	$B_7B_6B_5B_4B_3B_2B_1B_0$	1

22.5.1　事件流

时序表可以使数字系统的事件流变得清晰。事件流是通过因果关系驱动系统运行的一系列事件。在赫夫曼编码器中，事件流完全受计数器的影响。当计数器值为 2 时，编码器发出 irdy 信号，并将另一个输入字符装入字符寄存器中。当计数器值为 1 时，发出 load 信号，计数器和移位寄存器将在下一个周期加载位串对字符进行编码。 470

在一些特殊的系统中，事件流由一个关键的接口来驱动，模块间的事件通过一个 ready-valid 流控制接口实现同步。

22.5.2　流水线和时序预测

赫夫曼编码器中用到了流水线技术（第 23 章），它能够进行时序预测。每次输入编码器时都需要经过两级流水线。例如，周期 i 时，一个字符到达输入端并发出 irdy 信号，周期 $i+1$ 时，字符从输入寄存器输出，从周期 $i+2$ 开始，长度和该字符的位串被加载到计数器和移位寄存器中。

由于输入到输出有两个周期的延迟，控制逻辑必须预测当前字符所对应位串的结尾，并提前两个周期发出 irdy 信号。当计数器的值为 2 时，下一个字符装入输入寄存器。提前一个周期，发出 load 信号（当计数器值为 1 时），将 ROM 的输出值存入计数器和移位寄存器中。

当流水线较长且输出字符串的最小长度为 1 时，时序预测会变得更加有趣。

22.6　接口与时序实例

下面我们将重新审视第 21 章介绍的几个实例，并检查它们的系统时序和接口时序。

22.6.1　Pong

Pong 视频游戏中大量使用了常有效时序控制。图 21-2 中间这几个模块产生了系统的部分全局状态。例如，球 FSM 生成当前时间下的 X 和 Y 坐标。这些信号总是处于有效状态，能够在任何时间点采样。每个 FSM 根据其他 FSM 生成的状态来执行相应的功能。例如，球 FSM 根据球拍 FSM 产生的球拍位置来判断球是否接触到球拍。需要注意的是，时钟必须足够快（相对于球的速度），使球每个时钟周期在 X 或 Y 方向上移动的距离不超过一个像素，这样可以确保在时间步长内不会遗漏某些关键事件，如球与屏幕的顶部相交或碰到球拍。当需要显示时，VGA 显示模块对 4 个 FSM 的常有效状态进行采样。

输入逻辑发出的信号采用单向流控制方式（push 时序）。常有效信号表示的是一个连续状态，而这些信号代表的是事件。当按下一个按钮时，输入信号 serve、start、leftUp、leftDn、rightUp 或 rightDn 中的某一个会出现并持续一个周期，这表示出现一个输入事件。这些信号可以被认为是带隐含数据的 valid 信号。也就是说，这些信号将事件触发、数据、球拍动作组合
471 到一个信号里了。主 FSM 和球拍 FSM 通过更新状态来响应这些事件。

22.6.2 DES 破解器

表 22-3 给出了 DES 破解器的工作时序。该破解器存储了 8 个密文块，具有一个 16 周期的 DES 描述器、1 周期的密钥生成器和一个明文检查模块。每 16 个周期，一个新的密文块被解密。在第 128 个周期产生一个新的密钥，然后再次对块 0 进行解密。

表 22-3　DES 周期工作时序。在使用下一个密钥前，系统对全部 8 块密文进行解密。表中 FK、NK、FB 和 NB 分别表示 first _key、next_key、first_block 和 next_block 信号

Cycle	FK	NK	Key	FB	NB	CT block	DES	Check
-1	1			1				
0			key 0			block 0		
1							round 1	
2							round 2	
…							…	
15					1		…	
16						block 1	round 16	
17							round 1	PT block 0
18							round 2	
…							…	
31					1		…	
32						block 2	round 16	
33							round 1	PT block 1
…							…	
111					1		…	
112						block 7	round 16	
113							round 1	
…							…	
127		1		1			…	
128			key 1			block 0	round 16	
129							round 1	PT block 7

472

在这个版本的 DES 破解器中，事件流完全由主状态机模块中的一系列计数器驱动。这些计数器按顺序驱动外围模块，以便与 16 周期的 DES 解密模块实现同步。各个模块（密钥生成器、密文存储和明文检验器）采用单向流控制（pull 时序）（请参阅第 22.1.3 节）。first_key、next_key、first_block 等信号为 ready 信号，当 DES 破解器接收到某一模块产生的数据时，这些信号向该模块请求新的数据。这些标有 first 或 next 的信号将数据信号与流控制信号组合起来，

在以下情况时作出指示：主状态机需要下一个值，以及下一次取值是复位到序列的起始处，还是接着读取序列的下一个元素。

该系统还是一个具有时序预测功能的流水线。该流水线经过129个周期产生一个新的密钥，为了能够在第1轮使用这个密钥，系统需要在第127个周期时发出next_key信号，第128个周期时将密钥输入DES单元上。first_block和next_block信号也采用类似的工作时序。

为了提高DEC破解器的解密速度，可以使用一种灵活的工作时序，即只要发现一块明文检查未通过就结束当前的解密，然后开始尝试用下一个密钥解密。表22-4列出了采用这种处理方式的工作时序。可以看到，DES单元在第16个周期完成密文块0的解密，在第17个周期输出明文块，同时在该周期明文检查模块对块0进行检查，并发出明文错误信号。系统根据该信号在第17个周期发出next_key和first_block。㊀新的密钥和块0在第18个周期送到DES单元的输入端。同时在该周期发出start_ DES信号（即表中的SD），此时已进入DES解密第2轮的块1被中断。如果多数密钥在解密第一块密文时就产生错误的明文，破解器的性能可以提高7.1倍。两次密钥的处理间隔从128个周期减少到18个周期。

将第17个周期和第18个周期所做的操作采用了先行预测的方法，可以提高破解器的效率。我们无法在第15个周期知道最后一块能否通过明文检查。但是，我们不能等到第17个周期再知道结果，可以在第15个周期和第16个周期分别发出next_block和start_DES信号，对下一个密文块开始解密。我们推测该密文块能通过明文检查并可以继续后续的操作，请注意这里仅是假设。如果在第17个周期发现这个假设不成立，我们可以在第18个周期发出start_DES信号，取消之前所做的操作。这样做并没有比知道结果后再去操作糟糕（时间方面㊁）。但是如果假设成立，与不采用预测方式相比，周期35的操作可提前两个周期完成。 473

表22-4　改进后的DES破解器的时序表（当前明文检查未通过立即转移到下一块）

Cycle	FK	NK	KGen	FB	NB	CT	SD	DES	Check
-1	1			1					
0			key 0			block 0	1		
1								round 1	
2								round 2	
…								…	
15					1			round 15	
16						block 1	1	round 16	
17		1		1				round 1	not PT
18			key 1			block 0	1	round 2	
19								round 1	
20								round 2	
…								…	
33					1			round 15	
34						block 1	1	round 16	
35								round 1	OK

㊀ 设计师需要检查控制信号由同一周期内的状态信号产生是否会延长关键路径。如果会延长，可以将这些信号推迟到第18个周期。

㊁ 预测通常会带来能量损失，因为预测工作会消耗能源。

22.6.3 音乐播放器

最后我们讨论一下图 21-5 中的同步音乐播放器。音乐播放器的事件流由同步编译码器驱动，该编译码器为获取一个新的采样值，每 20.83 μs（48 kHz）发出一个 next 信号。这里采用了 pull 时序。系统时钟为 10 ns（100 MHz），在下一次请求前，采样值可以保持 2083 个时钟周期。由于编译码器之前没有使用 FIFO 存储采样值，该系统必须实时计算每个采样值。

音乐播放器的工作时序如表 22-5 所示。在使用 ready-valid 流控制方式前，任务链中的每一个模块采用拉取方式向上一模块发出请求。在 0 周期，编译码器向包络模块发出 next 信号，触发谐波 FSM 发出 nextSample 信号。该信号使正弦波合成器向前执行一步（20.83 μs）并在周期 2 输出基波值。谐波单元在第 3 个周期发出 nextHarmonic 信号，请求二次谐波。合成器在第 5 个周期回复一个 valid 信号。以此类推，在第 8 个周期返回三次谐波。直到编译码器在第 2084 个周期发出下一次采样请求前，硬件处于空闲状态。

474 从 2084 周期开始到 2091 周期结束，在这 9 个周期里系统完成下一次采样及输出两个谐波。这 9 个周期序列每 2084 个周期重复一次，直到合成器确定当前音符完成采样。当给出当前音符最后一次采样的三次谐波后，合成器在 X+9 周期向音符 FSM 发出下一个音符的请求。音符 FSM 每隔 X+2084 个周期提供下一个音符。

表 22-5 音乐播放器的时序表

Cycle	next Sample	next Harm	sine Valid	next Note	注释
0	1				编译码器请求下一次采样
1	1				
2	1		1		基波值
3		1			读取二次谐波
4		1			
5		1	1		二次谐波值
6		1			读取三次谐波
7		1			
8		1	1		三次谐波值
…					下一次采样前一直处于空闲状态
2084	1				读取下次采样的基波值
2085	1				
2086	1		1		基波值
2087		1			读取二次谐波
2088		1			
2089		1	1		二次谐波值
2090		1			读取三次谐波
2090		1			
2091		1	1		三次谐波值
…					每个音符重复 4800 次
X+6		1			读取最后一次采样的三次谐波
X+7		1			
X+8		1	1		三次谐波值
X+9				1	请求下一个音符

475

小结

在本章中，读者已经学会了如何理解模块间的信号时序，以及如何使用时序表来分析系统的工作时序。

最简单的接口使用常有效时序，如 Pong 视频游戏，这种时序方式可以在任何时间对信号进行采样。使用周期性时序，模块每隔 N 个周期产生一个有效结果。这种时序系统往往很脆弱，如果系统的任何部分发生改变或某一事件引起模块重启都会使系统崩溃。

如果希望接口的工作时序更健壮，可以采用流控制方式。在这种工作方式中，当接收方准备好接收数据时发出 ready 信号，发送方有数据发送时发出 valid 信号。也就是说，数据传送时，ready 和 valid 信号都为 1。流控制可以采用单向或双向方式。单向接口中只有 ready 信号没有 valid 信号时，采用的是 pull 时序。只有 valid 信号时，采用的是 push 时序。

时序表在设计阶段及系统时序可视化方面是一个很有用的工具。它的垂直方向显示的是时间，每个周期占一行，主要信号则按列排列。

系统的请求和响应之间存在延迟。采用时序预测，可以提前几个周期发出请求信号，从而弥补一定的延迟。

仔细分析系统，根据事件流可以得到系统的工作时序，这些事件流反映了主要时序信号之间的因果关系。事件链通常由到达接口的外部事件或瓶颈模块完成时触发。

习题

22.1 常有效时序。除了传感器和游戏外，给出 3 个采用常有效时序的例子。

22.2 周期有效时序。除了本书中提到的系统外，给出 3 个采用周期有效时序的例子。

22.3 流控制时序。除了本书中提到的系统外，给出 3 个采用流控制方式的例子。

22.4 发送数据采用周期性时序。用 Verilog 设计一个模块，该模块采用 ready-valid 流控制方式接收 8 位数据，发送数据时采用周期性时序（$N=5$）。请解释当下一周期到来时，如果模块为空时，该如何处理。

22.5 接收数据采用周期性时序。用 Verilog 设计一个模块，该模块可以定时接收（$N=10$）8 位数据，输出数据时采用 ready-valid 流控方式。如果输出没有准备好，该模块可以存储两组数据。第三组数据可以丢弃 476

22.6 充分利用流控制。在例 22-1 中，我们设计了一个模块对 ready-valid 流控制的通道进行缓冲。但是，这样带来的问题是每隔一个周期才能接收新的数据。为了使吞吐率达到最大，请设计一个模块，要求该模块每周期都能接收新值。此外还要求下行接口到上行接口不允许出现其他的组合逻辑电路（反之亦然）。设计时需要用两个寄存器存储输入数据。

22.7 基于信用的流控制。基于信用的流控制可以作为 ready-valid 流控制的一种替代方案。发送模块的初始信用值为 n。在每个周期中，该模块的信用值最小为 1。它可以发出一个 8 位的数据和一个有效信号。接收器保证可以捕获到该值。发送一次有效数据后，当前信用值减 1。接收方定时（周期为 1）向发送方发送 creditRtn 信号，该信号将信用值“返回”给发送方。只要接收到 creditRtn 信号，发送方将信用值加 1。请设计并采用 Verilog 语言编写一个发送模块，该模块的流控制方式要求是基于信用值的。输入信号包括一个始终有效的 8 位数据、reset 及 creditRtn 信号。输出包括 valid 信号和数据。

22.8 串行化，I。用 Verilog 设计一个模块，该模块能够采用周期性时序（8 个时钟周期）将 64 位的数据转换成一系列的 8 位数据输出（1 个时钟周期）。当输入数据被认为无效时，该值会改变，因此必须对输入数据进行存储。

22.9 串行化，II。将习题 22.8 中的 64 位数据输入改为 ready-valid 流控制。输出接口也采用 ready-valid 协议，但传输粒度为帧级。当输出端就绪且输入数据有效时，输入端连续 8 个周期发出 8 个 8 位的数据包。上行接口到下行接口间不允许出现其他的组合逻辑电路（反之亦然）。输出端的最大吞吐率是多少？

22.10 帧级和周期级的流控制。用 verilog 设计一个模块，该模块输入端采用帧级流控制，用 8 个周期接收串行数据，输出端采用周期级流控制，用 8 个周期发送串行数据。

22.11 同步时序和可预测性。给出导致同步输出系统出现不可预测的三种情况。针对每个原因，解释如何对最坏情况进行约束。

22.12 时序表，I。画出习题 22.8 和习题 22.9 中串行接口的时序表。

22.13 时序表，II。将图 17-5 中的波形转换成时序表，不要遗漏任何相关信号。

22.14 时序表，III。画出第 22.6.1 节中 Pong 游戏的时序表。从周期 i 开始，球处于屏幕的中央，每 20 个周期向左移动一个像素。当球到达网格的边缘时，需要记录分数（假设左边球拍未击中球）。时序表中应包括发球、向右开始移动，所有相关的状态和控制信号。

22.15 DES，进一步提高预测能力。我们发现，如果用一个寄存器存储旧的密钥，在表 22-4 的第 1 周期就可以生成新的密钥。通过一个多路选择器，可以在两个密钥中选择一个进行后续的 DES 解密操作（通过发出 start_DES 信号实现）。假设存在这个部件，重新绘制表 22-4 中的时序表。如果第一块明文检查未通过，两个密钥的间隔会发生什么变化？

22.16 DES，预测失败。表 22-4 中所做的预测是预测成功。即假设当前块的明文检查可以通过，因此可以预测后面的时序仍是采用当前密钥对下一个块进行解密。我们也可以从另一个方向做出推测。也就是猜测当前块无法通过明文检查，在表 22-4 中 15 周期发出 new_key 和 first_block 信号。如果预测是正确的，我们将使用新的密钥继续解密，不会产生延迟。但是如果预测不正确，就需要恢复到适当的状态。

(a) 在这种情况下，如果系统预测失败，需要恢复，要保存哪些状态？

(b) 在表 22-4 中添加一个 RS 列（恢复状态），重新绘制该表，使该表能够预测失败。表中包含两种情况：密钥 0/块 0 没有通过检查和密钥 1/块 0 通过检查。

(c) 如果第一块明文不能通过明文检查的概率是 95%。从整体上看，采用预测失败或预测成功，哪一种方式更快？

22.17 DES 和双向流控制。假设我们对明文检查器进行了一些改进，将明文检查分为两步。第一步花费一个周期，95% 的块会被排除。如果该块通过了第一步，在第二步中再花费 6 个周期去排除其余的 90%。请说明如何把这个改进后的模块连入图 21-3 中的 DES 系统，该模块对系统时序有何影响。绘制出改进后的系统时序表。要求表中具有利用新模块进行快速否决和慢速否决的例子。

22.18 DES，闲置资源的利用。表 22-3 中可以看到，在 128 个周期里密钥生成器有 127 个周期处于空闲状态。为了充分利用这一资源，可以实例化多个 DES 译码器，请说明如何让这些译码器并行工作。

477~478 (a) 画出具有 128 个不同 DES 译码器的时序表。

(b) 如果采用表 22-4 中的译码器，需要多少个这样的译码器并行工作，请画出工作时序表。

第23章

Digital Design: A Systems Approach

流　水　线

流水线是由一系列的模块组成，通常我们把这些模块称为*功能段*，每个功能段用来实现整个任务中的某一功能。这些功能段就像装配线上的一个个工作站，分别实现着装配线上的每一个功能，并把其处理结果传递到下一个功能段。每个功能段把未完成的任务传给下一个功能段后，无须等待当前任务完成，就可以开始处理一个新的任务。因此，与从头至尾采用一个模块相比，流水线在单位时间内可以执行更多的任务，也就是说，流水线具有更大的*吞吐率*。

流水线的吞吐率或单位时间内的工作取决于最坏的功能段，设计者必须对流水线进行负载均衡以避免出现空闲和资源浪费。延迟可变的功能段可以将所有上游功能段停顿，以避免数据在流水线中传播。队列可以使流水线具有弹性，在容忍延迟方差上优于全局停顿信号。

23.1　流水线基础

假设这里有一个组装玩具车的工厂，组装一台车需要4步。第一步将木材加工成车身，第二步进行车身喷涂，第三步安装车轮，最后一步将玩具车放入包装盒。假设每一步花费的时间是5分钟。如果该厂只有一个员工，工厂组装一个玩具车需要20分钟。如果员工人数为4，要想实现每5分钟组装一台车可以有两种方法。一种方法是让每个员工介入全部工序，即4个组装步骤全都参与，虽然一辆玩具车的生产时间仍是20分钟，但因为有4个员工，20分钟内能够组装4辆汽车；另一种方法是让装配线上的员工每人只做其中的一项工作，做完后传给下一个员工，即采用流水作业。

数字系统中的流水线就像是一个装配线。我们把一个整体任务分解成多个子任务（如同生产玩具车时分成4个步骤一样），执行子任务的独立单元称为*流水线的段*（就像流水线上的每一个员工）。这些段以线性方式连接在一起，每个单元的输出作为下一个单元的输入，就像玩具车工厂的员工沿着装配线依次将自己组装的半成品传递给下一个员工。

模块的*吞吐率* Θ，表示单位时间内该模块处理问题或执行任务的数量。例如，一个加法器如果每10 ns执行一次加法操作，则该加法器的吞吐率为100 Mops（每秒百万次操作）。模块的等待时间 T，表示模块从头至尾完成一个任务花费的时间。例如，假定加法器计算时从输入到稳定输出需要10 ns，则等待时间就是10 ns。等待时间的另一个含义就是延迟。对于一个简单的模块，吞吐率和等待时间互为倒数：$\Theta = 1/T$。如果我们采用流水线或并行方式进行加速，二者之间的关系会比这个式子复杂。 479

假设我们需要把一个模块（$T = 10$ ns，$\Theta = 100$ Mops）的吞吐率提高4倍（这里假定已经对该模块做了高度优化，已经无法再通过设计来提高吞吐率了），这时可以采用与前面提到的玩具车工厂相似的方法来处理这个问题。第一种方法是将已设计的模块复制4份，如图23-1a所示。图中模块A～D与原始模块功能完全一致，其中分发模块将问题分发给4个模块，收集模块负责收集计算结果。从图23-2a中可以看到，采用这种方式后可以并行处理4个任务。由于从头到尾完成一个问题仍然需要10 ns，因此等待时间还是10 ns，但是吞吐率 Θ 可以达到400 Mops，这是因为改进后每10 ns可以处理4个任务。

提高吞吐率的另一种方法是采用*流水线*，如图23-1b所示。这里，我们将模块A分成4个子模块A1，…，A4。假定我们能够将模块功能均匀划分，4个子模块的延迟 T_{Ai} 都为2.5 ns。

但是实际上我们无法每一次都能均匀地划分模块，这个问题放在第23.6节中讨论。段与段之间的流水线寄存器用来保存前一个子模块的计算结果，一旦计算结果被保存，该子模块即被释放去执行下一次计算。如图23-2b所示，该流水线以交替的方式完成4个任务。当子模块A1完成任务P1后，开始执行下一个任务P2，而A2继续P1的工作。各任务依次通过流水线，每个时钟周期进入一个功能段，直到经过A4完成整个任务。如果我们忽略寄存器的时间开销，等待时间依然是$T=10$ ns（2.5 ns×4），吞吐率可以达到400 Mops。采用流水线后，该系统完成一个任务的时间是2.5 ns。

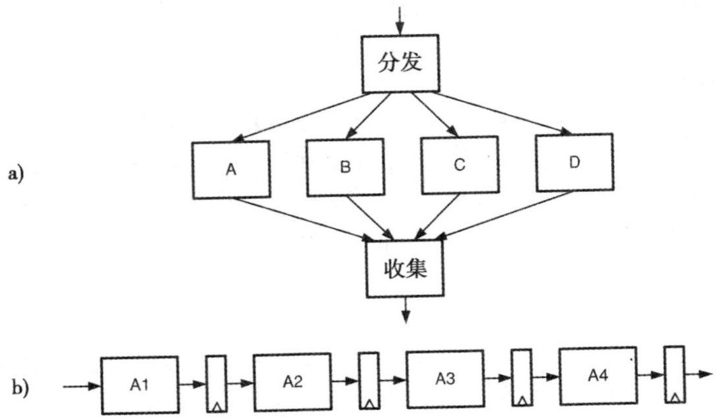

图23-1　提高一个模块的吞吐率，可以通过两种方法实现。a）模块并行化，b）流水线技术

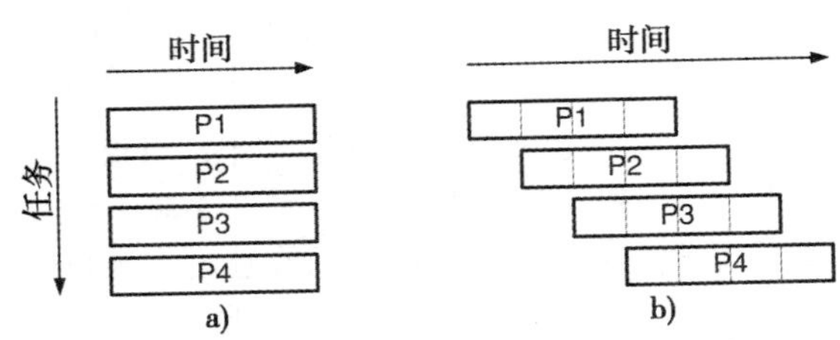

图23-2　图23-1中分别采用并行化和流水线技术执行P1，…，P4四个任务的时序图

与使用并行模块相比，流水线不需要对模块进行赋值，在提高吞吐率上具有成本优势。当然，流水线也存在一定的成本开销。首先，流水线的功能段之间需要插入寄存器。在某些情况下，这些寄存器有可能价格不菲。此外，流水线实现比相应的并行设计具有更多的寄存器延迟开销。

下面给出的例子考虑了寄存器的开销，假设每个寄存器总的开销$t_{reg}=t_s+t_{dCQ}+t_k=200$ ps。对于单个模块或并联模块（图23-1a），只需要增加这部分的时间开销，即等待时间T为10.2 ns，4个并行模块的吞吐率Θ减小为392 Mops（$\Theta=4/10.2=392$）。如果采用流水线方式，每个段都会存在寄存器开销。因此，等待时间T增大到10.8 ns，吞吐率Θ减小为370 Mops（$\Theta=1/2.7=370$）。

实际设计中，大多数系统采用并行流水线方式。设计者通常将某一模块设计成流水线工作方式，当寄存器成本较高时，为了进一步提高吞吐率，可以复制出多个流水线模块，然后让它们按照并行方式工作。一般情况下，假如一个模块的等待时间为T_m，吞吐率为Θ_m，占用的面积为a_m，重复设置p这样的模块，得出：

$$T = T_m + t_{reg} \tag{23-1}$$

$$\Theta = \frac{p}{T} \tag{23-2}$$

$$a = p(a_m + a_{reg}) \tag{23-3}$$

如果同样的模块设计成一个 n 段的流水线，可以得出

$$T = T_m + nt_{reg} \tag{23-4}$$

$$\Theta = \frac{1}{\frac{T_m}{n} + t_{reg}} \tag{23-5}$$

480~481

$$a = a_m + na_{reg} \tag{23-6}$$

例 23-1 简单流水线

某一个模块执行任务需要 10 ns，计算该模块的吞吐率、等待时间及时钟周期。假设输入和输出所用寄存器延迟时间 $t_{reg}=100$ ps。为了提高性能，重复设置 10 个该模块实现并行操作，或将该模块设计成一个 10 段的流水线，再次计算吞吐率、等待时间及时钟周期。

该模块最初的吞吐率、等待时间及时钟周期为：

$$T = T_m + t_{reg} = 10.1 \text{ ns}$$

$$\Theta = \frac{1}{T} = 99 \text{ Mops}$$

$$T_{clk} = 10.1 \text{ ns}$$

如果重复设置 10 个模块实现并行操作，根据公式（23-1）和公式（23-2），可以得到：

$$T = T_m + t_{reg} = 10.1 \text{ ns}$$

$$\Theta = \frac{p}{T} = 990 \text{ Mops}$$

$$T_{clk} = 10.1 \text{ ns}$$

如果将该模块设计成一个 10 段的流水线，根据公式（23-4）和公式（23-5），可以得到：

$$T = T_m + nt_{reg} = 11 \text{ ns}$$

$$\Theta = \frac{1}{\frac{T_m}{n} + t_{reg}} = 909 \text{ Mops}$$

$$T_{clk} = \frac{T_m}{n} + t_{reg} = 1.1 \text{ ns}$$

23.2 流水线举例

图 23-3 给出 3 个流水线的实例，从中我们可以看到流水线在数字系统中是如何应用的。

图 23-3a 是一个图形流水线的工作过程。该流水线首先对场景中提取的三角形序列进行渲染，然后将渲染后的片段进行合成，最后送入帧缓冲器显示。在整个过程中，三角形经过一系列的变换，肉眼看不见的物体和光线被过滤掉。剩下的部分被分成一个个小的片段，经着色后合成到帧缓冲器中，这个过程取决于它们的深度和透明度。图形流水线中的复杂着色器对场景进行渲染时其吞吐率必须达到每秒 60 帧（每帧 16 毫秒）或更高。

图形流水线在着色阶段使用并行处理的方式，这样我们就感觉不到纹理访问带来的延迟。对于每个片段，只要访问过就会被存入纹理高速缓存。通常情况下，每次访问都可以命中，且速度很快。如果没有命中，则需要花费很长时间从内存中读取。为了避免因没有命中带来的延迟，GPU 在同一时间处理多个请求。这样可以保证 GPU 有足够的工作去做而不是在无谓地等 482

待，从而隐藏了纹理访问带来的延迟。从存储器子系统返回的每个纹理与请求的片段匹配后，继续通过流水线向后执行。值得注意的是，这一过程必须保持该片段的原始顺序，否则最终合成后无法获得正确的图像。如果纹理检索也采用并行方式，GPU 的整体吞吐率还可以继续提高。

在现代处理器的设计中往往也通过使用流水线来提高吞吐率。图 23-3b 给出了一个简单的 5 级流水线。该流水线的第 1 阶段是从内存中取出一条指令，第 2 阶段是从寄存器中读数，第 3 阶段是将操作数送入 CPU 执行算术运算。如果需要，在第 4 阶段用来访问存储器。最后阶段，该指令的结果被写回到寄存器文件中去。

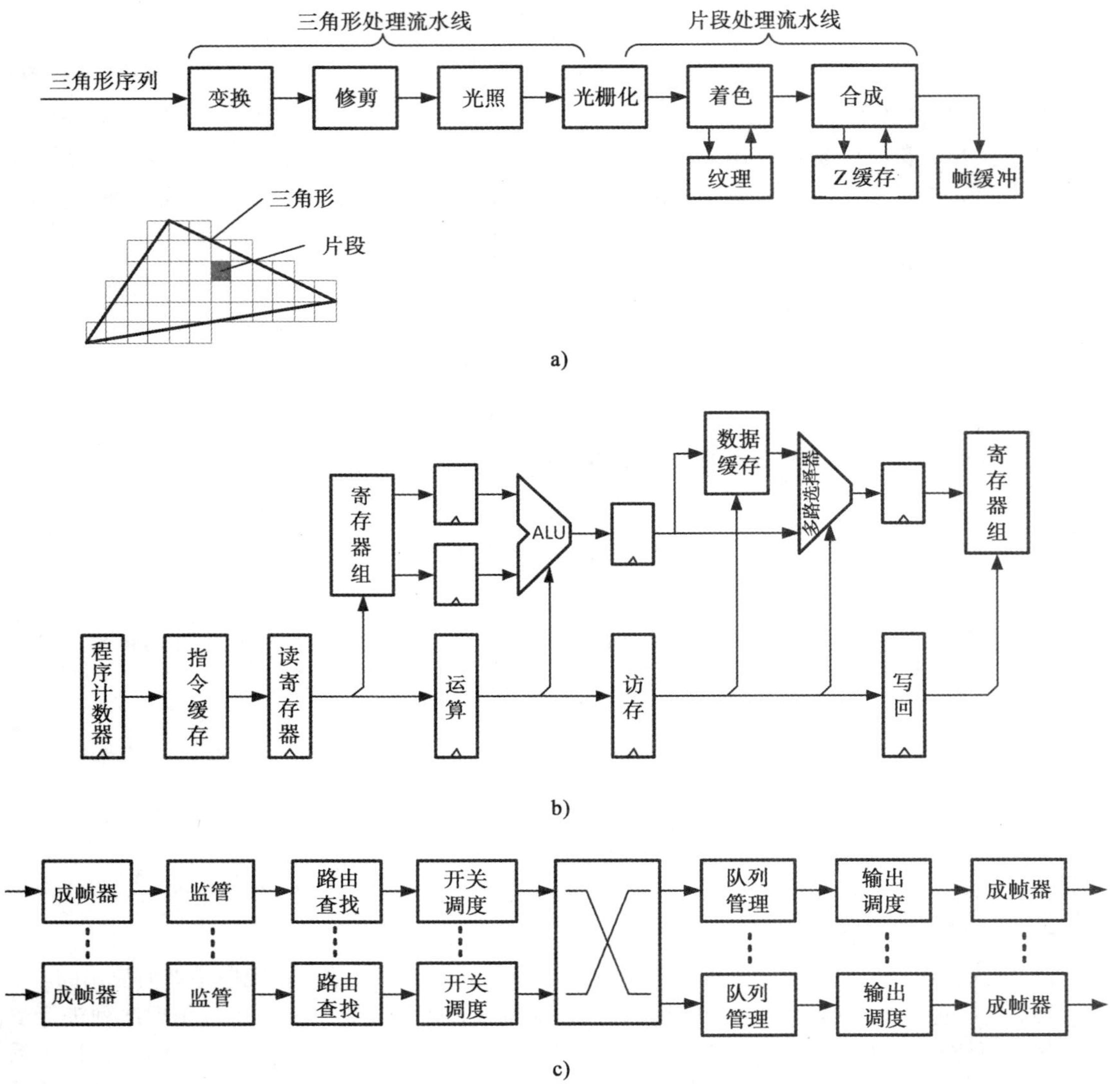

483 图 23-3 a）图形流水线；b）处理器流水线；c）数据包处理流水线

在 CPU 的流水线中，无论是取指阶段还是访存阶段都可能去访问共享的二级缓存（见第 25.4 节）。如果出现取指和访存冲突，访存功能段通常会赢得仲裁。[⊖] 将优先级赋给下级功能段

⊖ 取指阶段需要等待，直到存储器访问结束，才能继续执行。

可以避免发生死锁。在CPU流水线中，寄存器读取阶段和写回阶段都会访问寄存器文件。但是，这两个阶段可以独占一个或多个寄存器端口。例如，寄存器读取阶段访问寄存器文件的两个读端口，而写回阶段独占写端口。需要注意的是，要避免在寄存器文件写入之前读取寄存器的值，因为先前的指令进入写回阶段时，后面的指令尚处于寄存器文件读取阶段，此时读取的值有可能不是最新的结果，从而造成计算错误。

图23-3c中的网络路由器也采用了流水线的工作方式，我们可以看到所有与中央交换机连接的输入/输出端口均采用了并行流水线。串行通信通道传送的每一位经过成帧器对齐后形成相应的字，然后被分组打包。下一个阶段用来检测数据包，以确保数据包符合规定的协议。在这个阶段可能会丢弃行为异常的数据包，并基于服务质量对正常的数据包设定优先级。下一阶段为路由计算阶段，该阶段可确定每个数据包的输出端口。这种计算通常会涉及trie数据结构的前缀搜索，检索时间可能会不一致。一旦选择了某个输出端口，开关调度器为分组中的每个字安排时隙，使中央交换机切换到对应的输出端口。在流水线输出阶段，根据数据包的优先级进行调度，将数据从传输通道输出。

由于流水线的某些功能段执行时间不固定，可以将它连到FIFO缓冲器上来平衡负载，并允许在等待下级功能段时继续接收数据包。第23.7节我们将详细讨论这些缓冲区。

对流水线进行仔细设计，可以使延迟、吞吐率和成本满足设计需求。通过继续细分流水线，可以平衡流水线之间的负载并减少流水线寄存器的宽度。在图形流水线中多次复制图形处理单元（GPU）可以实现所需的吞吐率。目前，为了提高性能，CPU的设计趋于采用更长的流水线（约20级）。

23.3 实例：行波进位加法器流水线

下面我们讨论一个更具体的流水线，图23-4是一个32位行波进位加法器，有关该加法器的细节请查阅10.2节。如果每个全加器模块从进位输入到进位输出，延迟 t_{dcc} 为100 ps，那么在最坏的情况下（进位从LSB传到MSB），加法器的延迟 $t_{dadd}=32t_{dcc}=3.2$ ns。单独这样的一个加法器每3.2 ns执行一次加法运算，其吞吐率为312.5 Mops。假设我们期望吞吐率能达到每秒10亿次，即每1 ns执行一次加法运算，就需要使用流水线来实现这个目标。 484

图23-4加法器在运算时，任何时间只有一位处于工作状态。例如，输入后1 ns只有位10处于工作状态，位0~9已完成操作，位11~31还在等待各自的进位。（p 和 g 已经计算出来，但在进位产生前无法计算 s。）但是如果在一个32位的加法器中使用流水线技术，就可以做到让32位中的 n 位同时工作，从而提高吞吐率。

对一个部件进行流水线设计，首先要做的是把它分成几个子模块。从图23-5可以看出，该32位加法器模块被分成了4个子模块，每个子模块执行一个8位的加法。输入矢量 a 和 b 按8位各划分为4组，分别表示为 $a_{i+7:i}$ 和 $b_{i+7:i}$。每个8位加法器的输入为 $a_{i+7:i}$、$b_{i+7:i}$ 以及进位 ci，输出为8位和 $s_{i+7:i}$ 及进位 c_{i+8}。每个8位加法器产生的延迟（从进位输入到进位输出）是 $t_{d8}=8t_{dcc}=800$ ps，因此在1 ns时钟周期内可供寄存器开销的时间为200 ps。

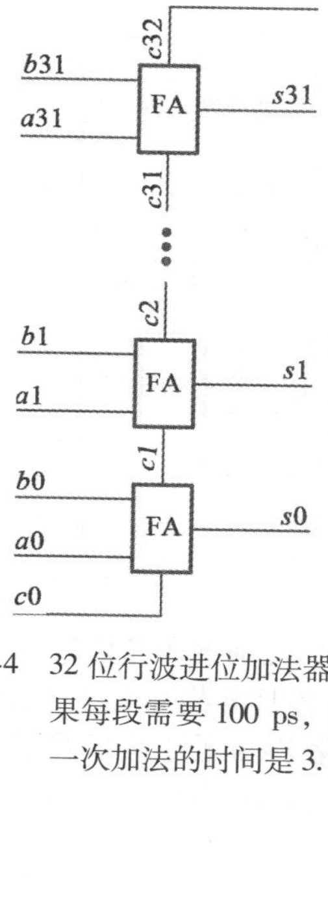

图23-4　32位行波进位加法器。如果每段需要100 ps，执行一次加法的时间是3.2 ns

为了让加法器能够同时处理多个任务，可以在子模块之间插入流水线寄存器。图23-6中粗线所示为插入寄存器的地方。图 23-7 是插入寄存器后重新绘制的电路图。子模块和插入的寄存器组合在一起形成流水线的功能段。流水线寄存器 R1 插入第一个 8 位加法器之后。经过 800 ps，加法的部分和被存入寄存器 R1，该寄存器由低 8 位的和 $sR0_{7:0}$、位 8 的进位 $c8R0$ 及高位 3 字节的输入矢量 $aR0_{31:8}$和 $bR0_{31:8}$组成，共 57 位。

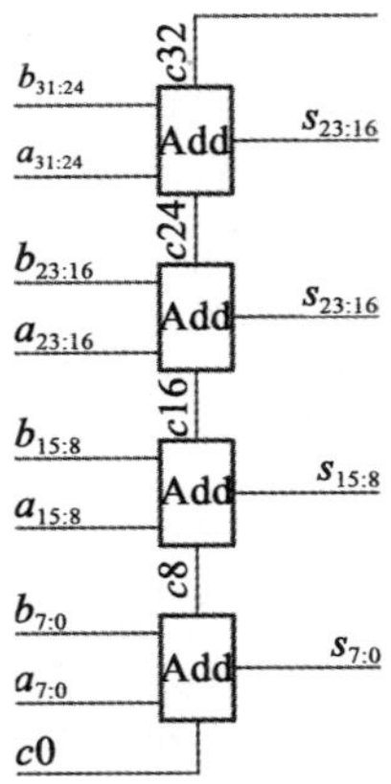

图 23-5 将 32 位行波进位加法器分成 4 个 8 位加法器

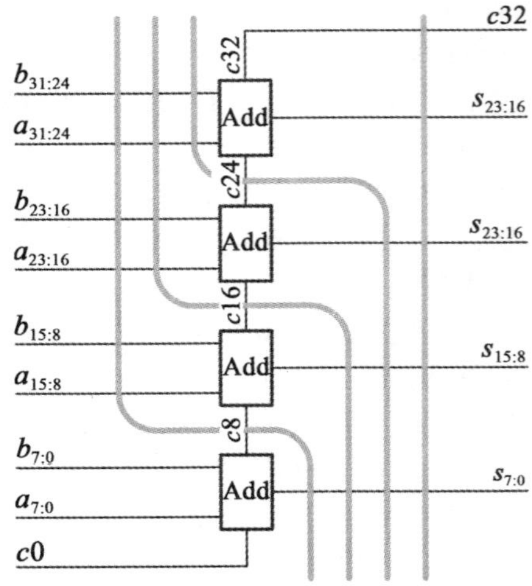

图 23-6 将 32 位行波进位加法器设计成流水线。在图中粗灰线所绘的位置上插入寄存器，将流水线的各个段分开。从输入到输出，必须经过每一个流水线寄存器

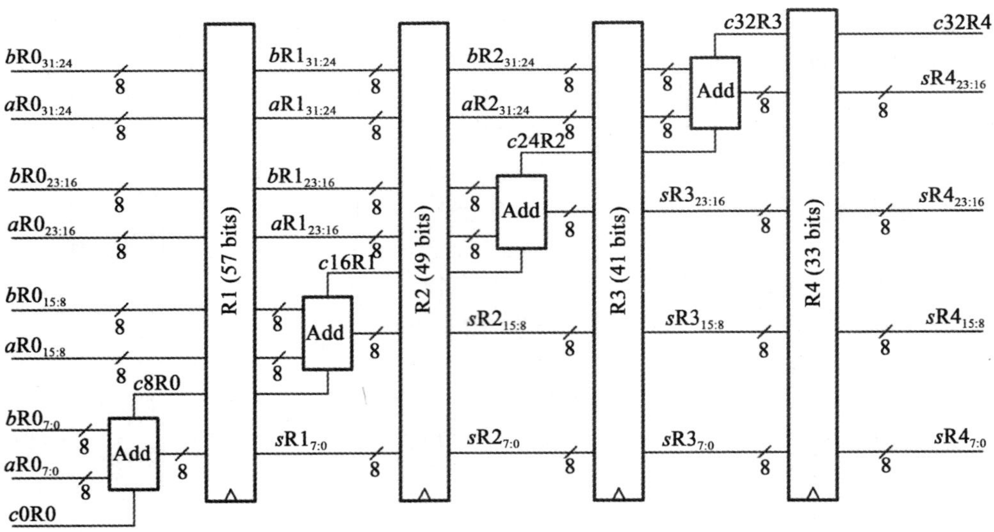

485 ~ 486 图 23-7 32 位行波进位流水线加法器。图中已插入寄存器，每个垂直区域包含一级流水线。信号名是在对应流水线寄存器名基础上扩展而来的

R1 之前的所有信号（包括主要输入信号）都标有后缀 R0，表示这些信号处于流水线的第 0 级，这样容易与其他级流水线信号做区分。同样在 R1 的输出端，流水线第 1 级所有信号标有后缀 R1。需要注意的是，信号 $sR1_{7:0}$和 $sR2_{7:0}$代表不同的信号。尽管它们都是低字节的和，但是它们计算的时间不同。在信号上标注流水线的功能段，可以很容易发现在流水线中将不同

功能段信号组合在一起这个常见的错误。例如，表达式 fooRl&barR2 就是错误的，因为不同流水线功能段的信号不允许组合在一起。[⊖]

该流水线的第2级对操作数第2字节 $aR1_{15:8}$ 和 $bR1_{15:8}$ 做加法，进位输入为 $c8R1$，运算后的和及进位输出分别用 $sR1_{15:8}$、$c16R1$ 表示。第2级加法器的输出结果，连同 $sR1_{7:0}$、$aR1_{31:16}$ 和 $bR1_{31:16}$ 共49位存入寄存器 R2。以此类推，该流水线的第3级和第4级分别对操作数的第3、4字节做加法运算。流水线第4级输出到寄存器 R4 中，此时 R4 中存储的数据为32位的和 $sR3_{31:0}$ 及进位输出 $c32R3$。R4 输出即为计算结果 $s_{31:0}$ 及 $c32$。

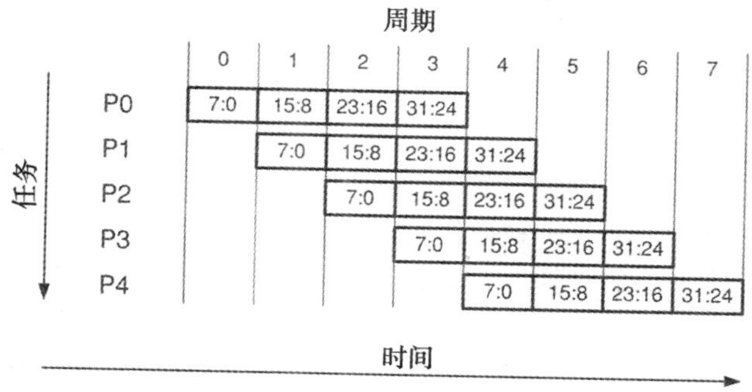

图 23-8　32位行波进位加法器流水线时序的流水线图。图中列出了任务 P0，…，P4 中各字节求和时对应的周期

图23-8中的流水线图给出了该流水线的工作时序。图中共有5个任务 P0，…，P4 经过该流水线。任务 Pi 在周期 i 进入流水线，Pi 中第 j 字节（第 $8j+7:8j$ 位）的和在周期 $i+j$ 计算出来。任务 Pi 经过4个周期，即周期 $i+4$ 完成计算。当周期4流水线输出任务 P0 的结果时，后续4个任务分别处于流水线的不同阶段。

行波进位加法器采用流水线后吞吐率获得了提高，但也增加了一定的延时。假设流水线中每一个寄存器的开销 t_{reg} 是 200 ps（$t_{reg}=t_s+t_{dCQ}+t_k$），每一级流水线的延迟是 1 ns，其中8位加法器进行计算需要 800 ps，寄存器开销 200 ps。因此，当流水线工作在 1 GHz 时，吞吐率可 487
以达到 1 Gops。与未采用流水线时花费的时间 3.2 ns 相比，现在的流水线的延迟为 4 ns。这个时间差主要来自4个寄存器产生的开销。

通常情况下，如果流水线中各功能段组合逻辑延迟最大值为 t_{max}，则一个流水线功能段的延迟由下式给出：

$$t_{pipe} = t_{max} + t_{reg} = t_{max} + t_s + t_{dCQ} + t_k \tag{23-7}$$

根据 t_{pipe}，我们可以得到 n 级流水线的延迟

$$t_{pipe} = n(t_{max} + t_{reg}) = n(t_{max} + t_s + t_{dCQ} + t_k) \tag{23-8}$$

吞吐率为

$$\Theta = \frac{1}{t_{max} + t_{reg}} = \frac{1}{t_{max} + t_s + t_{dCQ} + t_k} \tag{23-9}$$

23.4　流水线停顿

在某些时候，会出现某一级流水线在分配的时间内无法按时完成的情况。例如，玩具厂在车轮装配时少安装了一个车轮。再如，处理器流水线中，用来计算的数还没有准备好。当出现这种情况时，发现问题的那一级流水线必须将自己无法完成工作这一情况告知上游所有功能

⊖ 这里会存在一些特例，如停顿信号（第23.4节）和数据转发（习题23.10）。

段。例如，在工厂中可通过按下一个大的红色按钮来完成，而在数字系统中则通过停顿信号来实现。发出这些信号会使上游流水线处于停顿状态，直至该信号无效为止。或者我们可以使用一个 ready 信号，当需要停顿时将其设置为 0，即没有准备好。这种方式与第 22.1.3 节中提到的 ready-valid 流控制机制很相似。

数字系统中如果没有停顿信号，在停顿阶段仍会传入新的数据，新传入的数据将覆盖之前的数据，停顿的任务会丢失。如果设有停顿信号，情况则不同。只要不发出 ready 信号，寄存器组将不能接收新的数据。当出现停顿时，对于下游流水线而言，虽然仍然可以写入触发器，但不会发出表明前一级流水线结果无效的 valid 信号。

停顿信号往往出现在关键路径上，如图 23-9a 所示。而且通常情况下，在流水线的前段不会发出停顿信号，到了后段才会出现。一旦出现停顿信号，这些信号必然向上传播（造成线延迟），并与其他停顿信号结合（造成逻辑延迟）。由于 valid 信号只在结束某一级流水线时才送入寄存器，因此该信号不会出现在关键路径上。

图 23-9b 为每级流水线中的寄存器处理停顿的逻辑电路，该电路逻辑相对简单。如果 ready 信号置为 0，寄存器仍使用旧值。如果下游流水线已经就绪，则输入下一个任务。

488 图 23-9c 是一个 4 级流水线，图中可以看到在周期 2 时流水线第 3 级发生停顿。ready 信号被置为 0，任务 B 和 C 的值将不会传入下一级。虽然第 2 级流水线的结果被送入下一级，但有效位将置为 0。我们将出现的这一情形在图中用 X_A 表示。

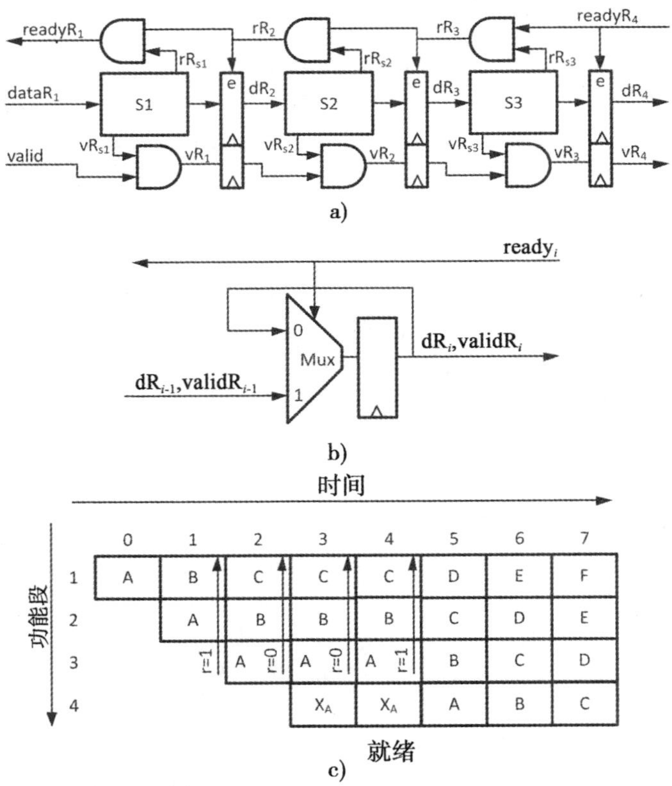

图 23-9　三级流水线实例 a）停顿信号，b）停顿逻辑，c）执行范例。如果某级流水线处于停顿状态，它会停止释放就绪信号（rR_i）。该信号与上级所有其他就绪信号结合，阻止流水线寄存器打入新的数据。当第 3 级流水线在周期 2 还未准备好时，上级所有流水线立即进入停顿状态，该状态持续到第 3 级准备好为止

图 23-10 是用 Verilog 代码实现的流水线缓冲区，它能够处理停顿。它的输入信号包括：upstream_data、upstream_valid 和 downstrem_ready。当无停顿发生时，ready 信号传递至上游，而其他两个信号存入寄存器。如果流水线确实需要停顿，寄存器将保持输出值不变。

```
module single_buffer(rst, clk, upstream_data, downstream_ready,
                     upstream_valid,
                     downstream_data, upstream_ready,
                     downstream_valid);
  parameter bits =   32;

  input              rst, clk;
  input  [bits-1:0]  upstream_data;
  input              downstream_ready;
  input              upstream_valid;

  output             upstream_ready;
  output             downstream_valid;
  output [bits-1:0]  downstream_data;

  assign             upstream_ready = downstream_ready;
  wire               stall = ~upstream_ready;

  wire [bits-1:0]    data_nxt = rst ? 0
                              : (stall ? downstream_data
                                       : upstream_data);
  wire               valid_nxt = rst ? 0
                              : (stall ? downstream_valid
                                       : upstream_valid);

  DFF #(bits) dataR(clk, data_nxt, downstream_data);
  DFF #(1)    validR(clk, valid_nxt, downstream_valid);
endmodule // single_buffer
```

图 23-10　一个用 Verilog 实现的单缓冲区。下级就绪信号通过组合逻辑传至上级。如果下级流水线没有就绪，寄存器将不能存入新值

23.5 双缓冲

全局性停顿信号带来的问题是产生延迟。多数系统无法在一个周期里传播停顿条件。相反，在每一级流水线中我们还需花费一个周期将就绪信号打入触发器，并将其传至上级模块。要做到这一点且不丢失数据，必须将缓冲区增大一倍来保存寄存器中的旧数据和新数据，直到上级流水线停止工作为止。

图 23-11a 所示为一个双缓冲流水线。每级流水线之间设有两个寄存器，这两个寄存器的结构如图 23-11b 所示。当流水线第 i 级尚未准备好时，内部 ready 信号置为 0，这将导致第 $i-1$ 级流水线的输出结果被缓冲到第二个寄存器中（第 $i-1$ 级还未收到未就绪信号）。在下一个周期中，第 $i-1$ 级流水线的输入信号 prev_ready_i 置为 0，从而导致信号 ready_{i-1} 为零。

图 23-11 所示为两个缓冲器的控制逻辑。当第 i 级流水线准备的时间超过两个周期时，信号 readyR_i 和 pre_ready_i 都为 1。这使得每个周期 dR_{i-1} 都被写入 RegA 中。在第一个周期内，

int_readyR_i 和 $prev\_ready_{i+1}$ 只要有一个发出，RegA 就不会存入新数据，RegB 缓存上级流水线发出的数据。在随后的周期里，直到第 i 级准备就绪前，RegA 和 RegB 中的值保持不变。在 ready 信号再次发出的第一个周期，寄存器 B 的内容送入寄存器 A。

489~490 以图 23-11c 中的执行过程为例，我们可以看到流水线第 3 级在周期 2 出现停顿。0 ~ 1 级之间的寄存器和 1 ~ 2 级之间的寄存器未收到该信号，所以任务 D 和 C 的数据按正常输入。为了避免任务 B 的数据丢失，将其存入 2 ~ 3 级之间的寄存器中。到下一个周期时，流水线第 2 级出现未就绪信号，任务 D 被送入双缓冲，而第 1 级在结束当前工作后将 E 读入寄存器。当 ready 信号再次发出时，该信号也被传播到上级流水线。在 C 移入其主要寄存器前第 3 级功能段处理流水线中的任务 A 和 B。由于整个过程就像数据在滑动中突然停止并存入双缓冲器中，这种类型的缓冲也被称为防滑缓冲器。

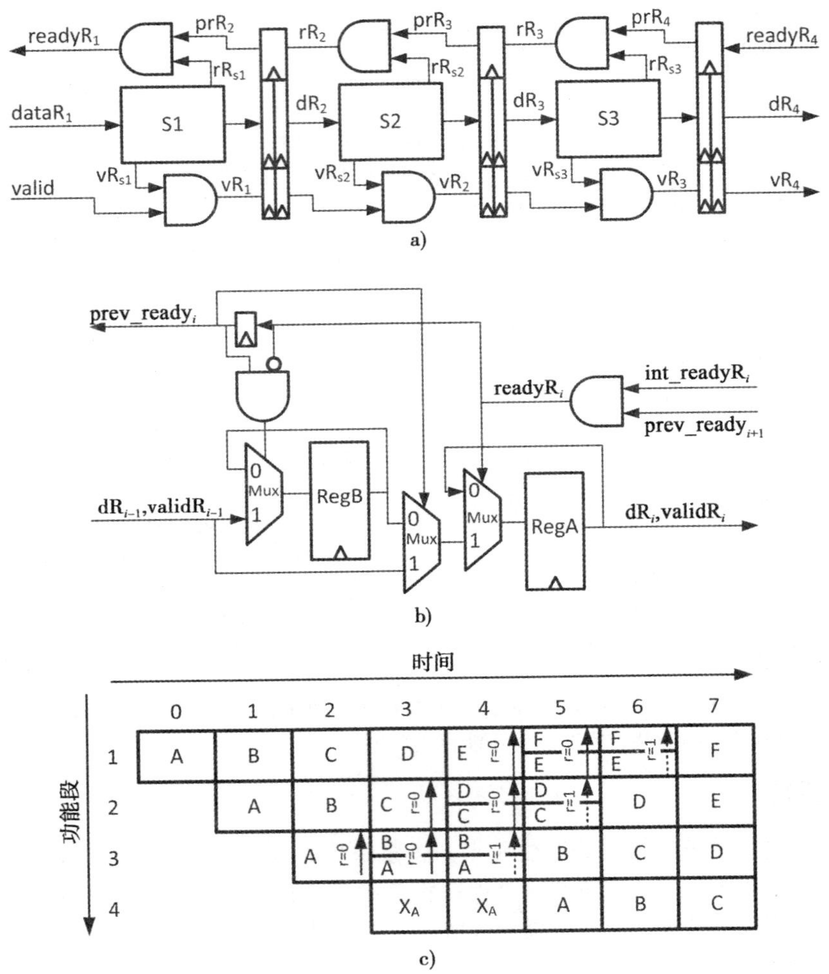

图 23-11　a）一个具有双缓冲的三级流水线；b）缓冲器逻辑；c）执行范例。在双缓冲流水线中，每个停顿信号只传播到本级起始处。若将停顿信号从关键路径中移除，可以减少系统的延迟。停顿导致数据被写入第二个寄存器，同时将就绪状态（r）的变化传至上一功能段

双缓冲可以减少延迟并提高系统的吞吐率。如果将停顿信号从关键路径中移除，模块的运行速度会更快。与全局停顿信号相比，额外引入的寄存器会增大面积开销。

图 23-12 是一个用 Verilog 实现的同步双缓冲。该缓冲器工作时，如果 ready 信号为高电平，输入值存入第一个寄存器 data_a 中。与单缓冲器不同的是，这里传送 ready 信号是通过触发器实现的。未就绪时，上级数据被存入第二个寄存器 data_b 中。

```
module double_buffer<// Inputs
                    rst, clk, upstream_data,
                    downstream_ready, upstream_valid,
                    // Outputs
                    downstream_data, upstream_ready,
                    downstream_valid );
  parameter bits = 32;
  input rst, clk;

  input [bits-1:0] upstream_data;
  input            downstream_ready;
  input            upstream_valid;

  output           upstream_ready;
  output           downstream_valid;
  output [bits-1:0] downstream_data;

  wire [bits-1:0]   data_a;
  wire [bits-1:0]   data_b;
  wire              valid_a, valid_b;

  wire [bits-1:0]  data_a_nxt, data_b_nxt;
  wire             valid_a_nxt, valid_b_nxt;

  assign downstream_data = data_a;
  assign downstream_valid = valid_a;

  assign data_b_nxt =
     rst ? 0
        : ( ~downstream_ready & upstream_ready ? upstream_data
                                               : data_b);
  assign data_a_nxt =
     rst ? 0
        : (~downstream_ready ? data_a
                             : (upstream_ready ? upstream_data
                                               : data_b));
  assign valid_b_nxt =
     rst ? 0
        : (~downstream_ready & upstream_ready ? upstream_valid
                                              : valid_b);
  assign valid_a_nxt =
     rst ? 0
        : (~downstream_ready ? valid_a
                             : (upstream_ready ? upstream_valid
                                               : valid_b));
  wire   upstream_ready_nxt = rst ? 1 : downstream_ready;
```

图 23-12 一个 Verilog 实现的双缓冲器。downstream_ready 信号在一个周期后传至上级。如果下级流水线还没有准备好，第二个缓冲器（data_b）存储上级流水线数据。一旦该级流水线就绪，data_b 数据移入 data_a

```
    DFF #(bits) dataRa(clk, data_a_nxt, data_a);
    DFF #(bits) dataRb(clk, data_b_nxt, data_b);
    DFF #(1) validRa(clk, valid_a_nxt, valid_a);
    DFF #(1) validRb(clk, valid_b_nxt, valid_b);
    DFF #(1) readyR(clk, upstream_ready_nxt, upstream_ready);
endmodule // double_buffer
```

图 23-12 （续）

491~492 我们将这两类缓冲器的工作波形并列显示在图 23-13 中。data0 ~ data4 表示各级流水线的输入数据。经过一段时间后，将流水线第 3 个功能段中的 ready 信号强制置为低。从图中单缓冲结构的流水线中可以看出，ready 信号为低是一个全局事件，流水线各功能段停止接收新的数据。而在双缓冲中，我们看到在一个时钟内各功能段依次进入就绪状态。每级的第二个缓冲器（data_ib）用来接收上级传入的数据。当本级再次进入准备接收数据阶段时，该缓冲数据被移入第一个缓冲器中。

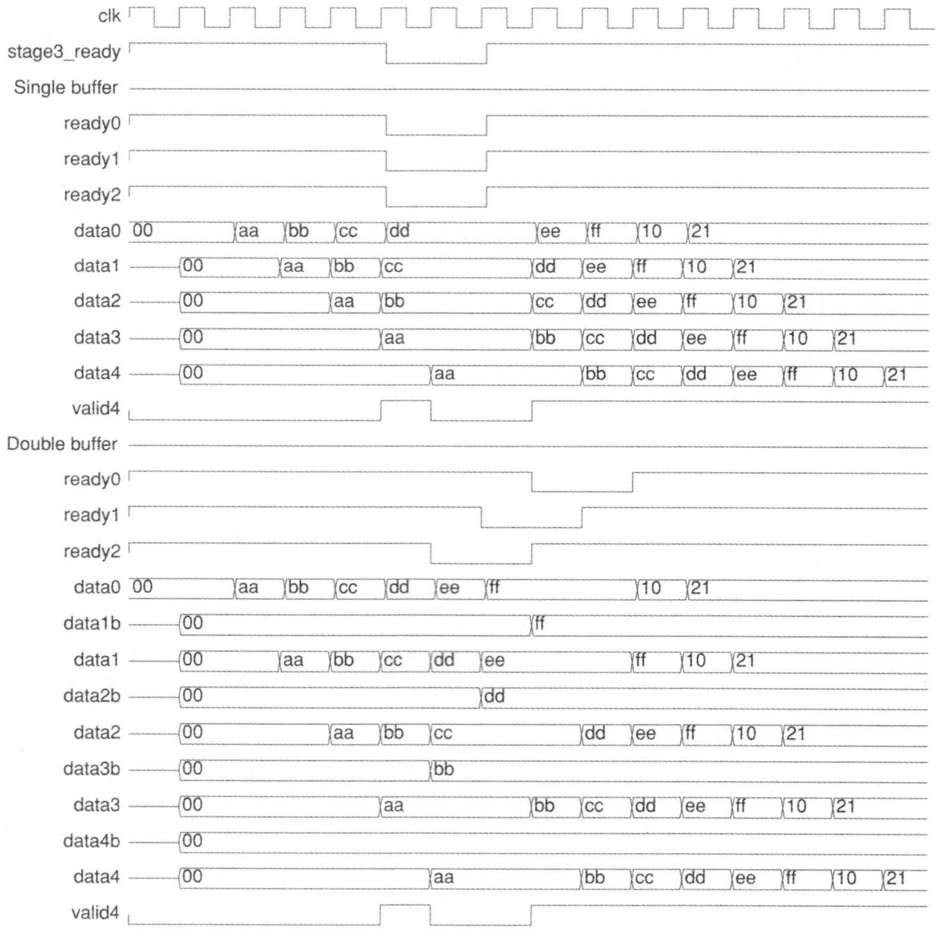

图 23-13 单缓冲和双缓冲流水线工作时出现停顿的波形。我们将 stage3_ready 信号设置为 0，并保持两个周期。单缓冲引起全局停顿（$ready_i$），没有数据写入缓冲区。采用双缓冲技术，ready 信号保持一个周期。$data_i b$ 表示存储在第二个缓冲器内的数据

例 23-2 利用双缓冲减少延迟

分别采用单缓冲和双缓冲设计一个10级流水线，计算各自所用的周期。假设每级有一个10 ns的延迟（包括 t_{reg}），进入停顿大约需要8 ns（t_{rdy}）。在各级流水线间传送就绪信号需要1 ns（t_{sd}），这一延迟来自产生停顿的功能段。 493

采用单缓冲结构，时钟周期由下式给出：

$$T_{clk} = \max(T_{stage}, t_{rdy} + nt_{sd}) = \max(10, 8 + 10 \times 1) = 18 \text{ ns}$$

采用双缓冲结构，就绪信号只经过一个功能段：

$$T_{clk} = \max(T_{stage}, t_{rdy} + t_{sd}) = \max(10, 8 + 1) = 10 \text{ ns}$$

23.6 负载均衡

设计一个流水线时，确保各功能段的吞吐率保持一致很重要，因为系统的总吞吐率是由最慢的功能段决定。就像瓶子中最细的那一段会限制水的流动一样，流水线中吞吐率最低的段通常被称为瓶颈段。比瓶颈段快的上级段，为防止缓冲区溢出必须处于闲置状态。比瓶颈段快的下级段，由于在大多数时间里缺少输入数据，也常处于空闲状态。

图23-14a是一个不均衡的流水线。除了第3段，其他段的吞吐率 Θ 都为1 Gops。第3段的吞吐率 Θ_3 为250 Mops。因此，整个系统的吞吐率被限制在250 Mops。时钟周期设置为4 ns，整个模块的等待时间是16 ns。

为了提高第3段的吞吐率，使该段与其他段相匹配，可以采用重复设置瓶颈段的方法，如图23-14c所示，也可以将该功能段细分为一个4级的流水线，如图23-14b所示，或者把这两种方法组合起来。第3段采用流水线方式后，该段中各小段每1 ns会产生一个新的输出。第3段作为一个整体，其等待时间保持在4 ns（包含寄存器的开销），但是吞吐率增加了4倍。如果第3阶

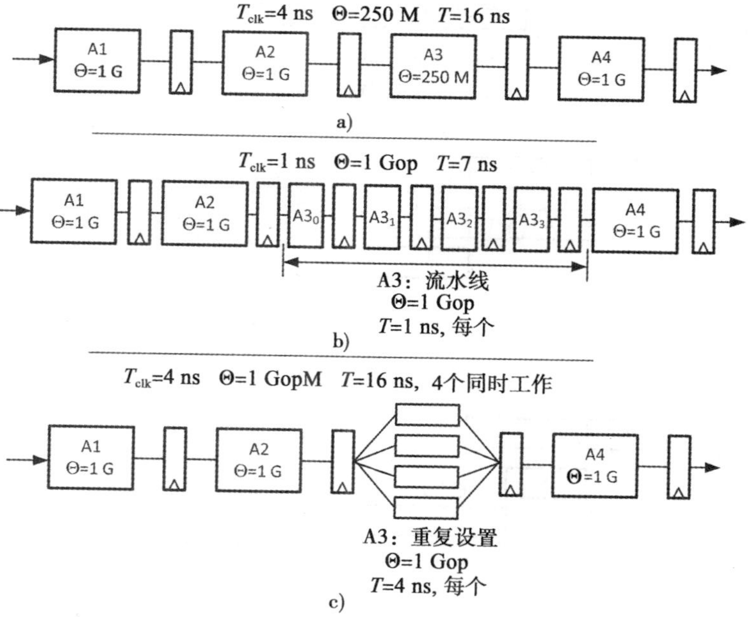

图23-14 同一流水线三种不同实现方式所对应的吞吐率、延迟和时钟。a）功能段3限制了整体的吞吐率。b）将功能段3细分成4个1 ns的功能段，使流水线获得最大吞吐率和低延迟。c）采用重复设置功能段3的方式，使流水线达到最大吞吐率1 Gops，但延迟并未达到最小。在c）中其他功能段每4 ns时钟周期产生4个输出

段无法再细分成流水线，还可以对它进行重复设置。这样做需要将系统时钟设置为 4 ns，即以第 3 段的延迟时间为时钟周期。为了在整体上实现 1 Gops 的吞吐率，其他段必须在 4 ns 时间里产生 4 个结果。在习题 23.17 中会要求设计一个流水线，其中第 3 段采用重复设置的方法，周期为 1 ns。

23.7　可变负载

流水线功能段的延迟不是恒定不变的。例如，译码电影中的一帧所花费的时间取决于当前帧和前一帧之间的差异。对于一个刚性的流水线而言，若每次下级功能段处理问题花费时间过多，上级功能段就会进入停顿状态。但是在流水线功能段之间插入先入先出（FIFO，见第 29.4 节）缓冲区后，可以将变化的吞吐率平均化，使得流水线整体吞吐率依赖于各段的平均吞吐率。

494 流水线上级功能段将结果插入 FIFO，直到该缓冲区充满为止。下级功能段从队列头部获取任务实例，直到该缓冲区为空。如果队列已满，则上级功能段停顿。如果队列为空，下级功能段处于空闲状态。

在这种去耦系统中，不需要全局时钟。只要上级队列不空或下级队列未满，功能段就一直处于工作状态。在稳态条件下不会出现这两种情况。为了充分提高吞吐率，各功能段之间的队列必须足够深，这样才能容纳各种不确定性因素。队列大小取决于延迟时间的分布和突发性。

图 23-15 表明当负载不均衡时需要排队。流水线功能段 A 的延迟为 10 个周期，而功能段 B 的延迟为 5 个或 15 个周期。如果两个功能段之间只有一个单独的锁存器，如图 23-15b 所示，只要 B 未完成上一次迭代（条件 F），A 必须停顿。当这个缓冲区没有被 A 写入时（状态 E），B 必须处于空闲状态。若将缓冲区改为由多个单元组成，如图 23-15c 所示，A 可以连续工作且不会出现停顿。如果 B 仍处于忙碌状态，则进行排队等候。只要队列非空，B 就不会处于空闲状态。B 唯一会处于空闲的情况是，B 连续执行 5 个周期且队列完全排空后会进入空闲状态。

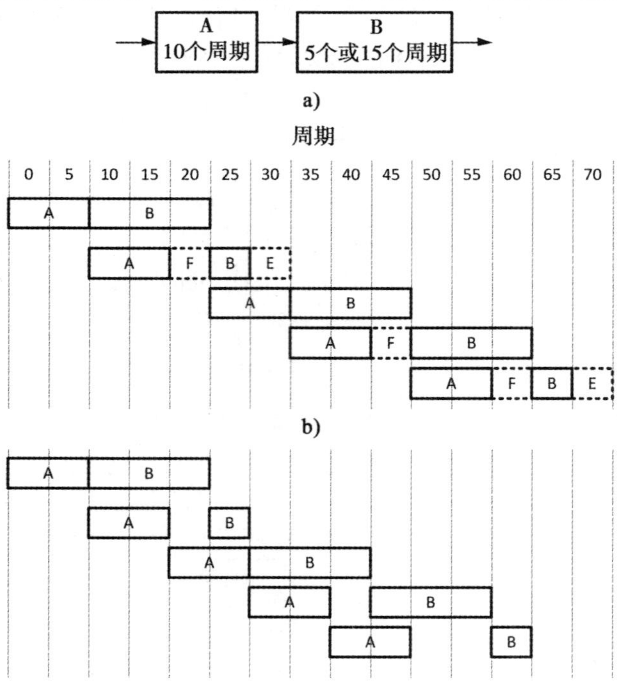

图 23-15　负载不均衡的流水线。功能段 B 花费 5 个或 15 个周期。b）中功能段 A 和 B 之间只有一个寄存器。当 A 已经完成，但 B 未完成时（F），功能段 A 会出现停顿。B 已完成，但 A 未完成时（E），功能段 B 出现空闲。c）中用一个 FIFO 替换寄存器，可以消除功能段停顿

下面我们详细讨论一个去耦的流水线，该流水线某个功能段延迟时间不固定，波形如图 23-16 所示。该流水线的功能段 A 延迟时间固定，功能段 B 的延迟时间是可变的，两个功能段之间用一个长度为 3 的 FIFO 隔离。FIFO 与两个功能段之间的接口采用 ready-valid 流控制（见 22.1.3 节）方式。FIFO 发出 A_ready 信号表示缓冲区未满，发出 B_valid 则表示非空。当 A 发出数据有效信号且 FIFO 已就绪，A 中的数据在时钟上升沿写入 FIFO 中。第一个可写入数据的寄存器，称为*队尾*。在周期 11、12 和 13 时 FIFO 已满，A 必须停顿。当 B 发出数据有效信号且 FIFO 有效时，FIFO 会弹出数据并移动其余数据。FIFO 连续地输出的第一个有效数据，我们称之为*队首*。当 FIFO 在周期 1、2 和 4 时为空，B 处于空闲状态。FIFO 的大小决定了 A 处于停顿和 B 处于空闲的周期数。

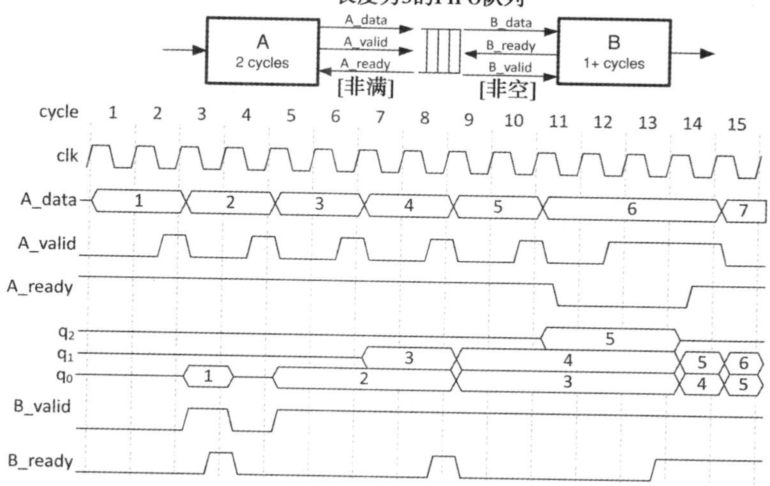

图 23-16　功能段之间用 FIFO 队列作为缓冲的可变流水线工作波形。当队列为空（B_valid = 0）时，B 空闲。当队列已满（A_ready = 0）时，A 停顿 495~496

例 23-3　可变负载工作时序

计算一个 4 级流水线完成 5 个任务花费的时间。表 23-1 中给出了各功能段完成相应工作需要的时间（单位是周期）。例如，功能段 3 处理任务 1 需要花费 10 个周期，但处理任务 2 只需要花费一个周期。先假设该流水线中使用了全局停顿信号，计算完成 5 个任务共需多少时间；然后假设各功能段之间采用 FIFO 缓冲区，再计算完成 5 个任务花费的时间。

下面给出使用这两种不同结构实现的流水线的工作时序。注意，表中垂直方向表示的是时间。每栏表示各段当前正在处理的任务。表 23-2 是采用全局停顿信号的工作时序图，表 23-3 是段间采用 FIFO 的工作时序图。

表 23-1　例 23-3 中所描述任务的时序：每行表示一个任务，行中每列表示当前任务在各功能段中需要的时钟周期数

	S1	S2	S3	S4
P1	1	1	10	1
P2	1	1	1	1
P3	1	1	1	10
P4	1	10	1	1
P5	10	1	1	1

表 23-2 例 23-3 中流水线执行一系列任务时的工作时序。流水线采用全局停顿信号，执行全部任务需要 35 个周期

周期	S1	S2	S3	S4
0	P1			
1	P2	P1		
2	P3	P2	P1	
497 …	P3	P2	P1	
11	P3	P2	P1	
12	P4	P3	P2	P1
13	P5	P4	P3	P2
…	P5	P4	P3	P2
22	P5	P4	P3	P2
23		P5	P4	P3
…		P5	P4	P3
32		P5	P4	P3
33			P5	P4
34				P5

表 23-3 例 23-3 中流水线执行一系列任务时的工作时序。流水线采用 FIFO 缓冲区来解决负载不均衡的问题，执行全部任务需要 26 个周期

周期	S1	S2	S3	S4
0	P1			
1	P2	P1		
2	P3	P2	P1	
3	P4	P3	P1	
4	P5	P4	P1	
…	P5	P4	P1	
11	P5	P4	P1	
12	P5	P4	P2	P1
13	P5	P4	P3	P2
14		P5	P4	P3
15			P5	P3
16				P3
…				P3
23				P3
24				P4
498 25				P5

23.8 资源共享

设计流水线时，价格昂贵且很少使用的资源可以在流水线功能段之间共享。例如，图 23-17a 中流水线功能段 A 和 D 访问存储器采用的就是共享方式。当存储器价格昂贵且各功能段使用时间不超过 50% 时，共享访问存储器是一个很好的方案。图 23-17b 中两条流水线共享了一个模块。该模块的功能是计算余弦值，但由于该运算的使用率非常低，故将该模块共享出来供

流水线访问。

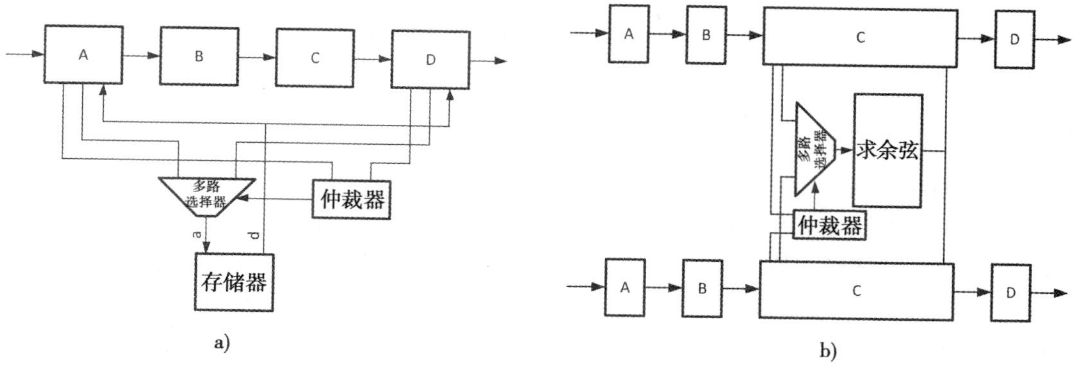

图 23-17 a）功能段之间的资源共享，b）流水线之间的资源共享

为防止多个资源共享者在访问共享资源时出现冲突，可设置仲裁器（第 8.5 节）。在每个资源周期中，共享者在使用资源时需提出请求。仲裁器根据仲裁逻辑将资源分配给其中一个申请者。没有获得仲裁的申请者将一直处于等待状态，直到获得访问该资源的权力为止。为了防止某个请求出现“饿死”现象（多次仲裁失败），应该使用一种公平的仲裁器，如循环仲裁器（见习题 8.13）。当某个功能段或流水线比另一个更重要时，可以使用优先级仲裁器。例如，将权限授予下级功能段会比授予上级功能段产生的停顿段要少，因此通常将优先权授予下级功能段，这样可以避免出现死锁现象。对共享资源进行仲裁可能会花费一定的时钟周期数，有时这足以保证在分享资源前能够将数据存入 FIFO。 499

当资源使用率较低或者复制成本较高时，资源共享是一种非常不错的方法。例如在路由器中，路由逻辑要计算数据包发往何处。每个数据包仅在包头使用一次，但是传输数据包可能需要几十个周期。正因为它的利用率低，可以将路由逻辑共享出来，供路由器的多个甚至全部输入端口使用。

小结

本章介绍了如何使用流水线和并行方式提高系统模块的性能。通过*吞吐率*和*等待时间*这两个指标可以衡量一个模块性能的好坏。流水线技术包括如何将一个模块分成若干*功能段*，并使信息从一个方向上流经各功能段。在功能段之间插入寄存器，可以使每个功能段在同一时间处理同一任务的不同子任务。

并行处理或流水线可以提高吞吐率，同时使延迟基本保持不变。将模块设计为 n 级流水线，其吞吐率可提高 n 倍，等待时间仅略微增加（nt_{reg}），增加的面积（成本）只是插入寄存器的成本。相比之下，采用 n 个并行单元，吞吐率也可以提高 n 倍，但面积上的成本却增加了 n 倍。

如果在规定的时间里，流水线中的功能段无法完成自己的任务，可能会造成流水线的*停顿*，所有上级功能段都会停止工作，直到该段的工作处理完为止。*双缓冲*可以避免因停顿带来的时序问题。双缓冲是把功能段之间的寄存器替换为能够存储两个或更多的缓冲器。

一个有效率的流水线必须是*平衡的*，每个功能段应该具有相同的吞吐率，这是因为整个流水线的吞吐率由最慢的*瓶颈段*决定。为了平衡流水线，我们可以采用流水线操作或对瓶颈段并行化来提高它的吞吐率。

当流水线功能段的*吞吐率不固定*时，可以在各功能段之间插入 FIFO 缓冲器进行均衡。如果缓冲器有足够的深度，它的吞吐率为最慢功能段的平均值。

使用率低的资源可以在流水线功能段之间或独立的流水线之间共享。当多个共享者同时请求该资源时，采用仲裁器可解决访问冲突。吞吐率变化可能会导致在共享阶段出现仲裁失败，这可以通过在功能段之间增加 FIFO 缓冲器来缓解。

文献说明

IBM 的 7030（Stretch）是第一个采用流水线的计算机［22］。7030 是 20 世纪 60 年代初推出的，它的内存模块为 128 KB，标价数百万美元。20 世纪 80 年代初，MIPS 处理器上使用的是
500 一个典型的 5 级流水线［46］。有关 CPU 流水线的详细内容，可查阅参考文献［47］和［90］。有关网络流水线的详细描述，可查阅文献［33］。亨利福特的汽车生产流水线是世界上最早的流水线之一，若想了解该流水线和生产过程，请阅读文献［2］。

习题

23.1　*延迟和吞吐率，I*。假设一个模块的延迟是 20 ns，寄存器延迟 $t_{reg}=500$ ps。考虑输出寄存器，该模块的延迟和吞吐率是多少？

23.2　*延迟和吞吐率，II*。假设一个模块的延迟是 20 ns，寄存器延迟 $t_{reg}=500$ ps。考虑输出寄存器，将该模块复制 5 次，其延迟和吞吐率是多少？

23.3　*延迟和吞吐率，III*。假设一个模块的延迟是 20 ns，寄存器延迟 $t_{reg}=500$ ps。考虑输出寄存器，将该模块细分为 5 级流水线后，其延迟和吞吐率是多少？

23.4　*延迟和吞吐率，IV*。假设一个模块的延迟是 20 ns，寄存器延迟 $t_{reg}=500$ ps。考虑输出寄存器，将该模块细分为 5 级流水线后再重复设置 5 个这样的流水线，此时延迟和吞吐率是多少？

23.5　*延迟、吞吐率和面积，I*。假设一个模块占用 100 个单位的面积，并具有 10 ns 的延迟。流水线寄存器占用 2 个单位的面积，且 $T_{reg}=500$ ps。改变流水线的级数，画出吞吐率和面积的关系，其中吞吐率在 y 轴，面积在 x 轴。试着说明当流水线很深时成本（面积）与效益（吞吐率）的关系。

23.6　*延迟、吞吐率和面积，II*。将习题 23.5 中流水线寄存器所占面积改为 20 个单位（保持其他参数不变）。比较这两个图，给出每个流水线"最佳的"流水线深度。

23.7　*批处理延迟*。我们已经知道流水线会产生 nt_{reg} 的延迟。这里我们考虑处理一批作业所产生的延迟。假设模块的延迟为 20 ns，且 $T_{reg}=500$ ps，按下面几种情况分别计算完成 10 个任务需要多长时间：

(a) 不采用流水线，只有一个单独的模块。

(b) 将该模块重复设置 5 次。

(c) 将该模块细分成一个 5 级流水线。

(d) 如果任务数为 1000，重新计算在 (a)、(b) 和 (c) 三种情况下各需要多少时间。

23.8　*延迟和吞吐率的设计*。设计一个高清多媒体芯片，要求该芯片能够对 1920×1080 像素的图像进行渲
501 染，频率为 60 Hz。将模块设计成一个单独的模块，该模块处理一个像素需要 10 μs，T_{reg} 为 500 ps。

(a) 所需吞吐率是多少？单位为像素每秒。

(b) 你能否将其设计成一个长的流水线，且仍满足所需吞吐率？如果可以，需要多少个功能段？如果不可以，请说明原因。

(c) 为什么采用单一的流水线并不是一个好的想法？

(d) 如果采用重复设置处理模块的方式设计流水线，需要设置多少个？

(e) 为什么重复设置处理模块的方式不好？

(f) 与逻辑设计者沟通后，决定采用重复设置多个 10 级流水线的方法。需要重复设置多少个？

23.9　*流水线加法器*。用下列方法分别实现第 23.3 节中的 32 位加法器，请给出每种方法对应的延迟时间、吞吐率、时钟以及用到的触发器个数，其中 $T_{dcc}=100$ ps（一位加法器的延迟），$t_{reg}=200$ ps。

(a) 分成 4 段，每段 8 位。

（b）分成两段，每段16位。

（c）分成32段，每段1位。

23.10 数据转发。图23-7中的流水线加法器在完成整个加法前（4个周期），禁止使用 $a+b$。修改这个加法器，使它在开始计算 a_0+b_0 后的那个周期，能够执行 $a_1+(a_0+b_0)$。这里需要添加一个dataFwd信号，用来指示转发状态。除了需要添加的最小逻辑电路外，加法器的吞吐率和延迟应保持不变。

23.11 预测，单个缓冲区。第22.6.2节中我们简要地讨论了预测，即下级功能段能够触发所有上级功能段丢弃当前的任务。在图23-9和图23-10的Verilog代码中添加一个fail信号。当该信号发出时，所有上级功能段中的数据无效。

23.12 预测，双缓冲区。与习题23.11类似，在图23-11和图23-12的Verilog代码中添加一个fail信号。fail信号每个周期只能传送一个功能段（同ready信号一样）。

23.13 关键路径上的停顿。在一个8级流水线中，假定每个逻辑块的延迟为5 ns，$t_{reg}=0$。每个逻辑块的停顿信号在4 ns后稳定。一个功能段从开始到结束，导线延迟为500 ps。

（a）不采用双缓冲结构，允许的最大时钟是多少？

（b）采用双缓冲结构，允许的最大时钟是多少？

23.14 负载均衡，瓶颈检测。假设有一个系统，每个任务通过流水线的4个功能段花费的时间分别为30 ns、60 ns、15 ns和20 ns。哪一个功能段是瓶颈段？每个功能段的使用率（有用的工作时间除以总时间）是多少？

23.15 负载均衡，重复设置功能段。假设有一个系统，每个任务通过流水线的4个功能段花费的时间分别为30 ns、60 ns、15 ns和20 ns。每个功能段不能被进一步拆分成流水线，但可以重复设置。为了充分利用整个系统，每个模块各需要多少个？（经过流水线的建立阶段，没有一个模块处于空闲状态。）

23.16 负载均衡，流水线。假设有一个系统，每个任务通过流水线的4个功能段花费的时间分别为30 ns、60 ns、15 ns和20 ns。每个功能段无法复制，但可以细分成流水线。如果自始至终流水线中不会产生负载不均，可划分的最少功能段数是多少？

23.17 瓶颈段复制，控制。在图23-14中，我们复制了4个瓶颈段，并保持时钟频率为4 ns。这要求功能段在每个时钟周期花费1 ns产生4个结果。在本习题中，要求设计瓶颈段的输入和输出控制逻辑且时钟周期为1 ns。要求实现在4 ns的时间里交替使用4个瓶颈段（周期1送至模块1，周期2送至模块2，依次类推）。在这些重复模块的输出部分，已完成模块的数据应馈送到最后一个功能段前的流水线寄存器中。

23.18 资源共享。在一个系统中复制4个流水线。流水线中功能段访问共享资源的概率是50%（随机）。如果共享资源的数量为 n，计算共享资源的利用情况和一个周期内发出超过 n 个请求的概率：

（a）$n=2$；

（b）$n=3$；

（c）$n=4$。

23.19 可变负载。使用图23-15a中的流水线，缓冲区队列深度为3。如果B段的延迟按以下序列分布，完成计算需要多长时间。假设3个缓冲器最初都是空的。如果你认为流水线中会出现停顿，请按照图23-15b所示绘制状态图。

（a）15，5，15，5，15，5，15，5，15，5；

（b）15，15，15，15，15，5，5，5，5，5；

（c）15，15，5，5，5，5，5，15，15，15。　502～503

第 24 章

Digital Design: A Systems Approach

互　　连

模块之间的互连是系统中一个重要的组件，它对系统性能的影响不亚于模块本身。正如第5.6节中所述，在一个典型系统中，导线所产生的延迟和功耗往往占有很大的比例。一个长度仅有3 μm的导线所产生的寄生电容与最小的反相器相同（因此消耗的功率也相同）。一个长度约100 μm的导线所消耗的功率与一个一位快速加法器消耗的功率相同。

在简单系统中，模块之间可以直接用点对点的方式相连，但对于更大、更复杂的系统最好采用总线或网络。例如，有一个类似电话或对讲的系统，如果只需要跟两三个人通话，每个人之间都可以采用直接相连的方式。但是，当通话的人数达到几百个时，就需要使用交换系统了，这样通过一个共享的互连网络就可以实现任何人之间的通话。

24.1　互连简述

图24-1是某个系统的总体框图，该系统采用的是通用互连结构（如一个总线或者一个网络）。若干个客户端通过一对往返导线与网络相连。这些连接可以采用串行方式（见22.3节），且连入互连时需要进行流控制，以便产生竞争事件时使用背压技术。

通信时客户端S（源端）经链路i_s将数据包发送到互连网络上。该数据包至少包括：目的地址D和有效载荷P，该有效载荷可以是任意长度（或者可变长度）。互连网络通过o_d将P发送给客户端D，由于竞争，互连网络可能会有一些延迟。有效载荷P可以包含请求类型（如读或写）、D的本地地址、数据或其他用于远程操作的参数。由于互连时采用了编址，只要每个客户端模块有一对单向连接，任何客户端之间就可以实现通信。

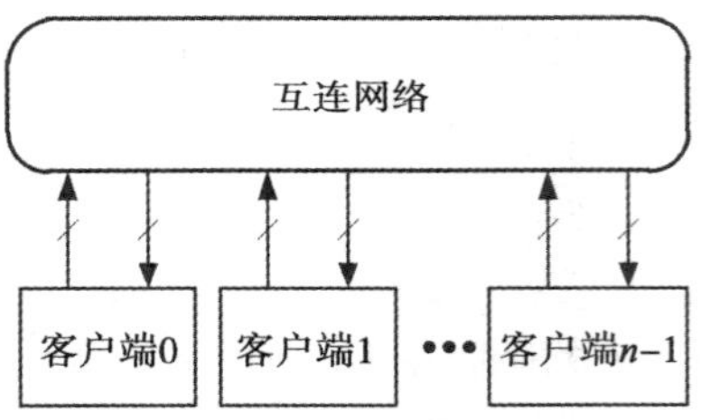

图24-1　一个为若干客户端提供任意连接的抽象互连网络。接入互连网络的每个链接均采用流控制，传输的数据包中包含一个目的地址

S向D发送一个数据包（D，P），可能会导致D向S发送一个有效载荷为Q的应答报文（S，Q），但应答报文不是必须发送的，因此通信可以是单向的。

互连可以允许也可以禁止多个并行操作。为了获得高吞吐率，我们希望在互连时允许多个
504 独立的客户端同时通信。同样，如果需要接收应答包，我们也希望客户端S在等待应答前能将多个数据包发送到同一个或不同的目的客户端。但是，如果使用的互连成本较低，如采用第24.2节中的总线，就无法支持这种并发操作。

24.2　总线

广播总线是一种最简单的通用互连结构，广泛应用于性能要求不高的场合。总线具有简单、便于广播及所有事务能够序列化（有序）的优势。由于总线一次只允许发送一个数据包，因此性能不高。

图24-2是一个典型的总线互连结构。每个模块通过接口与总线相连，该接口可将模块的ready-valid流控制信号转换后提供给总线仲裁。除了ready和valid信号外，模块与接口相连时还需要提供地址信号和数据信号。

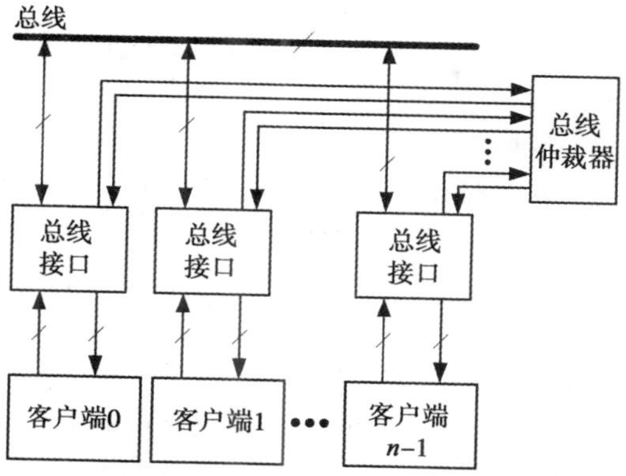

图 24-2 总线互连。模块通过接口连接到总线。源模块访问总线需要先赢得仲裁，然后再将数据包发送到总线。所有目的端接口监视总线上的地址信息，如果发现地址与其匹配，将数据包发送到对应的客户端

图 24-3 是用 Verilog 实现的一个组合逻辑总线接口。图中使用了常规的信号命名方法，名字的第一个字母表示与接口相连的那一端：b 表示总线，c 表示客户端。名字的第二个字母表示方向：r 表示输出（即总线接收），t 表示输入（即总线发送）。

```
// 组合逻辑总线接口
// 信号名中的t（表示发送）和r（表示接收）是从总线角度出发的
module BusInt(cr_valid, cr_ready, cr_addr, cr_data, // 总线rx，发往总线
              ct_valid, ct_data,                    // 总线rx，来自总线
              br_addr, br_data, br_valid,           // 发往总线
              bt_addr, bt_data, bt_valid,           // 来自总线
              arb_req, arb_grant,                   // 仲裁信号
              my_addr) ;                            // 接口地址
  parameter aw = 2 ; // 地址宽度
  parameter dw = 4 ; // 数据宽度
  input cr_valid, arb_grant, bt_valid ;
  output cr_ready, ct_valid, arb_req, br_valid ;
  input [aw-1:0] cr_addr, bt_addr, my_addr ;
  output [aw-1:0] br_addr ;
  input [dw-1:0] cr_data , bt_data ;
  output [dw-1:0] br_data, ct_data ;

  // 仲裁
  assign arb_req = cr_valid ;
  assign cr_ready = arb_grant ;

  // 总线驱动
  assign br_valid = arb_grant ;
  assign br_addr = arb_grant ? cr_addr : 0 ;
  assign br_data = arb_grant ? cr_data : 0 ;

  // 总线接收
  assign ct_valid = bt_valid & (bt_addr == my_addr) ;
  assign ct_data = bt_data ;
endmodule
```

图 24-3 一个用 Verilog 代码实现的组合逻辑总线接口

当一个客户端希望与总线上的其他模块通信时，它将目标模块的地址存入地址字段 cr_addr，将数据存入数据字段 cr_data，并发出 cr_valid 信号。总线接口将模块的有效信号发送到中央总线仲裁器（即 arb_req = cr_valid），经仲裁器仲裁后，向请求接口发送一个 grant 信号（参见第 8.5 节）。总线接口将 grant 信号作为一个 ready 信号返回给请求模块（即 cr_ready = arb_grant），此外该信号还可作为门控信号控制模块的数据和地址向总线传送。

如果请求客户端没有赢得仲裁，它只需要发出 cr_valid 进行等待，直到出现信号 cr_ready 才能赢得仲裁。

总线驱动逻辑对所有总线接口发出的信号执行或运算。当没有接口被选中时，各接口驱动为零。有时会在片外采用三态驱动。由于片内三态总线存在很多问题（见第 4.3.4 节），片内总线通常先对所有总线接口信号执行或运算，然后再将结果反馈给所有的总线接口。

505~506 在接收端一侧，各总线接口监视总线上的地址信息。当检测到地址与自己匹配且总线发出 valid 信号时，将总线上的数据传送到目标模块。总线的接收端通常使用 push 流控制（即模块必须立即接收发给它们的数据）。在习题 24.1 中，要求为总线接收方添加完整的流控制。

总线可以实现多播或广播通信。为了指定一个多播，用一个输出选择位向量取代地址信号，向量中的每一位对应一个客户端。要将数据包发送到某个客户端，只需要设置对应的向量位。如果要将数据包多播给多个客户端，需要设置多位，每一位代表一个目的地。当向量所有位都被设置，数据包会被广播到所有客户端。如果流控制采用的是 push 方式，很容易修改代码实现多播，但是如果输出端采用双向流控制时，处理 ready 信号时要仔细。习题 24.4 中，我们将探讨这一问题。

严格来说，图 24-3 中的逻辑电路是一个组合逻辑。这里假设所有客户端共用一个时钟。每个时钟周期结束时，当 cr_valid = cr_ready = 1，客户端完成输出，可以进行下一次传输或将 cr_valid 设置成无效状态。同理，当时钟周期结束时客户端如果接收到 ct_valid 信号，此时必须接收传入的事务。时钟周期必须足够长，这样才能保证总线仲裁和信号的传播处于一个时钟周期内。在习题 24.2 中，我们将讨论如何将这两个功能设计成流水线来提高总线的速度。

图 24-3 也是一种完全并行的逻辑，因为地址和数据是在一个周期内完成传送的。由于片内资源丰富，通常情况下采用完全并行的总线是一个不错的解决方案。但是当片外或是片内的数据已经串行化时，最好选用图 22-6 中那样的串行总线，让数据在几个周期内完成事务，可以减少引脚的数量或者可以避免增加串并转换的成本。习题 24.3 中，我们将对这一方法进行讨论。

第 24.1 节中描述的抽象互连结构和总线采用的都是单向通信方式，即发送者向接收者发送一个数据包。如果需要应答，会有一个单独的数据包从相反方向发送到互连网络上，例如读取接收器上的存储地址。有时我们把这种将一个操作分成两个独立的通信方式的行为（一个用于请求、一个用于应答）称为*分离事务*。之前提到的一些总线是通过发出 ready 信号来完成应答的，与之相比，分离事务可以免去一次应答。

通常情况下，单独设置一个应答信号首要考虑的是速度和通用性。首先，多个请求 - 应答事务本身就很慢，而且接收方在等待回复的过程中始终持有总线。例如，读取存储器时，有可能需要花费 100 ns（100 个 1 GHz 的时钟周期）的时间。在这期间，接收方持有总线并处于空闲状态，会浪费宝贵的通信资源。其次，该传输方式难以像网络这种多级互连结构（第 24.4 节）那样处理多个事务。因此，一个客户端如果采用这种类型的互连结构，其性能将会受到限制。

24.3 交叉开关

当总线无法满足性能要求，且客户端的数量很少时（通常不超过16个），采用交叉开关是一个很好的解决方案。图24-4中用到的就是交叉开关，其中有 m 个发送端，n 个接收端。通常情况下 $m=n$，每个客户端既是发送方又是接收方。图中每一行的信号中包括数据信号、发送用的valid信号和接收用的ready信号。发送客户端通过地址选择接收数据的客户端。 507

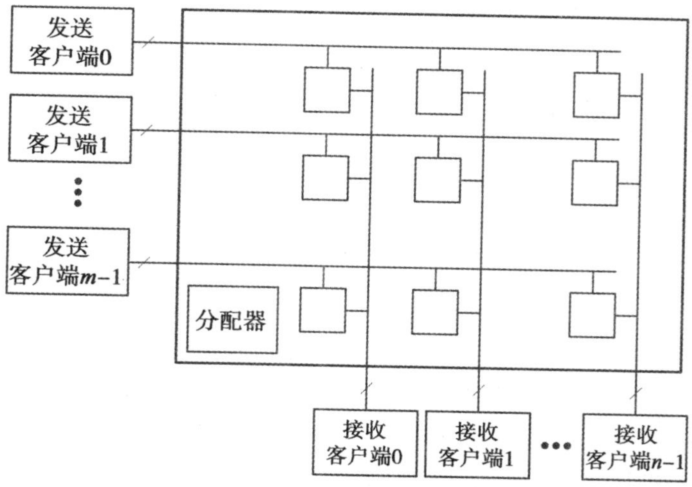

图24-4 交叉开关可以将不用的输入端与输出端连接起来，并支持多种并发连接

当发送客户端 i 希望与接收客户端 j 通信时，发送客户端 i 将 j 作为地址信号，将通信数据作为数据信号，并发出数据有效信号。分配器对所有的连接请求进行综合考虑后，产生一组不冲突的授权矩阵（即一个 $m\times n$ 的二进制信号，可控制各交叉点开关）。如果允许客户端 i 向客户端 j 发送数据包，分配器发出 g_{ij}，第 i 行第 j 列的交叉开关打开。此时数据信号连通，valid信号从第 i 行连接到第 j 列，ready信号从第 j 列连接到第 i 行。

分配器需要仔细考虑如何处理这 $m\times n$ 个连接请求，然后会生成一个 $m\times n$ 的无冲突访问授权矩阵。为了不产生冲突，该矩阵的每行和每列最多只能有一个为1。当一个输入只能指定一个输出时（根据地址信号），请求矩阵每一行上最多只有一个为1，分配器仲裁的请求将减少到 n，即每列只有一个。

多数情况下，每个发送客户端可以将多个数据包发送到多个不同的目的地（一个数据包对应一个）。此时，请求矩阵的一行上可能会有多个1，分配器必须能解决二分图匹配问题。文献［33］对这种通用分配器做了详细的描述。

图24-5用Verilog代码实现了一个 2×2 的交叉开关，输入和输出均使用ready-valid流控制。在该例中，客户端0的优先级最高。这段代码中的授权矩阵是根据请求矩阵生成的，如果希望有一种更公平的仲裁方式，读者可自行修改代码。当授权矩阵生成后，该矩阵就可以使能相应的正向连接（即valid信号和数据）和反向连接（ready信号）。一旦寻址和仲裁完成，交叉开关就将源客户端和目的客户端之间用于流控制接口的ready、valid信号和数据线连接起来。

可以像总线一样先执行仲裁任务，一个周期后再进行数据通信，这样交叉开关就可以实现流水线工作。如果需要，可以在每个交叉点上设置一个流水线寄存器，这样开关在水平方向的通信也可以与仲裁并行完成。垂直方向的通信则安排在下一个周期进行。习题24.10中将讨论这种组成结构。 508

```
// 2x2交叉开关——全流控制
module Xbar22(c0r_valid, c0r_ready, c0r_addr, c0r_data,  // 客户端0
              c0t_valid, c0t_ready, c0t_data,
         c1r_valid, c1r_ready, c1r_addr, c1r_data,  // 客户端1
              c1t_valid, c1t_ready, c1t_data) ;
  parameter dw = 4 ; // 数据宽度
  input c0r_valid, c0t_ready, c1r_valid, c1t_ready ; // valid/ready握手
  output c0r_ready, c0t_valid, c1r_ready, c1t_valid ;
  input  c0r_addr, c1r_addr ;           // 地址
  input [dw-1:0] c0r_data, c1r_data ; // 数据
  output [dw-1:0] c0t_data, c1t_data ;

  // 请求矩阵
  wire req00 = (c0r_addr == 0) & c0r_valid ;
  wire req01 = (c0r_addr == 1) & c0r_valid ;
  wire req10 = (c1r_addr == 0) & c1r_valid ;
  wire req11 = (c1r_addr == 1) & c1r_valid ;

  // 客户端0赢得仲裁
  wire grant00 = req00 ;
  wire grant01 = req01 ;
  wire grant10 = req10 & ~req00 ;
  wire grant11 = req11 & ~req01 ;

  // 连接
  assign c0t_valid = (grant00 & c0r_valid) | (grant10 & c1r_valid) ;
  assign c0t_data =  ({dw{grant00}} & c0r_data) |
                     ({dw{grant10}} & c1r_data) ;
  assign c1t_valid = (grant01 & c0r_valid) | (grant11 & c1r_valid) ;
  assign c1t_data =  ({dw{grant01}} & c0r_data) |
                     ({dw{grant11}} & c1r_data) ;

  // 就绪
  assign c0r_ready = (grant00 & c0t_ready) | (grant01 & c1t_ready) ;
  assign c1r_ready = (grant10 & c0t_ready) | (grant11 & c1t_ready) ;
endmodule
```

图 24-5 一个具有全流控制的 2×2 交叉开关

和总线一样，交叉开关可以实现多播也可以处理串行接口。习题 24.8 和习题 24.9 中，我们将讨论这些情况。

在交叉开关上为整个数据包设置缓冲，可以提高开关的吞吐率。增加缓冲后可以减少输入和输出调度。输入端将发往多个输出端的数据包叠加到所在行的不同交叉点上。这些数据包则与所在列上的其他数据包争夺输出端的访问权限。

509

24.4 互连网络

当客户端数量超过 16 个时，模块之间通常需要使用互连网络进行通信。互连网络由一组连接多个通道的路由器组成，其特征是具有一定的拓扑结构、路由算法和特定的流控制方法。

网络拓扑结构规定了一组路由器、多条通道以及它们之间是如何连接的。例如，图 24-6 是一个互连网络，其中 18 个客户端通过一个 3×3 的二维网状拓扑相连，每个路由器连接两个

客户端。该网络共有 9 个路由器，每个路由器多达 6 个双向端口和 12 个双向通道。各路由器相邻连接在一个 3×3 的网格上。

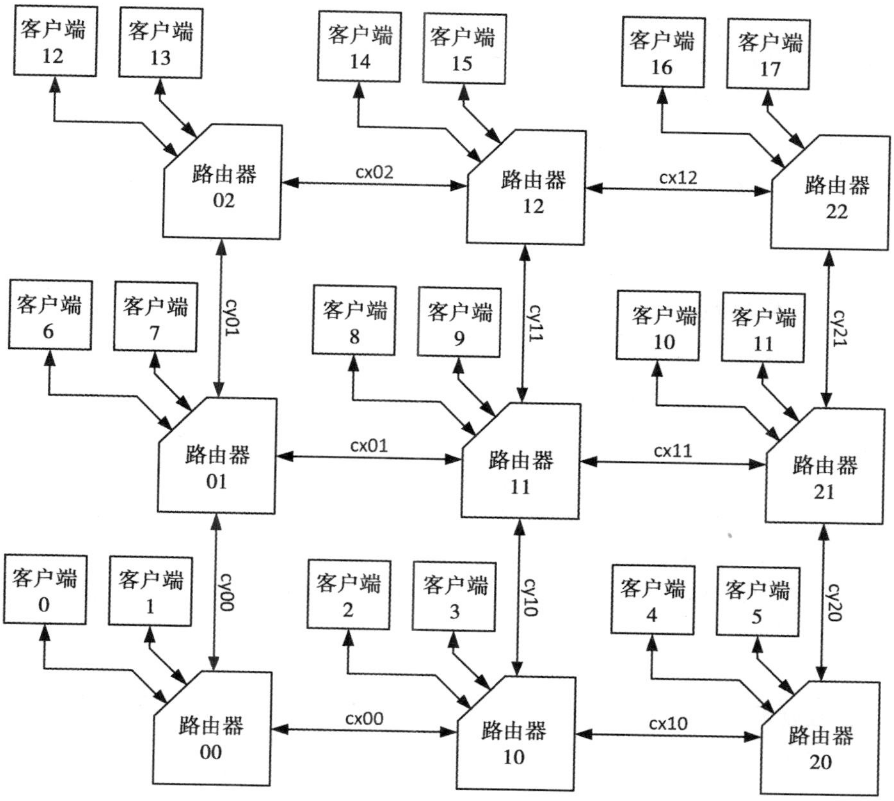

图 24-6　用路由器和通道将客户端连在一起的互连网络

路由算法用来确定源客户端到达目的客户端的网络路径。图 24-6 中的网络可以采用维序路由算法，该算法基本核心是数据包先在 x 方向上被路由到目标列，然后在 y 方向被路由到目标行，最终到达目的客户端端口。

这里我们简单分析一下客户端 0 到客户端 11 的路由。客户端 0 将数据包（利用第 24.1 节中提到的接口）送入路由器 00，该包首先在 x 方向上被路由到路由器 20。这条路径包括 x 通道 cx00、cx10，以及中间路由器 10。接下来，数据包在 y 方向上经过 y 通道 cy20 到达路由器 21。最后，数据包被送到客户端 11 与路由器 21 相连的端口上。 510

与接口的流控制方式不同，互连网络的流控制是要为网络上传输的数据包分配资源。典型的网络资源是通道和缓冲区。每个资源在一定的时间内分配一个特定的数据包，之后可以自由分配不同的数据包。

图 24-7 是互连网络流控制的一个实例，图中给出了按维序路由算法将一个数据包从客户端 0 发送到客户端 11 所做的资源分配。该图水平轴表示时间，垂直轴为分配的资源。在没有竞争的情况下，数据包每个时钟周期前进一步。周期 0 时数据包通过客户端 0 的输出端口，周期 1 时进入路由器 00 的内部，周期 2 时经过通路 cx00e（通道 cx00 的东侧）。数据包到达路由器 10 时，cx10e 还不可以使用，数据包需要在这里缓存两个周期。同样，数据包在路由器 20 中需要缓存一个周期。最终在周期 11，数据包被传送到客户端 11。

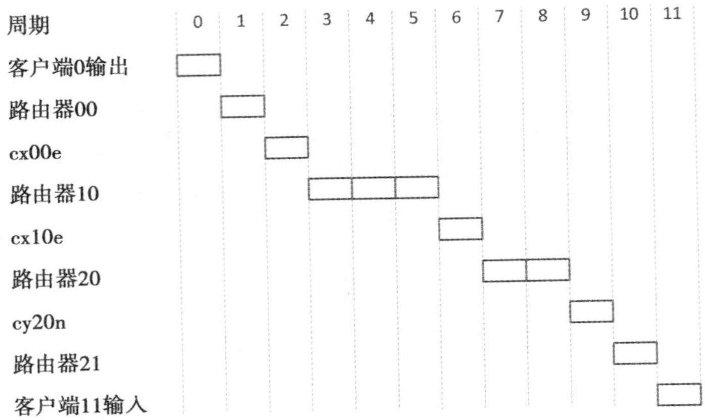

图 24-7　一个数据包流从客户端 0 到客户端 11 的时空图分布。该数据包在路由器 10 中被阻塞延迟了 2 个周期，在路由器 20 中被阻塞延迟了 1 个周期

路由器中的缓冲区及通道的带宽由流控制协议分配。在网络中使用缓冲技术可以减少资源分配的时间。没有缓冲就无法实现数据包在周期 2 时经 cx00e 到达路由器 10，在周期 6 时又经 cx10e 离开。期间产生延迟的是因为周期 4 和周期 5 时出现阻塞，数据包被保留在缓冲区内。如果没有缓冲，数据包在周期 4 时要么离开要么被丢弃。

互连网络中的拓扑结构、路由和流控制三者之间的关系与公路上驾驶汽车非常相似。拓扑结构就是地图，通道就是各条道路，而路由器就是交叉路口。路由算法就是驾驶员如何选择路线。当给出当前位置和目的地后，驾驶员会选择一条路线到达目的地，途中要经过某些道路和交叉路口。流控制可以看作道路上的交通灯，它为驾驶员分配下一段道路的使用权。通向交叉路口的道路可以看作一个缓冲区，在交通灯将下一条道路的使用权分配给驾驶员之前，车暂时
511 要停在那里。

到目前为止，我们假定整个数据包是在一个时钟周期内并行传输的。与之前已讨论过的其他互连结构一样，也可以采用一个位宽较窄的接口，让数据包在几个周期内完成传输，这样互连网络也可以实现串行传输。基于这种串行网络，可以在整个数据包上实现流控制（在这种情况下，路由器必须有足够大的缓冲区来容纳整个数据包），也可以在数字级或*微片级*（通常是指一个时钟周期传送的信息量）上实现流控制。数据包级的流控制类似于图 22-6 所示的帧级流控制，而微片级流控制类似于一个普通的 ready-valid 接口。

本书无法涵盖互连网络中的所有内容。如果设计不当，路由或更高级别的交互协议会造成网络死锁。消除死锁以及常见的隔离流量的方法是采用一种独特的缓冲区分配方式，该方式可以将网络中的一个物理通道呈现为多个*虚拟通道*。要想了解这些概念和其他一些议题，请查阅参考文献［33］。

小结

模块之间的互连是大多数数字系统中的一个重要部件。当模块数较多时，交换互连，如总线或网络，可以为通信模块提供专用的点对点链接。就像在电话交换机系统中，交换互连可以使任何一个客户端模块通过一对链接（每个方向只有一条）与其他模块通信。

总线是一种最简单的交换互连。在总线系统中，客户端需要经过仲裁才能访问总线。赢得仲裁的客户端将数据和目的地址发送到总线。接收模块识别出自己的地址信息后，读取总线上的数据。总线的优势是简单，能为所有通信排序并具有广播的功能。但是，由于同一时间只能有一个客户端传送数据，总线性能受到了限制。

当客户端数较少且需要比总线性能更高的互连结构时，可以采用交叉开关。只要不发生冲突，交叉开关允许多个通信并发工作。

当需要连接更多的客户端时，通常使用互连网络。互连网络由一组连接多个通道的路由器组成。路由器和通道的连接称为网络的拓扑结构。根据路由算法，选取相应的路由器和通道形成一条路径。通过该路径将数据包从源转发到目的地。这条路径上的资源分配可采用一种流控制方式。

文献说明

为了全面了解互连网络，请查阅 Dally 所著文献［31］和［33］。有关最新的商业处理器 IBM Cell 总线的概述，请查阅参考文献［63］。 512

习题

24.1 带流控制的总线接收器。图 24-3 中总线的输出端采用 ready-valid 流控制方式（cr - xxx 信号），输入端采用的是单向 push 流控制方式（ct - xxx 信号）。修改接口，使输入端也采用 ready-valid 流控制方式。（提示：在客户端一侧的接口中增加 ct_ready 信号，在总线一侧增加 bt_ready 和 br_ready 信号。）

24.2 流水线总线仲裁。为提高速度，图 24-3 中的总线可以采用流水线方式工作，将仲裁提前总线传输一个周期。画出框图并用 Verilog 编写（和测试）按这种方式仲裁的总线接口。接口信号要求与图 24-3 中的完全一致。通过该总线接口，模块能够实现背对背传输。（提示：要实现背对背传输，模块必须在内部缓存一个传输事务（地址和数据），同时对下一个事务进行仲裁。）

24.3 串行总线。修改图 24-3 中的总线接口，使其能够按照图 22-6 中那样执行串行传输。假设总线宽度为 4 位，可以用来传输地址信息和数据信息。假设地址宽度是 4 位，数据宽度是 20 位（包括 4 位控制信号和 16 位有效数据）。要求首先发送地址信息。假定传输为帧级传输，源端采用双向流控制方式，目的端采用单向 push 流控制方式。

24.4 具有全流控制的多播总线。修改图 24-3 的 Verilog 代码，使其在接收端采用全流控制方式处理多播（如习题 24.1）。假设 cr_addr 替换为 cr_vector，位向量可以指定多个目标客户端。（提示：所有选定的输出没有发出 ct_ready 前，不能发出 bt_valid。）

24.5 菊花链总线仲裁。设计并编写菊花链总线的控制器和仲裁器。菊花链总线没有集中的仲裁器，而是在本地由每个控制器做出请求/授权决定。控制器 0 优先级最高，如果该控制器有请求，可直接把数据发送到总线上。只有当控制器 0 没有请求时，控制器 1 才能授权访问总线，以此类推。只有下游 $N-1$ 个控制器没有请求时，控制器 N 才能使用总线。

24.6 分布式总线仲裁。编写一个控制器实现分布式总线仲裁。在每一轮仲裁期间（多个时钟周期），每个发出请求的控制器将自己优先级发送到总线上，该总线上所有信号通过或运算连在一起。在第一轮中，如果 MSB 位的优先权大于某个控制器，该控制器将失去仲裁。然后对 MSB - 1 位及所有剩余位，反复执行这一过程。当仲裁结束时，只有一个控制器获得总线的使用权。

24.7 4×4 的交叉开关。编写 Verilog 代码，实现一个具有全流控制的 4×4 交叉开关。输入和输出信号与图 24-5 相同，但是控制器要求两个以上。 513

24.8 多播交叉开关。设计一个支持多播的 4×4 交叉开关。每个输入端可以申请将数据发送到一个或多个输出端，但仲裁结果必须是全发或全不发。即输入端获得授权将数据发送到所有输出端或者一个都不发。

24.9 串行交叉开关。修改图 24-5 中的 2×2 交叉开关，使其能够实现 20 位有效数据的串行传输。交叉线宽度只有 4 位，只能对每个数据包包头执行一次仲裁和流控制。

24.10 带缓冲的交叉开关。设计一个交叉点数为 n^2 的交叉开关，要求各交叉点具有缓冲功能。在每个周期内，每个输入数据被写入所需的输出缓冲区内（该缓冲区未满）。输出通道对发出请求的输入交叉点仲裁后，弹出其中一个，将数据输出。

24.11 用 Verilog 实现一个简单的路由器。用 Verilog 编写一个类似图 24-6 中那样用于网状结构的简单路由器。路由器要求提供一个与客户端相连的端口，该端口在两个方向上均采用 ready - valid 流控制方式，且在 4 个方向（西，东，北，南）各有一个采用 ready-valid 流控制的通道端口。路由器需要为 5 个输入提供双缓冲（第 23.5 节），以便下一个通道不立即使用数据包时可以先缓冲，而不需要与之前的路由器再建立专门的路径。假设整个路线被编码并存入数据包中的地址字段，每一跳用 3 位来指定所跳端口。路由器应该使用最高 3 位来表示这个字段，地址字段向左移动 3 位
514 后，下一个路由器的路由信息正好存放在这里。

存储器系统

存储器的用途广泛，在数字系统中得到大量使用。在处理器系统中，SDDR DRAM 芯片用于主存，SRAM 阵列用于高速缓存、块表、分支预测表以及其他内部存储。在互联网的路由器（图 23-3b）中，存储器用于数据包的缓冲、路由表、数据流存储及统计数据收集等功能上。在手机的系统级芯片中，存储器用于视频流和音频流的缓冲。

衡量存储器的性能主要有三个参数：容量、延迟和吞吐率。容量代表了数据的存储量，延迟反映的是访问数据花费的时间，吞吐率反映了在一个固定时间里能够访问的次数。

一个系统中的存储器，如一台路由器的数据包缓冲区，通常是由多个类型的基本存储体组成，如片上 SRAM 阵列或片外 DRAM 芯片。㊀ 一个存储器的容量和吞吐率由使用的基本存储体数决定。如果一个基本存储体的容量不够实现所需存储器，就必须使用多个基本存储体来构建存储器，但该存储器在使用时同一时间里只能访问其中的一个基本存储体。同样，如果一个基本存储体无法提供足够的带宽，要达到所需的吞吐率就必须通过重复或交替的方式并联使用多个基本存储体。

25.1 存储器的基本存储体

数字系统中，绝大多数存储器是由两种基本类型的基本存储体组成：片上的 SRAM（静态存储器）阵列和片外的 SDDR DRAM 芯片。㊁ 在这里我们把这些基本存储体看作一个黑盒子，只讨论它们的特性及如何使用，对于其内部结构及实现不做讨论。

25.1.1 SRAM 阵列

片上 SRAM 阵列可以构建小型、快速、专用的存储器，通常这些阵列与读写数据的逻辑电路集成在一起。一个 SRAM 芯片的容量相对较小（约 400 Mb），而一个 DRAM 芯片可以有 4 Gb 的容量，但 SRAM 阵列读写速度快，可以在一个时钟周期内完成，访问 DRAM 则需要花费 25 个以上的周期。多个 SRAM 阵列并行工作，可以实现高聚合带宽的存储器。例如，一个 64 Mb 的芯片由 1024 个 1 K×64 的 SRAM 组成，工作频率为 1 GHz 时，聚合带宽可达 8 TB/s。相反，一个典型的 DRAM 芯片带宽仅为 1 GB/s 或更小。SRAM 另一个重要的优势是它位于片上，紧邻使用它的逻辑电路。如果 SRAM 位于芯片另一侧，此时 SRAM 就不具备单周期存取的优势了，访问时间需要 20 个周期。如果位于另一个芯片上，访问时间会更长。 515

正如第 8.9 节所述，SRAM 接受地址信息、数据输入信息和一个写信号，产生数据输出信息。理论上一个 SRAM 可以有任意数量的端口 P，但是由于生产成本以 P^2 为系数增加，因此大多数 SRAM 都是单端口的。在实际应用中，也经常见到同时具备读、写信号的双端口 SRAM。但端口数超过两个以上的 SRAM 就不多见了，因为这种 SRAM 造价非常昂贵。

大多数 SRAM 采用同步方式，即在一个时钟下工作，如图 25-1 所示。每个周期各端口可以分别执行一次读取或写入操作。写数据时，地址和数据在时钟的上升沿前 t_s 开始建立，并在时钟沿后保持 t_h。读数据时，需在时钟的上升沿后经过一定的延迟（T_{dad}）再读取的数据才能

㊀ SRAM 表示静态随机存取存储器；DRAM 是动态随机存取存储器的缩写。

㊁ 这里不考虑能持久保存数据的非易失性存储器，如 flash 和磁盘。

保证数据有效。需要注意的是，时钟周期必须足够长，以便有充足的时间完成写操作、内部预充电及其他内部操作。对于大多数的 SRAM 而言，在一个周期内同时对一地址进行读、写操作，可能会导致读出不确定的数，见图中周期 3。

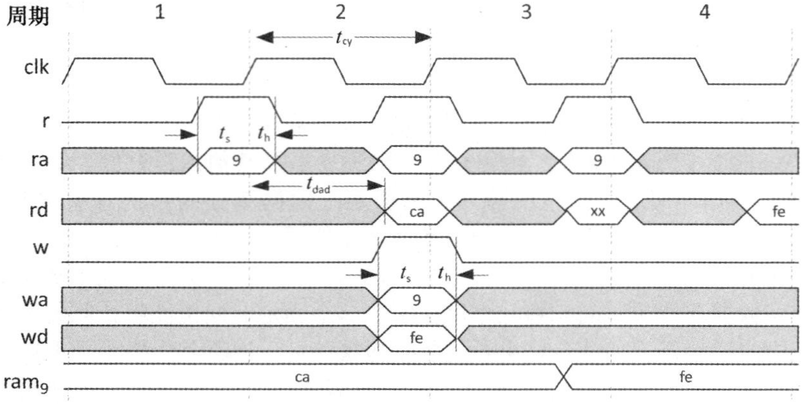

图 25-1　一个同步双端口 SRAM 的工作时序。当读/写（分别用 r 和 w 表示）信号在时钟上升沿时，地址 ra/wa 的数据被读取/写入。读写信号、地址和数据都有建立和保持时间。读取时，从时钟沿到读出数据，时间为 t_{dad}

SRAM 被组织成具有行译码器和列多路选择器的单元阵列，这与图 8-44 中的 ROM 相似，不同的是，SRAM 单元位于字线与位线的交界处。电气约束限制了 SRAM 基本阵列的最大尺寸，其行和列均不超过 256（64 Kb 或 4 KB）。一个大小为 256×256 的 SRAM 阵列可以实现 64 K×1 位或 256×256 位的 RAM，⊖ 这是该阵列所能实现 RAM 的两个极端情况。在这之间，还可以有其他组合的 RAM，例如 2 K×32 位的 RAM。一个包含译码器和多路选择器的 SRAM 阵列，通常可以在一个时钟周期内完成数据传送。

如果需要的 RAM 容量大于 4 KB 或宽度超过 256 位时，必须将多个 RAM 阵列组合起来，
516 采用位片或存储体的方式来实现（第 25.2 节）。

25.1.2　DRAM 芯片

DRAM 是一种快速⊜ 的片外存储器，其位成本最低。当前 DRAM 芯片容量可达 4 Gb，明显超过了单芯片 SRAM 的存储量。但是大容量会造成高的延迟，现代 SDDR 3 内存芯片的延迟约为 20 ns，而片上 SRAM 阵列的延迟仅为 400 ps。

从本质上而言，动态存储器并不比静态存储器慢。但是，商品化后的 DRAM 芯片却比片上 SRAM 阵列慢很多，这里主要有三个原因。第一，DRAM 芯片是独立的，很大一部分延迟花费在与接口的交互上。第二，由于存储部件容量大，通过片上总线访问芯片内部子阵列时需要花费很多时间。第三，因为 DRAM 芯片所在系统的通信延迟很高，很难再对片内子阵列的速度进行优化。

虽然对大多应用程序而言，一个 DRAM 芯片就足够了。但通常情况下人们会将 DRAM 作为模块，将几个 DRAM 芯片按位片方式组合起来形成一个存储器（第 25.2 节）。或者将多个模块交错使用（第 25.3 节）来实现更高带宽的存储器。例如，高性能 CPU 的存储器就是按照这种方式来组织的。本节主要讨论单个 DRAM 芯片的使用。

读（或写）DRAM 模块需要三步：行激活、列访问和预充电，如图 25-2 和图 25-3 所示。

⊖ 在一些 RAM 中最小的列复用要求是 2 或 4，位数最宽的 RAM 可分别用宽度为 128 位或 64 位的存储阵列实现。

⊜ 这里的“快”表示随机读写访问可以到 100 ns 或更少。flash 和磁盘位成本更低，但速度太慢，在很多应用中无法用作主存。

DRAM 模块的接口由地址总线、数据总线和控制总线组成。由于 DRAM 模块的引脚数有限，地址总线和数据总线采用串行化方式。地址由三个字段组成，分别表示体、行和列。读取 DRAM 的某一地址时，第一步读取的是体地址（地址高位）和行地址（地址中位），从而激活选定存储体上的某一行。行激活能将所选存储体上的某行数据读取到存储体的读出放大器中，如图 25-3a 所示。读取数据的过程会破坏存储数据，所以行激活结束时，存储器处于未知状态，如图 25-3b 所示。在发出列地址和命令前，控制器必须等待 t_{RCD} ⊖，这一延迟用来完成行激活。在这段时间内，可以对其他存储体进行操作。

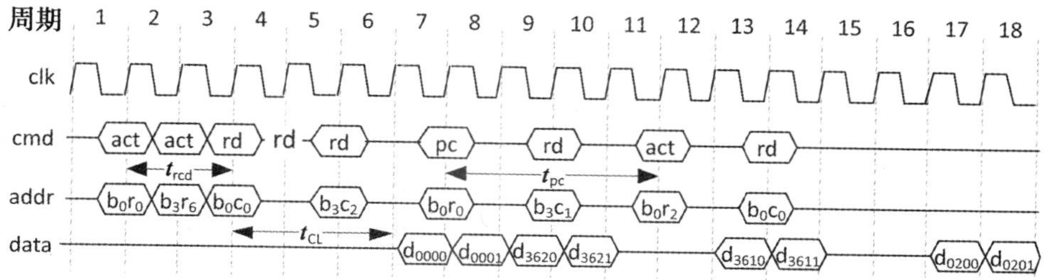

图 25-2　DRAM 芯片的工作时序。在周期 2 发出命令激活存储体 0 上的第 0 行。在周期 3 发出第二个命令激活存储体 3 上的第 6 行。经过 t_{RCD} 延迟后，在周期 4 发出命令读取存储体 0 并激活行上的第 0 列数据。经过 t_{CL}，从周期 7 开始输出数据。访问同一存储体上不同行时，该行必须预充电（如周期 8）。如果访问同一行中的不同列，不需要预充电，如周期 10 517

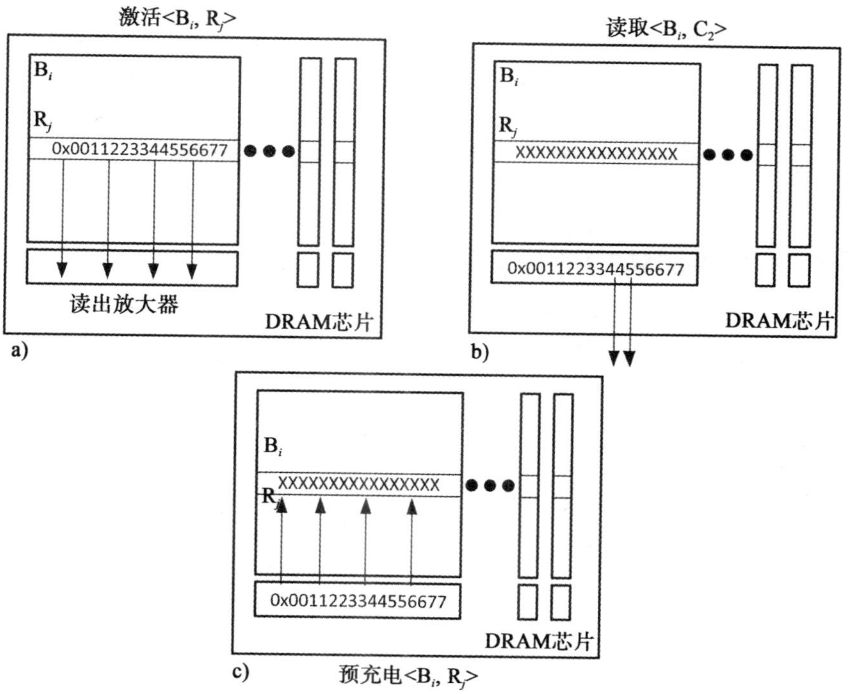

图 25-3　DRAM 存储体读取步骤。a）首先激活某一行，将数据送入读出放大器中。读取会破坏存储的数据。b）接着，对激活行上的某一列发出读取和写入命令。最后，在 c）中，发出预充电命令将该行写回存储器。读取同一行上的多个列时不需要预充电/激活序列。此外，同一时间可以激活不同存储体上的多个行

⊖　RCD 表示从 RAS 到 CAS 的延迟，源自异步 DRAM。可以把它看作行到列的延迟。

行激活结束后，在体地址和列地址有效期间，发出读取（或写入）命令。经过列地址选通延迟 t_{CL}（CAS 延迟或列延迟）后，数据的第一个字出现在数据引脚。之后以一种突发方式，每个周期输出一个新字，直到数据全部读出。[㊀] 一个行被激活后可以进行多次读写操作，期间不需要再次进行激活。

当一行上所有的读写操作执行完后，需要进行*预充电*，通过读出放大器将数据写回存储器
518 阵列（图 3-25c）。发出预充电命令（图 25-2 中的周期 8）后，如果想激活同一存储体上其他行，控制器必须等待 t_{pc}，以便完成预充电操作。在这个延迟时间里，可以访问其他存储体。

与 SRAM 不同，DRAM 处理两个连续请求时，延迟与访问地址有很大的关系。访问一个已激活行时，延迟时间是 t_{CL}。访问一个已完成预充电的新行时，延迟时间是 $t_{RCD}+t_{CL}$。访问存储体上的某行时首先必须充电以激活该行，其延迟时间是 $t_{RCD}+t_{CL}+t_{pc}$。文献 [94] 中提到了对存储器控制器的优化，也就是在出现大量存储器的访问请求时，采取乱序操作，即在行切换前集中处理当前激活行的请求。

每次存储器访问返回的数据量称为*存储单元*。理想情况下，每次读取的存储单元上所有位都是有用的。SRAM 阵列大小可以根据需要设置成与存储单元一致，通常情况下，DRAM 存储单元大小会采用一个最小值。这个最小值通常是几个字的长度。当需要的数据宽度小于存储单元的最小值时，会造成能源和带宽的浪费。

将 DRAM 接口标准化，有利于在各种类型的系统中采用不同厂商的芯片。JEDEC 标准体系中规定了某种类型 DRAM 的规格，如 DDR3 或 GDDR5，各个厂商可以按照标准生产符合规格的零件。这些标准包括引脚的定义、信号发送的方式和各种命令。

在一个标准中，DRAM 性能由时钟频率和各操作的延迟决定。例如，一个 SDDR3 DRAM 时序由 f_{clk}、t_{CL}、t_{RCD}、t_{RP} 和 t_{RAS}（激活和预充电命令之间的最小时间）决定。一个参数为 DDR3-1600 8-8-8-24 的内存，其 I/O 时钟为 800 MHz[㊁]，除了 t_{RAS} 需要 24 个时钟周期外，其余都为 8 个周期。如果从已打开的行中读取一列，需要 8 个时钟周期（时钟周期为 1.25 ns），或者说需要 10 ns。

25.2　用位片和存储体构造存储器

当我们需要一个比用单一基本存储器（RAM 或 DRAM）构建的容量更大或位数更宽的存储器时，可以将若干个基本存储体通过位片或存储体方式组合起来。通过位片方式，可以将存储器子系统的各个位划分在不同的基本存储体内。通过存储体方式，可以将基本存储体划分到存储器子系统的不同地址空间上。这两种方法也可以结合起来使用，从而使所用基本存储体覆盖整个地。

假设我们需要组成一个容量为 1 Mb（128 KB）的 SRAM 存储阵列，可用的存储阵列容量为 16 K×64。图 25-4 给出了采用位片方式（图 25-4a）和存储体方式（图 25-4b）实现该存储器的原理。如果采用位片方式，地址平行分布到 16 个 16 K×4 的阵列上，每个阵列提供 4 位输出。如果采用存储体方式，地址线高位经译码后选取 16 个 1 K×64 的阵列中的一个。地址的低位发送到所有存储体的片内地址上，并从所有存储体上选择一个字作为输出。高位地址经译码后再选中其中一个存储体，这样仅有一个存储体上的字被输出。

这两种结构具有相同的容量（1 Mb）和带宽（每个周期 8 B）。此外，在存储系统的实际
519 设计中，无论采用位片方式还是存储体方式，通常将基本存储体布局成一个 4×4 的二维阵列。

㊀ 在双倍数据速率（DDR）存储器中，单独的数据字传输需要半个时钟周期。

㊁ 对于双倍数据速率（DDR）存储器，数据传输是时钟速率的两倍，即 1600 MHz，因此 DDR3-1600 的时钟频率为 800 MHz。

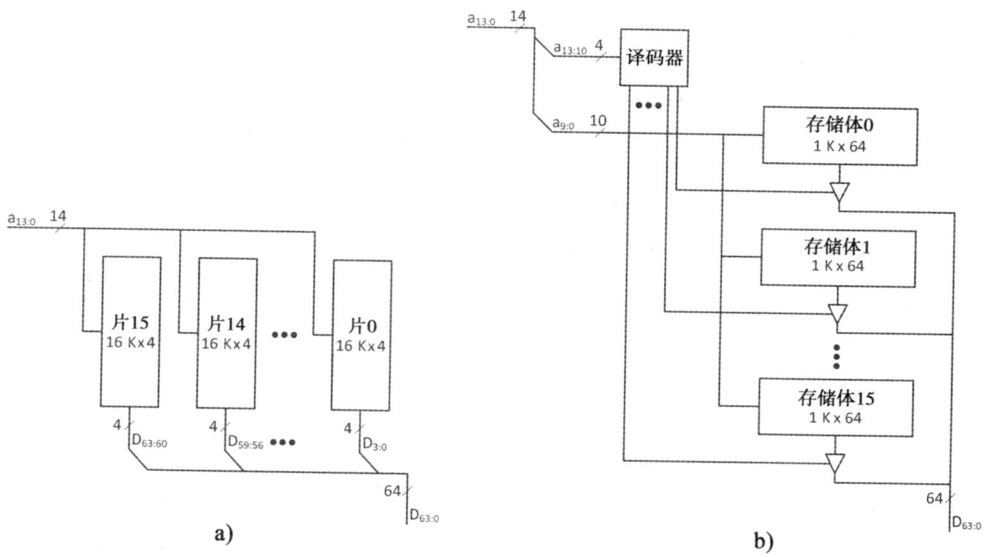

图 25-4　增加存储器容量的两种方法。a）位片。将每一个基本存储体中读取的部分字组合后输出。b）存储体。通过地址的高位选取其中一个基本存储体，然后读取该基本存储体中的一行字作为输出。采用存储体方式时，未被选中的基本存储体处于未激活状态，可减少功耗

在采用位片方式的存储器中，由于每个阵列只存储数据的一部分，完成一次操作需要访问所有的存储阵列。而采用存储体方式的存储器，只需要访问其中一个阵列。译码后只激活选定阵列，而其他阵列处于闲置状态，因此存储体方式比位片方式的能耗低。

图 25-5 给出了一个既采用位片方式又采用存储体方式构建的存储系统。该存储系统用了 16 个基本存储体，每个容量为 4 K×16，对 4 个阵列（一行）读（或写），就是一个完整的 64 位。4 行（按存储体寻址）可提供容量为 1 Mb 的存储系统。每次读写请求会激活同一行上的 4 个基本存储体，而其他 12 个基本存储体则处于空闲状态。

这里的存储器结构是用高位地址选择存储体，但这并不是唯一的方法。如果不需要地址连续，任何一组地址位都可以用来选择存储体。为保证地址连续，大多数的存储器系统都使用高位地址。 520

25.3　交叉存储器

为了增加存储带宽可以允许多个请求同时访问多个存储体。用交叉开关（24.3 节）代替图 25-4 和图 25-5 中的地址分配方式，就可以同时访问多个存储体，如图 25-6 所示。当有多个访存请求时，访问哪个存储体与它们的访存地址有关。这种结构允许一个周期内存在多个访存请求。当然，这些存储体也可以进一步通过位片和划分存储体来实现。

经过上述修改后，理想情况下存储系统的带宽可以从每周期一个字增加到 $\min(N, M)$ 个字，其中 M 是请求者的数量，N 是交叉的存储体个数。但是这个峰值带宽并不是总能达到。如果出现两个请求访问同一存储体的情况时就会产生冲突，其中一个请求会被推迟。在某个周期内，对于一个或多个存储体而言，如果其地址空间没有访问请求，该存储体处于空闲状态。

当存储体的数量是 2 的幂次方时，可用地址中的某些位作片选。通常情况下，用地址的中间位做片选，如表 25-1 所示。地址的低 b 位用来确定块中的字节数，这里所说的块表示在移

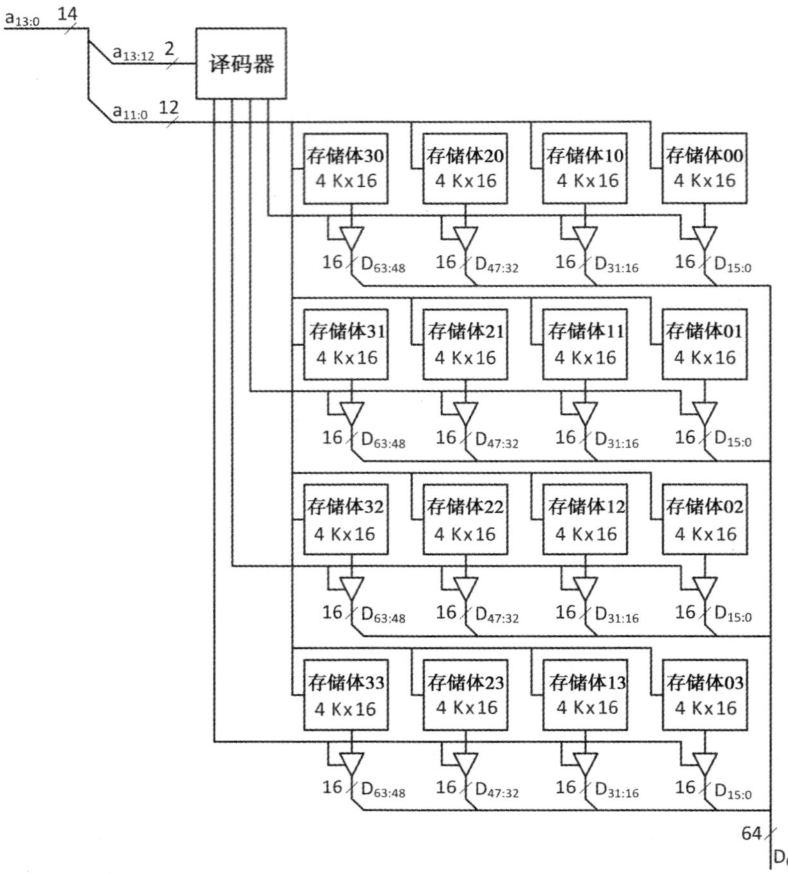

图 25-5　采用位片方式和存储体方式构建的存储系统。同一存储体内所有阵列对同一个请求做出读（或写）的响应。在该系统中同一时刻只能有一个请求有效

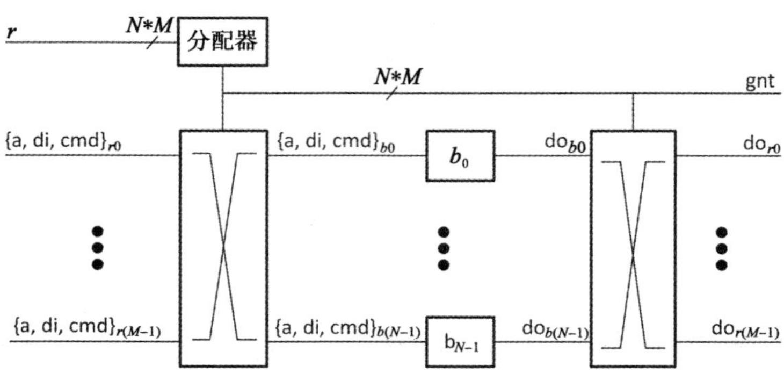

图 25-6　具有 N 个存储体的交叉存储器，其中仲裁器可以仲裁 M 个请求。请求矩阵 r 经仲裁器仲裁后，发出 gnt，通过交叉开关授权请求者访问存储体

动到下一个存储体前，映射到一个存储体中的内存数量。接下来的 $n=\log_2(N)$ 位用来选择存储体。其余位用来选择存储体内部的块。这种地址映射能够将连续地址映射到不同的存储体上，当访存请求集中在某一连续地址空间时，发生冲突的存储体数量会减少。[⊖]

⊖ 与 25.4 节中所讨论的一致，这种说法可以被看作空间局部性。

表 25-1　某交叉存储器系统中地址各字段的含义

名　称	位	描　　述
字节	$b-1:0$	每个块中包含 $B=2^b$ 字节
存储体	$n+b-1:b$	$N=2^n$ 个存储体
块	$a+n+b-1:n+b$	每个存储体中包含 $A=2^a$ 个块

采用交叉存储器，每个请求都可以获准访问某个特定的存储体。如果开关分配器只能访问每个队列的队首，就会出现队首阻塞，存储器系统将无法得到充分使用，如表 25-2 所示。即使要访问空闲的存储体，这些请求也会被阻塞在各自队列的其他请求之后。表 25-3 允许开关分配器乱序处理队列中出现的请求，存储器获得较高的使用率。从该表中可以看出，存储器得到了充分利用。

即使分配器能够避免队首阻塞，存储体上的负载均衡也会限制存储器的使用。访存请求如能均匀地分布在整个存储体上，就可以最大限度地提高存储器的吞吐量。通常情况下，可以利用地址的中间位作片选，与高位作片选相比，这种方式能够使访存请求分布更均匀。但是也会存在一些特例，如某些病态情况下会出现访问跨度较大但地址中间位不改变的状况。 521~522

表 25-2　出现队首阻塞，存储系统没有获得最大吞吐率；因某个资源被过度请求，本来可以授权的请求被阻塞

时间	Q0	Q1	Q2	Q3	G0	G1	G2	G3
1	0, 1, 2, 3	0, 1, 2, 3	0, 1, 2, 3	0, 1, 2, 3	Q0	—	—	—
2	1, 2, 3	0, 1, 2, 3	0, 1, 2, 3	0, 1, 2, 3	Q1	Q0	—	—
3	2, 3	1, 2, 3	0, 1, 2, 3	0, 1, 2, 3	Q2	Q1	Q0	—
4	3	2, 3	1, 2, 3	0, 1, 2, 3	Q3	Q2	Q1	Q0
5	—	3	2, 3	1, 2, 3	—	Q3	Q2	Q1
6	—	—	3	2, 3	—	—	Q3	Q2
7	—	—	—	3	—	—	—	Q3

表 25-3　当仲裁器能够获悉除队首外的其他请求时，存储系统不会出现队首阻塞，从而实现最大的吞吐率

时间	Q0	Q1	Q2	Q3	G0	G1	G2	G3
1	0, 1, 2, 3	0, 1, 2, 3	0, 1, 2, 3	0, 1, 2, 3	Q0	Q1	Q2	Q3
2	1, 2, 3	0, 2, 3	0, 1, 3	0, 1, 2	Q3	Q0	Q1	Q2
3	2, 3	0, 3	0, 1	1, 2	Q2	Q3	Q0	Q1
4	3	0	1	2	Q1	Q2	Q3	Q0

如果一个交叉存储器有 N 个存储体且块的大小是 B 字节，在满足下式的情况下，存储地址 a_0 和 a_1 将访问相同的存储体。

$$\Delta a = (a_0 - a_1),\ \mathrm{mod}(NB) = 0 \tag{25-1}$$

例如，有一个 256×256 的双精度浮点数数组（每个浮点数占 8 字节）。如果我们要访问该数组中的一列，$\Delta a = 2048$。当 NB 小于 4096 且是 2 的幂次方时，对于任何交叉存储系统的访问都会落在同一个存储体上。

避免发生存储体冲突的最简单方法是在填充存储阵列时，行的大小与存储体的个数互质。例如，如果我们存储 256×256 的阵列时，将其看作一个 257×256 的阵列，Δa 变成 2056，这时就可以均匀地访问整个存储体了。

为避免存储体的冲突，人们已经提出了许多硬件解决方案，如使用一个质数存储体。但是，这些解决方案成本较高，当访问间隔 Δa 是存储体数量的倍数时，仍然会产生冲突。此时
523 首选方案是采用软件方式来填充阵列或尽量避免出现造成冲突的访问间隔。

在实际存储系统中，不是所有请求都具有相同的优先级。例如，数据加载请求比数据存储的优先级要高。在这种情况下，我们可以将每一类请求存入不同的缓冲中。高优先级的请求能够比低优先级的请求优先获得响应。当不断出现高优先级请求时，不给较低优先级请求访问授权，可能会“饿死”低优先级请求。为了保证系统性能，可以为优先级增加等待时间或为每类请求分配一定量的静态资源。例如，当有 4 个高优先级的请求获得授权后，一个低优先级的请求必须赢得仲裁。

当仲裁对象变为 DRAM 时，这个问题会变得更加困难，因为访问 DRAM 的时间与地址相关，而且控制器必须决定何时打开一个新行。现代内存控制器要在实现最大吞吐率和为所有请求提供基本的服务质量之间做好平衡。

25.4 高速缓存

当我们设计一个存储系统时，需要面临的一个问题是如何在容量和速度之间进行折中。DRAM 可以提供千兆字节的存储容量，但访问时间会超过 100 个周期。小的 SRAM 阵列可以在一个周期内实现访问，但容量只有 16～64 KB。将这两种存储器结合起来形成一个*存储层次*就可以做到两全其美。容量小、存取速度快的存储阵列用来存储那些频繁访问的数据，而容量大、存取速度慢的存储器用来存储其他数据。如果设计者或程序员清楚每类存储器中会存入哪些数据，就可以使用图 25-7a 所示的层次结构来设计存储系统。每类存储器可以分配相应的*地址空间*。根据访问地址，将请求分配给三个存储阵列中的某一个进行处理。

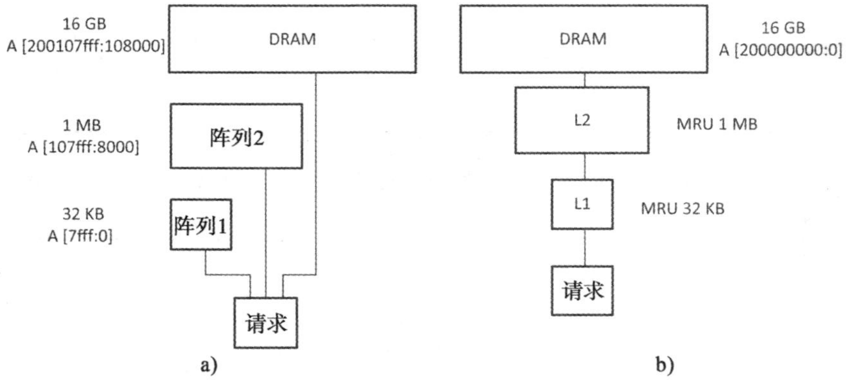

图 25-7 将各种存储器组织起来形成存储体系结构可以增加容量和延迟。a）明确划分各层次，其中每个地址映射到一个特定的存储器上。b）采用隐式管理的 cache 体系结构，其中两个较小的存储器保存最近使用的字（MRU）

但是，当数据的访问情况未知时，情况会有所不同。例如，显卡对游戏进行渲染时要访问
524 许多纹理，[⊖] 在一个给定的场景下这些纹理只是全部纹理的一个子集。需要哪些纹理事先是不知道的，但是只要使用过一次，这些纹理就有可能会在下一像素、下一对象或下一帧中再次使用。如球员在一个充满阳光的草坪上走动时，只有草的纹理是需要经常访问的。沙子、砖、雪和月亮的纹理都可以存储在 DRAM 中，而且这样还不会损失性能。

⊖ 图像被“画”到屏幕中的显示对象上。

这种方式其实利用的是时间局部性的原则，即最近被使用的数据可能会在不久的将来再次使用。草的纹理可以被周围的像素使用，也可在几个对象和几个连续的帧中使用。同样，当沙的纹理被加载后，它也可以被重复使用。

此外，数据访问还具有空间局部性的特点，即与刚刚被访问的数据接近（相邻地址）的数据，在不久的将来也有可能被使用。例如，我们正在使用草的纹理上的某一像素，很有可能会使用该像素的相邻像素。在习题25.6中，我们将通过块的大小来分析空间局部性。

我们可以利用时间局部性原则，将最近使用的数据保存在一个容量小、存取速度快的存储器中，该存储器称为高速缓存（cache）。对于存储在cache中的每个数据元素，我们也可以设置一个标签，该标签包括数据元素的地址和一些状态信息。在读操作期间，每级cache按顺序检查请求地址，查看本级中是否有请求数据的副本。如果L1缓存发现有一个标签包含请求地址（cache命中），L1以最小的延迟提供相关数据。如果L1缓存中没有找到匹配的请求地址（cache未命中），继续搜索L2缓存。如果在所有缓存中都没有找到数据元素，即数据未命中，则该数据由DRAM提供。当数据元素从DRAM中返回后，连同地址存储在L1 cache中，这是因为该数据为最近访问的数据元素。当新数据进入cache后，为了腾出空间，一些旧的（不是最近访问的）数据可能需要被移出。

作为一种典型的访问模式，保留最近访问的数据可以大大提高命中率。用一个流行的基准测试程序测试一个L1缓存大小为32 KB的典型微处理器，其命中率可以达到98%。如此高的命中率意味着处理器几乎总是（98%的时间）工作在一个既有L1缓存的低延迟、高带宽又具有DRAM的大容量特征的存储系统中。依靠良好的局部性原则，cache体系结构给我们提高了一个大容量、快速存取的存储器。

缓存由标签存储器和数据存储器组成。标签存储器存放地址，数据存储器存放与标签相关的行[⊖]，该行由多个相邻的字组成。在全相联高速缓存中，内容可寻址存储器（CAM）用来存储标签，如图25-8所示。CAM的输入信息是要访问的地址。CAM的输出是一个独热信号，用来指示所对应的地址。这些由独热信号形成的阵列可以使能相应的数据线，使其与数据存储器的输出相连。如果在标签CAM中没有发现匹配的地址则未命中，请求将被传到存储体系的下一级。尽管这种全相连的结构很简单，但它往往只用在非常小的cache上（少于64个），因为CAM阵列大而且速度缓慢。

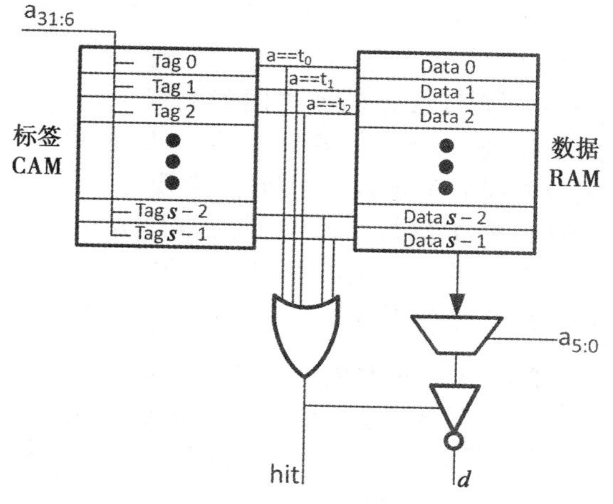

图25-8 一个由标签CAM和数据RAM组成的全相连cache。读访问时，地址高位与标签CAM中的每一个有效地址作比较。如果匹配（命中），相关的字线变高电平，输出数据存储器中对应的数据。低地址用来选择cache块中的字

525

表25-4列出了连续访问一个全相连cache的过程。如果缺失，所请求的数据从DRAM返回时被存入cache。如果cache已满，必须从cache中移出一行数据。从cache中移出数据有很多方法，如最近最少访问法。

对于容量太大无法用CAM阵列实现的cache存储器可以采用直接映射方式。如图25-9所示，将标签存储在一个常规的RAM中（而不是CAM中）。通过存储器地址的中间位访问标签

⊖ 缓存行——与cache标签相关的一块数据，有时被称为cache块。

和数据阵列。读取标签阵列之后，将请求地址的高位与标签作比较。如果地址的高位与标签匹配（命中），从数据 RAM 中读出数据输出。

表 25-4　一个全相连映射的 cache，该 cache 被分成 4 块。表中列出了发出请求时各块中的标签分布及当前请求的命中情况

请求	标签地址	命中/缺失	S0	S1	S2	S3
1	$3ff_{16}$	M	—	—	—	—
2	400_{16}	M	$3ff_{16}$	—	—	—
3	404_{16}	M	$3ff_{16}$	400_{16}	—	—
4	400_{16}	H	$3ff_{16}$	400_{16}	404_{16}	—
5	300_{16}	M	$3ff_{16}$	400_{16}	404_{16}	—
6	200_{16}	M	$3ff_{16}$	400_{16}	404_{16}	300_{16}
7	300_{16}	H	200_{16}	400_{16}	404_{16}	300_{16}

表 25-5 列出了一个简单的块数为 4 的 cache 的访问模式及标签分布。由于每个地址只能映射到一个唯一的位置，即使 cache 未满也有可能要从 cache 中移出数据。例如，相邻两个请求经地址映射后访问相同的 cache 空间，尽管前一个地址的数据是最近使用过的，也需要从 cache 中移出。习题 25.7 中将讨论组相联 cache，其中每行可以映射到 w 个位置中的任何一个。

在 cache 中，每个标签所对应的数据即
526 cache 块通常大于一个字。在存储体系中，cache 同较高级存储器之间的数据传输是以块为单位进行的。大多数块的大小在 32 ~ 128 字节之间。确定块大小时，既要考虑空间局部性还要尽量减少不必要的数据传输，因此需要在二者之间做出妥协。习题 25.6 中将对这一问题进行探讨。

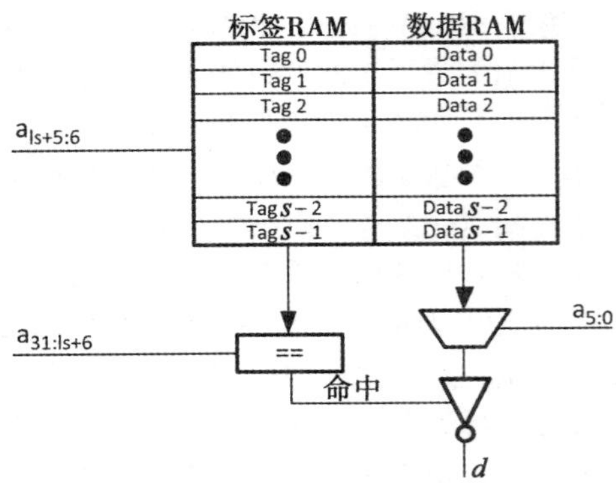

图 25-9　一个直接映射 cache，其中标签存储在 RAM 阵列中。地址最低位是用来选择 cache 块中的输出字。中间的地址位用来读取标签和数据阵列。地址的高位用来与标签阵列输出作比较。如果该地址与读出的标签匹配，则命中，输出数据阵列中的数据

表 25-5　一个块数为 4 的直接映射 cache，位［7：6］为块地址。表中列出来发出请求时各块中的标签分布及当前请求的命中情况

请求	地址	块号	命中/缺失	S0	S1	S2	S3
1	$3ff8_{16}$	3	M	—	—	—	—
2	4000_{16}	0	M	—	—	—	$3f_{16}$
3	4080_{16}	2	M	40_{16}	—	—	$4f_{16}$
4	4010_{16}	0	H	40_{16}	—	40_{16}	$4f_{16}$
5	4000_{16}	0	H	40_{16}	—	40_{16}	$4f_{16}$
6	3000_{16}	0	M	40_{16}	—	40_{16}	$4f_{16}$
7	4000_{16}	0	M	30_{16}	—	40_{16}	$4f_{16}$
8	3000_{16}	0	M	40_{16}	—	40_{16}	$4f_{16}$

内存访问可以获得很多信息，这些信息有时不仅仅是一个地址、一个操作和一个数据。元数据，如数据的目的地址，并不需要出现在 L1 cache 缺失中，它应该被存入本地的缺失状态保持寄存器（MSHR）中。每次出现 cache 缺失时，在送到存储体系的上一层前会分配一个

MSHR，如果已用完，需要排队等待。当处理完一次缺失后，MSHR 数据被刷新，并释放出来供继续使用。

对 cache 进行写操作时也会出现缺失的现象。当缺失时可以不写入 cache，直接写入存储器或者在 cache 中分配一行，再写回 cache。如果采用第二种方式，由于写 cache 时只提供了一个字，所以该行的其余部分必须从内存中获取。缺失时，写操作并不需要这些额外数据。为了减少等待时间，可以将写入 cache 的数据预先存入一个写入缓冲器中，直到该 cache 块其余部分从内存读回。所有负载必须查询写入缓冲器，以保证读取的数据是最新的。 527

在多处理器系统中，通常每个处理器（CPU）都拥有一个 L1 缓冲。为了确保运算正确，每一次读取地址时必须读取最新写入的数据。如果多个 CPU 读取同一个地址，它们将在各自的 cache 中生成一个副本。写入时，为保持系统一致，所有 cache 中对应的那一块要么全部无效要么全部更新，即只允许最近写入的数据能被后续的读操作读取。

小结

存储器是数字系统的重要组成部分。存储子系统的性能由容量、延迟和带宽决定，通常它是由一个或多个基本存储体组成，诸如 SDDR DRAM 芯片或 SRAM 阵列。

当存储器子系统的容量大于单个基本存储体时，可以将多个基本存储体组合起来，采用位片、存储体或二者结合起来的方式实现。当子系统需要的带宽超过单个基本存储体时，可以采用重复或交叉方式实现。在交叉存储器中，多个输入端口可通过开关连接到多个存储器体上。对于各端口同时发出的多个请求进行有效的调度，可以避免出现队首阻塞。

cache 存储器利用了局部性原则。通过使用一个容量小、存取速度快的存储器来保存最近访问过的数据。然后与一个容量大、存取速度慢的后备存储器相结合，形成一个 cache 存储系统。大多数应用能在 cache 中得到命中，这好像为整个子系统配置了一个大容量、存取速度快的存储器。

文献说明

有关存储器阵列的电路设计可以查阅文献［25］、［48］和［108］。

进一步了解一个完整存储系统的相关资料，可查询 Jacob 等人所著的文献［57］。关于存储器交叉和调度的更多信息，可查阅 Rau 的经典论文［92］和 Bailey 在文献［5］中有关存储体竞争的研究。Burroughs 科学计算处理器［66］使用了多体交叉存储器。有关内存访问调度的细节，请参阅文献［94］。

文献［47］详细描述了缓存对 CPU 性能的影响。有关一致性方面的问题，请查阅文献［29］。

习题

25.1 存储器寻址。对于下面每个存储器，需要多少位地址才能对全部容量进行寻址。并解释哪些位分别用于选取字节、选取存储体和选取字。假设采用字节寻址，存储体的选择位与字节选择位相邻。

(a) 一个容量为 2000、字长为 32 位的阵列。

(b) 8 个位片阵列，每片容量为 1000，字长为 16 位。 528

(c) 16 个存储体阵列，每个存储体容量为 512，字长为 128 位。

(d) 8 个存储体，每个存储体又是由 16 个位片阵列构成的，每个阵列容量为 1000，字长为 64 位。

25.2 用 Verilog 编写 SRAM。参考图 8-52 中实现的 RAM，编写 Verilog 代码实现以下要求：

(a) 8 个位片阵列形成一个存储器，每片容量为 1024，字长为 16 位。

(b) 16 个存储体阵列形成一个存储器，每个存储体容量为 512，字长为 128 位。任一存储体只有在需要时才能被激活。

25.3 DRAM 时序，I。假设 DRAM 的工作时序为 5-5-5-12。地址是 8 位，高 4 位为行选择、低 4 位为列选择。地址流为 01，02，03，10，20，a3，b3，04，b1，b2，回答下面的问题。

(a) 总延迟是多少？(必须启动和完成所有行的预充电。)

(b) 自行安排请求的顺序，并重新计算延迟。

25.4 DRAM 时序，II。对两个 DRAM 进行比较，一个 DRAM 的 I/O 时钟为 800 MHz，工作时序 8 - 8 - 8，另一个 DRAM 的 I/O 时钟为 1 GHz，工作时序为 12 - 8 - 8（这里忽略 t_{RAS}）。对于下列访问方式，哪个 DRAM 更快？

(a) 访问不同行的一串随机地址。

(b) 99% 的时间访问同一行的一串地址。

对一个已打开的行的访问，百分比达到多少时能获得相同的性能？

25.5 跳跃式访问。访问一个矩阵可以使用行索引 r 和列索引 c。如果矩阵按行存放，地址偏移的基地址是 rn_c+c，其中 n_c 是列数。如果按列存放，访问的偏移量为 $r+n_rc$。在一个交叉存储器中，如果按下面的 C 代码进行访问，如何设置存储体（假定可以并行访问）：

```
for(int i=0; i<nr; i++){
  for(int j = 0; j<nc; j++){
     sum += m[i][j]; //i表示行，j表示列
```

25.6 空间局部性和块的大小。分析一个块大小为 1 个字（4 字节）的 cache。经过大量统计，发现如果地址 a 中的字被使用，那么地址 $a+4$，$a+8$，…，$a+28$ 中的 7 个字被使用的概率 P 是 0.95。也就是说，如果我们 20 次中有 19 次访问了某一个字，也会访问随后的 7 个字。在同样的工作量下，如果我们将 cache 的块大小分别增加到 2 个字、4 个字和 8 个字时，命中率会有何变化？每一种块大小会对内存带宽有何要求？

25.7 组相联映射。cache 不一定是全相联映射或直接映射。设计 cache 时可以采用 2，4，…，w 路组相联映射。每个地址可以映射到 w 中的任何一个。设计并绘制一个 4 路组相联 cache 的结构框图。每个地址是 32 位，按字节编址。cache 块大小是 64 字节，共有 1 024 个组（每组有 4 路）。可以只使用 SRAM 阵列，且必须在一个周期内（该周期可能很长）完成访问。给出所有阵列的大小，并解释地址中哪些位用来访问阵列，哪些用来存储标签。

25.8 最坏情况下的访问模式。对于下面几种 cache，分别给出一个最少数量的访问地址流，且该地址流没有一次能够命中：

(a) 具有 n 个组的直接映射 cache；

(b) 块数为 n 的全相联 cache；

(c) 一个 w 路的组相联 cache。

25.9 球和箱子问题。假设有 n 个存储体，每个存储体的访问概率相同。平均请求（$E(r)$）的公式如下，至少要对每个存储体做一次请求检测。

$$E(r) = n\sum_{i=1}^{n}\frac{1}{i} \tag{25-2}$$

(a) 画出 n 的期望函数。

(b) 受到设计条件的限制，只能构建一个 16 输入的仲裁器。平均情况下可以有多少存储体得到充分利用？答案不能是 2 的幂次方。

(c) 如果是一个 256 输入的仲裁器，平均情况下有多少存储体可以达到最大的吞吐率？

25.10 公平仲裁。用 Verilog 编写一个仲裁器，该仲裁器可以处理 4 个高优先级请求和 4 个低优先级请求，并输出 8 个授权信号。

(a) 编写一个基准模块，低优先级请求可以被“饿死”。

(b) 编写一个模块，每 4 个高优先级请求通过后，允许 1 个低优先级请求获得授权。对于相同优先级的请求可以采用一种静态的平局决胜方案。

529～530 (c) 修改上面的模块，在一个类中通过循环方式实现平局决胜。也就是说，4 个输入 0 在授权前具有最高的优先级，然后是 4 个输入 1 具有最高优先级，以此类推。

第七部分

异步逻辑

第 26 章

Digital Design：A Systems Approach

异步时序电路

异步时序电路包含与时钟不同步的状态。与我们已经研究过的同步时序电路一样，异步时序电路通过给实现次态函数的组合逻辑加状态反馈来实现。与同步电路不同的是，异步时序电路的状态改变可能发生在任何时刻。这种将次态变为现态的异步状态更新使得设计过程更加复杂。我们必须关注次态函数中的险象，因为一个瞬时脉冲就有可能导致错误的终止状态。我们还必须关心在状态转换过程中状态变量之间的竞争，因为当超过一个变量时，状态的编码可以不同。

在这一章里，我们看看异步时序电路的基本原理。我们从如何通过画流表来分析带反馈的组合逻辑开始，流表显示了哪些状态是稳定的，哪些是瞬态的，哪些是振荡的。然后，看看如何按照从规格说明开始画流表，然后化简流表，到生成逻辑表达式的步骤去综合一个异步电路。我们知道，对异步时序机而言状态分配非常关键，因为它决定了何时可能会产生潜在的竞争。本章还会讲到通过引入瞬态可以消除一些竞争。

本章内容介绍完后，我们会在第 27 章中以锁存器和触发器为例继续讨论异步电路。

26.1 流表分析

回忆 14.1 节，若在组合逻辑周围加一条反馈路径则形成一个异步时序电路，如图 26-1a 所示。为了分析这个电路，我们断开其中的反馈路径，如图 26-1b 所示，写出关于次态变量的方程式，该方程式是现态变量和输入的函数。现在，当现态变量变为新值时（多位任意变化），我们就可以推出电路的变化情况。

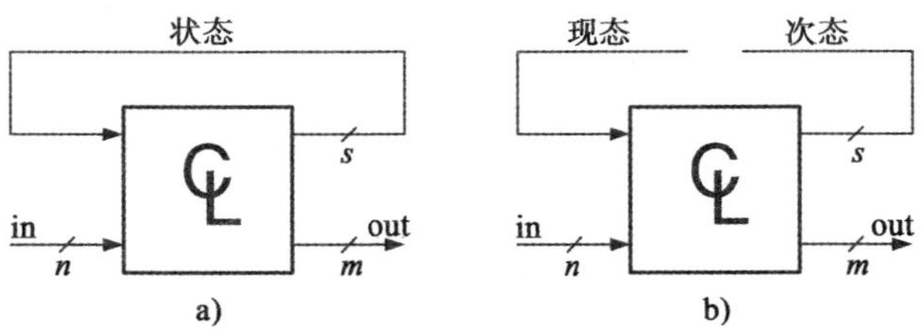

图 26-1 异步时序电路。a）组合逻辑加一条传输状态信息的反馈路径形成一个时序电路。b）要分析异步时序电路，先断开反馈路径，再看次态与现态之间的关系

531 ~ 533 首先，这一点与我们在 14.2 节讨论的同步时序电路相似。在这两种情况下，我们都可以通过现态和输入计算得到次态，不同的是次态变为现态的变化过程。由于没有时钟控制的状态寄存器，异步时序电路的状态可能在任一时刻改变（异步地）。当状态的多位在同一时刻改变时，就会引起所谓的竞争现象。多位以不同速率变化就会产生不同的终态。此外，同步电路最终会到达一个稳定状态，在下一个时钟周期到来之前，次态和输出不会改变。而异步电路可能永远不会到达稳定状态，甚至在输入不变的情况下会无限期地振荡下去。

在 14.1 节，我们已经看到了一个用这种方式分析异步电路（RS 触发器）的例子。在本节，我们来看一些其他例子，引入流表这一工具来分析和综合异步电路。

看图 26-2a 所示的电路，图中每个与门都用使其有效的输入状态 ab 来标记。例如，最上面标记为 00 的与门，当 a 和 b 为低电平时有效。为了分析这个电路，我们断开反馈环路，如图 26-2b 所示。此时，我们可以根据输入 a、b 和现态写出次态函数，如图 26-2c 的流表所示。

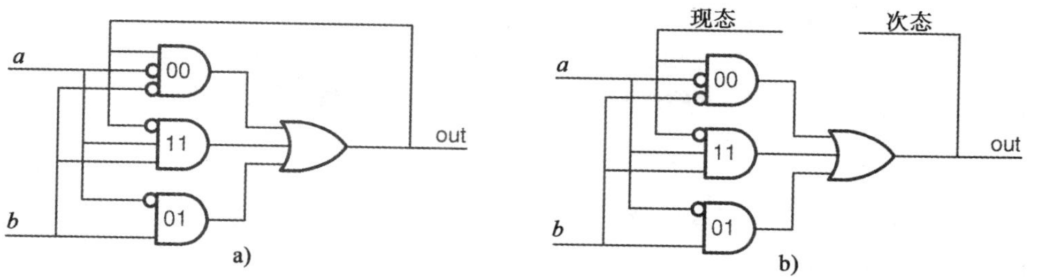

现态	次态			
	00	01	11	10
0	⓪	1	1	⓪
1	①	①	0	0

c)

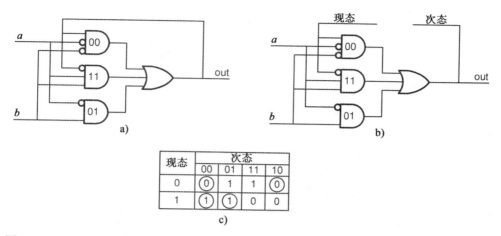

图 26-2　异步时序电路举例 a）原始电路。b）断开反馈环路的电路。c）次态函数流表，带圈的表项是稳定状态

图 26-2c 列出了输入和现态 8 种组合下对应的次态，输入状态以格雷码顺序横向列出，现态纵向列出。如果次态与现态相同，在用次态更新现态时不会发生任何变化，因而该状态是稳定的。如果次态与现态不同，一旦现态更新为次态，电路状态将会发生改变，因而该状态是瞬变的。

例如，当电路输入 $ab=00$，并且现态为 0 时，次态也为 0，因此这是一个稳定状态，如表中左上带圈的 0 所示。如果输入 b 变高，即 $ab=01$，在表中右移一格。此时，与门 01 有效，次态为 1。因为现态与次态不同，这是一种不稳定的瞬变状态。一段时间以后（因为传输值的改变），现态将变为 1，在表中下移一格。此时，因为现态和次态都为 1，所以我们到达了一个稳定状态。

如果在瞬态之间循环而没有出现稳态，则产生*振荡*。例如，当图 26-2 中的电路输入 $ab=11$ 时，次态总是现态的补码，在这种输入状态下，电路永远是不稳定的，它将在 0 与 1 之间不停地振荡。我们永远不希望出现这种现象，异步电路的振荡几乎都是一种错误。

那么，图 26-2 的电路功能到底是什么？聪明的读者一定已经发现，这是一个带振荡特性的 RS 触发器。输入 a 是复位输入端，当 a 为高，b 为低时，次态恒为 0；当 a 变低后，次态变为现态，此时的次态依然为 0。相似地，b 为置位输入端，当 b 为高而 a 为低时，次态为 1；当 b 变低后，次态保持为 1。该触发器与图 14-2 唯一的不同之处在于加了中间的标示为 11 的与门。当两个输入均为高时，图 14-2 中的电路复位，而图 26-2 中的电路因为加入的与门而产生了振荡。如果移除门 11 和门 00 的 $\bar{b}$ 输入端，该电路就变成了图 14-2 所示的电路。

为了简化异步电路的分析，我们特别规定电路操作应遵循以下的*基本工作方式*限制：同一时刻只能有一位输入改变，并且在下一位输入改变前电路必须达到稳态。

在基本工作方式下操作的电路同一时刻只需关心一位输入的变化，不允许多位输入同时改变。触发器的建立和保持时间是基本工作方式限制的实例，触发器的时钟和输入数据不允许同时改变。输入数据改变后，在时钟输入改变前，电路必须达到稳态（建立时间）。相似地，时钟输入改变后，在输入数据改变前，电路必须达到稳态（保持时间）。在第 27 章，我们会更详细地讨论在用异步电路设计实现触发器时建立和保持时间之间的关系。 534~535

在查看像图 26-2 所示的流表时，用基本工作方式操作意味着我们只需考虑相邻方格之间的输入变化（最左列与最右列也相邻），而不必担心出现输入从 11（振荡）到 00（保持）变化的情况。这种情况不会发生，因为同一时刻只能有一个输入变化，在变到 00 之前必须先经过状态 10（复位）或 01（置位）。

在一些现实情况下，不可能限制按照基本工作方式操作输入。在这些情况下，我们就需要考虑多个输入的变化。该问题超出了本书的范围，感兴趣的读者可以参考本章后面列出的文献目录。

26.2　流表综合：触发电路

现在，我们明白了如何使用流表来分析异步电路的行为，即对于给定的一张原理图，可以通过画流表来理解电路的功能。在本节中，我们将在其他方面使用流表。我们会看到如何根据电路设计规格创建流表，然后使用流表综合出可以实现设计规格的电路原理图。

来考虑触发电路的设计规格，如图 26-3 所示。该电路有一个输入 in 和两个输出 *a* 与 *b*。⊖ 当 in 为低时，两个输出均为低。当 in 第一次变高时，输出 *a* 变高；当 in 出现下一个上升跳变时，输出 *b* 变高；在 *in* 的第三个上升沿，*a* 再次变高，该电路就是这样不断地操纵 in 上的脉冲来交替选通 *a* 与 *b*。

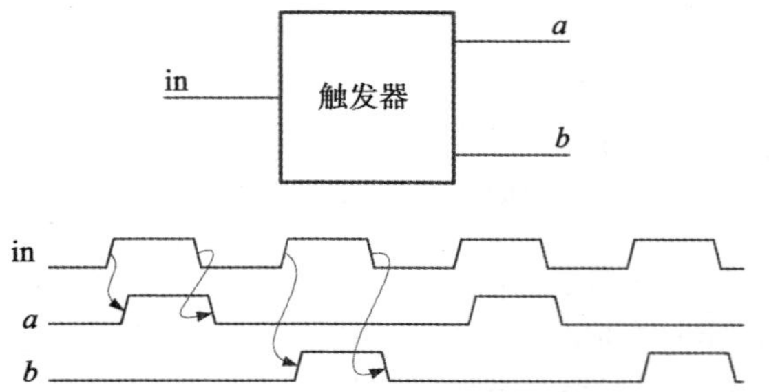

图 26-3　触发电路根据输入 in 的变化在两个输出 *a* 与 *b* 上交替输出脉冲

综合触发电路的第一步是写出流表，可以直接从图 26-3 的波形图得到。输入的每一个变化都可能是一个新状态，因此我们可以将波形图划分成不同的状态，如图 26-4 所示。我们从状态 A 开始，在 in 的上升沿进入状态 B，此时输出 *a* 变为高，在 in 的下降沿进入状态 C。即使
536 C 与 A 输出相同，但因为 in 的下一次变化会产生不同的输出，所以也把它们看作不同的状态。在 in 的第二个上升沿进入状态 D，输出 *b* 变为高。当 in 再次变低时，返回到状态 A。之所以认为该状态与状态 A 相同，是因为此时在所有可能的输入下，电路的行为都无法与起始状态 A 相区分。

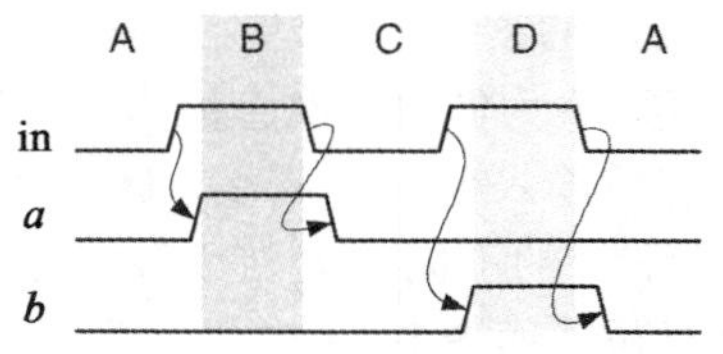

现态	次态(in) 0	1	输出 (*a*, *b*)
A	Ⓐ	B	00
B	C	Ⓑ	10
C	Ⓒ	D	00
D	A	Ⓓ	01

图 26-4　电路的输入每变化一次就创建一个新状态，直到电路明显回到已有的状态，这样就从触发电路的设计规格创建了一个流表

得到了触发电路的流表，下一步是为每一个状态指定一个二进制编码。这里的状态分配比同步机的更关键，如果两个状态 X 和 Y 有一个以上的状态位不同，那么在 X 变为 Y 之前需要先改变一个状态位，从而使其到达一个瞬态。在某些情况下，两个状态位可能会产生竞争，我们将在第 26.3 节详细讨论竞争。此处，我们挑选如图 26-5a 所指定的状态分配，每一个状态转换仅有一位状态位变化。

状态分配后，触发电路的实现就是一个简单的组合逻辑生成的问题了。我们将流表重画成

⊖ 实际中还要求有一个复位输入 `rst` 来初始化电路状态。

如图 26-5b 所示的卡诺图，该卡诺图展示了符号化的次态函数，每一个方格列出了在输入和现态下的次态名称（从 A 到 D），箭头显示了电路操作中状态依次变化的路径，了解该路径对于避免竞争和冒险非常重要。我们参考这张用轨迹图表现状态转换的卡诺图，是因为它展示了状态变量的轨迹。

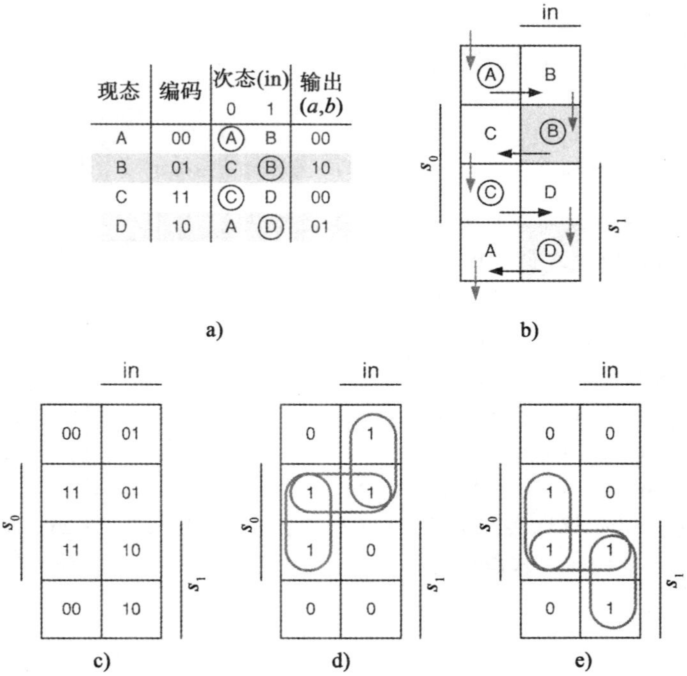

现态	编码	次态(in) 0	次态(in) 1	输出 (a,b)
A	00	Ⓐ	B	00
B	01	C	Ⓑ	10
C	11	Ⓒ	D	00
D	10	A	Ⓓ	01

图 26-5　根据流表实现触发电路。a）指定了状态分配的流表。b）流表映射到卡诺图。c）次态编码映射到卡诺图。d）s_0 的卡诺图。e）s_1 的卡诺图

我们用二进制编码代替状态名称重绘卡诺图，结果如图 26-5c 所示。将该图拆分成两张图分别表示状态变量 s_0 和 s_1，如图 26-5d 和图 26-5e 所示。我们从这些卡诺图可以得到下列关于 s_0 和 s_1 的表达式：

$$s_0 = (\overline{s_1} \wedge \text{in}) \vee (s_0 \wedge \overline{\text{in}}) \vee (s_0 \wedge \overline{s_1}) \tag{26-1}$$

$$s_1 = (s_1 \wedge \text{in}) \vee (s_0 \wedge \overline{\text{in}}) \vee (s_0 \wedge s_1) \tag{26-2}$$

上面的表达式要求必须包括最后一个蕴涵项，用以避免险象的发生。如果不沿着输入/状态路径操作，异步电路一定会发生险象。这是因为现态不断地被反馈回去，状态转换过程中的任何一个干扰都会导致电路切换到不同的状态，从而无法实现想要的功能。例如，假设我们将项 $s_0 \wedge \overline{s_1}$ 从表达式（26-2）中去掉。当 in 在状态 B 变低时，在 s_1 变高前，s_0 可能暂时变低。此时，两个表达式的中间项均为假，s_1 就不会变高——电路进入状态 A，而不是状态 C。

完成综合的最后一步是写出输出表达式。在状态 01 时输出 a 为真，在状态 10 时输出 b 为真，因此，表达式如下：

$$a = \overline{s_1} \wedge s_0 \tag{26-3}$$

$$b = s_1 \wedge \overline{s_0} \tag{26-4}$$

例 26-1　3 分频电路

设计一个异步时序电路，输入为 a，输出为 q，要求输入 a 每变化 3 次，输出 q 变化 1 次。537~538
该电路的波形如图 26-6 所示，图中标出了每个异步状态的名称。从波形图直接可得到如

图 26-7 所示的流表。该流表第二列是为 qrs 指定的状态分配，我们将输出 q 作为其中一个状态变量，再加上两个额外的变量 r 和 s 来区分这 6 种状态，相邻状态之间仅有一个状态变量变化，这样分配可以避免竞争的发生。

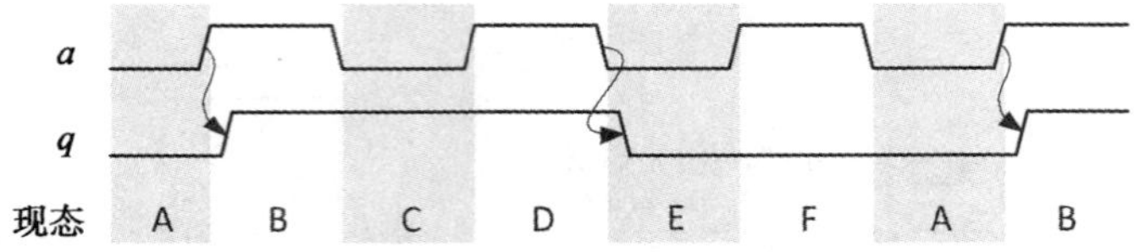

图 26-6　例 26-1 所设计的 3 分频异步电路的波形图

如图 26-8 所示，使用状态分配画出轨迹图和每个状态变量的卡诺图。从卡诺图中我们可以标出主蕴涵项，写出每个状态变量的逻辑表达式。我们小心地沿轨迹覆盖所有的状态变化以避免临界险象，有意思的是，这三个状态变量都可以用一个**多输入**门来实现。其表达式如下：

$$q=(q\wedge\bar{r})\vee(q\wedge a)\vee(a\wedge\bar{r}),$$
$$r=(r\wedge s)\vee(r\wedge a)\vee(s\wedge a),$$
$$s=(s\wedge q)\vee(s\wedge\bar{a})\vee(q\wedge\bar{a}).$$

现态	编码	次态(a) 0	次态(a) 1	q
A	000	Ⓐ	B	0
B	100	C	Ⓑ	1
C	101	Ⓒ	D	1
D	111	E	Ⓓ	1
E	011	Ⓔ	F	0
F	010	A	Ⓕ	0

图 26-7　例 26-1 所设计的 3 分频异步电路状态转换流表

上述表达式的 Verilog 模块实现如图 26-9 所示，我们增加了复位信号 `rst` 来初始化状态变量。

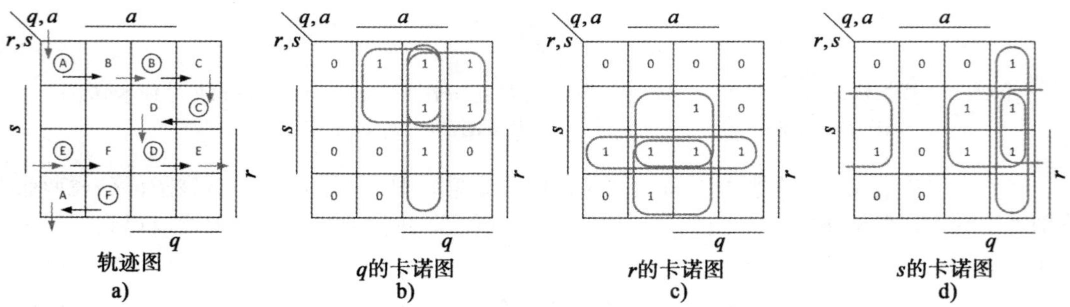

539　图 26-8　例 26-1 所设计的 3 分频电路的轨迹图 a）和每个状态变量的卡诺图 b）～d）

```
module Div3(rst,a,q) ;
  input rst,a ;
  output q ;
  wire r, s ;

  assign q = ~rst &((~r & q)|(~r & a)|(q & a)) ;
  assign r = ~rst &(( s & a)|( s & r)|(a & r)) ;
  assign s = ~rst &((s & ~a)|(s & q)|(q & ~a)) ;
endmodule//Div3
```

图 26-9　例 26-1 所设计的 3 分频电路的 Verilog 实现

Verilog 模块的仿真波形如图 26-10 所示。除了状态变量 q 产生了 3 分频波形，r 和 s 也产生了相移半周期的 3 分频波形。这样就得到了一个**三相**发生器电路。

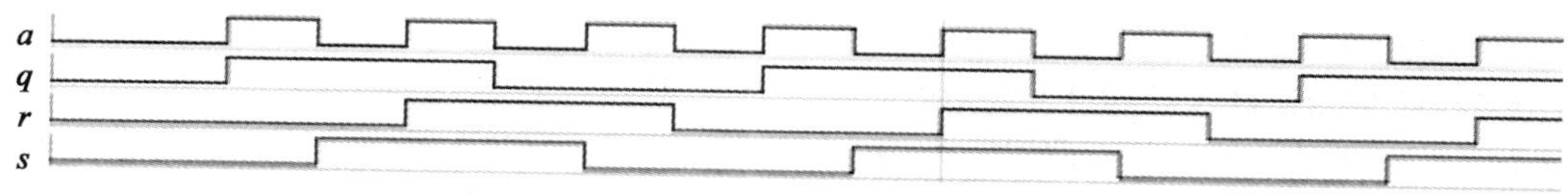

图 26-10 例 26-1 的 3 分频 Verilog 模块的仿真波形

26.3 竞争与状态分配

我们以图 26-11a 所示的触发电路的另一种状态分配为例来说明多个状态变量同时变化的问题。此处，我们把两个输出 a 和 b 看作状态变量，再增加一个状态变量 c 用来区别状态 A 和 C，得到图中所示的编码。[⊖]

对于这种状态分配，当状态 A（$cab=000$）变为状态 B（110）时，变量 c 和 a 都要变。如果按这种逻辑进行设计，在状态 A 下，当 in 变高时，c 和 a 都变高，但变化的顺序可以是任意的，可以是变量 a 先变，也可以是变量 c 先变，也可以两个同时变。如果两个同时变，则可以直接从状态 A 变到状态 B，不会出现中间的状态。如果 a 先变，则先会到未分配的状态 010，然后如果状态 010 不符合逻辑，则进入状态 110。如果 c 先变，则进入状态 C（100），此时输入为高，驱动电路进入状态 D。显然，不能允许 c 先变。这种多个变量可以同时变化的情况叫竞争。状态变量通过竞争决定哪个变量先变，如果竞争的结果改变了最终的状态（如本例），我们称这种竞争为临界竞争。 540

为了避免 a 和 c 同时变化所产生的临界竞争，我们对次态函数进行限制，在状态 A 仅允许 a 变化，从而到达瞬态 010，我们称其为 B1。当电路到达状态 B1 时，次态逻辑使得 c 变化。

图 26-11b 的轨迹图说明了瞬态的引入。在状态 A，当输入变高时，次态函数指向状态 B1，而不是 B。这相当于只有一个变量改变，即 a 变高，从而到达状态 B，如图中向下的箭头所示。在状态 B1 不允许 c 改变，以避免横向变换到标为 D1 的方格。一旦电路到达状态 B1，次态函数变为 B，使得 c 改变，从而横向变换到稳态 B。

现态	编码 (c,a,b)	次态(in) 0	次态(in) 1	输出 (a,b)
A	000	Ⓐ	B	00
B	110	C	Ⓑ	10
C	100	Ⓒ	D	00
D	001	A	Ⓓ	01

a)

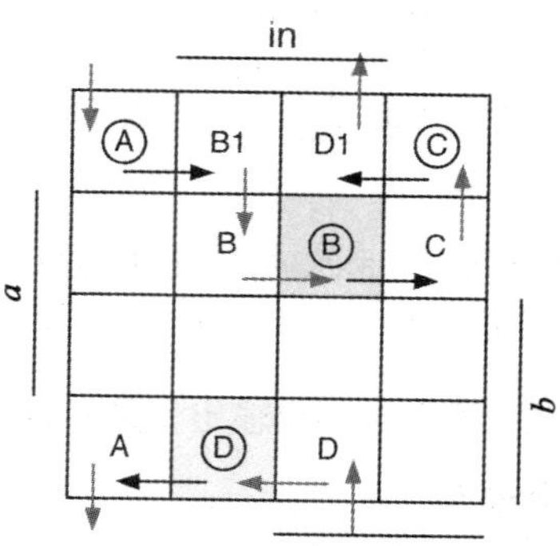

b)

图 26-11 触发电路的另一种状态分配，要求在一次状态转换中有多个状态变量变化。a）修改了状态分配的流表。b）引入了瞬态 B1 = 010 和 D1 = 101 的轨迹图

从状态 C 100 转换到状态 D 001，变量 c 和 b 都发生改变，因而也需要引入瞬态。如果变量 c 先变，不受控制的竞争最终会将电路稳定在状态 B 110，这是不正确的。为了防止该竞争的发生，在状态 C，当 in 变高时我们仅允许 b 改变，从而进入瞬态 D1（110）。一旦进入状态

⊖ 注意：编码的位序为 c，a，b。

D1，就可以允许 c 变低，从而进入状态 D（001）。

图 26-12 展示了修改后的触发电路的实现过程。图 26-12a 是次态函数的卡诺图，卡诺图的每一个方格列出了现态和输入下次态的编码。注意，如果次态等于现态，则该状态是稳定的。瞬态 B1（010，位于对角线上的第二格）是不稳定的，因为它的次态是 110。

从次态卡诺图可以得到每个状态变量各自的卡诺图，图 26-12b ~ 图 26-12d 分别展示了变量 a、b 和 c 的卡诺图。注意，状态轨迹图中未标出的状态（图 26-12a 中的空白方格）不用关心。因为电路永远不会进入这些状态，所以我们不用关心未访问的次态。

从这些卡诺图得到以下的状态变量表达式：

$$a = (\text{in} \wedge \bar{b} \wedge \bar{c}) \vee (\text{in} \wedge a) \tag{26-5}$$

541 $$b = (\text{in} \wedge \bar{a} \wedge c) \vee (\text{in} \wedge b) \tag{26-6}$$

$$c = a \vee (\bar{b} \wedge c) \tag{26-7}$$

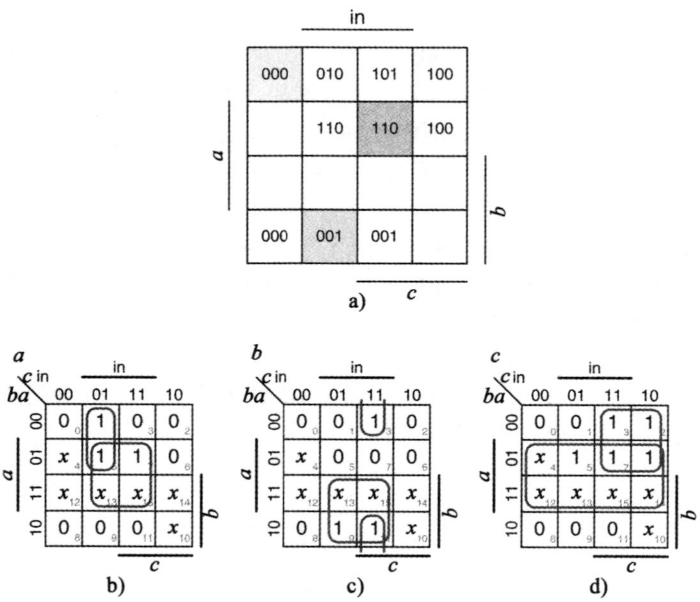

图 26-12　用图 26-11a 所示的另一种状态分配实现触发电路。a）展示了 c、b、a 三位次态函数的卡诺图。b）a 的卡诺图。c）b 的卡诺图。d）c 的卡诺图

注意，我们不需要再单独列出输出变量的表达式，因为 a 和 b 既是状态变量也是输出变量。

例 26-2　独热触发电路

采用独热状态分配设计一个触发电路，描述如何解决所有潜在的竞争。

使用输出 a 和 b 作为独热变量，分别代表状态 B 和 D。再增加两个状态变量 r 和 s，分别代表状态 A 和 C。因此，得到的状态为 $bsar$，状态分配为 A = 0001，B = 0010，C = 0100，D = 1000。每次状态变换有两个状态变量需要变化，会引发 4 种潜在的竞争。

独热触发电路的五变量转换图如图 26-13 所示。在状态 A = 0001 下，当 in 变高时，电路直接转换到瞬态 B1 = 0011，然后切换到状态 B = 0010。此处的完整状态（加上 in）变化顺序是：{$\overline{\text{in}}$，A}（00001），{in，A}（10001），{in，B1}（10011），{in，B}（10001）。注意，此处我们可以允许产生竞争，即允许通过 B1（0011）或 B2（0000）完成状态转换，但我们并没有这么
542 做。其他情况我们将在习题 26-12 ~ 习题 26-15 中讨论。

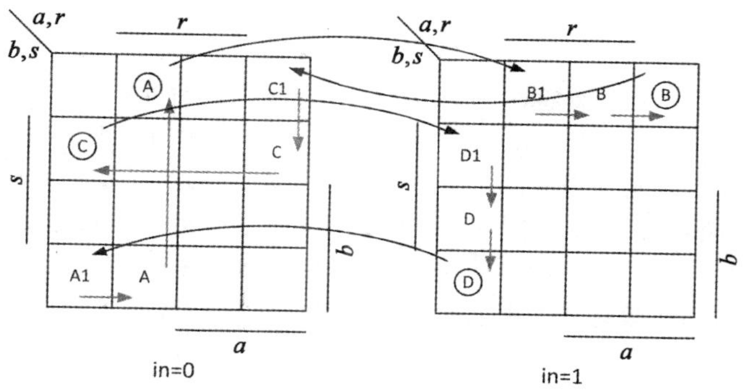

图 26-13　例 26-2 独热触发电路的五变量状态转换图

在状态 B，当 in 变低时，首先变为 C1 = 0110，然后变为 C = 0100。其实，我们可以选择允许竞争，即通过 C1 或 C2 = 0000 变为 C，但我们并未这样做。注意，C2 = 0000 与 B2 = 0000 并不冲突，因为 C2 是 in 为低时的瞬态，而 B2 是 in 为高时的瞬态。换句话说，C2 的**完整状态**（输入和内部状态）是 00000，而 B2 的完整状态是 10000。

相似地，我们强制要求通过 D1 = 1100 完成从 C 到 D 的转换。此处，我们可以允许竞争，即通过 D1 或者 B2 进行转换，但前提是不允许转换为状态 B 的竞争，因为 B2 只能转换为 D 或 B 其中之一。

最后，我们要求通过 A1 = 1001 实现从 D 到 A 的转换。我们可以允许竞争，通过 A1 或 C2 完成转换，但前提是不允许到状态 C 的竞争。

4 个状态变量的卡诺图如图 26-14 所示。

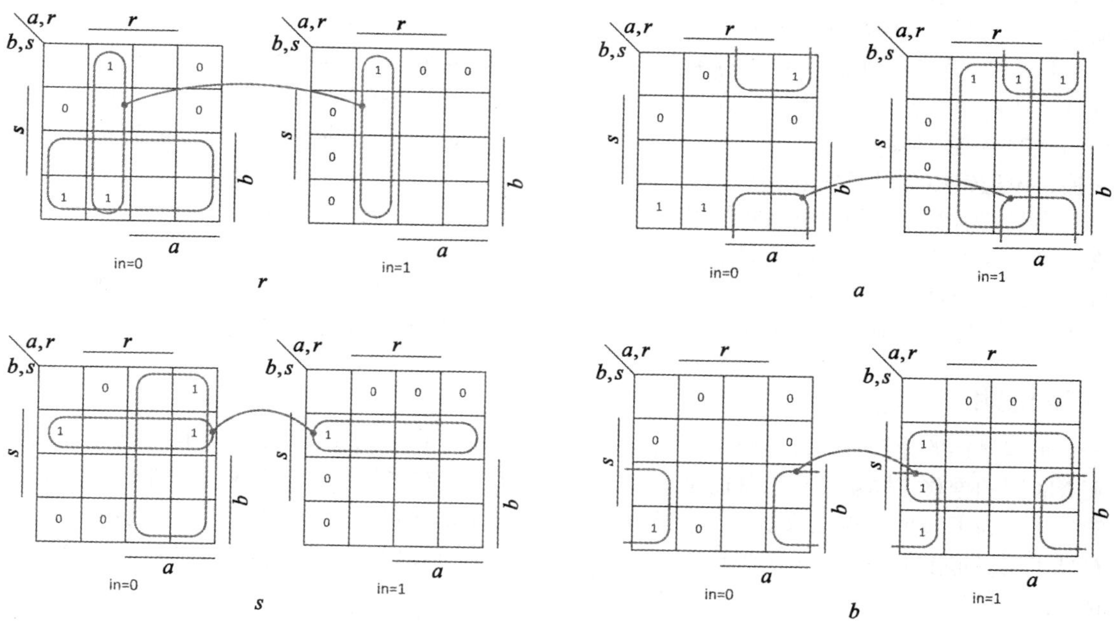

图 26-14　例 26.2 为得到 4 个状态变量的逻辑表达式而绘制的卡诺图　543

从这些卡诺图可以写出状态变量的逻辑表达式，如下：

$$r = (b \wedge \overline{in}) \vee (r \wedge \bar{a})$$

$$a = (r \wedge in) \vee (a \wedge \bar{s})$$

$$s = (a \wedge \overline{\mathrm{in}}) \vee (s \wedge \bar{b})$$
$$b = (s \wedge \mathrm{in}) \vee (b \wedge \bar{r})$$

这些逻辑表达式有很好的对称性，每一个独热状态变量都可以用一个 RS 触发器实现。表达式的第一项是 set 项，当前一个状态变量置位，并且输入切换到合适的状态时，该状态变量置位。表达式的第二项都为 reset 项，当下一个状态变量置位时，该状态变量清零。

一般的独热异步电路都可以用相似的方式来实现。对于任一状态变量 x，每一个到该状态的转换都对应一项，用 set **表达式** S 来表示，而紧接着出现的状态用 reset 集 R 来表示。得到 x 的表达式如下：

$$x = S \vee (x \wedge \sum R) \tag{26-8}$$

也就是说，对应于变量 x，所有到状态 X 的转换都使 x 置位，而紧接着的下一个状态则将 x 清零。这些规则仅适用于异步状态机，其最小的周期至少包括三个状态。

小结

本章了解了如何分析和设计异步时序电路，这种带状态反馈的逻辑电路不会受到时钟控制的存储元件的干扰。异步电路中的每个状态变量可能在任意时刻以任意顺序改变，这就导致了变量之间竞争的产生。为了确保电路功能正确，必须小心所有竞争可能出现的结果。

流表用于设计和分析异步时序电路。流表只是一个状态表，列出了次态（带断开的反馈回路），次态是现态和输入的函数。其中，次态与现态相同的是稳态，带圈。

一个电路某一时刻至多只有一个输入改变，则称其服从了基本工作方式的设定。一位输入改变后，在电路到达稳态前不允许输入变化。该设定将流表中的横向转换限制在了仅涉及一个输入的情况下，从而简化了分析。

除了要特别注意状态分配以避免竞争，异步时序电路的综合与同步电路相似。我们从将设
544 计规格转换为流表开始，接着生成状态分配，该分配避免多个状态位同时改变。这里可能要求增加新的瞬态。最后，生成用于产生次态函数的逻辑。重要的是，沿着流表中可能的状态变换轨迹，该逻辑不会出现险象。

当我们需要一个异步电路时，很少有人将流表的分析与综合当作一项宝贵的技术来用。通常，没有这项技术的工程师妄图用一种特别的方式来设计像触发模块这样的电路。他们将用时钟边沿控制的触发器和锁存器与各类门拼凑在一起，其结果最好的情况下也是令人失望的，且经常是灾难性的。理解了流表和竞争，你就能搭建运行可靠的高效的异步电路了。

文献说明

很多早期的计算机的设计都是完全异步的，如 ORDVAC［75］和 ILLIAC II［15］。但是，随着时间的推移，同步设计以其简单而最终胜出。几乎所有当代的数字系统主要部分都是同步的，只是为了满足一些特殊情况而包含了异步设计。Ivan Sutherland 在图灵奖上的演讲［99］对异步逻辑提出了一项有趣的观点。对异步设计的研究仍在继续，在每年的 IEEE 国际异步电路与系统研讨会上都有相关的报道。这一专题的文章还包括参考文献［65］、［83］和［104］。

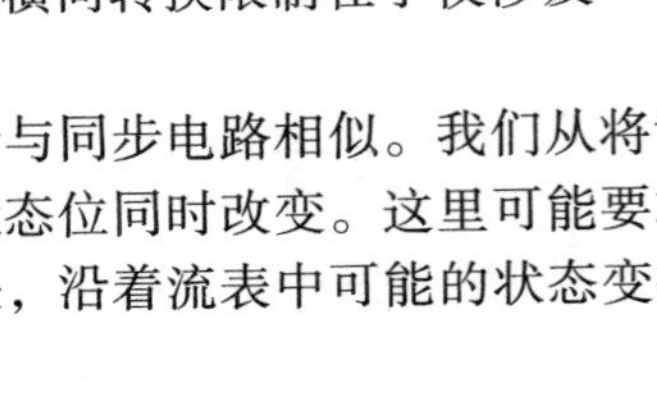

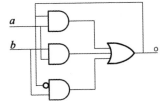

图 26-15　习题 26.1 的原理图

习题

26.1　原理图分析。写出图 26-15 中原理图的流表，说明电路的功能。

26.2　综合。一个相位比较器有两个频率相同的输入信号，它将

这两个输入变换为一个电压输出，该电压指示了两个输入信号同相（对齐）的程度。本问题探讨该设计的数字部分。设该基本相位比较器有两个输入 a 和 b，有两个输出 A 和 B，写出流表。初始状态是 $A=B=0$，当 a 出现上升沿时，输出要么从（AB）00 变为 10，要么从 01 变为 00，最后稳定到其他的状态。当 b 出现上升沿时，要么从 10 变为 00，要么从 00 变为 01。从流表综合出门级电路。该设计的模拟部分是将 A 或 B 高电平的时间转化为电压幅值。 545

26.3 触发综合。综合触发电路，其状态 B 的编码为 $cab=010$，其余的状态分配如图 26-11a 所示。

26.4 边沿触发。26.2 节的触发电路是一个脉冲触发电路，该电路的输入脉冲交替出现在两个输出上。本习题要设计一个边沿触发电路，该电路输入信号的边沿触发两个输出交替出现边沿。该电路的波形如图 26-16 所示。

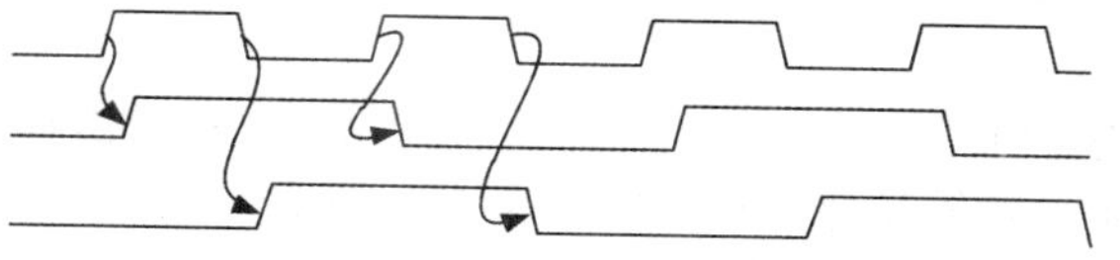

图 26-16　习题 26.4 的波形图

26.5 三路触发。设计一个如 26.2 节所示的触发电路，要求输入脉冲在三个输出上交替出现。

26.6 三路边沿触发。修改习题 26.4 的边沿电路，使得三路输出交替出现边沿。

26.7 3 分频电路。使用下面的状态分配再次实现例 26-1 的 3 分频电路：A = 000，B = 100，C = 110，D = 111，E = 011，F = 001。

26.8 5 分频电路。设计一个与例 26-1 的 3 分频电路相似的 5 分频异步电路，要求输入每变化 5 次，输出改变 1 次。

26.9 半 3 分频电路。设计一个电路，它有两个正交输入 i 和 q（两输入的占空比为 50%，且相位差为 90 度），有一个输出 x，i 和 q 合起来每变化 3 次，x 变化 1 次。电路行为说明如图 26-17 所示。

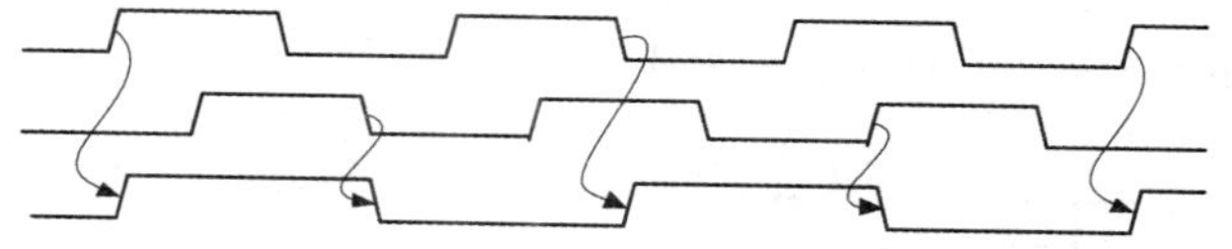

图 26-17　习题 26.9 的波形图

26.10 状态化简。写出触发电路的流表，但是这次要为 in 的每 8 次变化的第一次创建一个新的状态，然后确定哪些状态相当于将该流表化简为了四状态表。

26.11 竞争。设计一个电路，当输入 c 为高时，使用标准二进制计数法从 0 计到 4（然后回到 0，如此循环）。如果 c 为低，电路状态保持不变。在第一次实现时（(a) 部分）忽略所有的数据竞争；(b) 部分，列举所有可能的竞争和潜在的错误的状态序列。

26.12 独热触发，I。写出例 26-2 的独热触发电路的逻辑表达式，要求从 A 到 B 的转换允许竞争。

26.13 独热触发，II。写出例 26-2 的独热触发电路的逻辑表达式，要求从 B 到 C 的转换允许竞争。

26.14 独热触发，III。写出例 26-2 的独热触发电路的逻辑表达式，要求从 A 到 B 和从 D 到 A 的转换允许竞争。

26.15 独热触发，IV。例 26-2 的独热触发电路可以同时允许从 A 变到 B 和从 C 变到 D 的竞争吗？如果可以，写出该情况下电路的逻辑表达式；如果不行，请阐述原因。 546~547

第 27 章

Digital Design：A Systems Approach

触　发　器

触发器是现代数字系统中最关键的电路之一。正如我们在前面的章节所看到的，触发器是所有异步时序逻辑的核心。寄存器（由触发器组成）使所有有限状态机的状态（包括控制和数据状态）得以保持。除了在逻辑设计中的中心作用，触发器也消耗了典型数字系统一大部分的死区、功率和周期。

直到现在，我们仍把触发器看作一个黑盒子。[⊖] 在本章中，我们研究触发器的内部工作方式，得出典型 D 触发器的逻辑设计，看看第 15 章所介绍的时序特性是如何从中产生的。

首先，我们凭直觉随意设计一个触发器。从设计锁存器开始，直接按照设计规格实现。然后，从这个实现的电路得到锁存器的建立、保持和延迟时间。接着，我们就可以看到如何将两个锁存器按主从方式组合起来形成一个触发器。从这个触发器的实现就可以得到其时序特性。

在这种不规范的设计之后，我们使用流表综合来得出锁存器和触发器的设计。这样做既有利于增强这些存储元件的性能，又为流表综合提供了一个好的实例。在推导过程中，我们引入状态等价的概念。一般的读者可以跳过这个规范的推导过程。

27.1　锁存器的内部结构

锁存器的原理图符号如图 27-1a 所示，图 27-1b 所示的波形说明了其行为和时序。一个锁存器包括两个输入——数据 d 和使能信号 g，还有一个输出 q。当使能输入为高时，输出随着输入变化；当使能输入为低时，输出保持当前的状态不变。

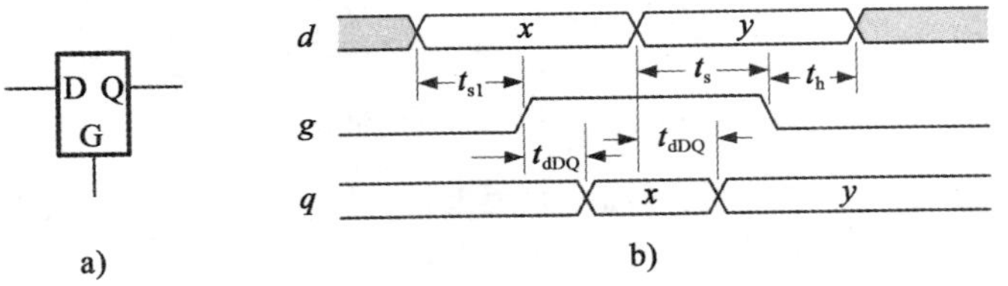

图 27-1　锁存器：a）原理图符号；b）显示了时序特性的波形图

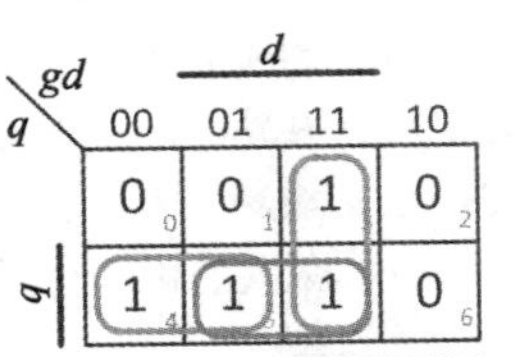

图 27-2　锁存器的卡诺图

如图 27-1b 所示，像触发器一样，锁存器也有建立时间 t_s 和保持时间 t_h。为了正确地存储输入值，在使能信号下降前，输入信号必须建立 t_s，在使能信号下降后，输入要保持 t_h。锁存器延迟包括从使能信号上升沿到输出改变之间的延迟 t_{dGQ} 和从输入数据改变到输出改变之间的延迟 t_{dDQ}。对于主要控制延迟的使能信号而言，在使能信号上升前，输入必须至少建立 t_{s1}。通常，这只是哪个信号（d 或者 g）在关键路径上的问题，且 $t_{s1}=t_{dDQ}-t_{dGQ}$。正如我们下面将要看到的，从锁存器的逻辑设计可以得到这些时间，而且触发器的操作也需要满足基本工作方式限制（26.1 节）。

⊖ 黑盒子是一个系统，我们可以了解其外部规格，但却看不到内部实现，就好像将这个系统放在了一个不透明的（黑色的）盒子里，使我们无法看到它是如何工作的。

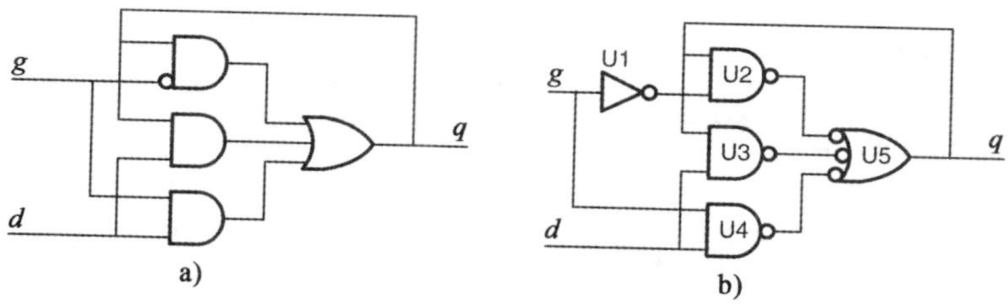

图 27-3 厄尔锁存器的门级原理图：a）使用与门和或门实现；b）仅使用 CMOS 反相门实现

从锁存器的描述我们可以写出下面的逻辑表达式：

$$q = (g \wedge d) \vee (\bar{g} \wedge q) \tag{27-1}$$

当 g 为真时，$q=d$，当 g 为假时，q 的状态保持（$q=q$），这差不多都是对的。但是正如从图 27-2 的卡诺图中所看到的，当 d 和 q 为高，且 g 的状态改变时，有可能产生险象。为了消除这一险象，必须给表达式额外增加一个蕴涵项，如下：

$$q = (g \wedge d) \vee (\bar{g} \wedge q) \vee (d \wedge q) \tag{27-2}$$

从表达式（27-2）可以画出锁存器的门级原理图，如图 27-3a 所示。如此实现的锁存器用其最初设计者的名字命名为厄尔锁存器（Earle latch）。我们可以仅用反相门（一个反相器和 4 个与非门）重新画出厄尔锁存器的 CMOS 实现，如图 27-3b 所示。 548~549

现在，从图 27-3 的原理图可以得到锁存器的时序特性。记图中门 Ui 的延迟为 t_i（实际中，我们可以像 5.4 节所描述的那样计算出这些门的延迟），这些延迟因状态和上升下降沿的不同而不同。首先考虑建立时间 t_s。为了满足基本工作方式限制，输入 d 改变后，在输入 g 下降前，必须允许电路到达一个稳定的状态。为了使电路达到稳态，在 g 下降前，d 的变化（上升或下降）必须顺序通过门 U4、U5 和 U3 进行传送，而且状态变量 q 和门 U3 的输出也都必须到达稳态。因此这一延迟，即建立时间，可由下式计算得到：

$$t_s = t_4 + t_5 + t_3 \tag{27-3}$$

建立时间的计算表现了异步电路分析的一些精妙之处。有人可能会认为，因为 d 直接连到了 U3，所以 d 到 U3 的输出应该是直连的，即 d 到 U3。但是，当 d 为低时，情况却并非如此。如果 d 为低，且电路是稳定的，则 q 为低。这样，当 d 升高时，由于 U3 的另一个输入 q 仍为低，所以 U3 不能打开。在 U3 打开前，d 的变化必须通过 U4 和 U5 传送，从而使 q 为高。因此，使电路稳定的路径是从 d 到 U4 到 U5 再到 U3。

现在来看保持时间。g 下降后，在 d 再次变化前，电路必须再次回到稳态。特别地，如果 d 为高，在允许 d 下降前，g 的变化必须通过 U1 和 U2 传输，从而使能 U2 和 U5 组成的环路。因此，保持时间如下：

$$t_h = t_1 + t_2 \tag{27-4}$$

为了完成分析，我们认为，传输延迟只是从输入 g 或 d 到输出 q 的延迟。对于 t_{dDQ}，传输路径上包括了门 U3、U4 和 U5。对于 t_{dGQ}，路径上则包括 U4 和 U5（回忆此处，我们只担心过 g 上升的情况）。因此，我们有：

$$t_{dDQ} = \max(t_3, t_4) + t_5 \tag{27-5}$$

$$t_{dGQ} = t_4 + t_5 \tag{27-6}$$

锁存器的另一种门级实现方式如图 27-4 所示。这里，我们通过给 RS 触发器增加一级选通电路来构造锁存器（14.1 节）。RS 触发器由与非门 U4 和 U5 组成，当 U4 上面的输入 $\bar{s}$ 有效（低）时，触发器置位（$q=1$，$\bar{q}=0$）；当 U5 下面的输入 $\bar{r}$ 有效（低）时，触发器复位（$q=0$，$\bar{q}=1$）。

U1、U2 和 U3 组成门电路，当 $g=1$，$d=1$ 时触发器置位，当 $g=1$，$d=0$ 时触发器复位。因此，当 g 为高时，输出 q 随着输入 d 变化；当 g 为低时，触发器既不置位，也不复位，而是保持之前的
550 状态不变。

虽然图 27-4 的锁存器与图 27-3 的厄尔锁存器的逻辑行为相同，但时序特性却大不同，我们将这些时序特性留作习题 27.1 ~ 习题 27.4。

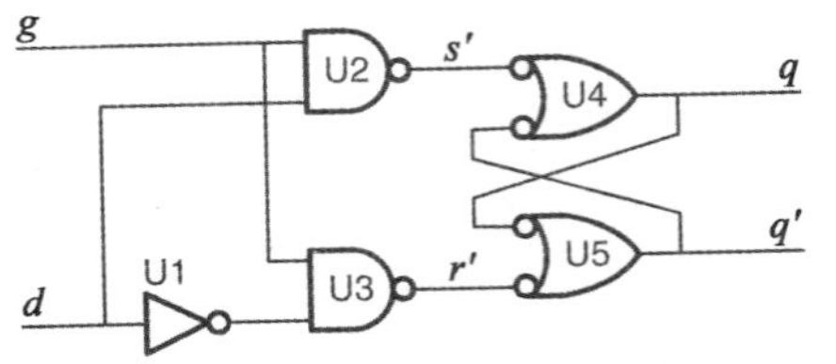

图 27-4　从 RS 触发器构造的锁存器

27.2　触发器的内部结构

一个边沿触发的 D 触发器在时钟的上升沿用输入的现态来更新输出，其他时刻输出保持现态不变。D 触发器的原理图符号和时序图如图 27-5 所示（与图 15-5 重复）。在 14.2 节，我们看到了如何将 D 触发器用于同步时序电路的状态寄存器中。在第 15 章，我们看了 D 触发器的详细时序特性。在本节，我们得出 D 触发器的逻辑设计，看看该逻辑设计是如何产生触发器的时序特性的。

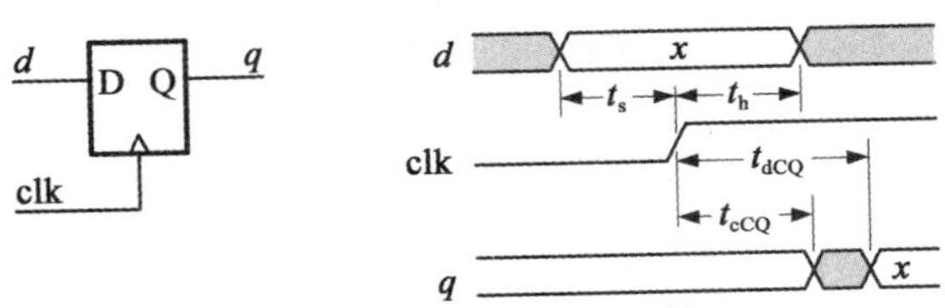

a)　b)

图 27-5　边沿触发 D 触发器：a）原理图符号；b）展示电路行为的时序图

带反相使能端的锁存器是我们要构建的触发器的一半，当使能信号上升时，对输入进行采样，当反相使能信号为高时，保持输出稳定不变。问题是，当反相使能为低时，输出随着输入变化。我们可以用第二个锁存器与第一个串联来纠正这一行为缺陷。这个锁存器带有正常的使能端，当使能信号为低时，可以防止输出改变。

两个带互补使能端的锁存器串联构成的 D 触发器如图 27-6a 所示。触发器的操作说明如图 27-6b 的波形图所示。第一个锁存器称为*主锁存器*，它在时钟的上升沿采样输入，并输出到中间信号 m。在波形图中，当时钟变高时，m 采样 b 值并保持。但是，当时钟为低时，信号 m
551 跟随输入变化。第二个锁存器称为*从锁存器*（因为它紧跟着主锁存器），当时钟为高时，将信号 m 上捕获的数据输出。当时钟下降时，采样该值（该值仍被主锁存器保持不变），并在时钟为低时保持输出该值。这两个锁存器最终组成的设备就像一个 D 触发器，它在时钟的上升沿采样数据并保持稳定，直到下一个上升沿出现。当时钟为高时，主锁存器保持采样值，而从锁存器是透明的。当时钟为低时，从锁存器保持采样值，而主锁存器是透明的。

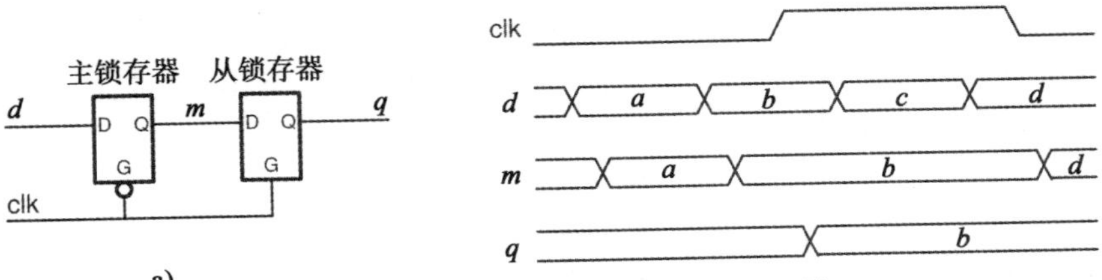

a)　b)

图 27-6　由两个锁存器构成的主从 D 触发器

为了正确操作主从触发器，有一点很关键：从锁存器时钟下降 t_h 后，主锁存器的输出才改

变。也就是说，必须满足从锁存器的保持时间的约束。如果时钟下降后，主锁存器的输出变化太快，那么在从锁存器锁定输出前，中间信号 m 上出现的新值（波形中的 d 值）就会被输出。实际中，这个问题很少见，除非主从锁存器之间存在很大的时钟相位差（15.4 节）。

从图 27-6a 的原理图和锁存器的时序特性，我们可以得出触发器的时序特性。触发器的建立和保持时间就是主锁存器的建立和保持时间。这部分用来进行采样。触发器的延迟 t_{dCQ} 就是从锁存器的延迟 t_{dCQ}。[⊖] 时钟上升沿 t_{dCQ} 后，输出 q 变为新值。

为了用一个更具体的方式阐明 D 触发器的时序特性，我们来看图 27-7 所示的门级原理图。该图将图 27-6 的主从触发器扩展到了门级进行展示。每个锁存器的使能输入端的反相器已经被分离出了一个反相器 U1，该反相器产生 $\overline{\text{clk}}$。连接到主和从的时钟的极性是相反的。

如图 27-7 所示，触发器的建立时间 t_s 是指：当 clk 为低电平时，d 变化后，电路到达稳定状态所需要的时间。

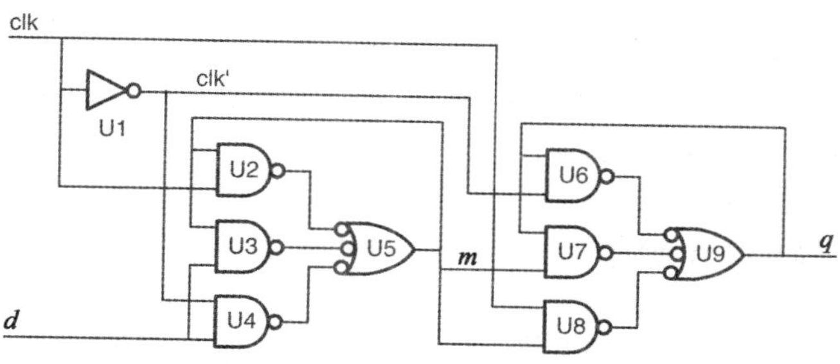

图 27-7　主从 D 触发器的门级原理图

严格来讲，此处的信号路径是从 U4 到 U5，再到 U3 或 U7（如果 q 为高）。但是，我们并不真正关心 U7 的输出是否达到了稳态，因为时钟变高时使能 U8。因此我们忽略 U7，而把注意力集中在以 U3 的输出作为终点的那条路径上，得到

$$t_s = t_4 + t_5 + t_3 = t_{sm} \tag{27-7}$$

此处，t_{sm} 是主锁存器的建立时间。 552

触发器的保持时间是电路的主部分在时钟上升后要达到稳定的时间，这刚好是门 U1 和 U2 的最大延迟。如果在 U1 的输出 $\overline{\text{clk}}$ 变低前，数据发生变化，那么状态 m 将会受到影响。同样，在 U2 的输出稳定前，数据也不能变化，否则我们可能会丢掉存储在主锁存器中的值。因此，我们有

$$t_h = \max(t_1, t_2) \tag{27-8}$$

比较式（27-4），这里并没有将 t_1 和 t_2 相加，因为主锁存器虽然是低有效使能，但 U1 并不在从 clk 到 U2 输出这一条路径上。

为了计算保持时间，我们仅关心主锁存器到达稳态。当时钟上升时，从锁存器可能要花更长的时间才能到达稳态。但是，只要主锁存器到达稳态，我们就可以可靠地捕获数据。

最后，t_{dCQ} 是从时钟上升到触发器输出的延迟。这条路径经过了 U8 和 U9，如下：

$$t_{dCQ} = t_8 + t_9 = t_{dCQs} \tag{27-9}$$

其中，t_{dCQs} 是从触发器的 t_{dCQ}。

主从 D 触发器的另一种门级原理图如图 27-8 所示，该电路使用图 27-4 构成锁存器的 RS 触发器组成触发器的主和从锁存器。我们将该触发器的 t_s、t_h 和 t_{dCQ} 的推导留到习题 27-5 ~ 习题 27-7。

⊖ 这里假设建立时间足够大，即时钟上升沿到来前，信号 m 已经稳定了 t_{s1}。其他情况的例子见习题 27.11。

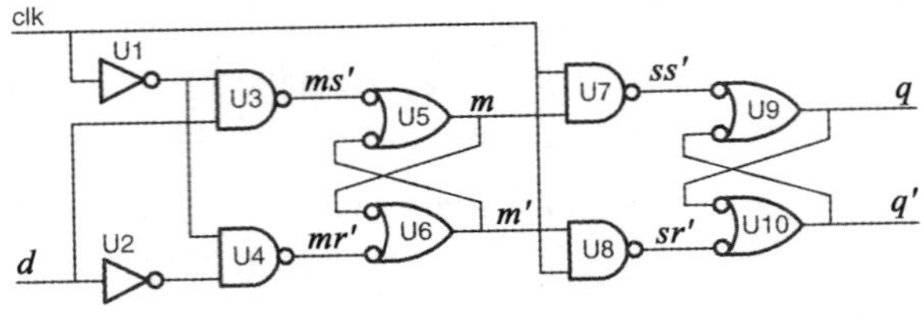

图 27-8　主从 D 触发器的另一种门级原理图

27.3　CMOS 锁存器与触发器

图 27-3 和图 27-4 中的锁存器电路都使用了静态 CMOS 门。但是，CMOS 技术也允许我们使用传输门和三态反相器构建锁存器，如图 27-9 所示。大部分 CMOS 锁存器这样使用传输门，
553 因为这样构建的锁存器比其他的门电路体积更小，速度更快。

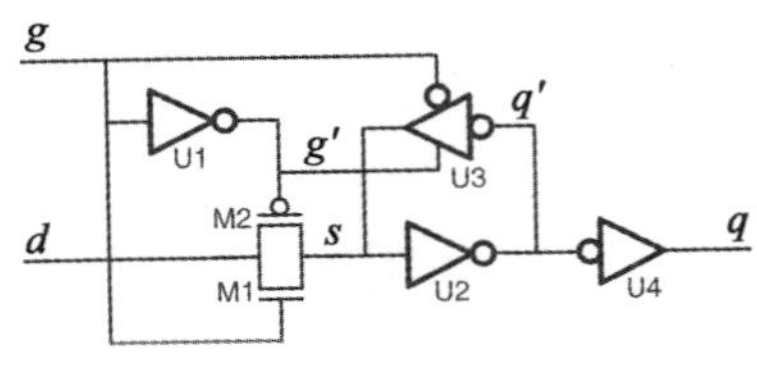

图 27-9　使用传输门和三态反相器的 CMOS 锁存电路

当使能信号 g 为高电平（$\overline{g}$为低电平）时，由 NFET M1 和 PFET M2 组成的传输门打开，允许输入 d 上的值传到存储节点 s。如果 $d=1$，PFET M2 将 1 从 d 传送到 s；如果 $d=0$，NFET M1 将 0 从 d 传输到 s。输出 q 跟随存储节点 s 变化，经过反相器 U2 和 U4 进行缓冲。因此，当 g 为高电平时，输出 q 跟随输入 d 变化。

当使能信号 g 为低电平时，由 M1 和 M2 组成的传输门关闭，输入与存储节点 s 断开。此时，输入被采样到存储节点。同时，三态反相器 U3 打开，从 s 经过两个反相器返回 s 的存储环闭合。这个反馈回路强化了所存储的值，使它可以一直保持下去。三态反相器相当于一个反相器后跟一个传输门。

我们可以用与门级锁存器同样的方式来计算 CMOS 锁存器的建立、保持和延迟时间。当 g 为高时，输入变化，对存储回路产生影响，在允许 g 下降之前，存储回路必须稳定。输入的变化必须通过传输门和反相器 U2 进行传送。我们不需要等到 U4 驱动输出 q，因为这不会影响存储回路。因此，建立时间如下：

$$t_s = t_g + t_2 \tag{27-10}$$

其中，t_g是传输门的延迟。

g 变低后，我们需要保持输入 d 的值不变，直到传输门完全关闭。这正好是反相器 U1 的延迟：

$$t_h = t_1 \tag{27-11}$$

我们不需要等到反馈门 U3 打开，它的输出（存储节点 s）已经处于正确的状态，在 U3 打开前，节点 s 有足够的能力保持它的值稳定。

通过追踪从输入到输出的路径，计算得到的延迟时间为：

$$t_{dGQ} = t_1 + t_g + t_2 + t_4 \tag{27-12}$$

$$t_{dDQ} = t_g + t_2 + t_4 \tag{27-13}$$

两个 CMOS 锁存器可以构成一个 CMOS 触发器，如图 27-10 所示。主锁存器由 NFET M1、PFET M2、反相器 U2 和三态反相器 U3 组成。当使能 g 为低时，输入 d 连接到存储节点 m，当 g 为高时，m 保持。从锁存器由 NFET M3、PFET M4、反相器 U4 和三态反相器 U5 组成。当使
554 能 g 为高时，主锁存器状态 $\overline{m}$ 连接到存储节点 $\overline{s}$，用一个额外的反相器 U6 产生输出 q。

输出 q 在逻辑上与 U4 输出的节点 s 相同，但是，采用这种方式将存储回路与输出隔离开来对触发器的同步特性而言很关键，这一点将在第 29 章讨论。我们将这种触发器的分析留到

习题 27.8 ~ 习题 27.10。

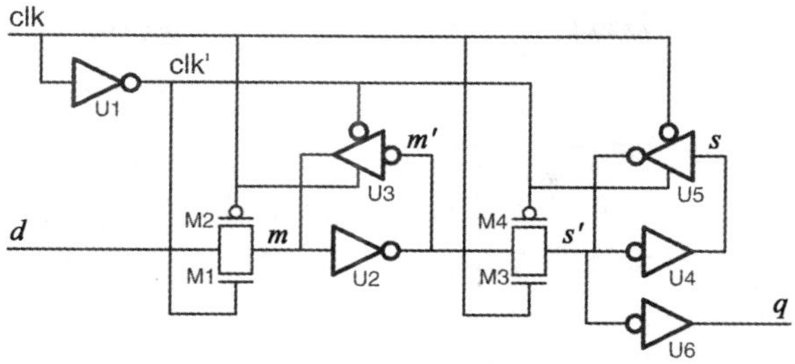

图 27-10 由两个 CMOS 锁存器构成的 CMOS 触发器电路

27.4 锁存器的流表推理

锁存器和触发器都是异步电路，可以使用第 26 章研制的流表技术进行综合。从给出的锁存器的英文描述可以写出该锁存器的流表，如图 27-11 所示。我们从所有输入和输出均为低的状态（状态 A）开始，依次改变每个输入来列举状态。在每一个新状态重复这个过程，直到探索到所有可能的状态为止。

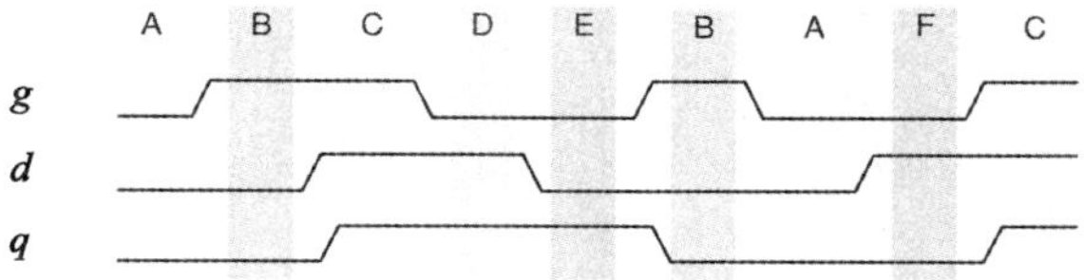

a)

现态	次态(g,d) 00	01	11	10	输出 (q)
A	(A)	F		B	0
B	A		C	(B)	0
C		D	(C)	B	1
D	E	(D)	C		1
E	(E)	D		B	1
F	A	(F)	C		0

b)

现态	次态(g,d) 00	01	11	10	输出 (q)
A	(A)	(A)	C	(A)	0
C	(C)	(C)	(C)	A	1

c)

图 27-11 锁存器的流表综合：a）波形图；b）流表；c）化简的流表

在状态 A，g 变高，进入状态 B，d 变高，进入状态 F，由此得到图 27-11b 的流表的第一行。在状态 B，g 变低，返回到状态 A，d 变高，进入状态 C，并且 q 变高，由此得到流表的第二行。我们按照这种方式逐行构建流表，直到枚举所有的状态。最终结果如图 27-11b 所示。 555

在构建流表时，我们为每一个明显不同于已有状态的输入组合创建了一个新的状态，共得到了 6 个状态，A ~ F。6 个状态要用 3 个状态变量来表示。但是，其中有很多状态是等价的，可以进行合并。如果两个状态从电路的输入和输出上无法进行区分，则认为两者是等价的。

我们递归地定义等价。如果对于所有的输入组合，输出都相同，就说这两个状态 0 - 等价。这里，状态 A、B 和 F 是 0 - 等价状态，状态 C、D 和 E 也是 0 - 等价状态。如果对于所有的输入组合，输出都相同，并且对于每个输入组合，它们的次态为 k，就说这两个状态 k - 等价，即 1 - 等价。这里，我们看到，A、B 和 F 的次态不只等价，它们是相同的，因此，A、B 和 F 也是 1 - 等价。同理，C、D 和 E 也是 1 - 等价。

实际中，查找等价状态的过程为：构成 0 – 等价状态集（如 {A, B, F} 和 {C, D, E}），然后构成 1 – 等价状态集，以此类推，直到集合不变。当我们找到一个状态集合，该集合既是 k – 等价，也是 $k+1$ – 等价，我们就说这些集合是等价的。

在这种情况下，状态 A、B 和 F 是等价的，状态 C、D 和 E 是等价的。用状态 A 和 C（每个等价类一个）改写流表，可以得到如图 27-11c 所示的化简后的流表。

如果我们使用输出作为状态变量，给状态 A 分配编码 0，状态 C 分配编码 1，可以将图 27-11c 的化简后的流表改写为图 27-12a 所示的卡诺图。该卡诺图上标有三个蕴涵项。虽然只用两个蕴涵项（$qgd = X11 \vee 10X$）即可涵盖其功能，但仍需要用第三项 $1X1$ 来避免险象（见第 6.10 节）。当使能输入 g 下降时（qgd 从 111 变为 101），如果输出瞬间变为低，终态会变为 001，锁存器丢掉了已存储的 1。增加的蕴涵项（$1X1$）避免了该险象的发生。锁存器电路的原理图如图 27-12b 所示。

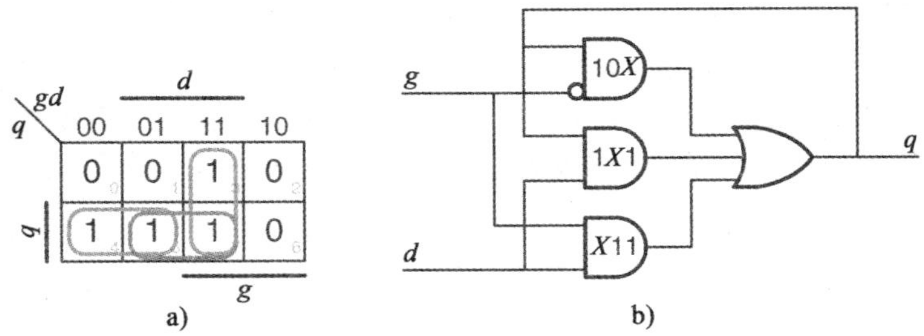

556 图 27-12　锁存器的逻辑设计：a）卡诺图；b）原理图。蕴涵项 $1X1$ 用于避免险象

27.5　D 触发器的流表综合

图 27-13 展示了 D 触发器流表的推导过程。我们先来看流表中列出的所有 8 个状态的波形图。与锁存器相似，我们通过每个状态下的各输入（clk 和 d）来构建流表。我们将每个明显与已经列出的状态不等价的输入组合看作一个新的状态，最终生成的流表有 8 个状态，如图 27-13b 所示。

下一步是找出状态等价类。首先，我们观察得到 0 – 等价集是 {A, B, C, D} 和 {E, F, G, H}。对于 1 – 等价，我们观察到，状态 D 在输入为 11 时的次态与集合中其余状态的次态位于不同的类里。状态 H 在输入为 10 时的情况与上面的相似。因此，1 – 等价集变为 {A, B, C}，{D}，{E, F, G} 和 {H}。

化简后仅有 4 个状态的流表如图 27-13c 所示。输出 q 为状态变量之一，分配的第二个状态变量如表中的“编码”列所示。这里，q 是两位状态编码的高位，新变量是低位。

图 27-14 展示了图 27-13c 的流表是如何化简为逻辑电路的。我们从将流表重画为带符号标注的卡诺图开始，如图 27-14a 所示。变量 q 为输出，变量 x 是增加的状态变量。下一步是用状态编码 qx 替换符号表示的次态，如图 27-14b 所示。接着写出两个状态变量的卡诺图，如图 27-14c 所示（原书有误——译者注），其中，q 的卡诺图在左边，x 的卡诺图在右边。

两个次态变量函数都可以用两个蕴涵项表示。像锁存器一样，我们必须增加第三项以避免险象。对于变量 q，包括蕴涵项 $qxcd = X11X$、$1X0X$ 和用于消除险象的 $11XX$。对于 x，包括蕴涵项 $X11X$、$XX01$ 和用于消除险象的 $X1X1$。从这些蕴涵项画出的逻辑电路如图 27-14d 所示。可以看到，我们使用图 27-7 的厄尔锁存器综合出了主从 D 触发器。细心的读者会注意到，主锁存器最上面的与门与从锁存器最下面的与门的输入相同，所以可以用一个共享的与门来替换它们。

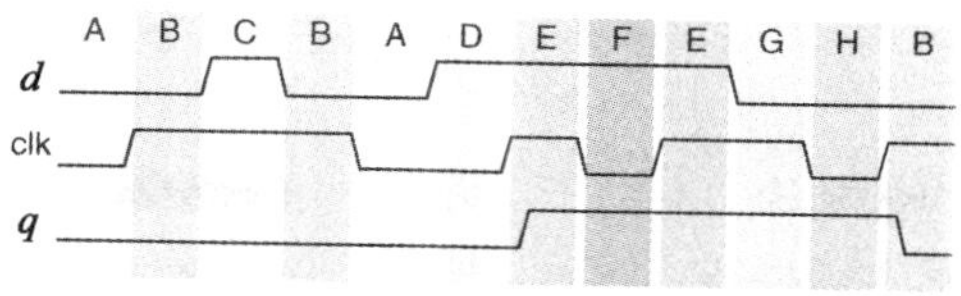

a)

现态	次态(clk d) 00	01	11	10	输出 (q)
A	Ⓐ	D		B	0
B	A		C	Ⓑ	0
C		D	Ⓒ	B	0
D	A	Ⓓ	E		0
E		F	Ⓔ	G	1
F	H	Ⓕ	E		1
G	H		E	Ⓖ	1
H	Ⓗ	F		B	1

b)

现态	编码	次态(clk d) 00	01	11	10	输出 (q)
ABC	00	Ⓐ	D	Ⓒ	Ⓑ	0
D	01	A	Ⓓ	E		0
EFG	11	H	Ⓕ	Ⓔ	Ⓖ	1
H	10	Ⓗ	F		B	1

c)

图 27-13 边沿触发 D 触发器的流表综合：a）波形图；b）流表；c）化简后的流表

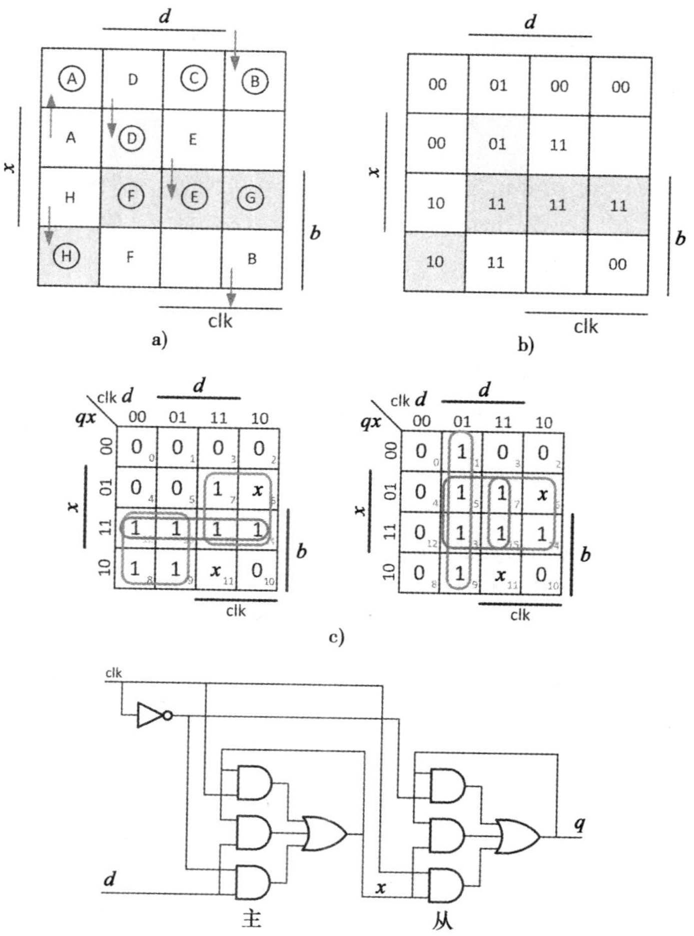

图 27-14 从图 27-13c 的流表得出 D 触发器的逻辑设计：a）绘制在卡诺图上的流表；b）显示了次态函数的卡诺图；c）次态函数各位的卡诺图；d）从卡诺图得出的逻辑电路图

小结

本章我们讨论了触发器的内部结构，有助于更好地理解触发器的行为和时序约束。我们首先得出了一个锁存器电路——厄尔锁存器，然后，使用这个电路，依据其内部的门延迟，得出了锁存器的建立、保持和延迟时间。

将两个锁存器组合起来形成一个主从触发器。主锁存器在时钟为低时使能，在时钟为低时，输出随着输入变化，在时钟的上升沿，输出采样输入。从锁存器在时钟为高时使能，当时钟为低时，输出保持不变。分析这个电路可以得到触发器的建立、保持和延迟时间。

在 CMOS 逻辑中，锁存器和触发器通常用传输门来实现，但是它们的行为和分析与用厄尔锁存器实现的相同。

最后，我们完成了锁存器和触发器的流表分析。该分析对触发器的行为给出了更深刻的理解，也为流表分析提供了一个好例子。

文献说明

厄尔锁存器是 IBM 在 20 世纪 60 年代中期研制出的，在 1965 年公开 [37]，并在 1967 年获得了一项专利 [38]。触发器的更详细讨论可以查阅电路教材 [108]，也可以参考 [27] 和 [64] 的对比研究论文。

557~559

习题

27.1 锁存器时序特性，I。根据各门的延迟计算图 27-4 的锁存器的 t_s。假设门 Ui 的延迟为 t_i。

27.2 锁存器时序特性，II。根据各门的延迟计算图 27-4 的锁存器的 t_h。假设门 Ui 的延迟为 t_i。

27.3 锁存器时序特性，III。根据各门的延迟计算图 27-4 的锁存器的 t_{dDQ}。假设门 Ui 的延迟为 t_i。

27.4 锁存器时序特性，IV。根据各门的延迟计算图 27-4 的锁存器的 t_{dCQ}。假设门 Ui 的延迟为 t_i。

27.5 触发器时序特性，I。根据各门的延迟计算图 27-8 的 D 触发器的 t_s。假设门 Ui 的延迟为 t_i。

27.6 触发器时序特性，II。根据各门的延迟计算图 27-8 的 D 触发器的 t_h。假设门 Ui 的延迟为 t_i。

27.7 触发器时序特性，III。根据各门的延迟计算图 27-8 的 D 触发器的 t_{dCQ}。假设门 Ui 的延迟为 t_i。

27.8 CMOS 触发器时序特性，I。根据各门（和传输门）的延迟计算图 27-10 的 D 触发器的 t_s。假设门 Ui 的延迟为 t_i，每个传输门的延迟为 t_g。

27.9 CMOS 触发器时序特性，II。根据各门（和传输门）的延迟计算图 27-10 的 D 触发器的 t_h。假设门 Ui 的延迟为 t_i，每个传输门的延迟为 t_g。

27.10 CMOS 触发器时序特性，III。根据各门（和传输门）的延迟计算图 27-10 的 D 触发器的 t_{dCQ}。假设门 Ui 的延迟为 t_i，每个传输门的延迟为 t_g。

27.11 触发器的污染延迟，I。考虑一个触发器是通过在主从锁存器之间放置一条延迟时间为 t_d 的延迟线构成。在时钟上升前，触发器的输入 d 正好变化了 t_s，在时钟边沿，延迟线的输入信号 m 正好变为有效，在时钟的上升沿之后，延迟线的输出信号 $m1$ 和到从锁存器的输入有效了 t_d。这个修改后的触发器的污染延迟 t_{cCQ}和传播延迟 t_{dCQ}分别是多少？

27.12 触发器的污染延迟，II。习题 27.11 触发器的 t_d的最大的合法值是多少？

27.13 脉冲锁存触发器，I。另一种 D 触发器设计如图 27-15 所示。该触发器是由一个由脉冲发生器选通的锁存器组成。当 clk 上升时，在使能信号$\bar{g}$上产生一个窄脉冲，从而对 d 进行采样。然后锁存器保持该采样值，直到时钟出现下一个上升沿。看图 27-15c 的电路，回答下面的问题。假设门 Ui 的延迟为 t_i。

(a) 可以使该电路正常工作的 U2 产生的最小脉宽是多少？

560 (b) 可以使该电路正常工作的 U2 产生的最大脉宽（如果有的话）是多少？

27.14 脉冲锁存触发器，II。假设 U2 输出的脉宽是你在习题 27.13（a）中计算的值，那么计算这个脉

冲锁存触发器的 t_s、t_h 和 t_{dCQ}，并把这些值与正文中所分析的主从触发器的时序参数进行比较。特别来比较一下两个触发器的总开销 $t_s + t_{dCQ}$。

27.15 CMOS 脉冲锁存触发器，I。针对图 27-15b 的 CMOS 脉冲锁存器，重做习题 27.13。

27.16 CMOS 脉冲锁存触发器，II。针对图 27-15b 的 CMOS 脉冲锁存器，重做习题 27.14。

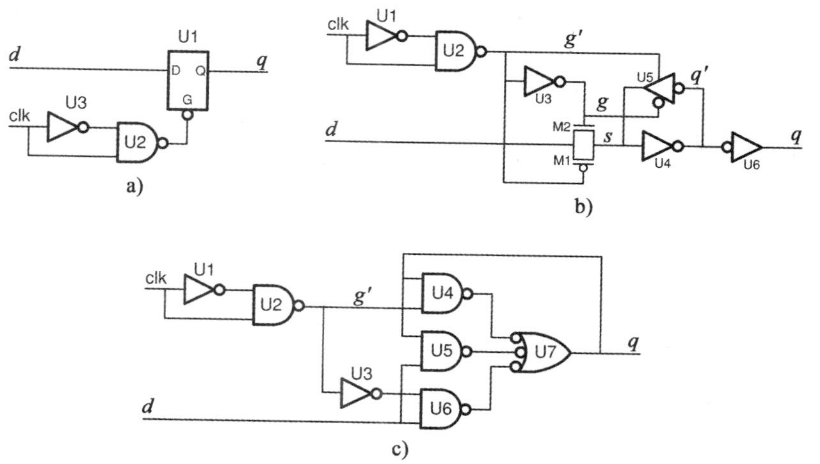

图 27-15 脉冲锁存 D 触发器：a）使用锁存器符号的原理图；b）内部使用 CMOS 锁存器的原理图；c）内部使用厄尔锁存器的原理图。当 clk 上升时，与非门 U2 在$\bar{g}$上产生一个低通窄脉冲，从而使能锁存器对 d 进行采样

27.17 7474 触发器，I。图 27-16 展示了另一种类型的 D 触发器——7474 触发器的原理图。与其他 D 触发器一样，它有一个时钟输入（c）和一个数据输入（d）。电路本身可以拆分为一个 RS 锁存器（最右侧的两个与非门）和一个四态异步电路（最左侧的四个与非门）。画出这个四态异步电路的流表，圈出其中的稳态。解释这个电路是如何运行的。包括状态转换，展示了输出只能在时钟的上升沿改变。

27.18 7474 触发器，II。图 27-16 的 7474 D 触发器的建立和保持时间是多少？假设每个与非门的延迟是常数 t。

27.19 组合逻辑与存储。本问题探讨锁存器的构建，该锁存器有两个输入（a 和 b），并存储两个输入值的与运算结果。

（a）使用图 27-3 的厄尔锁存器，在输入 d 之前放置一个二输入与门，推导该系统的时序。假设门 Ui 的延迟为 t_i。

（b）修改厄尔锁存器，给 U3 和 U4 各增加一个输入，使与运算在反馈回路内完成。那么关于 g 的新时序是怎样的？

（c）就 b 而言，a 的建立和保持时间是多少？

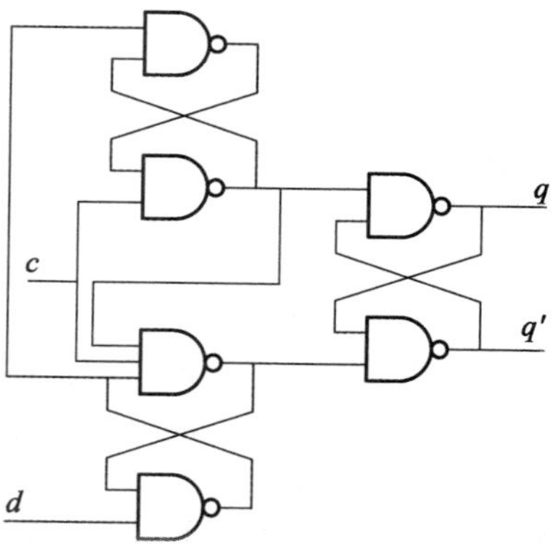

图 27-16 习题 27.17 和习题 27.18 用到的 7474 触发器设计。它由一个四态异步电路输出给一个带反相输入端的 RS 锁存器组成 561~562

第 28 章
Digital Design：A Systems Approach

亚稳态和同步失效

当我们违反触发器的建立和保持时间约束时将会发生什么？到目前为止，我们只考虑了满足这些约束条件时触发器的正常行为。本章我们研究当违反这些约束条件时触发器的异常行为。我们会看到，违反建立和保持时间将会导致触发器进入*亚稳态*，在这种状态下，状态变量既不是 1，也不是 0。在到达两个稳态（0 或 1）其中之一之前，触发器可能会无限期地保持在亚稳态。在数字系统中，这种*同步失效*会导致严重的问题。

类比而言，触发器很像人。如果你善待它们，它们就会表现良好；如果你虐待它们，它们就会行为不佳。对于触发器，善待它们就是遵守它们的建立和保持约束条件。只要善待它们，触发器就会正常运转，绝不丢失一位。但是，如果你违反建立和保持时间约束，虐待触发器，它们就可能行为失当，无限期地停留在亚稳态。本章研究当这些正常的触发器变坏时会发生什么。

28.1 同步失效

当我们违反 D 触发器的建立和保持时间约束时，触发器的内部状态会进入一个*非法状态*，即触发器的内部节点电压既不是 0 也不是 1。如果触发器的输出在这种状态下采样，结果将是不确定的，还可能前后矛盾。一些门可能将触发器的输出看作 0，而另一些则可能将它看作 1，还有一些可能会传送这种不确定状态。

考虑下面 D 触发器的实验：起初，d 和 clk 均为低电平，在实验过程中，它们都变高。如果信号 d 在 clk 之前 t_s 变高，实验结束时输出 q 将为 1。如果信号 clk 在 d 之前 t_h 变高，实验结束时输出 q 将为 0。现在来考虑，当 d 的升高时间相对于 clk 在 clk 之前 t_s 到时钟之后 t_h 之间逐渐变化时，会发生什么。在某些情况下，在这个区间内，在实验结束时输出 q 会从 1 变为 0。

要看看当输入在这个禁止区间内变化时会发生什么，来考虑图 28-1a 所示的 CMOS D 触发器的主锁存器。这里，我们假设电源电压是 1 V，所以逻辑 1 是 1 V，逻辑 0 是 0 V。图 28-1b
563 展示了触发器初始状态的电压（时钟上升后的瞬间，反相器两端的电压 $\Delta V = V_1 - V_2$），它是数据转换时间的函数。如果 d 在 clk 之前至少 t_s 升高，在时钟下降前，标为 V_1 的节点完全充电到 1 V，标为 V_2 的节点完全放电到 0 V。因此，状态电压 $\Delta V = V_1 - V_2$ 为 1 V。之后，当 d 变化时，状态电压的减小如图 28-1b 所示。起初，V_1 仍完全充电，但是 V_2 并没有时间去完全放电。再后来，当 d 升高时，V_1 没有时间去完全充电。最终，当 d 在时钟之后 t_h 升高时，V_1 根本没有时间充电，我们有 $V_1 = 0$ 和 $V_2 = 1$，因此 $\Delta V = -1$。

初始状态电压 ΔV 是数据转换时间的连续函数，因为它从 $-t_s$ 扫描到了 t_h。它可能不是一个如图中所示的准确的线性函数，但它是连续的，并且在这个区间里的某一点过零点。在整个区间里，触发器的初始状态电压既不是 +1 也不是 -1。它的输出并不是一个完全标准的数字信号，有可能被后面的逻辑电路所曲解。[⊖]

⊖ 技术上讲，任何大于 V_{1H} 小于 V_{1L} 的输出电压都不会被曲解。但是，在本章剩余部分，我们认为 -1 到 +1 之间的起始状态电压是不合法的。

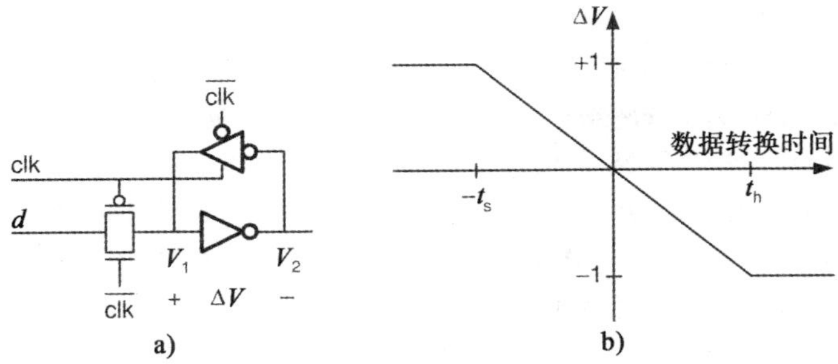

图 28-1　触发器主锁存器的异常操作。a）锁存器原理图。b）状态电压与数据转换时间（data transition time）。当数据转换时间从时钟前 t_s 扫描到时钟后 t_h 时，状态电压（例如，存储反相器两端的电压 $\Delta V = V_1 - V_2$）从 +1 变到 −1

28.2　亚稳态

同步失效好的一点是，违反时序约束后触发器所能停留的大部分非法状态都能快速退回到合法的状态 0 或 1。遗憾的是，停留在非法亚稳态的电路要退回到合法状态需要任意长的时间。

时钟升高后，图 28-1a 的锁存器变成了正反馈回路（图 28-2a）。锁存器的输入传输门关闭，反馈三态反相器被使能，结果，等效电路成了两个背靠背的反相器。

背靠背反相器的 DC 传递曲线如图 28-2b 所示。该图展示了传送反相器的传递曲线，V_2 是 V_1 的函数（$V_2 = f(V_1)$，实线），也展示了反馈三态反相器的传递曲线，V_1 是 V_2 的函数（$V_1 = f(V_2)$，虚线）。在图上，两条线相交于三个点。这些点是稳定的，在某种意义上，它们没有扰动，即电压 V_1 和 V_2 不会变化。因为 $V_1 = f(V_2) = f(f(V_1))$，电路可以不确定地停留在这三点中的任意一个。 564

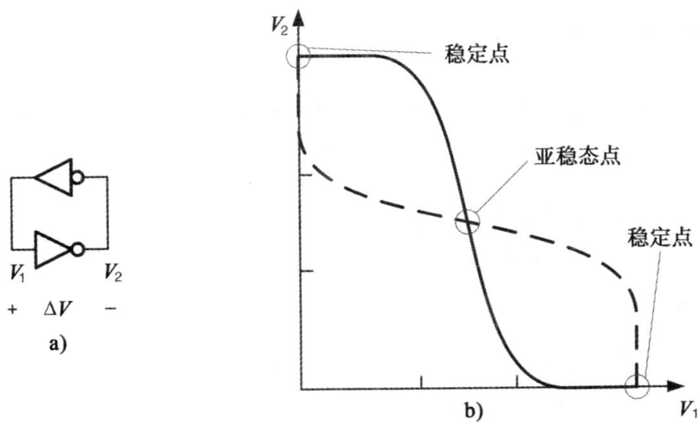

图 28-2　a）时钟高有效触发器的输入锁存器相当于两个背靠背的反相器。b）背靠背反相器的 DC 传递特性。实线是 $V_2 = f(V_1)$，虚线是 $V_1 = f(V_2)$。该系统有两个稳定点和一个亚稳态点

处于这三个稳定点以外的任一点，电路都会快速收敛到两端的两个稳定点之一。例如，假设 V_2 略低于中心点，如图 28-3 所示，这会使得 V_1 变为从该点水平移动到虚线所到达的点，而这又反过来驱动 V_2 变为垂直移动到实线所到达的点，如此循环，电路快速收敛到 $V_1 = 1$，$V_2 = 0$。

DC 传递曲线的这种迭代过于简单化，但它抓住了要点。在三个稳定点中的任一个，电路

都是稳定的。但是，如果两个端点中的任一个出现轻微扰动，状态会回到该端点。如果中间点出现轻微扰动，状态会快速收敛到最近的端点。像中间的稳态一样，一个微小的扰动便可使系统脱离现有的状态，则称该状态是亚稳态的。

亚稳态有许多实例。来看图 28-4 所示的位于弯曲的山顶上的一个球，该球处于稳态。即如果该球恰好位于中心，因为没有向左或向右的外力作用，它将会保持在该稳态。但是，如果向左或向右轻推小球（一个扰动），它将会离开这个状态，最终到达山底部的两个稳态其中之一。在这些状态，轻微的推动会使小球返回到原来的状态。

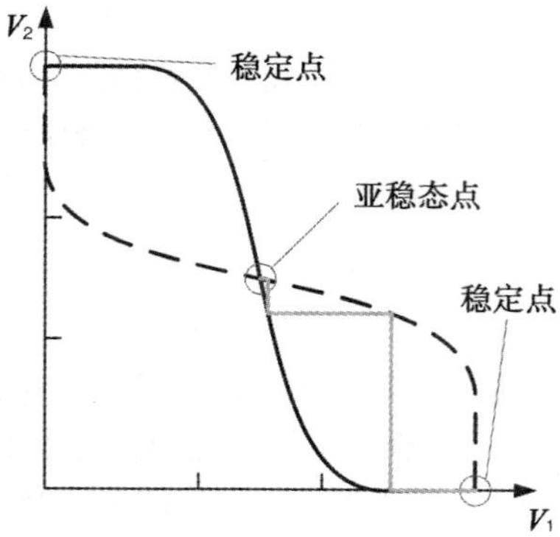

图 28-3　通过反复应用两个反相器的 DC 传递特性来粗略估计背靠背反相器的动态变化，如图中的灰线所示

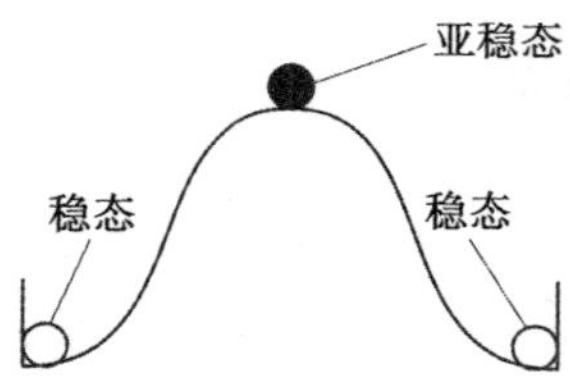

图 28-4　位于山顶的球处于亚稳态。没有外力向左或向右推球，它静止不动。但是，向左或向右的一个轻微扰动将会使球脱离静止状态，下落到达左侧或右侧山底部的稳态

565

山上的球可以准确地类比触发器。处于亚稳态的触发器（图 28-2 的中间点）就好比位于山顶的球。只需轻轻一推（或者一开始没有处于正中心），电路就会滚下坡到达两个稳态其中之一。

实际上，背靠背反相器电路的动态表现受控于以下的微分方程：

$$\frac{\mathrm{d}\Delta V}{\mathrm{d}t}=\frac{\Delta V}{\tau_s} \tag{28-1}$$

其中，τ_s 是背靠背反相器的时间常量。简言之，触发器的变化速率 ΔV 与它的幅度成正比。它离零点越远，速率越快，直到达到电源电压的限制。

这个微分方程的解如下：

$$\Delta V(t)=\Delta V(0)\exp\left(\frac{t}{\tau_s}\right) \tag{28-2}$$

当 ΔV 的初值不同时，解描绘出的曲线如图 28-5 所示。随着背靠背反相器的指数放大，ΔV 的幅度每 τ_s 增加 e 倍。因此，如果开始时 $\Delta V(0)=e^{-1}$，经过
566 τ_s 时间，电路收敛到 $\Delta V(t)=1$。相似地，如果开始时 $\Delta V(0)=e^{-2}$，电路经过 2 τ_s 时间达到收敛，以此类推。概括起来，电路收敛到 $\Delta V=+1$ 或 -1 所需的时间为：

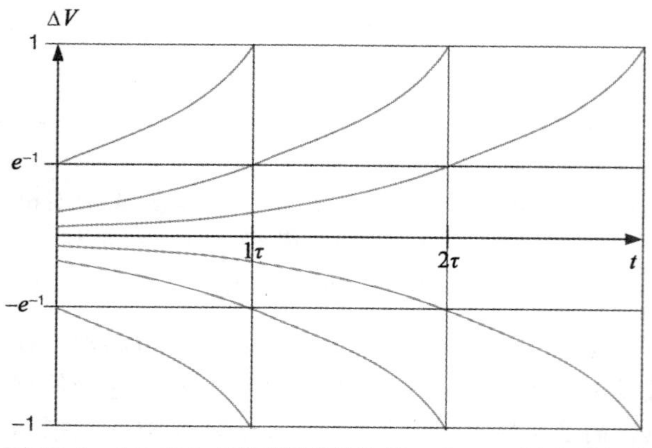

图 28-5　ΔV（0）不同值下描绘的 $\Delta V(t)$。每个时间常数，ΔV 的幅度增加 e

$$t_s = -\tau_s \log(\Delta V(0)) \tag{28-3}$$

例 28-1　收敛时间

当 $\Delta V(0)=0.25$ 时，收敛到 $\Delta V=1$ 需要多少时间？将值代入方程（28-3），得到 t_s：

$$t_s = -\tau_s \log(0.25) = 1.4\,\tau_s$$

例 28-2　最小初始电压

要在 $10\tau_s$ 内达到收敛 $\Delta V(0)$ 的最小值是多少？

为了解决这个问题，我们重新整理方程（28-2），解出 $\Delta V(0)$：

$$|\Delta V(0)| < \Delta V(t)\exp\left(\frac{-t}{\tau_s}\right)$$

$$|\Delta V(0)| < \exp(-10)$$

$$|\Delta V(0)| < 45\ \mu\text{V}$$

28.3　进入和脱离非法状态的概率

如果用一个时钟采样异步信号（该信号可以在任意时刻改变），那么触发器进入亚稳态的概率是多少？假设时钟周期是 t_{cy}，触发器的建立时间是 t_s，保持时间是 t_h。异步信号的每一次改变等可能地发生在时钟周期的任一点。因此，就有概率为

$$P_E = \frac{t_s + t_h}{t_{cy}} = f_{cy}(t_s + t_h) \tag{28-4}$$

的转换违反触发器的建立和保持时间，从而使其进入非法状态。

如果异步信号以 $f_a s^{-1}$ 的频率变化，那么在整个周期的禁止建立和保持期间，异步边沿的 P_E 下降。因此，失误的频率（违反建立和保持时间）为

$$f_E = f_a P_E = f_a f_{cy}(t_s + t_h) \tag{28-5}$$

例如，假设有一个触发器，$t_s = t_h = 100$ ps，时钟周期是 $t_{cy} = 2$ ns，那么失误的概率为

$$P_E = \frac{t_s + t_h}{t_{cy}} = \frac{200\ \text{ps}}{2\ \text{ns}} = 0.1 \tag{28-6}$$

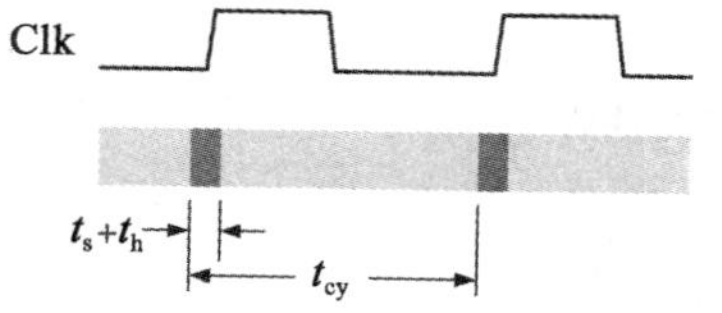

图 28-6　用一个时钟对异步信号进行采样。如果在时钟边沿附近的 $t_s + t_h$ 间隔时间内异步信号发生变化，那么触发器可能会进入非法状态

567

现在来考虑，当异步信号的变化频率为 1 MHz，那么失误的频率为

$$f_E = f_a P_E = 1\ \text{MHz}(0.1) = 100\ \text{kHz} \tag{28-7}$$

实际中，我们认为采样异步信号会导致不可接受的高失误率的发生。

正如我们将在第 29 章看到的，对于频繁进入非法状态这一问题的一种片面的解决办法是将该状况隐藏一段时间 t_w，以允许该非法状态退回到两个稳态中的一个。通过考虑某些初始状态的概率和退回所要求的时间，我们可以计算出触发器在等待了 t_w 后仍然处于非法状态的概率。

假定触发器进入了非法状态，它以一定的概率到达特殊的状态电压 ΔV。我们可以（谨慎地）估计这一概率均匀分布在区间（-1，1）。那么，从式（28-3），用超过 t_w 的时间退出非法状态的概率与下面的概率相同

$$|\Delta V(0)| < \exp\left(\frac{-t_w}{\tau_s}\right) \tag{28-8}$$

$|\Delta V(0)|$ 均匀分布在 0 到 1 之间，用超过 t_w 的时间达到稳态的概率很简单：

$$P_s = \exp\left(\frac{-t_w}{\tau_s}\right) \tag{28-9}$$

例如，假设有一个触发器，$\tau_s=100$ ps，从非法状态退出需要等待 $t_w=2$ ns $=20\tau_s$。要在 20 τ_s 后依然留在非法状态，触发器的初始电压 $|\Delta V(0)|$ 必须小于 $\exp(-20)$。$|\Delta V(0)|$ 均匀分布在区间 $[0,1)$，所以此时的概率为 $P_s=\exp(-20)$。

28.4　亚稳态的演示

对许多学生而言，亚稳态只是一个抽象的概念，直到他们亲眼看到它。到那时，他们突然意识到，亚稳态是真实存在的，它会偶然出现在自己的触发器中。通过实验室操作或课堂演示都可以做好这个。我希望你能有机会可以现场体验亚稳态的演示，如果不能，那么本节至少会展示实际看到的几张照片。

图 28-7 是亚稳态演示电路的原理图。该电路由 6 个 4000 系列 CMOS 集成电路、5 个电阻和 3 个电容组成。门和晶体管接线端子旁边的小数字是集成电路芯片的引脚编号。你可以根据这张原理图很容易地构建自己的亚稳态演示电路来自己重复这个演示实验。

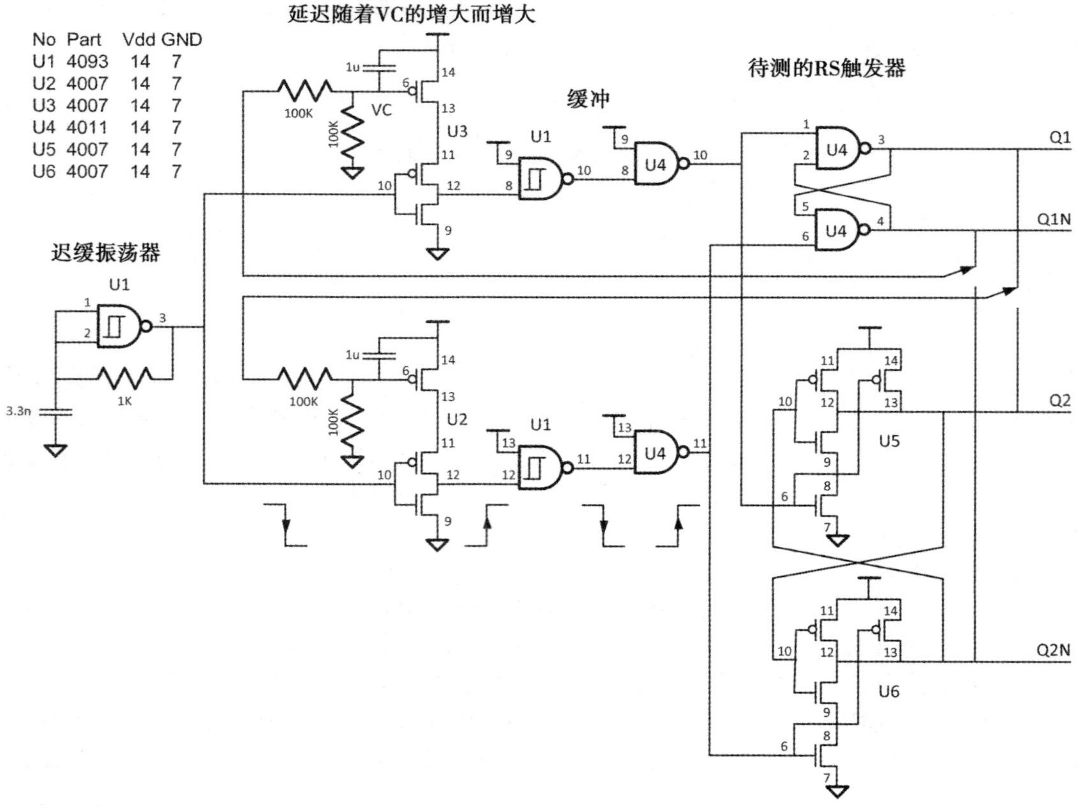

图 28-7　亚稳态演示电路原理图。该电路由一个振荡器、电压控制延迟线和两个 RS 触发器组成。反馈的作用是推动受测触发器进入亚稳态

568 ~ 570 演示电路实现后的照片如图 28-8 所示。电路板底部从左到右依次是 U1、U2 和 U3。电路板顶部依次是 U4、U5 和 U6。在两个 RS 触发器之间进行选择的双刀双掷开关在右侧，没有出现在照片中。

这个电路有 3 个主要部分：一个振荡器、一对电压控制的延迟线和两个 RS 触发器。IC U1 是一片 CD4093，它包括 4 个带施密特触发器的与非门。U1 的其中一个门位于原理图的最左边，组成了一个张弛振荡器。1 k 的电阻和 3.3 nF 的电容确定了振荡器的时间常数为 3.3 μs，则周期约为 6 μs。集成电路 U3 和 U2 连成了电压控制的延迟线。这部分电路是一个反相器，它带有 PFET 所需要的电源，PFET 的栅极连到了控制电压 V_C。V_C越高，通过 PFET 的电流就越低，反相器输出的上升沿的延迟就越大。U1 额外的门和 U4 用于缓冲延迟线的输出，以使被测的 RS 触发器获得快速的上升和下降时间。最后，原理图的右边是两个 RS 触发器。上面的触发器由 U4（四与非门 CD4011）的两个门构成，下面的触发器由独立的晶体管 U5 和 U6（CD4007）构成。

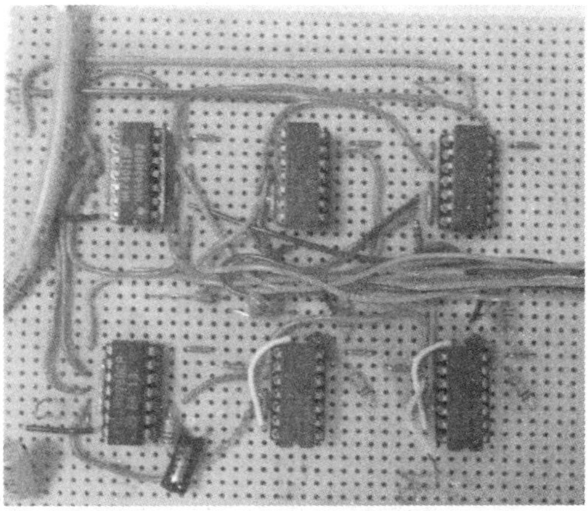

图 28-8　用一块原型板实现亚稳态演示电路

触发器的输出反馈回来控制延迟线，以驱动触发器进入亚稳态。开关选择两个受测触发器中的一个，通过 RC 滤波器来控制电压变量延迟线。所选触发器的输出 Q 连到了下面延迟线的控制电压上，该延迟线驱动与非门，而与非门驱动 QN 输出。相似地，所选触发器的输出 QN 驱动上面的延迟线，而该延迟线驱动连接到 Q 的与非门。

这一反馈连接驱动触发器进入亚稳态。当触发器的输入变高时，速度更快的输入会获胜，从而使得输出变低。这又反过来进一步降低了驱动另一个输入的延迟线的控制电压，使其速度提高，从而使慢的输入赶上快的输入。一旦触发器处于亚稳态，它的两个输出 Q 和 QN 经常会同样地变低，使电路保持平衡状态。 571

图 28-9 展示了 RS 触发器正在进入和脱离亚稳态。该图是示波器工作在无限持续模式下的屏幕截图。在这种模式下，示波器在写新的波形时保留屏幕上旧的波形，即在一段时间里累加所有的波形。水平标尺是每栅格 200 ns，两个信号的垂直标尺都是每栅格 2 V。屏幕截图时，示波器记录了 1 秒。振荡器运行在约 400 kHz，该记录是约 400 000 条轨迹的叠加。

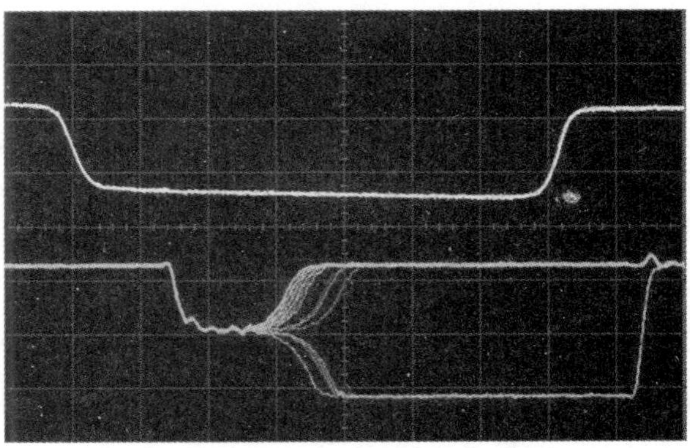

图 28-9　图 28-7 中下面的 RS 触发器的输入和输出。一秒钟累加的波形

上面的轨迹是 RS 触发器的一个输入，下面的轨迹是它的一个输出。输入下降后约 250 ns，输出进入了亚稳态，电压处于 GND 和 V_{DD}的中间。触发器离开亚稳态，以指数衰退到 1 或者 0，就像图 28-5 所示。在大部分情况下，亚稳态衰退需要约 250 ns。但是，在一些情况下，亚稳态衰退需时约 400 ns。这反映出，随着概率的降低，初始状态可以任意接近于亚稳态区域的中心，因此需要花费任意长的时间来衰退。在这张图中，输出退回到高的情况略多于退回到低的情况。这是因为电路有偏移，使得初始概率分布偏离了中心。

图 28-10 是示波器工作 1 小时以后的屏幕截图，是超过十亿条轨迹的叠加。在这数十亿条中，有少数一些已经非常接近于亚稳态区域的中心，如图中那几条需要 800 ns 才能退回到稳态

的轨迹。波形的左边被填满，表明有很多次是在 250 ~ 600 ns 之间衰退，而 600 ~ 800 ns 之间的
572 记录逐渐减少，反映出随着时间的推移，概率呈指数下降。

即使仅有十亿次实验，我们仍然得到了持续时间长达 800 ns 的亚稳态。现代的高端 GPU 芯片有成千上万个触发器⊖运行在 1 GHz 以上，一个超级计算机可能有 20 000 个类似的芯片。在这种机器内部，每秒中会有超过10^{16}个触发器时钟事件发生，每年会有超过10^{20}个触发器时钟事件出现。要求要特别小心地处理同步和亚稳态，是因为即使是非常不可能的事件，若乘以这种高频率，也会出现问题。

当选择由四与非门 CD4011 的两个门构成的 RS 触发器时，波形如图 28-11 所示。对该波形的解释我们留到习题 28.13。

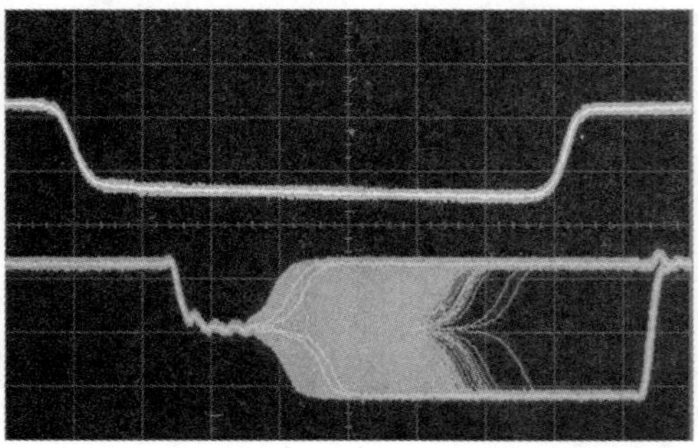

图 28-10　图 28-7 中下面的 RS 触发器的输入和输出。一小时累加的波形

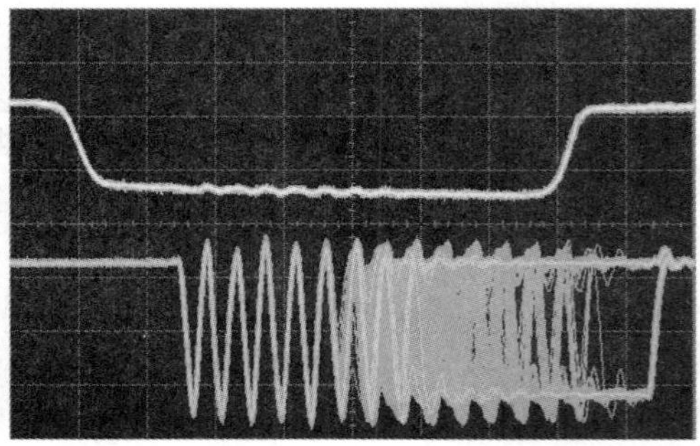

图 28-11　图 28-7 上面的 RS 触发器由四与非门 CD4011 构成，当选择该触发器时的输入和输出波形

小结

通过本章理解了触发器采样异步信号时发生的亚稳态和失效。我们用带正反馈的可再生电路构建了一个触发器模型，看到了这个模型如何产生两个稳态和一个亚稳态。两个稳态相当于触发器的两个正常状态。在这些正常状态，触发器的一个存储节点为高，而另一个为低。在亚稳态，触发器的两个内部节点都处于中间电压——既不是高，也不是低。像稳态一样，亚稳态可以无限期地持续下去。与稳态不同的是，亚稳态时的一个小扰动就会使触发器偏离现有状态而进入两个稳态其中之一。正如处于山顶部的球，处于亚稳态的触发器可以永远待在那个位置。但是，如果球或者触发器略微移动到一边或另一边，它就会从山上跌落，进入稳态。

我们推导出公式来估计用于采集异步信号的触发器进入或脱离亚稳态的速率。异步事件发生时，进入亚稳态的概率正好是事件发生在触发器的建立和保持窗口中的概率：

$$P_E = \frac{t_s + t_h}{t_{cy}}$$

一旦触发器进入亚稳态，任何小的偏差都会以指数增长，每 τ_s 增长 e 倍。等待 t_w 后触发器仍然处于亚稳态的概率为

$$P_s = \exp\left(\frac{-t_w}{\tau_s}\right)$$

573 最后，我们看到了亚稳态的一个演示，示波器的波形展示了触发器进入和脱离亚稳态。

⊖　但是，这些触发器中只有一小部分必须处理异步信号。

文献说明

关于亚稳态引发问题的最早的论文之一是参考文献［26］。参考文献［32］给出了该问题的更详细的处理。

习题

28.1 稳定时间，I。当初始电压差是 16 mV 时，稳定时间是多少？

28.2 稳定时间，II。当初始电压差是 0.16 μV 时，稳定时间是多少？

28.3 最大电压差，I。一个亚稳态系统要在 $7\tau_s$ 内稳定到 $\Delta V=1$ V，那么最大的初始电压差是多少？

28.4 最大电压差，II。一个亚稳态系统要在 $3.5\tau_s$ 内稳定到 $\Delta V=1$ V，那么最大的初始电压差是多少？

28.5 稳定时间与转换时间。假设一个触发器，$t_s=t_h=500$ ps，$\tau_s=100$ ps。在 y 轴上绘制触发器的数据转换时间与稳定时间曲线图。假设从 −500 ps 到 500 ps 系统的初始 ΔV 在 1 V 到 −1 V 之间呈线性变化（如图 28-1b 所示），稳定时间应该反映达到 $|\Delta V|=1$ 所需的总时间。

28.6 失误概率，I。当 $t_s=t_h=100$ ps，$f_{cy}=2$ GHz 时，异步信号变化并违反触发器的建立和保持约束的概率是多少？

28.7 失误概率，II。当 $t_s=t_h=20$ ps，$f_{cy}=4$ GHz 时，异步信号变化并违反触发器的建立和保持约束的概率是多少？

28.8 失误概率，III。当 $t_s=t_h=300$ ps，$f_{cy}=1$ MHz 时，异步信号变化并违反触发器的建立和保持约束的概率是多少？

28.9 失误频率，I。规定每 0.01 s 仅有一次非法的异步转换，当系统中 $t_s=t_h=100$ ps，$f_{cy}=2$ GHz 时，计算 f_a 的最大值？

28.10 失误频率，II。规定每 0.01 s 仅有一次非法的异步转换，当系统中 $t_s=t_h=20$ ps，$f_{cy}=4$ GHz 时，计算 f_a 的最大值？

28.11 失误频率，III。规定每 0.01 s 仅有一次非法的异步转换，当系统中 $t_s=t_h=300$ ps，$f_{cy}=1$ MHz 时，计算 f_a 的最大值？

28.12 保持在非法状态的概率。设计一个电路，有两个不同的触发器可供选择。触发器 1 的 $t_s=t_h=50$ ps，$\tau_s=20$ ps，触发器 2 的 $t_s=t_h=250$ ps，$\tau_s=10$ ps。在下面的情况下，你分别会选择哪种触发器以使失误达到最小，并加以解释。

(a) $t_w=0$ ps；

(b) $t_w=50$ ps。

假设 $f_c=1$ GHz，$f_a=10$ MHz，为触发器 1 和触发器 2 绘制失误概率，它是 t_w 的函数。

28.13 振荡的亚稳态。解释图 28-11 的波形。（提示：看与非门 CD4011 的内部电路原理图。）

28.14 虚假同步器。你公司的工程师建议你用触发器，后面跟一个比较器，比较器后面再跟第二个触发器，来自己搭建一个快速同步器。比较器的阈值设为 0.2 V，这个值足够低，以至于触发器的半稳态输出可以被识别为逻辑 1。这样做可以可靠同步一位信号吗？解释你的答案。如果结果不为零，根据电路参数给出同步失效的概率。 574~575

同步器设计

在同步系统中，我们可以通过遵守建立和保持时间的约束来避免触发器进入非法状态或亚稳态。但是，当采样异步信号或穿越不同的时钟域时，我们不能保证会满足这些约束条件。在这些情况下，我们设计同步器，通过等待退出并隔离亚稳态来减少同步失效发生的概率。

由两个背靠背触发器组成的蛮力同步器常用于同步单位信号。第一个触发器采样异步信号，第二个触发器隔离第一个触发器可能出现的错误输出，直至所有非法状态都可能已经退出。这种蛮力同步器并不被用于多位信号，除非它们用格雷码编码。如果同步器采样时传送多个位，这些位各自独立完成，就有一些位在传送前采样，有一些在传送后采样，这样可能会导致编码错误。我们可以用 FIFO（先进先出）同步器来安全地同步多位信号。FIFO 既可以同步信号，也可用于流控，以确保在一个时钟域中的发射器发出的每个数据都能被在另一个时钟域中的接收器精确地采样一次——即使两个时钟频率不同。

29.1 何处使用同步器

同步器用于两个完全不同的应用，如图 29-1 所示。首先，当信号从一个真正的异步源过来时，在它们输入到同步数字系统之前必须进行同步。例如，人按下按钮开关产生一个异步信号。该信号可以在任意时刻传送，所以在输入同步电路前必须进行同步。许多物理检测设备也确实会产生异步输入。光电探测器、温度传感器、压力传感器等都会产生输出并传送，它们受控于物理过程，而不是时钟。

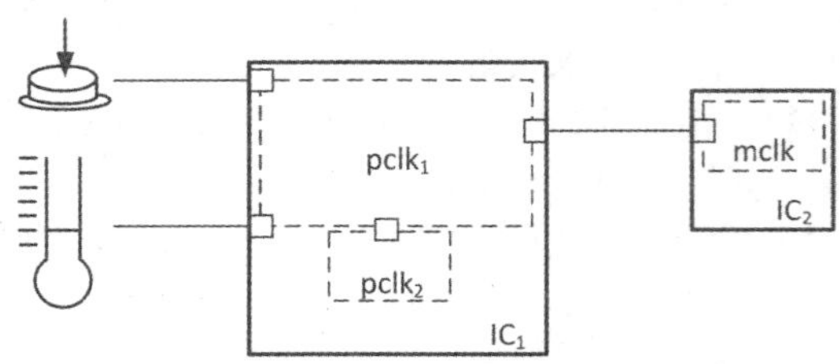

图 29-1　在异步和同步系统（左侧）之间需要同步器，在芯片内部和外部的时钟域之间也需要同步器

同步器的另一种用法是将同步信号从一个时钟域移到另一个时钟域。一个时钟域就是全
576 部与一个时钟同步的一组信号。例如，在计算机系统中，处理器按时钟 pclk 运行，而存储系统按不同的时钟 mclk 运行，这都不足为奇。而且这两个时钟的频率可能迥然不同。例如，pclk 可能是 2 GHz，而 mclk 是 800 MHz。比如在 pclk 时钟域中，那些与 pclk 同步的信号不能被直接用在存储系统中。它必须首先与 mclk 同步。相似地，存储系统中的信号在用于处理器中之前也必须首先与 pclk 同步。

在时钟域之间移动信号时，包括两种完全不同的同步任务。如果我们希望移动一个数据序列，而且序列中的每一个数据都必须保留，那我们使用*序列同步器*。例如，要从处理器向存储系统依次发送 8 个单词（数据总线上一次一个单词），我们需要一个序列同步器。另一方面，如果希望监控一个信号的状态，我们需要一个*状态同步器*。状态同步器将需要同步的信号的最新样本输出到它的输出时钟域。为了使处理器可以监控存储系统中的队列深度，我们使用状态同步器——我们不需要队列深度的所有采样（一个时钟采一个），只要最新的一个样本。另一方面，在两个子系统之间传送数据不能使用状态同步器，因为它会丢失一些元素而重复另一些元素。

29.2 蛮力同步器

单位信号的同步通常使用如图29-2所示的蛮力同步器实现。触发器FF1对异步信号a进行采样，产生输出a_w。由于频率高，FF1将会进入非法状态，因而信号a_w是不安全的。为了保护系统的其余部分远离不安全信号，在FF2重新采样前，我们等待一个（或更多）时钟周期，使得FF1从任何非法的状态退出，从而产生输出a_s。 577

图29-2的同步器工作得如何？换句话说，a传送后，a_s进入非法状态的概率是多少？只有当1）FF1进入了非法状态，2）FF2重新采样a_w前非法状态没有退出，这种情况才会发生。FF1进入非法状态的概率记为P_E（见式（28-4）），在等待t_w后仍然留在该非法状态的概率记为P_S（见式（28-9））。因此，FF2进入非法状态的概率为

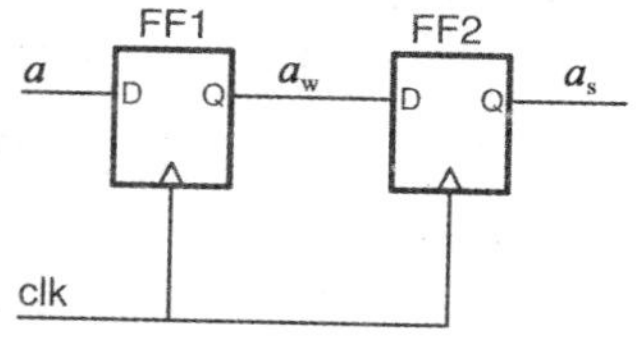

图29-2 由两个背靠背触发器组成的蛮力同步器。第一个触发器对异步信号a进行采样，产生信号a_w。第二个触发器在对a_w重新采样前等待一个（或多个）时钟周期，以使第一个触发器从任何亚稳态退出，从而产生同步输出a_s

$$P_{ES}=P_EP_S=\left(\frac{t_s+t_h}{t_{cy}}\right)\exp\left(\frac{-t_w}{\tau_s}\right) \quad (29\text{-}1)$$

这里的等待时间t_w不是一个完整的时钟周期，而是一个时钟周期减去所需的开销：

$$t_w=t_{cy}-t_s-t_{dCQ} \quad (29\text{-}2)$$

例如，如果有$t_s=t_h=t_{dCQ}=\tau_s=100\text{ ps}$，$t_{cy}=2\text{ ns}$，那么FF2进入非法状态的概率为

$$P_{ES}=\left(\frac{t_s+t_h}{t_{cy}}\right)\exp\left(\frac{-t_w}{\tau_s}\right)=\left(\frac{100\text{ ps}+100\text{ ps}}{2\text{ ns}}\right)\exp\left(\frac{-1.8\text{ ns}}{100\text{ ps}}\right)=0.1\exp(-18)=1.5\times10^{-9}$$

如果信号a的转移频率为100 MHz，那么失效频率为

$$f_{ES}=f_aP_{ES}=(100\text{ MHz})(1.5\times10^{-9})=0.15\text{ Hz} \quad (29\text{-}3)$$

如果这个同步失效概率不够低，可以延长等待时间使其降低。最好的实现方法是给两个触发器增加时钟使能，每过N个时钟周期使能一次，则等待时间延长为

$$t_w=Nt_{cy}-t_s-t_{dCQ} \quad (29\text{-}4)$$

在上面的例子中，等待两个时钟周期，失效概率和频率减小为

$$P_{ES}=0.1\exp(-38)=3.1\times10^{-17} \quad (29\text{-}5)$$

$$f_{ES}=(100\text{ MHz})(3.1\times10^{-17})=3.1\times10^{-9}\text{Hz} \quad (29\text{-}6)$$

使用时钟使能延长等待时间比串联使用多个触发器的效率更高。因为使用时钟使能，只需花费触发器开销t_s+t_{dCQ}一次，否则每个触发器都要花费一次。第一个时钟周期之后的每个时钟周期都要将等待时间增加一个完整的t_{cy}。使用串联触发器，每个额外的触发器都要将等待时间延长$t_{cy}-t_s-t_{dCQ}$。

失效概率能到多低？这取决于系统及其用途。通常，我们想要同步失效的概率大大低于其他系统故障的概率。例如，在远程通信系统中，一条线路的误码率是10^{-20}，那么一个失效概率P_{ES}等于10^{-30}的同步器就足够了。对于一些功能性命攸关的系统，平均失效时间（$\text{MTTF}=1/f_{ES}$）必须将系统的使用寿命与系统的生产数量的乘积进行长时间的比较。因此，如果系统预计工作10年（3.1×10^8 s），并且建造了10^5套系统，那么MTTF要远大于3.1×10^{13}（例如，f_{ES}必须远小于3×10^{-14}）。这里，我们确定目标$f_{ES}=10^{-20}$（每10^{11}年每个系统的失效次数少于一次）。 578

例29-1 蛮力同步器

一个系统使用由三个背靠背触发器组成的同步器，且$f_a=1\text{ kHz}$，$f_{cy}=1\text{ GHz}$，$t_s=t_h=$

50 ps，$\tau_s = 100$ ps，$t_{dCQ} = 80$ ps。计算该系统的平均失效时间。

进入亚稳态的概率如式（28-4）所示：

$$P_E = \left(\frac{t_s + t_h}{t_{cy}}\right) = \left(\frac{50 + 50}{1000}\right) = 0.1$$

三个背靠背触发器的等待时间为 2 倍的时钟周期减去触发器开销：

$$t_w = 2(t_{cy} - t_s - t_{dCQ}) = 2(1000 - 50 - 80) = 1740 \text{ ps} = 17.4\tau_s$$

因此，各事件的失效概率为

$$P_{ES} = P_E P_S = (0.1)\exp(-t_w/\tau_s) = (0.1)\exp(-17.4)$$
$$= (0.1)(2.78 \times 10^{-8}) = 2.78 \times 10^{-9}$$

因而，失效频率为

$$f_{ES} = f_a P_{ES} = (10^5)(2.78 \times 10^{-9}) = 2.78 \times 10^{-4} \text{ Hz}$$

所以，MTBF 为

$$\text{MTBF} = 1/f_f = 3.60 \times 10^3 \text{ s}$$

29.3 多位信号的问题

579 蛮力同步器对于同步单位信号表现出众，但是不能用于同步多位信号，除非该信号是格雷码编码的（也就是，除非信号一次只有一位变化）。例如，来看图 29-3 所示的情况。由时钟 clk1 控制的四位计数器的输出 cnt 与第二个频率不同的时钟 clk2 进行同步。假设当 clk2 上升时，在从 7（0111）计数到 8（1000）时，cnt 的所有位均发生变化——寄存器 R1 违反了建立和保持时间限制。R1 的 4 个触发器都进入了非法状态。在 clk2 的下一个周期里，这些状态以极高的概率退回到 0 或 1。结果，当 clk2 再次升高时，就会采样到一个合法的 4 位数字信号，并将其输出到cnt_s。

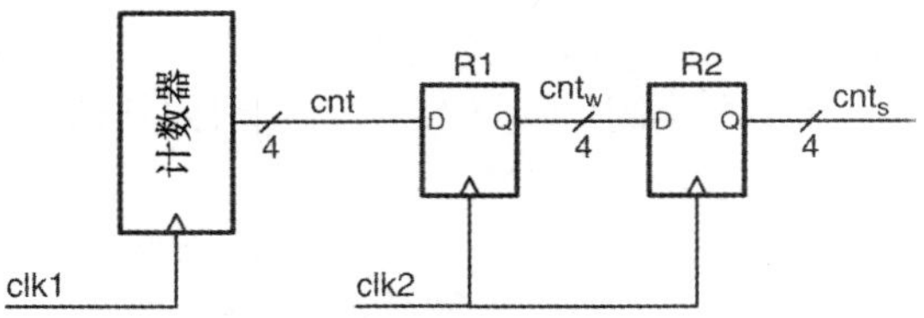

图 29-3 同步多位信号的不正确做法。由时钟 clk2 计时的同步器采样由时钟 clk1 控制的计数器。在传递过程中，当多位信号 cnt 改变时，同步输出cnt_s可能会有一些位变化，而其他位不变，从而得到错误的结果

问题是，输出cnt_s出错的概率极高。对于 cnt 的每一个变化位，同步器都能稳定到状态 0 或者 1。在这种情况下，当 4 位都变化时，同步器的输出可能是 0～15 之间的任何一个数。

蛮力同步器可以用于多位信号的唯一情况就是确保在同步器的时钟之间传输信号时，最多只有一位变化。例如，如果我们想用这种方式去同步一个计数器，那必须使用格雷码计数器，每次计数恰好只有一位变化。4 位格雷码计数器的计数序列为 0，1，3，2，6，7，5，4，12，13，15，14，10，11，9，8。序列相邻元素之间仅有一位改变。例如，第八次转换是从 4（0100）变到 12（1100），这次转换只有 MSB 变化。如果用 4 位格雷码计数器代替图 29-3 中的计数器，当 clk2 上升沿到来时，由 4 转换到 12，此时，只有 R1 的 MSB 进入非法状态，低三位仍将保持稳定在 100。MSB 稳定到 0 或 1 中的任何一个，输出都是合法的值——4 或 12。

产生该序列的四位格雷码计数器的 Verilog 代码如图 29-4 所示。

```
module GrayCount4(clk, rst, out) ;
  input clk, rst ;
  output [3:0] out ;
  wire [3:0] next ;

  DFF #(4) count(clk, next, out) ;

  assign next[0] = ~rst & ~(out[1]^out[2]^out[3]) ;
  assign next[1] = ~rst & (out[0] ? ~(out[2]^out[3]) : out[1]) ;
  assign next[2] = ~rst & ((out[1] & ~out[0]) ? ~out[3] : out[2]) ;
  assign next[3] = ~rst & (~(|out[1:0]) ? out[2] : out[3]) ;
endmodule // GrayCount4
```

图 29-4 4 位格雷码计数器的 Verilog 描述 580

29.4 FIFO 同步器

如果我们不能在任意多位信号中使用蛮力同步器，并且我们的信号不是格雷编码，那么，我们如何将信号从一个时钟域移到另一个时钟域呢？有一些同步器可以完成这个任务。其中的关键概念就是消除多位数据通路的同步。同步被转移到控制通路上，该通路是单位或格雷编码的信号。

也许最常见的多位同步器就是 FIFO 同步器。FIFO 同步器的数据通路如图 29-5 所示。FIFO 同步器靠一组寄存器 R0 到 RN 工作。数据在输入时钟的控制下存入寄存器，而在输出时钟的控制下从寄存器读出。尾指针选择下一个要写入的寄存器，头指针选择下一个要读出的寄存器。数据增加到队列尾部，而从队列头部移除。头尾指针都是格雷编码计数器，被译码为独热编码以驱动寄存器使能端和多路选择器的选择线。计数器使用格雷码编码就可以在控制通路上使用蛮力同步器对它们进行同步。

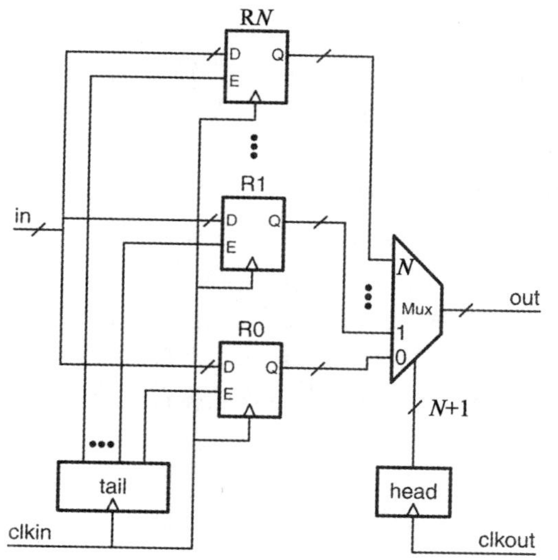

图 29-5 FIFO 同步器的数据通路。输入数据由输入时钟 clkin 置入寄存器 R0，…，RN。输出数据由输出时钟 clkout 在寄存器中选择。控制通路（图中未显示）确保了：1）数据被选中输出前已经置入了寄存器，2）数据在读取之前不会被覆盖

带 4 个寄存器（R0 到 R3）的 FIFO 同步器的操作时序如图 29-6 所示。本例中的输入时钟 clkin 比输出时钟 clkout 更快。在输入时钟的每个上升沿，线路 in 上的一个新数据被写入其中一个寄存器。被写入的寄存器由尾指针选择，该指针以格雷码模式（0，1，3，2，0，…）递增。第一个数据 *a* 被写入寄存器 R0，第二个数据 *b* 被写入 R1，*c* 被写入 R3，以此类推。对于 4 个寄存器，每 4 个输入时钟，各寄存器的输出有效一次。

在输出端，时钟 clkout 的每个上升沿使头指针增加，依次选取每个寄存器。clkout 的第一个上升沿将头指针置为 0，选取寄存器 R0 的内容 *a* 并输出。R0 的四输入时钟的有效期要比它被选中时的单输出时钟周期长，因此在输出端看不到输入时钟的变化。唯一的输出转换来自于 581

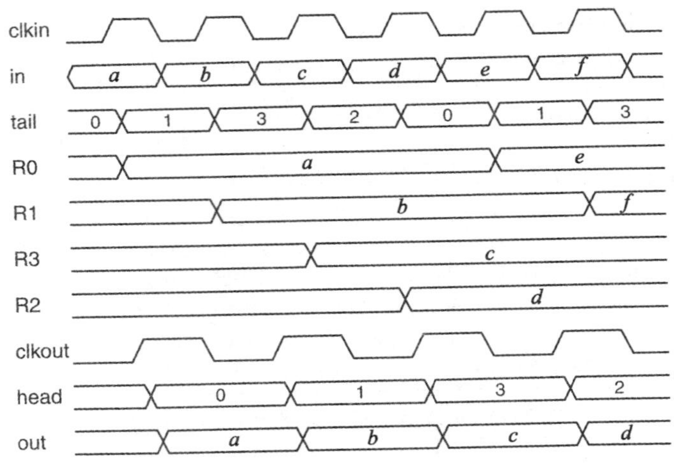

图 29-6 带 4 个寄存器的 FIFO 同步器的操作时序图

(因此也同步于）clkout。clkout 的第二个上升沿使头指针加到 1，从 R1 选取 b 并输出，第三个上升沿从 R3 选取 c，以此类推。

通过使用多个寄存器来延长输入数据的有效期，FIFO 同步器在输出端选择这些数据，而不需要用 clkout 去采样那些与 clkin 同步变化的信号。因此，在这个数据通路上不可能违反建立和保持时间。

当然，我们无法消除对同步的需要（和同步失效的可能性)，我们只是简单地将它转移到了控制通路。输入时钟的运行比输出时钟越快，FIFO 同步器溢出越快，除非使用流控制。当 4 个寄存器都满时，需要阻止输入再往 FIFO 中插入数据。相似地，如果 clkout 比输入时钟快，当 FIFO 为空时，要阻止输出从 FIFO 中移除数据。

我们在控制通路中为 FIFO 增加流控制。包含控制通路的 FIFO 的完整块电路图如图 29-7 所示（寄存器被集中在了 RAM 阵列中)，控制通路本身如图 29-8 所示。在控制通路中，我们为两个接口各增加了两个流控制信号。在输入和输出接口上，如果发送器从数据线上获得了有效的数据，则 valid 信号为真；如果接收器准备好接收新数据，则 ready 信号为真。仅当 valid 和 ready 都为真时，才进行一次数据传送。在输入端，ivalid 是输入信号，当 FIFO 不满时 iready 有效。在输出端，oready 是输入信号，当 FIFO 不空时 ovalid 有效。

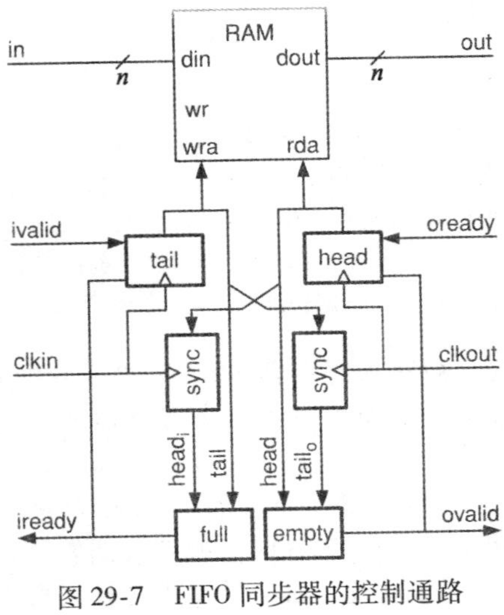

图 29-7 FIFO 同步器的控制通路

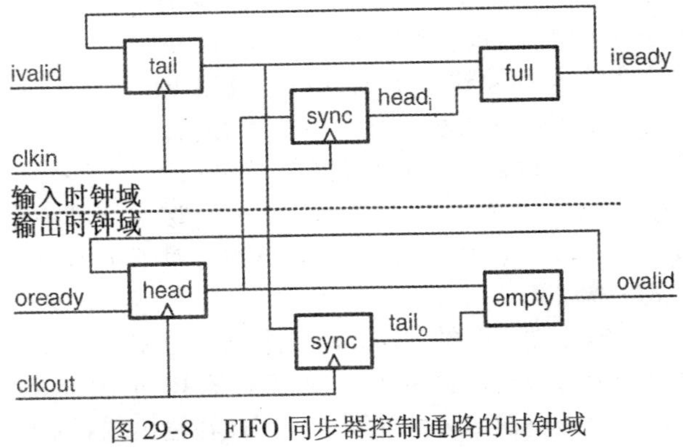

图 29-8 FIFO 同步器控制通路的时钟域

iready（不满）和 ovalid（不空）信号是通过比较头尾指针产生的。因为头（head）和尾（tail）处于不同的时钟域，所以这个比较复杂。信号 head 与 clkout 同步，而 tail 与 clkin 同步。我们使用一对多位蛮力同步器来解决这个问题，一个同步器在输入时钟域产生一个 head——$head_i$，另一个同步器在输出时钟域产生一个 tail——$tail_o$。只允许使用这种同步化方法是因为 head 和 tail 都是格雷码编码的，因此在任意给定的时间点上只有一位会变化。此外，注意同步化延迟了信号，$head_i$ 和$tail_o$比 head 和 tail 晚两个时钟周期。

一旦我们在同一时钟域中得到了 head 和 tail，就可以对它们进行比较，从而确定满和空的状态。当 FIFO 为空时，head 和 tail 相等，因此可以得到

```
assign empty = (head == tail_o) ;
assign ovalid = !empty ;
```

当 FIFO 为满时，head 和 tail 也是相等的。因此，如果我们允许使用所有的寄存器，那么还需要再增加一个状态来区分这两种情况。为了不增加复杂度，我们简单地声明当只有一个位置为空时 FIFO 为满，得到

```
assign full = (head_i == inc_tail) ;
assign iready = !full ;
```

582~583

这里，`inc_tail` 是尾指针按照格雷码序列加一后的结果。这个方法总会使一个寄存器为空。例如，对于 4 个寄存器，任意时刻，只允许三个寄存器包含有效的数据。尽管有这一缺点，但这种方法仍常常被优先选用，因为当 `head == tail` 时，为了区分满和空，需要维持和同步额外的状态，这有较高的复杂度。我们为读者留了习题 29.10，该题中设计的 FIFO 所有位置都被填满了。

FIFO 状态的说明如图 29-9 所示。图 29-9a 展示了当 FIFO 为空时，头尾指针的状态。在图 29-9b 和图 29-9c 中，向 FIFO 中增加数据，tail 增加。在图 29-9d 中，FIFO 只有一个位置为空，(在我们的实际使用中）会被宣称为 full，而且不会接受新的数据。在图 29-9e 图中，FIFO 全满，且 head = tail。在图 29-9a 和图 29-9e 中，头尾指针均相等，但前者代表 FIFO 为空，而后者显示为满。必须维持额外的状态来区分这两种情况。

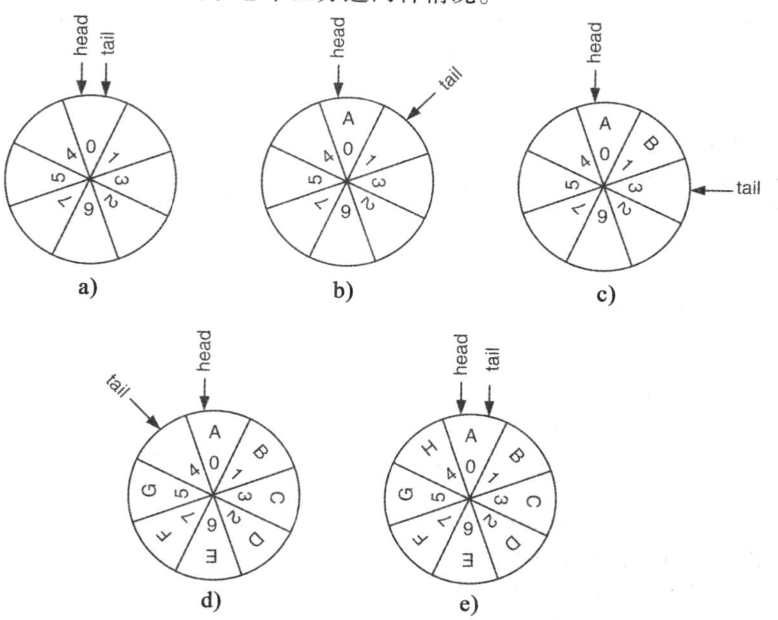

图 29-9　FIFO 状态。a）FIFO 为空，head = tail。b）插入一个数据后。c）插入两个数据后。d）快满时，head = inc（tail）。e）全满时，head = tail

FIFO 同步器的 Verilog 代码如图 29-10 所示。将 FIFO 的宽度和深度参数化为：默认带 8 个寄存器，8 位宽。同步 RAM 模块包含 8 个寄存器，图中未示出。由时钟 clkout 控制的寄存器保存 head，由时钟 clkin 控制的寄存器保存 tail。一对蛮力同步器创建信号 head_i 和 tail_o。一对三位的格雷码增量器（Verilog 代码如图 29-11 所示）使 head 和 tail 按照格雷码序列递增，从而产生 inc_head 和 inc_tail。注意，如果将该编码方式用于深度大于 8
584 个寄存器的 FIFO，那么就需要宽度更大的格雷码增量器，GrayInc3 则不会被参数化。在下一段代码中，流控制信号 iready 和 ovalid 的计算如上文所述。最后，计算得到 head 和 tail 的次态。仅当 valid 和 ready 信号各自的接口状态均为真时，head 和 tail 才递增。

```
module AsyncFIFO(clkin, rstin, in, ivalid, iready,
                 clkout, rstout, out, ovalid, oready) ;

  parameter n = 8 ; // FIFO宽度
  parameter m = 8 ; // FIFO深度
  parameter lgm = 3 ; // 指针域宽度

  input clkin, clkout, rstin, rstout, ivalid, oready ;
  output iready, ovalid ;
  input [n-1:0] in ;
  output [n-1:0] out ;

  // 字从尾部（tail）插入，从头部（head）移除
  // head_i/tail_o是head/tail同步到了其他时钟域
  // inc_x是head/tail按格雷码递增
  wire [lgm-1:0] head, tail, next_head, next_tail, head_i, tail_o ;
  wire [lgm-1:0] inc_head, inc_tail ;

  // 双端口RAM保存数据
  DP_RAM #(n,m,lgm) mem(.clk(clkin), .in(in), .inaddr(tail[lgm-1:0]),
                        .wr(iready&ivalid) ,
                        .out(out), .outaddr(head[lgm-1:0])) ;

  // head的时钟为output，tail的时钟为input
  DFF #(lgm) hp(clkout, next_head, head) ;
  DFF #(lgm) tp(clkin, next_tail, tail) ;

  // 同步器
  BFSync #(lgm) hs(clkin, head, head_i) ; // tail域中的head
  BFSync #(lgm) ts(clkout, tail, tail_o) ; // head域中的tail

  // 格雷码增量器
  GrayInc3 hg(head, inc_head) ;
  GrayInc3 tg(tail, inc_tail) ;

  // iready指示是否不满，oready指示是否不空
  // 输入时钟（input clock）用于满（full）检测
  // 当head指向tail的下一个位置，则表示满
  assign iready = !(head_i == inc_tail) ;
```

图 29-10　FIFO 同步器的 Verilog 描述

```
    // 输出时钟(output clock)用于空(empty)检测
    assign ovalid = !(head == tail_o) ; // 输出clk

    // 插入成功，tail加1
    assign next_tail = rstin ? 0 : (ivalid & iready) ? inc_tail : tail ;

    // 移除成功，head加1
    assign next_head = rstout ? 0 : (ovalid & oready) ? inc_head : head ;
endmodule
```

图 29-10　（续） 585

```
module GrayInc3(in, out) ;
  input  [2:0] in ;
  output  [2:0] out ;
  assign out[0]  = ~(in[1]^in[2]) ;
  assign out[1]  = in[0] ? ~in[2]  : in[1] ;
  assign out[2]  = ~in[0] ? in[1]  : in[2] ;
endmodule
```

图 29-11　三位格雷码增量器的 Verilog 描述

FIFO 同步器的操作如图 29-12 的波形所示。在输入端，复位后，iready 变为真，表示 FIFO 不满，因此可以接收数据。两个周期后，ivalid 有效，7 个数据元素被插入了 FIFO 中。此时，FIFO 满，iready 变为低电平。每插入一个数据字，tail 按三位格雷码序列递增。注意，o_tail 比 tail 迟两个输出时钟周期。之后，随着数据字在输出端从 FIFO 中移走，iready 再次变高，就可以插入其他数据字。09 插入后，信号 ivalid 变为低电平持续三个时钟周期。在此期间，即使 iready 为真，数据也不能输入。在仿真结束前，输入（其以更快的时钟速率运行）先于输出获得了 7 个字，iready 变为低电平。

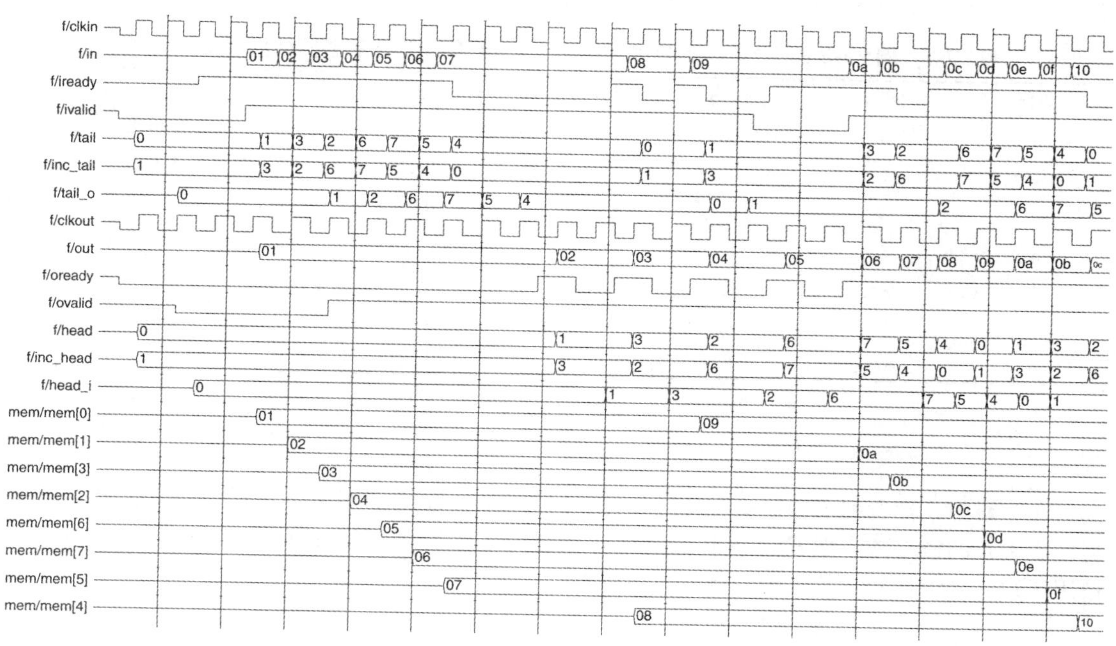

图 29-12　图 29-10 所示 FIFO 同步器的仿真波形

在输出端，ovalid 不为高，表示 FIFO 不空，直到输入端插入第一个数据的两个输出周期后，ovalid 才变高。这是因为信号 tail_o 的同步器延迟，而 ovalid 是从 tail_o 得出的。在仿真中，我们等待直到 FIFO 变满，然后每隔一个周期移除一个字，共移除 5 个。注意，从移除第一个字（01）开始，需要花费两个输入周期来使 iready 变高。这是由于信号 head_i 的同步器延迟，而 iready 是从 head_i 得到的。移除字 05 后，iready 一直保持高电平，而且每个周期移除一个字。

例 29-2　FIFO 深度

来看一个 FIFO 同步器，它使用由两个背靠背触发器组成的蛮力同步器来同步头尾指针。假设输入和输出时钟运行在近似的频率（±10%），那么当 FIFO 深度最小为多少时可支持数据的全速率传输？

FIFO 必须足够深，以便于当时钟的相对相位处于最糟情况时，在头指针同步到输入域之前，输入端不会看到 FIFO 满。因此，FIFO 深度必须为 5——要足够深以便包含来回的延迟，包
586~587 括：(a) 尾同步器到输出域（两个周期）；(b) 输出逻辑对 ovalid 信号做出反应和 head_o 递增的一个时钟周期；(c) 头同步器回到输入域（两个周期）。每个同步器的延迟是两个周期——同步器的每个触发器延迟一个周期。假设输入和输出时钟近似对齐——这是最坏的情况。在相对相位最好的情况下，整个同步器的延迟会是 3 个周期而不是 4 个。

假设时钟几乎对齐，总延迟及所需要的 FIFO 深度如表 29-1 所示的时序表所示。FIFO 最初为空，两个指针都为 0。在周期 0，ivalid 有效，向 FIFO 中插入一个字，使得周期 1 中的 tail_i 递增到 1。两个周期后，在周期 3，tail_o 增加到 1，使得 ovalid 有效，表明 FIFO 不为空。在周期 3 中，输出移除一个字，使得 head_o 在周期 4 中增加到 1。同步器延迟之后，head_i 在周期 6 中加 1。

表 29-1 的第六列 T－H 即 tail_i - head_i，它是输入看到的保存在 FIFO 中的字数。虽然稳态时 FIFO 中仅有三个字，由于同步延迟，输入最多看到占用 5 个字的位置，而输出看到 tail_o = head_o，仅占用了一个字。除非当 FIFO 的深度至少为 5，否则输入将看到满状态，在同步头指针指示输出移除了第一个字之前，将停止输入。

表 29-1　例 29-2 的 FIFO 的时序表，展示了从 FIFO 中插入和移除数据所用的时间

周期	tail_i	tail_o	head_o	head_i	T－H	说明
0	0	0	0	0	0	初始状态
1	1	0	0	0	1	插入第一个元素
2	2	0	0	0	2	
3	3	1	0	0	3	输出不为空
4	4	2	1	0	4	
5	5	3	2	0	5	
6	6	4	3	1	5	头递增到输入

小结

在本章中，你看到了如何安全地同步异步事件及在不同时钟域之间传递信号。虽然不可能将同步失效的概率减小到零，⊖ 但是通过设计合适的同步器可以使其任意小。典型地，同步器
588 被用于数字系统的异步输入中和时钟域边界上。

⊖ 除非完全避免同步化。

蛮力同步器经过采样、等待、重采样来同步单位信号。采样触发器采样异步信号，在每次传送中进入亚稳态的概率是 P_E。等待适量的时间 t_w 以允许亚稳态退出，然后用第二个触发器对第一个触发器的输出重采样。通过选择尽可能大的等待间隔，可以使得同步失效的概率 $P_F = P_E P_S$ 任意小。

蛮力同步器不能用于多位同时变化的多位信号，因为它独立采样各位。因此，输出中的一些位可能来自旧字，而其余位可能来自新字。蛮力同步器只能用于以格雷码编码的多位信号（即一次只有一位变化）中。

任意多位信号可以用 FIFO 同步器进行同步。字插入输入时钟域的 FIFO 中，从输出时钟域的 FIFO 中移除。同步化只需要在两个时钟域之间传送头和尾指针以检查空和满状态。可以通过格雷码编码头和尾指针并用蛮力同步器对它们进行同步来实现。

文献说明

同步器的类型比我们在此讨论的更多。看参考文献［32］的一项调查。虽然同步化问题已有几十年的历史，但关于这个专题经常还会开展一些新工作［30］。

习题

29.1　蛮力同步器，I。一个系统，$f_a = 200$ MHz，$f_{cy} = 2$ GHz，等待一个周期进行同步，计算平均失效时间。所用触发器的参数如表 29-2 所示。

29.2　蛮力同步器，II。一个系统，$f_a = 200$ MHz，$f_{cy} = 2$ GHz，等待 5 个周期进行同步，计算平均失效时间。所用触发器的参数如表 29-2 所示。

29.3　蛮力同步器，III。一个系统，$f_a = 200$ MHz，$f_{cy} = 2$ GHz，使用 5 个背靠背触发器进行同步，计算平均失效时间。所用触发器的参数如表 29-2 所示。 589

29.4　蛮力同步器，IV。一个系统，$f_a = 200$ MHz，$f_{cy} = 2$ GHz，在半对数轴上描绘平均失效时间，它是同步化所用周期数的函数。

29.5　蛮力同步器，V。设计一个起搏器，它所用的异步信号每分钟跳动达 200 次，用参数如表 29-2 所示的触发器和 1GHz 的时钟进行同步。[㊀] 实际上，有超过 10^7 个起搏器，其寿命为 30 年。为了使平均失效时间大于所有起搏器的总寿命，同步器必须等待多少个周期？

表 29-2　习题所使用的触发器参数

t_s	50 ps
t_h	20 ps
τ_s	40 ps
t_{dCQ}	20 ps

29.6　一次且仅一次同步器。设计一个一次且仅一次同步器。该电路接受异步输入 a 和时钟 clk，输出信号在输入 a 的每一个上升沿恰好输出一个时钟周期的高电平。

29.7　多位同步器，I。当用二位蛮力同步器跨时钟域传送二位格雷码信号时，位切换最少需要花费多少时间？即格雷码传送的最大时钟频率是多少？

29.8　多位同步器，II。厌烦了不断地编码数据以使得每次仅传送一位，你决定构建一个不同的系统从一个时钟域向另一个时钟域发送数据。你将从输入时钟域（周期为 t_a）向蛮力同步器发送 8 位（包括不同的传输延迟或数据扭曲 t_{ds}）和一个有效信号到输出时钟域（周期为 t_b）。与输出相连的模块会在同步有效为高时在输出时钟的第一个上升沿采样数据位。画出以这种方式发送 8 位数据

㊀ 实际的起搏器不在这个时钟速率附近运行，我们用这个值来举例。

的波形图，并标出所有相关的时序约束。确保在有效信号有效前有足够的时间将数据同步到输出域。

29.9 体温计编码同步。设计一个模块，用它来同步图 1-7c 所示的 8 位体温计编码信号。输入应该是位于输入时钟域中的两个时钟 increment 和 decrement，输出应该是 8 位信号。确保不使用与输入域有逻辑关系的输出域中的任何状态。

29.10 FIFO 同步器。修改 FIFO 同步器逻辑以允许其可以填满最后一个位置。你需要增加状态来对 head = tail 时 FIFO 的满或空状态进行编码。

29.11 空/满位。设计并编码一个 FIFO 同步器，为每个寄存器设置一个指示位来代替头尾指针。当输入向寄存器写一个值时，相应的指示位标记为满；当输出读取一个值时，相应的指示位标记为空。在每个时钟域中都需要一组标志位。假设可以安全地异步读 RAM，但是在时钟域 1 中可以同步写 RAM。在共享 RAM 中你需要为 4 个输入保留空间。

29.12 FIFO 深度，I。来看 FIFO 同步器，它使用由 3 个背靠背触发器组成的蛮力同步器来同步头尾指针。假设输入和输出时钟运行在近似相同的频率（±10%），FIFO 深度最小为多少时可以支持数据以全速率传输？

29.13 FIFO 深度，II。来看 FIFO 同步器，它使用由 4 个背靠背触发器组成的蛮力同步器来同步头尾指针。假设输入和输出时钟运行在近似相同的频率（±10%），FIFO 深度最小为多少时可以支持数据以全速率传输？

29.14 时钟塞，I。各模块以自己的时钟速率运行，来看模块管道。在阶段之间使用 FIFO 同步器的一种替代做法是停止各阶段的时钟以确保输入和输出之间的数据传输免于同步失效。设计一个时钟塞模块，它是异步电路，它与延迟线一起为这个管道阶段产生时钟。你的模块应该包括来自于前一个管道阶段的输入 ivalid，来自于下一个管道阶段的 oready，来自于延迟线的$delay_o$和来自于该管道阶段逻辑的 done。它应该为前一个管道阶段产生输出 iready，为下一个管道阶段产生 ovalid，为延迟线产生$delay_i$。你可以假设延迟线的延迟大于该管道阶段最小周期的一半。

由于 ready 和 valid 信号没有公共时钟做参考，你的模块应该遵循四阶段流控制。第 1 阶段，一个模块使它的 vaid 信号有效来表示输出了一个有效的数据，valid 信号必须保持高电平直到第 2 阶段，此时接收模块使它的 ready 信号有效，接受该数据。ready 信号必须保持高电平直到第 3 阶段，此时发送模块使它的 valid 信号变低。最后，valid 必须保持低电平直到第 4 阶段，此时发送模块使它的 ready 信号变低。⊖

29.15 时钟塞，II。用模块之间的两阶段流控制来重做习题 29.14。在两阶段流控制中，发送模块翻转它的 valid 信号来表示输出了一个新数据，而接收模块翻转它的 ready 信号，接受这个数据。由于在信号的上升和下降沿已完成了信号传送，所以不需要等待信号返回零点。

590～591 **29.16** 融会贯通。设计并实现一个有用的、赚钱的、有趣的和/或非常酷的数字系统。

⊖ 由于在异步环境中，这些流控制信号的意图略有不同，它们在异步系统中也常常被称为 request 和 acknowledge（也简称为 req 和 ack）。为了避免混淆，我们在此仍按惯例用 valid 和 ready。

Verilog 编码风格

在本附录中，我们将对 Verilog 编码风格提出一些指导性原则。经过多年的数字系统设计教学和企业项目开发，这些原则已经被证实不仅能够有效减少工作量，还能设计出较好的产品，而且设计成果具有很好的可读性和可维护性。本书中很多 Verilog 实例都采用了这种风格。该编码风格有利于生成可综合的模块，而这些模块最终要映射到实际的硬件中。本附录还介绍了一个用于测试平台的独特编码风格。

本附录内容不是 Verilog 语言的参考手册。在网上可以找到许多优秀的 Verilog 参考文献。相反，这一部分提供的是一系列的原则和样式规则，它可以帮助设计人员编写出正确的、可维护的代码。参考手册是用来说明什么样的 Verilog 代码是合法的，而本附录主要说明的是：什么是好的 Verilog 代码。在这里我们会给出一些好的代码和糟糕的代码，但这些代码的语法都是正确的。

A.1 基本原则

这里先介绍一些基本原则。

知道状态应放在哪里：设计时对于每一位状态都应该显式说明。在我们推荐的编码风格中，要求所有状态明确地放在触发器或寄存器模块中，其他模块则是纯组合逻辑。这种方法可避免在编写用 `always@ (pesedge clk)` 括起来的顺序模块时出现大量问题。当条件语句的所有分支中有未赋值变量时，检查推断出的锁存器也会容易得多。

了解模块的综合结果：编写一个模块时，你应该能够想到这个模块将会生成什么样的逻辑。如果采用结构化方式描述模块，通过导线与其他模块连接在一起，综合结果很容易预见。小的行为模块和算术模块也是可以预测的。由于无法预测结果，应该尽量避免出现大的行为模块。

确保代码具有良好的可读性：在项目设计过程中，可能需要修改某个模块。修改的难易程度要看代码的可读性如何。第一，模块的功能应该明确，例如，对于真值表是使用 `case` 语句还是 `casex` 语句。第二，信号名和常量名要具有一定的描述性。第三，代码的注释要有助于理解代码，而不是直接把代码复制过来作注释。当你去编辑一个注释清晰的模块时，很容易理解模块的功能，而且修改起来也很容易。如果模块的编码很奇怪，而且有很多含义不清的名字时，你会发现很难理解代码。尤其是当你知道这是自己很久以前编写的代码时，会变得更加沮丧。 592

防御性设计：要考虑到设计的模块可能会出现的错误。输入和输出的边界情况是什么？确保模块可以处理每一种情况。包括对必须保持不变的变量及能够检查出的错误情况设置断言。

发挥综合器的作用：现代逻辑综合工具（如 Synopsys Design Compiler®）在小的组合逻辑电路（最多约 10 个输入）和运算电路的优化上做了大量工作。除非极特殊情况，否则手动优化这些模块毫无任何意义。对模块描述时应采用一种非常明确的行为方式，这样才能发挥工具的特长。

了解综合器不能做什么：现代综合工具不擅长做高层次的优化。它们不知道如何划分逻辑或者何时共享功能单元。综合器无法对某一功能是放在一个周期内完成还是设计成流水线用几个周期来完成做出权衡，而这正是人类设计师的价值所在。因此不要指望让工具做设计师的工作，反之亦然。

A.2 所有状态应该显式地声明为寄存器型

应该将设计中的所有状态显式声明为寄存器或触发器。图 A-1 给出一个正确实例（改编自图 16-3）。该例中将输入 next 和输出 out 声明为一个 4 位的寄存器。下一状态的产生由一个赋值语句完成。

```
module Good_Counter(clk, rst, out) ;
  parameter n=4 ;
  input rst, clk ;
  output [n-1:0] out ;

  wire [n-1:0] next = rst ? 0 : out+1 ;
  DFF #(n) count(clk, next, out) ;
endmodule
```

图 A-1 采用正确风格编写的计数器模块。模块 count 的类型是 DFF，计数器的状态存入显式声明的寄存器中

```
module BadCounter(clk, rst, out) ;
  parameter n=4 ;
  input rst, clk ;
  output [n-1:0] out ;
  reg [n-1:0] out ;

  always @(posedge clk) begin
    out <= rst ? 0 : out+1 ;
  end
endmodule
```

图 A-2 采用不正确风格编写的时序逻辑。状态与下一状态的生成混在一个 always 语句中

避免采用图 A-2 中的风格编写模块。本图中的模块将状态生成（always@ (pesedge clk)块中的赋值语句）与下一状态函数的定义混在一起。

593 我们坚持使用图 A-1 的风格编程是因为它可以帮助设计人员，尤其是学生，在编写程序时遵循前两个设计原则。首先，它可以让设计者知道状态在何处。当显式声明为寄存器后，其他模块推断出锁存器可以视作出错，因为设计者知道状态的位置。如果采用了图 A-2 中的风格进行编码，很容易产生未知状态。无法区分哪一个是状态变量，哪一个是计算下一状态的中间变量。

图 A-1 中的编码风格有助于设计师了解自己编写的 Verilog 代码综合后的结果。这种风格编写的代码最后会生成状态寄存器和产生下一状态的组合逻辑。如果采用图 A-2 中这种将状态和功能混在一起的风格编码，设计师尤其是学生，往往习惯按 C 语言风格编程，这样就无法了解此时发生了什么以及此处执行了什么。而这产生的结果往往是灾难性的。

我们推荐的这种编程风格可以避免混淆现态和次态。语句

```
wire[n-1:0] next = rst ? 0 : out+1 ;
```

清楚地表明，next 是次态，这里正在用现态 out 计算次态。相反，语句：

```
out <= rst ? 0 : out+1 ;
```

在赋值语句两边使用了相同的变量 out，混淆了这个问题。次态被隐藏了。

而且，我们推荐的编码风格中使用的是阻塞语句“ = ”而不是非阻塞语句“ < = ”，这可以避免出现很多问题。况且，图 A-2 中的编码风格没有任何明显的优势。与好的编码风格相比，它并没有使代码长度缩短或可读性增强。

不要把状态和功能混在一个 always 语句块中。图 A-2 这种编码风格没有任何优势，反而是相当不利的。

A.3 定义组合模块使其便于阅读

现在，我们已经把所有的状态显式声明为寄存器型，下面可以专注于如何写出好的组合逻

辑模块了。 594

现代逻辑综合工具都能够很好地胜任小型组合模块的优化工作。因此，这些模块应该按照容易阅读和理解的方式编写。对于容易用真值表描述的逻辑，我们使用一个 case 或 casex 语句对模块进行编码。对于容易用公式描述的逻辑（第 16 章的数据通路逻辑），采用赋值语句较为合适。

图 A-3（取自图 9-6）演示了如何用一个 case 语句实现一个用表描述的组合逻辑功能，该功能用来计算一个月有几天。输出 days 声明为 reg 型[⊖]。case 语句对输入变量 month 进行判断，并为每个输入指定一个适当的输出值。默认的输出放在 default 下处理。输出相同的放在一起处理，这样代码看起了更清晰、更简洁。

```
reg[4:0] days ;

always @(*) begin
  case(month)
    // 30天的月份有4月，6月，9月和11月
    // 除2月28天外，其余月份均为31天
    4,6,9,11: days = 5'd30 ;
    2: days = 5'd28 ;
    default: days = 5'd31 ;
  endcase
end
```

图 A-3 如果一个组合逻辑适合用表来描述就可以用 case 语句实现

容易用公式描述的组合逻辑应该使用赋值语句，如图 A-4 所示。假设我们要统计一个 5 位信号 in 中 1 的个数[⊜]，此时用公式就很容易理解和描述。如果用一个 case 语句来描述该功能，代码会很长而且不易理解。

```
wire [2:0] number_of_ones = in[0]+in[1]+in[2]+in[3]+in[4] ;
```

图 A-4 如果一个组合逻辑适合用公式来描述就可以用 assign 语句实现

对于那些根据真值表来选择公式的模块，可以用 case 语句来描述。控制信号的真值表决定下一个状态用哪一个公式做计算。这种编码风格见图 A-5。

当一组具有优先级的二进制控制信号需要译码来确定执行的功能时，将这些信号混合起用 casex 语句实现，如图 A-6 所示。该语句根据二进制控制信号来决定下一状态 next 是执行重置、装载、左移还是递增。 595

```
reg [7:0] next ;

always @(*) begin
  case(opcode)
    `ADD: next = acc + data ;
    `XOR: next = acc ^ data ;
    `AND: next = acc & data ;
    `OR:  next = acc | data ;
    default: next = 0;
  endcase
end
```

图 A-5 利用 case 语句对控制信号（本例中为 opcode）译码，根据译码结果选择一个公式进行计算

```
reg [7:0] next ;

always @(*) begin
  casex({rst, load, shl, inc})
    4'b1xxx: next = 8'b0 ;
    4'b01xx: next = in ;
    4'b001x: next = state<<1 ;
    4'b0001: next = state+1 ;
    default: next = state ;
  endcase
end
```

图 A-6 基于 4 个优先级的输入信号，采用 casex 语句为 next 赋值

⊖ 选择 reg 作为关键词是一种不幸。这导致许多学生以为声明了一个寄存器，其实并非如此。reg 只是声明了一个在 always 语句中用来赋值的信号。

⊜ 数字系统中经常需要统计二进制数中 1 的个数。有些计算机中设有 POPCOUNT 指令，该指令就是用来执行此功能的。

A.4 所有分支上的变量都需赋值

为了避免推断出锁存器——这是我们不希望出现的状态，要在条件语句的所有分支上为每个变量赋值。

图 A-7 给出了一个常见的错误例子。但 rst 为真时，next 信号被赋值。但 rst 为假时，next 信号没有赋值。这不是一个组合电路，而是一个锁存器。当 rst 为假时，next 信号将保持原值不变。

596 图 A-8 描述了 if 语句的正确使用方式。无论 rst 信号为真或假，next 信号都会被赋值。

```
reg [7:0] next ;

always @(*) begin
  if(rst == 1) next = 0 ;
end
```

图 A-7 糟糕的代码：由于 rst 为零时，next 没有被赋值，会推断出一个锁存器

```
reg [7:0] next ;

always @(*) begin
  if(rst == 1) next = 0 ;
  else next = out+1 ;
end
```

图 A-8 好的代码：所有分支中 next 都被赋值

另一个常见的导致推断出锁存器的情况是在 case 或 casex 语句中没有默认值。图 A-9 就是这样的一个例子。该代码与图 A-6 基本相同，只是省略了 default。其结果是推断出一个锁存器，且当所有控制信号输入为 0，next 信号没有赋值。

case 语句或 casex 语句中对于没有明确处理的情况，将在 default 分支中处理。因此，如果 if 语句和 case 语句都可以使用的情况下，优先选择 case 语句。

另一个常见的错误是在某些分支中未对所有变量赋值。图 A-10 中所示就是这样的错误。out 信号在第二个分支中没有赋值。因此将推断出一个锁存器，该锁存器将保持原值。

```
reg [7:0] next ;

always @(*) begin
  casex({rst, load, shl, inc})
    4'b1xxx: next = 8'b0 ;
    4'b01xx: next = in ;
    4'b001x: next = state<<1 ;
    4'b0001: next = state+1 ;
  endcase
end
```

图 A-9 糟糕的代码：case 语句中没有 default

```
reg [n-1:0] next_state ;
reg [m-1:0] out ;

always @(*) begin
  case({in,state})
    {2'bxx,`FETCH_STATE}: begin
        out = `FETCH_OUT ;
        next_state = `DECODE_STATE ;
      end
    {2'b1x,`DECODE_STATE}: begin
        next_state = `REG_READ_STATE ;
      end
    {2'b0x,`DECODE_STATE}: begin
```

图 A-10 糟糕的代码：某些分支中未对所有变量赋值

```
        out = `DECODE_ZERO ;
        next_state = `REG_READ_STATE ;
      end
    ...
    // 此处为了简洁，其余情况略去
    default: begin
        out = {m{x}} ;
        next_state = {n{x}} ;
      end
  endcase
end
```

图 A-10 （续）

为了避免这种麻烦，可以将所有待赋值的变量串接起来，在每个分支中使用一个赋值语句，如图 A-11 所示。只要我们采用了这种编码风格，在任何分支内都很难忘记去给变量赋值；而且，它还可以使代码更容易阅读。这种编码风格看起来就像一个状态表。

```
reg [n-1:0] next_state ;
reg [m-1:0] out ;

always @(*) begin
  case({in,state})
    {2'bxx,`FETCH_STATE}:
      {out, next_state} = {`FETCH_OUT,  `DECODE_STATE} ;
    {2'b1x,`DECODE_STATE}:
      {out, next_state} = {`RR_OUT,     `REG_READ_STATE} ;
    {2'b0x,`DECODE_STATE}:
      {out, next_state} = {`DECODE_ZERO,`REG_READ_STATE} ;
    ...
    // 此处为了简洁，其余情况略去
    default: {out, next_state} = {n+m{x}} ;
  endcase
end
```

图 A-11 好的代码：采用串接方式赋值，在各个分支中就不会遗漏变量，而且代码可读性好

A.5 保持小的模块代码

行为模块的代码应尽可能小，这不仅有利于阅读还能确保知晓模块综合的结果。代码行数最好不超过 50 行，这样文本编辑器上的代码一屏就能显示出来，便于一眼可以看到整个模块和理解模块的功能。而且，50 行文字足以描述大部分组合逻辑；50 行以上的代码通常包含几个独立的功能，应该将其分解。如果确实有单一功能无法用 50 行代码描述时，应该认真思考是否可以降低它的复杂性。 597~598

A.6 大模块应该是结构化的

大的模块应该采用结构化建模，模块实例化后通过导线连接。结构化模块的综合结果是清晰的。此外，现代逻辑综合工具在处理小型组合逻辑模块和算术电路方面已做得很好，但对于大模块的处理还有待于加强。这些工具擅长做小规模的优化，却无法纵览全局，不懂得如何进行大规模的优化。图 16-6 中共用加法器的方式就是采用了结构化的建模。

A.7　使用描述性的信号名

如果信号名中包含了对功能的描述，那么代码的可读性就会很好。例如，语句

```
assign aligned_mantissa = mantissa << exponent_difference ;
```

阅读该语句时，我们发现每个信号的含义及该语句的功能很明确。相反，如果同样的功能，写成

```
assign i = j << k ;
```

就没有传达出信号的含义和语句的意图。

但是，长的名字有利有弊。虽然可读性好，但代码看起来凌乱。如果语句正好为一行（或几行），这些语句容易理解。长的名字往往会使语句超出一行甚至多行，变得难以阅读。将信号和有注释含义的单词结合起来用缩写形成短的信号名有助于阅读，如下所示。

```
assign a_m = m << e_d ;
```

当无法决定使用全名还是缩写时，可以先用两种方法分别编写代码，然后从中选择一个最容易阅读的版本。

A.8　用符号表示信号的子字段

长信号经常被分成若干子字段。例如，一个 32 位长的指令可以被分为一个 8 位的操作码、三个 5 位的寄存器说明符和一个 9 位的常数。用符号表示信号的子字段，代码的可读性会更好。思考下面的语句

599

```
case(instruction[31:24]) ...
```

这种表示方式传达出的含义不清楚，且容易出现标错位字段的问题，尤其当位字段改变时更容易出错。将语句写成

```
case(opcode) ...
```

可读性会更好。

可以将长信号分割后串接起来放在赋值语句的左边。例如，图 A-12 中的信号 instruction 是一条 MIPS 指令，它被分成若干个字段并组成三种不同的指令格式。信号 opcode 被赋值 3 次，rega 和 regb 被赋值两次。但是这不会出现任何问题，因为这些赋值是相容的。

```
wire [5:0] opcode, fun ;
wire [4:0] rega, regb, regc, sa ;
wire [15:0] immediate ;
wire [25:0] jump_target ;

assign {opcode, rega, regb, regc, sa, fun} = instruction ;
assign {opcode, rega, regb, immediate} = instruction ;
assign {opcode, jump_target} = instruction ;
```

图 A-12　将一个长信号拆成几个子信号并串接起来放在赋值语句的左侧。当该信号包含多种解释时，可以使用多个赋值语句

将信号分开串接后再赋值的方式，比图 A-13 中采用的对每个子信号单独赋值的方式要好。单独赋值的可读性差。串接在一起可以看到相关的字段，一目了然，而分开赋值就不明显。此

外，分开赋值要求对每个字段的位数标注两次。每个信号的宽度要声明一次（例如，wire [5:0]opcode）。长信号中哪些位会被用到还必须明确指定，例如 instruction[31:26]。而采用信号串接方式，不需要这个声明。因此简化了代码，减少了下标标错的概率，使代码更易于维护。

```
wire [5:0] opcode = instruction[31:26] ;
wire [4:0] rega = instruction[25:21] ;
wire [4:0] regb = instruction[20:16] ;
wire [4:0] regc = instruction[15:11] ;
wire [4:0] sa = instruction[10:6] ;
wire [5:0] fun = instruction[5:0] ;
wire [15:0] immediate = instruction[15:0] ;
wire [25:0] jump_target = instruction[25:0] ;
```

图 A-13　糟糕的代码：将一个信号按字段分成若干个独立的赋值语句，这种方式可读性差，而且更容易标错下标

A.9　定义常量

数字在 Verilog 代码中应该少出现，而且任何给定的数不能多次出现。定义一个常量或参数，然后用符号名代替数字可以增加代码的可读性和可维护性。 600

分析一下图 A-14 中 MIPS 处理器指令译码器生成的代码片段。读完这段代码后，我们发现无法理解它的功能。而且，MIPS R 型指令操作码 6'h0 和运算器的“+”操作（3'h5）出现了两次。如果将其定义为常量，代码的可读性会更好。

```
casex({opcode,fun})
  {6'h0,6'h20}: aluop = 3'h5 ;
  {6'h0,6'h21}: aluop = 3'h6 ;
  ...
  {6'h23,6'hxx}: aluop = 3'h5 ;
  ...
endcase
```

图 A-14　糟糕的代码：常量应该用符号名定义

如图 A-15 所示，用符号常量替换数字，代码功能变得清晰。而且用符号常量表示的值还能被重复使用，就像 R 型指令的操作码用'RTYPE_OPC，ALU 的 + 操作码用'ADD_OP表示一样，实际数字只在定义时使用一次。这样对数值进行修改变得很容易。例如，如果我们要重新设计 ALU，将 + 的操作码从 5 修改为 7，只需要在定义语句处修改就可以了。修改后的值将传到所有使用该常量的地方。

```
casex({opcode,fun})
  {'RTYPE_OPC,'ADD_FUN}: aluop = 'ADD_OP ;
  {'RTYPE_OPC,'SUB_FUN}: aluop = 'SUB_OP ;
  ...
  {'LW_OPC,6'hxx}: aluop = 'ADD_OP ;
  ...
endcase
```

图 A-15　好的代码：用符号名代替常量。数值常量只需要定义一次，就可以多次使用

符号名要么作为常数（使用 Verilog 的'define 语句）要么作为参数（使用 parameter 语句）。如果在模块的不同实例化中取相同的值，符号名应作为常数。如果在模块的不同实例化中取不同的值，符号名应作为参数。例如，寄存器或计数器的位宽可以作为参数使用。处理器的操作码和 ALU 的功能码可以作为常数，因为在不同的模块实例中是固定不变的。

A.10　注释的目的是描述意图及阐明设计理由，很直观的代码不需要说明

好的代码应该有大量高质量的注释。好的注释不仅可以告诉我们代码的功能，明白设计者
601 的意图，还可以给出如此设计的理由。遗憾的是，许多设计师撰写注释时只重数量不重质量，尽管添加了许多注释但不能提供任何有用的信息。

我们看下面的代码：

```
case(aluop)
  `ADD_OP: c = a + b ; // a加b
  ...
endcase
```

后面的注释是一句废话！很显然这个语句的功能就是 a 加 b。这个注释使代码变得凌乱，应该删掉。

现在我们看看下面的注释，这段注释应该添加到图 16-7 的代码中：

```
// 将加法器/减法器从case语句中分离出来
// 因为这样做综合器就不会生成两个加法器
// down=0时加，down=1时减
assign outpm1 = out + {{n-1{down}},1'b1} ;
```

虽然这段注释看起来冗长，但却非常有价值。它让我们从总体上认识了这段代码：该加法器是从一个 case 语句中分离出来的。这样做的理由是，如果我们不手动分离，综合器会生成两个加法器。此外它还解释了代码中的一些功能，而这并不是一眼就能看出来的。

A.11　永远不要忘记你在定义硬件

当我们编写 Verilog 代码时，很容易陷入计算机程序的编程思维，而计算机程序在同一时间只能执行一条语句。毕竟，Verilog 看起来很像 C 代码，而且它们有许多共同的结构。尤其是当程序员经常在 Verilog、C、Python 或其他一些编程语言之间切换时，更容易掉进这个陷阱，而这是非常危险的。

与计算机编程语言不同，如 C，同一时间只有一条语句执行。而在 Verilog 中所有语句同时执行的。编写 Verilog 程序时其实是在定义硬件，所有这些硬件是并行工作的。每个模块中所有的 assign 语句是同时执行的。

永远不要忘记你定义的是硬件，所有的事情都是同时发生的。

A.12　阅读代码并挑刺

如果你想成为一个优秀的作家，可以阅读别人的作品，给他们的写作挑刺，并效仿好的写作手法。同样，你也可以成为一个优秀的 Verilog 设计者。只要有机会就阅读 Verilog 代码，对代码挑刺，指出自己和别人编写的代码有哪些优点、有哪些不足。做到这一点一定要客观。对于好的东西，采取拿来主义，这样你编写的代码才能更优秀、更具可读性或者更容易维护。当别人对你的代码挑刺时，不要回避。要愿意接受别人的批评、倾听别人的意见并认真学习。

好的科技公司会培养工程文化，鼓励设计人员阅读和批评彼此的代码。许多公司对设计进行评审并形成制度化，设计评审由团队内的顶尖工程师来完成。再就是采用结对编程方式，所
602~603 有代码以两人为一组进行编写，其中一个编程，另一个人挑毛病。成功的编码，最重要的是建立一种文化，即设计人员审查别人的代码，提出有益的批评，并公开别人对自己代码的批评。

参考文献

[1] Altera Corporation, *The LPM Quick Reference Guide*. (San Jose, CA: Altera Corporation, 1996.)

[2] Arnold, H. L. and Faurote, F. L., *Ford Methods and the Ford Shops*. (New York: The Engineering Magazine Company, 1915.)

[3] Atanasoff, J. V., Advent of electronic digital computing. *Annals of the History of Computing* **6**: 3 (July–September 1984), 229–282.

[4] Babbage, H. P., ed., *Babbage's Calculating Engines: A Collection of Papers*. (Los Angeles, CA: Tomash, 1982.)

[5] Bailey, D., Vector computer memory bank contention. *IEEE Transactions on Computers* **C-36**: 3 (March 1987), 293–298.

[6] Baker, K. and Van Beers, J., Shmoo plotting: the black art of IC testing. *IEEE Design & Test of Computers* **14**: 3 (July–September 1997), 90–97.

[7] Bakoglu, H. and Meindl, J., Optimal interconnection circuits for VLSI. *IEEE Transactions on Electron Devices* **32**: 5 (May 1985), 903–909.

[8] Bassett, R. W., Turner, M. E., Panner, J. H., Gillis, P. S., Oakland, S. F., and Stout, D. W., Boundary-scan design principles for efficient LSSD ASIC testing. *IBM Journal of Research and Development* **34**: 2.3 (March 1990), 339–354.

[9] Bentley, B., Validating the Intel® Pentium® 4 microprocessor. In: Dependable Systems and Networks, 2001. *DSN 2001. International Conference on* (Götebarg, Sweden, 1–4 July, 2001), pp. 493–498.

[10] Berlin, L., *The Man Behind the Microchip: Robert Noyce and the Invention of Silicon Valley*. (New York: Oxford University Press, 2005.)

[11] Bhavsar, D., An algorithm for row-column self-repair of RAMs and its implementation in the Alpha 21264. In: *Proceedings of International Test Conference*, Atlantic City, NJ, 27–30 September, 1999. (Washington, D.C.: IEEE ITC.) pp. 311–318.

[12] Boole, G., *The Mathematical Analysis of Logic*. (Cambridge: Macmillan, Barclay, and Macmillan, 1847.)

[13] Boole, G., *An Investigation of the Laws of Thought on which are founded the Mathematical Theories of Logic and Probabilities*. (Cambridge: Macmillan, 1854.)

[14] Booth, A. D., A signed binary multiplication technique. *The Quarterly Journal of Mechanics and Applied Mathematics* **4**: 2 (1951), 236–240.

[15] Brearley, H. C., ILLIAC II–A short description and annotated bibliography. *IEEE Transactions on Electronic Computers* **EC-14**: 3 (June 1965), 399–403.

[16] Bristow, S., The history of video games. *IEEE Transactions on Consumer Electronics* **CE-23**: 1 (February 1977), 58–68.

[17] Bromley, A. G., Charles Babbage's analytical engine, 1838. *Annals of the History of Computing* **4**: 3 (July–September 1982), 196–217.

[18] Brooks, F., *The Mythical Man-Month: Essays on Software Engineering*. (Reading, MA: Addison-Wesley, 1975.)

[19] Brown, S. and Vranesic, Z., *Fundamentals of Digital Logic with VHDL Design*, 3rd edn. (New York: McGraw-Hill, 2008.)

[20] Brunvand, E., *Digital VLSI Chip Design with Cadence and Synopsys CAD Tools*. (Boston, MA: Addison-Wesley, 2010.)

[21] Bryant, R. E., MOSSIM: a switch-level simulator for MOS LSI. In: Smith, R-J. II (ed.), *DAC '81, Proceedings of the 18th Design Automation Conference* Nashville, TN, 29 June–1 July, 1981. (New York: ACM/IEEE, 1981), pp. 786–790.

[22] Buchholz, W., ed., *Planning a Computer System – Project Stretch*. (New York: McGraw-Hill, Inc., 1962.)

[23] Capp, A., *The Life and Times of the Shmoo*. (New York: Simon and Schuster, 1948.)

[24] Cavanagh, J., *Computer Arithmetic and Verilog HDL Fundamentals*. (CRC Press, 2009.)

[25] Chandrakasan, A., Bowhill, W., and Fox, F., eds., *Design of High-Performance Microprocessor Circuits*. (New York: IEEE Press, 2001.)

[26] Chaney, T. and Molnar, C., Anomalous behavior of synchronizer and arbiter circuits. *IEEE Transactions on Computers* **C-22**: 4 (April 1973), 421–422.

[27] Chao, H. and Johnston, C., Behavior analysis of CMOS D flip-flops. *IEEE Journal of Solid-State Circuits* **24**: 5 (October 1989), 1454–1458.

[28] Chen, T.-C., Pan, S.-R., and Chang, Y.-W., Timing modeling and optimization under the transmission line model. *IEEE Transactions on Very Large Scale Integration (VLSI) Systems* **VLSI-12**: 1 (January 2004), 28–41.

[29] Culler, D., Singh, J., and Gupta, A., *Parallel Computer Architecture: A Hardware/Software Approach*. (San Francisco, CA: Morgan Kaufmann, 1999.)

[30] Dally, W. and Tell, S. The even/odd synchronizer: a fast, all-digital, periodic synchronizer. In: *2010 IEEE Symposium on Asynchronous Circuits and Systems (ASYNC)*, Grenoble, 3–6 May, 2010 (New York: IEEE), pp. 75–84.

[31] Dally, W. and Towles, B., Route packets, not wires: on-chip interconnection networks. In: *Proceedings of the 38th Design Automation Conference, DAC 2001*, Las Vegas, NV, June 18–22, 2001. (New York: ACM, 2001).

[32] Dally, W. J. and Poulton, J. W., *Digital Systems Engineering*. (Cambridge: Cambridge University Press, 1998.)

[33] Dally, W. J. and Towles, B., *Principles and Practices of Interconnection Networks*. (New York: Morgan Kaufmann, 2004.)

[34] *Data Encryption Standard (DES)*, Federal Information Processing Standards Publication 46, 3 (1999).

[35] DeMorgan, A., *Syllabus of a Proposed System of Logic*. (London: Walton and Maberly, 1860.)

[36] Dennard, R., Gaensslen, F., Rideout, V., Bassous, E., and LeBlanc, A., Design of ion-implanted MOSFETs with very small physical dimensions. *IEEE Journal of Solid-State Circuits* **9**: 5 (October 1974), 256–268.

[37] Earle, J., Latched carry-save adder. *IBM Technical Disclosure Bulletin* **7** (March 1985).

[38] Earle, J. G., Latched carry save adder circuit for multipliers, US Patent 3 340 388 1967.

[39] Eichelberger, E. B. and Williams, T. W., A logic design structure for LSI testability. In: Brinsfield, J. G., Szygenda, S. A., and Hightower, D. W. (eds.), *Proceedings of the 14th Design Automation Conference, DAC '77*, New Orleans, LO, June 20–22, 1977. (New York: ACM, 1977), pp. 462–468.

[40] Elmore, W. C., The transient response of damped linear networks with particular regard to wideband amplifiers. *Journal of Applied Physics* **19**: 1 (January 1948), 55–63.

[41] Ercegovac, M. D. and Lang, T., *Digital Arithmetic*. (New York: Morgan Kaufmann, 2003.)

[42] Flynn, M. J. and Oberman, S. F., *Advanced Computer Arithmetic Design*. (New York: Wiley-Interscience, 2001.)

[43] Golden, M., Hesley, S., Scherer, A. *et al.*, A seventh-generation x86 microprocessor. *IEEE Journal of Solid-State Circuits* **34**: 11 (November 1999), 1466–1477.

[44] Hardy, G. H. and Wright, E. M., *An Introduction to the Theory of Numbers*, 5th edn. (Oxford: Clarendon Press, 1979.)

[45] Harris, D., A taxonomy of parallel prefix networks. In: Matthews, M. B. (ed.), *Conference Record of the Thirty-Seventh Asilomar Conference on Signals, Systems and Computers, 2003*, Pacific Grove, CA, 9–12 November, 2003 (New York: IEEE), vol. 2, pp. 2213–2217.

[46] Hennessy, J., Jouppi, N., Przybylski, S., Rowen, C., Gross, T., Baskett, F., and Gill, J., MIPS: a microprocessor architecture. In: *Proceedings of the 15th Annual Workshop on Microprogramming, MICRO 15*, Palo Alto, CA, 5–7 October, 1982 (New York: IEEE Press), pp. 17–22.

[47] Hennessy, J. L. and Patterson, D. A., *Computer Architecture: A Quantitative Approach*, 5th edn. (New York: Morgan Kaufmann, 2011.)

[48] Hodges, D., Jackson, H., and Saleh, R., *Analysis and Design of Digital Integrated Circuits*, 3rd edn. (New York: McGraw Hill, 2004.)

[49] Horowitz, M. A., *Timing Models for MOS Circuits*. Unpublished Ph.D. thesis, Stanford University (1984).

[50] Huffman, D., A method for the construction of minimum-redundancy codes. *Proceedings of the IRE* **40**: 9 (September 1952), 1098–1101.

[51] Huffman, D., The synthesis of sequential switching circuits. *Journal of the Franklin Institute* **257**: 3 (1954), 161–190.

[52] Hwang, K., *Computer Arithmetic: Principles, Architecture and Design*. (New York: John Wiley and Sons Inc, 1979.)

[53] *IEEE Standard for Radix-Independent Floating-point Arithmetic*, ANSI/IEEE Standard 854-1987 (1987).

[54] *IEEE Standard Test Access Port and Boundary-scan Architecture*, IEEE Std 1149.1-2001 (2001), i–200.

[55] *IEEE Standard for Floating-point Arithmetic*, IEEE Standard 754-2008 (2008), 1–58.

[56] *ITU-T Recommendation G.711.*, Telecommunication Standardization Sector of ITU (1993).

[57] Jacob, B., Ng, S., and Wang, D., *Memory Systems: Cache, DRAM, Disk*. (New York: Morgan Kaufmann, 1998.)

[58] Jain, S. and Agrawal, V., Test generation for MOS circuits using d-algorithm. In: Radke, C. E. (ed.), *Proceedings of the 20th Design Automation Conference, DAS '83*, Miami Beach, FL, June 27–29, 1983. (New York: ACM/IEEE, 1983), pp. 64–70.

[59] JEDEC, 2.5 V ±0.2 V (normal range) and 1.8 V–2.7 V (wide range) power supply voltage and interface standard for nonterminated digital integrated circuits. *JESD8-5A.01* (June, 2006).

[60] Karnaugh, M., The map method for synthesis of combinational logic circuits. *Transactions of the American Institute of Electrical Engineers* **72**: 1 (1953), 593–599.

[61] Kidder, T., *The Soul of a New Machine*. (New York: Little, Brown, and Co., 1981.)

[62] Kinoshita, K. and Saluja, K., Built-in testing of memory using an on-chip compact testing scheme. *IEEE Transactions on Computers* **C-35**: 10 (October 1986), 862–870.

[63] Kistler, M., Perrone, M., and Petrini, F., Cell multiprocessor communication network: built for speed. *IEEE Micro* **26**: 3 (May–June 2006), 10–23.

[64] Ko, U. and Balsara, P., High-performance energy-efficient D-flip-flop circuits. *IEEE Transactions on Very Large Scale Integration Systems* **VLSI-8**: 1 (February 2000), 94–98.

[65] Kohavi, Z. and Jha, N. K., *Switching and Finite Automata Theory*, 3rd edn. (Cambridge: Cambridge University Press, 2009.)

[66] Kuck, D. and Stokes, R., The Burroughs scientific processor (BSP). *IEEE Transactions on Computers* **C-31**: 5 (May 1982), 363–376.

[67] Ling, H., High-speed binary adder. *IBM Journal of Research and Development* **25**: 3 (March 1981), 156–166.

[68] Lloyd, M. G., Uniform traffic signs, signals, and markings. *Annals of the American Academy of Political and Social Science* **133** (1927), 121–127.

[69] McCluskey, E., Built-in self-test techniques. *IEEE Transaction on Design and Test of Computers* **2**: 2 (April 1985), 21–28.

[70] McCluskey, E. and Clegg, F., Fault equivalence in combinational logic networks. *IEEE Transactions on Computers* **C-20**: 11 (November 1971), 1286–1293.

[71] McCluskey, E. J., Minimization of boolean functions. *The Bell System Technical Journal* **35**: 6 (November 1956), 1417–1444.

[72] MacSorley, O., High-speed arithmetic in binary computers. *Proceedings of the IRE* **49**: 1 (January 1961), 67–91.

[73] Marsh, B. W., Traffic control. *Annals of the American Academy of Political and Social Science* **133** (1927), 90–113.

[74] Mead, C. and Rem, M., Minimum propagation delays in VLSI. *IEEE Journal of Solid-State Circuits* **17**: 4 (August 1982), 773–775.

[75] Meagher, R. E. and Nash, J. P., The ORDVAC. In: *AIEE-IRE '51, Papers and Discussions Presented at the Joint AIEE-IRE Computer Conference: Review of Electronic Digital Computers*, New York, December 10–12, 1951. (New York: ACM, 1951), pp. 37–43.

[76] Mealy, G. H., A method for synthesizing sequential circuits. *The Bell System Technical Journal* **34**, 5 (September 1955), 1045–1079.

[77] Micheli, G. D., *Synthesis and Optimization of Digital Circuits*. (New York: McGraw-Hill, Inc., 1994.)

[78] Mick, J. and Brick, J., *Bit-Slice Microprocessor Design*. (New York: McGraw-Hill, 1980.)

[79] Montgomerie, G., Sketch for an algebra of relay and contactor circuits. *Journal of the Institution of Electrical Engineers – Part III: Radio and Communication Engineering* **95**: 36 (July 1948), 303–312.

[80] Moore, E. F., *Gedanken Experiments on Sequential Machines*. (Princeton, NJ: Princeton University Press, 1956), pp. 129–153.

[81] Moore, G. E., Cramming more components onto integrated circuits. *Electronics* **38**: 8 (April 1965), 114–117.

[82] Muller, R. S., Kamins, T. I., and Chan, M., *Device Electronics for Integrated Circuits*. (New York: John Wiley and Sons, Inc., 2003.)

[83] Myers, C. J., *Asynchronous Circuit Design*. (New York: Wiley-Interscience, 2001.)

[84] Nelson, W., Analysis of accelerated life test data – part i. The Arrhenius model and graphical methods. *IEEE Transactions on Electrical Insulation* **EI-6**: 4 (December 1971), 165–181.

[85] Nickolls, J. and Dally, W., The GPU computing era. *IEEE Micro* **30**: 2 (March–April 2010), 56–69.

[86] Noyce, R. N., Semiconductor device-and-lead structure, US Patent 2981877, 1961.

[87] O'Brien, F., *The Apollo Guidance Computer: Architecture and Operation*. (Chichester, UK: Praxis, 2010.)

[88] Olson, H. F. and Belar, H., Electronic music synthesizer. *Journal of the Acoustical Society of America* **27**: 3 (1955), 595–612.

[89] Palnitkar, S., *Verilog HDL*, 2nd edn. (Mountain View, CA: Prentice Hall, 2003.)

[90] Patterson, D. A. and Hennessy, J. L., *Computer Organization and Design: The Hardware/Software Interface*, 4th edn. (New York: Morgan Kaufmann, 2008.)

[91] Rabaey, J. M., Chandrakasan, A., and Nikolic, B., *Digital Integrated Circuits – A Design Perspective*, 2nd edn. (Upper Saddle River, NJ: Prentice Hall, 2004.)

[92] Rau, B. R., Pseudo-randomly interleaved memory. In: Vranesic, Z. G. (ed.), *Proceedings of the 18th Annual International Symposium on Computer Architecture*, Toronto, Canada, May, 27–30 1991. (New York: ACM Press, 1991), (pp. 74–83.)

[93] Riley, M., Bushard, L., Chelstrom, N., Kiryu, N., and Ferguson, S., Testability features of the first-generation CELL processor. In: *Proceedings of 2005 IEEE International Test Conference, ITC 2005*, Austin, TX, November 8–10, 2005. (New York: IEEE, 2005), pp. 111–119.

[94] Rixner, S., Dally, W., Kapasi, U., Mattson, P., and Owens, J., Memory access scheduling. In *Computer Architecture, 2000. Proceedings of the 27th International Symposium on* (June 2000), pp. 128–138.

[95] Russo, P., Wang, C.-C., Baltzer, P., and Weisbecker, J., Microprocessors in consumer products. *Proceedings of the IEEE* **66**: 2 (February 1978), 131–141.

[96] Segal, R., *BDSYN: Logic Description Translator BDSIM; Switch-level Simulator*, Technical Report UCB/ERL M87/33. EECS Department, University of California, Berkeley (1987).

[97] Shannon, C. E., A symbolic analysis of relay and switching circuits. *Transactions of the American Institute of Electrical Engineers* **57**: 12 (December 1938), 713–723.

[98] Sutherland, I., Sproull, R. F., and Harris, D., *Logical Effort: Designing Fast CMOS Circuits*. (New York: Morgan Kaufmann, 1999.)

[99] Sutherland, I. E., Micropipelines. *Communications of the ACM* **32** (June 1989), 720–738.

[100] Sutherland, I. E. and Sproull, R. F., Logical effort: designing for speed on the back of an envelope. In: Séquin, C. H. (ed.), *Proceedings of the 1991 University of California/Santa Cruz Conference on Advanced Research in VLSI*, University of California, Berkeley. (Cambridge, MA: MIT Press, 1991), pp. 1–16.

[101] Swade, D., The construction of Charles Babbage's Difference Engine no. 2. *IEEE Annals of the History of Computing* **27**: 3 (July–September 2005), 70–88.

[102] Texas Instruments *The TTL Data Book for Design Engineers*, 1st edn. (Texas Instruments, 1973.)

[103] Tredennick, N., *Microprocessor Logic Design: The Flowchart Method*. (Digital Press, 1987.)

[104] Unger, S. H., *The Essence of Logic Circuits*, 2nd edn. (New York: Wiley-IEEE Press, 1996.)

[105] Veitch, E. W., A chart method for simplifying truth functions. In: *Proceedings of the 1952 ACM National Meeting*, Pittsburgh 2–3 May, 1952. (New York: ACM, 1952), pp. 127–133.

[106] Wallace, C. S., A suggestion for a fast multiplier. *IEEE Transactions on Electronic Computers* **EC-13**: 1 (February 1964), 14–17.

[107] Weinberger, A. and Smith, J. L., A one-microsecond adder using one-megacycle circuitry. *IRE Transactions on Electronic Computers* **EC-5**: 2 (June 1956), 65–73.

[108] Weste, N. and Harris, D., *CMOS VLSI Design: A Circuits and Systems Perspective*, 4th edn. (Boston, MA: Addison Wesley, 2010.)

[109] Wilkes, M. V. and Stringer, J. B., Micro-programming and the design of the control circuits in an electronic digital computer. *Mathematical Proceedings of the Cambridge Philosophical Society* **49**: 02 (1953), 230–238.

[110] Wittenbrink, C., Kilgariff, E., and Prabhu, A., Fermi GF100, a graphics processing unit (gpu) architecture for compute, tessellation, physics, and computational graphics. In: *Proceedings of Hot Chips 22*, 22–24 August, 2010 (http://hotchips.org/archives/hot-chips-22).

[111] Yau, S. and Tang, Y.-S., An efficient algorithm for generating complete test sets for combinational logic circuits. *IEEE Transactions on Computers* **C-20**: 11 (November 1971), 1245–1251.

Verilog 模块索引

索引中的页码为英文原书页码，与书中页边标注的页码一致。

主题词索引

索引中的页码为英文原书页码，与书中页边标注的页码一致。

D

E

Q

R

S